von TUREGG

Lehrbuch des Verwaltungsrechts

Lehrbücher und Grundrisse der Rechtswissenschaft

Zwanzigster Band

Berlin 1956

WALTER DE GRUYTER & CO.

vormals G. J. Göschen'sche Verlagshandlung — J. Guttentag, Verlagsbuchhandlung — Georg Reimer — Karl J. Trübner — Veit & Comp.

Lehrbuch
des Verwaltungsrechts

von

Kurt Egon von Turegg †
Bundesrichter, Privatdozent

Dritte, neubearbeitete Auflage

Berlin 1956

WALTER DE GRUYTER & CO.

vormals G. J. Göschen'sche Verlagshandlung — J. Guttentag, Verlagsbuchhandlung — Georg Reimer — Karl J. Trübner — Veit & Comp.

Der Verfasser hat das Erscheinen der dritten Auflage leider nicht mehr erlebt. Er ist am 11. Juli 1956 unerwartet, wenige Tage nachdem das Kuratorium der Universität Köln seine Ernennung zum außerordentlichen Professor beschlossen hatte, verstorben.

Der Verlag

Archiv-Nr. 23 05 56/20
Satz: Walter de Gruyter & Co., Berlin W 35
Druck: Berliner Buchdruckerei Union GmbH. Berlin SW 29

VORWORT ZUR 1. AUFLAGE

Durch das Wiederaufleben der Verwaltungsgerichtsbarkeit, das für weite Gebiete unseres deutschen Vaterlandes mit der Einführung der Generalklausel verknüpft ist, erlangt das Verwaltungsrecht für die Allgemeinheit eine bisher nicht gekannte Bedeutung. Diese Entwicklung richtet sich nicht gegen etwas, nicht gegen das Zivilrecht und seinen Herrschaftsbereich, sondern sie arbeitet für etwas, nämlich für das Volk. Gerade weil das Verwaltungsrecht nun oft in justiziellem Gewand erscheint, verschwindet der Gegensatz zwischen Zivilrecht und Verwaltungsrecht zugunsten einer organischen Verbindung beider Rechtsgebiete. Wer heute als Lernender mehr mit öffentlichem Recht befaßt wird, als das in der Vergangenheit geschah, fasse die Gewichtsverlagerung nicht als zusätzlichen schweren Ballast auf, sondern als Abrundung seines allgemeinen juristischen Wissens. Die Kenntnisse in dem einen Rechtszweig kommen notwendigerweise dem anderen Rechtszweig zugute. So ist es das eine Hauptanliegen dieses Lehrbuches, dem Verwaltungsrecht das Odium der Separatwissenschaft zu nehmen und bei jeder nur möglichen Gelegenheit auf den Zusammenhang mit der gesamten übrigen Rechtsordnung hinzuweisen.

Das zweite Anliegen ist die Werbung für eine andere Synthese, derjenigen zwischen Praxis und Wissenschaft. Was die Wissenschaft denkt, ohne die Praxis zu berücksichtigen, ist für die Beteiligten uninteressant. Was die Praxis tut, ohne die Erkenntnisse der Wissenschaft zu berücksichtigen, ist für die Beteiligten gefährlich, denn solche Entscheidungen sind nicht hieb- und stichfest und haben notwendigerweise nur ein kurzes Leben. Allein die gemeinschaftliche Arbeit beider ist zweckvoll.

Die Schrift erscheint in einem Augenblick, da auf verwaltungsrechtlichem Gebiet noch alles in Fluß ist oder wieder in Fluß geraten ist. Viele Gegenstände werden daher nur dargestellt, ohne daß es möglich oder zweckvoll wäre, eine allgemein gültige Lösung zu geben. Das gilt für die allgemeinen Lehren sowohl wie für die einzelnen Verwaltungszweige. Für sie insbesondere tritt die nie zu umgehende Schwierigkeit der Auswahl hinzu. Denn die gründliche Schilderung eines jeden Zweiges verlangt Jahre intensiver Arbeit, und die Kürzung auf den Rahmen eines Lehrbuches benötigt fast die gleiche Zeit. So will die hier versuchte Darstellung nur eine beispielhafte Auswahl geben, die insbesondere dem Lernenden zeigt, welch großes Gebiet im Verwaltungsrecht noch außerhalb der allgemeinen Lehren vorhanden ist, aber auch, wie sehr die einzelnen Verwaltungszweige trotz vieler Sonderregelungen in jenen ruhen.

Die Darstellung folgt nicht immer der bisher herrschenden Lehre, wenngleich sie sie stets kennzeichnet. Denn eine neue Zeit — und jede Zeit ist neu, auch wenn man sie nicht als die schönste aller aufgehenden Tage begrüßt — verlangt eine ihr entsprechende Betrachtungsweise. Was früher war, paßt heute oft nicht mehr, und es wäre unehrlich, das zu verheimlichen.

Köln, im Juli 1950.

VORWORT ZUR 2. AUFLAGE

Seit der Niederschrift der ersten Auflage haben über vier Jahre Verwaltungsrechtsprechung und wissenschaftlichen Eindringens in die durch neue Gesetze geschaffenen Verwaltungsgrundlagen das Aussehen des Verwaltungsrechts verändert. Es hat sich gestrafft und vieles von seiner früheren Verschwommenheit verloren. Manche ehedem eingehend behandelten Fragen haben nur noch historisches Interesse. Das machte, um die schon im Vorwort zur ersten Auflage umrissenen, unverändert beibehaltenen Ziele erreichen zu können, eine völlig neue Bearbeitung des ganzen Stoffes nötig. Vor allem wurde erstrebt, die einzelnen Vorgänge in ein einheitliches System einzugliedern, das dem Leser die Gewißheit gibt, sich stets auf festem rechtlich zuverlässigem Boden zu befinden.

Köln, im Oktober 1953.

VORWORT ZUR 3. AUFLAGE

Die nach dem Absatz der vorigen nötig gewordene neue Auflage bemüht sich, die weitere Entwicklung des Verwaltungsrechts zu berücksichtigen. Die Entwicklung wird insbesondere deutlich an den Ergebnissen der Rechtsprechung. — Wie schon bei den ersten Auflagen sei dem Verlag gedankt für die Geduld, mit der er durch die fortschreitende Gesetzgebung und Rechtsprechung nötig gewordene Änderungen anzubringen erlaubte. Herrn Verwaltungsrichter Dr. Lazar danke ich für seine unermüdliche Mitarbeit bei der Drucklegung sowie für die Anfertigung des Abkürzungsverzeichnisses und des Sachverzeichnisses. Dank sage ich auch für die zahlreichen Anregungen, die mir aus dem weiten Leserkreis zugeflossen sind.

Köln, im März 1956.

KURT EGON FRHR. v. TUREGG
Bundesrichter am Bundesverwaltungsgericht
Privatdozent an der Universität Köln
Beigeordneter a. D.

INHALTSVERZEICHNIS

II. Teil

Einzelne Verwaltungszweige

Allgemeine Arbeitsunterlagen

Verzeichnisse der jeweils einschlägigen Monographien usw. befinden sich am Schlusse der Kapitel. Die Zeitschriftenaufsätze sind in den Anmerkungen aufgeführt.

Lehrbücher des Verwaltungsrechts

a) Der Beginn

von Mohl, Robert, Staatsrecht des Königreichs Württemberg, 1. Aufl. 1829—1831, 2. Aufl. 1846. (Erste rechtssystematische Gliederung der Funktionen des Rechtsstaates mit Trennung des Verwaltungsrechts von anderen Rechtsgebieten.)

von Stein, Lorenz, Die Verwaltungslehre, 8 Bände ab 1865 (Erste Verwaltungslehre als Darstellung des soziologischen Verhältnisses des einzelnen zum Staat; noch stark beeinflußt vom Genossenschaftsgedanken, wonach für die Verwaltung das Tätigwerden des einzelnen im Dienst der Gesellschaft charakteristisch ist, also gegen absolut-staatlichen Kameralismus einerseits und liberalistische Gegnerschaft gegen den Staat andererseits.)

Gerber, Carl-Friedrich, Über öffentliche Rechte, 1852. (Scharfe Unterscheidung zwischen Recht und Politik, was als epochemachende Neuheit empfunden wurde. Darstellung auch des Verwaltungsrechts mit rechtlichen Mitteln.)

Meyer, F. F., Grundzüge des Verwaltungsrechts und -Rechtsverfahrens, 1857 (Erster Versuch einer Gesamtdarstellung des deutschen Verwaltungsrechts unter Bezeichnung der Beziehungen des einzelnen zum Staat als öffentliche Rechtsverhältnisse und Umschreibung seiner Stellung mit Hilfe subjektiv-öffentlicher Rechte.)

Sarwey, L., Allgemeines Verwaltungsrecht, 1887 (Systematische Zusammenfassung der allgemeinen Lehren des deutschen Verwaltungsrechts, fußend auf dem System der Gewaltenteilung, der Gesetzmäßigkeit der Verwaltung und der grundrechtlichen Garantie der staatsbürgerlichen Freiheit.)

b) Zeit des Kaiserreichs

Mayer, Otto, Deutsches Verwaltungsrecht, 2 Bände, 1. Aufl. 1895f.. 2. Aufl. 1914f., 3. Aufl. 1924. (Schöpfer der modernen deutschen verwaltungsrechtlichen Methode; systematischer Aufbau nach bestimmten Rechtsinstituten als „feststehenden, gleichbleibenden Arten von Erscheinungen der öffentlichen Gewalt“ — I, 114 —. Rechtssystematische Annähreung des öffentlichen Rechts an das Zivilrecht, aber Beschränkung der Verwaltung im wesentlichen auf den Hoheitsbereich. Wenn auch nicht immer die Ergebnisse den gegenwärtigen Erfordernissen entsprechen, da Mayer notwendigerweise nur den inzwischen überholten bürgerlichen Rechtsstaat sieht, so ist doch die Methode noch aktuell.)

Loening, Edgar, Lehrbuch des deutschen Verwaltungsrechts. 1884.

Meyer, Georg-Dochow, Franz, Lehrbuch des deutschen Verwaltungsrechts 3 Bde. 4. Aufl. 1913—1915. (Beide Darstellungen, wie auch andere weniger umfangreiche aus der gleichen Zeit, betrachten die Verwaltung von der Organisation aus und schildern die rechtliche Stellung der einzelnen Behörden usw.)

c) Zeit der Weimarer Republik

Fleiner, Fritz, Institutionen des deutschen Verwaltungsrechts, 8. Aufl. 1928. (Systematischer Aufbau des Verwaltungsrechts auf den Grundlagen des Rechtsstaates. Klare und sehr deutliche Darstellung der rechtlichen Schwerpunkte, wodurch die Materie insbesondere auch heute noch Anfängern gut verständlich wird. Für System und Methode des Verwaltungsrechts ähnlich wichtig wie die Arbeiten Otto Mayers).

Jellinek, Walter, Verwaltungsrecht, 3. Aufl. 1931, unveränderter Neudruck 1948' Nachtrag (40 Seiten) 1950. (Ausführlichste, Rechtsprechung und Schrifttum eingehend berücksichtigende Darstellung der gesamten verwaltungsrechtlichen Materie. Kritische Beleuchtung der Rechtsentwicklung während der republikanischen Zeit vom rechtsstaatlichen Standpunkt aus. Auch Fundgrube für viele Einzelheiten.)

Giese, Friedrich-Neuwiem, Erhard-Cahn, Ernst, Deutsches Verwaltungsrecht 1930 (Systematische, sehr übersichtliche Darstellung unter Berücksichtigung auch einzelner Verwaltungszweige.)

Hatschek, Julius, Lehrbuch des deutschen und preußischen Verwaltungsrechts 7. u. 8. Ausg. hsg. von Paul Kurtzig 1931, Nachtrag 1932. (Durchdringung der Materie weitgehend von der preußischen Praxis her.)

Köhler, Ludwig, v., Grundlehren des deutschen Verwaltungsrechts 1935. (Darstellung des Verwaltungsrechts, insbesondere unter Berücksichtigung und Verwertung der Arbeitsergebnisse für den Entwurf einer württembergischen Verwaltungsrechtsordnung — EWVRO.)

Piloty, R., Schneider, F., Grundriß des Verwaltungsrechts in Bayern und dem Deutschen Reich, 4. und 5. Auflage 1930. (Darstellung des Verwaltungsrechts, insbesondere unter Berücksichtigung der bayerischen Verhältniss.)

d) Nationalsozialistische Zeit

Koellreuter, Otto, Deutsches Verwaltungsrecht. 1936. (Grundlagen des „Verwaltungsrechts im nationalsozialistischen Staat" — Vorwort.)

Köttgen, Arnold, Deutsche Verwaltung, 3. Aufl. 1944. (Betonung der praktischen Notwendigkeiten, nach denen sich auch das Recht zu richten habe; Ablehnung der sogenannten „juristischen Methode O. Mayers", weil diese nicht „die Wirklichkeit in den Kreis ihrer wissenschaftlichen Untersuchung" einbeziehe — S. 1.)

Maunz, Theodor, Verwaltung. 1937. (Versuch der Erfassung der Verwaltung als „Tätigkeit zur Gestaltung des Gemeinschaftslebens durch Arbeit besonders dazu berufener Behörden und Ämter nach einem vom Führer der Gemeinschaft aufgestellten Plan" — S. 11).

e) Seit 1945

Nebinger, Robert, Verwaltungsrecht, Allgemeiner Teil, 2. Aufl. 1949. (Darstellung des Verwaltungsrechts vom modernen rechtsstaatlichen Standpunkt aus unter besonderer Berücksichtigung der süddeutschen Verhältnisse.)

Peters, Hans, Lehrbuch der Verwaltung 1949. (Eingehende Darstellung der verwaltungsrechtlichen Grundlagen, sowie einzelner Verwaltungszweige unter besonderer Betonung der soziologischen und verwaltungstechnischen Zusammenhänge.)

Forsthoff, Lehrbuch des Verwaltungsrechts. 1. Bd. Allgemeiner Teil. 5. Aufl. 1955. (Ausführliche Darstellung der allgemeinen Grundlagen des Verwaltungsrechts unter Berücksichtigung und kritischer Beleuchtung von Schrifttum und Rechtsprechung.)

Verwaltungsrecht in Bayern, in Verbindung mit der Arbeitsgemeinschaft der Verwaltungsjuristen in München herausgegeben von J. Mang, 2 Bände, 1951—1952. (Darstellung der allgemeinen auch über Bayern hinaus gültigen Rechtsgrundlagen sowie der einzelnen bayerischen Verwaltungszweige.)

Kurze Grundrisse des Verwaltungsrechts

Bender-Fürst, Grundzüge des Verfassungs- und Verwaltungsrechts (In der Schriftenreihe des Sparkassen- und Giroverbandes für das Land Baden) 1952.

Giese, Allgemeines Verwaltungsrecht, 3. Aufl. 1952.

Helfritz, Verwaltungsrecht, 1948.

Jerusalem, Grundriß des Verwaltungsrechts, 1947.

Koellreuter, Grundfragen des Verwaltungsrechts, 1955.

v. Rosen – v. Hoewel, Allg. Verwaltungsrecht (In Schaeffers Grundrissen) 1955.

— Besonderes Verwaltungsrecht (ebd.) 1955.

Fälle mit praktischer Anleitung

Anschütz, Fälle und Fragen des Staats- und Verwaltungsrechts, 4. Aufl. 1926.

Fleiner, Verwaltungsrechtsfälle, 3. Aufl. 1929.

Kormann-List, Einführung in die Praxis des deutschen Verwaltungsrechts, 2. Aufl. 1930.

Hans, Öffentliches Recht (60 Fälle mit Lösungen) 1952. (Schaeffers Rechtsfälle — Bd. 9).

Schätzel, Themen und Fälle aus dem öffentlichen Recht, 2. Aufl. 1948.

Weimar, Verwaltungsrechtsfälle als Prüfungsstoff, 2. Aufl. 1953.

— Klausurenpraktikum 1955.

Schriftenreihen

Grundriß des Verwaltungsrechts, herausgegeben von Ambrosius.
Reihe A: Haushalts-, Kassen- und Rechnungswesen (Verlag Schwann, Düsseldorf).
Reihe B: Verfassungs- und Verwaltungsrecht (Verlag Mohr, Tübingen). Band 22a Ambrosius-Löns-Rengier, Kommentar zum Gesetz der unter Art. 131 GG fallenden Personen, 1953; Band 25 Pioch, Polizeirecht, 2. Aufl. 1952; Band 26 Turegg, Gewerberecht, 1953; Band 39 Neufang, Grundstücksenteignungsrecht, 1952.

Wissenschaftliche Schriften des Instituts zur Förderung öffentlicher Angelegenheiten in Frankfurt a. M.
Nr. 7 Der polizeiliche Eingriff in Freiheiten und Rechte; 1950; Nr. 12 Die Übertragung rechtsetzender Gewalt im Rechtsstaat, 1952.

Die Verwaltungsschule, (Neckar-Verlag, Schwenningen).
Nr. 11 Verkehrsverwaltung; Nr. 12 Veterinärwesen; Nr. 14 Vermessungswesen; Nr. 18 Personenstandswesen; Nr. 19 Wegerecht.

Der Verwaltungsdienst, herausgegeben von Hamann, Jellinghaus (Kohlhammer Verlag). Band 1 Braun-Öhler, Kassenrecht, 1949; Band 3 Keese, Öffentl. Fürsorge usw. 1951; Band 6 Pohl-Menzer, Bau-, Wohnungs- und Siedlungswesen; Band 11 Enderling, Die Aufgaben der Ordnungsämter, 2. Aufl. 1952; Band 12 Schmidt, Beamten-, Arbeits- und Tarifrecht, 1950; Band 13 Meyerhoff, Schulrecht, 1951; Band 15 Mewes, Statistik 1950; Band 16 Kubsch, Bürokunde 1950.

Verwaltung und Wirtschaft, Schriftenreihe der westfälischen Verwaltungsakademien (Runge Verlag Münster), Heft 1 Festschrift, 1950; Heft 2 Wirtschaftsunionen; Heft 3 Elleringmann, Amtsverband; Heft 4 Elleringmann-Giere, Laufbahnen; Heft 5 Kern, Berufsbeamtentum; Heft 6 Elleringmann, Beschlußverfahren; Heft 7 Jeß, Gesetz Art. 131 GG.; Heft 10 Barkhan, Öff.-rechtl. Entschädigung; Heft 11 Klein, Zivilgerichte im öff.-rechtl. Bereich; Heft 12, Simon, Verwaltungshandeln; Heft 13 Schallenberg, Widmung.

Schriftenreihe der Akademie Speyer (Verlag Mohr, Tübingen).

Schriftenreihe der Berliner Verwaltungsschule, herausgegeben von Theuner (Verlag Vahlen, Berlin-Frankfurt). Heft 1, 2 Körner-Brill, Einführung; Heft 3 Lehmann, Staatsrecht und Verwaltungsrecht; Heft 4 Brill, Gemeindeverfassung; Heft 5 Meißner, Die soziale Fürsorge; Heft 6 Godek, Gem. Bau- usw. Wesen; Heft 7 Fechner Steuerrecht; Heft 8 Scholze, Haushaltwesen; Heft 9 Sigl, Wirtschaftsverwaltungsrecht.

Entscheidungssammlungen

Entscheidungen des Bundesverwaltungsgerichts ab 1953.

Entscheidungen der obersten allgemeinen Verwaltungsgerichte der Länder: Bayern, Neue Folge ab 1949, Berlin ab 1954 ,Baden-Württemberg und Hessen ab 1952, Nordrhein-Westfalen, Niedersachsen und Schleswig-Holstein ab 1951, Rheinland-Pfalz ab 1954.

Jahrbuch der Entscheidungen des thüringischen Oberverwaltungsgerichts ab 1913.

Verwaltungsrechtsprechung in Deutschland. Sammlung oberst-richterlicher Entscheidungen, herausgegeben von Ziegler, ab 1949.

Rechtsprechung und Schrifttum, herausgegeben von Stoytscheff, ab 1949.

Nicht mehr erscheinen:

Entscheidungen des preußischen Oberverwaltungsgerichts, Berlin 1877—1941 (106 Bde.).

Jahrbücher des sächsischen Oberverwaltungsgerichts, Leipzig 1902—1941 (42 Bände).

Entscheidungen des Reichsverwaltungsgerichts, Berlin 1942—1944 (2 Bände).

Entscheidungen der Gerichte und Verwaltungsbehörden aus dem Rechtsgebiet der inneren Verwaltung, begründet von Reger, München-Berlin 1881—1942 (61 Bände).

Jahrbuch der Rechtsprechung zum Verwaltungsrecht, herausgegeben von Soergel. Berlin-Stuttgart-Leipzig 1908—1914.

Gesetzessammlungen

a) **Für gegenwärtiges Recht**

Verfassungs- und Verwaltungsgesetze. Begründet von Satorius. Loseblatt-Sammlung (Becksche Verlagsbuchhandlung) ab 1950.

Landesrecht Baden-Württemberg, herausgegeben von Emmelmann, Gerecke, Reinfried, Schäfer u. a. Loseblatt-Sammlung (Verlag C. F. Müller, Karlsruhe) ab 1952.

Hamburgisches Landesrecht (Verlag Decker) ab 1955.

Hessische Verfassungs- und Verwaltungsgesetze, herausgegen von Fuhr und Pfeil, Loseblatt-Sammlung (Becksche Verlagsbuchhandlung) ab 1952.

Verwaltungsgesetze des Freistaats Bayern, herausgegeben von Ziegler. Loseblatt-Sammlung (Becksche Verlagsbuchhandlung) ab 1950.

Das Landesrecht in Niedersachsen, herausgegeben von Danehl, Mierické, Loseblatt-Sammlung (Kohlhammer Verlag) ab 1951.

Das Landesrecht in Nordrhein-Westfalen, herausgegeben von Vogels, Loseblatt-Sammlung (Kohlhammer Verlag) ab 1950.

Gesetze des Landes Nordrhein-Westfalen, herausgegeben von v. Hippel-Rehborn, Loseblatt-Sammlung (Becksche Verlagsbuchhandlung.) ab 1955.

Öffentliches Recht in Nordrhein-Westfalen, herausgegeben von Peters-Wertenbruch (Verlag Otto Schwartz & Co., Göttingen) 1953.

Verfassungs- und Verwaltungsrecht in Schleswig-Holstein, herausgegeben von Held (Wachholtz-Verlag, Neumünster) 1951.

Verwaltungsgesetze für das ehemals preußische Gebiet mit dem ergänzenden Recht der neuen Länder, herausgegeben von Weber (Becksche Verlagsbuchhandlung) 1951.

b) Für älteres Recht

Brauchitsch, Verwaltungsgesetze für Preußen, 21.-24. Aufl. herausgegeben von Drews und Lassar, Berlin 1927ff.

Bleyer, Sammlung bayerischer Justiz- und Verwaltungsgesetze, München 1914.

Bühler, Verwaltungsgesetze des Reichs und Preußens, Berlin-Leipzig 1931.

Stier-Somlo-Köttgen, Sammlung preußischer Gesetze staats- und verwaltungsrechtlichen Inhalts, München 1932.

Nachschlagewerke

v. Bitter, Handwörterbuch der preußischen Verwaltung, 3. Aufl. 1928.

Blattei, Handbuch Nr. 17, Verwaltungsrecht (Herausgegeben im Forkel-Verlag, Stuttgart) ab 1946.

Deutsche Rechtsprechung, herausgegeben in Verbindung mit der Schriftleitung der MDR. von Feuerhake, Band V: Öffentliches Recht, Loseblatt-Sammlung, ab 1950.

Giese, hsg. v., Die Verwaltung. Schriftenfolge zur staatswissenschaftlichen Fortbildung. Braunschweig 1950ff.

Graf Hue de Grais-Peters, Handbuch der Verfassung und Verwaltung in Preußen und im Reich, 25. Aufl. Berlin, 1931.

Merk, Handb. des bad. Verwaltungsrechts. 1925.

Mosel, Handwörterbuch des Verwaltungsrechts, 4. Aufl. Leipzig, 1938.

NJW-Fundhefte. Nachweis der Rechtsprechung, der Zeitschriftenaufsätze und selbständigen Schriften. Heft 3, öffentl. Recht. 1952f.

v. Stengel-Fleischmann, Wörterbuch des deutschen Verwaltungsrechts, 2. Aufl. Berlin, 1911—1914.

Zeitschriften

Archiv des öffentlichen Rechts, Tübingen ab 1886.

Bayer. Verwaltungsblätter. Neue Folge ab 1955.

Der öffentliche Dienst, Stuttgart und Köln ab 1948.

Die öffentliche Verwaltung, Zeitschrift für Verwaltungsrecht und Verwaltungspolitik, Stuttgart und Hagen i. W. ab 1949.

Deutsches Verwaltungsblatt (früher: Deutsche Verwaltung), Zeitschrift für Verwaltungsrecht, Köln-Berlin ab 1949.

Jahrbuch des öffentlichen Rechts, Tübingen ab 1907.

Justiz und Verwaltung, Hamburg ab 1950.

Zeitschrift für öffentliches Recht, Wien ab 1923.

Nicht mehr erscheinen:

Annalen des Deutschen Reichs. München-Berlin-Leipzig von 1871—1932

Deutsche Verwaltung (ab 1934 Organ der NSDAP) Berlin 1923—1944.

Fischers Zeitschrift für Verwaltungsrecht (bis 1924: Fischers Zeitschrift für Praxis und Gesetzgebung der Verwaltung). Leipzig von 1879—1941.

Grünhuts Zeitschrift für das Privat- und öffentliche Recht der Gegenwart, Wien bis 1916.

Reichsverwaltungsblatt, früher Preußisches Verwaltungsblatt, Berlin von 1878—1945.

Schmollers Jahrbuch für Gesetzgebung usw. 1876—1939.

Verwaltungsarchiv. Berlin von 1893—1942.

Zeitschrift für badische Verwaltung und Verwaltungsrechtspflege, Karlsruhe 1859—1936.

Bayerische Verwaltungsblätter (bis 1925 Blätter für administrative Praxis, ab 1934: Deutsches Verwaltungsblatt), München 1851—1937.

Württembergische Zeitschrift für Rechtspflege und Verwaltung (ab 1931: Verwaltungsrechtspflege), Stuttgart 1907—1938.

ABKÜRZUNGSVERZEICHNIS

AA(aA): anderer Ansicht
allgemeine Ansicht
aaO: am angegebenen Ort
AbgO.: Abgabenordnung
Abh.: Abhandlung
ABl: Amtsblatt
ABlAHK: Amtsblatt der Alliierten Hohen Kommission
Abs.: Absatz
a. F.: alte Fassung
AG: Amtsgericht
Aktiengesellschaft
AGBGB: Ausführungsgesetz zum Bürgerlichen Gesetzbuch
ALR: Preußisches Allgemeines Landrecht
am.: amerikanisch
aM: anderer Meinung
AnDR: Annalen des Deutschen Reiches für Gesetzgebung, Verwaltung und Volkswirtschaft
AngVersGes: Angestelltenversicherungsgesetz
Anh: Anhang
Anm.: Anmerkung
Anz.: Anzeiger
AO: Anordnung
ArbBl: Arbeitsblatt
ArchöffR: Archiv des öffentlichen Rechts
Art.: Artikel
Aufl.: Auflage
AusfVO: Ausführungsverordnung
A. V.: Ausführungsvorschrift
Ausführungsverordnung
AVAVG: Gesetz über Arbeitsvermittlung und Arbeitslosenversicherung
AVG: Angestelltenversicherungsgesetz
AVO: Ausführungsverordnung
bad.: badisch
bayer.: bayerisch
BayerObLGZ: Sammlung von Entscheidungen des Obersten Landesgerichts für Bayern in Gegenständen des Zivilrechts
BayerVerwBl: Bayerische Verwaltungsblätter
BB: Der Betriebsberater
BBG: Bundesbeamtengesetz 1953
Bd: Band
BDO: Bundesdisziplinarordnung 1952
BezVG: Bezirksverwaltungsgericht
BG: Beamtengesetz
BGB: Bürgerliches Gesetzbuch
BGBl.: Bundesgesetzblatt
BGHSt: Entscheidungen des Bundesgerichtshofs in Strafsachen
BGHZ: Entscheidungen des Bundesgerichtshofs in Zivilsachen
BHW: Bundesamt für Heimatwesen
Bln.: Berlin
brit. Z.: britische Zone
Bundesanz.: Bundesanzeiger
BFH: Bundesfinanzhof
BVerfG: Bundesverfassungsgericht
BVerwG: Bundesverwaltungsgericht
b.-w: baden-württembergisch
BWMBl: Ministerialblatt des Bundesministers für Wirtschaft
d: deutsch
DAutR: Deutsches Autorecht
DBG: Deutsches Beamtengesetz 1937
DDR: Deutsche Demokratische Republik
ders: derselbe
DevGes: Gesetz über Devisenbewirtschaftung 1938
DGO: Deutsche Gemeindeordnung 1935
d. h.: das heißt
d. i.: das ist
Dig.: Digesten
Diss.: Dissertation
DJZ: Deutsche Juristenzeitung
DOG: Deutsches Obergericht
DR: Deutsches Recht
DRiZ: Deutsche Richterzeitung
DRZ: Deutsche Rechtzeitschrift

DStRL: Veröffentlichung der Vereinigung der deutschen Staatsrechtslehrer
DurchfBek.: Durchführungsbekanntmachung
DurchfVO: Durchführungsverordnung
DV: Deutsche Verwaltung
DVBl: Deutsches Verwaltungsblatt
DVO: Durchführungsverordnung
ebd.: ebenda
EGBGB: Einführungsgesetz zum Bürgerlichen Gesetzbuch
EGGVG: Einführungsgesetz zum Gerichtsverfassungsgesetz
EGZPO: Einführungsgesetz zur Zivilprozeßordnung
Einl.: Einleitung
EVwGO: Entwurf einer Verwaltungsgerichtsordnung des Bundes 1954
EWVRO: Entwurf einer Württembergischen Verwaltungsrechtsordnung 1931
Festg.: Festgabe
Festschr.: Festschrift
f; ff: folgende
Ffm.: Frankfurt a. M.
FGG: Gesetz über die freiwillige Gerichtsbarkeit
FPflVO: Fürsorgepflichtverordnung 1924
FStrG: Bundesfernstraßengesetz 1953
G, Ges.: Gesetz
GastGes: Gaststättengesetz 1930
GBl: Gesetzblatt
GBlDDR: Gesetzblatt der Deutschen Demokratischen Republik
GemMinBl: Gemeinsames Ministerialblatt
Gen: Genossenschaft
ges.: gesamt
GewO: Gewerbeordnung 1869
GG: Grundgesetz für die Bundesrepublik Deutschland
GmbH: Gesellschaft mit beschränkter Haftung
GMBl: Gemeinsames Ministerialblatt
GO: Gemeindeordnung
GrSSt: Großer Senat für Strafsachen
GruchArch, Beitr.: Gruchots Beiträge zur Erläuterung des deutschen Rechts
GS: preußische Gesetzsammlung
GVBl: Gesetz- und Verordnungsblatt
GVG: Gerichtsverfassungsgesetz
hamb.: hamburgisch
Handb.: Handbuch
Hbg.: Hamburg
HdbchddStR: Handbuch des Deutschen Staatsrechts, heraugegeben von G. Anschütz und R. Thoma
hess.: hessisch
HGBR: Handbuch des gesamten Grundstücks- und Baurechts
i. a.: im allgemeinen
i. d. F.: in der Fassung
i. d. R.: in der Regel
i. e. S.: im engeren Sinne
insb.: insbesondere
i. S.: im Sinne
i. ü.: im übrigen
I.-u.H.-Kammern: Industrie- und Handelskammern
i. Vbd. m.: in Verbindung mit
i. w.: im wesentlichen
i. w. S.: im weiteren Sinne
JAO: Justizausbildungsordnung
Jb: Jahrbuch
JGG: Jugendgerichtsgesetz 1953
JMBl: Justizministerialblatt
JO: Journal Official (frz. Zone)
JR: Juristische Rundschau
JW: Juristische Wochenschrift
JZ: Juristenzeitung
KabOrd: Kabinettsorder
Kap.: Kapitel
KFG: Kraftfahrzeuggesetz; jetzt Straßenverkehrsgesetz 1953
KG: Kammergericht
kgl.: königlich
KnappschG: Reichsknappschaftsgesetz 1926
KO: Konkursordnung
KomAbgGes: preußisches Kommunalabgabengesetz 1899
KontrRDir: Kontrollratsdirektive
KRGes: Kontrollratsgesetz
KStZ: Kommunale Steuerzeitschrift
KVD.: Kassenärztliche Vereinigung Deutschlands
LAG: Lastenausgleichsgesetz
LG: Landesgesetz, Landgericht
Lbg: Lüneburg
LKO: Landkreisordnung

LVG: Landesverwaltungsgericht
Landesverwaltungsgesetz
LVO: Landesverwaltungsordnung
MBliV: Ministerialblatt für die innere Verwaltung
MRD: Monatsschrift für Deutsches Recht
m. E.: meines Erachtens
MfELuF: Minister für Ernährung, Landwirtschaft und Forsten
MinBl: Ministerialblatt
MinBliV: Ministerialblatt für die innere Verwaltung
MinErl.: Ministerialerlaß
MRVO: Militärregierungsverordnung
MSchG: Mieterschutzgesetz
Mstr: Münster
nds: niedersächsisch
NF: Neue Folge
NJ: Neue Justiz
NJW: Neue Juristische Wochenschrift
Nr.: Nummer
n.-w.: nordrhein-westfälisch
NWDR: Nordwestdeutscher Rundfunk
ObLG: Oberstes Landesgericht
Öff. Dienst: Öffentlicher Dienst
ÖV: Die öffentliche Verwaltung
OGHbritZ: Oberster Gerichtshof für die britisch besetzte Zone
OHG: Offene Handelsgesellschaft
OKD: Oberkreisdirektor
OLG: Oberlandesgericht
OVG: Oberverwaltungsgericht
OWG: Gesetz über Ordnungswidrigkeiten 1952
PersStG: Personenstandsgesetz idF. 1951
PolVO: Polizeiverordnung
pr.: preußisch
PrivVersG: Gesetz über die privaten Versicherungsunternehmungen 1901
prZG: preußisches Zuständigkeitsgesetz
PStBG: Polizeistrafgesetzbuch
PVG: Polizeiverwaltungsgesetz
RAnwO: Rechtsanwaltsordnung
RAnz.: Reichsanzeiger
RArbBl: Reichsarbeitsblatt
RBG: Reichsbeamtengesetz
Rderl.: Runderlaß
RdL: Recht der Landwirtschaft
RDStrO: Reichsdienststrafordnung
rechtsw.: rechtswissenschaftlich
Ref.: Referat
RegBl: Regierungsblatt
RFH: Reichsfinanzhof
RG: Reichsgericht
RGBl: Reichsgesetzblatt Teil I
RGBl II: Reichsgesetzblatt Teil II
RGKom: Kommentar der Reichsgerichtsräte zum BGB
RGr: Reichsgrundsätze über Voraussetzung, Art und Maß der öffentlichen Fürsorge 1931
RGSt: Entscheidungen des Reichsgerichts in Strafsachen
RGZ: Entscheidungen des Reichsgerichts in Zivilsachen
RHaftpflG: Reichshaftpflichtgesetz 1910
rhld.-pf.: rheinland-pfälzisch
RKnappschG: Reichsknappschaftsgesetz
RLG: Reichsleistungsgesetz 1939
RMinBl: Reichsministerialblatt
RNotO: Reichsnotarordnung
RP: Reichspräsident
RSG: Reichssiedlungsgesetz
RUO: Reichsumlegungsordnung 1936
RuPrVerwBl: Reichsverwaltungsblatt und Preußisches Verwaltungsblatt
RV: Reichsverfassung
RVA: Reichsversicherungsamt
RVerwBl: Reichsverwaltungsblatt
RVO: Reichsversicherungsordnung
RWM: Reichswirtschaftsminister
S.: Seite
sächs.: sächsisch
schl.-hol.: schleswig-holsteinisch
SJZ: Süddeutsche Juristenzeitung
SMA: Sowjetische Militäradministration
SMAD: Sowjetische Militäradministration für Deutschland
sog.: sogenannt
Staatsanz.: Staatsanzeiger
StGB: Strafgesetzbuch
StGH: Staatsgerichtshof
StPO: Strafprozeßordnung
StrNG: Gesetz über die einstw. Neuregelung des Straßenwesens u. der Straßenverwaltung 1934
StVerkO: Straßenverkehrsordnung
südd: süddeutsch

thür.: thüringisch
Tit.: Titel
UdSSR: Union der Sozialistischen Sowjetrepubliken
ULG: Umlegungsgesetz 1936
USMR: US-Militärregierung
usw.: und so weiter
VA: Verwaltungsakt
VBl: Verordnungsblatt
Verwaltungsblatt
Verf.: Verfassung
VerfGH: Verfassungsgerichtshof
Veröff.: Veröffentlichung
VerwArch: Verwaltungsarchiv
VerwBl: Verwaltungsblatt
VerwRspr: Verwaltungsrechtsprechung in Deutschland
VfWMBl: Mitteilungsblatt der Verwaltung für Wirtschaft
VG: Verwaltungsgericht
VGG: Verwaltungsgerichtsgesetz für die amerikanisch besetzte Zone von 1946
VGH: Verwaltungsgerichtshof
vgl.: vergleiche
VO: Verordnung
VOBlbritZ: Verordnungsblatt für die Britische Zone
Vorb: Vorbemerkung
VOSch: Verordnung über das Schornsteinfegerwesen
VU: Verfassungsurkunde
VwVG: Verwaltungsvollstreckungsgesetz 1953
w.-b.: württemberg-badisch
WBewG: Wohnraumbewirtschaftungsgesetz 1953
WG: Wassergesetz
w.-hoh.: württemberg-hohenzollerisch
WiGBl: Gesetzblatt der Verwaltung des Vereinigten Wirtschaftsgebietes
WiStG: Wirtschaftsstrafgesetz
WohnG: Wohnungsgesetz
WRV: Weimarer Reichsverfassung
WSG: Wohnsiedlungsgesetz
württ.: württembergisch
BadZtschrVerw: Zeitschrift für Badische Verwaltung und Verwaltungsrechtspflege
Württ. Ztschr.: Württembergische Zeitschrift für Rechtspflege und Verwaltung
ZAkDR: Zeitschrift der Akademie für Deutsches Recht
z. B.: zum Beispiel
ZBlUV: Zentralblatt für die gesamte Unterrichtsverwaltung in Preußen
ZentrVerwBl: Zentralverwaltungsblatt
ZG: preußisches Zuständigkeitsgesetz
Ziff.: Ziffer
ZJBl: Zentraljustizblatt
ZPO: Zivilprozeßordnung
z. T.: zum Teil
Ztschr.: Zeitschrift
Ztschr. f. bad. Verw.: Zeitschrift für badische Verwaltung und Verwaltungsrechtspflege
Ztschr. f. d. Fürsorgewesen: Zeitschrift für das Fürsorgewesen
Ztschr. f. d. Zivilprozeß: Zeitschrift für deutschen Zivilprozeß
Ztschr. f. ö. R.: Zeitschrift für öffentliches Recht
Ztschr. f. V.: Zeitschrift für Verwaltung
ZVG: Zwangsvollstreckungsgesetz
ZVOBl: Zentralverordnungsblatt der deutschen Justizverwaltung der sowjetischen Besatzungszone in Deutschland
ZZP: Zeitschrift für deutschen Zivilprozeß
z. Z.: zur Zeit

I. Teil

Allgemeine Lehren

1. Abschnitt

GRUNDLAGEN

Erstes Kapitel

Begriff der Verwaltung

1. Platz der Verwaltung im Staatsaufbau

a) Statische Kräfte

Der Mensch wird zum Menschen dadurch, daß er nach bestimmten Plänen handelt. Instinkt und undurchdachte Reaktionen mögen auch bei ihm eine Rolle spielen. Aber alle Handlungen von einiger Bedeutung werden vorher durchdacht, und der durch die Handlung eintretende Erfolg oder Mißerfolg wird wenigstens in groben Zügen erwartet, erhofft oder befürchtet. Wenn die Geistesarbeit des Entschlusses oder Beschlusses beendet ist, wird er in der Wirklichkeit durchgeführt, wobei es dann von der Stärke und Geschicklichkeit des Durchführenden und von den äußeren Umständen abhängt, welches Ergebnis die Durchführung hat, ob die Wirklichkeit dem im Entschluß enthaltenen Zukunftsbild entspricht oder nicht. Genau wie der Einzelmensch verhalten sich menschliche Gemeinschaften. Auch sie werden zu einer solchen im Unterschied zu tierischen Horden erst dann, wenn sie fähig sind, als Gemeinschaft bestimmte Entschlüsse oder Beschlüsse zu fassen. Diese Beschlüsse müssen, wenn die Gemeinschaft nach außen in Erscheinung treten will, in der Wirklichkeit durchgeführt werden. Wiederholt sich der Vorgang, so entsteht ein sinnvoller Aufbau der Handlungen der Gemeinschaft. Sie lebt ein menschlich vernünftiges Leben wie der Einzelmensch.

Um ein derartiges Leben führen zu können, bedarf der Einzelmensch eines geordneten Körpers, der ihm sowohl die Entschlußfassung als auch die Durchführung des Entschlusses ermöglicht. Genau so bedarf die Gemeinschaft einer bestimmten Ordnung, die dafür sorgt, daß sie einen Willen bilden und vollziehen kann und ferner, daß die Stellung der Gemeinschaft zu ihren Mitgliedern und die Beziehungen der Mitglieder untereinander geregelt werden.

Eine der wichtigsten menschlichen Gemeinschaften ist der Staat. Auch er muß einen Willen bilden und muß, um nach außen in Erscheinung zu treten, diesen Willen in die Tat umsetzen, in der Wirklichkeit vollziehen. Die Willensbildung kann voller Unruhe sein, wie sie in blutigen Bürgerkriegen oder in parlamentarischen Kämpfen erscheint. Der nach ihrem Ende sichtbare Entschluß aber ist etwas Festes, das ruhende, statische Element des Staates. Dabei kann es sich handeln um eine Verfassung als ein besonders feierlicher und auf lange Sicht gefaßter Entschluß, ähnlich dem Vorsatz eines Menschen, der bei einer feierlichen Gelegenheit für sein ferneres Leben bestimmte Grundsätze aufstellt; sie wird i. a. als eine rechtliche Ordnung angesehen, die das Verhältnis der obersten Staatsstellen untereinander, die Rechtsbeziehungen zwischen Staat und Staatsbürger und die Staatsfunktionen regelt[1]). Oder es handelt sich um Gesetze als Resultate der Gesetzgebung, die die Richtlinien für einzelne Lebenserscheinungen aufzeigen[2]). Sie können leichter umgestoßen werden als die auf lange Sicht berechnete Verfassung.

b) Dynamische Kräfte

Die Verwirklichung der in Verfassung und Gesetzen erkennbaren Entschlüsse ist die Aufgabe von außerhalb der Verfassungs- und Gesetzgebung liegenden Kräften. Sie sind abhängig teils von dem Inhalt der Entschlüsse, teils aber von Ereignissen, die entweder durch sie erst ausgelöst werden oder die von außen her an die zu verwirklichenden Entschlüsse herantreten, sie fördernd oder hemmend. Diese „handelnde Staatsgewalt" ist voller Dynamik[3]).

Die handelnde Staatsgewalt nun kann sich in drei verschiedenen Funktionen äußern: Als Rechtsprechung ist sie auf die Erhaltung der bestehenden Rechtsordnung gerichtet; ihr letztes Ziel ist es, bedrohtes Recht zu schützen und ver-

---

[1]) Aristoteles, Politik IV, 1: „Die Verfassung ist jene Ordnung für die Staaten, die sich auf die Magistraturen bezieht, die Art ihrer Verteilung regelt und bestimmt, welches der herrschende Faktor im Staat und welches das Ziel der jeweiligen politischen Gemeinschaft ist; die Gesetze aber sind es, die gesondert von jenen Verfassungsbestimmungen die Norm abgeben, nach der die Regierenden regieren und den Übertretern wehren sollen." — Wie weit die Verfassung in einer Verfassungsurkunde („formale Verfassung") oder in sonstigen Rechtsquellen („materielle Verfassung") enthalten ist, hat das Staatsrecht zu klären; immer noch wichtig: Triepel, Festschr. f. Laband 1908, II, 305; jedoch Vorsicht bei dem Vergleich mit angloamerikanischem Recht, z. B. sweeping clause, das für europäische Verhältnisse nicht paßt. — Vgl. auch G. Jellinek, Staatslehre, 337ff.

[2]) Die Frage, was im einzelnen unter Gesetz zu verstehen ist, hat das Staatsrecht zu klären. „Das Wort Gesetz gehört zu den vieldeutigsten in der Sprache der Wissenschaft und des täglichen Lebens" sagt G. Jellinek, Gesetz und Verordnung, 226; vgl. auch Wenzel, Der Begriff des Gesetzes, 32ff.; für die Wiener Schule: Roß, Rechtsquellen, 371ff. — Zu Gesetzen als Verwaltungsrechtsquellen s. unten S. 56ff.

[3]) Fleiner, Institutionen, 120. — Die Verweisung auf die menschlichen Tätigkeiten der Entschlußfassung und der Durchführung dient nur einer ersten Verdeutlichung. Sie enthält keineswegs eine Erklärung der komplizierten Verhältnisse zwischen den einzelnen Staatstätigkeiten. Schon Aristoteles, Politik IV, 14, betont das, indem er unter Hinweis auf die von ihm betrachteten über 100 Verfassungen vor jeder Schablonisierung warnt.

letztes wiederherzustellen[1]). Als Verwaltung ist sie Tätigwerden im Dienst der allgemeinen Aufgaben und Zwecke der Öffentlichkeit oder zur Befriedigung ihrer Interessen oder Kulturbedürfnisse. Mit allen geistigen, technischen und ökonomischen Mitteln, welche die Gesetze nicht verbieten, greift sie schöpferisch und selbsttätig in das Leben ein. Sie hat insofern keine solch unmittelbare Bindung an das Gesetz wie die Rechtsprechung, als sie ihm nur die Richtlinien und Schranken ihres Handelns entnimmt. Die Rechtsanwendung ist ihr deutlich nur Mittel zum Zweck[2]). Als Wirtschaftsordnung ist sie die Regelung des gesamten Wirtschaftslebens des Staates oder sonstiger Hoheitsträger. Die in ihnen zusammengeschlossene Gemeinschaft muß entscheiden, ob sie in einer in jeder Beziehung gebundenen, in einer völlig freien oder in einer durch eine mittlere Lösung bestimmten Wirtschaft leben will[3]).

2. Grenzen des Begriffs

a) Negative Umschreibung

Vergleicht man die Umschreibungen der einzelnen Staatstätigkeiten, so fällt auf, daß Rechtsetzung und Rechtsprechung sich schon ohne näheres Eindringen in Einzelheiten in verständlicher Weise umschreiben lassen, während das bei der Verwaltung nicht der Fall ist. So liegt es nahe, die Verwaltung negativ zu bestimmen als diejenige Funktion der Staatsgewalt, welche übrig bleibt, wenn man Rechtsetzung und Rechtsprechung abzieht. Damit ist, wie nie verkannt wurde[4]), eine nur sehr ungenaue Erkenntnis verbunden. Außerdem

---

[1]) Diese Definition — im Anschluß an Anschütz, WeimV. 1933, Vorb. vor Art. 102 und Rosenberg, Lehrbuch des deutschen Zivilprozeßrechts 1954, 39 — gibt m. E. die deutlichste Vorstellung. Weitere Definitionsversuche z. B.: Thoma, HdbchddStR. II, 129; OVG. Lbg. 5, 347; Jahrreiß, Ref. auf dem 37. d. Juristentag, 31; Dernedde in: ZJBl. 1949, 102; Bachof, Klage auf Vornahme einer Amtshandlung, 18; Turegg in: NJW. 1953, 1201. — Zu stark das Organisatorische betont Friesenhahn in: Festschr. f. Thoma, 1950, 27. — Das Recht ist nach moderner Ansicht auch bei der Rechtsprechung nicht Selbstzweck in dem Sinne von: Fiat justitia, pereat mundus, wie noch Fleiner, Institutionen, 7, ausführt; denn auch die Rechtsprechung hat die wirtschaftlichen und sozialen Folgen ihrer Maßnahmen nicht aus dem Auge zu verlieren.

[2]) Damit ist noch keine Definition der Verwaltung gegeben. Eine solche ist wegen ihrer Vielgestaltigkeit nicht möglich; sie kann vielmehr nur beschrieben werden, vgl. unten S. 21. Alle Definitionsversuche erschöpfen sich in der Aufzählung einzelner Verwaltungszweige und der schon von Stahl, Philosophie des Rechts gebrauchten Wendung, daß die Verwaltung kein Recht setze, sondern „die Leitung der gemeinsamen Tätigkeit für Zwecke" habe. — Wegen der Schwierigkeit der Unterscheidung zwischen Rechtsprechung und Verwaltung verzichtet z. B. § 79 Abs. 2 BVerfGG. auf eine Festlegung und spricht schlechthin von „Entscheidungen" für beide Bereiche: vgl. schon Stier-Somlo, in: Festschr. f. Laband, 1908, II, 513.

[3]) Vgl. unten S. 49 ff.

[4]) Neuerdings noch Rosenberg, aaO.

leidet sie — abgesehen von der Nichtbeachtung der Wirtschaftsordnung — an dem Mangel, heterogene Staatstätigkeiten unter dem Begriff der Verwaltung zusammenzuschließen.

b) Verwaltung und Regierung

Dasjenige nämlich, was nach Abzug von Rechtsetzung, Rechtsprechung und neuerdings noch Wirtschaftsordnung als „Exekutive" übrig bleibt, ist teils Regierung und teils Verwaltung. Regierung ist eine die allgemeinen und grundsätzlichen Richtlinien ausarbeitende Tätigkeit, die angibt, in welcher Weise die in Verfassung und Gesetzen enthaltenen Gedanken in der Wirklichkeit durchgesetzt werden sollen.

Beispiel:

Außenpolitische Maßnahmen, Beziehungen zwischen den Gliedstaaten eines Bundesstaates, parlamentarische Entscheidungen, Bestimmung der politischen Richtlinien (Art. 65, 112, 113 GG.), Präsidialentscheidungen wie Gnadenerweise, Ordensverleihungen usw.

Verwaltung dient der Durchführung der Regierungsrichtlinien im täglichen Leben oder verwirklicht die Gesetze in beschränkterem Umkreis[1]). Alle Möglichkeiten umfassende Grenzen zwischen beiden lassen sich nicht aufzeigen. Doch sind die Arten der Regierungstätigkeit beschränkt dadurch, daß i. a. ein spezieller gesetzlicher Hinweis auf ihr Vorhandensein zu fordern ist. Rechtlich wird Regierungstätigkeit i. a. durch das Staatsrecht, Verwaltungstätigkeit durch das Verwaltungsrecht erfaßt. Die Beachtung des Unterschiedes zwischen beiden ist wichtig. Ein Staatswesen kann nicht gedeihen, wenn die an der Spitze stehende

---

[1]) Schneider, Gerichtsfreie Hoheitsakte: „Der Regierungsakt unterscheidet sich vom VA. wie der Operationsplan des Feldherrn von den Befehlen aller unteren Stellen." — Vgl. auch R. Smend, Die politische Gewalt im Verfassungsstaat, 1923, 16 unter Berufung auf L. von Stein, R. v. Mohl, C. Frantz. — In bezug auf das Verhältnis zwischen Regierung und Verwaltung ist die negative Abgrenzung nicht unangebracht: Alles, was nicht Regierung ist, ist Verwaltung. — Die Ausführungen bei Fleiner, Institutionen, 4, mit der Wendung, daß „Vollziehung, und Regierung .. die zwei Seiten der dritten staatlichen Funktion .., der Verwaltung im engeren Sinn" darstellen sollen, geben nach neuerer Ansicht nicht die grundlegende Gegenüberstellung. „Vollziehung" ist sowohl Aufgabe der Verwaltung als der Regierung, aber nicht die einzige Aufgabe, da beide außerdem eigenständige Arbeiten zu erfüllen haben. Richtig an der auch von Fleiner vertretenen klassischen Auffassung ist, daß Verwaltung und Regierung zu ein und derselben Staatsgewaltsfunktion, der Exekutive, gehören. Die Regierung ist nach dem gegenwärtigen Aufbau des deutschen Staatswesens keine eigene Staatsgewaltsfunktion (im politischen Tageskampf die „vierte Funktion" genannt). Da sich Inhalt und Organisation nicht decken — vgl. im Text zu c) —, kann es zudem vorkommen, daß Verwaltungsstellen Regierungstätigkeit und daß Regierungsstellen Verwaltungstätigkeit ausüben. — Weiteres Schrifttum bei Wernicke, Bonner Kommentar, Art. 19 Anm. II, 4 g; Rumpf, aaO., insb. Vergleich mit französischem (actes de gouvernement) und englischem Recht (acts of State).

Regierung sich allzu sehr um Einzelheiten kümmert oder wenn anderseits die dezentralisierten Verwaltungsstellen zu große Freiheit haben.

c) Verwaltung und Verwaltungsorganisation

Von einer anderen Blickrichtung wie die Unterscheidung der Verwaltung von Rechtsetzung, Rechtsprechung und Wirtschaftsordnung einerseits sowie Regierung anderseits geht die Unterscheidung zwischen Verwaltung im gegenständlichen Sinn und Verwaltungsorganisation aus. Verwaltung im gegenständlichen Sinn ist die bisher — wenigstens in groben Umrissen — beschriebene öffentliche Tätigkeit. Verwaltungsorganisation sind die öffentlichen Stellen, Behörden, Bediensteten, die sich mit Verwaltungsaufgaben beschäftigen. Jedoch decken sich Verwaltungsinhalt und Verwaltungsorganisation nicht entsprechend. Es kann sein, daß Verwaltung von nicht der Verwaltungsorganisation angehörenden Stellen ausgeübt wird und daß Verwaltungsstellen inhaltlich nicht zur Staatsgewaltsfunktion der Verwaltung gehörende Tätigkeiten ausüben[1]). Im Wege der Auslegung ist zu ermitteln, welchen Begriff der Verwaltung die einzelnen Gesetze meinen.

Beispiel:

§ 4 EGGVG.: Verwaltung im gegenständlichen Sinn; Art. 83ff. GG.: Verwaltungsorganisation.

Das Verwaltungsrecht beschäftigt sich primär mit der Verwaltung im gegenständlichen Sinn. Vor der Darstellung der rechtlichen Zusammenhänge bedarf jedoch der zu untersuchende Gegenstand, die Verwaltung, näherer Umschreibung.

3. Entwicklung des Begriffs

a) Antike

Durch griechische Staatslehrer wurden bereits einige Gedanken erörtert, die auch später immer wieder in Erscheinung treten. Die Festlegung eines Verwaltungsbegriffs beginnt mit seiner Unterscheidung von der Rechtsetzung. Hierbei treten die organisatorischen Fragen in den Hintergrund. Nach Platons Ansicht ist Verwaltung mindestens ebenso wichtig wie Gesetzgebung. Insbesondere hält er es für „einfältig", Gesetze über Einzelheiten zu geben. Denn die edle menschliche Haltung, auf die im Staate alles ankommt, entsteht weder noch bleibt sie, „durch Wort und Schrift zum Gesetz gemacht"[2]). Und gar „über Markt und Marktverkehr, über die Erhebung von Zöllen" usw. den leitenden Stellen im Staate etwas vorschreiben zu wollen, hält er für unanständig. Er überläßt der Gesetzgebung im Grunde nur drei Aufgaben, nämlich die Größe des Staates festzulegen, die ständische Gliederung aufrechtzuerhalten und jede Neuerung im Erziehungswesen zu unterdrücken[3]). Aristoteles grenzt die Tätigkeiten nicht so

---

[1]) Vgl. unten S. 37ff.

[2]) Politeia p. 425b.

[3]) Den im „Staatsmann" enthaltenen Gedanken, daß im Staat überhaupt keine absolut bindenden Gesetze vorhanden sein sollten, sondern der Herrscher nach der aus der Idee der Gerechtigkeit schöpfenden philosophischen Einsicht für jeden Einzelfall die ihm innewohnende Norm finden soll, geben die „Gesetze" als nicht realisierbar auf.

streng voneinander ab, sondern meint, daß weitgehend der Einzelfall entscheiden müsse. Allgemeine Richtlinien werden durch das Gesetz gegeben (νομος). Für den Einzelfall ist eine von ihm zu unterscheidende klärende Entscheidung erforderlich (φηψισμα). Das ist eine nur gegenständliche Abgrenzung von Gesetzgebung und Verwaltung. Organisatorisch liegt bei Aristoteles im Anschluß an die athenische und andere direkte Demokratien beides bei den gleichen Stellen. Sowohl die Gesetzgebung als auch Verwaltungsmaßnahmen für den Einzelfall erfolgen durch Volksbeschluß. Insbesondere denkt Aristoteles auch dann, wenn er verschiedene Teile innerhalb der Staatstätigkeit unterscheidet, nicht an die Erledigung dieser Tätigkeiten durch verschiedene Staatsorgane. Beachtlich sind für ihn immer nur materielle Unterschiede[1]). In diesem Zusammenhang äußert Aristoteles zum ersten Male die späterhin so oft wiederholte Ansicht, daß Gesetze stets Allgemeinsätze seien, während sich die Verwaltung mit der Durchführung staatlicher Maßnahmen im konkreten Einzelfall zu befassen habe[2]). — Die Unterscheidung von Gesetzgebung und Verwaltung, je nachdem ob eine abstrakte, eine unbestimmte Vielzahl von Fällen normierende Regel oder eine den Einzelfall regelnde Bestimmung geschaffen werden soll, wird dann später von der griechischen Philosophie und Rechtslehre, namentlich unter dem Einfluß der Stoa, betont[3]).

Die römische Republik kommt zu den gleichen Unterscheidungen, wobei wohl weitgehend das griechische Vorbild maßgeblich ist. Eine organisatorische Trennung beider Staatstätigkeiten findet nicht statt. Die leges, denen später die plebiscita gleichgestellt werden, setzen nicht nur Rechtsregeln, sondern regeln auch eine Menge Verwaltungsfragen, wie z. B. die Gründung von Kolonien, die Assignation von Gemeindeland an Private, die Verleihung des Bürgerrechts, Verbannungen. Im Laufe der Zeit wandelt sich das Verhältnis zwischen der Vertretung der Bürgerschaft einerseits und Magistraten und Senat anderseits. Je stärker die Stellung der Plebs wird, desto größer ist die Zahl der Verwaltungssachen, die die Komitien an sich ziehen oder hinsichtlich welcher sie sich die Entscheidung vorbehalten[4]). Die Erledigung erfolgt in einheitlicher Form durch Beschluß der Zenturiats- oder später auch der Tributkomitien. Gegen das Ende der Republik und während des Prinzipats verschwindet der Unterschied zwischen Gesetzgebung und Verwaltung allmählich. Die Grenzlinien zwischen lex, senatus consultum und magistratischem Edikt einerseits und den Konstitutionen der Principes werden immer unklarer, bis schließlich mit der Errichtung der zunächst tatsächlichen, seit Diokletian auch rechtlich absoluten Monarchie sich die gesamte Rechtsetzung und die gesamte Verwaltung in der Hand des Kaisertums vereint. Am längsten hält sich noch die Selbständigkeit der Rechtsprechung, die zur Zeit der absoluten Monarchie jedoch ebenfalls völlig in den Machtbefugnissen des Kaisers aufgeht.

Diese Vorgänge sind bedeutungsvoll für die Entwicklung des Verwaltungsbegriffs in allen Zeiten und für seine Festlegung in der Gegenwart und den ihr unmittelbar vorausgehenden Perioden.

b) Älterer Justizstaat

Anderseits genügt ein Rückgriff bis zum Beginn der Neuzeit, um zu einer für die Gegenwart ausreichenden Klärung zu kommen. Das Reichsrecht dieser Zeit sieht die Gesetzgebung als einen Bestandteil der Staatsgewalt an, der nur mit Zustimmung des

---

[1]) Politik IV, 14. 1297ff.

[2]) Politik III, 15; vgl. die eingehenden Erörterungen bei Georg Jellinek, Gesetz und Verordnung, 38, 39.

[3]) Noch erkennbar in den Digesten L 2 D der legg. 1, 3 in Äußerungen des Chrysyppos, die dort aufgenommen sind.

[4]) Karlowa, Röm. Rechtsgesch. I, 410ff., Mommsen, Röm. Staatsrecht III, 1.

Volkes, praktisch der an seine Stelle getretenen meliores terrae, also späterhin der Reichsstände, angewandt werden kann. Seit dem Westfälischen Frieden erwerben die Reichsstände in weitem Umfang die Landeshoheit und schreiben sich ein Koimperium zu, so daß sie für sich nicht nur ein Zustimmungsrecht an den Reichsgesetzen, sondern Anteil an ihrem Erlaß in Anspruch nehmen. Dementsprechend treten auch die Verwaltungsbefugnisse der Zentralgewalt immer mehr in den Hintergrund. Wo überhaupt seit dem 16. Jahrhundert noch von Reichs wegen verwaltet wird, geschieht das durch die Reichskreise und durch die Landeshoheit im Auftrage des Reichs[1]). Wie auf vielen anderen Gebieten treten auch hier die einzelnen Territorien an seine Stelle. In ihnen besteht zunächst noch eine den Verhältnissen im Reich parallel laufende Mitwirkung der Stände in allen Staatsangelegenheiten, insbesondere der Gesetzgebung. Die Stellung der Landesherren wird jedoch auf dem Gebiet der inneren Verwaltung ständig stärker. Von nicht zu unterschätzender Wichtigkeit sind die Lehren der Reformatoren, die durch äußere Ereignisse gezwungen werden, die kirchliche Organisation mehr und mehr in den Staat einzubauen. Sie gewinnen dadurch an der Existenz des Staates in seiner jeweiligen Form ein vitales eigenes Interesse. Seine Rechtfertigung ergibt sich aus der Erfüllung seiner Pflichten ihnen gegenüber, weshalb der Paulinische Satz, daß alle Obrigkeit von Gott stamme, eine bis dahin nicht gekannte Bedeutung erlangt. Die Landesherren beginnen, sich als Träger der ihrer Ansicht nach unveräußerlichen und unteilbaren Staatsgewalt zu betrachten. Sie halten sich für verpflichtet, alles dasjenige anzuordnen und, um ein damals aufkommendes Wort zu gebrauchen, zu verordnen, was für die irdische Glückseligkeit und das himmlische Seelenheil der Untertanen erforderlich scheint[2]), ohne sich dabei an das ständische Gesetzgebungsverfahren zu halten.

Für den einzelnen Staatsbürger und seine Angelegenheiten ist es — wenigstens zunächst — von nicht allzu erheblicher Bedeutung, durch welche Stelle eine ihn betreffende Maßnahme des Staates ergeht. Denn die um diese Zeit in Praxis und Theorie zur Herrschaft gelangende Auffassung besagt, daß die Beziehungen zwischen der öffentlichen Gewalt und den einzelnen Bürgern durch die Entscheidung ordentlicher Gerichte zu regeln seien. Diese Auffassung ist maßgeblich für die Staatsform, die als älterer Justizstaat bezeichnet wird. Da die Anfänge des Systems in Deutschland mit dem Beginn der territorialen Staaten zusammenfallen, konkurrieren von vornherein mehrere Gerichte untereinander. Es bedeutet zunächst noch einen Sieg der zentralen Reichsleitung, als 1495 die Einsetzung eines Reichskammergerichts gelang. Dieses Gericht, das seinen Sitz in Frankfurt, später in Speyer, seit 1693 bis zu seinem Ende im Jahre 1806 in Wetzlar hatte, stand über den territorialen Gerichten. Es konnte Streitigkeiten zwischen reichsunmittelbaren oder reichsmittelbaren Gewalten erledigen, aber auch Meinungsverschiedenheiten zwischen Behörden und Untertanen klären. Gegenüber den Landesgerichten hatte das Reichskammergericht den Vorzug der Unabhängigkeit von landesherrlichen Befehlen. Außer dem Reichskammergericht konnte für gewisse Fälle der einige Zeit später gegründete Reichshofrat in Wien angerufen werden.

Die prozessuale Form für die Austragung von Meinungsverschiedenheiten für die öffentliche Verwaltung ist nur denkbar bei einer entsprechenden Ansicht über die öffentliche Gewalt. Die Staatsgewalt und überhaupt die öffentliche Gewalt wird hiernach nicht als Einheit angesehen. Man kennt keine Einheit des Imperiums. Sie ist vielmehr eine Summe der von Fall zu Fall vom Inhaber zu beweisenden Hoheitsrechte oder Regalien. Diesen Regalien stehen die ebenfalls zu beweisenden wohlerworbenen Rechte (jura quaesita) der Untertanen gegenüber. Lange Zeit sind alle

[1]) Vgl. z. B. Ordnung und Reformation guter Polizei von 1530, Tit. 23ff.
[2]) Gierke, Genossenschaftsrecht I, 536.

Arten von Rechten grundsätzlich gleichberechtigt. Immer häufiger aber wird das Vorliegen eines Staatsnotrechts (jus eminens) anerkannt, welches den Landesherren allmählich ein tatsächliches Übergewicht verleiht. Es entspricht allerdings justizstaatlichem Denken, auch demjenigen, der einem jus eminens weichen muß, eine Entschädigung zuzubilligen.

Beispiel:

> Im Mittelalter kam der Fremde, der irgendwo zuzog, unter die neue Grundherrschaft. Sie „fing den Wilden", d. h. den Fremden , ein. Bei dem meist herrschenden Menschenmangel hatte jede Grundherrschaft ein Interesse an recht regem Zuzug. Zuständig war regelmäßig die örtliche Herrschaft des Zuzugsortes. In diesen allgemeinen Rechtszustand schnitt ein Sonderrecht der Kurpfalz ein. Der Kurfürst von der Pfalz behauptete seit dem Beginn des 15. Jahrhunderts ein ihm zustehendes Wildfangrecht auch für die seinem Land benachbarten Gebiete anderer Territorien. Zu Beginn des 17. Jahrhunderts erhob die Reichsritterschaft am Rhein und in Franken Klage vor dem Reichskammergericht, weil der Kurfürst von der Pfalz in ihren Gebieten sich widerrechtlich die Gerichtsbarkeit angemaßt habe[1]).

Von vornherein war es unmöglich, sämtliche Angelegenheiten der öffentlichen Verwaltung vor ordentliche Gerichte zu bringen. Ein Teil schied sofort aus und unterlag nicht der richterlichen Nachprüfung. Diese Angelegenheiten waren die Regierungssachen im Gegensatz zu den Justizsachen, die durch die ordentlichen Gerichte nachprüfbar waren. Die Grenze ist flüssig und häufig Gegenstand langwieriger Prozesse.

Allmählich aber verschiebt sie sich auch hier immer mehr zugunsten der Regierungssachen. Die Stellung der Landesherren wird, gestützt auf ihre nunmehr religiös fundierte Berufung, sodann infolge der mit der Neuzeit beginnenden naturrechtlichen eudämonistischen Anschauung vom Staatszweck immer stärker. Die Aufgaben, die vom Staat nach dieser Ansicht zu erledigen sind und die automatisch infolge der größeren Kompliziertheit der allgemeinen Lebensverhältnisse allmählich immer umfangreicher werdenden Eingriffe der Allgemeinheit in den Lebensbereich des einzelnen werden vom Landesherrn erledigt. Da so seine Aufgaben und Rechte sich an dem Staatszweck messen, liegt es nahe, daß er sich nun umgekehrt auf die salus publica beruft, um von ihm behauptete Rechte, die häufig in der Form von jura eminentia auftreten, ausüben zu können. Das geschieht dann allmählich unabhängig davon, ob seine Anordnungen der bisherigen Rechtslage und den bisher bestehenden Rechten widersprechen oder nicht.

c) Absoluter Staat

So kommt schließlich seit dem beginnenden 17. Jahrhundert die gesamte Staatsgewalt in die Hand des Landesherrn, der zum absoluten Monarchen wird. Damit verschwindet jeder materielle und organisatorische Unterschied zwischen einzelnen Staatsmaßnahmen. Der absolute Monarch ist für alles verantwortlich, ihm ist alles verantwortlich. Er regiert, verwaltet, setzt Recht und spricht Recht nach den Richtlinien und in den Formen, die ihm geeignet erscheinen. Die herrschende naturrechtliche Theorie unterbaut diese Stellung des Landesherrn, „da nach Naturrecht und allgemeinem Staatsrecht eigentlicher und ordentlicher Weise nur Regent und Untertan existie-

---

[1]) Einzelheiten bei Stammler, Deutsches Rechtsleben, 242ff. (Wildfangrecht der Kurpfalz).

ren"[1]). Als Grund für die Entstehung eines solchen Verhältnisses nimmt diese Lehre einen Staatsgründungsvertrag an, für den das Volk dem Fürsten alle Befugnisse, deren er zur Förderung der allgemeinen Wohlfahrt bedarf, übertragen hatte. Es ist „principium, daß ein Landesherr alles dasjenige tun kann, was zum gemeinen Besten und zur Wohlfahrt des Landes gereicht". Dann muß er aber auch volle Berechtigung auf diesem Gebiet haben derart, „daß kein subditus sich hierbei eines begründeten juris contra dicendi anmaßen kann"[2]). Die wohlerworbenen Rechte werden dadurch bedeutungslos, denn jedes derartige Recht muß weichen, „sobald es mit der Wohlfahrt des ganzen in Collision kömmt und aus diesem Grunde die Aufhebung desselben notwendig wird"[3]). In dem jus eminens geht sowohl die früher noch davon unterschiedene Gesetzgebung (jus legis constituendae) als auch die oberste Rechtsprechungsgewalt auf. Alle Rechte und Pflichten des Staates gegen seine Bürger und Schutzverwandten vereinigen sich in dem Oberhaupt desselben. Das Recht, Gesetze und die allgemeinen Polizeiverordnungen zu geben, dieselben wieder aufzuheben und Erklärungen darüber mit Gesetzeskraft zu erteilen, ist ein Majestätsrecht (pr.ALR. §§ 1, 6, II, 13).

Die Gesetzgebung wird nur innerhalb des Behördenapparates von der übrigen Verwaltungstätigkeit unterschieden, indem man bestimmte Gegenstände als in einem besonderen Verfahren zu regeln bezeichnet. Als Gesetz versteht man dabei eine „Verordnung, durch welche die besonderen Rechte des Bürgers bestimmt oder die gemeinen Rechte abgeändert, ergänzt oder erklärt werden sollten" (Einl. pr. ALR. § 7).

Auch die Rechtsprechung ist lediglich aus Gründen der Zweckmäßigkeit und Arbeitsteilung auf besondere Gerichtsbehörden übertragen, so z. B. für Brandenburg-Preußen durch ein Reglement von 1749, wonach „regulariter alle Prozeßsachen, welche das Interesse privatim vel jura partium quarum interest betreffen, bei denen jedenorts bestellten ordentlichen Justizcollegies verordnet und dediziert werden müssen". Aber jederzeit besteht bei dieser Kabinettsjustiz die Möglichkeit des Eingriffs des Fürsten durch einen Machtspruch.

Beispiel:

> Christ. Arnold, Pommerzig-Neumark hatte von seinem Vater eine Erbmühle, die seit langem im Besitz der Familie Arnold war, gekauft. Als Erbbesitzer mußte er an die gebietende Herrschaft, den Grafen von Schmettau, Pacht zahlen. Hierzu war er seiner Behauptung nach seit 1771 nicht mehr in der Lage, weil sein Nachbar, der Landrat von Gersdorf, der am Oberlauf des Wassers, welches die Mühle trieb, ein Gut besaß, Wasser zum Teil für sich gebrauchte und damit den regelmäßigen Lauf der Mühle verhinderte. 1779 mußte der Müller zwangsräumen, nachdem das Gericht zugunsten des Verpächters Schmettau entschieden hatte mit dem Hinweis, daß Arnold sich an den Landrat von Gersdorf halten müsse. Der Ersteher überließ die Mühle von Gersdorf, der sie an einen Dritten weiterverkaufte. Nach längeren Verhandlungen vor den Verwaltungsbehörden verklagte Arnold darauf von Gersdorf mit dem Antrag auf Wiedereinräumung

[1]) Pütter, Beyträge I, 165. Es wurden aber auch, insbesondere aus Süddeutschland stammende, Gegenstimmen laut, z. B. Moser, Von der teutschen Reichstände Landen, § 1187: „Weiter bedient man sich schon jetzt als einer Universal-Staatsmedizin des Grundes: Das Beste und die Erfordernis des Staates ist das höchste und oberste Gesetz, welches allen anderen Gesetzen, Verträgen, Freiheiten, Herkommen und Verjährungen derogiert und den Regenten berechtigt, das Nötige zu verfügen, die Verträge und Privilegien wieder aufzuheben."

[2]) v. Cramer, Wetzlarische Nebenstunden, 1755ff., 13. Teil, 1ff., 87ff.

[3]) Gönner, Staatsrecht, 775.

der Mühle. Er machte verschiedene Klagegründe geltend, verlor aber auch diesen Prozeß mit einer kleinen Ausnahme in erster Instanz (Neumärkische Regierung, Urteil vom 28. 10. 1779). In das darauf von Arnold eingeleitete Rechtsmittelverfahren vor dem Kammergericht in Berlin griff der König ein. Er verwies die Sache nochmals an die Neumärkische Regierung. Wiederum entschied diese zuungunsten des Müllers aus den gleichen Gründen wie bisher. Das Kammergericht bestätigte als nächste und höchste Gerichtsinstanz dieses Urteil. Als es sich auf Vorhalt des Königs weigerte, seinen Standpunkt zu ändern, erließ dieser am 11. 12. 1779 Kabinettordres, wodurch die Eröffnung eines Strafverfahrens gegen die beteiligten Richter befohlen wurde. Durch Machtspruch vom 3. 1. 1780 verurteilte der König darauf die Kammergerichtsräte, die an dem Urteil mitgewirkt hatten, zu Festungshaft. Schon am 20. 12. 1779 hatte Arnold seine Mühle wiederbekommen. Er erhielt weiterhin Schadensersatz, der von den verurteilten Richtern zu zahlen war[1]).

d) Rechtsstaat

Die deutsche Rechtslehre konnte angesichts der alles beherrschenden Praxis des absoluten Staates keine seiner Ansicht entgegengesetzte Auffassung entwickeln. Es fehlt zwar nicht an einzelnen Versuchen, die einheitliche Staatsgewalt ihrem verschiedenartigen Inhalt gemäß aufzuspalten[2]). Im allgemeinen aber hatte sich das Naturrecht des 18. Jahrhunderts mit den herrschenden Zuständen ausgesöhnt. Der Anstoß zur weiteren Entwicklung kam vom Ausland.

aa) Locke, Montesquien, Rousseau

John Locke hat den seit Jahrhunderten andauernden Kampf zwischen Krone und Parlament in England vor Augen, der durch die glorreiche Revolution von 1688 vorerst mit einer Zuständigkeitsbegrenzung beider Mächte beendet war. Bis dahin konnte der König ordonnances und proclamations ohne und statutes mit Zustimmung der Stände erlassen, wodurch er weitgehend diejenigen Aufgaben, die wir als Verwaltungsmaßnahmen bezeichnen, unabhängig vom Parlament erledigte oder hinsichtlich welcher er, gestützt auf die sogenannte Prärogative[3]), Gesetze erließ. Durch

---

[1]) Näheres bei Stammler, aaO. I, 413ff.

[2]) So forderte z. B. Althusius zu Beginn des 17. Jahrhunderts für das ganze große Gebiet der Staatstätigkeit, das wir heute Verwaltung nennen, feste Regeln, die es von der sonstigen Staatstätigkeit trennen — Gierke, Althusius, 20ff. — Hugo Grotius, De jure belli ac pacis 1. I, c. III, VI, 2, stellt in Anlehnung an die aristotelische Einteilung die Gesetzgebung als die auf das Allgemeine gerichtete Funktion der auf Erledigung der Einzelangelegenheiten gerichteten Staatstätigkeit gegenüber. Von dieser, zerfallend in die äußere und die Finanzverwaltung, unterscheidet er dann noch die auf das dominium gerichtete richterliche Tätigkeit. — Pufendorf, De jure naturae et gentium, VII, spricht von verschiedenen Gewalten im Staat, einer potestas legislatoria, potestas poenas sumendi, potestas judiciaria, potestas belli et pacis idemque foederum feriendorum. Sie sind jedoch nicht partes potentiales und können nicht durch verschiedene Staatsorgane ausgeübt werden nisi regularis forma civitatis corrumpatur et irregulare corpus resultet, male firmo duntaxat pacto cohaerens (VII, IV § 11). Es bleibt also auch bei ihm bei der einheitlichen Staatsgewalt.

[3]) Zu ihrer heutigen, im Grunde gleichen Bedeutung, vgl. Rumpf, aaO. 109.

die bill of rights vom Dezember 1689 wird die neue alleinige Zuständigkeit des Parlaments für die Gesetzgebung festgelegt. Die Prärogative wird wesentlich eingeschränkt. Diese Schwankungen veranlaßten die englische Staatsrechtslehre, die Grenze zwischen Gesetzgebungstätigkeit des Parlaments und verwaltender Tätigkeit der Krone in ein System zu bringen. Locke[1]) stellt dabei in seiner Theorie den König weit freier, als er es in seiner Zeit in Wirklichkeit war[2]). Er unterscheidet drei Gewalten im Staat, die gesetzgebende, die vollziehende und die föderative. Die erste ordnet an, wie die Kräfte des Staates verwendet werden können zur Erhaltung der Gesellschaft und ihrer Glieder, die zweite verwirklicht die Gesetze und bewahrt ihre Kraft, die dritte (federative power) entscheidet über Krieg und Frieden, Bündnisse und sonstige Staatsverträge. Organisatorisch sind die beiden letzten am besten in einer Hand vereinigt, während die erste von ihnen getrennt ist. Die gesetzgebende Gewalt steht als die höchste dem Volk zu. Die beiden anderen sind ihr grundsätzlich untergeordnet. Trotzdem aber besitzt die vollziehende Gewalt eine eigene politische Existenz. Locke vertritt mit aller Entschiedenheit den Standpunkt, daß eine königliche Prärogative nötig sei. Da die Gesetze doch nicht alle Einzelheiten voraussehen können, soll der König die tatsächliche Macht, die in seiner Hand liegt, im öffentlichen Interesse without a rule anwenden können[3]). Die auf Grund seiner Prärogative festgelegten Sonderbestimmungen treten dann selbständig neben das Gesetz und füllen den Raum aus, den es freigelassen hat. Der Grundsatz von der Vorherrschaft der Gesetzgebung wird für alle Fälle zugunsten der Exekutive durchbrochen, für die der Gesetzgeber keinen Gebrauch von seinen Rechten gemacht hat. Verwaltung ist demnach mehr als bloße Vollziehung der Gesetze[4]).

Für den Franzosen Montesquieu, der weitgehend auf den Arbeiten von Locke fußt, war die Gefahr eines Übergriffes der Parlamentsherrschaft noch niemals in den Bereich der Wirklichkeit getreten. Seine Lehre wendet sich zunächst gegen das absolute Königstum. Wie in der absoluten Monarchie üblich, bestanden zwischen den einzelnen Arten der Willensäußerung des Königs nur interne Verwaltungsunterschiede. So war die Eintragung (enregistrement) der königlichen Verordnungen durch die formell unabhängigen alten Gerichtshöfe, die Parlamente, in ein Protokoll nötig, wenn diese ordonnances die Gerichte verpflichten sollten. Bei Widerstreben der Parlamente konnte der König die Eintragung jedoch befehlen. Andererseits mischten sich die Parlamente in Gesetzgebung und Verwaltung (remontrances), was zu schädlichen Unklarheiten führte. Außerdem behinderten sie die Reformen von Turgot, Necker oder Malherbes. Montesquieu wendet sich deshalb auch gegen sie. Im Ergebnis fordert er die scharfe Trennung der Gesetzgebung von der Gesetzesanwendung[5]). Die Gewalten

---

[1]) Two treatises of government, 1690 (deutsch 1718).

[2]) Geschichtlich gesehen ist das ein Rückschlag gegen die Machtsteigerung und Übergriffe des Langen Parlaments, vgl. insbes. §§ 135ff.

[3]) § 160. Since in some governments the law making power is not always in being and is ussually too numerous, and too slow for the dispatch requisite to provide for all accidents and necessities that may concern the public, to make such laws as wich do no harm, if they are executed with an inflexible rigour on all occasions and upon all persons that may come in their way; therefore there is a latitude left to the executive power, to do many things of choice which the laws do not prescribe.

[4]) Eine eingehende Schilderung der Lehre Locke findet sich bei G. Jellinek, Gesetz und Verordnung, 64ff., die allerdings teilweise in Wirklichkeit darin nicht enthaltene Gedanken der konstitutionellen Doktrin hineininterpretiert.

[5]) De l'esprit des lois, 1. 11, c 6.

sollen sich das Gleichgewicht halten. Pour qu'on ne puisse abuser du pouvoir, il faut que, par la disposition des choses, le pouvoir arrête le pouvoir. Diese beiden Gewalten müssen unter allen Umständen organisatorisch getrennt werden. Nach der Trennung jedoch kann von einer inhaltlichen Gleichberechtigung nicht mehr die Rede sein. Die gesetzgebende Gewalt wird ohne nähere Erklärung und infolgedessen etwas vage als der allgemeine Wille bezeichnet. Die Exekutive ist nichts anderes als die Vollziehung dieses Willens und so notwendigerweise der Legislative untergeordnet, n'étant l'un que la volonté générale de l'état, et l'autre que l'exécution de cette volonté générale. Von der Prärogative des Königs oder einer sonstigen Gesetzgebung einer Staatsstelle außerhalb des Parlaments wird niemals gesprochen. In gewissem Umfang baut Montesquieu die richterliche Gewalt (pouvoir de juger) in die Staatstätigkeit ein, die Locke als executive power bezeichnete. Der Gedanke von der inhaltlichen Unselbständigkeit der vollziehenden Gewalt wird durch die wissenschaftlichen Nachfolger Montesquieus mit aller Schärfe herausgearbeitet[1]).

Rousseau setzt sich für das konträre Gegenteil der absoluten Monarchie ein, die absolute Volkssouveränität. Er lehnt jede Gewaltenteilung ab und erhebt die innere und äußere Einheit der Staatsgewalt wiederum zum leitenden Prinzip. Diese Staatsgewalt soll beim Volke liegen, dessen Wille die Quelle aller staatlichen Anordnungen ist. Regierung und Verwaltung sind nur dazu da, den Willen zu vollziehen und dem einzelnen Bürger zu vermitteln[2]). Ihre untergeordnete Stellung führt dazu, daß sie lediglich Anordnungen in Einzelfällen treffen können. So taucht hier die alte aristotelische Auffassung wieder auf, wonach der Gesetzgeber sich abstrakt mit allgemeinen Tatbeständen befaßt, während die Verwaltung nur den konkreten Einzelfall regelt. Nach Rousseau verhält sich die Gesetzgebung zur Verwaltung wie der menschliche Wille zu der menschlichen Tat. Der Vergleich wird von ihm wörtlich genommen.

bb) Deutsche Beiträge

Der deutsche Konstitutionalismus wird durch Westeuropa beeinflußt.

Die geringsten Folgen hatten die Gedanken Rousseaus. Entgegen seiner Lehre wurde die Gewaltenteilung, zunächst zwar nur weitgehend auf dem Papier, nach 1848 allmählich aber auch tatsächlich wenigstens grundsätzlich durchgeführt. Sein Gedanke, daß die Verwaltung nur konkrete Einzelfälle regeln dürfe, setzte sich trotz einer erheblichen Anhängerschaft auf die Dauer ebenfalls nicht durch[3]).

---

[1]) Vgl. z. B. Delolme, La constitution d'Angleterre, 1771.

[2]) Contrat social 1. III, c. 1: Qu'est ce donc que le gouvernement? Un corps intermédiaire établi entre les sujets et le souverain pour leur mutuelle correspondance, chargé de l'exécution des lois et du maintien de la liberté tant civile que politique.

[3]) Den Standpunkt, daß Allgemeinheit ein wesentliches Merkmal des Gesetzes sei, vertreten: von Rönne, Staatsrecht der preußischen Monarchie, I, 327ff.; Ihering, Zweck im Recht I, 327ff.; G. Meyer, Der Begriff des Rechts, in: Grünhuts Zeitschrift Bd. 8 (1881), 157; Meyer-Anschütz, Lehrbuch des Deutschen Staatsrechtes 1914 (7. Aufl.), 27; O. Mayer, Deutsches Verwaltungsrecht I, 77ff.; W. Jellinek, Gesetz, Gesetzesanwendung 139. — Die Lehre hat ihre geschichtliche Grundlage im Kampf der Aufklärung gegen den fürstlichen Absolutismus. An die Stelle des persönlichen Befehls soll die generelle unverbrüchliche Norm treten. Diese Idee hatte schon in der hochmittelalterlichen scholastischen Auffassung vom Gesetz als Ausfluß der göttlichen Vernunft und Gerechtigkeit Ausdruck gewonnen; näheres vgl. Scheuner, Gesetz und Einzelanordnung, 197. Seit dem Ende des 19. Jahrhunderts wurde sie allmählich zugunsten der nun herrschenden Ansicht verlassen.

Die konstitutionelle Praxis und Lehre schließt sich zu Beginn des 19. Jahrhunderts, wenn sie überhaupt eine Gewaltentrennung annahm, an Locke an. Das monarchische Prinzip hatte, gestützt vor allem auf Art. 57 der Wiener Schlußakte vom 15. 5. 1820, der den Monarchen als Träger der gesamten Staatsgewalt bezeichnet, in Deutschland wiederum gesiegt. Erst allmählich lösen sich aus der Einheit Rechtsetzung und Rechtsprechung als inhaltlich selbständige Staatsgewaltsfunktionen heraus.

Für die Rechtsetzung ist eine der wichtigsten Grundlagen Art. 13 der Bundesakte vom 8. 7. 1815, wonach „in allen deutschen Staaten eine landständische Verfassung stattfinden" wird. Die Landstände erhalten so ein Mitbestimmungsrecht. Es erstreckt sich bis 1848 auf alle Eingriffe in Freiheit und Eigentum der Bürger[1]), womit für dieses Sachgebiet der Grundsatz vom Vorbehalt des Gesetzes gilt. Damit ist gleichzeitig die Zuständigkeit der Landesparlamente umschrieben, eine Regelung, die weitgehend auch von den im Gefolge der Julirevolution von 1830 entstehenden Verfassungen beibehalten wird.

Für die Rechtsprechung steht lange noch die Organisation im Vordergrund, so daß die materielle Unterscheidung in die bereits bestehende noch vom Polizeistaat geschaffene Einteilung in Justizsachen und Polizeisachen erst allmählich einrückt. Justizsachen sind alle Sachen, die vor die Gerichte kommen; und vor die Gerichte kommen alle Sachen, von denen das im Gesetz gesagt oder nach Wesen und Aufbau des Gesetzes anzunehmen ist. Dazu gehören z. B. alle Kameralsachen, d. s. solche, in denen der Fiskus als Beklagter in Anspruch genommen wird (z. B. §§ 34, 41 pr. Ressortreglement vom 26. 12. 1808). Polizeisachen sind Angelegenheiten, bei denen eine derart enge Bindung an das Gesetz nicht festzustellen ist[2]).

Die Vorgänge der Zeit nach 1848 bringen in den Verfassungen sodann ein umfassendes Bekenntnis zur Gewaltenteilung. Mit Rücksicht auf die absolutistische Vergangenheit kann es nur so verwirklicht werden, daß man die bisher weitgehend unumschränkte Gewalt der Staatsspitze, die nun nicht mehr als Bündel von Regalien, sondern als einheitliches Imperium angesehen wird, durch eine rechtsetzende und eine rechtsprechende Gewalt beschränkt[3]). Damit bleibt im Zweifel oder bei angeblichen oder tatsächlichen Gesetzeslücken die

[1]) Die Freiheits- und Eigentumsklausel taucht zunächst bei Locke auf, nach dessen Ansicht der Staat den Zweck hat, Freiheit und Eigentum des Bürgers zu schützen (On civil government, § 127, §§ 149, 227ff.). Die Formel gelangte dann über die englischen Kolonien in Amerika nach Frankreich und Deutschland, wo sie von Theorie — z. B. Justus Möser — und Praxis — z. B. § 7 Einl. pr. ALR. — aufgegriffen wurde. Stein führte den Begriff dann wörtlich in die nass. Verf. von 1814 ein. Doch scheiterte sein Versuch der Einführung in alle Verfassungen an dem Widerstand Österreichs.

[2]) An zeitgenössischem Schrifttum sei erwähnt: Weiß, Staatsrecht, 672; Aretin-Rotteck, Staatsrecht, 387; Mauerbrecher, Staatsrecht, 229. — Hegel, Philosophie des Rechts, § 272, bekämpft die Gewaltenteilung; sie bringe „teils falsche Bestimmung der absoluten Selbständigkeit der Gewalten gegeneinander, teils die Einseitigkeit, ihr Verhältnis zueinander als ein Negatives, als gegenseitige Beschränkung . . . Mit der Selbständigkeit der Gewalten ist die Zertrümmerung des Staates unmittelbar gesetzt."

[3]) Näheres z. B. Anschütz, Gegenwärtige Theorien, 10ff. — Es ist zu beachten, daß weder Locke noch Montesquieu die Rechtsprechung als selbständige Funktion ansahen (Montesquieu: en quelque façon nulle). Diese Folgerung zog erst das 19. Jahrhundert. Jetzt Art. 92 GG.; vgl. unten S. 18.

Staatsspitze zuständig. So fällt die Entscheidung, wenn das auch nicht deutlich ausgesprochen wird, der Sache nach für Locke gegen Montesquieu. Die Überlegenheit der von Heer und Beamtentum getragenen Exekutive über die Legislative ist unbestreitbar.

Die Lehre erfaßt diese Unterscheidung zunächst noch nicht klar, sondern begnügt sich mit der Beschreibung und Erklärung der Funktionsteilung, wobei man großen Wert auf die verschiedene Organisation legt[1]). Im Laufe der Zeit aber nahm sie eindeutig die Haltung der Praxis ein[2]). Für Lorenz von Stein ist nichts „unverständiger, als von einer Unterordnung der Vollziehung unter das Gesetz zu reden“[3]). Die von Arndt begründete Lehre vom selbständigen Verordnungsrecht, die jedoch nicht von der herrschenden Meinung übernommen wurde, vor allem aber die bis heute herrschende von Laband begründete Lehre vom Gesetz im formellen und materiellen Sinne dienen der Stütze dieser Ansicht[4]).

Im Ergebnis wurde die so des Näheren festgelegte Gewaltenteilung der eine Grundsatz des deutschen Rechtsstaates. (Vgl. Art. 20 Abs. 2 GG.)

cc) Gesetzmäßigkeit der Verwaltung

Damit im engen Zusammenhang steht der zweite wichtige Grundsatz, daß keine Verwaltungsmaßnahme ohne gesetzliche Grundlage ergehen darf. „Der Staat realisiert die sittlichen Ideen nur in der Weise des Rechts“[5]). Dieser Grundsatz entspricht der gleichliegenden strafrechtlichen Forderung: Nulla poena sine lege. Schon Montesquieu meinte, niemand dürfe zu Handlungen gezwungen werden, zu denen nicht das Gesetz verpflichte. Für Verwaltungsmaßnahmen genügt also nicht die Berufung auf eine vorgesetzte Dienststelle, sondern als letztes Glied muß immer ein Gesetz vorhanden sein. Die allgemeine Gesetzmäßigkeit der Verwaltung tritt so an die Stelle des nur auf Freiheit und Eigentum beschränkten Vorbehalts

1) Ein auffallendes Beispiel sind von diesem Gesichtspunkt aus die Darlegungen von Stahl. Er steht seinem Herzen nach auf Seiten der Monarchie. Infolgedessen sucht er der Regierung ein Gebiet zu reservieren, das frei ist von dem Einfluß der Gesetzgebung und des Parlaments. „Das Wesen der eigentlichen Regierung aber ist es, unabhängig vom Gesetz etwas Neues, Positives in freier schöpferischer Tätigkeit hervorzubringen, die Zustände nach Zwecken zu fördern“ (aaO. 195). Trotzdem ist er derart beeinflußt von den liberalen Strömungen seiner Zeit, daß er an anderer Stelle dem Gesetz und der Gesetzgebung die unbedingte Herrschaft über die Verwaltung zugesteht. Auf alles das, was in die Rechtssphäre des Individuum eingreift, das „Rechtsverhältnis der Untertanenfreiheit gegenüber der Staatsgewalt“, soll die Verwaltung und Regierung keinen Einfluß haben (385 ff.).

2) Die Ansicht, daß der König auf die Vollziehung der Gesetze beschränkt sei, vertritt noch Rönne, II, 366, als Ausnahme.

3) Lorenz von Stein, Verwaltungslehre, I, 73.

4) Näheres vgl. unten S. 63 f.

5) Stahl, aaO. 136

des Gesetzes des Frühkonstitutionalismus[1]). Sie läßt sich in zwei Formen durchführen. Der Gesetzgeber gibt entweder nur allgemeine Richtlinien („Kautschukbestimmungen"),

Beispiel:

Art. 48 WRV., § 14 pr.PVG. 1931

oder er enumeriert die einzelnen Verwaltungstätigkeiten.

Beispiel:

Die süddeutschen Polizeistrafgesetze.

Stets muß aber, was insb. aus den rechtsstaatlichen Grundlagen der Art. 19, 20 GG. folgt, die der Verwaltung erteilte Befugnis zu den Staatsbürger belastenden Maßnahmen so begrenzt und bestimmt sein, daß voraussehbar ist, in welchen Fällen und mit welchem Sinn und Zweck sie davon Gebrauch machen wird[2]).

Jede Verwaltungsmaßnahme darf sich nur auf die zur Zeit ihres Erlasses vorhandenen[3]) gültigen Normen stützen[4]). Andernfalls ist sie vernichtbar[5]). Ein besonderes, den Verwaltungsstellen zur Verfügung stehendes Verfahren zur Feststellung der Gültigkeit oder Ungültigkeit von Rechtsnormen, wie es nach Art. 100 GG. den Gerichten offen steht, gibt es nicht. Diese Stellen sind vielmehr auf den allgemeinen, jedem Staatsbürger offenstehenden Weg, etwa der Verfassungsbeschwerde nach § 90 BVerfGG. angewiesen.

Was den Grad der Unterordnung der Verwaltung unter die Gesetzgebung anlangt, so ist sie nach Art. 20 Abs. 2 GG. nicht lediglich Vollziehung von Gesetzen[6]). Vielmehr gestaltet sie auch nach eigenem Willen, allerdings nur in dem ihr vom Gesetz gelassenen Rahmen, wie sich das in der Ermessensverwaltung äußert[7]). Alle den Rechtsstaat kennzeichnenden Rechtssätze haben den Rang von Verfassungsrecht (Art. 20 Abs. 2 GG.)[8]).

Art. 4 Verf. DDR. bestimmt, daß alle Verwaltungsmaßnahmen mit der Verfassung in Einklang zu stehen haben.

e) Neuer Justizstaat

Wie die Gesetzgebung so wurde im Laufe des 19. Jahrhunderts die Rechtsprechung von der Exekutive gelöst. Während sie vorher ein allenfalls durch

---

1) Vgl. oben S. 15.
2) OVG. Hbg. in: DVBl. 1954, 260; BVerwG. in: NJW. 1955, 1693.
3) BVerwG. 1, 35 (36).
4) Insb. für Enteignung vgl. unten S. 165ff.
5) Vgl. unten S. 122, 126 (Anfechtung, Widerruf).
6) Die politische Entscheidung ist so gegen Montesquieu — vgl. oben S. 14 — gefallen.
7) Vgl. unten S. 28ff. — Zu dem politischen Gegensatz „Gesetzesstaat" und „Verwaltungsstaat" vgl. Wernicke, Bonner Komm. Art. 20 Anm. II, 2, g.
8) BVerfG. 2, 1.

besondere Verfahrensvorschriften oder durch eine eigene Organisation kenntlich gemachter Zweig von Verwaltung und Regierung war, gewann sie nun die Stellung einer inhaltlich selbständigen Staatsfunktion[1]).

Eine Kombination der Gesetzmäßigkeit der Verwaltung und der Unabhängigkeit der Rechtsprechung als selbständiger Staatsfunktion führt zu dem neueren Justizstaat. Sein Wesen besteht darin, daß die Rechtsprechung und nicht eine andere Institution die Verwaltung daraufhin kontrolliert, ob sie sich im Rahmen des Gesetzes hält. So kommt es zu einem Zusammenwirken der inhaltlich getrennten drei Staatsgewaltsfunktionen Gesetzgebung, Verwaltung und Rechtsprechung, die erst gemeinsam die volle Staatsgewalt darstellen. Für den Staatsbürger ist diese Rechtslage gewährleistet durch das formelle Hauptgrundrecht nach Art. 19 Abs. 4 GG.: „Wird jemand durch die öffentliche Gewalt in seinen Rechten verletzt, so steht ihm der Rechtsweg offen. Soweit eine andere Zuständigkeit nicht begründet ist, ist der ordentliche Rechtsweg gegeben." Welche Gerichte im einzelnen die Kontrolle durchführen, ist nur eine Frage der Organisation[2]), die die materiellen Befugnisse der drei Staatsgewaltsfunktionen nicht berührt.

f) Moderne Staatsformen ohne Gewaltenteilung

In der Zeit zwischen 1933 und 1945 wurde im Deutschen Reich der Unterschied zwischen den Staatsfunktionen verwischt. Infolgedessen mischte sich die Verwaltung in Angelegenheiten der Gesetzgebung (z. B. Führerbefehl, Führererlaß) und der Rechtsprechung (Justizleitung und Justizlenkung).

Entsprechend der Vorstellung Rousseaus von der absoluten Macht des souveränen Volkes lehnt die Verfassung der Deutschen Demokratischen Republik die Gewaltenteilung ab. Die Gesetzgebung ist ausschließlich Sache des Parlaments, soweit das Volk durch Volksentscheid nicht unmittelbar selbst eingreift. Verwaltung und Justiz sind vom Parlament gänzlich abhängig. Sie müssen die von ihm aufgestellten Grundsätze befolgen, und sie sind

---

1) Das bedeutet eine Fortentwicklung gegenüber Locke und Montesquieu.

2) Vgl. unten S. 208f. — Damit ist die frühere Streitfrage, ob Verwaltungsgerichtsbarkeit zur Verwaltung oder zur Rechtsprechung gehört, eindeutig im Sinne der Zugehörigkeit zur Rechtsprechung entschieden. — Ebenso: Rosenberg, Zivilprozeß, 32. — Das GG. enthält keine institutionelle Garantie einer von der ordentlichen geschiedenen Verwaltungsgerichtsbarkeit auf der Landesebene; so m. E. richtig Holtkotten in: Bonner Kommentar Art. 96 Anm. II 4a. — Zweifelhafter scheint, ob auf Bundesebene die Zusammenlegung des Bundesverwaltungsgerichts nach Art. 96 Abs. 1 GG. mit einem anderen oberen Bundesgericht zulässig ist; vgl. hierzu Holtkotten aaO. Anm. II 3, Bachof in: SJZ. 1950, 162; DRZ. 1950, 169. Die Frage ist infolge des Bestandes des Bundesverwaltungsgerichts und der Landesverwaltungsgerichte weitgehend theoretisch. — Ob Art. 107 WRV. die Einrichtung von Verwaltungsgerichten gebot, war streitig; vgl. Anschütz, VerfdDR. Art. 107 Anm. 1 mit erschöpfender Literatur. — Das einfache Gesetz — § 4 EGGVG. — läßt alle Möglichkeiten offen.

ständig an seine oberste Kontrolle gebunden. Das Parlament ist nicht ein Organ des Staates neben anderen Organen, sondern der „höchste demokratische Willensträger" oder das „höchste demokratische Organ" (Art. 50 Verf. DDR.)[1]. Für die rechtliche und politische Tragweite einer solchen Regelung ist bedeutsam, daß die Volksvertretungen aus nahezu oppositionslosen Blockparteien bestehen.

Schrifttum

Anschütz, Die gegenwärtigen Theorien über den Begriff der gesetzgebenden Gewalt und den Umfang des königlichen Verordnungsrechts nach preußischem Staatsrecht. (2. Aufl.). 1901.
Aretin, Frhr. v., Staatsrecht der konstitutionellen Monarchie. Fortgesetzt von v. Rotteck. 1824–1828.
Arndt, Das selbständige Verordnungsrecht. 1902.
Baehr, Der Rechtsstaat. 1864.
Gerber, v., Grundzüge des deutschen Staatsrechts. 1880.
Gierke, Johannes Althusius u. die Entwicklung der naturrechtlichen Staatstheorien. 1929.
— Das deutsche Genossenschaftsrecht. 1868–1913.
Gneist, Der Rechtsstaat. 1872.
Gönner, Teutsches Staatsrecht. 1804.
— Über Gesetzgebung und Rechtswissenschaft in unserer Zeit. 1815.
Hegel, Grundlinien der Philosophie des Rechts. Neu herausgegeben von Lasson. (2. Aufl.) 1921.
Ihering, Zweck im Recht. 1877–1883.
Jellinek, G., Gesetz und Verordnung. 1887.
— Allgemeine Staatslehre. (3. Aufl.) 1922.
Jellinek, W., Der fehlerhafte Staatsakt. 1908.
— Gesetz, Gesetzanwendung und Zweckmäßigkeitserwägung. 1913.
Karlowa, Römische Rechtsgeschichte. 1885–1901.
Klein, Tragweite der Generalklausel im Artikel 19 Abs.4 Grundgesetz (VDStL.1949) 1950.
Locke, Two treatises of government. On civil government; works t. 5. 1812.
Maurenbrecher, Grundsätze des heutigen deutschen Staatsrechts. (3. Aufl.) 1847.
Mohl, v., Das Staatsrecht des Königreichs Württemberg. 1829–1831.
Mommsen, Römisches Staatsrecht. 1887 ff.
Montesquieu, De l'esprit des lois. Ausg. 1897.
Moser, Von Teutschen Reichsstände Landen. 1769.
— Von der Landeshoheit in Regierungssachen. 1772.
Pütter, Institutiones juris publici germanici. 1782.
— Beyträge zum Teutschen Staats- und Fürstenrecht. 1779.
Pufendorf, De jure naturae et gentium. 1672.
Rönne, v., Das Staatsrecht der Preußischen Monarchie. (4. Aufl.) 1881–82.
Rotteck, v., Lehrbuch des Vernunftsrechts und der Staatswissenschaften. 2. Bd.: Lehrbuch der allgemeinen Staatslehre. 1830.
Rousseau, Le contrat social ou principes du droit politique. Ausg. 1896.

[1]) Schon die Erörterungen zu den Verfassungsberatungen des Deutschen Volksrates der Ostzone hoben hervor, daß eine Gewaltenteilung unter Gleichberechtigung der Funktionen der Durchführung des Grundsatzes der Demokratie, wonach das Volk der alleinige Träger der nationalen Selbstorganisation sei, im Wege stehe. Vgl. Schultes, in: NJ. 1948, 177.

Rumpf, Regierungsakte im Rechtsstaat. 1955.
Schneider, Gerichtsfreie Hoheitsakte. 1951.
Smend, Die politische Gewalt im Verfassungsstaat. 1923.
Stahl, Die Philosophie des Rechts. 2. Bd.: Rechts- und Staatslehre auf der Grundlage christlicher Weltanschauung (2. Aufl.) 1870.
Stein, v., Die Verwaltungslehre 1. Bd.: Die vollziehende Gewalt. 1869.
Stammler, Deutsches Rechtsleben in alter und neuer Zeit. 1928.
Thoma, Der Vorbehalt des Gesetzes im preußischen Verfassungsrecht. In: Festgabe für O. Mayer. 1916.
Weiß, System des deutschen Staatsrechts. 1843.
Wenzel, Der Begriff des Gesetzes. 1920.
Zoepfl, Grundsätze des gemeinen deutschen Staatsrechts. (5. Aufl.) 1863.

Zweites Kapitel

Verwaltungsarten

1. Einteilungsmöglichkeiten

Das Wesen der Verwaltung wird weiterhin erhellt durch die Umschreibung der verschiedenen Verwaltungsarten. Neben anderen theoretisch denkbaren aber unergiebigen Einteilungsmöglichkeiten sind verschiedene Arten vorhanden, je nachdem welche Mittel angewandt werden und je nachdem in welchem Verhältnis sich die Verwaltung zu dem für sie jeweils maßgebenden Gesetz befindet.

a) Treu und Glauben

Was zunächst die vorhandenen Mittel anlangt, so ist davon auszugehen, daß jede physische oder juristische Person verwalten kann, indem sie geistige, ökonomische und technische Mittel anwendet, um einen bestimmten Verwaltungszweck zu erreichen. Der Staat und sonstige juristische Personen des öffentlichen Rechts machen davon keine Ausnahme. Die Verwaltung schafft u. a. rechtliche Beziehungen zwischen verschiedenen Rechtsträgern. Wie für alle rechtlichen Beziehungen dürfen die für sie in Betracht kommenden Mittel nur nach Treu und Glauben angewandt werden, wie umgekehrt auch für das Verhalten des Staatsbürgers in der Verwaltung Treu und Glauben maßgeblich sein muß. Der z. B. in §§ 157, 242 BGB. umschriebene Rechtsgrundsatz ist eines der Fundamente, auf dem die gesamte Verwaltung beruht[1]).

Beispiel:
: Bruch der Zusage einer Wohnung bestimmter Güte im Flüchtlingssiedlungsbescheid ist Verstoß gegen Treu und Glauben — BVerwG. in DVBl. 1956, 804.

Damit ist auch jede Art von Schikane verboten, und es folgt daraus das Verbot des venire contra factum proprium.

Beispiel:
: Nach Unterzeichnung des Antrags auf Pensionierung kann der Beamte später nicht sagen, er sei dienstfähig — bayer.VGH. BB 2, 1953, 155.

---

1) Aus der die Anwendung des Grundsatzes einhellig bejahenden Rechtsprechung z. B. pr.OVG. 104, 7; RG. in: JW. 1938, 1023; b.—w. VGH in: DVBl. 1954, 62; OVG. Lbg. 6, 393. Schrifttum: K. H. Schmidt, aaO.; Nipperdey, in: JZ. 1952, 578. Vgl. auch Art. 11 EWVRO. Ausnahme unten S. 239.

b) Hoheitliche und nichthoheitliche Verwaltung

Der Staat und sonstige Hoheitsträger unterscheiden sich von anderen Verwaltungsführern dadurch, daß sie die ihnen zustehende hoheitliche Gewalt anwenden können. Die Hoheitsgewalt kommt ihnen zu nach den für den Aufbau des Gemeinwesens vorhandenen staatsrechtlichen Grundlagen. Stützen sie sich für Verwaltungsmaßnahmen auf diese Grundlagen, so stellen die Maßnahmen Akte der Hoheitsverwaltung dar. Die Hoheitsverwaltung ist also ein Teil des staatlichen Imperiums. Sie tritt z. B. in Erscheinung durch Verwaltungsakte, Dienstanweisungen, statutarische Satzungen. Die Akte der Hoheitsverwaltung sind das Rückgrat des gesamten staatlichen Lebens und infolgedessen entsprechend geschützt: Sie haben die Vermutung des rechtlichen Bestandes für sich (favor actus publici). Der hoheitliche Staat und die ihm gleichstehenden Träger öffentlicher Gewalt haben das große Vorrecht, sich irren zu dürfen[1]). Öffentliche Urkunden besitzen die Vermutung der Echtheit (§§ 418, 437 ZPO.). Ausnahmen müssen für jeden einzelnen Fall nachgewiesen werden. Eine dem § 134 BGB. entsprechende Bestimmung fehlt im Verwaltungsrecht.

Beispiele:

Falls jemand irrtümlicherweise eine Arztrechnung erhält, verschlechtert er seine Rechtslage nicht, wenn er sich zu der Rechnung nicht äußert. — Falls jemand irrtümlicherweise eine Polizeiverfügung oder einen Steuerbescheid erhält und dagegen keinen Rechtsbehelf einlegt, kann gegen ihn vollstreckt werden, so daß seine Passivität seine Rechtslage verschlechtert.

Hoheitsverwaltung kann eine Rolle spielen in Rechtsverhältnissen, welche durch sie unmittelbar zwischen den Trägern der Hoheitsgewalt und den Gewaltunterworfenen entstehen, sowie in sonstigen Rechtsverhältnissen, auch solchen zwischen Nichthoheitsträgern, wenn sie zu ihrem Inhalt gehört[2]). Sie kann ausgeübt werden auch gegenüber einem Rechtssubjekt, das in einem anderen Rechtsverhältnis Hoheitsträger ist.

Beispiel:

Polizeibefehle gegen Gemeinde zur Erfüllung seuchenpolizeilicher Aufgaben — BVerwG. 2, 192.

---

[1]) O. Mayer, Verwaltungsrecht I, 94, führt diesen herrschenden Grundsatz auf die von ihm sog. „Selbstbezeugung“ des Staates zurück, die den privatrechtlichen Geschäften fehlt. — Gesetzliche, den Grundsatz aussprechende Bestimmungen sind nicht vorhanden, vgl. hierzu W. Jellinek, in: OVG.-Festgabe, 100. — Bedenken gegen die herrschende Lehre z. B. Bettermann, in: MDR. 1949, 395.

[2]) Die Partner eines derartigen Rechtsverhältnisses werden nicht dadurch zu Hoheitsträgern, daß sie sich auf Gegenstände der Hoheitsverwaltung berufen. Eine andere Auffassung, wie z.B. vertreten von Clemens, in: DR. 1943, 475, ist mit rechtsstaatlichen Grundsätzen nicht vereinbar. — Vgl. Kleinrahm, in: MDR. 1948, 110.

Eine amtliche Stelle kann ohne hoheitliche Gewalt auftreten, sei es, daß das Gesetz ihr Hoheitsfunktionen verweigert, sei es, daß sie aus Zweckmäßigkeitserwägungen darauf verzichtet[1]). Ihre Maßnahmen stellen dann nichthoheitliche Verwaltung dar, oft vorsorgender, pflegender, fördernder Art (sog. „Daseinsfürsorge“)[2]). Auch hierbei handelt es sich um die Ausübung öffentlicher Gewalt[3]), so daß für die unmittelbare Anwendung von Privatrecht kein Raum ist[4]).

Beispiel:
Unentgeltliche Unterbringung eines fürsorgebedürftigen Kranken in einem öffentlichen Krankenhaus – BGH. in: DVBl. 1952, 501. – Maßnahmen auf dem Gebiet des Bauwesens, der Jugendpflege, der Leibesübungen. – Ausübung des Vorkaufsrechts nach RSG. auch, wenn gemeinnützige Aufgaben durch eine Behörde wahrgenommen werden – OVG. Lbg. in: DÖV. 1953, 220.

Bei jeder derartigen Verwaltungsart kann Amtsanmaßung gemäß § 132 StGB. vorliegen[5]). Bestehen Zweifel über die Verwaltungsart, so entscheidet der typischerweise zu der einen oder anderen Art gehörende Inhalt[6])[7]).

c) Fiskalische Verwaltung

Fiskalische Verwaltung wird durchgeführt mit Mitteln, die jeder Privatperson zur Verfügung stehen. Sie ist keine Ausübung öffentlicher Gewalt.[8])

Im Polizeistaat, als es keine Möglichkeit gab, mit öffentlich-rechtlichen Mitteln gegen die Obrigkeit vorzugehen, war es für den Untertanen wichtig, ihm durch sie zugefügte Schäden gegenüber dem Fiskus, dem „Prügelknaben des Staates“, geltend machen und von ihm Schadenersatz im Zivilrechtsweg vor den ordentlichen Gerichten (z. B. §§ 81ff. II, 14 prALR.) erlangen zu können.

---

[1]) BGH. in: NJW. 1952, 466.

[2]) Forsthoff, Verwaltung als Leistungsträger, 1938; Verwaltungsrecht, I, 278.

[3]) So z. B. das RG. in ständiger Rechtsprechung, RGZ. 145, 185; 165, 48.

[4]) A. A., jedoch m. E. nicht überzeugend: Siebert, aaO.

[5]) RG. in: pr. VerwBl. 1927, 467.

[6]) BGH. in: NJW. 1952, 466. — Zur Schwierigkeit der Abgrenzung vgl. BGH in: JZ. 1953, 55 mit widersprechender Kritik von Wolff; ferner Baur, in: JZ. 1953, 632.

[7]) Die Terminologie ist nicht einheitlich. Der früher benutzte Ausdruck gesellschaftliche oder soziale Verwaltung für die nichthoheitliche Verwaltung ist zu eng. Nicht mehr benutzt werden für die hoheitliche Verwaltung sollte das aus dem Polizeistaat stammende Wort Obrigkeitsverwaltung. Bedenklich dürfte daher das von Peters, Verwaltung, benutzte Schema sein, wonach als hoheitlich etwa dasjenige bezeichnet wird, was hier im Text hoheitliche und nichthoheitliche Verwaltung ist, während obrigkeitliche Verwaltung als eine Unterart der hoheitlichen Verwaltung etwa dasjenige sein soll, was hier im Text als hoheitliche Verwaltung umschrieben ist. — Nicht mit der Praxis überein stimmt die Terminologie bei Siebert, aaO., 219.

[8]) Sie auf die erwerbswirtschaftliche Sphäre zu beschränken — so Siebert, aaO. 221 —, entspricht nicht den Tatsachen; richtig: RGZ. 131, 248; 164, 5 usw.

Beispiel:

Zuviel gezahlte Steuern können vom Fiskus mit der zivilrechtlichen condictio indebiti zurückverlangt werden. Aber auch: Der seinerseits mit der Wahrnehmung von Hoheitsbefugnissen betraute Beamte hat keine öffentlich-rechtlichen Beziehungen zum Staat, die sein Gehalt betreffen; deshalb schließt er mit dem Fiskus einen zivilrechtlichen Dienstvertrag ab, in dem dieser die Gehaltszahlung übernimmt.

Im Rechtsstaat entfällt diese Aufgabe des Fiskus. Dennoch treten der Staat oder andere Hoheitsträger als Fiskus häufig als Subjekt von privaten Rechtsverhältnissen auf. Der Fiskus ist also das gleiche Rechtssubjekt wie der Staat oder sonstige Hoheitsträger. Mit dieser dem französischen Recht entsprechenden (domaine privé de l'Etat) nunmehr herrschenden Ansicht ist die entgegengesetzte, daß der Fiskus ein selbständiges Rechtssubjekt neben dem Hoheitsträger sei, abgelehnt[1]).

Der Fiskus tritt in verschiedenen Verwaltungsabteilungen in Erscheinung,

Beispiel:

Reichsfiskus, Bundesfiskus, Postfiskus, Stromfiskus, Reichsmilitärfiskus, Landesfisci. Die Fisci von Hoheitsträgern, welche nach 1945 verschwunden oder aktionsunfähig geworden sind, gelten als fortbestehend, sofern nicht nach dem unmittelbar Recht setzenden Art. 134 GG. der Bund an die Stelle des Reichs getreten ist[2]).

oder auch als Sondervermögen[3]).

Beispiel:

Sondervermögen der Deutschen Bundesbahn, einzutragen im Grundbuch als „Bundesrepublik Deutschland (Bundeseisenbahnvermögen)" nach dem G. vom 2. 3. 1951 — BGBl. 155 —. Autobahnen und Straßen, einzutragen im Grundbuch als „Bundesrepublik Deutschland (Bundesstraßenverwaltung)" nach G. vom 2. 3. 1951 — BGBl. 157 —.

Wie jeder Private ist er dem öffentlichen Recht (fiscus jure publico utitur)

Beispiel:

Polizeiliche Streupflicht vor Amtsgebäuden. Beachtung gewerbepolizeilicher Vorschriften für öffentliche Betriebe nach §§ 155, 105a ff. GewO. — Bei Errichtung eines Militärschießplatzes können hoheitliche und fiskalische Belange eine Rolle spielen — pr. OVG. 61, 274.

und dem Zivilrecht unterworfen (fiscus jure privato utitur).

---

[1]) Grundlegend: O. Mayer, Verwaltungsrecht, I, 119; RGZ. 162 130; A. A. Hatschek, Verwaltungsrecht, 48 ff.

[2]) BGH. in: DÖV. 1951, 218. — AG. Königstein in: NJW. 1951, 406 mit zustimmender Bemerkung von Féaux de la Croix; ders. eingehend in: ArchöffR. Bd. 77, 34. — Vgl. auch Kegel in: JZ. 1951, 387; Scheuner in: DVBl. 1950, 481, 514.

[3]) Vorsicht!! Es gibt auch mit eigener Rechtspersönlichkeit ausgestattete Sondervermögen, die dann als Anstalten oder Körperschaften stationes fisci sind, wie z. B. das Industriekreditbank-Sondervermögen Investitionshilfe nach G. vom 7. 1. 1952 — BGBl. 7; vgl. unten S. 84.

Beispiel:

Mietstreitigkeiten bei im Eigentum des Staates oder einer Kommune stehenden Häusern. — Beziehungen einer Universitätsklinik zu ihren Patienten — BGH. in: NJW. 1953, 778. Auseinandersetzungsvertrag zwischen politischer und Kirchengemeinde — BGH. in: NJW. 1954, 1137.

Der Umfang der fiskalischen Verwaltung ist abschließend im Gesetz nicht geregelt. Im öffentlichen Sachenrecht ist der Staat Fiskus i. a. im Zusammenhang mit seinem Finanz- oder Verwaltungsvermögen[1]); bei Sachen im Gemeingebrauch kann er — soweit nicht Privatpersonen berechtigt sind — Fiskus sein außerhalb der Hoheitsverwaltung. In obligatorischen Zusammenhängen entscheidet eine spezielle Gesetzesvorschrift oder die Natur der Sache, wobei die Abgrenzung von der nichthoheitlichen Verwaltung oft zweifelhaft ist.

Beispiel:

Durch die Hinterlegung eines vom Gerichtsvollzieher kraft hoheitlicher Gewalt durch Pfändung in amtlichen Besitz genommenen Gegenstandes bei einem Dritten entsteht kein öffentliches Rechtsverhältnis, sondern ein Privatrechtsverhältnis zwischen dem dritten und dem Fiskus oder — wenn das kraft positiven Rechts ausgeschlossen ist — dem Gerichtsvollzieher — RGZ. 145, 208. — Die Verwahrung von nach Strafprozeßrecht oder Polizeirecht beschlagnahmten Gegenständen begründete nach der älteren Ansicht des RG. (zuletzt RGZ. 67, 340) und des pr. OVG. (z. B. 74, 462) „ein dem Privatrecht angehörendes vertragsähnliches Verhältnis zwischen dem Fiskus oder dem in Betracht kommenden Verband und dem Besitzer, dem sie weggenommen worden ist, vermöge dessen der erstere zu einer den berechtigten Interessen des letzteren entsprechenden Verwahrung der beschlagnahmten Gegenstände sowie nach Erledigung des Zweckes der Beschlagnahme zur Herausgabe an den Berechtigten verpflichtet ist". Die neuere Rechtsprechung des RG. dagegen hat den Satz entwickelt, daß wenn eine Behörde in Verfolgung staatlicher Belange Sachen einer Privatperson in Verwahrung nimmt, ein nach öffentlichem Recht zu beurteilendes Rechtsverhältnis entsteht, „kraft dessen für den Staat und seine Organe die Verpflichtung zur Obhut über die in Verwahrung genommenen Sachen und zu ihrer Rückgabe in unversehrtem Zustand erwächst, soweit nicht öffentliche Belange entgegenstehen" (RGZ. 115, 421; ebenso BGH. in: ÖV. 1952, 572). Das entspricht der positiv-rechtlichen Regelung der Hinterlegungsordnung für die Verwahrung auf Grund von Hinterlegung. Mangels anderer Bestimmungen sind diejenigen des BGB. (nicht § 690) sinngemäß anzuwenden[2]). — Veräußert eine Verwaltungsbehörde ein nach ihrer Meinung herrenloses Fahrzeug, so ist das kein Verwaltungsakt, sondern ein bürgerlich-rechtl. fiskalischer Kaufvertrag — w.-b. VGH. in: VerwRspr. 4, 573. — Subventionsverträge nach dem 1. Wohnungsbaug., nach G. über Darlehen zum Bau usw. von Handelsschiffen vom 21. 9. 1950 — BGBl. 684 —; Investitionshilfe[3]).

Denkbar ist, daß durch private Abmachungen Ziele erreicht werden, die sich den Mitteln der Hoheitsverwaltung entziehen.

---

[1]) Vgl. unten S. 150, 154f.

[2]) Vgl. die Entwicklung der Zivilprozeßsachen kraft Überlieferung, wo die öffentlichrechtliche Verwahrung eine bedeutende Rolle spielt; unten S. 42, 43.

[3]) Vgl. Ipsen, in: ArchöffR. Bd. 78, 293.

Beispiel:

Bei der Erteilung von Ansiedlungsgenehmigungen muß das Glaubensbekenntnis mit Rücksicht auf Art. 3 GG. gleichgültig sein. Durch privatrechtliche Verträge jedoch können katholische oder evangelische Siedlungen geschaffen werden.

Auch hier gilt der Satz von Treu und Glauben[1]). Die Abgrenzung von Verwaltung mit öffentlicher Gewalt und fiskalischer Verwaltung ist weitgehend untunlich, wenn ein bestimmter Gegenstand einer vom Gesetzgeber eigens dafür geschaffenen Verwaltungsstelle übertragen ist, wie in immer zunehmendem Maße besonderen Anstalten[2])[3]).

Ausnahmsweise kann dem Fiskus kraft besonderer gesetzlicher Bestimmung eine Sonderstellung eingeräumt werden.

Beispiel:

Voraussetzungen bei Zwangsvollstreckung wegen Geldforderungen (nur!) nach §§ 803 ff. ZPO., gegen Bund, Länder, Körperschaften, Anstalten, Stiftungen des öffentlichen Rechts (§ 882a ZPO.)[4]), gegen Gemeinden und Gemeindeverbände (landesrechtliche Vorschriften nach § 15 Nr. 3 EGZPO.)[5]) und gegen die Bundesbahn (§ 39 Bundesbahng.); Mietverhältnisse mit dem Fiskus sind z. T. vom Kündigungsschutz ausgenommen nach § 32 Abs. 1 MSchG.[6]); Grundbucheintragungen nach § 3 Abs. 2 GBO.; Aneignung herrenloser Grundstücke nach § 928 Abs. 2 BGB.; gesetzl. Erbe nach § 1936 BGB.[7]).

2. Gesetzbindung der Verwaltung

a) Grad der Bindung

Verwaltung kann Vollziehung des Gesetzes derart sein, daß die abstrakte Rechtsnorm unmittelbar angibt, was im konkreten Einzelfall zu geschehen hat. Dann besteht Verwaltung in zweierlei: Es ist zunächst zu ermitteln, ob alle die Tatsachen vorliegen, die nach dem Willen des Gesetzgebers zu berücksichtigen sind. Das sind die sogenannten Tatfragen[8]). Ferner ist der der Verwaltung

---

[1]) Vgl. Peters, in: VerwArch. Bd. 35, 353; Beitzke, in: MDR. 1953, 1 (mit Übersicht über Rechtsprechung).

[2]) Vgl. unten S. 81 ff.

[3]) Zu der für die Praxis äußerst wichtigen Frage der Haftung für die Handlungen der tätigen natürlichen Personen vgl. unten S. 174 ff.

[4]) Geißler, in: NJW. 1953, 1953.

[5]) Die vorübergehend nach § 116 DGO. 1935 reichsrechtliche Regelung ist nun wieder durch Landesrecht, z. B. § 114 n.-w. GO., abgelöst.

[6]) Roquette, in: JZ. 1952, 71.

[7]) Außerhalb der staatlichen Verwaltung lagen besatzungsrechtliche Maßnahmen; doch bedienten sich die Besatzungsmächte — wie schon in ähnlichen Lagen in der Vergangenheit — zur Durchführung vielfach deutscher Stellen, der Besatzungsämter auf Kreisebene, so daß insb. die Entschädigung von diesen zu klären ist; Einzelheiten bei: Danckelmann-Kühne, Besatzungsschädenrecht 1952; vgl. auch unten S. 57.

[8]) Auf dem Gebiet der Verwaltungsgerichtsbarkeit erwähnt z. B. in § 23 Abs. 2 MRVO. Nr. 165, § 23 Abs. 1c rhld.-pf. VGG.

unterliegende Sachverhalt rechtlich unter das Gesetz zu subsumieren. Das sind die sogenannten Rechtsfragen[1]). Dem Gesetz entspricht dann begriffsnotwendig nur eine Entscheidung über den Einzelfall.

Das Gesetz kann der Verwaltung aber auch bewußt einen eigenen durch Rechtsnormen nicht ausgefüllten und von ihnen im einzelnen nicht dirigierten Raum lassen. Innerhalb dieses gesetzlich umgrenzten Raumes wirkt dann die Verwaltung selbständig. Ihre Tätigkeiten, insbesondere ihre Entscheidungen sind nicht bestimmt durch genaue gesetzliche Regeln, die es nur auf den Einzelfall zu übertragen gilt, sondern sie richten sich nach ihrem eigenen Ermessen. Ermessen gibt es auch in der Funktion der Rechtsprechung (z. B. § 847 BGB.); es nimmt aber in der Verwaltung einen viel breiteren Raum ein als anderswo. Das Ermessen kann durch Zweckmäßigkeitserwägungen bestimmt sein[2]). Die Verwaltung hat die Wahl zwischen mehreren im gesetzlichen Rahmen möglichen Entscheidungen[3]).

Schließlich ist eine Mischung der beiden Typen für den einzelnen Verwaltungsvorgang möglich. Dabei bindet der Gesetzgeber die Verwaltung für einen Teil ihrer Maßnahmen, läßt ihr aber für einen anderen Teil freie Hand.

b) Gebundene (gesetzgebundene) Verwaltung

Mit dieser Sammelbezeichnung wird der zunächst bezeichnete Grad der Bindung der Verwaltung an das Gesetz als Tat- oder Rechtsfrage erfaßt. Sie liegt vor, wo der Gesetzgeber sowohl den Tatbestand als die rechtlichen Zusammenhänge regelt, wenn er sie konkretisiert.

Das kann auch geschehen durch die gesetzgeberische Anweisung, Wertbegriffe anzuwenden, sofern das Gesetz selbst angibt, was unter dem jeweils maßgeblichen Wert zu verstehen ist. Schließlich ist die Beurteilung von Tat- oder Rechtsfragen an Hand sog. unbestimmter Rechtsbegriffe vollziehbar, die nach durchschnittlicher sozialer, wirtschaftlicher oder technischer Anschauung mit einem hinreichend bestimmten Rechtsgehalt gefüllt werden können und nach dem Willen des Gesetzgebers erfüllt werden sollen[4]). Ob die gesetzlichen Voraus-

---

[1]) Auf dem Gebiet der Verwaltungsgerichtsbarkeit erwähnt z. B. in § 23 Abs 1. MRVO. Nr. 165, § 35 VGG., § 23 Abs. 1a rhld.-pf. VGG.

[2]) Für die Verwaltungsgerichtsbarkeit ist die Ermessensverwaltung u. a. erwähnt in § 23 Abs. 3 MRVO. Nr. 165, § 36 VGG., § 23 Abs. 1 rhld.-pf. VGG.

[3]) „Eine Ermessensentscheidung liegt aber nicht vor, wenn nur eine Entscheidung die richtige sein kann, jede andere aber falsch ist." — OVG. Berlin in: JR. 1952 75.

[4]) So Giese, in: JZ. 1952, 585 im Anschluß an Jellinek, Verwaltungsrecht, 31; BVerwG. in BayVBL. 1956, 118. — Zur Problematik vgl. Haas, in: MDR. 1953, 651; Schindler, in: MDR. 1954, 331; Düring, in: JZ. 1953, 535; Redding, in: ÖV. 1954, 365; Meyer, in: ÖV. 1954, 368; Jarosch, in: DVBl. 1954, 521; Pietzonke, in: NJW. 1954, 865; Süsterhenn, Krauthausen, Ule, in: DVBl. 1954, 739; Verwaltungsgerichtspräsidenten aaO.; Bachof, in: JZ. 1955, 97; Jesch, in: ÖV. 1956, 77.

setzungen vorliegen oder nicht, ist, wie stets bei der Gesetzesanwendung, durch Auslegung des Gesetzes zu ermitteln[1]). Eine solche Auslegung ist ihrem Wesen nach keine Ermessensanwendung.

Beispiele:

Bedürfnis nach § 1 GaststG. mit DVO. — OVG. Mstr. in: ÖV. 1950, 374, OVG. Lbg. in: DV. 1950, 214 —; Bedürfnis nach Personenbeförderungsgesetz — VGH. Stuttgart in: ÖV. 1950, 691 —; Unterbelegung nach Wohnungsgesetz — OVG. Lbg. in: DVBl. 1950, 240 —; Zuverlässigkeit nach Heilpraktikergesetz — OVG. Hbg. in: ÖV. 1950, 716 —; Eignung nach § 26 DBG—OVG. Mstr. in: DVBl. 1954, 542 —; Gemeinnützigkeit — Reuß, in: DVBl. 1953, 649 —; Sachkunde nach § 4 nds. Gewerbezulassung —; BVerwG. in: ÖV. 1956, 55 —; Herkömmlichkeit nach Art. 12 Abs. 2 GG — BVerwG. in: BayVBl. 1956, 118; Gefahr usw. nach § 18 GewO.-BVerwG. ebd. Nicht: Interesse des öff. Verkehrs — BVerwG. in: ÖV. 1954, 532; öff. Verkehrsbedürfnis — BVerwG. in: NJW. 1954, 1661.

c) Ermessen

Da Verwaltung nicht nur enge Gesetzesvollziehung, sondern auch eigenständige Tätigkeit ist, ist Verwaltung durch freies Ermessen die Regel. Sie ist als vom Gesetzgeber gewollt anzunehmen, wenn er selbst nicht ausdrücklich Verwaltungsanweisungen gibt. Besonders darauf hin weisen Wendungen wie „kann", „darf", „ist berechtigt".

Beispiele:

Bedürfnis nach § 2 Gesetz über Verkehr mit unedlen Metallen; Zuverlässigkeit nach § 20 VO. über Handelsbeschränkungen — OLG. Hbg. in: BB. 1950, 686 —. Sonntagsbewilligung zum Gewerbebetrieb nach § 105b GewO.[2]); § 10 VO. zur Durchführung des Versteigerungsgewerbes vom 30. 10. 1934 — RGBl. 1111 —. OVG. Mstr. Amtl. Slg. 1, 50 —. „Dienstliches Bedürfnis" für Beamtenversetzung nach § 35 DBG. — OVGMstr. in: NJW. 1953, 160[3]).

Es ist möglich, daß der gleiche Begriff in der einen gesetzlichen Bestimmung eine Rechtsfrage, in der anderen eine Ermessensfrage ist. Maßgeblich ist die Auslegung des Gesetzes nach den allgemeinen Auslegungsregeln[4]). Der durch die Ermessensentscheidung Betroffene hat niemals ein subjektiv-öffentliches Recht auf eine bestimmte Entscheidung innerhalb des Ermessenrahmens[5]).

Keine Ermessensanwendung ist die Betätigung der freien Überzeugung. Hierbei handelt es sich um gesetzlich normierte Verfahrensregeln, die

---

[1]) Vgl. unten S. 70. — Ebenso: Menger, System, 127.

[2]) Ebenso Peters, Lehrbuch der Verwaltung, 10.

[3]) Weitere Beispiele bei Krönig, in: MDR. 1948, 130.

[4]) Vgl. unten S. 70. — Über die Schwierigkeit der Grenzziehung insb. zwischen unbestimmten Rechtsbegriffen und freiem Ermessen vgl. Loening, in: DVBl. 1952, 197, 235; Klinger, Verwaltungsgerichtsbarkeit, § 23, Anm. D 1.

[5]) BGH. in: ArchöffR. 1952 (78. Bd.), 102. — Zu dem sog. „Recht auf ermessensfehlerfreie Verwaltung" vgl. unten S. 140.

sowohl im Verwaltungsverfahren (z. B. § 99 RUO.) als auch im Gerichtsverfahren (z. B. §§ 278, 279 ZPO) angewendet werden[1]).

d) Mischtyp

Gibt der Gesetzgeber für einen Teil der im konkreten Fall anzuwendenden Bestimmungen Bindungen, überläßt er aber einen anderen Teil dem freien Ermessen, so entsteht nicht durch Legierung eine qualitativ von der sonstigen Verwaltung sich unterscheidende Verwaltungsart. Vielmehr bleiben auch hier die einzelnen Arten juristisch getrennt, mögen sie praktisch noch so eng verbunden erscheinen.

Beispiele:

§ 15 Abs. 3 VOSch.: Nach Ablauf von 3 Jahren (d. i. Tatfrage) kann auf Antrag in die Bezirksschornsteinfegerbewerberliste wieder eingetragen werden, wer (d. i. Ermessensfrage) .... — Wenn eine Wohnung unterbelegt ist (Tatfrage), kann das Wohnungsamt zuweisen (Ermessensfrage) — OVG. Mstr. in: Ztschr. für Miet- und Raumrecht 1952, 18.

Oder der Gesetzgeber beschränkt das Ermessen nur nach einer Richtung hin, indem er der Verwaltung bei Vorliegen eines im Gesetz fest umrissenen Tatbestandes zwar gewisse Maßnahmen verbietet, aber es ihrem Ermessen überläßt, ob sie positiv etwas tun will oder nicht (sog. gebundenes Ermessen)[2]).

e) Ermessensanwendung

In der Anwendung des Ermessens ist die Verwaltung in dem ihr vom Gesetz gegebenen Rahmen frei. Sie muß wie stets entsprechend ihren dem Staatsganzen gegenüber obliegenden Pflichten, also pflichtgemäß, und sie muß zweckmäßig handeln. Aber auch Pflichtwidrigkeiten oder Unzweckmäßigkeiten brauchen den gesetzlich der Verwaltung gelassenen Rahmen nicht zu sprengen. Das ist selbst dann nicht der Fall, wenn sie von ihrem Ermessen nicht den „richtigen“, sondern einen „undiskutabel unrichtigen“ Gebrauch macht[3]).

Die Lage ändert sich erst, sobald die Verwaltung den ihr zur ermessensmäßigen Gestaltung überlassenen Raum verläßt. Dann begibt sie sich auf ein Gebiet,

---

[1]) Die Unterscheidung zwischen „echten“ Ermessensentscheidungen, die die Behörde nach ihrer eigenen Initiative fällt und durch interne Allgemeinregelungen gebundene Ermessensentscheidungen — so BVerwG. in: JZ. 1956, 33 —, ist unergiebig; ebenso: Bachof, ebd.

[2]) Dieser früher gängige Ausdruck wird neuerdings angegriffen mit dem Hinweis darauf, daß er zu Unklarheiten führe, vgl. z. B. Scheuner, in: VerwArch. 33, 69. Das würde bedeuten, daß man Ermessensverwaltung identifiziert mit einer nach allen Seiten freien Entscheidungsbefugnis, wie das z. B. deutlich aus OVG. Mstr. 1, 51 zu ersehen ist. Eine solche Beschränkung des Ermessensbegriffs dürfte nicht nötig sein.

[3]) LVG. Minden in: DVBl. 1951, 476; ÖV. 1952, 117; Loppuch, in: DVBl. 1955, 416.

dessen Betreten ihr der Gesetzgeber nicht gestattet. Sie begeht eine Ermessensüberschreitung, wenn sie mehr tut als ihr gesetzlich zukommt („die gesetzlichen Grenzen des Ermessens überschritten" sind, z. B. § 23 Abs. 3 MRVO. Nr. 165) oder sie begeht einen Ermessensmißbrauch, wenn sie inhaltlich nicht mit dem Gesetz in Einklang zu bringen ist (wenn „von dem Ermessen in einer dem Zweck der Ermächtigung nicht entsprechenden Weise Gebrauch gemacht worden ist", z. B. § 23 Abs. 3 MRVO. Nr. 165).

aa) Fehler bei Zustandekommen

Eine solche Rechtsverletzung kann schon in der Art und Weise des Zustandekommens der Ermessensverwaltungshandlung, also vor dem Vorliegen des Ergebnisses der behördlichen Arbeit, entstehen. Die Behörde hat dann nach unsachlichen Gesichtspunkten entschieden, die dem Sinn und Zweck der angewandten gesetzlichen Bestimmung nicht entsprechen[1]). Hierzu gehört auch ein Verstoß gegen Grundsätze des Rechtsstaats, wie z. B. Gleichheit vor dem Gesetz[2]).

Beispiele:

Die Polizei darf nicht einem einzelnen Strandbesucher das Aufstellen eines Strandkorbes verbieten, während sie es allen anderen erlaubt — pr. OVG. 54, 262. — Sie darf nicht das Bedürfnis für einen Trödelhandel nach § 2 G. über den Verkehr mit unedlen Metallen vom 23. 6. 1926 für einen Fall verneinen und für einen späteren Antrag, ohne daß sich die tatsächlichen Verhältnisse geändert haben, bejahen.

Ermessensmißbrauch liegt ferner dann vor, wenn die Verwaltung glaubt, gesetzlich gebunden zu sein, während sie in Wirklichkeit nach den gesetzlichen Grundlagen nach ihrem Ermessen tätig werden darf.

Beispiele:

Die Polizei setzt bei allen Wirten, die einmal wegen Übertretens der Polizeistunde bestraft worden sind, die Polizeistunde herab in der irrigen Meinung, daß dies gesetzlich nötig sei — pr. OVG. 82, 431. — Eine Behörde macht den Erlaß eines in ihr Ermessen gestellten Hoheitsaktes von der Zahlung einer Gebühr abhängig, obwohl das Gesetz eine solche Zahlung nicht vorsieht — RGZ. 138, 308; pr. OVG. 54, 265.

bb) Fehler bei Durchführung

Die Überschreitung des äußeren Rahmens für das Ermessen kann aber auch erst durch das Ergebnis der Verwaltungsmaßnahme sichtbar werden. Hierbei entscheiden häufig quantitative Gesichtspunkte darüber, ob ein bloß unrichtig angewandtes, also noch im gesetzlichen Rahmen befindliches oder ein mißbrauchtes und damit ungesetzliches Ermessen vorliegt. Das Reichsgericht hat

[1]) Z. B. pr. OVG. 55, 465.
[2]) So sehr klar Fleiner, Institutionen, 131; Fachinger, in: NJW. 1949, 244.

das durch Wendungen ausgedrückt, wie „in so hohem Maße fehlsam, daß das Verhalten mit den an eine ordnungsmäßige Verwaltung zu stellenden Anforderungen schlechterdings unvereinbar ist“[1]) oder, daß „sich die Fehlerhaftigkeit dieser Ermessensentscheidung jedem sachlichen Beobachter ohne weiteres aufdrängt“[2]). Ermessensmißbrauch kann unter Umständen schon eine Entscheidung „ohne jede sachliche Prüfung“ oder nach „offensichtlich unsachlicher Prüfung“ sein[3]).

Beispiele:

Die Bestimmung, welche Interessen nach § 47 DVO. zum Personenschadensg. zur Beschwerde berechtigen, liegt im Ermessen der Behörde.

Eine scharfe Unterscheidung zwischen Ermessensüberschreitung und Ermessensmißbrauch wird sich nach allgemeinen Gesichtspunkten kaum finden. Insbesondere sind Fehler bei der Art und Weise des Zustandekommens der Ermessensentscheidung nicht regelmäßig Mißbrauch und Fehler, die sich durch das Ergebnis der Verwaltung zeigen[4]), nicht regelmäßig Ermessensüberschreitung.

f) Verschiedenheit der Kontrolle

Die Kontrolle aller Verwaltungsmaßnahmen ist weitgehend abhängig von dem Unterschied zwischen gebundener Verwaltung und Ermessensverwaltung. So findet nach den geltenden Regelungen eine verwaltungsgerichtliche Kontrolle bloß statt für Tatfragen und Rechtsfragen, wozu Ermessensüberschreitung und Ermessensmißbrauch gezählt werden[5]). Die Frage, ob eine Ermessensentscheidung überhaupt vorliegt, ist eine Rechtsfrage; andernfalls kämen die Gerichte nicht zu einer Prüfung.

---

[1]) RGZ. 138, 263.

[2]) RGZ. 154, 121 und 153 mit Nachweis älterer Entscheidungen. Das OVG. Hbg. — DV 1949, 220 — unterscheidet: a) Vorgehen ohne jede sachliche Prüfung, b) Verfolgung eines Zweckes, der außerhalb der Zwecke des zugrunde liegenden Gesetzes sich befindet, c) offensichtliche Ungeeignetheit, dem Zweck der gesetzlichen Ermächtigung zu dienen.

[3]) LVG. Minden in DVBl. 1951, 478.

[4]) Das Reichsgericht zieht in den Begriff des Ermessensmißbrauchs die Überschreitung ein in RGZ. 138, 14 oder spricht überhaupt nur von Mißbrauch wie in 137, 156 oder 140, 413. Bachof, SJZ. 1948, 746 versucht wohl vergeblich, einen für alle Fälle zutreffenden Unterschied zu konstruieren. — Jellinek, Verwaltungsrecht, 37 und im Anschluß daran Forsthoff I, 76 kennen, was im wesentlichen den obigen Ausführungen entspricht, als Ermessensfehler: a) Irrtum über Vorliegen oder Grenzen einer Ermessensbetätigung oder deren bewußte Überschreitung, b) Irrtum über die erlaubten Motive und deren absichtliche Außerachtlassung, c) Mangel an der Würdigung der zu berücksichtigenden Tatsachen. Diese Einteilung hat allerdings den Nachteil, daß Fehler innerhalb des Ermessensrahmens (Ermessensfehler) und Fehler durch seine Überschreitung (Rechtsverletzung) nicht getrennt werden.

[5]) Vgl. unten S. 213. — Nur ausnahmsweise, als Übergangslösung entscheiden die Verwaltungsgerichte auch über Zweckmäßigkeit der Verwaltung; vgl. unten S. 229.

Sodann ist die Entscheidung, welche Art der Verwaltung vorliegt, wichtig für die Anwendung der Staatsaufsicht über unterstaatliche juristische Personen, insbesondere Gebietskörperschaften. Nach den meisten Gemeinde-, Kreis- und Städteordnungen sowie nach den gesetzlichen Grundlagen für Industrie- und Handelskammern, Handwerkskammern usw. kann im Wege der Staatsaufsicht grundsätzlich nur die Rechtmäßigkeit, nicht aber die Zweckmäßigkeit der Maßnahmen der Selbstverwaltungskörperschaften nachgeprüft werden[1]).

Eine volle Kontrolle, also der gebundenen und der Ermessensverwaltungsmaßnahmen ist i. d. R. möglich durch die Fachaufsicht[2]) der vorgesetzten Dienststelle.

3. Tatsachen- und Rechtsgrundlagen

a) Nachschieben von Tatsachen

Wenn die Beteiligten bei dem Erlaß einer Verwaltungsmaßnahme nicht den vollen Sachverhalt überblicken, können sie im Laufe des Verfahrens Tatsachen nachschieben. Das ist möglich im Verwaltungsverfahren und in den Tatsacheninstanzen — nicht also Revisionsinstanzen — der Verwaltungsgerichtsbarkeit. Wegen der das Verwaltungsgerichtsverfahren beherrschenden Untersuchungsmaxime sind gegenüber dem Zivilprozeß die Möglichkeiten, einen Beteiligten mit einem Vorbringen wegen Verspätung auszuschließen, sehr eingeengt.

Für das Verwaltungsverfahren geht man sogar noch einen Schritt weiter: Der Verwaltungsbehörde wird i. a. zu gestatten sein, ihre Maßnahmen auf Tatsachen zu stützen, die sie in Wahrheit nicht interessieren, um einen ganz anderen Zweck, hinsichtlich dessen bestimmte Tatsachen nicht angegeben werden, zu erreichen. Nötig ist nur, daß die so als Vorwand benutzten Umstände die Maßnahme unabhängig von dem in Wahrheit erstrebten Ziel rechtfertigen. Einen Einwand des Vorwandes gibt es i. a. nicht[3]).

---

[1]) Vgl. unten S. 276.

[2]) Vgl. unten S. 192.

[3]) Die deutsche Entwicklung läuft parallel der französischen, wo das détournement du pouvoir als Unterfall des excès du pouvoir behandelt wird; vgl. Jellinek, Verwaltungsrecht, 38. — Wie hier i. w. die herrschende Meinung: Bühler, Subj.-öffentliche Rechte, 1914, 205; Jellinek, Verwaltungsrecht, 448; Peters, Verwaltung, 12; Fachinger, in: NJW. 1949, 248; Krönig, in: MDR. 1948, 130. — A. A., aber wohl in Überspannung der billigerweise an die Verwaltung zu stellenden Anforderungen: Bachof, in: SJZ. 1948, 746; Kleinrahm, in: NJW. 1949, 606; Schlippe, in: JR. 1953, 212.

Beispiel:

Eine Verwaltungsbehörde erteilt einem Antragsteller keinen neuen Fischereischein unter Berufung auf seine Vorstrafen, obgleich sie ihm für einen früheren Zeitraum in Kenntnis der gleichen Vorstrafen schon einmal einen Schein gegeben hatte. In Wirklichkeit will sie die Zahl der Fischereiberechtigten einschränken. Das ist zulässig — w.-b. VGH. in VerwRspr. 1, 74. — Eine Behörde verlangt den Abbruch eines Hauses wegen Baufälligkeit. Der wahre Grund ist, daß sie eine neue Fluchtlinie anlegen will. Ist das Haus wirklich baufällig, dann kann die Maßnahme bestehen — pr. OVG. 65, 424. — Aber: Ein baupolizeiliches Verbot des Anbaus an einer Straße ist nicht zulässig zu dem Zweck, die Durchführung der Pläne einer Gemeinde auf Abänderung einer diese Straße kreuzenden Querstraße zu erleichtern — pr. OVG. 82, 425.

b) Nachschieben der Rechtsgrundlage (Konversion)

Der Begriff der Konversion stammt aus dem Zivilrecht. Er ist konkretisiert in § 140 BGB., wonach dann, „wenn ein nichtiges Rechtsgeschäft den Erfordernissen eines anderen Rechtsgeschäfts entspricht, das letztere gilt, wenn anzunehmen ist, daß dessen Geltung bei Kenntnis der Nichtigkeit gewollt sein würde". Überträgt man diese Grundlagen auf das öffentliche Recht, so wäre Konversion möglich beim Vorliegen von drei Voraussetzungen: 1. ein nichtiger Verwaltungsakt, 2. die Möglichkeit, an die Stelle des nichtigen Aktes einen ihm entsprechenden gültigen zu setzen, 3. die begründete Annahme, daß die Behörde bei Kenntnis der Rechtslage den gültigen Akt gewollt hätte[1]). Das letztere ist keine Auslegung, sondern eine Fiktion, denn die Behörde hat ja — das ist der Ausgangspunkt — tatsächlich den nichtigen Akt gewollt. Ein dem § 140 BGB. entsprechender Satz des öffentlichen Rechts läßt sich nicht nachweisen.

Dagegen wird im öffentlichen Recht als Konversion bezeichnet die Ersetzung der ursprünglich einer Verwaltungsmaßnahme gegebenen Rechtsgrundlage durch eine andere oder die Ergänzung der ursprünglichen Rechtsgrundlage. Eine solche Art der Konversion innerhalb der Verwaltung, auch wenn eine höhere Verwaltungsinstanz Verwaltungsmaßnahmen einer niederen Instanz konvertiert, ist zulässig. Welche rechtliche Begründung eine Verwaltungsstelle ihren Handlungen geben will, liegt in ihrem Ermessen[2]).

Beispiel:

Entlassung eines Beamten nach § 6 Abs. 2 n-w 1. SparVO kann in Widerruf des Beamtenverhältnisses nach § 61 DBG. umgedeutet werden.

Ihrem Wesen nach ist Konversion nur innerhalb der Ermessensverwaltung denkbar[3]). Denn wenn die Behörde kraft Gesetzes einen bestimmten Akt setzen

---

[1]) Vgl. Pappenheim, in: Fischers Zeitschrift Bd. 60, 1ff. (1927); Schack, in: DVBl. 1953, 318 mit Schrifttum.

[2]) Dieser erweiterte Begriff sollte trotz der z. B. bei Schack aaO. geäußerten Bedenken beibehalten werden. Insb. ist eine Beschränkung der Konversion auf die Fälle der Nichtigkeit eines Aktes, ähnlich § 140 BGB. für das Verwaltungsrecht unfruchtbar. — Wie hier im Text nun wohl auch Klinger, Verwaltungsgerichtsbarkeit, 454.

[3]) Diese wohl herrschende Meinung hat sich vor allem entwickelt an der Rechtsprechung zu § 127 Abs. 2 pr. LVG.; vgl. pr. OVG. 42, 391; 72, 307; auch Pappenheim aaO.

muß, entfällt jede Wahl- oder Umdeutungsmöglichkeit. Die neue Begründung schafft keinen neuen Akt, so daß sie auf den Zeitpunkt seiner Entstehung „zurückwirkt".

Konversion gibt es nur bei Verwaltungsakten, nicht bei Rechtsverordnungen[1]).

c) Berichtigung der Bezeichnung

Sie ist möglich, wobei sich die Berichtigung sowohl auf die Tatsachen als auf die Rechtsgrundlagen beziehen kann (falsa demonstratio non nocet).

Schrifttum

Baur, Die Bindung an Entscheidungen. 1940.
Coester, Die Rechtskraft der Staatsakte. 1927.
Jellinek, G., System der subjektiven öffentlichen Rechte (2. Aufl.). 1905. — Siehe i. ü. Kap. 1.
Laun, Das freie Ermessen und seine Grenzen. 1910.
— Zum Problem des freien Ermessens. In: Festschrift für Zitelmann. 1913.
Menger, System des verwaltungsgerichtlichen Rechtsschutzes. 1954.
Schmidt, Treu und Glauben im Verwaltungsrecht. 1935.
Siebert, Privatrecht im Bereich öffentl. Verwaltung, in: Festschr. f. Niedermeyer. 1953 215ff.
Stahl siehe Kap. 1.
Tezner, Das freie Ermessen der Verwaltungsbehörden. 1924.
Verwaltungsgerichtspräsidenten, Koblenzer Tagung 1954. Tagungsbericht. 1955.

[1]) Diese herrschende Ansicht dargestellt durch pr. OVG. 78, 417ff. — Über Konversion im Verwaltungsgerichtsverfahren vgl. unten S. 213.

Drittes Kapitel

Verwaltung als Staatsfunktion

1. Verwaltungsrecht als öffentliches Recht

Verwaltung wird rechtlich erfaßt in erster Linie durch das Verwaltungsrecht. Aber auch andere Rechtszweige beschäftigen sich mit ihr, was im wesentlichen daraus zu erklären ist, daß sich Verwaltungstätigkeit und Verwaltungsorganisation nicht völlig decken. Wenngleich im alltäglichen Verwaltungsablauf dieser Umstand nicht immer in Erscheinung tritt, so ist doch eine genaue rechtliche Festlegung der Grenzen unerläßlich.

a) Öffentliches Recht und Privatrecht

Das Verwaltungsrecht ist ein Teil des öffentlichen Rechts im Gegensatz zum Privatrecht. Worin sich diese beiden Rechtsmaterien unterscheiden, ist streitig:

Eine monistische, insbesondere von der sog. Wiener Schule vertretene Auffassung verzichtet auf jede Unterscheidung; dieses Ergebnis wird durch eine inhaltliche Entleerung und eine Beschränkung auf die Erscheinungsform erreicht. Sie hat sich nicht durchsetzen können[1]).

Die Fiskustheorie war zur Zeit des absoluten Staates von Bedeutung, als der Untertan allein dem Fiskus gegenüber Rechte wahrnehmen konnte[2]).

Die Subjektionstheorie verweist darauf, daß im öffentlichen Recht sich grundsätzlich in den einzelnen Rechtsverhältnissen ein Hoheitsträger und eine gewaltunterworfene Person gegenüberstehen, während für das Privatrecht die Partner der einzelnen Rechtsverhältnisse grundsätzlich gleichberechtigt seien. Das erstere sei grundsätzlich Subordinationsrecht, das letztere grundsätzlich Koordinationsrecht[3]). Dieser Gesichtspunkt ist sicherlich für viele Fälle bedeutsam. Aber innerhalb des öffentlichen Rechts mehren sich die Rechtsverhältnisse, in denen auch im Gebiet der Hoheitsverwaltung die Stellung des Staatsbürgers derjenigen des Hoheitsträgers gleich oder nahezu gleich ist

Beispiel:
Der Staatsbürger besitzt einen Anspruch auf Entschädigung[4]), Folgenbeseitigung[5]), Versorgung, Sozialrente, Lastenausgleich.

oder in denen sich die Partner in jeder Beziehung gleich gegenüberstehen.

Beispiel:
Rechtsbeziehungen zwischen Fürsorgeverbänden, Gemeinden.

[1]) Kelsen, Allg. Staatslehre, 231. Im Staatsrecht ist das Problem alt. Für eine Abstraktion von allem Inhalt der Staatstätigkeit bei rechtlicher Betrachtung z. B. v. Martitz in: Ztschr. f. d. ges. Staatswissenschaft 1880, 250 oder Zorn, Reichsstaatsrecht, 1880, I 108; dagegen: Laband in: ArchöffR. Bd. 1, 179 Jellinek, Gesetz und Verordnung, 233. [2]) Vgl. oben S. 10. [3]) Vgl. z. B. Forsthoff, Verwaltungsrecht I, 91. [4]) Vgl. unten S. 165ff. [5]) Vgl. unten S. 177.

So kann auf die Betrachtung des mit der Rechtsetzung und Rechtsanwendung verfolgten Zweckes und damit auf die Beachtung der Interessen der mit dem Recht in Berührung kommenden Personen nicht verzichtet werden. Öffentliches Recht liegt vor, wenn allein oder wenigstens vorwiegend Zwecke der Allgemeinheit verfolgt werden. Privatrecht liegt vor, wenn es sich um Zwecke von einzelnen Personen oder Personengruppen handelt[1]). Hierzu gehört auch der Fiskus in der verschiedenen Erscheinungsform, dessen Aufgaben die Wahrung der egoistischen Belange der jeweiligen juristischen Person des öffentlichen Rechts in dem für jeden vom Privatrecht gesteckten Umfange ist, so daß sich die fiskalische Verwaltung nach Privatrecht richtet[2]).

Die Beachtung beider Gesichtspunkte — der Rangordnung der Partner und des Zweckes — wird oft die Einordnung in den richtigen Rechtszweig sichern[3]). Doch ist auch hiermit eine völlig zweifelsfreie Grenze zwischen öffentlichem und privatem Recht nicht gezogen, was wohl überhaupt nicht möglich ist[4]).

b) Verwaltungsrecht als Teil des öffentlichen Rechts

Was insbesondere das Verwaltungsrecht anlangt, so beschäftigt es sich mit einzelnen, den Staatsbürger in seiner täglichen Berührung mit öffentlichen Einrichtungen betreffenden Vorgängen. Mit dem von ihm rechtlich erfaßten

[1]) Die im 19. Jhdt. herrschende Interessentheorie beruft sich auf Ulpian, I, 1 § 2 D de iust. et iure: Publicum jus est quod ad statum rei Romanae spectat, privatum quod ad singulorum utilitatem: sunt enim queadam publice utilia, quaedam privatim. — Thoma, HdbchdDStR. 1930, I, 3 dürfte sich nicht gar zu weit hiervon entfernen: „Man kann das öffentliche Recht definieren als das System von Rechtssätzen, welche den Aufbau und die Betätigung des Staates und derjenigen Verbände regeln, die dem Staat zur Erfüllung ihrer Lebenszwecke verpflichtet sind oder die aus geschichtlichen oder politischen Gründen von der Rechtsordnung als öffentlich-rechtlich gewertet werden."

[2]) Nach französischer Auffassung gehört auch die fiskalische Verwaltung zum öffentlichen Recht. — Berthélémy, Henry, Traité élémentaire de droit administratif, 24.

[3]) Auch EWVRO., Begründung zu Art. 1 geht von beiden Grundlagen aus.

[4]) Vgl. Fleiner Institutionen, 39; ferner EWVRO. aaO. mit Schrifttum; vgl. ferner Molitor, aaO.; Siebert, in: Festg. für Niedermeyer, 125; Enneccerus-Nipperdey, Allg. Tl., 1. Halbb. 137; Huber, Wirtsch.-Verw.-Recht. I, 55; Böhmer, Grundl. d. bürgerl. Rechtsordnung, 1950, I, 157. — Es ist insb. zuzugeben, daß die Berücksichtigung des Zweckes soziologische Gesichtspunkte hervorhebt, ähnlich wie die von Stier-Somlo vertretene Theorie vom selbständigen Lebenskreis oder die von Gierke hervorgehobenen sozialrechtlichen Gedanken. Aber eine rein juristische Betrachtungsweise scheint, wie alle bisherigen Versuche zeigen, keine befriedigende Lösung herbeiführen zu können. Das beweist auch die vereinzelt vertretene sog. „Rechtstiteltheorie", welcher Wolff, in ArchöffR. Bd. 76 (1950), 210 folgende Form gibt: „Öffentliches Recht ist mithin der Inbegriff derjenigen Rechtssätze, welche nur solche Subjekte berechtigen oder verpflichten, die ausschließlich durch Rechtssätze und Staatsakte bestimmt sind, oder die auf Grund eines Tatbestandes berechtigen oder verpflichten, der nur einem solchen Subjekt zurechenbar ist." Es ist nicht recht ersichtlich, wie der von Wolff selbst befürchtete Zirkel vermieden werden kann, daß ja erst einmal feststehen muß, nach welchem Recht die Subjekte die genannten Eigenschaften erhalten sollen.

Gegenstand teilt es das Schicksal, sich einer völlig sichere Grenzen festlegenden Begriffsbestimmung zu entziehen.

Einige Klarheit bringt die Unterscheidung zu anderen Zweigen des öffentlichen Rechts. So befaßt sich das Staatsrecht im Gegensatz zu dem mehr ins einzelne gehenden Verwaltungsrecht mit den zentralen Fragen der Organisation und Arbeit der in der Verfassung vorgesehenen Staatsorgane und mit den Prinzipien der Rechtsstellung der Bürger; dazu werden die zur Gesetzgebung nötigen Vorbereitungen gezählt. Im Gegensatz zum Staatsrecht und Verwaltungsrecht behandelt das Völkerrecht außerstaatliche und zwischenstaatliche Zusammenhänge; es kann nur auf dem Wege der Inkorporation (Art. 25 GG.) oder der Einzeltransformation zu innerstaatlichem Recht und damit auch zu Verwaltungsrecht werden; das gilt insb. für das internationale Verwaltungsrecht zwischenstaatlicher Organisationen. Das Strafrecht einschließlich des Verwaltungsstrafrechts[1]) beschäftigt sich mit begangenem Unrecht, während das Verwaltungsrecht vorwiegend für Gegenwart und Zukunft festlegt und gestaltet[2]).

Weitere Klarheit vermittelt die Stellung des Verwaltungsrechts in den einzelnen Staatsgewaltsfunktionen. Auch nachdem in Art. 20 Abs. 2 GG. die Gewaltenteilung verfassungsmäßig normiert ist, decken sich Verwaltung im gegenständlichen Sinn und Verwaltungsorganisation nur grundsätzlich. Von dem Grundsatz gibt es Ausnahmen, wonach gegenständliche Verwaltung in den Organisationen der Rechtsetzung und Rechtsprechung wie umgekehrt gegenständliche Rechtsetzung und Rechtsprechung in der Organisation der Verwaltung zu finden sind. Verwaltungsrecht ist so zwar vorwiegend — entsprechend dem Grundsatz — in der Verwaltung, ebenso aber — als Ausnahme — in der Rechtsetzung und Rechtsprechung anzutreffen.

2. Verwaltung und Gesetzgebung

Staatliche[3]) Gesetzgebungsstellen befassen sich ausnahmsweise mit Verwaltung. Die in Betracht kommenden Fälle sind im Gesetz enumeriert („Regierungsakte in Gesetzesform")[4]).

---

[1]) Vgl. unten S. 194.

[2]) Ob man Kirchenrecht oder Staatskirchenrecht als zum öffentlichen Recht oder zu einer anderen Materie außerhalb des Privatrechts gehörend — vgl. z. B. pr. OVG. 92, 69; BVerwG in: NJW. 1955 — ansieht, kann hier dahingestellt bleiben, weil es jedenfalls kein Verwaltungsrecht ist.

[3]) Also nicht die „Gemeindeparlamente". Dieser unschöne, weil irreführende Ausdruck meint die Stadtkreis-, Landkreis-, Amts- und Gemeindevertretungen. Ihre Tätigkeit bewegt sich auf dem Gebiet der Verwaltung. Sofern sie Recht setzen, handelt es sich um Gesetze im materiellen Sinn, also um statutarische Satzungen, wie Ortsstatute, Hauptsatzung usw. (bei eigener Verwaltung) oder um Rechtsverordnungen (bei Auftragsverwaltung). Vgl. auch unten S. 66.

[4]) BGH. GrS. in: JZ. 1955, 496; Krüger, in: DVBl. 1955, 758, 791.

Beispiel:

Geschäftleitende Regelungen innerhalb des autonomen Parlamentsrechts; Durchführung von Wahlen und Abstimmungen in bezug auf staatliche (nicht kommunale) Parlamente[1]); sog. Einzelfallgesetze: Zustimmung zu Staatsverträgen nach Art. 59 Abs. 2 S. 1 GG[2]), Haushaltsfestsetzungen[3]) nach Art. 111 Abs. 2 GG (nach Art. 66 hbg. Verf. durch Beschluß!); Kreditgewährung usw. nach Art. 115 GG.; „Maßnahmegesetze" wie z. B. Investitionshilfegesetz[4]); sog. Einzelpersongesetze: Dotation von Bismarck u. a. durch G. vom 28. 12. 1866, Steuerbefreiung für Hindenburg durch G. vom 27. 8. 1933.

Verwaltungsstellen ebenso wie Regierungsstellen können ausnahmsweise Recht setzen durch den Erlaß von Gesetzen im materiellen Sinn (Rechtsverordnungen, Statute usw.). Das ist ebenfalls, und zwar wegen des Grundsatzes der Gesetzmäßigkeit der Verwaltung, nur möglich in den im Gesetz aufgezählten Fällen[5]) [6]).

3. Verwaltung und Rechtsprechung

a) Rechtsprechungsangelegenheiten vor Verwaltungsstellen

aa) Kraft Gesetzes

Verwaltungsstellen können — unbeschadet des Umstandes, daß in vielen Verwaltungsmaßnahmen Elemente gegenständlicher Rechtsprechung enthalten sind — grundsätzlich nicht Recht sprechen in dem Sinne, daß damit als letztes Ziel bedrohtes Recht geschützt und verletztes Recht wiederhergestellt wird[7]). Die rechtsprechende Gewalt in diesem Sinne ist allein den Gerichten — möglicherweise auch Spezialverwaltungsgerichten — anvertraut (Art. 92 GG.)[8]).

---

[1]) Das ist die von O. Mayer, 17, sog. verfassungsrechtliche Hilfstätigkeit.

[2]) Kaufmann, in: Gedächtnisschrift 445.

[3]) Heinig, K., Das Budget. 3 Bände, 1949—51.

[4]) BVerfG. 4, 7; vgl. auch Forsthoff, in: Gedächtnisschrift, 221.

[5]) Vgl. unten S. 61. Der Umfang dieser Möglichkeit zeigt den Umfang der, wenn auch nicht rechtlichen, so doch politischen Prärogative der Regierung. Infolgedessen liegt ein Schwerpunkt der Einrichtung im Staatsrecht — vgl. Art. 80 GG. — Anderseits läßt es sich nicht vermeiden, hier ausnahmsweise einmal Regierungstätigkeit und Verwaltungstätigkeit — vgl. oben S. 6 — in unmittelbare Nähe zu rücken.

[6]) Ausnahmsweise üben Rechtsetzungsstellen Rechtsprechung aus, was jedoch kein Gegenstand des Verwaltungsrechts ist; vgl. z. B. Art. 84 Abs. 4 GG.: Beschluß des Bundesrates über Rechtsverletzung durch ein Land.

[7]) Vgl. oben S. 4.

[8]) Wenn eine Stelle, die dem äußeren Anschein nach eine Verwaltungsstelle ist, Recht spricht, verwirklicht sie damit nur eines von mehreren der für das Vorhandensein eines Gerichts notwendigen Tatbestandsmerkmale — vgl. unten S. 206.

Wohl aber können Angelegenheiten, die ihrem Wesen nach Rechtsprechung sind, durch Gesetz Verwaltungsstellen zur Bearbeitung — mit Ausnahme von Freiheitsentziehungen, also i. d. R. Strafsachen (Art. 104 Abs. 2 GG., der „Habeas Corpus-Artikel") — überlassen und damit auf den Verwaltungsweg verwiesen werden. Dann üben der Verwaltung angehörende Stellen Rechtsprechung im weiteren Sinne aus, ohne jedoch dadurch zu Gerichten zu werden[1]).

Beispiel:

Entziehung der Rechtsfähigkeit eines Vereins (§ 44 BGB.); Auflösung einer GmbH. oder einer Genossenschaft (§ 62 GmbHGes., § 81 GenGes.); Anfechtung des Einspruchs gegen die Eintragung eines Vereins (§ 62 BGB.); Ansprüche auf Versicherung nach RVO.; Steuerangelegenheiten (§§ 242ff. RAbgO.). Tätigkeit der Staatsstellen nach ULG. — OVG. Lbg. 5, 347. — Ordnungswidrigkeitswesen[2]).

Das Landesrecht ist dabei an bestimmte bundesrechtliche Schranken gebunden. So darf es nicht auf den Verwaltungsweg verweisen, wenn das Bundesrecht ausdrücklich den Rechtsweg vorsieht (z. B. Art. 34 GG.) oder weil als Partei eine fiskalische Stelle beteiligt ist (§ 4 EGZPO.). Nach der Einführung der Generalklausel in der Verwaltungsgerichtsbarkeit[3]) und der nach Art. 19 Abs. 4 GG. gewährten Lückenlosigkeit des Rechtsschutzes können nach Durchlaufen des Verwaltungsweges auch in diesen Fällen die Verwaltungsgerichte angerufen werden, sofern nicht ein anderer Rechtsweg gesetzlich vorgeschrieben ist. So ist die ganze Regelung nicht mehr so bedeutungsvoll wie früher.

bb) Kraft Sachzusammenhanges

Außer Vorgängen, die stets als zur Verwaltung gehörend gezählt werden, gibt es solche, bei denen die Zugehörigkeit von der sich wandelnden politischen Auffassung abhängt. Im Zusammenhang mit der Entmachtung des Individuums zugunsten der Allgemeinheit ist in den letzten Jahrzehnten ein ständiges Vordringen des öffentlichen Rechts zu beobachten. Viele Gebiete, z. B. das öffentliche Entschädigungswesen[4]) oder öffentliche Verträge[5]), gehören heute zum öffentlichen Recht, so daß der für sie maßgebliche Weg der Verwaltungsweg ist. Darüber hinaus aber verbleiben noch Vorgänge, die, obwohl dem Inhalt nach zum Privatrecht gehörend, wegen ihrer im konkreten Einzelfall vorhandenen tatsächlichen Verbindung mit — meist dominierenden — öffentlich-rechtlichen Vorgängen auf den für diese ja von vornherein feststehenden Weg gezogen werden. Hier siegt für die Bestimmung des Weges

---

[1]) So schon deutlich: Thoma, HdbchddStl. 1932, II, 127; Jerusalem, Die Staatsgerichtsbarkeit, 4; Wolff, in: MDR. 1951, 67.

[2]) Vgl. unten S. 199ff.

[3]) Vgl. unten S. 221.

[4]) Vgl. unten S. 163ff.

[5]) Vgl. unten S. 99f.

der Sachzusammenhang[1]) über den unverändert privatrechtlich bleibenden Inhalt der an den öffentlich-rechtlichen Hauptvorgang sich anschließenden Begebenheiten.

Es kann sich dabei handeln um Einheitlichkeit, Umkehrung oder Abwicklung. Die früher unter dem Gesichtspunkt der Einheitlichkeit betrachteten Vorgänge, wie z. B. Entschädigungsansprüche, Zinsansprüche[2]), sind heute wohl sämtlich als öffentlich-rechtliche zu qualifizieren, so daß sie schon wegen ihres Inhaltes und nicht erst durch Zusammenhang zum Verwaltungsweg gehören. Ähnlich liegt es bei der Umkehrung, wenn der zunächst passive Staatsbürger aktiv wird, um etwas wieder zu erlangen, was ihm infolge unrechtmäßiger Verwaltungsführung genommen wurde; es handelt sich hier meist um Ansprüche aus ungerechtfertigter Bereicherung, die heute — im Gegensatz zu früher — insoweit zwanglos als zum öffentlichen Recht gehörend angesehen wird. Allein die Abwicklung hat noch selbständige Bedeutung; hier können Vorgänge, die inhaltlich privatrechtlich bleiben, auf dem Verwaltungsweg und daran anschließend dem Verwaltungsrechtsweg erledigt werden wegen ihres tatsächlichen Zusammenhanges mit dem ursächlichen öffentlich-rechtlichen Vorgang.

Beispiel:

Weitere Verfügungen über einen nach RLG. in Anspruch genommenen PKW. — schlesw.-holst. OLG. schlesw.-holst. Anz. 51, 44.

Eine Frage nicht des Rechts- oder Verwaltungswegs, sondern des materiellen Rechts ist es, ob der Staatsbürger, dessen Angelegenheiten bearbeitet werden, Erfolg hat. Das hängt von den ihm zustehenden subjektiven Rechten, möglicherweise Schadensersatzansprüchen oder Folgenbeseitigungsansprüchen[3]), ab.

b) Verwaltungssachen vor Rechtsprechungsstellen

aa) Ordentliche Gerichte als Rechtsprechungsstellen

(1) Der Begriff der ordentlichen Gerichtsbarkeit ergibt sich aus ihrem Arbeitsgegenstand. Vor sie gehören nach § 13 GVG. grundsätzlich alle bürgerlichen Rechtsstreitigkeiten und Strafsachen. Dabei kann es sich um streitige (§ 12 GVG.) oder um freiwillige Gerichtsbarkeit handeln, welch letztere es nur im Zivilrecht gibt. Für alle bürgerlichen Rechtsstreitigkeiten[4]), die nicht ausdrücklich durch Sonderbestimmungen auf den Verwaltungsweg verwiesen sind[5]), ist danach der

[1]) Nur in diesem Sinne sollte das Wort gebraucht werden, nicht zur Bezeichnung der Zusammengehörigkeit tatsächlicher Vorgänge. Es ist bedenklich, an eine solche nur tatsächliche Verbindung rechtliche Folgen zu knüpfen, wie das BVerwG. 1, 21 tut.

[2]) Die Entwicklung wird deutlich bei Jellinek, Verwaltungsrecht, 50ff., wo noch als zum Privatrecht gehörend Vorgänge bezeichnet werden, die man heute zum öffentlichen Recht zählt.

[3]) Der — umstrittene — Folgenbeseitigungsanspruch — vgl. unten S. 177 — ist eine materiell-rechtliche Figur und besagt nichts über den Weg.

[4]) Nur sie interessieren wegen des Ausscheidens von Strafsachen — vgl. oben unter a — in diesem Zusammenhang.

[5]) D. s. die oben unter a genannten Fälle.

ordentliche Rechtsweg offen. Damit ist wohl der Rahmen der bürgerlichen Rechtsstreitigkeiten abgesteckt, aber noch nicht geklärt, wann im Einzelfall eine solche vorliegt. Das ist deshalb für das Verwaltungsrecht wichtig zu erfahren, weil dann jedenfalls keine Verwaltungsangelegenheit vorliegt und jede Verwaltungsstelle aus diesem Grunde zur Bearbeitung unzuständig ist. Rechtsprechung und Rechtslehre haben hier einige allgemein anerkannte Grundsätze herausgearbeitet.

Die Entscheidung, was als bürgerlich-rechtliche Streitigkeit im Sinne von § 13 GVG. anzusehen ist, richtet sich nach dem Sachvortrag des Klägers im gerichtlichen Verfahren[1]). Auf den materiellrechtlichen Inhalt des Vortrages kommt es an, nicht auf sein äußeres Gewand[2]), nicht auf den Wortlaut der Anträge[3]), nicht auf die klägerische Rechtsauffassung[4]). Es muß in schlüssiger Weise das Vorliegen eines zivilrechtlichen Verhältnisses vorgetragen werden. Damit ist der ordentliche Rechtsweg für Klagen verschlossen, die einen Eingriff in die öffentlich-rechtliche Tätigkeit der Behörden bezwecken[5]). Darauf, ob die aufgestellten tatsächlichen Behauptungen den erhobenen Anspruch rechtfertigen können oder doch wenigstens eine Möglichkeit hierfür ersehen lassen, kommt es nicht an. Diese Frage entscheidet sich erst bei der später einsetzenden Prüfung der Begründetheit des Klageanspruches. Eine Ausnahme besteht nur für die Staatshaftung: Hier müssen die tatsächlichen Behauptungen wenigstens die Möglichkeit einer Verantwortung des Staates erkennen lassen, so daß die Entscheidung über die Zulässigkeit des ordentlichen Rechtsweges gleichzeitig die Aussicht der Begründetheit prüft[6]). — Nicht entscheidend ist die Natur der Parteien.

Beispiel:

Eine Gemeinde kann Mietverträge über ihr Eigentum abschließen — LG Koblenz in: MDR. 1948, 80. — Eine Behörde kann privatrechtlicher Vertreter sein — sächs. OVG. 27, 286. — Ein Bürgermeister kann mit Wirten eine Vereinbarung über die Verpflegung von Beamten treffen — bad. VGH. in: Ztschr. fbadVers. 1924, 64.

Keinen Anhalt bietet die Entstehungsart. — Der ordentliche Rechtsweg wird nicht dadurch ausgeschlossen, daß sich der Beklagte auf ein im öffentlichen Recht wurzelndes Gegenrecht beruft.

Beispiel:

Der mit der rei vindicatio verklagte Besitzer stützt sich auf eine Beschlagnahme der Sache nach RLG. zu seinen Gunsten — LG. Hagen in: n.-w. JMBl. 1948, 169; LG. Frankfurt in: NJW. 1947, 106.

---

[1]) Baumbach-Lauterbach, ZPO. 1954; GVG. § 13 Anm. 2 D. — BGHZ. 1, 146; 4, 302.

[2]) Bayer. VGH. in: DVBl. 1951, 409. — Versuche, an die Stelle dieses angeblich zu subjektiven „Streitprogramms" einen nach objektiven Gesichtspunkten zu qualifizierenden „Streitgegenstand" zu setzen — Lerche, Ordentl. Rechtsweg und Verwaltungsrechtsweg, 1953, auch in: JZ. 1953, 212 — sind m. E. gefährlich, weil die Grenzen verwirrend.

[3]) RGZ. 105, 39; 108, 167.

[4]) RGZ. 146, 426; 162, 233; 167, 312. OVG. Hbg. vom 23. 8. 1951 — II Bf. 286/50.

[5]) Solche petitorischen Klagen hat das RG. stets als nicht vor die ordentlichen Gerichte gehörend angesehen: RGZ. 138, 57; 156, 39; auch OLG. Hbg. in: MDR. 1951, 51.

[6]) So Reichsgericht in ständiger Rechtsprechung.

Die für die gesamte Regelung wichtige Bestimmung des § 13 GVG. ist keine Kodifikation der Gewaltenteilung, da sie sich nur auf einen Teil der Gerichtstätigkeit beschränkt. Die grundsätzliche Tätigkeit und Zuständigkeit der Rechtsprechung durch die ordentlichen Gerichte besteht, da der Gesetzgeber in diesem Zusammenhang nur über sie Aussagen macht, unabhängig von dem Vorhandensein einer Verwaltungsgerichtsbarkeit.

(2) In Durchbrechung des Grundsatzes wird für einige gesetzlich enumerierte öffentlich-rechtliche Angelegenheiten der ordentliche Rechtsweg eröffnet, für die „Zivilprozeßsachen kraft Zuweisung"[1]).

Dabei handelt es sich insbes. um:

Ansprüche aus polizeilichem „Notstand" (z. B. § 51 GewO., § 70 pr.PVG.)[2]),
Aufopferungsansprüche (z. B. §§ 74, 75 Einl. z. pr. ALR.)[3]),
Entschädigungsansprüche aus Enteignung (Art. 14 Abs. 3 GG.)[4]),
Entschädigungsansprüche aus Amtspflichtverletzungen (Art. 34 GG.)[5]),
Vermögensrechtliche Ansprüche der Beamten usw. (§§ 142, 182 DBG.), sofern nicht, wie nach § 172 BBG. oder einigen Landesrechten der Verwaltungsgerichtsweg normiert ist, sowie Einwendungen von Beamten gegen Erstattungspflicht,
Personenstandssachen (§ 48 PersStG. 1937),
Landwirtschaftssachen[6]),
Ansprüche der politisch Verfolgten[7]).

Auch hieran hat die Erweiterung der Verwaltungsgerichtsbarkeit durch die Einführung der Generalklausel[8]) nichts geändert[9]). Ältere, den ordentlichen Rechtsweg betreffende Bestimmungen sind mit dem GG. vereinbar.

(3) Der ordentliche Rechtsweg ist schließlich eröffnet für die „Zivilprozeßsachen kraft Überlieferung (Tradition)". Dabei handelt es sich um materiell dem öffentlichen Recht angehörende Angelegenheiten, welche im Jahre 1877, dem Jahr des Erlasses der Reichsjustizgesetze (GVG., ZPO., StPO., KO.), nach damaliger Auffassung bürgerliche Rechtsstreitigkeiten im Sinne von § 13 GVG. waren. Die Zuständigkeit der ordentlichen Gerichte soll bestehen

---

[1]) Bisher wurde die gerichtliche Verfahrensform nicht berührt. Neuerdings versucht der Gesetzgeber die Zuweisung mit einer Veränderung der Verfahrensform zu verbinden: BaulandbeschaffungsG. v. 3. 8. 1953 — BGBl. 720 —; dagegen Bedenken: brem. VGH. in DVBl. 1955, 738.

[2]) Vgl. unten S. 299. [3]) Vgl. unten S. 169 ff.

[4]) Vgl. unten S. 171 ff.; abweichendes Landesrecht ist ungültig — BGH. in: DVBl. 1953, 448.

[5]) Vgl. unten S. 174.

[6]) Vgl. unten S. 315.

[7]) Vgl. unten S. 355.

[8]) S. unten S. 221.

[9]) Eine andere Frage ist es, ob de lege ferenda eine Änderung eintreten soll. — Die ordentlichen Gerichte werden durch die Zuweisung nicht zu Verwaltungsgerichten, wie Heidenhain, in: NJW. 1949, 843 und Loppuch, in: NJW. 1952, 1039 anzunehmen scheinen.

bleiben, unabhängig davon, daß die neuere Auffassung solche Streitigkeiten nicht mehr als bürgerliche ansieht[1]). Die auch für die Trennung zwischen Rechts- und Verwaltungsweg maßgebliche Grenze wird neu gezogen anläßlich der Festlegung des Rechtswegs vor den Zivil- und den Verwaltungsgerichten (§ 13 GVG.: bürgerlich-rechtliche Streitigkeiten, § 38 EVwGO.: öffentlich-rechtliche Streitigkeiten). Die Entwicklung geht dahin, den Zivilrechtsweg kraft Tradition zu beschränken auf vermögensrechtliche Ansprüche aus öffentlich-rechtlicher Verwahrung und aus Aufopferung für das gemeine Wohl[1]).

Beispiel:
Für den Anspruch aus einem öffentlich-rechtlichen Verwahrungsverhältnis ist der ordentliche Rechtsweg zulässig — BGHZ. 9, 347.

bb) Verwaltungsgerichte als Rechtsprechungsstellen

Der Verwaltungsrechtsweg ist in zweierlei Weise zulässig oder, wie es im Anschluß an die zivilistische Terminologie heißt, offen.

(1) Ein Teil der Tätigkeit der Verwaltungsgerichtsbarkeit besteht in der Kontrolle der Verwaltung. Dann ist die gerichtliche Zuständigkeit abhängig von der Zuständigkeit der Verwaltungsorganisation, so daß von einer selbständigen gerichtlichen Zuständigkeit nicht gesprochen werden darf[2]).

(2) Zum Teil aber werden die Verwaltungsgerichte auch ohne vorhergehendes Verwaltungsverfahren tätig.

Beispiel:
Parteistreitigkeiten nach § 85 VGG.; andere Streitigkeiten des öffentlichen Rechts nach § 22 brit.MRVO. Nr. 165; Rekursentscheidungen nach § 79 Abs. 4 VGG.

Hierbei handelt es sich ausnahmslos um Gegenstände des öffentlichen Rechts[3]). Ein Übergriff der Verwaltungsgerichte auf das Gebiet des Privatrechts, der dem Übergriff der ordentlichen Gerichte auf das Gebiet des öffentlichen Rechts entsprechen würde, ist auch als Ausnahme nicht vorgesehen.

c) Hauptfragen und Vorfragen

Bisher wurde die von der jeweiligen Stelle der Verwaltungs- oder der Rechtsprechungsorganisation zu behandelnde Hauptfrage betrachtet. Im Zivilrecht wird sie zur Kennzeichnung des „erhobenen Anspruchs" im Sinne von

---

[1]) Die lange umstrittene Frage ist nun zu einem gewissen Abschluß gebracht durch die Beratungen der aus OLG.- und OVG.-Präsidenten bestehenden sog. Gemischten Kommission. Darüber und als Material ihrer Arbeiten vgl. Meiß, Die gesetzl. Abgrenzung; ders. in JZ. 1954, 110 und ZZP. 1955, 104; Naumann, Die gesetzl. Abgrenzung; Knoll, Gutachten zum 41. Juristentag, 1955.

[2]) Über diese „Anfechtungssachen" vgl. unten S. 215.

[3]) Vgl. unten S. 215.

§ 322 ZPO. als Streitgegenstand[1]) bezeichnet, eine Bezeichnung, die man mit der im Einzelfall möglicherweise gebotenen Zurückhaltung auch im Verwaltungsrecht verwenden kann.

Es ist aber denkbar, daß vor Klärung der Hauptfrage zunächst einmal die Klärung eines anderen in sich abgeschlossenen Vorgangs notwendig wird. Ist die Hauptfrage hiervon abhängig, so handelt es sich um sie bedingende Rechtsverhältnisse („Vorgreiflichkeit"). In der Regel ist jede eine Hauptfrage darstellende Angelegenheit von einer mehr oder weniger großen Anzahl bedingender Rechtsverhältnisse umgeben. Der Prüfungsweg für sie steht fest, wenn sie und die Hauptfrage dem gleichen Rechtszweig, also jeweils dem Privatrecht oder jeweils dem öffentlichen Recht angehören.

Eine Klärung ist aber dann nötig, wenn sie einerseits und die Hauptfrage anderseits jeweils dem anderen Rechtszweig angehören. In diesem Falle wird das jeweils nicht zu der dem Rechtszweig der Hauptfrage gehörende bedingende Rechtsverhältnis als Vorfrage[2]) bezeichnet. Die Entscheidung von Vorfragen kann theoretisch den Organen verschiedener Staatsgewaltsfunktionen übertragen werden, je nachdem ob man ihren Inhalt[3]) oder ihren Zusammenhang mit der Hauptsache in den Vordergrund stellt. Das deutsche Recht wählt vorwiegend die zweite Lösung.

aa) Vorfragen im Zivilprozeß

Hier ist durch die Regelung des § 148 ZPO. die klarste Lösung vorhanden. Danach kann[4]) das Gericht, wenn die Entscheidung des Rechtsstreits ganz oder zum Teil von dem Bestehen oder Nichtbestehen eines Rechtsverhältnisses abhängt, das von einer Verwaltungsbehörde festzustellen ist, anordnen, daß die Verhandlung bis zur Entscheidung der Verwaltungsbehörde auszusetzen sei (Aussetzung wegen Vorgreiflichkeit, Präjudizialität). Voraussetzung ist, daß noch keine unanfechtbare Entscheidung der Verwaltungsbehörde ergangen ist, daß also ein Verwaltungsverfahren (noch) schwebt oder neu eingeleitet werden kann. Liegt eine Verwaltungsentscheidung vor, so hat das Gericht sie nach den allgemeinen Richtlinien der Tatbestands- und Feststellungswirkungen[5]) zu berücksichtigen. Liegt sie nicht vor und glaubt das Gericht, sie nach pflichtmäßigem Ermessen nicht durch die Partei herbeiführen lassen zu sollen, dann kann es

---

[1]) Vgl. unten S. 209.

[2]) Die Prüfung der Gültigkeit des (formellen oder materiellen) Gesetzes — vgl. unten S. 210 — sollte nicht als Vorfrage bezeichnet werden, wie das Haueisen, in: NJW. 1953, 121 tut.

[3]) So z. B. das französische Recht: L. Dareste, Voies de recours, 1914, 62.

[4]) Letzteres bestritten! Wie hier: Stein-Jonas-Schönke aaO. § 148. Anm. II, 1; Schlegelberger, FGG., 1952, § 12 Anm. 10; pr.OVG. 97, 129; RGZ. 99, 12. A. A. Bachof, in: DJZ. 1951, 387; Haueisen aaO. 124, der für generelle Aussetzungspflicht eintritt.

[5]) Also grundsätzlich nicht abhängig; vgl. unten S. 50.

die Vorfrage selbst prüfen nach den gleichen Richtlinien, wie es jedes Tatbestandsmerkmal der Hauptfrage prüft. Wenn es meint, die Verwaltungsmaßnahme sei nichtig[1]) oder hätte infolge einer Anfechtung aufgehoben werden müssen, so kann es sie für seine Entscheidung als nicht bestehend betrachten. Die Verwaltungsmaßnahme selbst wird dadurch nicht berührt, denn entsprechend dem Ausgangspunkt für die Einteilung in Haupt- und Vorfrage kann die Ansicht des Gerichts über eine Vorfrage niemals rechtskräftig im Sinne von § 322 ZPO. werden[2]). Diese ganze Regelung gilt unabhängig von dem Umfang der Verwaltungsgerichtsbarkeit[3]).

Beispiel:

Die Witwe eines Apothekers klagt gegen den mit einer neuen Konzession ausgestatteten neuen Apotheker vor dem Zivilgericht auf Unterlassung des Betriebes. Die Klage wurde wegen Unzulässigkeit des Rechtsweges abgewiesen, weil in Wahrheit nicht Rechtsbeziehungen zwischen den Prozeßparteien, sondern die dem neuen Apotheker erteilte Konzession die Hauptfrage sei — OLG. Hamm in: DRZ. 1948, 140[4]).

Ausnahmsweise muß das Gericht aussetzen, und zwar dann, wenn die Durchführbarkeit des Anspruchs überhaupt oder die Geltendmachung der Klageforderung vor dem ordentlichen Gericht von einer Verwaltungsmaßnahme abhängt[5]).

Beispiel:

Im ordentlichen Rechtsweg wird mit einer öffentlich-rechtlichen Gegenforderung aufgerechnet, die klageweise nur im Verwaltungsrechtsweg geltend gemacht werden kann — BGH. in: DVBl. 1955, 393.

bb) Vorfragen im Verwaltungsverfahren.

Verwaltungsbehörden können als Hauptfragen nur verwaltungsrechtliche Zusammenhänge bearbeiten. Auch bei ihnen erscheinen jedoch nicht ihrem Hauptarbeitsgebiet angehörende, insbesondere nach zivilem Recht zu beurteilende Vorfragen. Hierzu müssen sie Stellung nehmen, um in der Hauptfrage ein Ergebnis zu erzielen. Das Verhältnis von Haupt- und Vorfrage ist, wenngleich mit umgekehrtem Inhalt, das gleiche wie im Zivilprozeß. Jedoch gibt es im

---

[1]) Es ist kein Grund ersichtlich, daß das Gericht nur die Nichtigkeit wegen Willkür berücksichtigt, sondern wie jeder andere kann und muß das Gericht jede Nichtigkeit, gleichgültig auf welchem Grunde sie beruht, beachten. — Vgl. OLG. Düsseldorf, in: MDR. 1948, 109; Meiß, in: SJZ. 1947, 82; Bettermann, in: MDR. 1947, 44 und 224. Kleinrahm, in: MDR. 1948, 110; BGH. in: NJW. 1951, 358 und 1952, 585.

[2]) Vgl. BGH. in NJW. 1952, 585 und 972 (1176); BGH. in: BB. 1952, 921.

[3]) A. A. Ule in ZJBl. britZ. 1949, 62, jedoch ohne überzeugende Begründung.

[4]) Die Abgrenzung zwischen Haupt- und Vorfrage kann trotz der theoretisch klaren Grenzen im Einzelfall schwierig sein; vgl. hierzu die Kontroverse zwischen Meiß und Bettermann, in: SJZ. 1946, 82 und MDR. 1947, 44, 222; DRZ. 1948, 776.

[5]) Vgl. Stein-Jonas-Schönke, aaO. § 148 Anm. III 2a.

Verwaltungsverfahren keine dem § 148 ZPO. entsprechende Aussetzungsbefugnis. Die Verwaltung kann ihrem Wesen nach nur dann ihren Aufgaben gerecht werden, wenn sie nach bestem Vermögen und nach besten Kenntnissen ihre Arbeiten unter Verwendung der ihr jeweils zugängigen Unterlagen möglichst schnell erledigt. Dabei hat sie in Kauf zu nehmen, daß sie möglicherweise ihre Entscheidung umstoßen muß, wenn über eine Vorfrage im Verwaltungsverfahren, die im gerichtlichen Verfahren Hauptfrage ist, das Gericht später einmal zu einem anderen Ergebnis kommt und dieses Ergebnis von der Verwaltungsstelle im Rahmen der allgemeinen Beziehungen zwischen ihr und dem Gericht berücksichtigt werden muß[1]).

Bei durchgebildetem Verwaltungsgerichtsverfahren wird den Verwaltungsgerichten im allgemeinen Aussetzungsbefugnis in dem gleichen Umfange zugebilligt, wie sie nach § 148 ZPO. den ordentlichen Gerichten zukommt (z. B. § 34 VGG.).

Beispiel:

Eine inzidente Klärung, welcher von mehreren Entnazisierungsentscheidungen der Vorrang zukommt, für die Entscheidung einer beamtenrechtlichen Hauptfrage ist möglich, ohne daß der Umstand des Entnazisierungsverfahrens berührt wird — BVerwG. in: MDR. 1954, 314.

cc) Vorfragen im Strafprozeß

Das Strafgericht hat sämtliche Tatbestandsmerkmale der von ihm zu beurteilenden strafbaren Handlung selbständig und unter eigener Verantwortung zu untersuchen. Wenn eine Verwaltungsmaßnahme sich als Tatbestandsmerkmal qualifiziert, hat das Strafgericht sie frei zu prüfen. Entscheidungen oder Auffassungen der Verwaltungsstellen sind für das Gericht nicht bindend. Es kann jedoch sein Verfahren bis zur endgültigen Entscheidung der Verwaltungsstelle aussetzen, was die herrschende Lehre aus § 262 StPO. entnimmt.

Beispiel:

Bei der Verurteilung wegen Zolldefraudation hat das Strafgericht unabhängig von der Auffassung der Zollbehörde zu prüfen, ob eine Ware zollpflichtig ist und in welche Klasse des Zolltarifs sie gehört — RGSt. 12, 1 —.

d) Kompetenzkonflikt

aa) Arten

Ein positiver Kompetenzkonflikt entsteht, wenn sowohl ein mit der Sache befaßtes ordentliches Gericht als auch eine mit der gleichen Sache befaßte Verwaltungsbehörde ihre Zuständigkeit bejahen. Jede Stelle macht die Unzulässigkeit des anderen Weges geltend. Ein negativer Kompetenzkonflikt entsteht, wenn die beiden genannten angegangenen Stellen ihre Zuständigkeit verneinen.

---

[1]) Vgl. unten S. 50.

bb) Lösung des positiven Kompetenzkonflikts

Das Reichsrecht gibt den ordentlichen Gerichten seit jeher eine bevorzugte Stellung („Justiz-Privileg"). Bejaht nämlich ein solches Gericht in einer vor ihm anhängigen Sache die Zulässigkeit des ordentlichen Rechtsweges, so ist diese Entscheidung für alle Verwaltungsstellen und Verwaltungsgerichte bindend (§ 17 Abs. 1 GVG.). Umgekehrt aber ist nach Reichsrecht das ordentliche Gericht an die entsprechende Entscheidung einer Verwaltungsstelle oder eines Verwaltungsgerichts nicht gebunden. Diese müssen vielmehr, wenn sie die Zulässigkeit des ordentlichen Rechtsweges gegen die Ansicht des Gerichts geltend machen wollen, den zuständigen Landeskompetenzgerichtshof anrufen, der dann entscheidet. Einen solchen Kompetenzgerichtshof gab es früher in allen Ländern (z.B. pr. VO. betr. die Kompetenzkonflikte zwischen den Gerichten und den Verwaltungsbehörden i. d. F. des Gesetzes vom 22. 5. 1902 — GS. 145 —), gegenwärtig nur in Bayern (das Gesetz vom 11. 5. 1948 — GVBl. 83 — bestimmt das Oberste Landesgericht als Kompetenzgericht).

Von der reichsrechtlichen Regelung weicht diejenige für die ehemals britische Zone ab; hier entscheidet zwischen ordentlichen Gerichten und Verwaltungsgerichten die Priorität. Bejaht das Verwaltungsgericht rechtskräftig den Verwaltungsrechtsweg, bevor das ordentliche Gericht den ordentlichen Rechtsweg bejaht, so ist dieses an die Entscheidung des Verwaltungsgerichts gebunden (§ 28 Abs. 1 Satz 1 MRVO. Nr. 165). Hinsichtlich des Verhältnisses zwischen Gerichten und Verwaltungsbehörden bleibt es bei der reichsrechtlichen Regelung.

Als Übergangslösung[1]) entscheidet nunmehr das Bundesverwaltungsgericht über die Zulässigkeit des Verwaltungsrechtsweges, sofern nicht nach der rechtskräftigen Entscheidung eines anderen Gerichts feststeht, daß der Rechtsweg, der zu diesem anderen Gericht beschritten wurde, zulässig ist (§ 25 BVerwGG.). Die Entscheidung ist bindend auch für sämtliche Gerichte anderer Gerichtsbarkeiten.

cc) Lösung des negativen Kompetenzkonfliktes

Der negative Kompetenzkonflikt kann von dem Betroffenen erhoben werden, in dessen Angelegenheit sich sowohl die Justiz als die Verwaltungsstelle für unzuständig erklären. Zuständig sind die Landeskompetenzgerichtshöfe, gegenwärtig nur für Bayern, für die Länder der ehemals britischen Zone als Nachfolger des Obersten Gerichtshofs für die britische Zone (§ 28 Abs. 2 MRVO. Nr. 165) der Bundesgerichtshof.

Ist ein Rechtsstreit bereits anhängig und ist die Sache bis zu einem oberen Bundesgericht (Art. 96 GG.) gelangt, so verweist dieses, wenn es den beschrit-

[1]) Vgl. Ule, Ges. über das Bundesverwaltungsgericht, 6.

tenen Rechtsweg nicht für zulässig hält, die Sache mit bindender Wirkung im Urteil an das zuständige Gericht des ersten Rechtszuges. Die Wirkungen der Rechtshängigkeit bleiben dabei bestehen (§ 81 BVerwGG.).

4. Verwaltung und Wirtschaftsordnung

a) Bedeutung der Wirtschaft im Staat

Die Stärke und Selbständigkeit wirtschaftlicher Kräfte und die Vermassung sind Erscheinungen, die es zu Beginn der Vorstellung von der Funktionsteilung der Staatsgewalt noch nicht gab. Zwei Weltkriege lassen die Gefahr erkennen, die aus dem Vorhandensein von Wirtschaftskräften entstehen, welche sich der Kontrolle der traditionellen Gewaltenteilungsorgane, insbesondere der Parlamente, entziehen[1]). Außerdem zeigt die im Jahre 1939 einsetzende Völkerwanderung von Millionen verelendeter Menschen, daß die bestehenden Staatsgewalten mit den ihnen zur Verfügung stehenden Mitteln einem solchen Ereignis, das zu einem wesentlichen Teil von der Wirtschaftsentwicklung der letzten hundert Jahre verursacht ist, machtlos gegenüberstehen.

Vom Recht aus betrachtet, scheint die traditionelle Gewaltenteilung solcher wirtschaftlicher Zusammenhänge nicht mehr Herr werden zu können. Es entsteht ein der Wirklichkeit nicht entsprechendes juristisches Bild, wenn man die einzelnen Wirtschaftsvorgänge nach wie vor unter die verschiedenen Funktionen subsumieren zu können glaubt. Der staatliche Verfassungsaufbau sollte außerhalb seiner veralterten Schablonen liegende Mächte, wie die organisierte Wirtschaft und die organisierte Arbeit, nicht mehr ignorieren[2]). Tatsächlich nehmen in immer stärkerem Maße Wirtschaftskräfte auf die Gesetzgebung Einfluß[3]). Sie drängen nach einer eigenen Gerichtsbarkeit und verfügen bereits über eine ausgedehnte eigene Verwaltung. An einem einheitlichen Rechtsbegriff für diese Vorgänge fehlt es zur Zeit noch. Insbesondere der Begriff des Wirtschaftsrechts umfaßt öffentlich-rechtliche und zivilrechtliche Bestandteile[4]). Darunter versteht man die Ordnung der Beziehungen wirtschaftlicher Unternehmen zum Staat, zu anderen Unternehmen, zu den dazu gehörenden Sachgütern und zu den mit ihnen in Verbindung tretenden Arbeitnehmern. Die Bedeutung des Wirt-

[1]) Vgl. z. B. Adolf Arndt, in SJZ. 1946, 137, 169; Franz Böhm, in SJZ. 1946, 141; Kurt Ballerstedt, in ArchÖffR. 1948, 129.

[2]) Vgl. hierzu auch Krüger, in: ÖV. 1952, 546.

[3]) Für Deutschland die Arbeitgeberverbände und die Gewerkschaften, welche sich zur Zeit gegenseitig noch manchmal Verfassungswidrigkeit ihres Tuns vorwerfen, während ähnliche Vorgänge in den USA — lobbying — bereits als durchaus legal betrachtet werden; vgl. hierzu z. B. Scheuner, in: DVBl. 1952, 297.

[4]) Huber, Wirtschaftsverwaltungsrecht, 2ff.; dort auch weitere zum Teil abweichende Definitionen.

schaftslebens für den gesamten staatlichen Aufbau macht eine Berücksichtigung des Gegenstandes in unmittelbarem Zusammenhange mit der Staatsgewalt erforderlich. Das Staatsleben des 20. Jahrhunderts zeigt, daß diese wirtschaftlichen Zusammenhänge mindestens so wichtig sind wie Rechtsetzung, Rechtsprechung und Verwaltung, so daß sie zweckmäßigerweise als selbständige Funktion in die Staatsgewalt eingebaut werden[1]).

b) Wirtschaft und Staatsverfassung

Ihr Einfluß auf das staatliche Leben kann sich im wesentlichen in drei Formen vollziehen:

Denkbar ist eine völlige Verstaatlichung der Wirtschaft als zentral geleitete Verwaltungswirtschaft ohne autonome Betriebe, wie sie weitgehend in Ost-Europa und Asien seit 1918 durchgeführt worden ist (z. B. deutlich Art. 4 Verf. UdSSR. vom 25. 2. 1947). Dieses System lehnt im Anschluß an die Auffassung von Rousseau eine funktionelle Gewaltenteilung ab, so daß nach Entscheidung der wirtschaftspolitischen Frage eine rechtliche Frage nach dem Verhältnis zwischen Verwaltung und Wirtschaftsordnung nicht auftauchen kann: Wirtschaftsordnung und Verwaltung gehören zu der als funktionelle Einheit betrachteten Staatsgewalt[2]).

Beispiel:

Die volkseigenen Betriebe der DDR (Stellung und Funktion: Beschl. des Ministerrats vom 16.12.1955 — GBl. 947 —) unterstehen dem Staatssekretariat für örtliche Wirtschaft — in GBl. 1954, 763. — G. über den Volkswirtschaftsplan v. 21. 5. 1955.

Die staatliche Einflußnahme auf die Wirtschaft kann ferner darin bestehen, daß bei grundsätzlich freier Wahl des Unternehmenstyps die öffentliche Hand selbst als Unternehmer auftritt. Danach wird eine nicht privatkapitalistische Stelle zum Verwalter oder Träger bestimmter Vermögensmassen des insoweit sozialisierten Eigentums gemacht. Nach diesem System ist die Wirtschaft weitgehend aufgebaut in Frankreich und England. In Deutschland gibt es ähnliches bei der Bundes-, Landes- und Kommunalverwaltung in sehr erheblichem Umfang, wie z. B. die zahlreichen kommunalen Betriebe zeigen.

---

[1]) Trotz mancher Angriffe dürfte die sog. Freiburger Schule recht behalten, wonach bei der heutigen Struktur des Gesellschaftslebens in der westlichen Welt neben der politischen Verfassung eine Wirtschaftsverfassung einherläuft. Dabei wird auch die Entlassung der Wirtschaft aus der staatlichen Herrschaft als ein Akt auf Grund einer Wirtschaftsverfassungskonzeption angesehen. — Eucken, Grundlagen der Nationalökonomie 1947, 86ff.; Böhm, Die Ordnung der Wirtschaft als geschichtliche Aufgabe und rechtsschöpferische Leistung, 1937, 40, 94, 121; Strauß, in: SJZ. 1950, 380. — Wichtig z. B. für Art. 12 GG. vgl. unten S. 304.

[2]) Die praktische Durchführung und ihre Problematik zeigt Samson aaO.

Neben diese Formen der Einflußnahme treten Anstalten oder Personenkörperschaften, die kraft besonderer Gesetze einen Wirtschaftszweig zu bearbeiten haben und ihn manchmal sogar in monopolartiger Weise allein darstellen, sog. public-utility-Ordnungen[1]). Das gleiche Ziel kann vielfach durch besondere Verwaltungseinrichtungen, z. B. unselbständige Anstalten[1]) erreicht werden. So sind „kommunale Werke" manchmal selbständige Subjekte des öffentlichen oder des privaten Rechts, manchmal nur kommunale Dienststellen.

Auch die freie Wirtschaft, die grundsätzlich jede Sozialisierung ablehnt, muß „die großen Kräfte der Wirtschaft, die sich organisiert und durchgesetzt haben, in die Verfassung einbeziehen"[2]). So wird in zunehmendem Maße die administrative Intervention erforderlich[3]). Sie wird unter Fortbestand des Privateigentums und der Privatwirtschaft in einem sehr erheblichen Rahmen durch eine immer stärker zentral werdende Wirtschaftsverwaltung durchgeführt. Derartige Lenkungsfunktionen nahm der deutsche Staat seit 1871 in zunehmendem Maße für sich in Anspruch. Auch das Grundgesetz geht davon aus, wie Art. 87 Abs. 3 zeigt[4]). Gerade für ein derartiges System ist es wichtig, von der „wirklichkeitslosen Verfassung" und „verfassungslosen Wirklichkeit"[5]) loszukommen. Ein Wirtschaftsverwaltungsrecht, welches nur als Zweig des allgemeinen Verwaltungsrechts, also etwa als eine Art erweiterten Gewerberechts angesehen wird, dürfte den tatsächlich vorhandenen Gegebenheiten nicht mehr gerecht werden[6]). Beachtlich sind die in vielen Ländern zu beobachtenden Bestrebungen, die improvisierte Intervention durch eine für Phasen überlegt geordnete Lenkung an Hand von Richtlinien in „Nationalbudgets" zu ersetzen.

5. Folgen der durchgeführten Trennung

a) Fehlende Befehlsbefugnisse

Die bei den verschiedenen Staatsgewaltsfunktionen tätig werdenden Stellen haben gegenseitig keine Befehlsbefugnis. Das ist für die Rechtsprechung seit langem durch den Grundsatz der Unabhängigkeit der Gerichte verfassungsrechtlich sanktioniert (z. B. Art. 97 Abs. 1 GG.; Art. 102 WRV.), gilt aber auch für die Träger anderer Staatsgewaltsfunktionen.

---

[1]) Vgl. unten S. 77 ff. [2]) Krüger aaO. 516.

[3]) Hierzu z. B. Huber, in: NJW. 1952, 830; ferner Referate von Ulrich Scheuner und Adolf Schule: „Die staatliche Intervention im Bereich der Wirtschaft", DStRL. 1952 (Marburg). Mit Recht betont Ule, in: DVBl. 1952, 720, daß eine Betrachtung unter dem Begriff der Intervention einen staatsfreien privaten Wirtschaftsbereich voraussetzt. — Vgl. auch: Turegg, Gewerberecht. 1953, 21 ff.

[4]) Fischerhof, in: Energiewirtschaftliche Tagesfragen 1951, 27 ff.

[5]) So Krüger aaO. [6]) Vgl. Turegg, aaO. und unten 19. Kapitel.

Beispiel:

Ein Berufsverbot ist vom Strafgericht gemäß § 42 l StGB. nach strafrechtlichen Gesichtspunkten und von der Verwaltungsbehörde nach verwaltungsrechtlichen Gesichtspunkten jeweils unabhängig voneinander auszusprechen — RG. in: DR. 1943, 73; pr. OVG. in JW. 1936, 1488. — Wenn das Strafgericht es nicht ausspricht, kann die Verwaltungsbehörde es trotzdem verhängen.

Grundsätzlich kann also kein Gericht eine Verwaltungsmaßnahme und keine Verwaltungsbehörde einen Justizakt aufheben[1]). Es bedeutet kein Abweichen von dem Grundsatz, wenn bei Durchführung des einen oder anderen Aktes eine einer anderen Funktion angehörende Behörde auf Grund anderer Gesichtspunkte eingreift und für den Einzelfall die Durchführung verhindert oder aussetzt.

Beispiel:

Durch die von einer Regierungs- oder Verwaltungsstelle ausgesprochene Begnadigung werden die Folgen des Strafurteils verhindert, nicht jedoch das Urteil selbst aufgehoben[2]). — Durch die Wiedereinweisung einer auf Grund eines Räumungsurteils durch den Gerichtsvollzieher aus der Wohnung herausgesetzten Partei durch die Obdachlosen-Polizei verliert das Räumungsurteil nicht seine Wirkung — pr. OVG. 92, 108.

Trotz der fehlenden Befehlsbefugnisse haben sich Verwaltung und Justizbehörden gegenseitig Amtshilfe zu leisten, sofern Handlungen verlangt werden, die in die jeweilige Zuständigkeit fallen (Art. 35 GG. im Anschluß an die seit langem übliche Regelung).

b) Gegenseitige Anerkennung

Die von den Stellen der einen Staatsgewaltsfunktion gefällten Entscheidungen werden grundsätzlich von sämtlichen anderen Stellen anerkannt. Die Anerkennung beschränkt sich auf das Erkenntnis selbst, also bei Urteilen den Urteilstenor, bei Verwaltungsmaßnahmen, insbesondere rechtsgestaltenden Verwaltungsakten dasjenige, was ihm entspricht. Die Anerkennung ist von zwei Seiten aus zu betrachten: Anerkannt zu werden braucht passiv nur das Erkenntnis selbst, nicht die ihm vorangehenden Erwägungen, seine Begründung; die Anerkennung erfolgt aktiv nur in einem Erkenntnis, nicht schon in den dem Akt vorausgehenden Erwägungen oder seiner nachträglichen Begründung. Insbesondere kann also eine Stelle in einer von ihrem Standpunkt aus als Vorfrage zu behandelnden Angelegenheit zu einem anderen Ergebnis kommen, als die Stelle einer anderen Staatsgewaltsfunktion, welche die gleiche Frage als Haupt-

---

[1]) OLG. Hbg. in: MDR. 1951, 51; BGH. in: NJW. 1952, 303; Haueisen, in: NJW 1953, 121. AA. — m. E. nicht überzeugend — Bachof, in: SJZ. 1950, 66; Loppuch, in: NJW. 1952, 1037; Heidenhain, ebd. 1953, 1081.

[2]) G. Jellinek, System, 333; pr. OVG. 89, 344 — sprechen vom Verzicht des Staates auf seinen Strafanspruch; jedoch m. E. berechtigte Bedenken hiergegen.

frage zu behandeln hatte. Die Verpflichtung zur Anerkennung in dem geschilderten Umfange ist die Tatbestandswirkung[1]).

Beispiel:

Die wohnungsamtliche Einweisung eines aus § 556 Abs. 3 BGB. zur Räumung verurteilten Untermieters ist unzulässig – OVG. Mstr. in MDR. 1950, 307; LG. Hamburg ebenda 290. – Die Wohnungsbehörde ist an die Entscheidung des bürgerlichen Gerichts über das Bestehen oder Nichtbestehen eines Mietverhältnisses gebunden – hess. VGH. 1, 133; OVG. Hbg. in DVBl. 1950, 542. — Die Aufhebung eines Verwaltungsaktes durch das Verwaltungsgericht ist für das Zivilgericht bindend — BGHZ. 9, 329.

Nichtige Akte brauchen von niemandem, infolgedessen auch nicht von Stellen einer anderen Staatsgewaltsfunktion, anerkannt zu werden.

Eine Feststellungswirkung, wonach auch die dem Erkenntnis zugrunde liegenden Tatsachen für alle anderen Behörden als festgestellt gelten und entsprechend: wonach auch in den Gründen der erkennenden Stelle die Erkenntnisse der anderen Funktion anerkannt werden müssen, ist in der Regel nicht vorhanden. Nur ausnahmsweise wird sie enumerativ vom Gesetz zugelassen.

Beispiel:

Bindung der Verwaltung, wenn das Strafurteil in den Gründen den Täter zum Führen von Kraftfahrzeugen für ungeeignet erklärt nach § 4 Abs. 3 StVG — BVerwG. in: NJW. 1956, 358—; Bindung an Feststellungen im Beamtenverhältnis nach § 146 DBG. – vgl. OLG. Düsseldorf in: DV. 1949, 595 –; Bindungen an Feststellungen im Beamtendisziplinarverfahren nach §§ 3, 119 RDStrO.; im Reichsversicherungswesen nach §§ 358, 405, 705, 901, 905, 907, 1042, 1219 1543 RVO.; §§ 49, 89 AVG.; § 105 RKnappschG.; im Fürsorgewesen nach § 3a FürsPflVO.; §§ 2, 89 PrivVersG.; §§ 4, 11 Eisenbahnkreuzungsges. vom 4. 7. 1939.

Die materielle Rechtskraft von Urteilen eines jeden Rechtszuges kann aber Bindungen hervorrufen, die über die Tatbestandswirkung hinausgehen[2]).

---

[1]) Deutlich: BGH. in: JZ. 1953, 410; NJW. 1953, 1103.

[2]) Die hauptsächlich durch O. Mayer für das Verwaltungsrecht fruchtbar gemachte gegenseitige Anerkennung durch die Unterscheidung von Tatbestands- und Feststellungswirkung wird von einer Minderheit angegriffen—vgl. Bettermann, in: MDR. 1950, 265. Danach soll die Bindung der Verwaltungsbehörden an Gerichtsurteile auf deren materieller Rechtskraft beruhen, welche auf die Verwaltungsbehörde wirkt wie auf jeden „Dritten". Die Bindung der Gerichte an Hoheitsakte der Verwaltung soll auf deren Eigenschaft grundsätzlicher Rechtsbeständigkeit — vgl. oben S. 22 — zurückzuführen sein. Wer aber — mit der herrschenden Meinung, vgl. unten S. 230 f. — materielle Rechtskraft Urteilen vorbehält und sie Verwaltungsakten versagt, den kann dieser Lösungsversuch nicht weiterführen. — Eine gesetzliche Grundlage fehlt der von einer anderen Minderheit vertretenen Auffassung, daß unanfechtbar gewordene Verwaltungsakte auch in den Gründen von Gerichtsurteilen als rechtmäßig angesehen werden müßten; Haueisen, in: NJW. 1953, 122 Anm. 23ff.; Tiedau, in: ZZP. 1951, 437 und in: NJW. 1954, 267.

Schrifttum

Bachof, Die verwaltungsgerichtliche Klage auf Vornahme einer Amtshandlung. 1951.
Bertélémy, Traité élémentaire de droit administratif (10. Aufl.). 1923.
Forsthoff, Maßnahmegesetze in: Gedächtnisschrift f. W. Jellinek. 1955.
Huber, Wirtschaftsverwaltungsrecht. 1932, 2. Aufl. 1953.
Jerusalem, Die Staatsgerichtsbarkeit 1930.
Kaufmann, Normenkontrollverfahren usw. in: Gedächtnisschrift f. W. Jellinek. 1955.
Kelsen, Justiz und Verwaltung. 1929. — Siehe i. ü. Kap. 1.
Lerche, Ordentlicher Rechtsweg und Verwaltungsrechtsweg. 1953.
Meiß, Die gesetzliche Abgrenzung der Kompetenz der Zivil- und Verwaltungsgerichtsbarkeit. 1953.
Molitor, Über öffentliches Recht und Privatrecht. 1949.
Naumann, Die ges. Abgrenzung der Kompetenz der Zivil- und Verwaltungsgerichtsbarkeit. 1953.
Samson, Planungsrecht und Recht der volkseigenen Betriebe in der sowjetischen Besatzungszone. 1953.
Stölzel, Rechtsweg und Kompetenzkonflikt in Preußen. 1901.
— Rechtsprechung des preußischen Gerichtshofs zur Entscheidung der Kompetenzkonflikte. 1927.
Ule, Gesetz über das Bundesverwaltungsgericht. Komm. 1952.
Wagner, Der Kampf der Justiz gegen die Verwaltung in Preußen. Dargestellt an der rechtsgeschichtlichen Entwicklung des Konfliktgesetzes von 1854. 1936.
Walz, Vom Wesen des öffentlichen Rechts (Tübinger Abhandlungen. Heft 15). 19

Viertes Kapitel

Quellen des Verwaltungsrechts

1. Begriff der Rechtsquelle

Da das Verwaltungsrecht ein Zweig der gesamten staatlichen Rechtsordnung ist, stammt es aus denselben Quellen, aus denen die Rechtsnormen innerhalb des Staates überhaupt fließen[1]). Der Begriff der Rechtsquelle ist nicht einheitlich, so daß eine alle Gesichtspunkte umfassende Begriffsbestimmung nicht vorhanden ist[2]). Wort und Begriff Rechtsquelle werden in dreifachem Sinne gebraucht:

a) Ursprung der Rechtssätze

Gemeint sein kann der Ursprung der Rechtssätze, also das Subjekt der Rechtserzeugung, z. B. ein Staat, eine Kirche, ein Gebilde innerhalb des Staates usw. Diese Betrachtungsart beantwortet nicht die Frage nach den Verhältnissen innerhalb der einzelnen Zweige der Rechtsordnung. Indem sie lediglich auf ihren Ursprung verweist, verschleiert sie sogar etwaige im Inneren bestehende Unterschiede. Sie hat überhaupt größere Bedeutung für geschichtliche und politische als für rechtliche Zusammenhänge.

Denn auf die von ihr aufgeworfene Frage nach dem Schöpfer oder Urheber einer Rechtsordnung kann letztlich nicht die Rechtswissenschaft, sondern nur die Politik, die tatsächliche Verteilung der Macht eine Antwort geben. Ist nämlich der Staat stark genug, so wird er ein Rechterzeugungsmonopol in Anspruch nehmen. Nur die von ihm selbst oder unter seiner Kontrolle entweder von unterstaatlichen (z. B. Gemeinden) oder überstaatlichen (z. B. Völkerrechtsorganisationen) gesetzten Normen erkennt er als objektives Recht an. Dieses Prinzip wird von nahezu allen Staaten der Gegenwart vertreten und, da sie die Macht dazu haben, auch durchgesetzt. Es ist eine Feststellung der tatsächlichen Machtverhältnisse, wenn die herrschende Anschauung der Rechtslehre trotz aller Angriffe gegen den Rechtspositivismus von diesem Zustand ausgeht[3]). Doch steht es dem Staat frei, von der Regel für bestimmte Gebiete Ausnahmen zu machen, wobei insbesondere an das Völkerrecht oder Kirchenrecht zu denken ist, die zum mindesten mittelbar auch innerstaatliche Rechtsgebiete berühren. — Die Frage, weshalb etwas Recht sei, ist durch rechtstheoretische Feststellung, daß Recht aus dem staatlichen Rechtsetzungsmonopol als Rechtsquelle fließt, nicht beantwortet. Die Ursachen dafür, daß Handlungen, die nach einem bestimmten Rechtssystem rechtsetzend sind, vorgenommen werden können, liegen hinter dem jeweils in Betracht kommenden

[1]) So z. B. Fleiner, Institutionen, 68.

[2]) Anscheinend wird dieser Gesichtspunkt im Verwaltungsrecht nicht immer beachtet. So gibt es viel Aneinandervorbeireden.

[3]) So statt vieler Stier-Somlo, Handbuch des Kommunalrechts. 1932, 125.

System. Es können besondere ökonomische Machtverhältnisse, Klassengegensätze, Gewohnheiten, Traditionen oder auch moralische oder religiöse Vorstellungen oder Vorurteile sein. — Gelingt es dem Staat nicht, alle Rechtserzeuguug selbst vorzunehmen, oder wünscht er diesen Zustand aus irgendeinem Grunde nicht, so besteht die Möglichkeit daß Gemeinschaften innerhalb des Staates für bestimmte Territorien oder für bestimmte Personengemeinschaften originär, nicht nur als Vertreter des Staates Recht bilden. Das war z. B. die Lebensform des alten Deutschen Reichs mit seinen zahlreichen Genossenschaften, die sich in mehr oder weniger großem Umfang an der Bildung objektiven Rechts beteiligten. Von einer solchen Lösung geht die Genossenschaftstheorie aus[1]). Sie gibt de lege ferenda wichtige und interessante Ausblicke, entspricht aber nicht den gegenwärtigen Machtverhältnissen.

Den rechtssoziologischen mehr oder weniger objektiv konstatierenden Begründungen steht die subjektive ethische Betrachtung des Grundes für eine bestimmte Rechtsordnung als objektives Recht gegenüber. Sie beurteilt eine Rechtsordnung nach dem Wert und der Kraft ihres Ursprungs, ihrer Quelle, die in Gottes Willen, der Vernunft, einem Vertrag, einer Anerkennung und dergleichen erblickt wird.

b) Äußere Erscheinungsform

Bei der Frage nach der Rechtsquelle kann die äußere Erscheinungsform eines Rechtssatzes gemeint sein, also etwa das Dokument, aus dem er zu ersehen ist. Diese Betrachtungsweise klärt nicht einen Gegenstand der Rechtswissenschaft, sondern nur eine Vorfrage hierzu. Denn die richtigen Gesetzestexte oder überhaupt Gesetzestexte oder Vorschriftenbücher sind die Voraussetzung für jede Rechtswissenschaft. Ohne derartige „Quellen" kann kein Jurist arbeiten.

c) Entstehungsursache eines Rechtssatzes

Gemeint sein kann schließlich die Entstehungsursache eines Rechtssatzes innerhalb einer bestimmten, als bestehend angesehenen Rechtsordnung. Hier wird nach den einzelnen möglichen Begründungsformen eines Rechtssatzes gefragt, nach den Tatbeständen, woraus überhaupt eine verbindliche Norm erwachsen kann, dem Erkennungsgrund für etwas als Recht[2]). In diesem Sinne wird der Begriff verstanden, wenn man von Gesetzen, Gewohnheitsrecht, Verordnungen, Gerichtsübung, Wissenschaft spricht[3]).

Beispiel:

Was mit Rechtsquelle in diesem Sinn gemeint ist, zeigt in einem anderen Zweig des öffentlichen Rechts, dem Völkerrecht, sehr klar Art. 38 des Statuts des Internationalen Gerichtshofs der Vereinten Nationen, der Art. 36 des Statuts des Ständigen Internationalen Gerichtshofs nachgebildet ist. Die Bestimmung bezeichnet als Rechtsquellen: Internationale Abkommen, internationales Gewohnheitsrecht als Beweis einer allgemein als Recht angesehenen Praxis, die allgemeinen von zivilisierten Nationen anerkannten Rechtsgrundsätze.

---

[1]) So vor allem Gierke, Deutsches Privatrecht I, 112ff.
[2]) Roß, Rechtsquellen, 291.
[3]) So auch Peters, Verwaltung, 71.

Das ist die einzige Frage, die für die inhaltliche Ausgestaltung einer bestimmten Rechtsdisziplin von Bedeutung ist. So sind die Rechtsquellen des Verwaltungsrechts die Entstehungsursachen der Verwaltungsrechtssätze. Dabei herrscht Einigkeit darüber, daß gegenwärtig Rechtssätze nur vom Staat oder von ihm delegierten Stellen gesetzt werden dürfen.

2. Arten der Rechtsquellen

Verwaltungsrechtssätze können in zwei Formen erscheinen: Entweder sind sie vom Staat durch besondere, äußerlich erkennbare Akte gesetzt oder sie haben sich aus Gewohnheit gebildet. Rechtsquellen sind so entweder staatliche Satzung im weiteren Sinn oder Gewohnheit.

Beide Rechtsquellen sind gleichwertig. Gerade für das Verwaltungsrecht mit der ganz klar in Erscheinung tretenden Unmöglichkeit der Erfassung aller Tatbestände in formulierten Rechtssätzen ist das Gewohnheitsrecht von besonderer Bedeutung.

Hinzu treten eine Reihe den bisher genannten Quellen im Range nachstehender abgeleiteter Quellen.

3. Gesetze

Gesetze sind die schriftlich formulierten, nach außen in Erscheinung tretenden[1]) Rechtsvorschriften, nach denen sich das Rechtsleben des Staates und im Staat entwickeln soll[2]).

Im absoluten Staat bestimmt das das Staatsoberhaupt. Nach der für den autoritären Staat maßgeblichen Anschauung steht die Gesetzgebungsbefugnis einer Person oder Stelle zu, die keiner Volksvertretung verantwortlich ist[3]). Parlaments- oder Volksabstimmungen sind staatsrechtliche Superflua, die nur propagandistische Bedeutung haben (z. B. Gesetz über die Volksabstimmung vom 14. 7. 1933 — RGBl. I,479 —).

Im konstitutionellen Staat liegt die Gesetzgebungsbefugnis teils bei der Volksvertretung, teils beim Staatsoberhaupt und den ihm untergeordneten Stellen. In der parlamentarischen Demokratie ist sie nahezu identisch

[1]) Vorschriften, von denen die Öffentlichkeit nichts erfährt, lassen kein neues Recht entstehen. So BezVerwGer. Berlin, brit. Sekt., in: Rhld.-pf. Verw.blatt 1948, 266.

[2]) Jellinek, Gesetz und Verordnung, 288: „Das Gesetz inhaltlich festzulegen ist eine der schwierigsten Aufgaben des Staatsrechts." Anschütz, Artikel Gesetz, in: Wörterbuch des deutschen Staats- und Verwaltungsrechts, Tübingen 1914 (2. Aufl.): „Gesetz ist jede Rechtsnorm, gleichviel von wem und wie sie gegeben ist, woher sie stammt und welches Gewand sie trägt. Rechtsnormen aber sind die einzelnen Sätze und Regeln, in die das objektive Recht in seiner Gesamtheit sich auflösen läßt. Eine Rechtsnorm ist eine Vorschrift, welche die Willensmacht mehrerer willensfähiger Wesen (Personen) wechselseitig abgrenzt, vorausgesetzt, daß ihre Befolgung durch sozialen Zwang gesichert ist." Daß sie allgemein gelten sollen, ist nicht erforderlich; Argument aus Art. 19 Abs. 1 S. 1 GG.! Vgl. auch oben S. 38.

[3]) BGH. in: NJW. 1952, 622, 1139. — Dernedde, in: DVBl. 1952, 125 kritisch zu a. A.

mit den Maßnahmen des Parlaments. Sind wie in dem deutschen Bundesstaat mehrere Parlamente vorhanden, so muß der Rang der von ihnen erlassenen Gesetze untereinander verfassungsmäßig festgelegt werden. I. a. bricht das Recht des Oberstaates dasjenige der Gliedstaaten (Art. 13 WRV[1]), Art. 31 GG). Weiterhin müssen die sachlichen Zuständigkeitsgrenzen für die Gesetzgebungsbefugnis von Oberstaat und Gliedstaaten gezogen werden (Art. 70ff. GG., Art. 63 VerfDDR.).

Für die Bundesrepublik gibt es danach für die Verwaltung beachtliche Bundes- und Landesgesetze. Recht aus der Zeit vor dem Zusammentritt des Bundestages gilt fort, sofern es dem Grundgesetz nicht widerspricht (Art. 123 Abs. 1 GG.)[2]). Das entspricht der üblichen Regelung bei Staatsumwälzungen.

§ 2 Mantelgesetz zur RV. 1871 verlieh den Gesetzen des Norddeutschen Bundes den Rang von Reichsgesetzen. Die Weimarer Republik ließ die Gesetze des Kaiserreichs und die mit Gesetzeskraft erlassenen Verordnungen des Rates der Volksbeauftragten aus den Jahren 1918 und 1919 grundsätzlich in Kraft. Ähnlich verhielt sich die nationalsozialistische Herrschaft — entgegen der vielfach anders lautenden Propaganda.

Gerade für das Verwaltungsrecht gelten noch viele ältere Gesetze, selbst solche aus absolutistischer oder frühkonstitutioneller Zeit[3]), wobei sich die Grenzen zwischen dem Recht des Oberstaates (Reich, Bund) und der Gliedstaaten (Länder) verschoben haben (Art. 124, 125 GG.). Hinzutritt als Übergangserscheinung das Besatzungsrecht[4]). Es gilt auch nach dem Inkrafttreten der Pariser Verträge vom 24. 3. 1955—BGBl. II, 213—fort. Seine Grundlage ist aber nur noch die in den Verträgen enthaltene völkerrechtliche Vereinbarung[5]).

An Landesgesetzen gelten neben denjenigen der nach 1945 gebildeten Länder die Gesetze der ehemaligen Länder mit den allgemeinen Beschränkungen des Grundgesetzes und der Landesverfassungen weiter, auch diejenigen des durch Kontrollratsgesetz Nr. 42 aufgelösten Landes Preußen.

Ob Gesetze wieder gelten, die nach 1933 aufgehoben wurden, deren Aufhebungsbestimmung ihrerseits — etwa nach Kontrollratsgesetz Nr. 2 — aufgehoben worden ist, erscheint fraglich. Einen allgemeinen Satz, wonach die Aufhebung eines Gesetzes, auch eines zeitlich beschränkten, das ältere Be-

[1]) Ausnahme: Die Ausnahmeverordnungen der Landesregierungen nach Art. 48 WRV. waren Reichsrecht und konnten bestehendes Reichsrecht abändern.

[2]) Art. 144 VerfDDR. hebt ihr entgegenstehende Sätze auf.

[3]) Insb. z. B. Sonderfall, daß wegen des Vorbehalts des Art. 106 pr.VU. 1850 auch kgl. Verordnungen aus der Zeit vor der Einführung der Verfassung Gesetzesrang haben. Vor dem VG. Bln. berief sich z. B. am 5. 7. 1955 das Bezirksamt Wedding auf die „kurfürstliche Brunnen- und Gassenordnung beider Residentz- und Hauptstädte Berlin und Cölln an der Spree vom 14ten Augusti 1660" Berliner Tagesspiegel vom 6. 8. 1955.

[4]) Vgl. BVerfG. 3, 368; 4, 45. BVerwG.. GrS. in NJW. 1956, 317.

[5]) Tischbein, in NJW. 1955, 1179.

stimmungen abgeändert hatte, den früheren Rechtszustand wiederherstellt, ist nicht vorhanden[1]). Doch wird man Ausnahmen nicht völlig ablehnen dürfen.

Beispiel:
Nach der zum mindesten vorübergehenden Unanwendbarkeit von § 55 pr.PVG. nach 1945 war § 132 pr.LVG. wieder in Kraft getreten (vgl. § 79 pr.PVG.).

Es gibt keinen Anspruch des Staatsbürgers auf ein Handeln des Gesetzgebers[2]).

Ausnahmsweise können in einzelnen im Gesetz genau angegebenen Fällen auch Gerichtsentscheidungen Gesetzeskraft haben.

Beispiel:
Normenkontrollentscheidungen nach § 25 VGG.[3]).

4. Gewohnheitsrecht

Gewohnheitsrecht entsteht, wie bei anderen Rechtszweigen so auch im Verwaltungsrecht, durch ständige Übung mit der Überzeugung der Rechtsanwendung[4]). Erforderlich ist also eine Norm, keine bloße Begriffsbestimmung, eine regelmäßige Übung, die sich nicht unbedingt über eine lange Zeit erstrecken muß[5]), und die Überzeugung der Beteiligten, daß das, was angewandt wird, wirklich Recht ist.

Beispiel:
Die Bezeichnung der Aufgaben der Polizei nach § 10 II 17 pr. ALR. galt gesetzlich nur im Geltungsbereich des ALR. Trotzdem wurde sie auf Grund langer Übung, woran sich insbesondere auch die Verwaltungsgerichte beteiligten, ebenfalls in Süddeutschland angewandt.

Gerade bei der Differenziertheit der Verwaltung kann sich hier eher Gewohnheitsrecht bilden als bei übersichtlicheren Rechtszweigen.

Nicht alles Gewohnheitsrecht hat das gleiche Gewicht. Es gibt Gewohnheitsrecht, das im ganzen Staatsgebiet gilt. Es gibt sodann Gewohnheitsrecht, das sich auf einen bestimmten örtlichen oder personellen Kreis beschränkt, die sogenannten Observanzen.

Beispiel:
Wegereinigung (§ 1 pr. G. i. d. F. vom 1. 6. 1931 — GS. 72); Verkauf bestimmter Waren — OVG. Mstr. 6, 34 —; Anliegerbeiträge — BVerwG. in: KStZ. 1955, 251.

---

[1]) So richtig hess. VGH. in: VerwRspr. 1, 91; OVG. Kbl. in: NJW. 1954, 206.

[2]) BVerfG. 1, 97.

[3]) Vgl. unten S. 222; weiteres Beispiel: Art. 13 Abs. 2 WRV.i.Vbd. m. G. vom 8. 4. 1920 — RGBl. 510; § 6 Finanzausgleichsg. vom 23. 6. 1923 — RGBl. 488 (inzwischen aufgehoben).

[4]) Z. B. bayer. VGH. 50, 72; sächs. OVG. 24, 11; württ. VGH. in Württ. Ztschr. f. V. 1924, 112; 1932, 156; 1933, 41.

[5]) Das Verordnungsrecht des Reichspräsidenten entwickelte sich von 1919 bis 1929.

Ist Gewohnheitsrecht schon vorhanden vor einer positiven Gesetzessatzung, so kann es nur durch ein ihm widersprechendes Gesetz beseitigt werden. Eine Neubildung ist grundsätzlich nicht möglich gegen bestehendes Gesetzesrecht[1]).

5. Normative Kraft des Faktischen

Daß bestimmte aus dem alltäglichen Ablauf der Ereignisse herausragende Tatsachen Rechtssatzwirkung haben sollen, ist ein immer wieder auftauchender Gedanke. Hauptsächlich die Tatsache von Revolutionen wird als Rechtsquelle angesehen[2]). Wenn eine Revolution sich perpetuiert, kommt möglicherweise

[1]) Nur ausnahmsweise kann sich Gewohnheitsrecht oder Observanz gegen ein bestehendes Gesetz bilden, wenn die Bildung auf einem Irrtum beruht. Ein berühmtes Beispiel ist die Verkennung der Bestimmung der GewO. über die Erlaubnispflichtigkeit von Schankwirtschaften in Baden. Man hatte dort angenommen, daß Kaffeewirtschaften nicht erlaubnispflichtig wären. Die während der Zeit des Irrtums errichteten Kaffeewirtschaften mußten bestehen bleiben, auch als nachträglich im Anschluß an die allgemeine Auffassung in Baden eine Konzession verlangt wurde. — Vgl. auch: Pr. OVG. 85, 305; 91, 88. — I. ü. bestehen für das Gewohnheitsrecht im Verwaltungsrecht, insb. hinsichtlich seiner derogativen Kraft, die gleichen Schwierigkeiten wie in anderen Rechtszweigen. Mayer, Verwaltungsrecht I, 89 z. B. lehnt es für die Verwaltung ab. Merkl, Verwaltungsrecht, 104, spricht sich für seine Geltung kraft gesetzlicher Zulassung aus. Hatschek, Verwaltungsrecht, 59ff., billigt nur Herkommen zu und fordert wenigstens stillschweigende Billigung durch ein Gesetz. Fleiner, Institutionen, 85, tritt für eine Geltung praeter legem ein. Abweichend von der überwiegenden Meinung halten Jellinek, Verwaltungsrecht, 123, Herrnritt, Grundlehren, 96, Friedrichs, Der allgemeine Teil, 36, 41, Gewohnheitsrecht auch contra legem für möglich. — Nach OVG. Mstr. 5, 391 können Observanzen allenfalls Ortssatzungen u. dgl. überwinden.

[2]) RGZ. 103, 187ff., pr. OVG. 77, 495, sächs. OVG. 27, 69 („Nachdem durch die Revolution die bisherige Regierung beseitigt worden war, hatte sich in Sachsen eine neue Regierung gebildet. Diese hat die tatsächliche Herrschaft längere Zeit hindurch ausgeübt, so daß ihre Anordnungen als rechtsverbindlich anerkannt werden müssen.") bejahen die Möglichkeit des Entstehens von Rechtsquellen durch revolutionäre Ereignisse. — Das Schrifttum zu dem Gegenstand ist nicht sehr umfangreich. Aus der Zeit vor der nationalsozialistischen Herrschaft sind zu nennen: W. Jellinek, Gesetz Gesetzesanwendung. 1913, 20ff. Bilfinger, in ArchöffR. NF. 11 (1926) 117, Schönfeld ebd. NF. 12 (1927), 182. Sie fordern übereinstimmend, daß sich die revolutionäre Macht als „Rechtsmacht erweise". Das wird sie von sich stets behaupten! Und wenn sie die Macht hat, wird man ihr diese Behauptung nicht bestreiten. In ähnlichen Gedankengängen bewegt sich Anschütz, Kommentar zur Reichsverfassung, 3, der fordert, daß die revolutionäre Macht angewandt wird, „um bestehendes Recht zu zerbrechen und neues Recht aufzurichten". — v. Köhler, Grundlehren, 59, bejaht, wenn auch vorsichtig, den Rechtsquellencharakter der normativen Kraft des Faktischen. Alles das scheint die so grundsätzliche Frage zu verkleinern. Wenn eine neue Gewalt durch eine Revolution im Staat aufgerichtet wird, muß sich diese Gewalt darüber klar werden, was Recht sein soll und was nicht. Um das zu klären, stehen ihr die gewöhnlichen Arten von Rechtsquellen zur Verfügung, also in erster Linie Gesetze. Handelt es sich um eine vorübergehend am Ruder befindliche revolutionäre Macht, so muß der ihr nachfolgende Gesetzgeber angeben, ob und gegebenenfalls wie weit ihre Maßnahmen Geltung behalten

nicht nur dem einmaligen, zeitlich kurzen Ereignis der revolutionären Tatsache das Wesen einer Rechtsquelle zu, sondern die normative Kraft der Tatsachen oder, wie es auch genannt wird, die normative Kraft des Faktischen kann zeitlich auseinanderliegende Tatsachen umfassen.

Nicht die Rechtswissenschaft, sondern die Politik ist für die Beantwortung der Frage, ob die normative Kraft der Tatsachen eine Rechtsquelle ist, zuständig. Das konnte übersehen werden zu einer Zeit, als die Politik nicht oder noch nicht versuchte, jeden Lebenskreis zu durchdringen. Die Versuche, die nach 1933 gemacht wurden, bestehende Gesetze unter Berufung auf die normative Kraft des Faktischen zu umgehen, lassen nun klarer sehen[1]). Wer die Frage bejaht, muß Unsicherheit und Unübersichtlichkeit des geltenden Rechts in Kauf nehmen, eine Unsicherheit, die sich von den Grundsätzen des Rechtsstaates weit entfernt.

6. Allgemeine Rechtsgrundsätze

Das Fehlen allgemeiner kodifizierter Regelungen, wie sie für das bürgerliche Recht etwa das BGB., insbesondere der Allgemeine Teil enthält, läßt für das Verwaltungsrecht das Bedürfnis nach allgemeinen Rechtssätzen entstehen, die als ungeschriebenes Verfassungsrecht[2]) oder als rechtsstaatliche Grundsätze[3]) vorhanden sein können. Das Verwaltungsrecht befindet sich hier in einer ähnlichen Lage wie das Völkerrecht, wo „allgemeine Rechtsgrundsätze" ausdrücklich als Rechtsquellen bezeichnet werden[4]).

Beispiele:

Es ist immer nach Treu und Glauben zu verfahren[5]). Niemand kann Richter in eigener Sache sein — BVerfG. 3, 377[6]). — Niemand kann als Mitglied einer Behörde an einer Entschließung derselben mitwirken, die seine Bestrafung zum

---

sollen. Die Entscheidung einer solch wichtigen Frage der dezentralisiert arbeitenden Rechtsprechung und Rechtswissenschaft zu überlassen, ist bedenklich. — Vgl. auch Nebinger, Verwaltungsrecht, 62 ff.

[1]) Gegen solche Umgehungen z. B. § 1 Abs. 2 brit. MRVO. Nr. 165.

[2]) BVerfG. in: ÖV. 1952, 16; in: NJW. 1953, 31, 1137. Referate v. Hippel, Voigt, Ipsen, Ridder DStRL. 1951; Nawiasky, in: JZ. 1954, 717.

[3]) Hamann, in: RiA. 1954, 3. — M. E. lassen sich alle als Normen anzusehenden Rechtsgrundsätze unter diese beiden Gruppen fassen.

[4]) Vgl. oben S. 55. Verwiesen sei auf Art. 38 Abs. 1d des Statuts des Internationalen Gerichtshofs der Vereinten Nationen, wonach Lehrmeinungen und Gerichtsentscheidungen (Präjudizien) keine Rechtsquelle, sondern „Hilfsmittel zur Feststellung von Rechtsregeln" sind. Diesen Unterschied, der nicht nur für das Völkerrecht, sondern auch für andere Rechtsgebiete gilt, scheint für das Verwaltungsrecht bayer. VGH. 41, 78, zu verkennen, wenn er ausführt: „Bei der großen Unvollständigkeit des Verwaltungsprozesses ist der Verwaltungsrichter häufig darauf angewiesen, auf allgemeine, im Gesetz nicht klar oder überhaupt nicht zum Ausdruck gebrachte rechtswissenschaftliche Grundsätze zurückzugreifen."

[5]) Vgl. oben S. 21 [6]) Turegg, in: NJW. 1955. 81.

Gegenstand hat — pr. OVG. 75, 94; bad. VGH. in: Ztschr. f. bad. Verw. 1925, 102. — Dem zu Unrecht zu einer Abgabe Herangezogenen steht ein Zinsanspruch zu — sächs. OVG. 36, 100. — Jede geschriebene Rechtsnorm ist kundbar zu machen — BGH. in: NJW. 1954, 1081. Fehlt eine Rechtsmittelbelehrung, so kann die Rechtsmittelfrist nicht beginnen — bayr. VGH. 41, 78[1]). — Im Disziplinarverfahren dürfen nur Tatachen verwendet werden, die der Betroffene kennt und zu denen er gehört worden ist — sächs. OVG. 24, 220.

Die Grenze liegt in metarechtlichem Bezirk. Nur dasjenige kann als vom Recht zu beachtender und anzuwendender Rechtsgrundsatz anerkannt werden, was ethische Werturteile rechtlich faßt, nicht schon jeder technische Vorgang[2]).

Beispiel:

Bestimmte Sätze eines Steuergesetzes, z. B. des Zuwachssteuergesetzes, können nicht als allgemeine Rechtsgrundsätze bezeichnet und auf andere Lebens- oder Wirtschaftsverhältnisse übertragen werden. — Gegen pr. OVG. 84, 181. Gerber, in: Verwaltungsarchiv Bd. 36, 10.

7. Rechtsverordnungen

Während man die bisher besprochenen Rechtsquellen als ursprüngliche bezeichnet, kennt die herrschende Meinung außerdem noch abgeleitete Rechtsquellen, insb. Rechtsverordnungen und autonome Satzungen[3]).

a) Geschichtliche Entwicklung

Schon der Begriff abgeleitete Quelle enthält eine nicht zu vollziehende Vorstellung. Eine Quelle quillt oder sie quillt nicht. Was sich einmal aus ihr entfernt hat, von ihr abgeleitet ist, ist keine Quelle mehr, sondern ein Wasserlauf. Aus einer Quelle kann keine zweite Quelle entstehen[4]).

---

[1]) Jetzt in den Verwaltungsprozeßordnungen positiv angeordnet; vgl. unten S. 180.

[2]) Fleiner, Institutionen, 57. Er scheidet die allgemeinen Rechtsgrundsätze deutlich vom Gewohnheitsrecht. Dieser Unterschied muß stets beachtet werden. Nicht mehr anerkannt werden kann die noch von ihm gegebene Erklärung, wonach die allgemeinen Rechtsgrundsätze Lücken ausfüllen sollen, die Gesetz und Gewohnheitsrecht gelassen haben. Trotz des ständigen Fortschrittes und auch des größer werdenden Umfangs des Verwaltungsrechts wird es niemals gelingen, ein lückenloses System oder gar eine vollständige Kodifikation zu erreichen. Etwa vorhandene Lücken müssen aber aus der Materie selbst im Wege der Auslegung (vgl. unten S. 69ff.) ausgefüllt werden und nicht durch allgemeine Rechtsgrundsätze; so zutreffend auch Gerber, Grundsätze eines allgemeinen Teils, 9, der mit Recht von dem „fragwürdigen Postulat der Lückenlosigkeit" spricht. — Mayer, Verwaltungsrecht I, 91, deutet das Problem an. — Wie schwankend der ganze Grund und Boden ist, zeigt wieder Wolff, aaO., wo z. B. auch positive Grundrechtsnormen des GG. wie Menschenwürde oder Gleichheit als Rechtsgrundsätze bezeichnet werden.

[3]) Klein und Scheuner, Übertragung rechtsetzender Gewalt.

[4]) Diese Bemerkung dürfte zulässig sein, da sie insbesondere den Begriff der Ableitung trifft. Etymologische Betrachtungen über das Wort Quelle helfen für die juristische Erkenntnis des Begriffs der Quelle nicht weiter; so deutlich Roß, Rechtsquellen, 291.

Aus der Rechtsquelle Gesetz und Gewohnheitsrecht können weitere Rechtsquellen nicht hervorgehen. Dagegen ist es möglich, daß auch an anderer Stelle für die Verwaltung grundlegende Rechtsvorschriften entstehen. Zur Zeit des Absolutismus waren landesherrliche Verordnungen, Anordnungen, Erlasse, Kabinettsordres usw. des Landesherrn Rechtsquellen. Daß im autoritären Staat Erlasse, Verordnungen, Befehle usw. des Staatshauptes die gleiche Kraft haben wie Gesetze, wurde bereits erwähnt.

Wenn im konstitutionellen Staat außer der Volksvertretung noch anderen Stellen die Befugnis zur Schaffung von Rechtsquellen zusteht, so ist das Vorbild im Absolutismus zu suchen. In diesem Falle befindet sich die gesetzgebende Gewalt verteilt beim Parlament und auf Regierungs- und Verwaltungsbehörden. Genau wie Verwaltung im gegenständlichen Sinn nicht gleichbedeutend ist mit Verwaltung im organisatorischen Sinn, sondern auch durch zu anderen Staatsgewaltsfunktionen gehörende Stellen[1]) durchgeführt werden kann, genauso ruht die Gesetzgebung im gegenständlichen Sinne oder, wie die übliche Bezeichnung ist, im materiellen Sinne in einem solchen Staatssystem nicht ausschließlich in der Hand der primär gesetzgebenden Stelle, des Parlaments, sondern auch in der Hand von Exekutivstellen[2]).

Die Frage, ob eine staatliche Rechtsordnung Rechtsquellen anerkennt, die eine andere Qualität haben als die von denjenigen Stellen erlassenen Rechtssatzungen, die nach der Verfassung für die Gesetzgebung zuständig sind, kann nicht die Rechtswissenschaft, sondern nur die Politik beantworten. Ist die den Staat tragende Gewalt damit einverstanden, so können Rechtsquellen auch Äußerungen der Verwaltung sein, genau so wie zur Zeit der Geltung der Reichsverfassung von 1871 Hausgesetze der regierenden Dynastien Rechtsquellen waren.

Solche Äußerungen der Verwaltung, denen die Qualität von Rechtsquellen beigelegt wird, nennt man Rechtsverordnungen. Sie müssen stets nach objektiven Tatbestandsmerkmalen ihrer Art nach bestimmte Fälle betreffen und nicht konkrete Einzelfälle oder eine Mehrzahl solcher Einzelfälle[3]).

Name und Begriff Rechtsverordnungen stammen aus der Mitte des 19. Jahrhunderts. Sie sind ihrem Ursprunge nach die legitimen Nachfolger der landesherrlichen Verordnungen der absoluten Monarchie und des damit so nahe verwandten Frühkonstitutionalismus. In Preußen z. B. konnte bis zu der Verfassung von 1850 der Monarch ohne Befragung einer anderen Staatsstelle im weiten Umfange Rechtsnormen setzen. Zum Unterschied von den unter Mitwirkung der Ständevertretung erlassenen Gesetzen hießen diese gesetzgebenden Äußerungen nach wie vor landesherrliche Verordnungen. Tatsächlich hatte der Monarch hierdurch das entscheidende Übergewicht. „Die Rechtsvermutung streitet für Unbeschränktheit des Regenten auch in Rücksicht der gesetz-

---

[1]) Vgl. oben S. 38.

[2]) Laband, Staatsrecht II, 1ff. Nach ihm die ganze herrschende Lehre.

[3]) OVG. Mstr. in: VerwRspr. 4 Nr. 112 (1952).

gebenden Gewalt und daher im Zweifel gegen die Kompetenz der Stände."[1]) Auch nach der Einführung der Gewaltenteilung in Deutschland in der zweiten Hälfte des 19. Jahrhunderts führte die Ablehnung der Lehre Montesquieus, wonach die Verwaltung bloße Vollziehung der Gesetze sei, dazu, dem Monarchen außer der Vollziehung möglichst viel selbständige Befugnisse zu belassen. Am stärksten wurde seine Stellung, wenn er außer als Vollziehungsstelle noch selbständig als Gesetzgebungsstelle tätig werden konnte. Es war eine Folge unausgetragener politischer Kämpfe, daß die Verfassungen über die endgültige Abgrenzung der Rechtsquellen keine klaren Bestimmungen enthielten. Für Preußen z. B. sprach Art. 45 der Verfassungsurkunde von 1850 nur von Ausführungsverordnungen. Die preußische Regierung jedoch legte diese Bestimmungen dahin aus, daß der König im wesentlichen die alten Befugnisse des Erlasses von landesherrlichen Verordnungen behielt und, als das nicht mehr aufrechtzuerhalten war, wenigstens die Ausführungsverordnungen als Rechtsquellen gleichrangig neben den Gesetzen standen[2]). Die herrschende konstitutionelle Rechtslehre stützte diese Ansicht sowohl für das Reich als für die Länder. Zwar führte der Versuch, ein selbständig sich aus der Verfassung ergebendes Rechtsverordnungsrecht für das Reich zu konstruieren, nicht zum Erfolg[3]).

Dagegen wurde die die Tendenzen der Regierungen unterstützende Lehre Labands von den Gesetzen im materiellen und formellen Sinne herrschend. „Im materiellen Sinn bedeutet Gesetz die rechtsverbindliche Anordnung eines Rechtssatzes." [4]) Unter Gesetz im formellen Sinn versteht man eine staatliche Willensäußerung, die im Wege der Gesetzgebung zustande gekommen ist[5]). Nun sagt Laband zwar nirgendwo positiv, was unter Rechtssatz zu verstehen ist. Aber da es in den materiellen Gesetzen auch Rechtssätze gibt, die nicht im Wege der Gesetzgebung zustande gekommen sind, war es leicht, die ehemals landesherrlichen Verordnungen und ihre Nachfolger unter dem Begriff des materiellen Gesetzes weiterleben zu lassen. Diese Verordnungen sind dann Rechtsquellen genauso wie die formellen Gesetze. Der von Laband herausgearbeitete Grundsatz änderte sich nicht in der späteren Zeit, als man wegen der Kritik, die sich gegen das Unterlassen der Definition des Begriffs Rechtssatz richtete, sich genötigt sah, den Begriff positiv zu umschreiben. Anschütz z. B. griff zurück auf die alte Freiheits- und Eigentumsklausel. Er verstand darunter aber nicht wie der Frühkonstitutionalismus nur unmittelbare Eingriffe, sondern schloß fast alle mittelbaren Eingriffe ein[6]). Die Ansicht, daß Rechtsverordnungen Rechtsquellen seien, blieb bestehen.

Nach 1919 fiel der Grund, weshalb man zu der Unterscheidung von materiellen und formellen Gesetzen gekommen war, fort, da die monarchische Spitze, in

---

[1]) So Weiß, System des deutschen Staatsrechts, 672. Noch 1863 vertreten von Zöpfl, Staatsrecht II, 522.

[2]) Rönne-Zorn, Staatsrecht der pr. Monarchie III, 20.

[3]) Arndt, Das selbständige Verordnungsrecht. Vgl. auch oben S. 16.

[4]) Laband, Staatsrecht II, 1.

[5]) Laband, aaO., 67, 61.

[6]) Anschütz, Gegenwärtige Theorien, 169ff., Thoma, HdbchddStR. II, 103ff.; Jacobi, ebd. 236.

deren Interesse sie gemacht worden war, verschwand. Trotzdem hielt die Rechtslehre der ersten Republik den Unterschied aufrecht. Ebenso lehrte sie, daß Rechtsverordnungen Rechtsquellen seien[1]). Das entspricht auch der gegenwärtigen Regelung (Art. 80 GG.). Allerdings ist die Möglichkeit des Erlasses von Rechtsverordnungen nach Art und Umfang erheblich zusammengeschrumpft. Insb. gibt es unter keinen Umständen gesetzesändernde Verordnungen[2]).

Für alle Arten von Rechtsverordnungen gilt: Sie stehen im Range hinter den formellen Gesetzen. Sie haben Außenwirkung, indem sie jedermann, also auch den Staat und seine Behörden, binden. Der Verordnungsgeber darf nicht im Einzelfall von der Anwendung seiner eigenen Verordnung absehen mit der Begründung, sie stamme von ihm und er könne sie jederzeit dauernd oder vorübergehend wieder aufheben. Die Aufhebung einer Verordnung richtet sich vielmehr nach den gleichen Grundlagen wie ihr Erlaß. Insbesondere bei Ausführungsverordnungen muß sie durch die gesetzliche Grundlage gedeckt sein. Wenn jemand durch die Abänderung oder Aufhebung von Verordnungen Schaden erleidet, regelt sich der Ersatz nach den allgemeinen Schadensersatzbestimmungen[3]). Rechtsverordnungen haben grundsätzlich keine rückwirkende Kraft[4]). Ihre Übereinstimmung mit dem formellen Gesetz und mit der Verfassung ist von jeder sie anwendenden Stelle, also Verwaltungsstelle und entscheidendem Gericht — nicht nur Verfassungsgericht[5]) — nachzuprüfen.

b) Arten

aa) „Gesetzesvertretende" Verordnungen[6]):

Notverordnungen können durch die von der Verfassung bestimmten Stellen, meist Staatsoberhaupt oder Regierungschef, bei geistiger oder körperlicher Aktionsunfähigkeit der Volksvertretung erlassen werden. Sie haben nur eine beschränkte Geltungsdauer und treten außer Kraft, wenn die Volksvertretung sie bei ihrem nächsten Tätigwerden nicht bestätigt (Art. 79 württ.-bad. Verf., Art. 48 bayer. Verf., Art. 111 rhld.-pf. Verf.; Art. 101 brem. Verf.; wie RV. 1871 und WRV. kennt auch GG. kein Notverordnungsrecht).

Ausnahmeverordnungen bezwecken die Beseitigung erheblicher Ordnungsstörungen, ohne daß eine Aktionsunfähigkeit des Parlaments nötig wäre.

---

[1]) Jellinek, Verwaltungsrecht, 112.

[2]) Mende, in: ÖV. 1955, 625 mit Schrifttum. — Deshalb mußten §§ 12 ff. AbgO. alte Fass. aufgehoben werden. Auch § 42 pr. Besoldungsg. v. 17. 12. 1927, wonach der Finanzminister in Ausnahmefällen von der gesetzlichen Regelung abweichen konnte, wäre grundgesetzwidrig. — Weitere Darstellung: Wolff, in: JZ. 1954, 628.

[3]) Vgl. unten S. 165 ff.

[4]) Vgl. unten S. 68.

[5]) BVerfG. 1, 184.

[6]) Die immer noch anzutreffende Unterscheidung nach gesetzesvertretenden und gesetzesabhängigen Verordnungen, wozu die gesetzesvollziehenden gehören — vgl. Schack, aaO. 336; Klein aaO. 40; Wolff, in: ArchöffR. 78, 194 — vermittelt keinen erschöpfenden Überblick, so daß die Bezeichnung der einzelnen Verordnungsarten unerläßlich ist.

Sie werden von der verfassungsmäßig bestimmten Stelle, meist dem Staatsoberhaupt, erlassen und sind zeitlich unbeschränkt. (Ursprung: Art. 68 RV. 1871, sodann Art. 48 WRV.; von den neueren Verfassungen nur Art. 112 rhld.-pf. Verf.)[1]). Art. 81 GG. ersetzt sie durch den Gesetzgebungsnotstand, wonach Gesetze durch Bundesregierung und Bundesrat erlassen werden können, wenn sich der Bundestag zum Beschreiten des normalen Gesetzgebungswegs nicht in der Lage sieht („Legalitätsreserve", „kleiner Gesetzgebungsweg")[2]). — Das GG. kennt gesetzesvertretende Verordnungen nur für die Übergangsfälle des Art. 119 (Flüchtlings- und Vertriebenenwesen — VO. v. 29. 11. 1949 — BGBl. 4 — inzwischen ersetzt durch Ges. v. 22. 5. 1951 — BGBl. 350 —) und Art. 132 Abs. 4 (Entfernung von Amtsträgern — MaßnahmeVO. v. 17.2.1950 — BGBl. 34 —).

bb) „Gesetzesabhängige" Verordnungen:

Ermächtigungsverordnungen stützen sich — nicht wie die Ausnahme- oder Notverordnungen unmittelbar auf die Verfassung, sondern — auf ein einzelnes Gesetz, das sog. Ermächtigungsgesetz[3]). Die Verfassung enthält meist nähere Bestimmungen über Art und Form ihres Erlasses (Art. 80 GG.)[4]). Auf dem Wege über Ermächtigungsgesetze führte der Nationalsozialismus die autoritäre Staatsform ein (z. B. Ges. zur Sicherung von Partei und Staat vom 1. 12. 1933 — RGBl. 1547 —).

Ausführungsverordnungen oder Durchführungsverordnungen füllen i. a. durch den Gesetzgeber gelassene Lücken aus. Auch sie müssen durch eine gesetzliche Ermächtigung gedeckt sein. Es ist also — nach der gegenwärtig herrschenden, insb. von den Verwaltungsgerichten verwendeten Ansicht — nicht möglich, daß Ausführungsverordnungen ergehen, ohne daß eine spezielle gesetzliche Grundlage vorhanden ist.

Beispiel:

§ 2 Abs. 3 nds. DVO. zum Sonderhilfsgesetz vom 6. 12. 1948 — GVBl. 1949, 1 — erweitert die Zuständigkeit des Landesausschusses gegenüber § 13 des Gesetzes. Eine solche Maßnahme ist durch die dem Verordnungsgeber überlassene Durchführungsbefugnis nicht gedeckt und deshalb unwirksam — OVG. Lbg. vom 10. 10. 1952 — III A 149/51 —.

Damit ist ein Qualitätsunterschied gegenüber der Ausnahmeverordnung nicht mehr festzustellen. Dennoch ist die gängige Unterscheidung angebracht:

---

[1]) Zu dem Unterschied zwischen Notverordnungen und Ausnahmeverordnungen vgl. z. B. Schneider, in: DStRL. 1950, 34ff.

[2]) Vgl. Schmid, in: ÖV. 1949, 205; Strauß ebd. 273; Katz ebd. 277.

[3]) Historisch gesehen sind solche Verordnungen eine große Gefahr für die Demokratie.

[4]) Auch die von Landesstellen zu Bundesgesetzen erlassenen Ausführungsverordnungen sind i. a. Bundesrecht; vgl. Ule, BVerwGG. § 56 Anm. 2; Klein aaO. 31; Kratzer, in: DVBl. 1952, 431.

Ausnahmeverordnungen behandeln Gegenstände, die in der Regel durch Gesetz geklärt werden; Ausführungsverordnungen behandeln minder wichtige Gegenstände, hinsichtlich welcher der Gesetzgeber nur den Rahmen angibt, dessen Ausfüllung er dem Verordnungsgeber überläßt. Dieser ist im Gesetz bezeichnet, nämlich: Bundesregierung, Landesregierung oder einzelne Bundes- oder Landesminister. An die Stelle der früheren Reichs- oder Landesinstanzen treten die nach GG. und Landesverfassungen zuständigen Instanzen (Art. 129 GG.)[1].

Polizeiverordnungen behandeln Gegenstände der Polizei. Auch sie sind nur im Rahmen der Gesetze zulässig[2].

8. Autonome Satzungen

Autonomie ist die Rechtssetzungsbefugnis einer unterstaatlichen juristischen Person des öffentlichen Rechts[3]. Sie enthält auf dem Gebiet der Verwaltung insb. das Recht, für den Tätigkeitsbereich der Person Rechtssätze für eine unbestimmte Zahl von Fällen, für eine unbestimmte Zahl von Personen aufzustellen. Die Rechtssätze führen die Bezeichnung autonome Satzungen, Statute usw.[4]. Jeder Satz muß auf einer gesetzlichen Ermächtigung, erteilt an die betreffende juristische Person des öffentlichen Rechts, beruhen[5]. Die Ermächtigung wird entweder generell erteilt

Beispiel:

Die zahlreichen Gemeinde-, Kreis- und Städteordnungen, welche die Kommunen ermächtigen, eine Hauptsatzung und für einzelne Sachgebiete Ortsstatute zu erlassen. — Satzungen über indirekte Steuern, Gebühren und Beiträge, die 1939 galten, bleiben weiter in Kraft, da formell noch kein „Kriegsende" im Sinn von VereinfachungsVO. idF. vom 7. 12. 1942 — RGBl. 678 — OVG. Mstr. in: BB. 1955, 344.

oder für einzelne Fälle.

Beispiel:

§ 142 GewO.

Ihrem Wesen nach sind autonome Satzungen nur denkbar für die eigenen Angelegenheiten der betreffenden juristischen Person. Sind Auftragsangelegenheiten zu regeln, dann muß — sofern Zuständigkeit und gesetzliche Voraussetzungen vorhanden — eine Rechtsverordnung ergehen. Satzungen wird i. a. keine rückwirkende Kraft zugebilligt[6].

---

[1]) Vgl. z. B. Turegg, in: NJW. 1951, 891; Schmid, in: NJW. 1952, 1239.

[2]) Vgl. unten 18. Kapitel.

[3]) Vgl. unten S. 77.

[4]) Das Wort „Ortsgesetz", das in kommunalrechtlichen Zusammenhängen manchmal gebraucht wird, ist irreführend, weil Ungleiches mit dem gleichen Namen belegt wird.

[5]) LVG. Hannover in: MDR. 1952, 126.

[6]) Bayer. VGH. 52, 162.

Manche Satzungen bedürfen einer staatlichen Genehmigung. Sie ist eine interne Hoheitsmaßnahme („Akt der Mitwirkung an der Rechtsetzung")[1]), aber kein Verwaltungsakt. Sie wird nach freiem Ermessen erteilt und ist frei widerruflich, wobei der Betroffene sich — da es sich nicht um einen Verwaltungsakt handelt — auf Ermessensfehler nicht berufen kann. Sie hat auf die rechtliche Qualifikation des Inhalts der Satzung keinen Einfluß. Eine Satzung kann trotz Genehmigung nichtig sein. Die Verfassungsbeschwerde gegen autonome Satzungen ist zulässig[2]).

Als Autonomie wird die Befugnis eines Parlaments zum Erlaß seiner Geschäftsordnung bezeichnet, ein dem Staatsrecht angehörender Vorgang[3]). Ferner spricht man auch von Verwaltungsautonomie, womit eine selbständige Verwaltungsführung im Lebensbereich der juristischen Person des öffentlichen Rechts unabhängig vom Setzen von Rechtsquellen gemeint ist[4]).

9. Rückwirkung (intertemporale Rechtsgeltung)

a) Materielles Recht

Formelle Gesetze, die sich mit Verwaltungsgegenständen befassen, können grundsätzlich rückwirkende Kraft haben, also Rechtsfolgen von Tatbestandsmerkmalen der Vergangenheit abhängig machen[5]). Das muß entweder ausdrücklich in ihnen bestimmt sein oder sich eindeutig aus ihrem Inhalt ergeben.

Beispiel:

Rückwirkung zulässig bei: Preisgesetzverlängerungen — OVG. Hbg. in: MDR. 1951, 695; OLG. Celle, in: MDR. 1951, 760 —; Schornsteinfegerordnung — BVerfG. 1, 264 —; Hypothekensicherungsgesetz — BVerfG. 2, 237 —; Erhöhung des Körperschaftssteuersatzes — BFH. in: BStBl. 1953 III, 183, 250 — (Weitere Beispiele bei Coing, in: BB. 1954, 137).

Derartige Rückwirkungen dürfen nichts Unmögliches verlangen[6]), nicht völlig unvorhersehbar sein und nicht gegen übergeordnete Rechtsnormen verstoßen[7]).

---

[1]) OVG. Lbg. 6, 392.

[2]) BVerfG. 1, 91.

[3]) Vgl. z. B. BVerfG. in: NJW. 1952, 537 („autonome Satzungsgewalt").

[4]) Vgl. Turegg-Türcke, Bilaterale Staatsverträge, in: Ztschr. f. öff. R. 1936, 465.

[5]) Dieser früher sog. „echten" wurde die „unechte" gegenübergestellt, die Rechtsfolgen an Tatbestandsmerkmale knüpft, die in der Gegenwart liegen. Dabei handelt es sich jedoch nicht um Rückwirkung.

[6]) Bayer. VerfGH. in: JZ. 1951, 637; in: ÖV 1952, 279.

[7]) Die neuere Rechtsprechung neigt dazu, diese Schranken mehr als in der Vergangenheit zu betonen: BVerfG. 1, 264; 2, 237; BFH. in: BStBl. III 1953, 61, 111, 183, 250; rhld.-pf. LVG. Betrieb 52, 267; OVG. Lbg. in: NJW. 1952, 1230; OVG. Hbg. in: DVBl. 1953, 571. Das dürfte zu billigen sein. Bedenklich dagegen sind im Schrifttum ge-

Beispiel:

Einschränkung der Steuervergünstigung nach § 7a EStG. mit rückwirkender Kraft ist unzulässig — BFH. in: DVBl. 1954, 62.

Anderen Rechtsquellen dagegen ist Rückwirkung nur zuzubilligen, wenn die Ursprungsnorm das ausdrücklich gestattet, wobei grundsätzlich von der Unzulässigkeit der Rückwirkung auszugehen ist[1]).

Unter der Herrschaft eines bestimmten objektiven Rechts begründete Rechtsverhältnisse wirken bei Aufhebung der alten Norm nach deren Maßstab[2]) unter der Herrschaft der — veränderten — neuen Norm weiter[3]); die nach der alten Norm getroffenen Verfügungen bleiben wirksam (sog. uneigentliche Rückwirkung)[4]). Die Rechtskraft von Urteilen bleibt trotz veränderter Gesetze bestehen[5]); das gleiche muß entsprechend für die Rechtsbeständigkeit von Verwaltungsakten gelten. In materiell-rechtlichen Zusammenhängen ist das alte Recht grundsätzlich das stärkere.

Beispiel:

Tritt bei einem Kündigungsbeamten vor Ablauf der Kündigungsfrist ein Gesetz in Kraft, wonach er unkündbar wäre, so bleibt dennoch die Kündigung wirksam — sächsOVG. 30, 68 —.

äußerte Ansichten, die die Rückwirkung bei Gesetzen privat- oder öffentlich-rechtlichen Inhalts noch weiter beschränken wollen, wie z. B. Weber ArchöffR. 77, 84; Klein StW. 54, 4 (mit erschöpfender Darstellung von Rechtsprechung und Schrifttum); Coing BB. 54, 137. Speziell für Steuerrecht: BFH., in: BStBl. 1953, III, 183. Klein, Zulässigkeit und Schranken der Rückwirkung von Steuergesetzen, Heft 19 Institut Finanzen und Steuern, Bonn; Paulick, Zur Frage der Zulässigkeit verschärfender Rückwirkungsanordnungen in Steuergesetzen, Heft 32 Deutscher Industrie- und Handelstag (1954) Mattern, in: JZ. 1954, 348. Zur Frage der Rückwirkung von Verfassungsnormen: Giese, in: ÖV. 1954, 321. — Das Verbot der Rückwirkung für Strafgesetze (nulla poena sine lege) ist unbestritten (Art. 105 Abs. 2 GG.).

[1]) Bayer. VGH. 52, 162; sächs. OVG. 34, 290; Jellinek, 149; bedenklich: hess. VGH. VerwRspr. 4, 519.

[2]) BVerwG. 1, 18; prOVG. 103, 258. — A. A. BGHZ. 9, 101, wonach im Revisionsverfahren auch nach Erlaß des angefochtenen Urteils ergangene Gesetze zu berücksichtigen sind, sofern sie das Rechtsverhältnis erfassen.

[3]) Bayer. VGH. 45, 71; 46, 28; sächs. OVG. 30, 142; pr. OVG. 87, 254.

[4]) W—bVGH. 1, 178. — Von dieser Ansicht weicht BGHZ. 6, 270 ab, wonach Enteignungsmaßnahmen aus der Zeit vor dem GG. in den zeitlichen Geltungsbereich des Art. 14 GG. derart fortwirken sollen, daß sich die weiterhin andauernden Einschränkungen der Herrschaftsbefugnisse des Eigentümers stets von neuem als Enteignung verwirklichen. Danach würde das neue Recht (GG.) die Auswirkungen der nach altem Recht (WRV.) zustande gekommenen Rechtsverhältnisse erfassen. Auf keinen Fall ist das richtig für Verfahrensbestimmungen (vgl. oben b). Aber auch für das materielle Recht hätte nur der Gesetzgeber eine derartige Regelung durch Übergangsbestimmungen schaffen können (vgl. oben c).

[5]) OVG. Lbg. 6, 203.

b) Verfahrensrecht

Neue Verfahrensbestimmungen dagegen setzen grundsätzlich vom Zeitpunkt ihres Erlasses an die älteren Bestimmungen außer Kraft. Ein bisher nach altem Verfahrensrecht laufendes Verfahren wird nach den neuen Verfahrensbestimmungen fortgesetzt. Das gilt auch für die sachliche und örtliche Zuständigkeit[1]).

c) Übergangsbestimmungen

Sie sind in vielen Gesetzen zu finden und besonders wichtig für die uneigentliche Rückwirkung, wobei der Gesetzgeber von den bestehenden Grundsätzen Ausnahmen machen kann. Es ergeben sich insgesamt drei Möglichkeiten: Entweder das neue Gesetz verbietet die Schaffung neuer Rechtsverhältnisse einer bestimmten Art, läßt aber vorhandene mit all ihren Wirkungen in Zukunft bestehen, oder das neue Gesetz hebt die vorhandenen Rechtsverhältnisse auf, läßt aber die bis zum Inkrafttreten des Gesetzes entstandenen Einzelansprüche unberührt; oder schließlich es versagt auch sämtlichen vor seinem Inkrafttreten vorhandenen Einzelansprüchen Gültigkeit und Rechtsschutz. Unbestritten ist bei direkter und uneigentlicher Rückwirkung, daß die Verfassungsbestimmungen zu beachten sind. Während aber die bisher herrschende Auffassung innerhalb der Verfassung kaum Beschränkungen der uneigentlichen Rückwirkung für das Verwaltungsrecht anerkannte[2]), werden hiergegen neuerdings Bedenken erhoben[3]). Sie entstehen insbesondere bei sogenannten belastenden Gesetzen, womit diejenigen Gesetze gemeint sind, die in subjektive Rechte eingreifen oder sie gar aufheben[4]). Weitere Beschränkungen der uneigentlichen Rückwirkung als sie sich durch die allgemeinen verfassungsmäßigen Grenzen seit jeher ergeben, dürften jedoch nicht anzuerkennen sein. Wenn ein subjektives Recht nur auf Grund eines einfachen Gesetzes entstanden ist, muß es dem Gesetzgeber möglich sein, das Recht zu jedem ihm genehmen Zeitpunkt wieder aufzuheben. Ist das subjektive Recht dagegen auf Grund einer Verfassungsbestimmung entstanden oder ist es, obwohl früher entstanden durch eine zeitlich später erlassene Verfassungsbestimmung garantiert, dann allerdings kann es nicht durch einfaches Gesetz, sondern nur durch eine Verfassungsbestimmung — zu jedem dem Verfassungsgesetzgeber beliebigen Zeitpunkt — beeinträchtigt oder aufgehoben werden.

---

[1]) Anders also als im Prozeßrecht, wo auch bei Gesetzesänderung die alte gerichtliche Zuständigkeit bleibt (perpetuatio fori!) — BVerwG. in: JZ. 1953, 675; 55, 458.

[2]) Jellinek, Verwaltungsrecht 194; Friedrichs, Verwaltungsrecht 225.

[3]) Im wesentlichen die gleichen Stimmen, die sich gegen die Rückwirkung überhaupt wenden; vgl. oben S. 67 Anm. 7; auch Giese, in: ArchöffR. 76, 464.

[4]) Eingehende Darstellung der Geschichte und der Judikatur durch OVG. Lbg. in: NJW. 1952, 1231.

10. Auslegung

Einer Auslegung[1]) bedarf jede Rechtsnorm, und sei sie noch so genau gefaßt, insofern, als sie und jeder nach ihr zu behandelnde Fall einander angepaßt werden müssen[2]). Ohne Auslegung kann das Recht nicht gefunden werden; sie gehört deshalb mit zur Rechtsfindung[3]). Für die Auslegung von Rechtsnormen haben sich einige Regeln herausgebildet. Zu unterscheiden ist:

Die subjektive Theorie (historische Auslegung), welche den wirklichen, nach den Richtlinien von § 133 BGB. zu ermittelnden Willen des Gesetzgebers für maßgebend hält; bei Zweifeln sind die Gesetzesmaterialien für sie von ausschlaggebender Bedeutung[4]); die objektive Ausdruckstheorie, welche den Rechtssatz zwar in dem Gesetz gewordenen Wortlaut beachtet, aber mit dem durch die Lebensbedürfnisse zur Zeit der Anwendung bedingten Sinn (ratio legis)[5]).

Geht man vom Willen des Gesetzgebers aus, so entsteht die Frage, ob er nur dann zu beachten ist, wenn er im Gesetzestext — selbst in ganz unvollkommener Weise — zum Ausdruck kommt (Andeutungstheorie)[6]), oder ob man ihn auch ohne Andeutung aus den Materialien oder sonstigen Unterlagen ermitteln kann[7]). Geht man vom Wortlaut aus, so sind zwei Auslegungsmethoden

---

[1]) Die sog. „authentische Interpretation", ein rechtlich nicht fest umrissener Begriff, wird man als Akt der Gesetzgebung in den für sie vorgeschriebenen Formen anzusehen haben; vgl. Scheuner, in: DVBl. 1952, 612.

[2]) Von Tuhr, Allgemeiner Teil, 1910, I, 1, 37. — Zu eng: Kühn,RAgO. 1954, § 1 StAnpG. Anm. 2a.

[3]) Die durch Enneccerus-Nipperdey, Allgemeiner Teil 1952, 200ff. vertretene Ansicht, daß beide zu unterscheiden seien, scheint nicht überzeugend. Sie unterscheiden ergänzende und abändernde Rechtsfindung; wenn man diese Tätigkeiten nicht zur Auslegung zählt, kann darin die Schaffung einer weiteren Rechtsquelle erblickt werden. Das aber würde die Zuständigkeit der Recht anwendenden Stelle überschreiten.

[4]) Die occasio legis spielte im gemeinen Recht eine große Rolle.

[5]) Sehr einprägsam z. B. Binding, Handbuch des Strafrechts, 1885, I, 454: „Mit dem Moment der Gesetzespublikation, mit der kategorischen Erklärung: Wie es im Gesetz steht, so soll es Recht sein, verschwindet mit einem Schlag der ganze Unterbau von Absichten und Wünschen des geistigen Urhebers des Gesetzes ... das ganze Gesetz ruht von nun an auf sich, gehalten durch die eigene Kraft und Schwere, erfüllt von eigenem Sinn." — Auch Brändl, in: Staudinger, Allg. Teil, 1954 Einl. 57. — Bedenken und m. E. unrichtige Folgerungen — wohl beruhend auf der hier abgelehnten Unterscheidung — bei Enneccerus-Nipperdey, aaO. 200.

[6]) So im Anschluß an RG. und DOG. der BGH.; z. B. BGHSt. 1, 313 (3. SparVO. des Landes Nordrhein-Westfalen zu § 133 DBG.); NJW. 1952, 593 (Der Umstand, daß der Verfasser des StGB. davon ausgegangen ist, weder das Bewußtsein der Rechtswidrigkeit noch die Möglichkeit dieses Bewußtseins sei zur Schuld erforderlich, binde das Gericht nicht, weil diese Auffassung des Gesetzgebers keinen gesetzlichen Niederschlag gefunden haben; Verbotsirrtum.)

[7]) Lehre der sog. Tübinger Schule; vgl. Heck, in: ArchzivPrax. 112, 143; Rümelin, ebd. 122, 275.

zu unterscheiden: Die deklaratorische Auslegung ermittelt bei unklarem oder unvollständigem Ausdruck den wahren Sinn; die berichtigende Auslegung berichtigt einen — in den Augen des Anwendenden — unrichtigen Ausdruck oder Gedanken. Dieses wieder ist in dreifacher Weise denkbar: Sie wird einschränkend (restriktiv) angewandt[1]; sie wird ausdehnend (extensiv) angewandt, wobei von Bedeutung die Analogie sein kann[2]; sie ändert das Gesetz materiell ab[3]. Von „Gesetzeslücken" darf in all diesen Zusammenhängen nur gesprochen werden, wenn der Gesetzgeber die enge Gesetzesfassung nicht absichtlich gewählt hat[4].

Keine Theorie wird allen Fällen des Lebens gerecht werden können. Infolgedessen sollten Verwaltung und Verwaltungsrechtsprechung je nach dem akuten Bedürfnis den einen oder den anderen Weg beschreiten, wobei aber stets der „objektivierte Wille des Gesetzgebers, so wie er sich aus dem Wortlaut der Gesetzesbestimmung und dem Sinnzusammenhang ergibt, in den diese hineingestellt ist"[5], ermittelt werden muß. Zu warnen ist vor den Extremen: Ein allzu ängstliches Kleben an den Gesetzesmaterialien kann leicht zu Verzerrungen führen, insb. wenn sich die staatsrechtlichen Grundlagen verändert haben. Das andere Extrem, die Auslegung contra legem, wird die Verwaltung nie verwenden dürfen, ohne gegen den Grundsatz von der Gesetzmäßigkeit der Verwaltung zu verstoßen. Die Verwaltungsgerichte sollten davon nur als Übergangslösung, solange der Gesetzgeber aus technischen Gründen nicht eingreifen konnte, Gebrauch machen. Schon die Auslegung praeter legem durch Ausdehnung oder Analogie bedeutet einen erheblichen Einbruch in die Rechtsetzung[6].

---

[1]) Wie z. B. die Beschränkung des Begriffs „sonstiges Recht" nach § 823 Abs. 1 BGB. auf absolutes Recht. – RGZ. 57, 356.

[2]) Die ausdehnende Auslegung wendet ein Gesetz an, weil sie den zu beurteilenden Tatbestand noch dadurch als gedeckt ansieht — v. Tuhr, aaO. 40. Die Analogie wendet ein Gesetz an, obwohl sie den zu behandelnden Tatbestand dadurch nicht mehr als gedeckt ansieht; Analogie ist nicht nur ein logischer, sondern auch ein teleologisches Verfahren, da für sie auch rechtspolitische Gründe maßgebend sind. Analogie wird immer abgelehnt für Ausnahmerecht (jus singulare); da das Verwaltungsrecht weitgehend hieraus besteht, ist sie nur sehr vorsichtig anzuwenden. Näheres: Zimmermann, in: NJW. 1954, 624, 1628.

[3]) Das RG. hat diese Art der Auslegung hin und wieder angewandt (z. B. RGZ. 68, 317). Der Große Zivilsenat des BGH. – BGHZ. 4, 153 — hat gegen den eindeutigen Wortlaut von § 400 BGB. entschieden, daß unpfändbare Rentenansprüche unter gewissen Voraussetzungen übertragen werden können. — Näheres über die Rechtsprechung des BGH. bei Reinicke, in: NJW. 1952, 1033. — Für Steuerrecht: BFG. in: BStBl. 1953, III, 346.

[4]) BGH. in: ÖV. 344; vgl. auch BVerfG. in: ZMR. 1954, 70.

[5]) BVerfG. 1, 312.

[6]) Die Versuche, das „Richterrecht" oder „Rechtsprechungsrecht" als „Rechtsnorm" für den konkreten Einzelfall anzusehen im Gegensatz zu der ins Allgemeine gerichteten Gesetzesnorm, sind alt. — Vgl. Staudinger aaO. Nr. 68. — Sie verwässern

Schrifttum

Anschütz, Kritische Studien zur Lehre vom Rechtssatz und formellen Gesetz. 1901.
— Die gegenwärtigen Theorien über den Begriff der gesetzgebenden Gewalt und den Umfang des Kgl. Verordnungsrechts nach preußischem Staatsrecht, (2. Aufl.) 1901.
Arndt, Das selbständige Verordnungsrecht. 1902.
Brie, Der Volksgeist bei Hegel und in der historischen Rechtsschule. 1909.
— Die Lehre vom Gewohnheitsrecht. 1899.
Bühler, Der zulässige Inhalt von Ausführungsbestimmungen. In: Festg. zur Feier des fünfzigjährigen Bestehens des preußischen Oberverwaltungsgerichts. 1925.
Flad, Verfassungsgerichtsbarkeit und Reichsexekution. (Hdlbg. rechtsw. Abh. 4) 1929.
Fleischmann, Die materielle Gesetzgebung. Handb. der Politik. I. (2. Aufl.). 1920.
Forsthoff, Über Maßnahmegesetze. In: Gedächtnisschrift für Walter Jellinek, 1955.
Friedmann, Geschichte und Struktur der Notstandsverordnungen. 1903.
Gerber, Die Grundsätze eines allgemeinen Teils des öffentlichen Rechts. In: Verwaltungsarchiv. Bd. 36 (1933).
Grewe, Ein Besatzungsstatut für Deutschland. 1948.
Heller, Begriff des Gesetzes in der Reichsverfassung. VeröffdStRL. 1926.
v. d. Heydte, Staatsnotstand und Gesetzgebungsnotstand. In: Festschrift für W. Laforet. 1952.
Jellinek, Kabinettsfrage und Gesetzgebungsnotstand. VeröffdStRL. 1950.
Klein, Scheuner u. a., Die Übertragung rechtsetzender Gewalt im Rechtsstaat. Berichte, Referate, Diskussion und Ergebnisse einer Arbeitstagung des Instituts zur Förderung öffentlicher Angelegenheiten. 1952.
Laband, Das Staatsrecht des Deutschen Reichs. (5. Aufl.). 1911.
Lange, Vom Gesetzesstaat zum Rechtsstaat. Tübingen 1934.
Roehrs, Fehlerhafte Verwaltungsvorschriften. (Leipziger rechtsw. Studien Heft 7). 1932.
Rosin, Gesetz und Verordnung nach badischem Staatsrecht. 1911.
Rosin, Das Polizeiverordnungsrecht in Preußen. (2. Aufl.). 1895.
Roß, Theorie der Rechtsquellen. 1929.
Rümelin, Die bindende Kraft des Gewohnheitsrechts. In: Iherings Jb. Bd. 27 (1889).
Schack, Die Verlagerung der Gesetzgebung im gewaltenteilenden Staat. In: Festschrift für Karl Haff, 195.
Schneider, Kabinettsfrage und Gesetzgebungsnotstand. VeröffdStRL. 1950.
Schoenborn, Die Notverordnungen. In: Hdch d. DStR. II, 300.
Schultes, Die Jurisprudenz zur Diktatur des Reichspräsidenten nach Art. 48, Abs. II, der Weimarer Verfassung. 1934.
Stier-Somlo, Die Volksüberzeugung als Rechtsquelle. Berlin 1900.
Turegg-Türcke, Deutschland und das Völkerrecht. 1948.
Wolff, Rechtsgrundsätze und verfassungsgestaltende Grundentscheidungen als Rechtsquelle In: Gedächtnisschrift für W. Jellinek. 1955.

---

den Grundsatz der Gewaltenteilung nach Art. 20 Abs. 2 GG., weshalb ihnen mit großer Vorsicht zu begegnen ist. — Auch das BVerfG. setzt nach § 31 Abs. 2 BVerfGG. keine Normen, sondern stellt nur bereits bestehendes oder die Nichtigkeit scheinbaren Rechts mit allgemein verbindlicher Wirkung fest; so m. E. richtig Lehner, in: Komm. zum BVerfGG. 1954, § 31 Anm. III, 1; zweifelhaft Geiger, in: Komm. zum BVerfGG. 1952, § 31 Anm. 13.

2. Abschnitt

MATERIELLES VERWALTUNGSRECHT

Fünftes Kapitel

Subjekte des Verwaltungsrechts

1. Subjekte des Privatrechts im Verwaltungsrecht

a) Natürliche Personen

Die Personen des Privatrechts zukommende Rechtsfähigkeit macht sie rechtsfähig auch im Rahmen des Verwaltungsrechts. Für beide Rechtszweige sind somit die gleichen, insbesondere im BGB. enthaltenen Grundlagen maßgeblich[1]).

Für die Geschäftsfähigkeit gelten innerhalb des Verwaltungsrechts vielfach besondere Regeln. Nur soweit sie nicht vorhanden sind, greifen die allgemeinen Bestimmungen des bürgerlichen Rechts durch. Dabei ist zu unterscheiden, ob eine natürliche Person aktiv innerhalb verwaltungsrechtlicher Vorgänge tätig wird,

Beispiel:
Dem allgemeinen Grundsatz der Selbstverwaltung entspricht es, daß nur solche Personen an der städtischen Verwaltung beteiligt werden, die entweder von der Bürgerschaft oder von deren gewählten Vertretern ausgewählt werden — pr. OVG. 79, 95 —

oder ob sie passiv von Verwaltungsmaßnahmen betroffen wird[2]).

Beispiel:
Die Fähigkeit, Anträge zu stellen, welche Hoheitsmaßnahmen auslösen. — Einlegung von Rechtsmitteln gegen Verwaltungsakte.

Ein besonders häufig verwendeter Ansatzpunkt für die Ermittelung der Geschäftsfähigkeit in verwaltungsrechtlichen Zusammenhängen ist das Alter und die geistige Reife.

---

[1]) Art. 21—23 EWVRO. z. B. schließt sich eng an §§ 104, 108 bis 115 BGB. an.

[2]) Gerber in: VerwArch. 36, 35 spricht einprägsam von der Geschäftsfähigkeit als „Obrigkeitsperson“ und als „Untertanperson“.

Beispiel:

14. Lebensjahr für die Bestimmung des religiösen Bekenntnisses — Reichsgesetz vom 15. 7. 31 — RGBl. 939 —; 16. Lebensjahr für die Anordnung der Feuerbestattung oder die Eidesleistung — § 60 StPO., § 393 Ziff. 1 ZPO.; 20. Lebensjahr nach zahlreichen Wahlgesetzen für das aktive Wahlrecht.

Willenserklärungen, die vor Erreichung der gesetzlich normierten Altersstufe abgegeben werden, sind im allgemeinen nichtig und können durch die Genehmigung des gesetzlichen Vertreters nur dann geheilt werden, wenn es sich nicht um höchstpersönliche Willenserklärungen handelt. Alle Modifikationen der Geschäftsfähigkeit müssen den Gleichheitsgrundsatz nach Art. 3 GG. beachten. Damit entfällt jede unterschiedliche Behandlung aus Gründen des Geschlechts, der Vorbildung, der konfessionellen, sozialen oder rassischen Zugehörigkeit[1]).

Auf zahlreichen Gebieten greifen die Personen betreffende verwaltungsrechtliche, überwiegend im Bundesrecht liegende (Art. 73 Nr. 2, 3, 74 Nr. 2 GG.)[2]), und privatrechtliche Bestimmungen ineinander. Insbesondere:

Registerwesen: (Geburt, Heirat, Tod) — PersStG. idF. des ÄnderungsG. vom 15. 1. 1951 — BGBl. 57 — mit 1. AVO. — in: RGBl. 1944, 219 —; §§ 10, 12 EheG. Das Registerwesen ist im allgemeinen Gemeindeauftragsangelegenheit (§ 51 PersStG.) mit der üblichen staatlichen Fachaufsicht[3]); manche Verfügungen des Standesbeamten können nur vor dem ordentlichen Gericht angefochten werden (§§ 45, 75 PersStG.). Zu beachten ist noch die Dienstanweisung für die Standesbeamten und ihre Aufsichtsbehörde von 1938, abgeändert zum Teil durch neues Landesrecht (z. B. nds. Erlaß vom 26. 11. 1949 — ABl. 471 —); für die DDR.: Meldeordnung vom 27. 1. 1951 — GBl. 53 —.

Beispiel:

Nur im Statusverfahren nach §§ 640ff. ZPO., nicht die nach § 256 ZPO. erfolgte Vaterschaftsanerkennung berechtigt den Standesbeamten zur Eintragung eines Randvermerkes. — Bayer. ObLGZ. 1950/51, 223.

Namensrecht: §§ 16ff. PersStGes.; NamensänderungsGes. vom 5. 1. 1938 mit DVO. vom 7. 1. 1938 — RGBl. 1044; Allg. Verwaltungsvorschrift vom 18. 12. 1951 — GMBl. 267. Die Namensänderung steht im Ermessen der Behörde[4]).

Beispiel:

Es muß an Vornamen das Erfordernis gestellt werden, daß sie das Geschlecht erkennen lassen. Der Name „Gerti" entspricht diesen Voraussetzungen, weil er je nach dem örtlichen Gebrauch als männlicher oder weiblicher Vorname empfunden wird — LG. Lbg. vom 24. 10. 1950 — V T 181/50 —. Doppelnamen werden nur selten genehmigt — BVerwG. in: NJW. 1955, 358.

Wohnsitzrecht: Reichsmeldeordnung vom 6. 1. 1938 — RGBl. 13 —, ersetzt teilweise durch sich i. a. eng an sie anlehnende Landesbestimmungen. Das Meldewesen erfüllt die Aufgaben einer Wohnungsauskunftei und erleichtert polizeilichen

---

[1]) Aktuelles zwingendes Recht; BVerfG. 3, 225.
[2]) BVerwG. 1, 138, 206, 213.
[3]) Vgl. unten S. 192.
[4]) OVG. Mstr 5, 165.

Fahndungsdienst. Die Meldepflicht kann nur durch Gesetz begründet werden[1]). Auf dem Gesetz entsprechende Eintragung besteht ein Rechtsanspruch[2]). Das meldepflichtige Beziehen einer Wohnung ist nicht gleichbedeutend mit der Begründung des Wohnsitzes, Aufenthaltes usw. im Sinne von §§ 7, 269, 772 BGB. usw. (Wohnsitz = räumlicher Mittelpunkt des Lebens, der auch an mehreren Orten liegen kann; Aufenthalt = Ort der tatsächlichen Anwesenheit; dauernder oder gewöhnlicher Aufenthalt = Ort, an dem auf längere Zeit Wohnung genommen wird, ohne Wohnsitz zu begründen, wie Studienort, Evakuierungsort, Straf- oder Pflegeanstalt; gewerbliche Niederlassung = Ort des gewerblichen Betriebes; Dienstwohnung = Amtssitz für Beamte, Notare usw.). § 10 BGB. gilt im Rahmen des Art. 3 GG. auch für das öffentliche Recht. Das kann insb. wichtig werden für Rentenbezüge, wobei allerdings in der öffentlichen Verwaltung liegende Schwierigkeiten die Verwirklichung der nach bürgerlichem Recht vorgesehenen Rechtslage vereiteln oder unzumutbar machen können.

Beispiel:

Einer Ehefrau am Ort A ist dort Soforthilfe zu gewähren, wenn ihr Ehemann am Ort B nur Unterkunft für sich selbst finden kann.

Alle Deutschen genießen Freizügigkeit im ganzen Bundesgebiet (Art. 11 GG).

Beispiel:

Einwohner Westberlins bedürfen keiner Zuzugsgenehmigung für das Bundesgebiet. — OVG. Lbg. 5, 299; Hess. VGH. 2, 130. Landesgesetze über Aufenthaltsbewilligungen, Zuzugsgenehmigungen usw. bleiben nur als Übergangslösung in Kraft (Art. 117 Abs. 2 GG.). — § 1 NAG. ist mit Art. 11 GG. vereinbar, weil es für die Dauer des Aufnahmeverfahrens nur eine unvermeidliche generelle Suspension der Freizügigkeit des Betroffenen enthält — BVerfG. 2, 266 —.

Paßwesen: G. über das Paßwesen vom 4. 3. 1952 — BGBl. 290 — mit AVO. vom 15. 8. 1952 — BAnz. Nr. 164 — GMBl. 1954, 235, 525. — Deutsche benötigen einen Paß nur beim Grenzübertritt; für den Inlandaufenthalt genügt ein Personalausweis — G. idF. vom 25. 12. 1954 — BGBl. 508 — mit Landesausführungsgesetzen (Fingerabdruck verboten!) — Ausländer benötigen einen Paß auch für den Inlandaufenthalt; im übrigen sind für ihre Rechtsstellung weitgehend völkerrechtliche Gesichtspunkte (Fremdenrecht) maßgebend; die Ausländer-PolizeiVO. vom 22. 8. 1938 — RGBl. 1053 — in ihrer ursprünglichen Fassung ist geltendes Bundesrecht[3]). Im einzelnen richtet sich ihre Behandlung nach dem Gesetz.

Beispiel:

§ 56 GewO.: Ausschluß vom Wahlrecht; Beschränkung als Arbeitsvermittler — OVG. Lbg. 5, 505.

Firmenrecht oder sonstige Gebiete der freiwilligen Gerichtsbarkeit: §§ 29ff. HGB., FGG.

Die Prozeßfähigkeit regelt sich in den Verwaltungsgerichtsordnungen[4]).

Straffähigkeit spielt im Verwaltungsrecht, nachdem die Trennung vom Strafrecht endgültig durchgeführt worden ist[5]), keine Rolle.

---

[1]) B.-w. VGH. 1, 210.

[2]) OVG. Lbg. vom 30. 7. 1950 — II A 248/50 —.

[3]) BVerwG. vom 28. 9. 1955 — I B 203. 54, 174, 54; ebenso: OVG. Mstr. in: DVBl. 1955, 90; OVG. Kbl. ebd. 537. Vgl. auch: Dölker, in: Bayer. Bürgerm. 1954, 36, 58.

[4]) Vgl. unten S. 220. [5]) Vgl. unten S. 198ff.

Die Annahme einer allgemeinen Verwaltungsfähigkeit, worunter man etwa die Fähigkeit zur Entgegennahme von Verwaltungsakten und zur Geltendmachung subjektiver Rechte innerhalb der Verwaltung verstehen kann, ist unergiebig[1]). Das gleiche gilt von der Polizeifähigkeit[2]).

Das G. über die Rechtsstellung heimatloser Ausländer vom 25. 4. 1951 — BGBl. 269 — verleiht den von ihm erfaßten Personen die Berechtigung zum Aufenthalt in der Bundesrepublik, ohne daß sie einer besonderen Aufenthaltserlaubnis nach der AusländerpolizeiVO. bedürfen[3]).

b) Juristische Personen

Die Rechtsfähigkeit im Verwaltungsrecht ist gleichbedeutend mit derjenigen im Privatrecht.

Beispiel:

Eine AG. in Liquidation bleibt auch für das Verwaltungsrecht bis zur Beendigung der Liquidation rechtlich die gleiche Person wie bisher. Eine vor Einleitung der Liquidation gegen sie erlassene Polizeiverfügung bleibt wirksam – pr. OVG. 83, 255. – Eine politische Partei kann Rechtsfähigkeit nur durch Eintragung in das Register erlangen – OLG. Frankfurt in: NJW. 1952, 792 (dort auch Stellung des Parteivorstands!).

Die Geschäftsfähigkeit regelt sich nach eigenen verwaltungsrechtlichen Gesichtspunkten.

Beispiel:

Auch nicht rechtsfähige Personenvereinigungen können steuerpflichtig sein – pr. OVG. 84, 39ff.

Das gleiche gilt für die Prozeßfähigkeit und Parteifähigkeit[4]).

Für Entstehung, Bestand und Untergang juristischer Personen sind weitgehend öffentlichrechtliche Vorschriften maßgebend (z. B. §§ 21, 22, 43ff., 80 BGB., Art. 9, 21 Abs. 2 GG.; für Vereine insb. Reichsvereinsges. v. 19. 4. 1908[5]); §§ 159, 142ff. AG.; § 62 GmbHGes.; § 81 GenGes.; für Stiftungen insb. § 87 Abs. 1 BGB.)[6]).

Wichtig ist, daß sämtliche Typen der privatrechtlichen juristischen Personen durch das Reichsrecht bzw. Bundesrecht festgelegt sind[7]). Es steht dem Landes-

---

[1]) So Jellinek, Verwaltungsrecht 167. A. A. Peters, Verwaltung, 134, der sie als die Fähigkeit ansieht, Adressat staatlicher Anordnungen zu sein.

[2]) Nicht zu verwechseln mit der Polizeipflichtigkeit, vgl. hierzu unten 18. Kapitel.

[3]) BVerwG. in: DVBl. 1956, 304. [4]) Vgl. unten S. 219.

[5]) BVerfG. 2, 1, 4, 96; Seifert, in: ÖV. 1954, 353.

[6]) Zusammenfassung bei Huber, Wirtschaftsverwaltungsrecht, 25ff. — Zur öffentlichen Aufsicht über Stiftungen: bayer. VGH. in: ÖV. 1954, 667.

[7]) Das trifft auch für Einrichtungen zu, die im öffentlichen Interesse errichtet sind, wie die Deutsche Zündwarenmonopolgesellschaft nach dem G. vom 29. 1. 1930 – RGBl. I 11 – die eine GmbH. ist. – Durch Registereintragung rechtsfähig werden die Aktiengesellschaft, Aktienkommanditgesellschaft, GmbH., Erwerbs- und Wirtschaftsgenossenschaft und eingetragene Vereine. Keine Rechtsfähigkeit erlangen die OHG., Kommanditgesellschaft, Reederei, Berggewerkschaften alter Art.

recht nicht frei, neue Typen einzuführen. Der Umstand, daß das Verwaltungsrecht von einer für seinen Bereich selbständigen Geschäftsfähigkeit ausgeht, macht es jedoch möglich, Gebilde, welche nicht als rechtsfähige juristische Personen des Privatrechts anzusehen sind, wie solche Personen zu behandeln.

Beispiel:
Ein nicht rechtsfähiger Arbeiterrat kann ein Beschwerderecht haben — sächs. OVG. 26, 195 —. Das gleiche gilt von politischen Parteien oder Fraktionen.

2. Juristische Personen des öffentlichen Rechts

Der Staat ist dasjenige Subjekt des Verwaltungsrechts, welches am häufigsten den bisher genannten Subjekten entgegentritt[1]).

Erscheint der Staat als Hoheitsträger, so ist er grundsätzlich der Verwaltungshoheit einer anderen dienstlich nicht vorgesetzten Stelle nicht unterworfen[2]). Dagegen steht er als Fiskus jeder anderen Person des Verwaltungsrechts grundsätzlich gleich. Ausnahmen müssen im Gesetz ausdrücklich bezeichnet sein.

Beispiel:
Erleichterungen auf dem Gebiet des Bau- und Verkehrswesen; Zwangsvollstreckungsbestimmungen[3]).

Im Bundesstaat muß die jeweilige gesetzliche Grundlage darüber Klarheit schaffen, ob in dem betreffenden Verwaltungszusammenhang der Oberstaat (Reich, Bund) oder der Gliedstaat (Land) gemeint ist.

Durch Gesetz können außer dem Staat weitere Personen des öffentlichen Rechts — normalerweise innerhalb des Staatsgebiets[4]) — errichtet werden[5]). Streitig ist, ob es sich hierbei um einen genau feststellbaren Akt handeln muß, oder ob auch das ständige Verhalten staatlicher Stellen im Zusammenhang mit den dem Verband auferlegten Pflichten und verliehenen Rechten als ein solcher normativer Akt angesehen werden kann[6]). Gerade für bereits lange bestehende Einrichtungen wird man die zweite Möglichkeit der Entstehung einer juristischen Person des öffentlichen Rechts nicht ablehnen dürfen[7]).

[1]) Zur Geschichte der Lehre des Staates als juristischer Person, die notwendigerweise erst nach dem Ende des Absolutismus ausgebildet werden konnte: Albrechts Besprechung von Maurenbrechers, Grundsätze des heutigen deutschen Staatsrechts in: Göttingischer Gelehrten Anzeiger 1837, 1491; Gerber, Über öffentliche Rechte, 1852; G. Jellinek, System der subjektiven öffentlichen Rechte.

[2]) Pr. OVG. 68, 446. [3]) Vgl. oben S. 26.

[4]) Zur Frage der Gebietsveränderung vgl. Wengler, in: JZ. 1954, 217.

[5]) RGKomm. 1934 VIII. Vorbemerkung § 21 und Beispiele in den folgenden Ziffern.

[6]) Vgl. Simons, Kohlenwirtschaft; Köhler, Grundlehren, 119; § 15ff. ZweckverbandsG. und VO. vom 27. 7. 1933 — RGBl. 540.

[7]) Die Ansicht von Krüger, in: ÖV. 1951, 263, daß Personen des öffentlichen Rechts nur durch Gesetz geschaffen werden können, dürfte in dieser Allgemeinheit nicht haltbar sein. — Wichtig für die I.- u. H.-Kammern, vgl. unten 19. Kapitel.

Zu unterscheiden sind Körperschaften, Stiftungen und Anstalten (§ 15 Ziff. 3 EGZPO.; § 1006 Abs. 3 ZPO.; § 89 BGB.; Beiträgegesetz vom 24. 3. 1934 — RGBl. 235)[1]. Die Frage, ob eine juristische Person vorhanden ist, ist eine Rechtsfrage und nicht die Feststellung eines Rechtsverhältnisses[2]. Politisch sind „unterstaatliche Personen des öffentlichen Rechts" nur denkbar, wo die Verwaltung bewußt dezentralisiert wird[3].

Infolge des nach der herrschenden Auffassung bestehenden Grundsatzes von der Einheit des Imperiums können diese juristischen Personen des öffentlichen Rechts keine eigenständige Staatsgewalt und damit Hoheitsbefugnisse ausüben. Vielmehr werden sie geschaffen, oder aus früheren Zeiten übernommene Gebilde werden in die geltende Rechtsordnung eingebaut, damit nichtstaatliche Stellen staatliche Hoheits- und nichthoheitliche Verwaltung ausüben. Sämtliche Berechtigungen in ihrer Hand sind ihnen mithin vom Staat delegiert. Staat in diesem Zusammenhang kann der Oberstaat sein,

Beispiel:
Bundesunmittelbare Körperschaften oder Anstalten des öffentlichen Rechts im Sinne von Art. 87, Abs. 3 GG.

oder ein Land.

Beispiel:
Gebietskörperschaften.

Die Personen üben somit delegierte staatliche Verwaltung[4] in einem bestimmten, durch Gesetz sachlich und örtlich begrenzten Rahmen aus. Inhaltlich können delegiert werden entweder den Lebensbereich des unterstaatlichen Subjekts allein oder vorwiegend betreffende Angelegenheiten, die dann durch Selbstverwaltung im engeren Sinn geregelt werden, oder über den Interessenbereich des einzelnen Subjekts hinausgehende Angelegenheiten, die von ihm als Auftragsverwaltung bearbeitet werden. Der Unterschied ist vor allem bedeutsam für den Umfang der Staatsaufsicht, die für die

---

[1]) Manche Gesetze, insbesondere solche älteren Datums, wählen als Oberbegriff Körperschaften, denen sie auch Stiftungen und Anstalten subsumieren. Es dürfte sich empfehlen, eine solche laxe Ausdrucksweise zu vermeiden. — Leider setzt auch Art. 34 GG. Körperschaft als pars pro toto für juristische Personen des öffentlichen Rechts, während Art. 19 Abs. 3 die korrekte Bezeichnung wählt; vgl. auch VO. vom 22. 5. 1943 — RGBl. 351 —; 1. n.-w. MaßnahmenVO vom 19. 3. 1949 — GVBl. 25, Art. 130 rhl.-pf. Verf.

[2]) Z. B. im Sinne von § 52 brit. MRVO. Nr. 165. — So OVG. Hbg. vom 19. 10. 51 — II 277/51 —; vgl. auch Rosenberg, Zivilprozeßrecht, § 86 II 1 a.

[3]) Deswegen sind die Versuche, den Begriff der juristischen Person durch denjenigen der rechtsfähigen Verwaltungseinheit zu ersetzen, nur in einem zentralistischen Staate denkbar. Vgl. unten S. 84 Anm. 1.

[4]) Die Auffassung, daß neben dem Staat mit ihm gleichberechtigte Personen des öffentlichen Rechts bestehen, die von Giercke u. a. insbes. für die Gemeinden vertreten wurde, ist gegenwärtig nicht mehr haltbar.

die zunächst genannten Angelegenheiten in der Regel nur eine Rechtsaufsicht, für die Auftragsangelegenheiten auch eine Fachaufsicht sein wird[1]). Die Verwaltungsmittel sind grundsätzlich die gleichen, die auch dem Staat zur Verfügung stehen. Insb. gehört dazu der Erlaß materieller Gesetze in der Form von Rechtsordnungen, auch bei Auftragsverwaltung, oder statutarischen Satzungen, auch bei Selbstverwaltung[2]), das Setzen von Hoheits- insb. Verwaltungsakten und nichthoheitlichen Verwaltungsmaßnahmen.

3. Körperschaften

a) Allgemeines

Die Körperschaft beruht auf dem Zusammenschluß einer Vielheit von Mitgliedern[3]). Innerhalb des gesamten Verwaltungsgeschehens verfolgen die Mitglieder der Körperschaft bestimmte Zwecke. Dem Wesen der Verwaltung entspricht es, daß solche Zwecke nicht ausschließlich nach innen gerichtet, also allein für die Mitglieder der Körperschaft von Belang sein dürfen, sondern daß auch oder manchmal sogar vorwiegend öffentliche Interessen zu verfolgen sind. Gerade hierdurch unterscheidet sich der Zusammenschluß von Menschen innerhalb des Verwaltungsrechts von dem Zusammenschluß von Menschen zu juristischen Personen des Privatrechts.

Beispiel:

Einem Feuerlöschverein e. V. kann die Rechtsfähigkeit nicht deshalb entzogen werden, weil er sich manchmal weigert, Feuer zu löschen — pr. OVG. 68, 349 —. Wenn sich eine Gemeindefeuerwehr ebenso verhalten würde, griffe der Staat maßregelnd ein.

Von den durch natürliche Personen gebildeten juristischen Personen des Privatrechts unterscheidet sich die öffentlichrechtliche Körperschaft durch die Möglichkeit der Zwangsmitgliedschaft. Eine solche besteht nicht für alle Körperschaften; sie ist aber nur denkbar für sie und nicht für juristische Personen des Privatrechts.

Als Merkmale der öffentlichen Körperschaft können so aufgeführt werden: Daseinsnotwendigkeit, Staatsaufsicht oder Aufsicht einer anderen höherrangigen juristischen Person des öffentlichen Rechts, Zwangsmitgliedschaft, Ausübung von Hoheitsfunktionen.

Für die Einteilung der Körperschaften des öffentlichen Rechts sind zweckmäßigerweise die Merkmale heranzuziehen, welche die Mitgliedschaft oder Zwangsmitgliedschaft begründen. Werden grundsätzlich sämtliche natürlichen Personen, die auf einem bestimmten Gebiet wohnen, Mitglied der Gemeinschaft, so handelt es sich um eine Gebietskörperschaft. Sind in der Person begründete Merkmale maßgebend, so handelt es sich um eine Personenkörperschaft.

[1]) Besonders deutlich sichtbare Grenzen bei der Kommunalverwaltung; vgl. unten S. 192. [2]) Vgl. unten 17. Kapitel. [3]) RGZ. 130, 169ff.

b) Gebietskörperschaften

Die wichtigsten Gebietskörperschaften sind die Gemeinden und Gemeindeverbände. Als Gemeinde bezeichnet man eine öffentlichrechtliche Gebietskörperschaft, die aus Einzelpersonen besteht und der die Selbstverwaltung ihrer Angelegenheiten nach Maßgabe der Gesetze obliegt. Die Gemeindeverbände weisen die gleichen Begriffsmerkmale auf mit dem Unterschied, daß sie nicht aus Einzelpersonen, sondern ihrerseits wieder aus Gebietskörperschaften zusammengesetzt sind[1]).

c) Personenkörperschaften (Genossenschaften)

Die bedeutungsvollsten Ansatzpunkte sind der Beruf

Beispiel:
Handwerkskammern, Innungen, Rechtsanwaltskammern, Ärztekammern[2]). wirtschaftliche Vereinigungen[3]).

und die soziale Lage der Person.

Beispiele:
Lastenausgleichsverbände; Körperschaften auf dem Gebiet der Sozialversicherung nach RVO.[4]); Bundesanstalt f. Arbeitsvermittlung u. Arbeitslosenversicherung in: BGBl. 1952, 123 (trotz des Namens!).

Politische Parteien sind z. Z. keine Körperschaften[5]).

d) Sonderverbände

Ein Mischtyp knüpft an sowohl an bestimmte Eigenschaften als auch an die örtliche Verbundenheit der Person. Hierbei handelt es sich um Sonderverbände örtlich Beteiligter.

Beispiel:
Wasser- und Bodenverbände nach dem WasserverbandsG. vom 10. 2. 1937 — RGBl. 188 — i. Vbd. m. 1. VO. vom 3. 9. 1937[6]), Siegelhallen nach dem G. über die Herkunftsbezeichnung des Hopfens vom 9. 12. 1929 — RGBl. 213 — mit DVO. 1930 — RGBl. 185 —.

Sonderverbände können möglicherweise auch Realgemeinden im Sinne von Art. 164 EGBGB. sein[7]).

---

[1]) Mit dem Recht der Gebietskörperschaften befaßt sich das Selbstverwaltungs- oder Kommunalrecht; vgl. unten 17. Kapitel.

[2]) Vgl. unten 19. Kapitel.

[3]) Stellen solcher Vereinigungen hingen in der Zeit vor 1945 mit dem Reichsnährstand zusammen. Man wählte aus optischen Gründen die Konstruktion der Personenkörperschaft, während es sich entsprechend dem Führerprinzip materiell um staatliche Befehlsempfänger handelte.

[4]) Vgl. unten 22. Kapitel.

[5]) Vgl. oben S. 76.

[6]) Vgl. unten S. 374.

[7]) Vgl. unten S. 262.

Für Zusammenschlüsse, welche öffentliche Interessen wahrnehmen wollen, ist es häufig aus politischen und wirtschaftlichen Gründen wichtig, die Eigenschaft einer Körperschaft des öffentlichen Rechts zu erlangen[1]).

4. Stiftungen des öffentlichen Rechts

Sie sind genau wie diejenigen des Privatrechts zu juristischen Personen erhobene Vermögensmassen. Als einziger Unterschied gegenüber den Stiftungen des Privatrechts bleibt, daß sie — ihnen vom Staat delegierte — hoheitliche Gewalt auszuüben vermögen, während das den Stiftungen des Privatrechts versagt ist. Sonstige Unterschiede, welche eine ältere Lehre aufzufinden glaubte, dürften nicht vorhanden sein[2]).

Inhalt, Art und Umfang der hoheitlichen Befugnisse wird in den Landesgesetzen näher festgelegt[3]).

Beispiel:

Internationale Universität in Bremen, Gesetz vom 20. 2. 1948 — GBl. 249. — Forschungsgemeinschaft Bauen und Wohnen, w.-b. Bek. vom 13. 5. 1947 — RegBl. 58 — idF. vom 21. 7. 1952 — b.-w. GBl. 25 —.

5. Anstalten des öffentlichen Rechts

a) Begriff

Diese Art der juristischen Personen gibt es nur im öffentlichen Recht, nicht im Privatrecht. Die Grundlage jeder Anstalt wird — etwas farblos — als Einrichtung bezeichnet[4]). Darunter ist zu verstehen die Verbindung von sachlichen und persönlichen Unterlagen mit einer planmäßigen Tätigkeit. Die Tätigkeit ist ausgerichtet auf einen der Allgemeinheit dienenden Zweck[5]).

---

[1]) Nicht Körperschaften des öffentlichen Rechts, sondern private Vereinigungen sind z. B. die kommunalen Spitzenverbände — vgl. unten S. 274, das Deutsche Rote Kreuz, der Deutsche Rat der Europäischen Bewegung, die freiwillige Filmselbstkontrolle — OVG. Lbg. vom 4. 11. 1952 — II A 97/52 —; Werner, in: Betrieb 1954, 100.

[2]) Vgl. z. B. Bayer. VGH. 47, 33ff.

[3]) Fraglich ist, ob Art. 86, 87 Abs. 3 GG. auch für Stiftungen gilt. Es war wohl nicht beabsichtigt, den Bund von der Bildung von Stiftungen auszuschließen. Zu übernehmende Stiftungen des Reichs sind allerdings nicht vorhanden, so daß die Frage nur akut werden kann in bezug auf die ehemaligen preuß. Stiftungen nach Art. 132 Abs. 2, 5, 7 GG. — Stiftungen weisen zwar Ähnlichkeiten mit Anstalten auf; trotz erhobener Bedenken — vgl. EWVRO. 484 — müssen sie de lege lata als selbständige Personen beibehalten und dürfen nicht mit Anstalten identifiziert werden.

[4]) Otto Mayer, Verwaltungsrecht II, 268.

[5]) Die Einteilung in „nutzbare" und „nicht nutzbare" Anstalten — so z. B. Köhler, Grundlehren, 318; Peters, Verwaltung, 113; Nebinger, Verwaltungsrecht, 137 dürfte rechtlich wenig fruchtbar sein. Auch „nicht nutzbare" Anstalten können der Allgemeinheit nützen; vgl. EWVRO. 420. — Das Merkmal des öffentlichen Zwecks unterscheidet die Anstalt vom fiskalischen Unternehmen.

Eine Einrichtung wird dann zur Anstalt des öffentlichen Rechts, wenn sie kraft positiver Gesetzesbestimmung mit Rechtspersönlichkeit ausgestattet wird. Ihre sachliche Unterlage ist meist ein Verwaltungsvermögen. Der öffentlichrechtliche Charakter einer Anstalt äußert sich in zwei Richtungen: Das in ihr verkörperte Gemeininteresse überwiegt alle entgegenstehenden privaten Interessen, so daß es insbesondere gegen ihre Maßnahmen keine actio negatoria gibt.

Beispiel:

Ruß und Lärm einer Eisenbahn muß man in einem Maße erdulden, wie man es sich von einer Privatperson nicht gefallen zu lassen braucht — RGZ. 59, 70.

Die Anstalt kann entsprechend ihrem Wesen als Person des öffentlichen Rechts mit vom Staate delegierten Befugnissen auf dem Gebiet der hoheitlichen und der nichthoheitlichen Verwaltung ausgestattet sein, wofür dann das öffentliche Recht maßgeblich ist.

Wie anderen Subjekten des öffentlichen Rechts vermag der Gesetzgeber Anstalten die Befugnis zu erteilen, ganz oder teilweise nach eigenen Normen zu leben. Die hiernach erlassenen Anstaltsordnungen enthalten in erster Linie die Regelung eigener Angelegenheiten einschl. etwaiger Satzungen. Sie können aber auch Bestandteile enthalten, die auf besonderem staatlichem Auftrag beruhen.

Beispiel:

Mit einer Polizeiverordnung gekoppelte Anstaltsordnung[1]).

Neben solchen Normen werden in der gleichen Verlautbarung oft Verwaltungsvorschriften[2]) erlassen, so daß insb. bei Anstaltsordnungen für jeden Satz zu prüfen ist, ob es sich um eine Rechtsnorm oder eine Verwaltungsvorschrift handelt. Wer sich in den Machtbereich der Anstalt begibt, wird durch die von ihr gesetzten Normen ergriffen und unterfällt außerdem der von der Anstalt ausgeübten Verwaltung, der „Anstaltsgewalt"[3]).

Wird die Anstalt im Rahmen des Privatrechts tätig, so handelt es sich um fiskalische Verwaltung, wofür Privatnormen maßgeblich sind. Die Abgrenzung beider Bereiche ist von den Umständen des Einzelfalles abhängig[4]).

Beispiel:

Wenn die Aufsicht eines städtischen Schlachthofes Häutehändler hinausweist, die das Gelände unbefugt betreten haben, handelt es sich um Ausübung des Hausrechts und nicht um Anstaltspolizei — pr. OVG. 101, 255 —. Auch die Bahnpolizei wird oft nur in Ausübung des Hausrechts tätig, wenn sie Unbefugte vom Bahngelände verweist — § 74 Eisenbahnbetriebsordnung vom 17. 7. 1928 — RGBl. II, 541 —. Vgl. auch hess. VGH. in: ÖV. 1952, 189.

---

[1]) Vgl. Thoma, Polizeibefehl, 1906, 361; Bachof, in: AöR. Bd. 78, 85.

[2]) Vgl. unten S. 237.

[3]) Das Wesen der Anstaltsgewalt, die „nach innen" und ihre Abgrenzung zur „Anstaltspolizei", die „nach außen" wirken soll, sind eingehend erörtert worden; vgl. Art. 140 EWVRO., Mayer, Verwaltungsrecht II, 496, Köhler, Verwaltungsrecht, 319, Peters, Verwaltung, 114, Jerusalem, Grundriß, 71, Forsthoff, Verwaltungsrecht I, 385. — Wenn man die öffentlichen Funktionen der Anstalt als delegiertes staatliches Imperium ansieht — so auch Giese, Grundriß, 80, Freudenberger, in: AnDR. 1931, 180ff. (eingehende Verwertung allen Materials!) —, verliert der Unterschied an Bedeutung. Das delegierte Imperium wirkt, soweit die gesetzliche Grundlage reicht, nach „außen" und nach „innen".

[4]) Zur Entwicklung des Begriffs der Anstalt vergleiche Gerber, in: AöR. N.F. 17, 268; bayer. VGH. 49, 139; RGZ. 130, 169.

b) Benutzung

Von der Körperschaft unterscheidet sich die Anstalt durch ihre primäre Außenwirkung. Sie dient ihrem Zweck nach nicht einem beschränkten Personenkreis von „Mitgliedern", sondern einem weiten Kreis von Benutzern. Die Benutzer sind also andere Menschen als diejenigen, welche zum Entstehen der Einrichtung nötig sind. Wer Benutzer sein kann, richtet sich nach Sinn und Zweck der einzelnen Anstalt. Insoweit kann ein subjektiv-öffentliches Recht oder auch eine Pflicht zur Benutzung bestehen.

Beispiel:

Verhältnis zwischen Berufstätigen und Trägern der Sozialversicherung.

Auch beim Fehlen positiver Regeln ist der Gleichheitssatz von Bedeutung. Da die Anstalt — wie jedes unterstaatliche Subjekt des öffentlichen Rechts — delegierte Staatsgewalt ausübt, unterscheidet sich der Benutzungszwang seinem Wesen nach nicht von dem allgemeinen in dem jeweiligen gesetzlichen Rahmen möglichen Benutzungszwang von Verwaltungsvermögen[1]).

Die Anstalt kann hoheitliche, nichthoheitliche oder fiskalische Verwaltung ausüben. Art und Umfang der Benutzung richten sich nach den ihr zustehenden Befugnissen; sie sind i. a. aus der Benutzungsordnung zu ersehen, die in Verbindung mit den Anstaltsordnungen oder selbständig — aber immer nur im Rahmen der der Anstalt vom Staat verliehenen Befugnisse — erlassen werden können. Gebührenzwang gibt es nur nach gesetzlichen Grundlagen; außerdem sind freiwillige Gebührenvereinbarungen möglich;

Beispiel:

Rundfunkgebühren[2]).

eine allgemeine zur Anstaltsgewalt gehörende „Gebührenhoheit" existiert in Wirklichkeit nicht[3]). Entsprechend der verwendeten Verwaltungsart entstehen öffentliche oder private Rechtsverhältnisse zwischen Anstalt und Benutzern mit der jeweils für sie in Betracht kommenden Haftung[4]).

---

[1]) Die Bezeichnung des Benutzerverhältnisses als besonderes Gewaltverhältnis — vgl. unten S. 98 — bringt m. E. keine Klärung, weil dieses keine völlig feststehende Figur ist.

[2]) Ipsen, Die Rundfunkgebühr, hrsg. v. Hans-Bredow-Institut, Hbg. 1954.

[3]) Es scheint bedenklich, die Anstaltsbenutzung generell als Gemeingebrauch anzusehen und — ihm entsprechend — in normale Benutzung, Sonderbenutzung und Benutzungsverleihung einzuteilen. Denn Anstalten wenden sich häufig nicht an die Allgemeinheit, sondern an einen nur begrenzten Personenkreis. Allerdings ist es möglich, daß Anstalten Träger von Verwaltungsvermögen oder zuständig für die Verwaltung von Sachen im Gemeingebrauch sind. Dann gelten die für diese öffentlichen Sachen in Betracht kommenden Regeln; vgl. unten S. 151. Darstellung der hier abgelehnten Betrachtungsweise bei Forsthoff aaO.

[4]) Vgl. unten S. 103ff.

c) Arten

Dem äußeren Bild nach gibt es Anstalten, bei denen eine örtlich gebundene Einrichtung im Vordergrund steht

Beispiel:

Universitäten, Museen

und solche, bei denen das Schwergewicht auf der Verwaltungsführung liegt[1]).

Beispiel:

Sozialversicherungsträger.

Anstalten erscheinen auf dem Gebiet der Wirtschaftsverwaltung.

Beispiel:

Physikalisch-technische Reichsanstalt Berlin, Physikalisch-technische Bundesanstalt Braunschweig, die Deutsche Reichsbahngesellschaft von 1924 bis 1937, die Deutsche Reichsbank nach dem G. vom 30. 8. 1924/2. 7. 1930, — RGBl. 1015 —; Kreditanstalt für Wiederaufbau — G. idF. vom 22. 1. 1952 — BGBl. 65 —; Mühlenstelle — § 5, 4. DVO. zum GetreideG. vom 17. 12. 1951 — BGBl. 972 —; Einkäufer- und Vorratsstelle für Schlachtvieh — 1. DVO. zum Vieh- und FleischG. vom 2. 5. 1951 — BGBl. 301 —; Bundesanstalt für Güterfernverkehr — § 53 GüterkraftverkehrsG. vom 17. 10. 1952 — BGBl. 697; Einfuhrstelle für Zucker-G. vom 5. 1. 1951 — BGBl. 47 — mit Satzung — BGBl. 256 —[2]); Einfuhr- und Vorratsstelle für Fette — § 14 G. vom 28.2.1951 — BGBl. 135 — mit Satzung — BGBl. 202. — Rechtsträger des Volkseigentums in der DDR.

Sie werden verwendet auf dem Gebiet der sozialen Verwaltung,

Beispiel:

Bundesversicherungsanstalt für Angestellte; Versicherungsanstalten nach RVO., insofern der Schwerpunkt der Verwaltung beim Vorstand und nicht bei dem Versicherten liegt und diese nicht als Mitglieder einer Körperschaft angesehen werden können (vgl. z. B. §§ 99ff. AVG.; §§ 1344, 1351 RVO.), Versorgungsanstalt des Bundes und der Länder, Neue Satzung in: BAnz. 1952 Nr. 182.

---

[1]) Insbesondere in älteren Gesetzen muß jedesmal untersucht werden, ob dem Namen „Anstalt“ inhaltlich eine solche Figur entspricht, weil manchmal auch Körperschaften als Anstalten bezeichnet werden oder umgekehrt; vgl. oben S. 80 Bundesanstalt für Arbeitsvermittlung. § 1 G. über die Kreditanstalt für Wiederaufbau bezeichnet die Kreditanstalt als Körperschaft, obwohl es sich um eine Anstalt handelt. Die Kreditanstalt deutscher Länder — brit. MRVO. Nr. 129 — ist entgegen den in der MRVO. gebrauchten Worten keine Körperschaft, sondern eine Anstalt. — An diese Art der Anstalt knüpft die Lehre von der rechtsfähigen Verwaltungseinheit an. (Eingehend: Köttgen, Die rechtsfähige Verwaltungseinheit, 1939.) Solche Einheiten waren im NS-Reich in großem Umfang gebildet worden — z. B. die durch G. des Wirtschaftsrates vom 21. 1. 1948 — WiGBl. 21 — aufgelösten Wirtschaftsstellen des Reichsnährstandes. Sie waren nichts anderes als staatliche Befehlsempfänger. Eine derartige Regelung ist ein Mißbrauch der klassischen Figur der Anstalt, welche auf dem Gedanken der Selbstverwaltung beruht. Verwaltungseinheiten dagegen sind die unselbständigen Anstalten — vgl. im Text zu d).

[2]) Vgl. OVG. Mstr. in: ÖV. 1953, 219.

des Kulturwesens,

Beispiel:

Bayer. RundfunkG. idF. vom 17. 3. 1950 — GVBl. 57; Radio Bremen, G. idF. vom 12. 5. 1949 — GBl. 101; Hessischer Rundfunk, G. vom 2. 10. 1948 — GVBl. 123 (Satzung vom 2. 7. 1949 — Staatsanzeiger 357); Süddeutscher Rundfunk idF. vom 2. 8. 1951 — w.-b. Reg.Bl. 63 —; NWDR. — Norddeutscher Rundfunk, Hamburg, Hbg. G. vom 10. 6. 1955 — GVBl. 197 —; Westdeutscher Rundfunk Köln, n.-w. G. vom 25. 5. 1954 — GVBl. 151 —; vgl. auch Staatsvertrag über Aufsicht über Nord- und Westdeutschen Rundfunkverband — GVBl. 55, 426 —; Südwest-Funk — franz. MRVO. Nr. 187, 198 (Satzung vom 18. 11. 1949 — BAnz. Nr. 33 —); Staatsvertrag zwischen Baden, Rheinland-Pfalz und Württemberg-Hohenzollern vom 27. 8. 1951; alle zusammengeschlossen in Arbeitsgemeinschaft der öffentlichrechtlichen Rundfunkanstalten der Bundesrepublik Deutschland vom 9. 6. 1950[1]). Rundfunkgebühren sind Anstaltsnutzungsgebühren. — Bundesanstalt f. Naturschutz und Landschaftspflege, Düsseldorf.

der Unterrichtspflege,

Beispiel:

Universitäten, Höhere Schulen[2]). Kaiser-Wilhelm-Gesellschaft zur Förderung der Wissenschaften, gegründet 1911, nunmehr Max-Planck-Gesellschaft;

der Krankenpflege[3]) oder des Kredit- und Sparkassenwesens[4]). Die Anstaltsform ist von Bedeutung für volks- oder landeseigene Betriebe in der Ostzone[5]). Von großer wirtschaftlicher Wichtigkeit sind die von Kommunen unterhaltenen Anstalten[6]).

d) „Unselbständige (nicht rechtsfähige) Anstalten".

Keine selbständigen Rechtssubjekte sind anstaltlich geordnete, technisch verselbständigte Verwaltungseinheiten, insb. Sondervermögen des Staates oder anderer Personen des öffentlichen Rechts[7]).

---

[1]) Rechtliche Grundlagen sind enthalten in: Presse- und Rundfunkrecht, herausg. von C. H. Lüders, Zur Ausgestaltung des Rundfunkverkehrs; — G. vom 23. 3. 1953 — BGBl. 70. — vgl. Loehning, in: ÖV. 1953, 193, 264.

[2]) Vgl. unten 29. Kapitel.

[3]) Darstellung, auch der Literatur: Pathe, in: DVBl. 1950, 261.

[4]) Z. B. pr. G. vom 4. 8. 1932; VO. vom 6. 10. 1937 — RGBl. 537 —. Vor 1945: Deutsche Rentenbankkreditanstalt — RGBl. 1930, 457 —, Deutsche Siedlungsbank — RGBl. 1930, 311 —; Deutsche Girozentrale — RGBl. 1931, 537 —.

[5]) Vgl. Barth, in: NJ. 1948, 1144.

[6]) Für technische Unternehmen vgl. List, Verwaltungsrecht technischer Betriebe. 1955.

[7]) „Interne Ausgliederungen innerhalb ihres Muttergemeinwesens" Weber, aaO. 17. Die juristisch korrekte Bezeichnung ist Einrichtung — vgl. oben S. 81. Jedoch wird — durch den Bundesgesetzgeber selbst bis in die jüngste Zeit — auch für sie die Bezeichnung Anstalt verwendet. Das ist wenig erfreulich, weil sich so aus dem Namen niemals Rückschlüsse auf die Rechtsnatur ermöglichen lassen. — Für eine Beschränkung der Bezeichnung Anstalt auf Einrichtungen mit Rechtspersönlichkeit auch: Hatschek, Verwaltungsrecht, 449; Tatarin-Tarnheyden, in: DStRL. Heft 6, 156.

Beispiel:

Einrichtungen nach § 17 DGO. und den ihr nachgebildeten Gemeindeordnungen (Wasser-, Strom- usw. Versorgung) — hess. VGH. in: DVBl. 1951, 737 —; zahlreiche Pflege-, Heil-, Fürsorge- oder Unterrichtsanstalten; die Bundesanstalt für Flugsicherung — G. vom 23. 3. 1953 — BGBl. 70 —; die Post, nicht rechtsfähiges Sondervermögen „Deutsche Bundespost" nach G. vom 21. 5. 1953 — BGBl. 225 —, mit PostverwaltungsG. vom 24. 7. 1953 — BGBl. 676, 715 —[1]), Autobahnen[2]) — FStrG. vom 6. 8. 1953 — BGBl. 903 —; Wasserstraßeng. vom 21. 5. 1951 — BGBl. 352 —; Eisenbahn, nicht rechtsfähiges Sondervermögen „Deutsche Bundesbahn" nach G. vom 13. 12. 1951 — BGBl. 955 —[3]); Deutscher Wetterdienst — G. vom 11. 11. 1952 — BGBl. 738 —; Bundesanstalt für Flugsicherung — G. vom 3. 3. 1953 — BGBl. 70 —; Bundesanstalt für Landeskunde — BGBl. 1953, 383; 1955, 506.

---

[1]) In der Vergangenheit umstritten: Gegen Rechtspersönlichkeit pr. OVG. 80, 140; für Rechtspersönlichkeit RGZ. 123, 208. — Zur Identität des Sondervermögens der Deutschen Bundespost mit demjenigen der Deutschen Reichspost vgl. BGH. in: MDR. 1953, 162; auch: OLG. Hbg. in: MDR. 1947, 158, LG. Konstanz in: DRZ. 1949, 377; zur Frage der Adressierung von Ansprüchen auf Schadloshaltung: BGH. in: MDR. 1953, B, 44. — Zur Monopolstellung: bayr. ObLG. in: ÖV. 1953, 222. — Insb. bei der Bundespost zeigt sich, daß die Bezeichnung als Anstalt, auch als unselbständiger, zu falschen Schlüssen führt. Es handelt sich bei ihr um eine Bundeseinrichtung mit einer gewissen technischen Selbständigkeit; b.-w. VGH. in: ÖV. 1953, 475 (grundlegend!). Die Beziehungen zwischen Post und Postbenutzern gehören — anders als bei der Bahn — dem öffentlichen Recht an — RGZ. 158, 83; 161, 174; LVG. Braunschweig mit Anm. von Schuster, Wolff, in: AöR. 76, 216. A. A. Bärmann, Typisierte Zivilrechtsordnung 1948, 20ff. — Nach DDRVO, vom 9. 6. 1955 — GBl. 433 bestehen öffentlich-rechtliche Benutzungsverhältnisse mit Sonderregelung für das Zeitungswesen — VO. vom 23. 12. 1954 — GB. 1955, 6 —.

[2]) Zur Haftung nach 1945: BGHZ. 4, 253.

[3]) Die früheren Landeseisenbahnen gingen durch Staatsverträge der Länder mit dem Reich und durch sie bestätigendes Reichsgesetz vom 1. 4. 1920 in Eigentum, Betrieb, Verwaltung und Aufsicht des Reiches über. Zugleich erhielt es die Enteignungsbefugnis für Eisenbahnzwecke. Die Reichsbahn wurde zunächst eine einheitliche unselbständige Verkehrsanstalt in unmittelbarer Verwaltung und eigenem Betrieb des Reichs mit dem Reichsbahnvermögen als vom übrigen Reichsvermögen nicht getrennten Objekt (Art. 92 WRV.). 1924 schuf eine AVO. des RP. ein „Unternehmen Deutsche Reichsbahn" als ein vom Reich verwaltetes Sondervermögen mit eigener Rechtsfähigkeit. Das Reichsbahngesetz vom 25. 9. 1924 gründete entsprechend dem Dawesplan die „Deutsche Reichsbahn-Gesellschaft". Der Form nach handelte es sich um eine Aktiengesellschaft, dem Inhalt nach um eine öffentlichrechtliche Körperschaft zur Verwaltung der vom Reich übertragenen Staatsaufgaben. Das Reich behielt sich das Eigentum an den Reichsbahnanlagen vor. Oberstes Organ war der Verwaltungsrat, dem auch Vertreter der ausländischen Gläubigerstaaten angehörten. Das Reichsbahngesetz von 1930 ließ die AG. als Selbstverwaltungskörper und Träger eigener Verkehrspolitik unabhängig von der parlamentarisch abhängigen Reichsregierung bestehen. Die öffentlichrechtliche Stellung wurde gestärkt, die Reichsbahn wurde Verkehrsanstalt des Reiches und gleichzeitig Selbstverwaltungskörper in der bloß äußeren Form einer AG. eigener Art. Ihr Personal (Beamte, Angestellte, Arbeiter) stand im Dienst unmittelbar der Gesellschaft, mittelbar des Reiches. 1937 wurde der Gesellschaftscharakter beseitigt und schließlich durch ReichsbahnG. vom 4. 7. 1939 — RGBl. 1213, 1313 — auch die Gesellschafts-

Die für derartige Einrichtungen maßgeblichen Normen sind entweder staatliche oder solche ihrer unterstaatlichen Träger. Regeln die Träger durch die Einrichtung ihre eigenen Angelegenheiten, so können sie die ihnen hierzu zur Verfügung stehenden Formen (auch Ortssatzungen) wählen. Bei der Regelung von staatlichen Auftragsangelegenheiten werden i. a. Rechtsverordnungen am Platze sein. Auch hier aber ist die Verbindung mit Verwaltungsvorschriften möglich.

Beispiel:

Friedhofsordnungen, beruhend auf Rechtsetzungsbefugnissen der kirchlichen oder kommunalen Anstaltsherren[1]), wobei das Benutzungsrecht i. a. in der Zugehörigkeit des Verstorbenen zur Kirchen- oder politischen Gemeinde wurzelt.

6. Beliehene Personen und Unternehmen

Privatpersonen, juristischen Personen des Privatrechts oder sogar nichtrechtsfähigen Organisationen des Privatrechts können durch Gesetz oder auf Gesetz beruhendem Verwaltungsakt Verwaltungs-, auch Hoheitsaufgaben übertragen werden. Diese sog. beliehenen Personen oder beliehenen Unternehmen sind mithin insoweit als Hoheitsträger anzusehen[2]). Sie spielen im Wirtschaftsleben eine immer wichtigere Rolle[3]).

Beispiel:

Mit Notenprivilegien: Deutsche Rentenbank, Golddiskontbank; mit echten Konzessionen[4]): Privateisenbahnen; Energieunternehmen, z. B. für die Verwaltung der Elektrizitätszähler nach dem G. betr. die elektrischen Maßeinheiten vom 1. 6. 1898 — RGBl. 905; mit Markt-, Messe- oder Börsenprivilegien: Industrie- und Handelskammern, sofern sie nicht Subjekt des öffentlichen Rechts sind[5]); mit gewerbepolizeilichen Funktionen: Dampfkessel-Überwachungsvereine usw. (vgl. § 24 GewO.); Fleischbeschauer (Ges. i. d. F. v. 29. 10. 1940 — RGBl. 1465; für Geld- oder Kreditverwaltung: verschiedene Banken — G. vom 19. 8. 1949 — WiGBl. 295 —.

---

form. Seitdem war die Reichsbahn eine Verwaltungsstelle des Reiches und Trägerin des unselbständigen Sondervermögens des Reiches. Nach Übergangslösungen für die verschiedenen Zonen stellt nunmehr das G. vom 13. 12. 1951 i. V. mit Art. 87 GG. die Rechtsgrundlage dar. In der Ostzone besteht eine ähnliche Regelung. Die Bundesbahn haftet für Schulden der Reichsbahn, allerdings nur als Teilrechtsnachfolger des Reichsbahnvermögens — OLG. Ffm. in: NJW. 1951, 688. — Die Bundesbahn ist wie die Reichsbahn kein Gewerbeunternehmen — OVG. Mstr. in: DVBl. 1951, 767. — Die Beziehungen zwischen Bahn und Bahnbenutzern regeln sich gemäß §§ 453ff. HGB. nach Privatrecht — BGHZ. 6, 304 wie RGZ. 169, 379 usw. Vgl. auch Sarter-Kittel, Die deutsche Bundesbahn, 1952; Haustein-Mayer, Bundesbahng. 1952; Finger, Eisenbahngesetze, 1952; Schriftenreihe der Deutschen Bundesbahn, 1952ff.

[1]) BVerwG. in: MDR. 1955, 202; OVG. Kbl. in: ÖV. 1955, 255. — Den zivilrechtlichen Einschlag betont Jäckel, in: ÖV. 1954, 141; vgl. auch Bachof, in: AöR. 78, 83.

[2]) So grundlegend: Otto Mayer, Verwaltungsrecht II, 243.

[3]) Vgl. Huber, in: DVBl. 1952, 456 mit Schrifttum. — Ein formelles Übermaß und — wegen der tatsächlich vorhandenen staatlichen Steuerung — eine materielle Entwertung brachte die NS-Zeit; vgl. Weber, aaO. 58ff.

[4]) Vgl. unten S. 305.

[5]) Vgl. unten S. 311.

Der Umstand, daß ein Unternehmen als öffentliche Staats- oder Gemeindeeinrichtung betrieben wird, allein macht es noch nicht zu einem beliehenen.

Beispiel:

Verlangt ein als öffentl. Gemeindeeinrichtung betriebenes Versorgungsunternehmen nach den Allg. Versorgungsbedingungen vom 27. 1. 1942 — RAnz. Nr. 39 —, daß ein Abnehmer auf seinem Grundstück das Anbringen von Leitungen duldet, so ist hiergegen der ordentliche Rechtsweg offen — BGH. in: MDR. 1953 B 62.

7. Mischgebilde

Es kann vorkommen, daß vom wirtschaftlichen Standpunkt aus einheitliche Einrichtungen über teils privatrechtliche, teils öffentlich-rechtliche Stellen verfügen. Dann findet keine rechtliche Mischung statt, sondern jede Stelle ist rechtlich selbständig zu qualifizieren.

Beispiel:

Einige Bewirtschaftungsstellen des ersten Weltkriegs oder die Reichsmaisstelle nach dem G. vom 26. 3. 1930 — RGBl. 88 — hatten einen als Behörde angesehenen Verwaltungsrat und eine als GmbH. geformte Geschäftsabteilung[1]).

Schrifttum

Bühler, Übersicht über die reichsunmittelbaren Anstalten und Körperschaften. In: Hbch. d. DStR. I, 594.
Emig, Personenstandsgesetz. (2. Aufl.) 1938.
Finger, Eisenbahngesetze. Textsammlung mit Erläuterungen und Sachverzeichnis. (3. Aufl.) 1952.
Forsthoff, Die öffentlichen Körperschaften im Bundesstaat. (Beiträge zum öffentlichen Recht der Gegenwart. Tübingen, Bd. 3) 1931.
Gaedke, Handbuch des Friedhofs- und Bestattungsrechts. 1954.
Gerber, Die öffentliche Unternehmung in privatrechtlicher Form. (Züricher volkswirtschaftliche Forschungen Bd. 13) 1928.
Giese, Die Bundeswasserstraßen (Schriftenreihe des Bundesministers für Verkehr) 1955.
Herrfahrdt, Das Problem der berufsständischen Vertretung von der französischen Revolution bis zur Gegenwart. 1921.
Iltgen, Die Satzung der Versorgungsanstalt des Bundes und der Länder. 1952.
Köttgen, Verwaltungsrecht der öffentlichen Anstalt. In: VeröffdStRL. Heft 6, 105.
Leiling, Gesetzgebungsbefugnis zur Neuordnung des Runfunkwesens. 1955.
Lüders, Presse- und Rundfunkrecht. 1952.
Oeltze, Funktionen und Grenzen der Anstaltsgewalt. Kölner Diss. 1954.
Peters, Grenzen der kommunalen Selbstverwaltung in Preußen. 1926.
Schaffarczyk, Neues deutsches Paßrecht. 1954.
Schuster, Postrechtspraxis. 3. Aufl. 1954.
Strickrodt, Die Stiftung als neue Unternehmensform. 1951.
Wolff, Frhr. v., Das deutsche Paßrecht. 1952.

[1]) Einzelheiten bei Huber, Wirtschaftsverwaltungsrecht, 22. — Von einem solchen Aufbau ist man neuerdings — soweit ersichtlich — abgekommen.

Sechstes Kapitel

Verwaltungsrechtsverhältnisse

1. Rechtserhebliche Tatsachen

Für die rechtlichen Beziehungen der Menschen untereinander können Umstände bedeutungsvoll sein, die ohne menschliches Zutun vorhanden sind oder entstehen. Das sind die rechtserheblichen Tatsachen.

a) Die Zeit

Sie[1]) erscheint in mehrfachen Zusammenhängen.

Termine sind bestimmte Zeitpunkte, an denen etwas geschehen soll.

Fristen im Verfahren sind Zeiträume zur Vornahme bestimmter verfahrensrechtlich erheblicher Handlungen, dabei eigentliche Fristen für die Handlungen des Gewaltunterworfenen und uneigentliche Fristen für die Handlungen der Verwaltungsstellen[2]). Nach Fristablauf tritt die allgemeine Folge des Ausschlusses des Betroffenen mit der vorzunehmenden Handlung kraft Gesetzes ein. Ist dazu noch ein besonderer Antrag von dritter Seite nötig, so kann die verfristete Handlung bis zu dem Antrag nachgeholt werden. Tritt der Ausschluß allein durch den Fristablauf ein, so ist Heilung nur durch Nachsichtgewährung oder Wiedereinsetzung in den vorigen Stand möglich, jedoch allein dort, wo das ausdrücklich im Gesetz angeordnet ist (z. B. §§ 64, 112 pr. LVG.)[3]).

Fristen im materiellen Recht sind Zeiträume zur Vornahme bestimmter materiell-rechtlich bedeutsamer Handlungen, insb. zur Ausübung eines Rechts

[1]) Als Rechtstitel kann die Zeit nur derjenige bezeichnen, der sie erkenntnistheoretisch als etwas Objektives aufzufassen vermag. Wer sie als Erkenntnisform ansieht, muß diese Bezeichnung ablehnen, so Gerber, Grundsätze, 49.

[2]) Es dürfte sich empfehlen, diese im Zivilprozeßrecht gängige Unterscheidung, vgl. z. B. Rosenberg, Lehrbuch des deutschen Zivilprozeßrechts, §§ 68, II, in das Verwaltungsrecht zu übernehmen. — Zum Verfahrensrecht vgl. S. 180 ff.

[3]) Eyermann-Fröhler, Verwaltungsgerichtsgesetz, 1950, § 33 Anm. 9, meinen, daß die bisher im positiven Recht nur in den Prozeßordnungen vorhandene Regelung im Rechtsstaat Allgemeingültigkeit beanspruchen könne; ebenso in Landmann-Rohmer, Gewerbeordnung, 1952 § 17 Anm. 4. Ein ähnlicher Gedanke ist bei Brauchitsch-Berne, Die preußischen Verwaltungsgesetze, 1925, I, § 112 LVG. Anm. 1 zu finden, die § 112 auch auf das Rekursverfahren nach § 21 GewO. anwenden zu können glauben. Dabei dürfte es sich aber nur um einen Wunsch de lege ferenda handeln.

oder zur Abgabe einer Willenserklärung. Dabei sind zu unterscheiden: Ausschlußfristen (Präklusivfristen), die im Gesetz enumeriert sind, i. a. Gestaltungsrechte betreffen (Anfechtung, Widerruf usw.), grundsätzlich[1]) weder gehemmt noch unterbrochen werden können und nach deren Ablauf das Recht erlischt.

Beispiel:
Hat der Inhaber einer erlaubnispflichtigen gewerblichen Anlage diese während dreier Jahre eingestellt, so erlischt die Erlaubnis (§ 49 GewO.); § 1545c RVO.; § 190 AngVersG.; § 131 RKG.

Verjährung, d. i. — je nach der positiv-rechtlichen Regelung — Untergang eines Rechts infolge Untätigkeit oder Entstehung einer das Recht zerstörenden Einrede, ist im Verwaltungsrecht nicht allgemein,

Beispiel:
Die Polizeibehörde kann auch gegen einen zehn Jahre lang geduldeten gesetzwidrigen Zustand einschreiten. — OVG. Mstr. in: NJW. 1954, 1664.

sondern nur bei öffentlichrechtlichen Geldforderungen

Beispiele:
Aufopferungsansprüche verjähren in 30 Jahren — BGH. VerwRspr. 6, 29.

und in gesetzlich enumerierten Fällen zugelassen.

§§ 29, 147, 148, 213 Abs. 1, 411 Abs. 3 RVO., § 26 FürsPflVO., §§ 143 ff. RAbgO., § 15 pr. KomAbg.Ges. 1893 – hess. VGH. 1, 115.

Ersitzung („erwerbende Verjährung"), welche demjenigen, zu dessen Gunsten sie eintritt, ein gegen jedermann, also auch gegen den früheren Rechtsinhaber wirksames Recht verleiht, gibt es ebenfalls im Verwaltungsrecht nicht allgemein, sondern nur nach besonderen Bestimmungen.

Beispiel:
Wenn die Entstehung eines Gemeindenutzungsrechts gesetzlich ausgeschlossen ist, kann es auch nicht durch lang andauernde Übung entstehen — Bayer. VGH. 48, 90. – Im württ. Recht ausdrücklich ausgeschlossen, EWVRO. 323. – Nach preuß. Recht: Ersitzung von Regalien, der Gemeindezugehörigkeit, des Patronats [2]).

Unvordenkliche Verjährung[3]), bei welcher der Zeitablauf zwar nicht rechtserzeugende Kraft hat wie bei der Ersitzung, aber doch so starke rechts-

[1]) Ausnahmen in Kriegszeiten, z. B. VO. vom 9. 10. 1940 – RGBl. I, 1344, wodurch auch Präklusivfristen gehemmt werden können.

[2]) Näheres für das ältere preußische Recht: Kormann, Grundzüge, in: Annalen des Deutschen Reichs 45, 127 ff.

[3]) Diese Rechtsfigur spielte im Privatrecht bis zur Einführung des BGB. eine bedeutende Rolle, vgl. z. B. Gierke, Deutsches Privatrecht, 1895, I § 35 IV. Ihre Ablehnung im Zivilrecht mahnt zu restriktiver Verwendung im öffentlichen Recht. – Haller, in: Württ. Ztschr. 1924, 152.

bezeugende Kraft, daß der Nachweis des Bestehens eines bestimmten Zustandes den Nachweis der rechtsbegründenden Entstehung ersetzt, stellt ein Beweismittel dar; von ihr macht die Rechtsprechung vor allem in sachenrechtlichen, hier insbesondere wege- und wasserrechtlichen Zusammenhängen auch ohne positivrechtliche Grundlagen Gebrauch[1]).

Beispiel:
Pr. OVG. zum Nachweis der Öffentlichkeit eines — nur! — im öffentlichen Eigentum stehenden Weges: Württ. VGH. in: WürttZtschrVerw. 1921, 33, auch EWVRO. Art. 109—111; Bayer. VGH. 43, 59; Sächs. OVG. 31, 51.

Für die Berechnung, Hemmung, Unterbrechung usw. sämtlicher Fristen gelten die in §§ 187ff. BGB. enthaltenen Grundlagen.

Ohne tragende Bedeutung ist die Zeit für die Verwirkung, d.i. der materielle Verlust eines Rechts oder einer Rechtsstellung[2]) infolge Versäumnis der Geltendmachung durch den Rechtsinhaber. Maßgeblich ist, wie im Zivilrecht[3]), ob die Geltendmachung noch mit Treu und Glauben vereinbar ist.

Beispiel:
Widerruf darf nicht zu spät erfolgen — OVG. Mstr. in: ZMR. 1953, 132; plötzliche Rechtsausübung widerspricht dem bisherigen Verhalten — bayer. VGH. VerwRspr. 6, 450.

Die Reaktion der Verwaltung auf eine Pflichtverletzung für die der Zeitablauf unmaßgeblich ist, besteht in der Aberkennung eines Rechts, welche sein kann die Untersagung einer bis dahin möglichen Rechtsausübung, wo das gesetzlich geregelt ist,

Beispiel:
§§ 34, 53 GewO., § 12 GaststG.

oder der Ausspruch eines Widerrufs in den ihm zugängigen Zusammenhängen[4]).

b) Der Raum

Er tritt insb. in dreifacher Hinsicht in Erscheinung:

---

[1]) Die Gesetze gehen manchmal von weniger genauen Begriffsverwendungen aus, so daß jeweils zu prüfen ist, ob die verwendeten Ausdrücke auch dem allgemein damit zu verbindenden Inhalt entsprechen; z. B. schl.-hol. HaftentschädigungsG. vom 4. 7. 1949 — GVBl. 161 — spricht in § 2 von „Ausschlußfrist", meint aber wohl eine Verfahrensfrist.

[2]) Daher nur, wo subjektives Recht! — BVerwG. in: NJW. 1955, 1693; in: DVBl. 1955, 770.

[3]) Im Zivilrecht ist Verwirkung kein selbständiges Rechtsinstitut, sondern ein Unterfall unzulässiger Rechtsausübung und damit ein Anwendungsfall des Grundsatzes von Treu und Glauben; vgl. Staudinger-Weber, BGB, § 242 Anm. 706; Kleine, in: JZ. 1951, 9. — Für Staatsrecht (Verwirkung von Grundrechten) vgl. Art. 18 GG.; Dürig, in: JZ. 52, 513.

[4]) Vgl. unten S. 126 ff.

Der Bereich, in dem sich die Verwaltung und damit die rechtserheblichen Vorgänge abspielen, ist ihre notwendige Voraussetzung (Ortsbezogenheit).

Räumlichkeiten, die gesetzlichen Voraussetzungen entsprechen müssen, sind in verschiedenen Gesetzen beschrieben.

Beispiel:

§ 120a GewO. für Arbeitsräume; § 2 Abs. 1 Ziff. 5 GaststG. für Gast- und Schankräume.

Für Maße und Gewichte ist das Gesetz vom 13. 12. 1935 — RGBl. 1499 — maßgeblich mit Eichgebührenordnung idF. vom 11. 7. 1952 — BGBl. 411.

c) Tatbestandsmerkmale

Jeder verwaltungsrechtlich erhebliche Vorgang, der sich in Raum und Zeit abspielt, weist bestimmte Tatbestandsmerkmale auf, die dem Inhalt nach statisch („Zustände") oder dynamisch („Begebenheiten, Ereignisse")[1]) sein können. Jedes Tatbestandsmerkmal muß durch das Gesetz mittelbar oder unmittelbar bezeichnet sein, wenn es für verwaltungsrechtliche Zusammenhänge verwandt wird[2]).

Zustand kann der Außenwelt — Vorhandensein einer Person oder Sache an einem bestimmten Ort — oder dem Seelenleben — Wissen, Nichtwissen, Einverständnis usw. — angehören. Ereignisse oder Begebenheiten sind Veränderungen der Außenwelt oder des Seelenlebens, wie Willenserklärungen, Mitteilungen usw.[3]).

d) Ursachenzusammenhang

Die verschiedenen Zustände und Begebenheiten stehen in einem bestimmten Verhältnis zueinander, welches rechtlich durch die Klärung des Ursachenzusammenhanges erfaßt wird.

---

[1]) Näheres bei Jellinek, Verwaltungsrecht, 235.

[2]) Eine inhaltliche Angabe aller Tatbestandsmerkmale würde das gesamte Verwaltungsrecht umfassen müssen. Deshalb erscheint eine Erörterung für die Verwaltung nutzbringender — vgl. Peters, Lehrbuch der Verwaltung, 94ff. — als für das Recht. — Wichtig für das Recht ist die richtige Subsumtion der aus dem Leben zu entnehmenden Tatsachen unter die richtige gesetzliche Bestimmung. Für das Verwaltungsrecht empfiehlt sich die für das Strafverfahren erarbeitete Methode, wonach z. B. zuerst die objektiven und dann erst die subjektiven Tatbestandsmerkmale zu prüfen sind. Eine Schwierigkeit besteht darin, daß das Verwaltungsrecht nicht über ein solch enumerativ geschlossenes System verfügt wie das Strafrecht. Trotzdem dürfte die strafrechtliche Methode die größtmögliche Gewähr für die richtige Subsumtion auch im Verwaltungsrecht geben.

[3]) Zu diesen seit langem im deutschen Recht verwendeten Begriffen vgl. z. B. Bekker, Pandektenrecht, 1889, II, 1ff.

aa) Bedingung und Ursache

Logisch vermag jeder Zustand und jedes Ereignis eine Bedingung (conditio) darzustellen für eine Folge oder einen Erfolg. Rechtlich kann man aber verschiedener Ansicht darüber sein, ob jede Bedingung auch einen rechtlichen Erfolg herbeiführen oder ob nicht nur für gewisse besonders qualifizierte Bedingungen, die dann den Namen „Ursachen" (causae) erhalten, die Möglichkeit des Schaffens rechtserheblicher Tatbestände vorbehalten bleiben soll[1]).

bb) Die Adäquanztheorie

Die im Zivilrecht herrschende Adäquanztheorie sieht als Ursache diejenige Bedingung an, welche den Erfolg wahrscheinlich macht, weil gerade sie im Gegensatz zu anderen Bedingungen eine generelle oder typische Tendenz hat, ihn herbeizuführen[2]). Der Umfang der als typisch angesehenen Merkmale ist insbesondere unter dem Einfluß der Rechtsprechung des Reichsgerichts ständig erweitert worden. Gegenwärtig wird meist eine negative Abgrenzung in den Vordergrund gestellt: Nur dann soll keine adäquate Verursachung vorliegen, wenn die Möglichkeit des eingetretenen Erfolges von vornherein außerhalb jeder Wahrscheinlichkeit liegt[3]). Diese Theorie wird im Verwaltungsrecht insbesondere dann verwendet werden können, wenn es sich um die Beurteilung vermögensrechtlicher Leistungen handelt.

Beispiel:

Die Ansprüche politisch oder im Sinne der Sozialgesetze Geschädigter, wenn für den Eintritt des Schadens zahlreiche einander etwa gleichgeordnete Bedingungen maßgeblich sind.

cc) Die Bedingungstheorie

Die Auswahl gewisser Bedingungen und ihre alleinige Anerkennung als rechtliche Ursachen wird von der herrschenden Meinung für das Strafrecht abgelehnt. Dieser Rechtszweig — auch hier unter Führung des Reichsgerichts[4]) — sieht somit jede Bedingung als rechtserheblich an.

Ihre Anwendung im Verwaltungsrecht würde zu befremdlichen Ergebnissen führen, vor allem deswegen, weil hier zahlreiche Tatbestände von dem Verschulden der Beteiligten absehen. Für das Strafrecht dagegen ist regelmäßig Verschulden erforderlich, so daß seine Berücksichtigung ein Gegengewicht gegen eine allzu große Ausdehnung der strafrechtlichen Tatbestände darstellt.

---

[1]) Vgl. v. Tuhr, Allgemeiner Teil des BGB. 1914, II, 1, 7. — Die Unterscheidung zwischen conditiones und causae ist der Logik nicht bekannt, sondern eine typische Zweckregelung für die Rechtswissenschaft.

[2]) RGZ. 155, 41.

[3]) Z. B. RGZ. 169, 91.

[4]) Vgl. hierzu: Köhler, in: JW. 1927, 2804 mit scharfer Polemik gegen diese damals begründete Rechtsprechung.

dd) Bedingungstheorie mit Regreßverbot

Diese Theorie sieht zwar grundsätzlich jede Bedingung als Ursache einer rechtlichen Wirkung an. Sie schafft aber unter bestimmten Voraussetzungen die Möglichkeit ihrer Außerachtlassung. Als eine solche Voraussetzung wird der schuldhafte Eingriff eines Dritten in einen bereits begonnenen Kausalablauf angesehen. Danach sind die Vorbedingungen (= erste Kausalkette) einer Bedingung, die frei und bewußt, das ist vorsätzlich und schuldhaft (= zweite Kausalkette) auf Herbeiführung eines Erfolges gerichtet waren, nicht als Ursache anzusehen[1]). Die laufende Kausalkette wird „unterbrochen", womit gemeint ist: rechtlich unbeachtlich, durch eine zweite Kausalkette, die auf dem Verschulden eines dritten, an der ersten Kausalkette nicht Beteiligten beruht.

Diese Theorie wird für das Polizeirecht angewandt. Da es grundsätzlich keine Verschuldenshaftung, sondern nur eine Erfolgshaftung („polizeiliche Störung") kennt, setzt es an die Stelle des Verschuldens den Willen eines Dritten.

Beispiel:

Als polizeilicher Störer wird nur diejenige politische Partei angesehen, die gegen eine zunächst geplante und durchgeführte Demonstration eine Gegendemonstration unternimmt. Kommt es zu Unruhen, so wird vom polizeilichen Standpunkt aus nicht berücksichtigt, daß möglicherweise die erste Demonstration allein ebenfalls zu Unruhen geführt haben könnte — pr. OVG. 78, 261[2]).

Im Sozialrecht wird die Theorie im allgemeinen dann angewandt, wenn mehrere, im einzelnen erkennbare Kausalketten vorhanden sind[3]).

Beispiel:

Der durch einen Betriebsunfall begonnene Kausalzusammenhang gilt als unterbrochen, wenn späterhin der Verletzte in vollem Besitz seiner Geisteskräfte Selbstmord begeht — RVA.-Entscheidungen 25, 7. — Der Kausalzusammenhang zwischen Schädigung und Bedürfnis im Lastenausgleich ist unterbrochen, wenn der Geschädigte Vermögen über die Schongrenze hinaus erwirbt — BVerwG. in: Informationsdienst zum LastAusgl. 1956, 66.

ee) Ergebnis

Eine endgültige Meinung hat sich für das Verwaltungsrecht noch nicht herausgebildet. I. a. wird die folgende Lösung zu tragbaren Ergebnissen führen: Sind mehrere Kausalketten vorhanden, deren Beginn und Ablauf im wesentlichen erkennbar sind, so läßt sich die Bedingungstheorie mit Regreßverbot verwerten. Ist nur der Beginn und der Ablauf einer einzigen Kausalkette bekannt, während nebenher bloß mehr oder weniger undeutlich weitere Kausalketten laufen, so empfiehlt sich die Verwendung der Adäquanztheorie. Die reine Bedingungstheorie ist für das Verwaltungsrecht i. a. unbrauchbar.

---

[1]) Frank, Das Strafgesetzbuch des Deutschen Reiches, 1931, § 1 Anm. III, 2a; von Liszt-Schmidt, Lehrbuch des Deutschen Strafrechts, 1927, § 29.

[2]) Vgl. unten 18. Kapitel.

[3]) Vgl. Turegg, in: Zentralblatt für Sozialversicherung und Versorgung 1952, 93.

2. Handlungen

Außer rechtserheblichen Tatsachen können für die rechtlichen Beziehungen auch bestimmte menschliche Handlungen bedeutungsvoll sein, die aus der Menge der rechtlich irrelevanten Handlungen hervorragen.

a) Willenserklärungen

Hierzu gehören — wie im Zivilrecht — menschliche Willenserklärungen, i. a. der Beginn jedes rechtlich erheblichen Handelns. Willenserklärungen sind zur Wahrnehmung durch andere bestimmte Betätigungen des menschlichen Willens, welche nach der Lebenserfahrung einen Schluß darauf zulassen, daß durch sie eine Gestaltung, Veränderung oder Aufhebung von Rechtsverhältnissen herbeigeführt werden soll[1]).

Willenserklärungen können vorgenommen werden im Rahmen hoheitlicher Maßnahmen, gesetzt von Hoheitsträgern,

Beispiel:

Amtliche Bekanntmachung — hess. VGH. VerwRspr. 5, 276; Verwaltungsakte[2]),

sie können gesetzt werden von Personen des öffentlichen Rechts, die keine Hoheitsakte verwenden.

Beispiel:

Öffentlich-rechtliche Verträge.

Willenserklärungen von Privatpersonen sind dann öffentlich-rechtliche, wenn die gewollten Rechtserfolge auf öffentlich-rechtlichem Gebiet liegen[3]).

Beispiel:

An Behörden gerichtete Anträge, Zustimmungen, Verzichte, Zurücknahmeerklärungen, vorgenommen durch Privatpersonen — pr. OVG. 65, 134ff. —; Unterwerfungserklärungen.

Das Verwaltungsrecht kennt formfreie und in bestimmten Formen vorzunehmende Willenserklärungen, letztere vor allem innerhalb bestimmter Verfahren, wo Schriftform, Erklärung zu Protokoll einer Behörde usw. verlangt wird[4]).

Beispiel:

§ 50 Abs. 3 DGO. (MDR. 1952, 745).

Erklärungsmittel sind Wort, Schrift, Realvollzug, d. h. tatsächliche Vornahme einer den Geschäftsinhalt bildenden Handlung. Willenserklärungen

[1]) Vgl. Staudinger-Riezler, BGB. Allg. Teil, 1925, Einl. I vor § 116.
[2]) Vgl. unten 7. Kapitel.
[3]) Vgl. Küchenhoff, 320 (neuester Stand).
[4]) Vgl. insb. die Verfahrensvorschriften unten 11. bis 13. Kapitel.

durch Stillschweigen sind im Verwaltungsrecht von größerer Bedeutung als im Privatrecht, weil das Gesetz häufig an das Stillschweigen bestimmte Folgen knüpft.

Beispiel:

Schweigen gegenüber einem Steuerbescheid hat die Folge, daß aus ihm vollstreckt werden kann.

Für die empfangsbedürftige Willenserklärung — im Gegensatz zur im Verwaltungsrecht nur selten vorkommenden nicht empfangsbedürftigen, „selbstherrlichen" — gelten hinsichtlich Adressierung und Wirksamwerden gemäß § 130 Abs. 3 BGB. die bürgerlichrechtlichen Bestimmungen[1]).

Bei der Abweichung von Wille und Erklärung sind zu unterscheiden die Fälle, in denen absichtlich etwas nicht Gewolltes erklärt wird (Simulation, § 117 BGB., nicht ernstlich gemeinte Erklärung — § 118 —), von denjenigen, bei denen Wille und Erklärung ohne Absicht auseinanderfallen (Irrtum, Täuschung, Drohung). Wird eine von einem Hoheitsträger im Rahmen seiner Hoheitsbefugnisse abgegebene Willenserklärung von einem derartigen Mangel betroffen, so greifen die verwaltungsrechtlichen Sonderbestimmungen über Nichtigkeit, Anfechtbarkeit oder Widerruf von Verwaltungsakten ein[2]). Willenserklärungen von Personen mit Hoheitsbefugnissen müssen entsprechend dem nach den Belangen der Allgemeinheit ausgerichteten Aufbau des Verwaltungsrechts grundsätzlich unempfindlich sein gegen ein Abweichen der Erklärung vom Willen (favor actus publici).

Willenserklärungen von Nichthoheitsträgern innerhalb der Hoheitsverwaltung[3]) und solche innerhalb der nichthoheitlichen Verwaltung — gleichgültig ob abgegeben von Hoheitsträgern oder Nichthoheitsträgern[4]) dagegen sind anfechtbar nach den allgemeinen auch in §§ 119ff. BGB. enthaltenen Rechtsgrundsätzen, sofern nicht Sonderregelungen vorhanden sind, wie etwa im Beamtenrecht[5]). Geschäftsirrtum (unbewußtes Abweichen der

[1]) Eine Beschränkung auf die mit dem Privatrecht zusammenhängenden Erklärungen ist nicht nötig, wenngleich es richtig ist — vgl. Jellinek, 246 —, daß das BGB. hiervon ausgeht.

[2]) Vgl. unten S. 122ff.

[3]) Abzulehnen ist m. E. die Ansicht von Küchenhoff aaO., der aus Gründen der öffentlichen Sicherheit die Anfechtung von Anträgen und Zustimmungen — vgl. unten S. 120f. — ausschließen will.

[4]) Die Beschränkung dieser Art Anfechtung auf die umschriebene Verwaltung entspricht einem nicht zu übersehenden Bedürfnis. Wenn in älteren Entscheidungen — so z. B. pr. OVG. 92, 240 — davon gesprochen wird, daß auch eine Behörde, z. B. die Anstellungsbehörde eines Beamten ihre Willenserklärung wegen Täuschung anfechten könne, so liegt dem die Auffassung zugrunde, daß zum mindesten neben hoheitlichen Beziehungen nichthoheitliche oder fiskalische in Betracht kommen.

[5]) OVG. Lbg. vom 27. 6. 1951 — II A 34/51 —: „Für eine übertragende Anwendung von §§ 119ff. BGB. ist im Beamtenrecht kein Raum."

Erklärung vom Willen; § 119 BGB.)[1]), unrichtige Übermittlung (§ 120 BGB.), Herbeiführung einer Willenserklärung durch arglistige Täuschung oder Drohung (§ 123 BGB.)[2]), insb. auch die Vornahme der Täuschung durch einen Dritten (§ 123 Abs. 2 Satz 1 BGB.) haben für das öffentliche Recht Bedeutung.

Beispiel:

Ein Eiergroßhändler unterwirft sich der Preisbehörde gegenüber zur Zahlung einer Geldbuße, um die Beschlagnahme eines Postens leicht verderblicher Eier zu vermeiden. Er ficht die Unterwerfung an mit der Begründung, daß die Beschlagnahme seinen wirtschaftlichen Ruin bedeutet hätte, weil die Preisbehörde mangels Fachkenntnissen zur ordnungsgemäßen Verwertung der Eier nicht in der Lage gewesen wäre.

§ 123 Abs. 2 Satz 2 BGB. scheidet dagegen aus, weil im öffentlichen Recht Verträge zugunsten Dritter (§§ 328 ff. BGB.) sowie Schuldübernahmen (§§ 414 ff. BGB.) kaum vorhanden sein dürften.

Schwierig ist mangels gefestigter Regeln die Festlegung der Anfechtungsfristen. I. a. wird die Anfechtung unverzüglich nach Kenntnis des Anfechtungsgrundes erfolgen müssen[3]). Die Wirkung der Anfechtung besteht darin, daß die Willenserklärung als von Anfang an (ex tunc) nicht vorhanden anzusehen ist[4]). Bei Anfechtung wegen Irrtums kann der Anfechtende — als Folgenbeseitigung — zum Schadensersatz verpflichtet sein[5]).

b) Rechtsverhältnisse

Rechtsverhältnis ist jedes durch die Herrschaft einer Rechtsnorm über einen konkreten Tatbestand als Rechtsfolge dieses Tatbestandes entstandene rechtliche Verhältnis einer Person zu einer anderen Person oder zu einem Sachgut (Rechtsobjekt)[6]). Es wird durch Willenserklärungen begründet, gestaltet, verändert oder aufgehoben. Sind für das rechtliche Verhältnis Normen des öffentlichen Rechts maßgebend, dann liegt ein öffentliches Rechtsverhältnis vor. Sind Normen des Privatrechts maßgebend, dann handelt es sich um ein privates Rechtsverhältnis.

---

[1]) Vgl. Kleinrahm, in: MDR. 1948, 111; bayer. VGH. 51, 108, 139.

[2]) Für Drohung: RGZ. 134, 162; bayer. VGH. in: DVBl. 1951, 59.

[3]) Bayer. VGH. in: DVBl. 1951, 517: „angemessene Frist". — Pr. OVG. 92, 245 und hess. VGH. in: VerwRspr. 4 Nr. 129: „. . . . wenn nach Treu und Glauben angenommen werden muß, daß der Anfechtungsberechtigte nach Ablauf einer gewissen Frist von seinem Anfechtungsrecht keinen Gebrauch mehr machen wolle."

[4]) Nicht zu verwechseln mit der Anfechtung eines Verwaltungsaktes, die ex nunc wirkt; vgl. unten S. 122.

[5]) Diesen wohl allgemeinen Satz nimmt auch Art. 43 EWVRO. auf.

[6]) So Stein-Jonas-Schönke, ZPO. § 256 Anm. II, 1; Eyermann-Fröhler, Verwaltungsgerichtsgesetz 1950, § 24 Anm. I, 1. — Das entspricht wohl der neueren Ansicht gegenüber derjenigen, die nur auf die Beziehungen zwischen Personen abstellt, wie z. B. Jellinek, Verwaltungsrecht, 49 ff., 191 oder Köhler, Grundlagen, 204.

Beispiel:

Streitigkeiten über die von der Preisbehörde festzusetzenden Höchstpreise gehören dem öffentlichen Recht an — OVG. Lbg. in: NJW. 1950, 538. — Vermögensrechtliche Ansprüche können nicht Gegenstand eines öffentlichen Rechtsverhältnisses sein — StGH. in RGZ 128, Anh. 27ff.

Bei den öffentlichen Rechtsverhältnissen sind zu unterscheiden solche, die auf ein Über- und Unterordnungsverhältnis abgestellt sind, und solche, bei denen das nicht der Fall ist[1]). Ist ein Verwaltungsträger an dem Rechtsverhältnis beteiligt, so handelt es sich im ersten Fall um Hoheitsverwaltung, im zweiten Fall um nichthoheitliche Verwaltung.

Ist ein Hoheitsträger beteiligt und regelt das Rechtsverhältnis einen Gegenstand der Hoheitsverwaltung, dann geschieht das durch dieser Verwaltungsart zur Verfügung stehende Mittel wie Verwaltungsakte, Verordnungen, Anweisungen usw. Die Mittel sind — eben weil sie hoheitlich und daher den Staatsbürger in seiner persönlichen Freiheit beengend gebraucht werden — innerhalb der Rechtsordnung durch Gesetz oder durch auf Gesetz beruhende Verwaltungsführung jeweils genau umrissen. Angesichts dieser feststehenden Begriffe besteht kaum ein Bedürfnis eines Oberbegriffes. Die Frage insb., ob ein Verwaltungsakt ein Rechtverhältnis „ist" oder ob aus ihm Rechtsverhältnisse „hervorgehen", hat im allgemeinen nur theoretische Bedeutung. Nur ausnahmsweise kann sie auch praktische Folgen haben, wenn nämlich der Gesetzgeber selbst den Begriff des Rechtsverhältnisses verwendet,

Beispiel:

Für Zulässigkeit einer Feststellungsklage — § 24 VGG. usw.

und es zu klären gilt, ob darunter auch Hoheitsakte fallen. — Unergiebig ist sodann die Unterteilung in allgemeine und besondere Gewaltverhältnisse[2]), je nachdem ob von der Hoheitsmaßnahme alle oder nur einige Gewaltunterworfene erfaßt werden.

Beispiel:

Beamtenverhältnis, Anstaltsverhältnis wie im Schulwesen, im Sozialversicherungswesen.

---

[1]) Die Definition bei Stein-Jonas-Schönke, ZPO. aaO. vor § 1 A 1, 4f. ist also zu eng, weil sie nur das Über-Unterordnungsverhältnis sieht. — Hierauf weist mit Recht hin: Wolff, in: AöR. Bd. 76 (1950), 205ff. — Im Ergebnis ist die Bestimmung des öffentlichen Rechtsverhältnisses abhängig von der Bestimmung des öffentlichen Rechts; vgl. hierzu oben S. 36 ff..

[2]) Früherer Stand: Freudenberg, in: AnnDR. 1931, 180ff.; Wernicke, in: Bonner Komm. Art. 19 Anm. II 4g; Schunck, de Clerck, in: Rhld.-pf. VGG. § 15 Anm. 3a. Hiernach wurde der Eintritt in das besondere Gewaltverhältnis als einziger Eingriff in die Rechtssphäre des einzelnen angesehen, während die dann folgenden Maßnahmen nicht mehr solche Eingriffe sein sollten; vgl. auch Art. 61 EWVRO.

Denn im Rechtsstaat wird die Rechtsstellung des Bürgers durch den „Eintritt in ein besonderes Gewaltverhältnis" grundsätzlich nicht geändert[1]).

Beispiel:
Keine Einschränkung der Grundrechte — OVG. Hbg. VerwRspr. 6, 654. — Einschränkung nur, soweit ohne sie das Dienstverhältnis seinen Sinn verlöre — OVG. Kbl. in: DVBl. 1956, 27.

Innerhalb der nichthoheitlichen Verwaltung, gleichgültig ob ein Hoheitsträger beteiligt ist oder nicht, dient die Figur des Rechtsverhältnisses der Klärung. Sind Willenserklärungen das tragende Element der Beziehungen, dann dürften gegen die Verwendung der Bezeichnung als Rechtsgeschäft des öffentlichen Rechts keine Bedenken bestehen[2]).

Sofern ein Rechtsverhältnis das bei seiner Begründung gestellte Ziel nicht erreichen kann, entsteht möglicherweise die Frage des Schadensersatzes. Alle Schadensersatzregelungen bedürfen einer Norm. Das gilt sowohl für die Inanspruchnahme von Privatpersonen[3]) als von Verwaltungsträgern[4]).

c) Rechtsgeschäfte

Zu unterscheiden sind mehrseitige (Verträge) und einseitige Rechtsgeschäfte

aa) Öffentlich-rechtliche Verträge

Innerhalb des Vertrages sind die Partner gleichgeordnet[5]), auch dann, wenn sie teils Hoheitsträger, teils Nichthoheitsträger sind. Der Gegenstand des Vertrages scheidet aus der Hoheitsverwaltung aus und wird nichthoheitliche Verwaltung[6]).

Beispiel:
Nach § 15 pr. KommunalabgabeG. vom 14. 7. 1893 — GS. 152 — können Gemeinden Ermäßigung oder Erlaß kommunaler Gebühren unter bestimmten

---

[1]) Die frühere Einschränkung ist grundgesetzwidrig: bayer. VGH. in: ÖV. 1955, 342; vgl. auch Bachof, Gedächtnisschrift, 287, Krüger, in: NJW. 1953, 1369. Zusammenstellung der Meinungen: Lerche, in: ÖV. 1954, 712.

[2]) Die fiskalische Verwaltung verwendet als solche nur Privatrechtsverhältnisse. Doch kann der Fiskus, genau wie eine Person des Privatrechts, an einem öffentlichen Rechtsverhältnis beteiligt sein.

[3]) Vgl. oben S. 73ff.

[4]) Vgl. unten S. 163ff.

[5]) Nichtbeachtung der Gleichheit kann den Vertrag fehlerhaft machen, rhld.-pf. LVG. in: DVBl. 1952, 596; vgl. auch VG. Freiburg in: JZ. 1951, 788 mit Anm. von Giese.

[6]) Die Stellung der öffentl.-rechtl. Verträge im modernen Verwaltungsrecht ist noch ungeklärt. M. E. sollten sie auf die nicht hoheitliche Verwaltung beschränkt werden. — Abzulehnen ist m. E. auch der Gedanke, daß es neben den Verträgen öffentlich-rechtliche Vereinbarungen mit Normcharakter geben soll — so Walz, in: AöR. NF. 14, 161; vgl. hierzu auch: Henrichs in: DVBl. 1953, 232; dort auch: Möglichkeiten der Vertragshilfe für ö.-r. Verträge; m. E. sollte sie grundsätzlich ausgeschlossen sein. (Vgl. § 6 Nr. 3 VertrhilfeG.).

mit den Gebührenpflichtigen abzusprechenden Voraussetzungen eintreten lassen. Vereinbarung zwischen Gemeinde und Anliegern über Anliegerbeiträge — § 15 pr. FluchtlG.[1]); Expropriationsverträge nach den verschiedenen Landesenteignungsgesetzen, z. B. §§ 16, 17, 26 pr. EnteignungsG. vom 11. 6. 1874, Art. 26 bayer. ZwangsabtretungsG. vom 18. 11. 1837; öffentlich-rechtliche Verwahrungsverhältnisse — BGHZ. 4, 182; BGH. NJW. 1952, 931; Vereinbarung zwischen Hauseigentümer und Wohnungsbehörde über Erfassung nach §§ 23, 38 WohnbauG. freigestellter Räume — OVG Mstr. in: NJW. 1953, 1199; Vereinbarung über Beförderungspreise zwischen Kleinbahn und Wegebaupflichtigem — hess. VGH. 1, 92; Krankenhauseinweisung im Rahmen öfffentlicher Wohlfahrtspflege — RGZ. 112, 290; Abmachung zwischen Behörde und Privatem über gegenseitig wohlwollende Behandlung — OLG. Hbg. in: BB. 1953, 249.

Die Gleichordnung ist ohne weiteres gegeben, wenn sich verschiedene Hoheitsträger über einen Gegenstand nichthoheitlicher Verwaltung einigen.

Beispiel:
Eingemeindungsverträge; Vereinbarung mehrerer Fürsorgepflichtverbände.

Eine andere Auffassung tritt dafür ein, daß öffentlich-rechtliche Verträge auch zwischen Privatpersonen, also ohne Beteiligung eines Hoheitsträgers an dem Vertrag möglich seien[2]).

Beispiel:
Vertrag zwischen zwei Müllern über Gemeingebrauch an öffentlichem Gewässer; Zustimmungsverträge zwischen Wegeunterhaltungspflichtigen von Privatwegen und privaten Verkehrsunternehmen nach § 15 PersBefG.

Die Grenzen der vertraglichen Gestaltung sind die allgemein in der Rechtsordnung enthaltenen, wie sie insb. aus dem Satz von Treu und Glauben folgen.

Beispiel:
Die gesetzlich unzulässige Einreihung eines Beamten in eine niedrigere Gehaltsstufe ist auch mit seiner Zustimmung nicht zulässig; — württ. VGH. in: WürttZtschVerw. 1926, 150.

Durch staatlichen Zwangseingriff entstandene Verträge, Zwangsobligationen, werden oder bleiben privatrechtliche, wenn sie privatrechtlichen Inhalt haben.

Beispiel:
Zwangsmietverträge[3]); Leistungsverträge zur Benutzung[4]); Schwerbeschädigteneinstellungsverträge[5]); Kollektivzwangsverträge für Kassenärzte nach § 368k Abs. 3 RVO.

---

[1]) Bedenklich, solche Verträge als privatrechtliche anzusehen, wie hess. VGH. 2, 197, wohl im Anschluß an pr. OVG. 85, 177; RG. Pr. VerwBl. 27, 736.

[2]) Vgl. z. B. EWVRO. 1931, 175ff.; Eyermann-Fröhler, Verwaltungsgerichtsgesetz 1950, § 22 Anm. I, 2c aa; auch Sommer, in: DVBl. 1951, 227. — Die Ansicht hat Auftrieb bekommen durch die Figur der Parteistreitigkeit nach VGG. Doch scheint sie den Rahmen des Verwaltungsrechts zu weit zu ziehen. Vgl. auch unten S. 215.

[3]) Vgl. unten S. 397. [4]) Vgl. unten S. 388. [5]) Vgl. unten S. 358.

In dieser Weise können aber auch öffentlich-rechtliche Verträge zur Entstehung kommen.

Beispiel:
Vereinbarung zwischen Wegebenutzer und Wegeunterhaltspflichtigem nach § 15 PersBefG.

bb) Einseitige Rechtsgeschäfte

Aufrechnung[1]) ist möglich. Es können öffentlich-rechtliche Forderungen gegeneinander und es können öffentlich-rechtliche Forderungen gegen privatrechtliche aufgerechnet werden[2]). § 395 BGB. enthält die Beschränkung, daß gegen eine Forderung des Staates oder einer öffentlich-rechtlichen Körperschaft die Aufrechnung nur zulässig ist, wenn die Leistung an dieselbe[3]) Kasse zu erfolgen hat, aus der die Forderung des Aufrechnenden zu berichtigen ist. Ausnahmen müssen im Gesetz ausdrücklich festgelegt sein, wie z. B. nach § 124 AbgO. Bei unbestrittener oder rechtskräftig festgestellter Gegenforderung ist die jeweils entscheidende Stelle über die Entscheidung der zur Aufrechnung gestellten Gegenforderung befugt. Ist die zur Aufrechnung gestellte Gegenforderung bestritten, so wird man die Entscheidung über den Bestand der Gegenforderung der für sie sachlich zuständigen Stelle überlassen müssen[4]).

Verzicht bedeutet im öffentlichen — wie im privaten — Recht die Übertragung des Rechts des Berechtigten durch einseitige Willenserklärung auf den Verpflichteten. Im Rahmen der nichthoheitlichen Verwaltung wird es i. a. sowohl für den Hoheitsträger als auch für den Gewaltunterworfenen möglich sein, freiwillig auf eine Rechtsposition zu verzichten. Anders bei der Hoheitsverwaltung; hier ist ein Verzicht wie jeder Hoheitsakt nur im Rahmen des pflichtgemäßen Ermessens zulässig. Subjektiv-öffentliche Rechte sind zum Teil unverzichtbar[5]).

3. Persönliche Gebundenheit

Öffentliche Rechtsverhältnisse sind grundsätzlich für alle Beteiligten einschließlich der Hoheitsträger an die Personen gebunden, die bei ihrer Entstehung beteiligt waren. Insofern sind sie unbeweglicher als die privaten Rechtsverhältnisse mit ihrer grundsätzlichen Übertragbarkeit.

---

[1]) Sie kann auch in Aufrechnungsverträgen vorkommen!

[2]) Wörtlich! Wegfall der Kasse beseitigt Aufrechnungshindernis — BGHZ. 2, 310.

[3]) Rosenberg, ZPO. § 104 Anm. II 2; OVG. Hbg. in: MDR. 1951, 314; Hecker in: ÖV. 1952, 7. BGH. DVBl. 55, 393.

[4]) Für Wahlrecht zwischen Sachentscheidung und Aussetzung: RGZ. 157, 120; Rosenberg, aaO. 456; Palandt, BGB. § 395 Anm. 1. Für Aussetzungszwang: Kohler, Bd. 20, 44; Josef, in: VerwArch. 24, 240; OVG. Hbg. in: MDR. 1951, 314. Für Wahlrecht zwischen Aussetzung und Zurückweisung der Aufrechnung: Stein-Jonas-Schönke, ZPO. § 145 Anm. VI 3a; § 322 Anm. IV 4.

[5]) Vgl. unten S. 147.

Beispiel:

Keine Funktionsnachfolge eines neu gebildeten Landes für eine Amtspflichtverletzung des früheren territorialen Hoheitsträgers — BGH. in: DVBl. 1954, 331; von den Miteigentümern eines Grundstücks haftet jeder polizeilich voll — OVG. Kbl. 2, 22.

Hoheitsträger scheiden i. d. R. aus Rechtsverhältnissen selbst dann nicht aus, wenn sie im Einzelfall ihre Rechte nicht selbst wahrnehmen, sondern durch Private wahrnehmen lassen. Die Pflichten der Gegenseite bleiben die gleichen.

Beispiel:

Die Pflichten des Enteigneten sind die gleichen, gleichgültig, ob der Staat selbst oder eine von ihm mit dem Enteignungsrecht ausgestattete private Gesellschaft (Privateisenbahn-, Siedlungsgesellschaft usw.) die Enteignung vornimmt.

Öffentliche Rechte und Pflichten sind grundsätzlich unübertragbar und gehen mit dem Träger unter[1]). Das Verwaltungsrecht kennt grundsätzlich keine Gesamt- oder Sonderrechtsnachfolge. Ein Wechsel in der Person führt regelmäßig zu einer Änderung des Rechtsverhältnisses[2]).

Beispiel:

Gewerbekonzessionen können i. a. nicht vererbt werden (§ 46 GewO.); Straßenanlieger schulden weiter Anliegerbeiträge, auch wenn das Grundstück privatrechtlich veräußert wurde, während der Erwerber nicht für die Rückstände seines Vorgängers haftet — pr. OVG. 54, 77; ein Eisenbahnkonzessionär behält trotz Verkaufs seiner Konzession seine Rechte und Pflichten gegenüber dem Staat; bei Eigentumswechsel an einer eine polizeiliche Störung darstellenden Brücke kann sich die Polizei dem neuen Eigentümer gegenüber nicht auf Anordnungen berufen, die sie an den alten Eigentümer gerichtet hat, sondern muß den neuen Eigentümer erneut auffordern — pr. OVG. 71, 146.

Als Ausnahme von der Regel wird die Möglichkeit einer Rechtsnachfolge bei vermögensrechtlichen Ansprüchen des öffentlichen Rechts angenommen. Solche Rechte und Pflichten gehen insb. bei Gesamtrechtsnachfolge nach bürgerlichem Recht über.

Beispiel:

Der Erbe haftet für rückständige oder hinterzogene Steuern, verfallene Anliegerbeiträge — pr. OVG. 53, 110 —; er hat Anspruch auf Bezahlung des rückständigen Beamtengehalts, des Krankengeldes usw.

Aber es gibt auch Ausnahmen von diesen Ausnahmen: Bestimmte Ansprüche werden vom Gesetz für „höchstpersönlich" erklärt, wodurch ihnen die Fähigkeit genommen wird, von einer Person auf eine andere überzugehen.

Beispiel:

Sterbegeld für einen Beamten nach § 39 DBG. —; Krankengeld, Unfallrente nach §§ 119, 621, 1325 RVO.

---

1) G. Jellinek, System, 343. — Bayer. VGH. 50, 95.

2) Vgl. hierzu v. Tuhr, Allgemeiner Teil, I, 219ff.

Falls kein spezieller gesetzlicher Hinweis vorhanden ist, läßt sich allgemein nur sagen, daß in nicht-vermögensrechtliche öffentliche Rechtsverhältnisse keine Rechtsnachfolge und daß in Vermögensrechtsverhältnisse eine solche möglich ist.

Bei Rechtsverhältnissen, die nicht übertragbar sind, ist in der Regel auch nicht Verzicht, Abtretung oder Pfändung möglich.

Beispiel:
§§ 119, 621, 1325 RVO.

Von Rechtsnachfolge zu unterscheiden ist die mittelbare Bezeichnung des Berechtigten. Sie ist vorhanden, wo öffentliche Rechte und Pflichten in der Weise mit Grundstücken verbunden sind, daß der jeweilige Besitzer gegenüber der öffentlichen Verwaltung berechtigt oder verpflichtet ist. Durch den neuen Besitzantritt wird jeweils ein neues Rechtsverhältnis zwischen dem neuen Besitzer und der öffentlichen Stelle begründet.

Beispiel:
Baupolizeiliche Bewilligung oder gewerberechtliche Erlaubnis zur Errichtung einer Anlage nach § 16 GewO. —; Verleihung einer Konzession zur Errichtung eines Stauwerks nach § 46 pr. WasserG.

4. Haftung

Der Begriff Haftung kann in dreifacher Weise benutzt werden.

a) Haftung und Schuld

Das alte germanische Recht trennte das in einem Schuldverhältnis liegende „Leistensollen" des Schuldners, die Schuld, von dem für die Schuld „Einstehenmüssen", der Haftung. Nach römisch-rechtlicher Ansicht dagegen ist das Einstehenmüssen und damit die Realisierbarkeit, insbesondere die Erzwingbarkeit nur ein Bestandteil der Schuld (obligatio) selbst[1]). Das BGB. enthält keine einheitliche Unterscheidung beider Begriffe[2]). Wenn sich bei dieser Sachlage auch keine völlig herrschende zivilrechtliche Meinung herausgebildet hat, so dürfte doch Übereinstimmung insoweit bestehen, als ein Unterschied zu machen ist zwischen dem — theoretischen — Leistensollen (vom Standpunkt des Schuldners aus) oder Bekommensollen (vom Standpunkt des Gläubigers aus) einerseits und dem — praktischen — Zugriff in irgendwelche Objekte andererseits[3]). Das erste ist die Schuld, das zweite die Haftung. Nach diesen Grundlagen gibt es im bürgerlichen Obligationsrecht keine Haftung ohne Schuld; eine solche ist nur im Sachenrecht als reine Sachhaftung (Grundschulden usw.) vorhanden. Es gibt umgekehrt grundsätzlich auch keine Schuld ohne Haftung; eine solche ist vielmehr nur ausnahmsweise bei den Naturalobligationen (unvollkommene Verbindlichkeiten) denkbar[4]).

---

[1]) Vgl. Enneccerus-Lehmann, Schuldrecht, 1950, 11.

[2]) So wohl ohne Widerspruch Staudinger-Werner, BGB. 1930, Einl. I, 1 vor § 241.

[3]) Sehr klar v. Tuhr, Allg. Teil, I § 4 VI, der unter Haftung nur die Unterworfenheit unter den Vollstreckungszugriff des Gläubigers verstehen will. Jedoch Widerspruch der wohl herrschenden Meinung; vgl. Enneccerus-Lehmann aaO.

[4]) Z. B. Staudinger-Werner, aaO.; Soergel, BGB. 1952, § 241 Anm. 3 (die dort zitierte Literatur zeigt übrigens, daß das Problem in jüngerer Zeit kaum noch intensiv behandelt worden ist).

Für das Verwaltungsrecht ist eine Vertiefung des Unterschiedes zwischen einem Leistensollen und einem Einstehenmüssen wenig ergiebig. Es ist auf die Allgemeinheit ausgerichtet. Nicht realisierbare Rechtsbeziehungen sind hier uninteressant. Die grundsätzlich persönliche Gebundenheit aller Rechtsbeziehungen schließt ein grundsätzliches Einstehen für ihre Folgen der Allgemeinheit gegenüber ein. Wenn man einen Unterschied zwischen Schuld und Haftung machen will, so dürfte Haftung nichts anderes bedeuten können als die Unterworfenheit der Person des Schuldners oder der mit ihm in Zusammenhang stehenden Sachen unter die öffentlich-rechtliche Vollziehung oder Vollstreckung[1]).

b) Tatbestandsmerkmal

Rechtsbeziehungen können nicht entstehen, wenn nicht bestimmte im Gesetz umschriebene Voraussetzungen vorliegen[2]). Eine wichtige Voraussetzung klärt das Gesetz, wenn es die Rechtsfolgen abhängig macht von einem Verschulden, einem Erfolg oder einer Gefährdung. Auch in diesem Zusammenhang wird der Begriff der Haftung verwendet.

Verschuldenshaftung entspricht der Regel. Zahlreiche Schuldverhältnisse, insbesondere solche, die auf Schadensersatz gerichtete Ansprüche zum Inhalt haben, wobei also das Schadensersatzschuldverhältnis an die Stelle des ursprünglichen tritt[3]), sind von dem Vorhandensein eines Verschuldens abhängig. Für das Verschulden „haftet" der Schuldner[4]). Das Verschulden kann Vorsatz oder Fahrlässigkeit sein. Fahrlässig handelt, wer die durch das öffentliche Interesse geforderte Sorgfalt in Erfüllung einer öffentlichen Pflicht außer acht läßt. Eine allgemeine Unterscheidung in Fahrlässigkeit schlechthin (§ 276 BGB.), konkrete Fahrlässigkeit (diligentia quam in suis, § 277 BGB.) und grobe Fahrlässigkeit (§ 277 BGB.) kennt das Verwaltungsrecht nicht. Doch steht nichts im Wege, daß einzelne Gesetze oder Abreden diese Begriffe verwenden[5]). Mitwirkendes Verschulden (§ 254 BGB.) ist auch im Verwaltungsrecht zu beachten[6]).

Erfolgshaftung knüpft die Entstehung von öffentlich-rechtlichen Schuldverhältnissen an einen objektiven Tatbestand, der ein bestimmtes Ergebnis, einen Erfolg aufweist. Wer den Erfolg herbeigeführt hat, „haftet", auch wenn ihn kein Verschulden trifft oder das Verschulden nicht nachzuweisen ist.

---

[1]) Das würde der Ansicht von Tuhr entsprechen. — Vgl. unten 13. Kapitel.
[2]) Hierzu gehört z. B. der Ursachenzusammenhang. — Vgl. oben S. 92 ff.
[3]) Vgl. unten S. 173ff.
[4]) Verfahrensrechtlich sind das vielfach die Fälle, bei denen die Staatsgewaltsfunktion „kraft Zusammenhanges" tätig wird; vgl. oben S. 39.
[5]) So Art. 198 EWVRO. und Begründung, 599.
[6]) BVerwG. vom 24. 11. 54 — II B 32, 53.

Eine solche Haftungsart gibt es nur ausnahmsweise, insb. bei Enteignung, Aufopferung, ungerechtfertigter Bereicherung.

Beispiel:

Haftung für polizeiliche Störungen[1]); das Besatzungsschädenrecht — OVG. Mstr. 5, 225.

Eine allgemeine Erfolgshaftung ist dem öffentlichen Recht nicht bekannt[2]).

Gefährdungshaftung knüpft die Entstehung von Schuldverhältnissen an den objektiven Tatbestand eines besonderen Erfolges, nämlich eine durch eine allgemeine anomale Lage hervorgerufene Gefahr. Wer die Gefahr verursacht, „haftet" schlechthin für die daraus entstehenden Folgen, auch wenn ihn kein Verschulden trifft.

Beispiel:

Haftung der Polizei für Verletzung eines Dritten bei vorschriftsmäßigem Waffengebrauch; Haftung für den Einsatz von Arbeitern in verseuchtem Gelände; Haftung für Schäden von Feuerwehrleuten bei Einsatz im seuchenpolizeilichen Absperrdienst.

Sehen bestimmte Gesetze eine Gefährdungshaftung vor, so wird sie auch für öffentlich-rechtliche Zusammenhänge angewendet werden dürfen. Eine allgemeine Gefährdungshaftung gibt es im öffentlichen Recht nicht.

c) Haftung für Vertreter oder Organe

Der Begriff der Haftung wird schließlich verwandt zur Kennzeichnung der Rechtsfolgen aus dem Eintreten für Dritte oder bei juristischen Personen für das Vorgehen der für sie handelnden natürlichen Personen[3]).

Der Eintritt der Haftung von Subjekten des öffentlichen Rechts ist vielfach abhängig von dem Vorliegen gesetzlich festgelegter Umstände.

Beispiel:

Gemeinden werden in der Regel nur verpflichtet, wenn die in der Gemeindeordnung bezeichnete natürliche Person die Verpflichtungserklärung abgibt[4]).

Duldungs- oder Anscheinsvollmachten sind im öffentlichen Recht grundsätzlich unverwertbar[5]). Handlungen von Vertretern oder Organen von Sub-

---

[1]) Vgl. unten 17. Kapitel.

[2]) AA. Forsthoff, Verwaltungsrecht, 259 (gemeint ist wohl — auch — Erfolgshaftung), jedoch ohne überzeugende Begründung. Auch BGH. neigt, wie aus 6, 270 und MDR. 1953, 97 geschlossen werden muß, zu einer allg. Erfolgshaftung bei „Eingriffen von hoher Hand". Wie hier im Text: hess. VGH. in: Verw. Rspr. 5, 394.

[3]) Bettermann, in: ÖV. 1955, 531.

[4]) Hand, in: DVBl. 1955, 796.

[5]) So das RG. in ständ. Rechtsprechung, z. B. RGZ. 116, 247; 146, 42 (49). Der BGH. in: NJW. 1955, 985 dagegen wendet die Grundsätze für die Haftung aus einer Duldungsvollmacht auch auf öffentlich-rechtliche Körperschaften an. Bedenklich! Näheres vgl. Capeller, in: MDR. 1956, 7.

jekten des öffentlichen Rechts können auch zur Entschädigung Privater führen. Denn die Entschädigungsmöglichkeit muß jeweils anknüpfen an die Maßnahmen öffentlich-rechtlicher Bediensteter, die dann die Haftung der Person des öffentlichen Rechts auslösen[1]).

5. Einbeziehung Dritter in das Rechtsverhältnis

a) Stellung Dritter

Dritte Personen können grundsätzlich in Rechtsverhältnisse zwischen Hoheitsträgern und einzelnen nicht eingreifen, auch dann nicht, wenn durch die Verwirklichung Vorhaben der öffentlichen Hand begünstigt werden. Sie können insb. von dem öffentlich-rechtlich Verpflichteten ihrerseits nichts erzwingen.

Beispiel:

§ 120 aGewO. (Arbeiterschutzvorrichtungen), § 134a GewO. (Arbeitsordnung). — Der Zuweisungsanwärter hat keinen Anspruch auf wohnungsamtliche Erfassung und Zuweisung eines bestimmten Raumes.

Nur ausnahmsweise spricht das Gesetz Dritten ein subjektives Recht auf die Leistung des öffentlich-rechtlich Verpflichteten zu[2]).

Beispiel:

Fürsorgepflicht des Dienstberechtigten nach § 618 BGB.

Vereinbarungen zugunsten Dritter sind möglich.

Beispiel:

Durch Hinterlegung (§§ 668ff., 232ff. BGB.[3])) wird ein öffentlich-rechtliches Verwahrungsverhältnis zwischen dem privatrechtlichen Schuldner und der Hinterlegungsstelle begründet, vermöge dessen diese verpflichtet sein soll, den hinterlegten Gegenstand an den privatrechtlichen Gläubiger herauszugeben (Hinterlegungsordnung vom 10. 3. 1937 — RGBl. 285 — mit DVO. 1937 — RGBl. 296 — und 1939 — RGBl. 2300) —.

b) Öffentlich-rechtliches Mandat

Bei der Hoheits- und der nichthoheitlichen Verwaltung[4]) gibt es gewillkürte und gesetzliche Stellvertretung. Es gibt direkte (unmittelbare) Stellvertretung, wonach jemand im Namen des Vertretenen Willenserklärungen abgibt oder entgegennimmt, so daß dadurch der Vertretene selbst unmittelbar berechtigt oder verpflichtet wird — d. i. die in §§ 164ff. BGB. geregelte Art der

---

[1]) Vgl. unten S. 174.

[2]) Vgl. auch: Rechtsfolgen aus einer günstigen Lage, unten S. 144.

[3]) Nunmehr kraft positiven Rechts öffentl.-rechtl. Verhältnis; über Werdegang vgl. RGZ. 166, 225; Enneccerus-Lehmann, Schuldrecht. 1954 § 67.

[4]) Bei fiskalischer Verwaltung richtet sich die Stellvertretung nach Zivilrecht.

Vertretung —; es gibt auch indirekte (mittelbare) Stellvertretung, wonach jemand im eigenen Namen handelt in der Absicht, die rechtlichen Wirkungen seines Handelns einem anderen zukommen zu lassen[1]).

Beispiel:

Viele Aufgaben der kommunalen Auftragsverwaltung, wobei nach außen die Kommunen auftreten, ohne daß der Betroffene merkt, daß materiell Staatsverwaltung vorliegt — RGZ. 74, 69 (Vertretung ohne Offenlegung); RGSt. 45, 328; OLG. Hamm in: DV. 1950, 57.

aa) Stellvertretung im Amt

Die Stellvertretung eines Hoheitsträgers im Amt ist nur auf Grund besonderer gesetzlicher Bestimmungen möglich. Ihr muß ein materielles Rechtsverhältnis zwischen Mandant und Mandatar, ein „Akt, der auf Begründung subjektiver Rechte und Pflichten gerichtet ist"[2]), zugrunde liegen.

Beispiel:

Zweckverbände[3]) nehmen die Rechte der ihnen angehörenden Gebietskörperschaften wahr. — Landkreisbehörden sind nicht automatisch Stellvertreter der ihnen eingegliederten Amts- oder Gemeindebehörden — pr. OVG. 83, 453.

Als ausreichende Rechtsgrundlage wird man auch §§ 677 bis 687 BGB., sinngemäß für das öffentliche Recht angewandt, anzusehen haben, so daß eine Geschäftsführung ohne Auftrag, vorgenommen durch eine juristische Person des öffentlichen Rechts für eine andere derartige oder für eine Privatperson, zulässig ist[4]).

Beispiel:

In Notzeiten, wie in den ersten Jahren nach dem Kriege, muß irgendeine zufällig aktionsfähige öffentliche Stelle für die eigentlich sachlich zuständige, aber aktionsunfähige Stelle oder Privatperson Ruinen entfernen, Straßen räumen usw.

Durch die Ausübung eines Mandats, auch auf Grund einer Geschäftsführung ohne Auftrag können dem Mandatar Erstattungsansprüche entstehen, die zweckmäßigerweise wohl im ordentlichen Rechtsweg geltend zu machen sind[5]).

---

[1]) Vgl. Turegg, in: JR. 1951, 451.

[2]) Zur Begriffsumschreibung des öffentlich-rechtlichen Mandats vgl. Triepel, Delegation und Mandat, 28, 131 ff. (Sehr fördernd).

[3]) Vgl. unten S. 274.

[4]) Pr. OVG. 84, 484; Hamann, in: NJW. 1955, 481.

[5]) Bestritten! Man kann die Ersatzansprüche auch als Abwicklung ansehen — vgl. oben S. 40 — und sie dem Verwaltungsweg oder Verwaltungsgerichtsweg zuweisen. — Die einschlägigen RG.-Entscheidungen, insb. RGZ. 133, 244; 150, 81; 243, zeigen, daß es für den Kläger fast unmöglich ist, im voraus den vom letztinstanzlichen Gericht gebilligten Rechtsweg zu ermitteln. Das spricht gegen eine Umwandlung von Hause aus privatrechtlicher Angelegenheiten in öffentlichrechtliche. — A. A. Tidau, in: DÖV. 1952, 164.

bb) Stellvertretung von Nichthoheitsträgern

Die Stellvertretung von Nichthoheitsträgern, insb. von Gewaltunterworfenen wird i. a. als möglich anzusehen sein[1]). Auch hier ist sie von dem sie begründenden Rechtsgeschäft zu unterscheiden. Jedoch müssen die Handelnden trotz weitgehender Anwendung privatrechtlicher Regeln darauf gefaßt sein, daß dem Wesen des jeweiligen Verwaltungszweiges entsprechend besondere Maßstäbe angelegt werden.

Beispiel:

Der polizeiliche Störer wird nach rein polizeirechtlichen Gesichtspunkten festgestellt, ohne daß die Polizei Stellvertretungsvereinbarungen berücksichtigen könnte. — Eine handelsrechtliche Prokura berechtigt nicht ohne weiteres zur Erledigung öffentlich-rechtlicher Angelegenheiten für den Geschäftsinhaber — sächs. OVG. 32, 87; württ. VGH. in: WürttZtschrVerw. 1925, 136.

Öffentlich-rechtliche Geschäftsführung ohne Auftrag ist hier nicht möglich[2]).

c) Delegation

Delegation im öffentlichen Recht ist eine Kompetenzverschiebung von einer Verwaltungsstelle auf eine andere mit der Maßgabe, daß nur noch die zweite Stelle mit der Sache befaßt ist. Die Verschiebung ist allein durch einen Akt der Rechtsetzung möglich[3]), wobei insb. auch die Formen (Veröffentlichung usw.) zu beachten sind.

Beispiel:

Ist kraft Gesetzes in einem Bundesstaat eine Verwaltungsstelle des Oberstaates zur Vornahme eines Verwaltungsaktes zuständig, so kann sie diese Zuständigkeit nicht auf eine Stelle eines Gliedstaates übertragen. Das wäre nur durch Gesetz möglich — OVG. Lbg. vom 2. 11. 1951 — III A 193/50 —. Übertragung der Befugnis aus § 14 Abs. 1 GastG. (Festsetzung der Polizeistunde) von oberster Landesbehörde auf Mittelinstanz — hess. VGH. 1, 140.

d) Boten

Die Bestellung von Erfüllungsgehilfen oder Boten ist zulässig, sofern nicht ein höchst persönlicher Einsatz verlangt wird[4]).

Beispiel:

Ein zur Empfangnahme von Wahlvorschlägen nicht ermächtigter Amtsdiener kann als Bote des Vorschlagenden angesehen werden — bad. VGH. in: BadZtschrfVerw. 1919, 146; abweichend: Württ. VGH. in: WürttZtschrVerw. 1931,

[1]) Art. 16 EWVRO. „Wer nach bürgerlichem Recht gesetzlicher Vertreter eines anderen ist, hat den anderen auch in öffentlich-rechtlichen Angelegenheiten zu vertreten." — Vgl. auch §§ 45ff., 60d, 87a Abs. 3, 151 GewO., § 83 Abs. 2 RAbgO.

[2]) Wohl unstreitig, vgl. z. B. Jellinek, Verwaltungsrecht, 239.

[3]) Vgl. die eingehenden Darlegungen bei Triepel, aaO., denen zuzustimmen sein dürfte.

[4]) Kormann, in: Hirths Annalen 1911, 905ff.; pr. OVG. 79, 215; 83. 255.

7. — Ein städt. Gaswerk kann als Bote der Polizei auftreten, wenn diese es ein für allemal ermächtigt hat, von ihm selbst festgestellte Rohrschäden in der Form des Verwaltungszwanges — z. B. § 55 pr. PVG. — zu beseitigen — pr. OVG. 80, 218.

Für Handlungen des Boten haftet der ihn Einsetzende stets unmittelbar. Der Bote ist kein Vertreter, auch nicht ein solcher im weitesten Sinn.

6. Auslegung

Wie das Privatrecht wird das Verwaltungsrecht getragen von allgemeinen Rechtsüberzeugungen, die u. a. im BGB. eine positiv-rechtliche Umschreibung gefunden haben. Dahin gehört die Vorschrift, daß bei jedem rechtlich beachtlichen Vorgang nicht am Buchstaben zu kleben, sondern dem materiell-rechtlichen Sinn entsprechend auszulegen ist.

Beispiel:
Ein nicht ausdrücklich als Steuerbescheid bezeichnetes Schriftstück kann als solches nur gelten, wenn sein sonstiger Inhalt keine Zweifel darüber läßt, daß es sich um eine der Rechtskraft fähige amtliche Eröffnung über zu zahlende Steuern handelt — sächs. OVG. 26, 230. — Ein Bescheid, der eine Dienststrafe und eine gleichzeitige Kündigung enthält, ist als Dienststrafe nur anzusehen, wenn eine Verbindung beider Maßnahmen unzulässig ist — bayer. VGH. 45, 77.

Jedoch darf niemals gegen den Wortlaut der Willenserklärung „ausgelegt" werden.

Beispiel:
Wenn eine Behörde einen ganzen Verwaltungsakt widerruft, kann nicht dahin ausgelegt werden, daß nur ein Teil widerrufen sei[1]).

Vorhandene Lücken sind nur dann durch sinngemäße Anwendung privatrechtlicher Regeln auszufüllen, wenn keine verwaltungsrechtlichen Anhaltspunkte vorhanden sind.

Beispiel:
Legaldefinitionen wie §§ 90ff. BGB., im Familienrecht, Erbrecht.

7. Bedingungen und Auflagen

Nebenbestimmungen sind Regelungen, die neben dem hauptsächlichen Gegenstand einhergehen und einen Bestandteil des gesamten Rechtsverhältnisses bilden. Sie können nicht als selbständige Rechtsfigur angesehen werden.

Beispiel:
Befristung, Widerrufsvorbehalt[2]).

---

[1]) Bedenklich: OVG. Lbg. vom 19. 12. 1952 — III A 193/52 —.

[2]) Die Terminologie schwankt. Kormann, System der rechtsgeschäftlichen Staatsakte, 135ff. und im Anschluß daran Forsthoff, Verwaltungsrecht I, 165 bilden den Oberbegriff Nebenbestimmung und darunter die Begriffe: Bedingung, Auflage, Befristung, Widerrufsvorbehalt. Sehr kritisch zu dem Begriff Nebenbestimmung: Pr. OVG. 78, 106.

Resolutivbedingungen — mit deren Eintritt der Rechtserfolg aufhört — und Suspensivbedingungen — mit deren Eintritt der Rechtserfolg beginnt — sind dem Verwaltungsrecht bekannt[1]). Sie können insb. sowohl einem belastenden als auch einem begünstigenden Verwaltungsakt beigefügt werden. Durch sie wird die Rechtswirksamkeit der Verwaltungsmaßnahme abhängig von einem künftigen ungewissen Ereignis.

Beispiel:

Erteilung einer gewerberechtlichen Genehmigung unter einer Bedingung.

Unzulässig sind Bedingungen bei kraft Gesetzes oder wegen überwiegenden öffentlichen Interesses bedingungsfeindlichen Rechtshandlungen oder solche, die einem gesetzlichen Gebot widersprechen[2]).

Beispiel:

Aufrechnung, Widerruf, Vertragsrücktritt, Einbürgerung, Wohnsiedlungsgenehmigung (§ 7 WSG.)[3]).

Die Unzulässigkeit von Bedingungen kann nicht durch Zustimmung des Betroffenen beseitigt werden[4]).

Von Bedingungen zu unterscheiden sind Auflagen, das sind — anders als z. B. nach §§ 525, 2192 ff. BGB. — selbständige, nur äußerlich dem Hauptvorgang zugefügte Willenserklärungen, insb. Gebote oder Verbote, die auf dessen Wirksamkeit keinen Einfluß haben[5]). Sie sind insb. bei begünstigenden Verwaltungsakten — nachträglich allerdings nur mit Zustimmung des Betroffenen[6]) — möglich und dienen der Verhinderung rechtswidriger Zustände. Sie sind selbständig anfechtbar und widerrufbar.

Schrifttum

Apelt, Der verwaltungsrechtliche Vertrag. 1920.
Bachof, Reflexwirkungen und subj. Recht im öff. Recht in: Gedächtnisschrift für W. Jellinek 1955.
Fischer, Der Verzicht auf vermögensrechtliche Ansprüche im Verwaltungsrecht (Leipziger rechtswissenschaftliche Studien, Heft 55) 1930.
Kormann, System der rechtsgeschäftlichen Staatsakte. 1910.
Michael, Der Treuhänder im deutschen Verfassungs- und Verwaltungsrecht der Gegenwart. (Arbeiten zur Rechtssoziologie- und Rechtsgeschichte Bd. 2) 1948.
Triepel, Delegation und Mandat. 1942.

---

[1]) Kormann, System, 135; Fleiner, Institutionen, 187. Art. 69 EWVRO.
[2]) Pr. OVG. 82, 325. [3]) OVG. Lbg. in: ÖV. 1952, 536.
[4]) Pr. OVG. 80, 361. [5]) Gerber, Grundsätze eines allg. Teils in: VerwArch. Bd. 36, 61; O. Mayer, I, 250; sächs. OVG. bei Reger 31, 461; OVG. Lbg. 5, 489; Krüger insb. für Wirtschaftsverwaltung, in: DVBl. 1955, 450.
[6]) OVG. Hbg. in: MDR. 1953, 635; in: VerwRspr. 6, 81.

Siebentes Kapitel

Verwaltungsakte

1. Begriff

Eine Legaldefinition des Verwaltungsaktes gibt es nicht.

Auch § 25 brit. MRVO. Nr. 165 — ähnlich § 23 berl. VGG. — gilt nur für den Geltungsbereich dieser Norm: „Verwaltungsakt im Sinne dieser Verordnung ist jede Verfügung, Anordnung, Entscheidung oder sonstige Maßnahme, die von einer Verwaltungsbehörde zur Regelung eines Einzelfalles auf dem Gebiete des öffentlichen Rechts getroffen wird." Aber die Bestimmung enthält doch die im wesentlichen allseitig anerkannten Merkmale des Begriffs, der sich allmählich durch Zusammenwirken von Theorie[1]) und Praxis herausgebildet hat.

Der Verwaltungsakt ist eine Zweckschöpfung. Für die Verwaltung ist es wichtig, eine genau umfaßbare und abgrenzbare Rechtsfigur zu besitzen, deren Vorhandensein allein schon bestimmte Rechtsfolgen hat und die in rechtlich bestimmter Weise einsatzfähig ist.

Im einzelnen:

Der Verwaltungsakt ist eine Verwaltungsmaßnahme. Damit steht er im Gegensatz zu Maßnahmen der Legislative, insb. den Rechtsverordnungen, und der Rechtsprechung, insb. den Justizakten. Die Verwaltungsmaßnahme kann auch von einer nicht zur Verwaltungsorganisation gehörenden Stelle gesetzt sein. Nicht verwertbar ist der Verwaltungsakt auf dem Gebiet des Regierens[2]).

Beispiel:

Die Ablehnung des Antrags auf Befreiung von dem Ehehindernis des Ehebruchs ist ein (Justiz) Verwaltungsakt — OVG. Mstr. 7, 147; ebenso die Entscheidung nach § 157 Abs. 3 ZPO. über die Zulassung eines Prozeßagenten — BVerwG., in: NJW. 1955, 1534. — Nicht: Gerichtliche Rechtsprechungsentscheidungen, wie z. B. nach § 157 Abs. 1 ZPO.; deshalb bedenklich „Verwaltungsakt auf dem Gebiet des Zivilprozesses" BVerwG. I B 13. 1956.

---

[1]) Führend insb. O. Mayer, Verwaltungsrecht I, 93 ff.

[2]) Es gibt im deutschen Recht keinen fest umrissenen Begriff des „Regierungsaktes". Insb. kann man nicht sagen, daß „gerichtsfreie" oder „justizlose" Hoheitsakte, also durch Gerichte nicht kontrollierbare Hoheitsakte das gleiche wie Regierungsakte seien. Denn es gibt auch Verwaltungsakte, die ausnahmsweise nicht gerichtlich kontrollierbar sind. — Vgl. Schneider, Gerichtsfreie Hoheitsakte, 47 ff.; Loening, in: DVBl. 1951, 233, 775; Scheuner, in: Festgabe für Smend 1952, 253; van Husen, in DVBl. 1953, 70.

Er enthält eine Willenserklärung[1]). Damit steht er im Gegensatz zu Wissenserklärungen[2]), die meist als Kundmachungen

Beispiel:

Warnungen eines Ministeriums vor einem Zeitungsberichterstatter — OLG. Köln, in: NJW. 1952, 187 —, einer Baubehörde vor einem Unternehmer — BGH., in: NJW. 1954, 1486 —.

oder technische Maßnahmen in Erscheinung treten.

Beispiel:

Ladungen, Verwarnungen, Zeugniserteilungen. — Eintragung in von einer Krankenanstalt über Patienten geführte Krankenpapiere — OVG. Lbg. in: DVBl. 1953, 125. Zahlungsleistungen oder -Verweigerungen als Folge bereits getroffener Regelungen — OVG. Mstr. in: ÖV. 1952, 90.

Die Tatsache, daß der Verwaltungsakt eine Willenserklärung zum Inhalt hat, macht es nicht nötig, ihn als Rechtsgeschäft zu bezeichnen. Denn beide sind nicht identisch[3]). Rechtsgeschäft ist nicht die Willenserklärung als solche, sondern der die Rechtswirkung begründende, eine Willenserklärung als wesentliches Element enthaltende Gegenstand in seiner Gesamtheit[4]). Immerhin öffnet die Willenserklärung den Weg zu der Auffassung, ihn als Rechtsgeschäft des öffentlichen Rechts anzusehen, wie das die konstitutionelle Lehre tat[5]). Aber diese Ansicht wird heute mit Recht als nicht dem Wesen des Verwaltungsrechts entsprechend abgelehnt[6]). Dagegen ist der Verwaltungsakt ein Rechtsverhältnis — sofern dieser Begriff in der Hoheitsverwaltung überhaupt benutzt werden soll — zwischen den durch ihn in Verbindung gebrachten Personen, weil es nicht auf den Akt als solchen, sondern auf die von ihm ausgehenden Wirkungen ankommt[7]).

Der Wille wird erklärt auf dem Gebiet der Hoheitsverwaltung[8]), also nicht der nicht-hoheitlichen Verwaltung und erst recht nicht der fiskalischen Verwaltung[9]). Der Verwaltungsakt ist so eine Maßnahme, durch die auch gegen den

---

1) Vgl. oben S. 95ff.

2) Das entspricht der herrschenden Meinung; näheres Turegg, Generalklausel.

3) Anders noch die Motive zum Entwurf I eines BGB. Bd. 1, 126.

4) Staudinger-Riezler, BGB., Einl. 8 vor § 104.

5) Laband, Staatsrecht, I, 188, 191; auch noch Fleiner, Institutionen, 183, zweifel haft schon O. Mayer aaO. 101.

6) Vgl. Forsthoff, Verwaltungsrecht, I, 160.

7) LVG. Kbl. VerwRspr. 6, 162; 359; OVG. Lbg. in ständiger Rechtsprechung; Klinger, Verwaltungsgerichtsbarkeit, § 52 Anm. 2; Schunck-de Clerck, § 24 Anm. 4; Turegg, in: MDR. 1952, 150; Lerche, in: DVBl. 1952, 396, in: ÖV. 1954, 712; Menger, System, 189. Bestritten. Es wird, soweit ersichtlich beweislos, die Behauptung aufgestellt, der Verwaltungsakt begründe, verändere oder beende Rechtsverhältnisse — bayer. VGH. VerwRspr. 6, 460; OVG. Mstr. 7, 170. Die rechtssystematisch bedeutungslose Frage — vgl. oben S. 98 — hat vorübergehend praktische Bedeutung für den Umfang der Feststellungsklage — vgl. unten S. 216.

8) Im Sinne des Staatsrechts und nicht anderer Rechte, z. B. Kirchenrechts — BVerwG., in: NJW. 1955, 725; Kritik: Weber, ebd.; Tietgen, in: DVBl. 1955, 324; Menger, in: MDR. 1955, 512. — Vgl. auch: Scheven, Verwaltungsrechtsschutz im kirchlichen Bereich. Kölner Diss. 1954.

9) Vgl. oben S. 23ff. Vorkämpfer für diese Beschränkung: O. Mayer, aaO.

Willen des davon Betroffenen ohne Verwendung außerhalb der Maßnahme selbst liegender Rechtsbeziehungen entweder etwas (konstitutiv) gestaltet oder etwas (deklaratorisch) verbindlich festgestellt werden soll. Nicht begriffsnotwendig damit verbunden, aber logisch und rechtlich durchaus vollziehbar ist es, dem Verwaltungsakt als Hoheitsakt auch die Vermutung der Rechtmäßigkeit und Gültigkeit zu geben (favor actus publici), wie es tatsächlich geschieht[1]).

In dem Ringen um die Abgrenzung des Verwaltungsaktes von anderen Verwaltungsmaßnahmen hat diejenige Meinung den Sieg davongetragen, die ihn der Regelung von konkreten Einzelfällen vorzubehalten wünscht. Im Gegensatz hierzu steht die Regelung abstrakter Zusammenhänge, also verschiedener nicht oder noch nicht vorhandener oder nicht oder noch nicht erkennbarer Gegebenheiten. Solche Gegebenheiten liegen i. a. der Gesetzgebung zugrunde.

Es wäre durchaus denkbar, daß die Hoheitsverwaltung sie durch materielle Verwaltungsmaßnahmen ergriffe, denen man den Namen Verordnungen geben könnte. Die herrschende Meinung lehnt diese Lösung ab. Sie hält es nicht für möglich, daß die Verwaltung mit den ihr nach dem Grundsatz der Gewaltenteilung zukommenden Mitteln abstrakte Regelungen mit Außenwirkung vornimmt. Vielmehr glaubt sie der Verwaltung hierzu legislatorische Mittel zur Verfügung stellen zu sollen: Die Rechtsverordnung als Gegenstück zum Verwaltungsakt ist von ihm nicht nur unterschieden durch den zu regelnden Gegenstand — abstrakt, konkret —, sondern auch dadurch, daß die Rechtsverordnung als materielles Gesetz angesehen wird[2]).

Eine andere Frage ist es, ob sich der Verwaltungsakt, der also stets nur einen konkreten Einzelfall ergreifen darf, an eine einzelne Person oder an eine Personenmehrheit wendet. Die zunächst bestehenden Bedenken gegen die zweite Möglichkeit sind allmählich verstummt. Zu verlangen ist nur, daß es sich nicht um eine unübersehbar große Menschenmenge handelt, sondern um einen „bestimmten Personenkreis"[3]), um „jedermann im Bezirk, den es angeht"[4]), also um eine bestimmbare Zahl von Einzelwesen. Solche Verwaltungsakte tragen i. a. den Namen Allgemeinverfügung.

Beispiel:

Anordnung einer Stadtverwaltung, daß alle Trümmer der teilweise oder total zerstörten Häuser beschlagnahmt seien — w.-b. VGH. in VerwRspr. 1, 109[5]).

Die Abgrenzung der Allgemeinverfügung von der Rechtsverordnung ist schwierig und auch uneinheitlich.

Beispiel:

Verwaltungsakt: Festsetzung des Wahltages nach § 17 n.-w. GemeindewahlG. idF. 10. 3. 1951 durch „Verordnung" der Landesregierung — OVG.

---

[1]) Vgl. oben S. 22. [2]) Vgl. oben S. 61ff.

[3]) Z. B. § 40 pr. PVG. für Norddeutschland.

[4]) Thoma, Polizeibefehl, 1906, 65 für Süddeutschland; dagegen aber Bedenken bei Nebinger, Verwaltungsrecht 1948, 148 für Bayern und Württemberg.

[5]) Vgl. auch rhld.-pf. LVG. VerwRspr. 3, 403, Hess. VGH. in: DVBl. 1941, 738 bezeichnet — ausnahmsweise — eine Allgemeinverfügung nicht als Verwaltungsakt.

Münster 17. 11. 1951 — III B 701/51 — Kein Verwaltungsakt, sondern Rechtsverordnung: Ministerielle Anordnung über Verkehrsbeschränkungen auf Rheinuferstraße — rhld.-pf. LVG. in: JZ. 1951, 372 —; Bekanntmachung der Wasserbehörde über die Pflicht zur Räumung eines Wasserlaufes ohne konkreten Adressaten — pr. OVG. 87, 386.

Ein Verwaltungsakt muß Außenwirkung haben. Alle Vorgänge, die nur für den inneren Dienstbetrieb bedeutungsvoll sind, können keine Verwaltungsakte sein. Hier zeigt sich ein ähnliches Bedürfnis wie dasjenige, welches zur Trennung der Verwaltungsverordnungen von den Rechtsverordnungen geführt hat[1]). Während die beiden Verordnungsarten aber abstrakte Vorkommnisse behandeln, ist als Gegensatz zum Verwaltungsakt, der seinerseits nur konkrete Gegenstände regelt, zu denken an einzelne interne Verwaltungsvorgänge, wie ein individueller Dienstbefehl[2]), die Einrichtung einer Behörde[3]) und überhaupt der ganze Apparat der sog. technischen oder auf einen nur tatsächlichen, nicht rechtlichen Erfolg gerichteten Maßnahmen.

Beispiel:

Genaue Grenzen sind — noch — nicht vorhanden; in gewissem Umfang sind Zweckmäßigkeitserwägungen maßgeblich. Keine Verwaltungsakte sind: Festsetzung einer Pauschalvergütung für einen Rechtsanwalt — LVG. Oldenburg in: Nds. Rechtspflege 1951, 56; Erteilung eines Baudispenses — hess. VGH. in: DVBl. 1951, 154; Gnadenakte; eine Dienstaufsichtsbeschwerde zurückweisende Äußerung (wichtig!)[4]), wogegen die einer Dienstaufsichtsbeschwerde stattgebende Äußerung ihrerseits ein neuer Verwaltungsakt sein kann.

Nicht erforderlich für das Vorliegen eines Verwaltungsaktes ist die Anwendung von Zwangsgewalt. Doch kann die Durchführung von Verwaltungszwang in der Form von Verwaltungsakten vor sich gehen[5]).

---

[1]) Vgl. oben S. 61 ff. und unten S. 241.

[2]) Vgl. Eyermann-Fröhler, Verwaltungsgerichtsgesetz 1950, § 22 Anm. 2. — Vgl. auch unten S. 238.

[3]) Bayer. VGH. in: Bayer. Bürgermeister 1951, 716.

[4]) Allerdings kann in dem die Ablehnung aussprechenden Schriftstück ein selbständiger Verwaltungsakt (z. B. Hausverbot gegen Querulanten) mit enthalten sein.

[5]) Zur Geschichte der Definition: O. Mayer, Verwaltungsrecht, I, 67, 92, 96. 227, 228 im Anschluß an Duguit, Traité de droit const. 3. Aufl. I, 194 (l'acte administratif est la création d'une situation de droit): Verwaltungsbehördlicher Ausspruch, der dem Untertan für den Einzelfall bestimmt, was Rechtens sein soll, wobei die Anweisung innerhalb eines besonderen Gewaltverhältnisses und die Widmung einer Sache zu einem öffentlichen Zweck ausgeschlossen sind. Ähnlich: Hatschek-Kurtzig, S. 7; Herrnritt, 27; Willibald Apelt, Der verwaltungsrechtliche Vertrag, 74, 81; P. Andersen, Ungültige Verwaltungsakte, 22, 27. — W. Jellinek, Verwaltungsrecht, 246: Jede hoheitliche Willensäußerung für den Einzelfall innerhalb der Verwaltung einschl. der Widmung öffentlicher Sachen, der Festnahme zur Schutzhaft, der Beurkundung. — G. Jellinek, Gesetz und Verordnung, 221; Thoma, Polizeibefehl, 52: Jede Tätigkeitsäußerung der Verwaltung. Meyer-Dochow, Staatsrecht, 29: Die staatlichen Handlungen im Verkehr mit anderen Staaten, im privatrechtlichen Verkehr mit Privatpersonen, die Erlassung von Verordnungen, die aufsichtsbehördlichen Handlungen,

Beispiel:

Eine Polizeiverfügung ordnet die Beseitigung eines Verkehrshindernisses an. Bei Passivität des Polizeipflichtigen setzt eine weitere Polizeiverfügung die Vollstreckungsmaßnahmen fest.

„Putativverwaltungsakte", also Maßnahmen, die wie Verwaltungsakte aussehen, materiell aber keine sind, gibt es nicht[1]).

2. Zustandekommen

Da der Verwaltungsakt eine Maßnahme der Hoheitsverwaltung ist, kann er nur von einem Hoheitsträger gesetzt werden. Es hängt von dem Aufbau der zuständigen Stellen ab, welcher menschliche Wille maßgebend ist, ob insb. eine Einzelperson oder ein Kollegium den Akt erdenken. Es hängt von der Art der anzuwendenden Verwaltung — gebundene Verwaltung, gebundenes oder freies Ermessen — ab, ob der Akt überhaupt zustandekommt. Im Stadium der Bearbeitung im inneren Dienstbetrieb sind alle Abänderungen und ist die jederzeitige Zurücknahme der geleisteten Arbeiten möglich. Der Rückgängigmachung steht auch nichts im Wege, wenn der Entschluß zum Erlaß eines Verwaltungsaktes schon innerhalb des eigenen Behördenbetriebes der Entschlußstelle bekannt geworden ist[2]).

Erst wenn der Wille in der Wirklichkeit durchgeführt wird, wenn die Außenwirkung eingetreten ist, ist der Verwaltungsakt existent mit all den sich daraus ergebenden Folgen, insb. der grundsätzlichen Rechtsbeständigkeit[3]). Die Durchführung des Aktes kann seine tatsächliche Ausführung sein. Aber schon die

Ausübung obrigkeitlicher Befugnisse durch Verfügung, ausgenommen nur der Abschluß öffentlich-rechtlicher Verträge. Laband, Staatsrecht II, 1ff.: Staatliches Handeln, das in der Herbeiführung eines gewollten Erfolges besteht im Gegensatz zu rechtlichen Entscheidungen als Subsumtion eines gegebenen Tatbestandes unter das geltende Recht; Verwaltungsakte sind die Rechtsgeschäfte der Verwaltung einschl. Verträgen und Dienstbefehlen. Kormann, System, 13ff. VA. im weitesten Sinne alle Handlungen der Verwaltung; VA. im weiteren Sinne ohne privatrechtliche und tatsächliche Akte; VA. im engeren oder eigentlichen Sinn: rechtsgeschäftliche Akte einschl. der gerichtlichen Akte, daher auch rechtsgeschäftliche Staatsakte, VA. im engsten Sinn: ohne Justizakte. Fleiner, Institutionen, 168ff.: VA. im weiteren Sinne einschl. tatsächlicher und privatrechtlicher Handlungen, im engeren Sinn: die mit obrigkeitlicher Autorität vorgenommenen, auf einen rechtlichen Erfolg abzielenden Handlungen einer Verwaltungsbehörde. Merkl, Allg. Verwaltungsrecht, 175: VA. im weitesten Sinn: jede in sich geschlossene durch Erfüllung eines bestimmten Verwaltungszweckes vom Gesamtbereich der Verwaltung gesonderte Verwaltungsleistung, wobei nur der Arbeitserfolg, nicht die Arbeit als VA. zu verstehen seien; es gibt bloß vollziehende und rechtsetzende Akte, insofern sie einen Rechtssatz auf den Einzelfall anwenden oder einen im Vergleich zu dem übergeordneten Rechtssatz unteren Rechtssatz schaffen, aus dem sich Verpflichtungen und Berechtigungen ergeben.—Neuere Darstellung: de Clerck, in: Öffentl. Dienst 1954, 226.

1) So mit Recht Bettermann gegen OVG. Lbg., in: DVBl. 1954, 298.

2) Fleiner, Institutionen, 181; Laband, Staatsrecht, II, 197.

3) Vgl. oben S. 113.

Bekanntgabe nach außen kann das Vorliegen eines vollständigen Aktes anzeigen, wenngleich nach der Bekanntgabe möglicherweise noch zahlreiche weitere Maßnahmen zur Realisierung des mit dem Akt erstrebten Zweckes erforderlich sind. Insofern ist jeder Verwaltungsakt empfangsbedürftig[1]).

Beispiel:

Ein gestaltender Verwaltungsakt wird erst wirksam, wenn er dem Empfänger zugegangen ist — OVG. Bln., in: Haus u. Wohnung 1954, 413.

Empfänger ist eine gewaltunterworfene Person oder eine für sie stehende Stelle.

Die Bekanntgabe kann grundsätzlich formlos geschehen, etwa durch mündliche Mitteilung oder in geeigneten Fällen sogar durch Zeichen oder durch stillschweigende Duldung.

Beispiel:

Zeichen eines Verkehrspolizisten. Dulden des Bewohnens von Wohnlauben in der Zeit der Wohnungsnot.

Man wird aber stets verlangen müssen, daß die Bekanntgabe den Adressaten erreicht, so daß die bloße Mitteilung an eine andere Behörde keine Bekanntgabe ist[2]). Ausnahmsweise verlangt das Gesetz die Einhaltung bestimmter Bekanntgabeformen (z. B. VerwaltungszustellungsG. vom 3. Juli 1952 — BGBl. I, 379 — für Bundesbehörden i. w. S., Landesfinanzbehörden und Finanzgerichte, während die Postzustellungsverordnung vom 23. 8. 1943 — RGBl. I, 527 — zwar nicht für diese aber zahlreiche andere Gebiete noch anzuwenden ist, insb. für Landesbehörden[3]). —

Insbes. kommen in Betracht: Behändigung eines Schriftstücks (früher Insinuation oder Inimation genannt); dabei ist zu unterscheiden zwischen Eröffnung, die vorliegt, wenn der Empfänger nachweisbar zu einem zu ersehenden Zeitpunkt in den Besitz des schriftlich formulierten Aktes gekommen ist[4]), und formeller Zustellung. — Verwendung eines vorgeschriebenen Textes, wie z. B. bei Anstellungsurkunden von Beamten („Beamter auf Lebenszeit" usw.[5]). — Veröffentlichung in einem Amtsblatt oder einer sonstigen Zeitung[6]).

3. Arten

Verwaltungsakte treten unter verschiedenen Namen auf, wie Verfügung, Anordnung, Entscheidung, Maßnahme (so z. B. § 25 brit. MRVO. Nr. 165), ohne daß völlig klar zu entnehmen wäre, was gemeint ist.

Eine ergiebige Einteilung ist nur unter Beachtung des jeweiligen Inhaltes des Aktes möglich[7]).

---

[1]) OVG. Lbg. in: DVBl. 1951, 414 erweckt den Anschein, als ob es auch nichtempfangsbedürftige Verwaltungsakte gäbe. Vgl. Turegg, Generalklausel, 16, 26.

[2]) Sehr deutlich: bayer. VerfGH. in VerwRspr. 3, 393.

[3]) Vgl. auch unten S. 180, 253ff.

[4]) Bayer. VGH. in: NJW. 1952, 909.

[5]) Vgl. unten S. 329. – Im Beamtenrecht besonders streng (§ 63 DBG) – BGHZ. 3, 2.

[6]) Übersicht bei Rosen, in: DVBl. 1952, 428. — Arnold, in : NJW. 1952, 857.

[7]) Vgl. auch Ule, Staat, Recht, Wirtschaft, III, 260. — Zu den älteren Einteilungen nach formellen Gesichtspunkten in Verwaltungsakte in verschiedenen Sinnen vgl. oben S. 114 Anm. 5. — Nachdem der Begriff des Verwaltungsaktes einheitlich umschrieben

a) Das ablehnende Verhalten

Dieses Verhalten einer Behörde äußert sich entweder in Untätigkeit[1]), soweit sie sich sachlich nicht erklärt, oder in der eine sachliche Äußerung darstellenden Verweigerung[2]).

Beispiel:

Eine Behörde gibt eine Beschwerde stillschweigend an ihre vorgesetzte Stelle ab, worin eine stillschweigende Ablehnung liegt — pr. OVG. 73, 374. — Eine Polizeibehörde gibt eine Anordnung, die die „Versagung . . . einer rechtlich vorgesehenen Erlaubnis oder Bescheinigung enthält" (§ 40 Abs. 1 pr. PVG.).

b) Gestaltende (konstitutive) Verwaltungsakte

Sie gestalten eine Sach- und Rechtslage und schaffen dadurch (konstitutiv) etwas Neues.

aa) Belastende Verwaltungsakte

Sie sind verpflichtend oder belastend, wenn sie sich — meist in der Form der Verfügung — mit Geboten oder Verboten an einen Adressaten wenden. Solche Gebote oder Verbote sind einer der hauptsächlichsten Gegenstände von Anfechtungsklagen. Es handelt sich dabei weitgehend um Polizeitätigkeit[3]).

bb) Begünstigende Verwaltungsakte

Die Begünstigung kann in zweifacher Weise erscheinen:

(1) Der Begünstigte erlangt durch den Verwaltungsakt ein subjektiv-öffentliches Recht[4]). Hierfür wiederum sind zwei Wege für den Gesetzgeber gangbar:

---

wird, sind sie überholt. Neuere Versuche, zwischen materiellen und formellen, insb. für das Prozeßverfahren benutzbaren Akten zu unterscheiden, können m. E. nicht überzeugen; vgl. Turegg, Generalklausel, 27ff. — Ebensowenig scheint eine Einteilung nach den behandelten Materien ergiebig — z. B. eigentumsgestaltende, verfügungsbeschränkende Akte, Akte mit öffentlich-rechtlicher oder mit privatrechtlicher Wirkung; vgl. Huber, Wirtschaftsverwaltungsrecht, I., 50, 62, 72 —, weil es nicht möglich sein dürfte, ein lückenloses System aufzustellen. Geschichtlich gesehen, hat die Beschäftigung mit privatrechtsgestaltenden Akten, also solchen, die in Privatrechtsverhältnisse eingreifen und deshalb die Zivilgerichte beschäftigen, die Lehre vom Verwaltungsakt gefördert; vgl. unten S. 118 Anm. 4.

[1]) RGZ. 105, 122.

[2]) Als Sondergruppe auch bei EWVRO., 218. Nach materiellen Gesichtspunkten ist diese Absonderung sicherlich richtig. Es dürfte aber möglich sein, unter verfahrensrechtlichen Gesichtspunkten jedes ablehnende Verhalten als konstitutiven oder deklaratorischen Verwaltungsakt zu qualifizieren: vgl. unten b).

[3]) Zur Polizeiverfügung vgl. unten 18. Kapitel.

[4]) Die ältere Auffassung neigt dazu, durch Erlaubnisse keine subjektivöffentlichen Rechte entstehen zu lassen, vgl. Jellinek, Verwaltungsrecht, 266. Nach Hatschek-Kurtzig, Verwaltungsrecht, 154 erlangt der „Erlaubnisbewerber durch die Polizeikonzession zwar kein subjektiv-öffentliches Recht auf Betätigung der Konzession, aber einen sog. öffentlich-rechtlichen Besitzstand". Da die neuere Gesetzgebung, insb. durch

Das Gesetz kann ein präventives (vorsorgliches) Verbot enthalten, das aber mit einem Erlaubnisvorbehalt versehen ist. Der Vorbehalt wird im Einzelfall verwirklicht durch einen Verwaltungsakt, welcher die Bezeichnung Erlaubnis, Genehmigung, Konzession i. w. S. usw. trägt, wenn eine bestimmte Tätigkeit gestattet wird, oder Zuweisung, Einweisung usw., wenn ein Gegenstand gewährt wird[1]). Dadurch werden die vom Gesetz betroffenen Vorgänge nicht unmöglich gemacht, sondern sie sollen nach einer vorbeugenden Prüfung — in gebundener oder Ermessensverwaltung — gesteuert werden. Die Erlaubniserteilung ist hier der Regelfall.

Beispiel:

Die Erlaubnisse des Rechts der gewerblichen Wirtschaft, Zuweisungen nach Gebrauchs- und Geschmacksmusterrechten, Warenzeichenrechten[2]), Wohnungs- oder Leistungsgesetzen. — Verleihung von Patenten, Volljährigkeitserklärungen, Schaffung juristischer Personen, Zuweisung einer Dienstwohnung — bad. VGH. in: DVBl. 1951, 633.

Oder das Gesetz enthält ein repressives Verbot mit Befreiungsvorbehalt. Hierdurch werden Vorgänge erfaßt, die als schädlich gelten und für die nur ausnahmsweise eine Befreiung, Dispens usw. erteilt wird. Die Versagung einer solchen Erlaubnis insb. ist kein enteignungsgleicher Vorgang[3]).

Beispiel: Handel mit Giften, Erlaubnis für Glückspiele.

Durch den Verwaltungsakt können neben subjektiv-öffentlichen auch Privatrechte entstehen (sog. privatrechtsgestaltende)[4]).

---

das Verwaltungsgerichtsverfahren Rechtsschutz i. a. nur für Rechte gewährt, treten alle anderen schutzwürdigen verwaltungsrechtlichen Situationen in den Hintergrund. Die Folge davon ist, daß sich die Zahl der Erlaubnisse, die subjektiv-öffentliche Rechte vermitteln, ständig vergrößert hat; in dieser Richtung bereits: Stier-Somlo in: Handwörterbuch der Rechtswissenschaften, 1928, Art. Konzession. — Auch die Ansicht, daß die durch die Ortspolizeibehörde erteilten Genehmigungen usw. keine subjektiv-öffentlichen Rechte vermitteln, wird sich angesichts der vorhandenen rechtsstaatlichen Grundlagen nicht aufrechterhalten lassen. — Vgl. i. ü. unten S. 139ff.

[1]) Die Terminologie ist in Gesetz und Schrifttum uneinheitlich. Die im Text gewählten Bezeichnungen setzen sich allmählich durch.

[2]) So auch Huber, Wirtschaftsverwaltungsrecht, II, 129.

[3]) BGH. in: MDR. 1953 B 62.

[4]) Die Möglichkeit der Entstehung von Privatrechten wird in der Verwaltungsrechtsliteratur schon bejaht von: G. Jellinek, System subjektiv-öffentlicher Rechte, 1905 52, 72; Kormann, System rechtsgeschäftlicher Verwaltungsakte, 1910, 343; Köhler, Grundlehren, 193; Ipsen, Der Widerruf, 66. Gegen privatrechtliche Wirkungen als Widerspruch in sich: O. Mayer, Verwaltungsrecht I, 118. In einigen Rechtsgebieten ist der privatrechtsgestaltende Verwaltungsakt — vgl. Bürckner, Staatsakt; Kroeber, Problem des privatrechtsgestaltenden Staatsaktes — eine stark beachtete Rechtsfigur geworden, und zwar insbesondere im Vormundschaftsrecht — §§ 1809 bis 1816, 1819 bis 1825 BGH. —, im Arbeitsrecht — z. B. Erwin Jacobi, Grundlehren des Arbeitsrechts, 1927, 413ff. — und im Wirtschaftsrecht — Huber, Wirtschaftsverwaltungsrecht 1953, I, 75.

Beispiel:

Eigentumserwerb infolge der Inanspruchnahme eines Gegenstandes nach einem Leistungsgesetz; Zwangsmietvertrag nach § 16 WRBewG.; Anschlußpflicht nach § 6 EnergWG.[1]).

(2) Dem Begünstigten kann in jeweils genau umschriebenen Grenzen Hoheitsgewalt übertragen werden durch sog. machtverleihende (konstitutive i. e. S.) Verwaltungsakte.

Beispiele:

Konzessionen auf dem Gebiet des Verkehrswesens (z. B. Reichsgesetz über Telegrafenwesen i. d. F. vom 3. 12. 1927 — RGBl. I, 331; pr. KleinbahnG. vom 28. 7. 1892, GS., 225), der Energiewirtschaft (Ges. betr. elektr. Maßeinheiten vom 3. 9. 1898 — RGBl., 906).

Der begünstigende Akt läßt die Begünstigung entweder nur in der Person der unmittelbaren Adressaten entstehen oder auch oder ausschließlich in einem Dritten („dreiseitiger Verwaltungsakt", „Verwaltungsakt mit Drittbetroffenem"[2]). In solchen Fällen liegt inbezug auf ihn ein echter begünstigender Verwaltungsakt vor.

Beispiel:

Eine Inanspruchnahme nach einem Leistungsgesetz, z. B. § 15 RLG., begünstigt den Leistungsempfänger (Zuweisung), obwohl sie sich an den Leistungspflichtigen wendet.

Nicht jeder Verwaltungsakt enthält ausschließlich Belastungen oder ausschließlich Begünstigungen („Verwaltungsakt mit Doppelwirkung"). Entweder werden von den verschiedenen Wirkungen die gleichen Personen betroffen

Beispiel:

Erlaubnis mit Auflagen, welche selbständige öffentlich-rechtliche Verpflichtungen enthalten.

oder verschiedene Personen.

Beispiel:

Wohnungszuweisungen; Mietfestsetzungen — OVG. Bln. in: ÖV. 1955, 215.

c) Feststellende (deklaratorische) Verwaltungsakte

Sie stellen ein öffentliches Rechtsverhältnis fest, welches sich auch oder ausschließlich auf Einzelpersonen erstreckt[3]).

---

[1]) Näheres Siebert, Festschr. f. Niemeyer 1953, 230.

[2]) Der Ausdruck stammt von OVGRat. Dr. Dr. Tannert, Lüneburg.

[3]) Solche Verwaltungsakte grenzen an die Tätigkeit der freiwilligen Gerichtsbarkeit, so daß die Grenzen oft schwer aufzufinden sind. — Manche — z. B. Forsthoff, Verwaltungsrecht I, 174 — kennen neben den feststellenden noch beurkundende Verwaltungsakte. Hierbei dürfte es sich jedoch nur um eine bestimmte Form der Feststellung handeln, während die Einteilung in Ablehnung, Gestaltung und Feststellung den Inhalt betrifft.

Beispiel:
Maßnahmen auf dem Gebiet der Zwangsbewirtschaftung, so die Feststellungen der Wohnungsämter über die Stellung der einzelnen Betroffenen; Feststellung des Wohnsitzes, der Einwohner- oder Bürgereigenschaft für Wahlrecht und Kommunalrecht; Entscheidung über die Gültigkeit einer Wahl; Eichungen nach §§ 9ff. Maß- und GewichtsG. vom 13. 12. 1935 — RGBl. I, 1499 —.

Gerade in diesem Zusammenhang üben Verwaltungsstellen oft eine der Rechtsprechung ähnliche Tätigkeit aus[1]).

Beispiel:
Entscheidungen mancher Kollegialbehörden — OVG. Lbg. 5, 347.

4. Mitwirkung Privater beim Verwaltungsakt

a) Mitwirkung als Tatbestandsmerkmal

Manche Verwaltungsakte werden durch den Willen einer privatrechtlichen Person erst ausgelöst oder ermöglicht, nämlich wenn ein Antrag oder eine Zustimmung nötig ist.

Beispiel:
Erlaubniserteilung auf Antrag; Verleihung der Staatsangehörigkeit, der Beamteneigenschaft auf Antrag. Zustimmung des Eigentümers bei Wegewidmung.

oder ihr Fortbestand ist von einem solchen Willen abhängig.

Beispiel:
Ausübung einer Konzession, die bei Stillegung des Betriebes erlischt.

Wann eine Mitwirkung von Privatpersonen erforderlich ist, ergibt sich aus den allgemeinen für Erlaß und Bestand des Verwaltungsaktes maßgeblichen gesetzlichen Grundlagen. Man wird die Mitwirkung als Tatbestandsmerkmal innerhalb des Gesamttatbestandes des Verwaltungsaktes anzusehen haben. Fehlt sie oder ist sie nur unvollständig vorhanden, so kann Anfechtbarkeit oder Nichtigkeit des Aktes die Folge sein, sofern einer der allgemeinen Gründe hierfür vorliegt.

Beispiel:
Verleihung der Beamteneigenschaft ohne Antrag ist nichtig. — Erweiterung einer Gewerbeerlaubnis ohne Antrag mit den Erlaubnisträger stark belastenden Auflagen ist möglicherweise nur anfechtbar.

Ob bloßes Anhören ein für das Zustandekommen des Aktes notwendiges Tatbestandsmerkmal sein kann, ist zweifelhaft.

Beispiel:
Den nach § 9 DVPBefG. anhörungsberechtigten Unternehmen steht ein klagbares Widerspruchsrecht zu — BVerwG. I C 102. 53 2. 6. 1955, in: DVBl. 1956, 96 —.

---

1) Dazu, daß sie deswegen nicht Gerichte sind, vgl. oben S. 4f. Hier zeigt sich die tatsächliche Nähe von Verwaltungsakt und Urteil, so daß die Ausführungen von O. Mayer zur Herkunft des Verwaltungsaktes stets aktuell bleiben werden. — Vgl. auch oben S. 114.

b) Öffentlich-rechtliche Verträge

Eine ältere, an das Zivilrecht anknüpfende Ansicht glaubte, die Mitwirkung nur durch die Annahme eines öffentlich-rechtlichen Vertrages erklären zu können:

Beispiel:

Begründung eines Beamtenverhältnisses (vor allem!) — RGZ. 68, 214; 81, 380.

Die — nie verkannte — Schwierigkeit einer solchen Erklärung besteht darin, daß dem Wesen des Vertrages eine, wenn auch gesetzlich beschränkte Willkür eigen ist, also gerade dasjenige, was dem öffentlichen Recht nicht entspricht[1]). Willkür ist nur zwischen Gleichberechtigten erträglich, wenn man sich über Art und Umfang einigen kann. Der Verwaltungsakt regelt aber Rechtsverhältnisse zwischen Ungleichen. Auf dem Gebiet der Hoheitsverwaltung kann es daher keine Verträge geben. Damit entfällt die Möglichkeit, den Vertrag als eine Unterart des Verwaltungsaktes, den es ja nur innerhalb der Hoheitsverwaltung gibt, anzusehen[2]). Auf dem Gebiet der nichthoheitlichen Verwaltung dagegen sind öffentlich-rechtliche Verträge möglich[3]).

c) Verwaltungsakte auf Unterwerfung

Als Reaktion gegen die Auffassung, daß öffentlich-rechtliche Verträge auch auf dem Gebiet der Hoheitsverwaltung möglich seien, bezeichnete Otto Mayer die Tätigkeit des Hoheitsträgers als die für die Entstehung des Verwaltungsaktes allein maßgebliche Unterlage, während die Mitwirkung Privater unerheblich sei.

Beispiel:

Jemand wird auch ohne seinen Antrag und ggf. gegen seinen Willen Beamter.

Sehe das Gesetz ihre Mitwirkung vor, so können sie lediglich sich durch Anfechtung gegen den einmal entstandenen Verwaltungsakt wenden[4]). Diese Lehre war wertvoll für die Überwindung der Vertragstheorie, wird aber in ihrem positiven Gehalt den Gegebenheiten nicht gerecht und jetzt kaum noch vertreten.

d) Zweiseitige Verwaltungsakte

Eine insb. von W. Jellinek[5]) geförderte Lehre stellt den einseitigen Verwaltungsakten, bei denen der Hoheitsträger allein tätig wird, die zweiseitigen gegenüber. Sie sollen aus zwei Teilen bestehen, nämlich der Willenserklärung des Hoheitsträgers und derjenigen des Gewaltunterworfenen, meist einem Antrag oder einer Zustimmungserklärung. Die Lehre möchte die von Mayer gezogenen Folgerungen vermeiden und dem Gewaltunterworfenen größeren Schutz angedeihen lassen. Das scheint angesichts der Generalklausel in der Verwaltungsgerichtsbarkeit[6]) nicht mehr erforderlich[7]). Rechtlich dürften ihr im wesentlichen die gleichen Bedenken entgegenstehen wie der Figur des öffentlich-rechtlichen Vertrages im Gebiet der Hoheitsverwaltung.

---

[1]) Gegen öffentlich-rechtliche Verträge wegen fehlender Gleichheit schon O. Mayer, Verwaltungsrecht, I, 14, 113; Fleiner, Institutionen, 183. Zusammenfassung bei: Apelt, Der verwaltungsrechtliche Vertrag.

[2]) Im Ergebnis ebenso Forsthoff, Verwaltungsrecht, 167. [3]) Vgl. oben S. 99.

[4]) Verwaltungsrecht II, 283 ff. — Gefolgt ist z. T. das sächs. OVG.

[5]) Verwaltungsrecht, 249 ff.; auch: Zweiseitiger Verwaltungsakt und Verwaltungsakt auf Unterwerfung, in: Festgabe für das preuß. OVG. 1925, 84 ff.

[6]) Vgl. unten S. 221.

[7]) Vgl. auch Ule, in: DVBl. 1949, 502. — Huber, Wirtschaftsverwaltungsrecht, II, 728 setzt „zweiseitige“ und „mitwirkungsbedürftige“ Akte gleich, was wohl nicht mehr den Bedürfnissen der Gegenwart entspricht.

5. Fehlerhafte Verwaltungsakte

a) Nichtigkeit und Anfechtbarkeit

Fehlerhaft ist ein Verwaltungsakt, wenn er nicht rechtsbeständig ist, weil er mit dem geltenden Recht nicht übereinstimmt, also rechtswidrig ist. Ein nur mit Ermessensfehlern behafteter Akt ist nicht rechtswidrig und deshalb nicht fehlerhaft in dem hier in Betracht kommenden Sinn[1]). Die Fehlerhaftigkeit kann zwei voneinander verschiedene Folgen haben: Entweder macht sie den Akt nichtig oder sie macht ihn anfechtbar. Beides sind also Ausnahmen von dem Grundsatz (favor actus publici), daß jeder Hoheitsakt als rechtsbeständig anzusehen sei.

Ein nichtiger Verwaltungsakt braucht von niemandem beachtet zu werden. Er ist von seiner Entstehung an (ex tunc) unbeachtlich. Auf die Nichtigkeit kann sich ein jeder Hoheitsträger, gleichgültig welcher Staatsgewaltsfunktion er angehört, und jede Person des Privatrechts in jeder nur denkbaren Form und ohne irgendeine Frist berufen. Die Nichtigkeit kann nicht (konstitutiv) herbeigeführt, sondern nur (deklaratorisch) festgestellt werden. Nötig ist allerdings, daß sie jemand geltend macht. Geschieht das nicht, so ist es möglich, daß ein objektiv nichtiger Akt Rechtswirkungen herbeiführt, weil niemand die Nichtigkeit beachtet. Insofern ist auch der nichtige Verwaltungsakt existent im Gegensatz zum Nichtakt[2]).

Beispiel: Unterrichtsbeispiel, Scherz.

Durch Anfechtung vernichtbar ist ein Verwaltungsakt, wenn er zwar rechtswidrig, die Rechtswidrigkeit aber doch nicht so stark ist, daß sie seine Nichtigkeit herbeiführen müßte. Ein nur anfechtbarer Akt bleibt so lange bestehen und wirksam, wie er durch Anfechtung nicht (konstitutiv) aufgehoben worden ist. Die Aufhebung des Aktes infolge Anfechtung wirkt also — anders als die ex tunc wirkende Anfechtung von Willenserklärungen[3]) — ex nunc[4]). Sie kann — im Gegensatz zur Geltendmachung der Nichtigkeit — nur in bestimmter Form, nämlich der verwaltungsgerichtlichen Anfechtungsklage[5]), geltend gemacht werden und nur während einer bestimmten Frist.

---

[1]) Die Beschränkung des Begriffs der Fehlerhaftigkeit auf die Rechtswidrigkeit und die Gegenüberstellung von Fehlerhaftigkeit und Ermessensfehlern entspricht der Verwaltungspraxis; vgl. auch oben S. 26 ff. — Peters, Verwaltung, 165; Jellinek, Verwaltungsrecht 263. — Zur modernen Problematik der Nichtigkeit: Wolff, in: MDR. 1950,523. Bender, in: DVBl. 1953, 33. [2]) Vgl. insb. Peters aaO. [3]) Vgl. oben S. 97.

[4]) So im Ergebnis auch Bachof, Klage, 113. — A. A. Menger, System, 167, der sich aber zu Unrecht auf Bachof beruft; BVerwG. unter Bezugnahme auf Menger. Eine Kassation des Aktes ex tunc widerspricht seinem Wesen als Hoheitsakt, da er trotz Fehlerhaftigkeit und Rechtswidrigkeit Wirkungen, die möglicherweise unzerstörbar sind, zeitigt.

[5]) Der wichtigste Gegenstand des Verwaltungsstreitverfahrens, vgl. S. 215.

Nach Fristablauf ohne Anfechtung oder nach Erschöpfung aller Rechtsbehelfe ist der Akt unanfechtbar. Sofern er bis dahin, insb. wegen des grundsätzlich vorhandenen Suspensiveffektes aller Rechtsbehelfe[1]), noch nicht voll wirksam werden konnte, tritt diese Wirkung nunmehr ein. Sie äußert sich darin, daß der Betroffene (Adressat) die Rechtswirksamkeit der durch den Akt gesetzten Maßnahmen nicht mehr bestreiten kann[2]) und daß die Behörde in den Rechtsbeziehungen zwischen ihr und dem Betroffenen auf den unanfechtbar gewordenen Akt verweisen kann. Solche Verweisungen sind Wissenserklärungen[3]). Die beiden Folgen entsprechen der materiellen und formellen Rechtskraft bei Urteilen[4]). Die Unanfechtbarkeit schließt nicht aus, daß die Behörde einen Akt von sich aus widerruft[5]).

Inhaltlich stellen Nichtigkeit und Anfechtbarkeit einen verschiedenen Grad der Rechtswidrigkeit dar. Die Grenzen stehen nicht fest. Sie sind abhängig von rechtspolitischen Erwägungen[6]). Besteht kein allgemeiner Anfechtungsschutz, so neigen die Gerichte dazu, den Rahmen der Nichtigkeit weit zu spannen, um dem einzelnen den größtmöglichen Rechtsschutz zu gewähren. Das war deutlich in den ersten Jahren nach 1945 zu beobachten. Besteht eine allgemeine Anfechtungsmöglichkeit, wie gegenwärtig durch die Generalklausel der Verwaltungsgerichtsbarkeit, dann wird die Nichtigkeit auf wenige Fälle beschränkt[7]). Alle anderen rechtswidrigen Akte sind nur anfechtbar.

Durch rechtswidrige Verwaltungsakte entstandene Folgen müssen mit hoheitlichen Mitteln beseitigt werden, falls im materiellen Recht begründete Ansprüche vorhanden sind, ein Beispiel für die sog. Folgenbeseitigungsansprüche[8]).

---

[1]) Vgl. unten S. 193.

[2]) Herrschend, vgl. z. B. Drews-Wacke, Allg. Polizeirecht, 1952, § 10; OVG. Lbg. in: ZZP. 64, 241.

[3]) Also keine Verwaltungsakte, nicht anfechtbar und nicht mit Rechtsmittelbelehrung zu versehen.

[4]) Die Bezeichnung, Rechtskraft ist den Urteilen vorzubehalten; vgl. Turegg, in: JR. 1950, 432; Baring, in: NJW. 1952, 1073 („Binsenwahrheit"); Loppuch, in: NJW. 1953, 1128. — A. A.: Bachof, in: JZ 1953, 411 für feststellende Akte; allgemein: w.-b. VGH. in: VerwRspr. 3, 411, OVG. Mstr. in: ZMR. 1953, 72. — Vgl. auch: Forsthoff, Verwaltungsrecht, 206; pr. OVG. 19, 382.

[5]) Vgl. unten S. 126ff.

[6]) Rechtstheoretisch wird man die Frage nicht lösen können, das wird z. B. evident bei einer Zusammenstellung der verschiedenen „Rechtstheorien", wie sie Bender, in: DVBl. 1953, 33ff. vornimmt, die in Wirklichkeit politische Ansichten sind. — Hess. VGH. VerwRspr. 6, 203: Entscheidend soll sein die Schwere des rechtlichen Mangels, die daran zu messen ist, ob der Fehler offensichtlich oder leicht erkennbar ist.

[7]) BGHZ. 4, 267, 302; BVerwG., in: NJW. 1954, 232.

[8]) Vgl. unten S. 177.

b) Fälle der Nichtigkeit

(1) Durch Gesetz sind nur wenige Tatbestände geklärt, z. B. §§ 68, 69 Abs. 1, 96; § 12 GastG., § 32 DBG., §§ 6, 7, 32 FGG.

(2) Formfehler machen einen Akt nichtig, wenn gesetzliche Formvorschriften vorhanden sind.

Beispiel:

Ist Zustellung vorgeschrieben, so ist der nicht zugestellte Akt nichtig — RGZ. 102, 89; OVG. Hbg., in: ZMR 1953, 294; bayer. VGH., in: DVBl. 1950, 275. — Fehlen von Datum, Ortsangabe, Behördenbezeichnung usw. — bayer. VGH., in: ZMR. 1954, 341.

Formelle Mängel können nicht mit rückwirkender Kraft geheilt werden[1]). Von nicht ordnungsgemäß bestellten Beamten vorgenommene Amtshandlungen sind nicht nichtig (§ 34 DBG.). Bedingungsfeindliche Akte werden durch Aufnahme einer Bedingung nichtig. Auflagen können trotzdem zulässig sein.

(3) Nichtigkeit wegen Verfahrensmängeln tritt selten ein, weil die Mängel i. a. zu beheben oder durch Nachholen unterlassener Maßnahmen zu heilen sind. Ausnahmen, die meist mit dem Verwaltungsgerichtsverfahren zusammenhängen, müssen gesetzlich verankert sein.

Beispiel:

Unterlassung der Benachrichtigung an zur Zeit des Erlasses des Aktes nicht bekannte, später aber bekannt gewordene Beteiligte[2]); Unterlassung der Bekanntgabe an den Betroffenen — BGHZ. 4, 20.

Ein Verfahrensmangel ist auch die Nichtbeteiligung zu beteiligender Personen oder Stellen. Schreibt das Gesetz ihre aktive Mitwirkung vor, so ist das Fehlen der Mitwirkung ein Nichtigkeitsgrund[3]).

Beispiel:

Fehlen der Mitwirkung des Eigentümers bei der Widmung eines öffentlichen Weges. — Erteilung einer landrätlichen Genehmigung nach dem Reichssiedlungsgesetz ohne Antrag — RGZ. 118, 230.

Wird vor einem beeinträchtigenden Akt dem Betroffenen rechtliches Gehör nicht gewährt, so ist er — vorbehaltlich abweichender Gesetzesvorschrift — nur dann nichtig, wenn er sich als Willkürakt darstellt[4]).

Schreibt das Gesetz nur vor, daß eine nicht unmittelbar betroffene Person oder Stelle zu hören sei, so daß die Entscheidung auch ergehen kann, wenn sie trotz ihr gebotener Äußerungsmöglichkeit schweigt, dann macht das Unterlassen der Anhörens den Akt nur anfechtbar.

Beispiel:

Unterlassen des Anhörens von Berufsorganisationen nach § 19 GastG.[5]). Nichtanhören nach § 8 EnergWG. — BGH., in: ÖV. 1954, 438.

---

[1]) Hess. VGH. in: VerwRspr. 1, 78.

[2]) Vgl. Gönnewein, in: DRZ. 1947, 153.

[3]) Fleiner, Institutionen, 204; Germershausen-Seydel, Wegerecht und Wegeverwaltung in Preußen, 1932, I, 8ff. Nicht unbestritten!

[4]) W.-b. VGH., in: DV. 1949, 404. BGH., in: DVBl. 1954, 431.

[5]) Bestritten! Wie hier: Michel, Gaststättengesetz, 1952, § 19 Anm. I, 3; W. Jellinek, Der fehlerhafte Verwaltungsakt, 66; Kormann, System, 278.

Die Akte beurlaubter Beamter sind nicht nichtig. Es kann aber Amtsmißbrauch vorliegen[1]). Akte geisteskranker Beamter sind nichtig, wenn sie in sich unsinnig sind (ähnlich § 579 ZPO.).

(4) Nichtig sind die Akte einer absolut sachlich unzuständigen Stelle.

Beispiel:

Enteignung durch Ministerialerlaß — w.-b. VGH. in: SJZ. 1948, 152. — Erteilung einer Erlaubnis nach § 5 EnergGes. durch Landesministerium — OVG. Lbg. 4, 225[2]).

Ist die Behörde zwar sachlich unzuständig, steht sie aber doch in irgendeiner Weise mit dem Akt in Verbindung, dann ist er nur anfechtbar.

Beispiel:

Erlaß eines Verwaltungsaktes durch die Fachaufsichtsbehörde, ohne daß zuvor die erste Verwaltungsinstanz entschieden hätte — württ. VGH. in: Württ-ZtschrVerw. 1925, 90; 1926, 140; — bad. VGH. in ZtschrfbadVerw. 1924, 34; sächs. OVG. 28, 243. — Vgl. auch § 3 pr. LVG.

Akte örtlich unzuständiger Stellen sind i. a. nur anfechtbar.

Beispiel:

Bayer. VGH. in: VerwRspr. 3, 393. Vgl. auch § 7 FGG., § 61 RAbgO.

(5) Ein unter Drohung zustande gekommener Akt ist nichtig[3]).

Beispiel:

Mehrere Ausländer stürmen eine Amtsstelle und zwingen den Beamten zur Vornahme einiger Verwaltungsakte. — RG. in: DJZ. 1908, 1326.

(6) Nichtig sind Willkürakte. Sie stellen ein in so hohem Maße fehlerhaftes Verhalten der Verwaltung dar, daß sie mit einem ordnungsgemäßen Geschäftsgang schlechterdings unvereinbar sind.

Beispiel:

Amtshandlungen zur Umgehung eines Gesetzes — OVG. Mstr., in: DVBl. 1954, 542 —. Eine Schankwirtschaft war lange Jahre hindurch als Realwirtschaft i. S. des bad. Landesrechts anerkannt worden. Wenn die zuständige Stelle plötzlich ohne äußeren Anlaß ihre Meinung ändert, ist das Willkür — bad. VGH., in: ZtschrfbadVerw. 1907, 209.

(7) Keine Nichtigkeitsgründe sind:

Zu nahe Beteiligung der Behörde oder eines Beamten („Richter in eigener Sache"); sie machen den Akt allenfalls anfechtbar (z. B. § 59 pr. LVG; § 7 FGG.; § 48 AO.)[4]); allerdings kann bei Akten, die Vermögensverfügungen enthalten, die Interessenkollision in sinngemäßer Anwendung von § 181 BGB doch zur Nichtigkeit führen[5]).

Unsittlicher Inhalt; es gibt im geltenden Recht keine Bestimmung, wonach naturrechtswidrige Staatsakte nichtig seien; infolgedessen bleiben auch die Verwaltungsakte

---

[1]) RGStr. 56, 429.
[2]) Vgl. auch Turegg, in: NJW. 1951. 868.
[3]) Bestritten! Wie hier: Giese-Neuwiem-Kahn, 100; v. Köhler, Grundlehren, 182; Jellinek, Verwaltungsrecht, 278. Nur Anfechtbarkeit: O. Mayer, Verwaltungsrecht, I, 94; EWVRO. 271f.; Fleiner, Institutionen, 207.
[4]) Näheres: Turegg, in: NJW. 1955, 40.
[5]) BGH. VerwRspr. 6, 650.

aus der Zeit zwischen 1933 und 1945 grundsätzlich bestehen; die Fehlerhaftigkeit muß im einzelnen geltend gemacht und nachgewiesen werden[1]).

Gesetzlosigkeit[2]); Erschleichen des Aktes[3]);

Überschreitung der der Behörde gesetzten Ermächtigung neben fehlender sachlicher Zuständigkeit[4]).

Zweckwidrigkeiten sind keine Rechtsverletzungen und können niemals zur Nichtigkeit führen, ebensowenig wie zu einer etwaigen Anfechtung[5]).

6. Widerruf[6])

a) Gültige und fehlerhafte Verwaltungsakte

Während die Nichtigkeit eines Verwaltungsaktes unmittelbar im Gesetz begründet ist und die Anfechtung durch eine Willenserklärung des von dem Akt Betroffenen erfolgt, stellt die dritte Möglichkeit der Vernichtung des Aktes, der Widerruf, eine durch die Behörde von Amt wegen vornehmbare Handlung dar („Selbstanfechtung"). Demgemäß gibt es keinen Rechtsanspruch auf Widerruf; der durch ihn Begünstigte erhält nur eine Chance[7]).

Widerrufen werden im technischen Sinne können nur unanfechtbar gewordene Verwaltungsakte. Akte, hinsichtlich deren noch Rechtsbehelfsfristen laufen, hinsichtlich deren also endgültig weder Rechte noch Pflichten entstanden sind, können der Natur der Sache nach von der sie erlassenden Behörde zurückgenommen werden[8]), unabhängig davon, ob sie fehlerhaft oder fehlerfrei sind[9]). Die Zurücknahme darf — was insbesondere für begünstigende Verwaltungsakte interessiert — nicht willkürlich, sondern nur aus sachgemäßen Erwägungen erfolgen, anderenfalls liegt Ermessensmißbrauch und damit eine Rechtsverletzung vor[10]).

Widerrufen werden kann aus Gründen bei Erlaß des Aktes und aus Gründen, die erst nachträglich eintreten. Die erste Alternative enthält als Widerrufsgründe alle die Umstände, die eine Nichtigkeit oder Anfechtbarkeit des Aktes

---

1) Vgl. eingehend: OLG. Saarbrücken in DRZ. 1947, 342.

2) BVerwG. 1, 67; OVG. Mstr. VerwRspr. 5, 62; bayer. VGH. Bayer. Bürgermeister 53, 139; BGH. VerwRspr. 5, 53; OVG. Lbg. 5, 321.

3) Pr. OVG. 13, 408; RGZ. 106, 115. — vgl. unten S. 134.

4) Eingehend: Ule in: 10. Beiheft DRZ. 1949, 7; OVG. Hbg. in: VerwRspr. 1, 409. A. A. teilweise Bettermann, in: MDR. 1949, 394.

5) Vgl. oben S. 122.

6) Zusammenstellungen: Turegg, in: JR. 1952, 18; Sommer, in: ÖV. 1954, 716, 744.

7) Hess. VGH. in: DV. 1949, 446; OVG. Lbg. in: Betrieb 1952, 449; auch Ipsen, Widerruf, 180.

8) Man sollte diesen rein technischen Vorgang nicht mit der Bezeichnung des rechtsbedeutsamen Widerrufs belegen, wie z. B. Eyermann-Fröhler, Verwaltungsgerichtsgesetz, Anhang zu § 35, IV, 2a. Auch begünstigende Akte können vor Eintritt der Unanfechtbarkeit im Rechtsbehelfsverfahren zurückgenommen werden — b.-w. VGH. 3, 133.

9) BVerwG., in: NJW. 1955, 317.

10) Eyermann-Fröhler aaO., Anhang zu § 35 IV 7 unter Berufung auf w.-b. VGH. in: SJZ. 1948, 152.

herbeiführen (Widerruf fehlerhafter Verwaltungsakte)[1]). Die Rechtslage wird hier betrachtet vorwiegend vom Standpunkt des einzelnen oder des Publikums aus. Da aber der Widerruf seinen eigenen — insbes. durch die im folgenden mitgeteilten Ausnahmen vom Grundsatz ersichtlichen — Gesetzen folgt, ist er nicht umgekehrt dann ausgeschlossen, wenn keine Nichtigkeit des Akts vorliegt oder wenn keine Anfechtung — etwa wegen prozeßrechtlichen Fristablaufs — mehr möglich ist (Widerruf gültiger Verwaltungsakte). Hier wird die Rechtslage vorwiegend vom Standpunkt der Behörde aus betrachtet. Die zweite Alternative schließt die weitgehende Anerkennung der clausula rebus sic stantibus für das Verwaltungsrecht ein. Veränderte äußere Umstände, der „Wegfall der Geschäftsgrundlage" können die Verwaltungsbehörde, wenn sie ihre Aufgabe richtig erfüllen will, zu widerspruchsvollen Maßnahmen und zur Zerstörung gültiger Verwaltungsakte zwingen[2]).

Der Form nach ist der Widerruf ein Verwaltungsakt. Er muß, falls das Gesetz keine andere Regelung trifft, in den gleichen Formen vorgenommen werden, die zum Erlaß des widerrufenen Akts notwendig waren. Widerrufsfristen gibt es nicht; doch kann ein zu spät vorgenommener Widerruf gegen Treu und Glauben verstoßen[3]).

War der Akt gültig oder nur anfechtbar, so wirkt der Widerruf ex nunc, wenn nicht Rückwirkung ausdrücklich vorbehalten ist[4]). Der Widerruf eines nichtigen Verwaltungsakts kann begriffsnotwendig nur ex tunc wirken, weil er nichts anderes ist als die Deklaration der stets vorhandenen Nichtigkeit[5]).

Gründe der Entstehung eines Verwaltungsaktes können nicht auch Gründe für den Widerruf sein, denn der Widerruf findet eine gerade durch den Verwaltungsakt geschaffene oder beeinflußte Sach- und Rechtslage vor, welche die Entstehungsweise des Aktes nicht belastete. Ein Akt kann also nicht deshalb frei widerrufen werden, weil die Behörde bei seinem Erlaß frei handeln konnte. Dennoch wird nach dem zur Zeit geltenden Recht von der Widerrufbarkeit

---

[1]) Insofern ist der Satz, daß Nichtigkeits- und Anfechtungsgründe auch Widerrufsgründe sind, richtig. — Es entspricht nicht der herrschenden Terminologie, hier das Wort Widerruf zu vermeiden und von „Rücknahme" zu sprechen, wie Haueisen, in NJW. 55, 1425 will; richtig m. E. Ipsen, Schriftfolge „Die Verwaltung", Heft 23, 12.

[2]) Z. B. Hess. VGH. in: DV. 1949, 132; einprägsam Fleiner, Institutionen, 186: „Die Aufgabe der Verwaltungstätigkeit besteht nicht darin, Rechtsgewißheit zu verschaffen . . ., sondern einen materiellen, dem Staat nützlichen Erfolg innerhalb der Schranken des Rechts zu erreichen . . . Was heute dem Gemeininteresse frommt, kann ihm schon nach kurzer Zeit schädlich sein, weil die Umstände sich inzwischen verändert haben."

[3]) OVG. Mstr. in: ZMR. 1953, 132.

[4]) W.-b. VGH. in: VRspr. 3, 304; OVG. Kbl. in: ZBR. 1954, 119; bayer. VGH. in: Bayer. Bürgerm. 1953, 139.

[5]) RGZ. 130, 139; w.-b. VGH. in: DVBl. 1950, 182.

des Verwaltungsaktes als Grundsatz ausgegangen werden müssen[1]). Wie jede Verwaltungsmaßnahme darf ein Widerruf nicht willkürlich ausgesprochen werden, sondern nur im Rahmen des pflichtgemäßen Ermessens[2]). Jeder Widerruf außerhalb dieses Rahmens ist rechtswidrig[3]). Der Widerruf eines Widerrufs ist unzulässig[4]).

Aber der Grundsatz der Widerrufbarkeit wird durch eine Reihe von Ausnahmen durchbrochen, entwickelt in Rechtsprechung und Schrifttum[5]).

b) Die einzelnen Arten

aa) Feststellende Verwaltungsakte

Unwiderrufbar sind feststellende Akte. Daß sie der Rechtsfindung dienen, rückt sie in die Nähe gerichtlicher Urteile.

bb) Gestaltende Verwaltungsakte

Unter den rechtsgestaltenden Akten interessiert bei belastenden aus tatsächlichen Gründen eine Beschränkung der Widerrufsmöglichkeiten nicht. Denn dem Belasteten kann der Widerruf nur Vorteile bringen. Seine möglicherweise vorhandenen Gegner haben keinen Rechtsanspruch auf Aufrechterhaltung des Aktes, und er selbst hat keinen Anspruch auf Aufrechterhaltung etwa deshalb, weil er durch künftige Akte noch stärkere Belastungen befürchtet[6]).

Um so bedeutungsvoller ist die Regelung der Widerrufsmöglichkeiten für begünstigende Akte. Für sie wirkt sich der Umstand aus, daß rechtsgestaltende Akte eine Rechtslage neu schaffen, die nach ihrer Entstehung ihr

---

[1]) So die gesamte ältere Lehre: O. Mayer, Verwaltungsrecht, I, 233; W. Jellinek, Verwaltungsrecht, 279; Fleiner, Institutionen, 198; Schoen insbes. für die Rechtsprechung des pr. OVG., 118; Kormann, System, 330; EWVRO., 282. Bedenken insb. wegen der zahlreichen Ausnahmen äußern: Ipsen, Widerruf, 55; Schack aaO. 338; vgl. auch: hess. VGH. in: ÖV. 1953, 150 mit Anm. von Zinser.

[2]) BVerwG. in: ÖV. 1954, 374 entspr. herrsch. M.

[3]) So auch Ule, in: DVBl. 1951, 339; pr. OVG. 105, 197; Forsthoff, Verwaltungsrecht, 216.

[4]) Bayer. VGH. 69, 11.

[5]) BVerfG. 2, 380 (405); Federer, JahrböffR. NF. 3, 26.

[6]) Eyermann-Fröhler, Anh. zu § 35 IV 1a meinen, eine „Ausnahme macht ein beschw. Verwaltungsakt durch den ein nur auf Antrag vorzunehmender Verwaltungsakt versagt wird (Antrag auf Verleihung der Staatsangehörigkeit wird abgelehnt). Durch die Ablehnung ist der Antrag verbraucht". Das scheint bedenklich, denn es ist z. B. das Wesen der Remonstration, daß die Behörde sich selbst korrigieren kann. Was für das Prozeßverfahren gilt (§ 93 MRVO. Nr. 165, § 118 VGG), sollte auch für das Verwaltungsverfahren gelten. — Bedenklich auch Haueisen, in: NJW. 1955, 1458, wonach „streitentscheidende" oder rechtsgestaltende belastende Akte schlechthin unwiderruflich sein sollen.

eigenes Leben hat[1]). Sie sind so zu vergleichen den Gestaltungsurteilen mit ihrer materiellen Rechtskraft inter omnes. Das alles spricht für ihre Unwiderrufbarkeit[2]). Unwiderrufbar sind insb. Akte, auf deren Vornahme der Begünstigte einen Anspruch hatte oder durch die er oder ein Dritter ein Recht erworben hat[3]). Die Widerrufsmöglichkeit wird seit jeher ferner abgelehnt für einen Sonderfall, nämlich wenn der Begünstigte im Vertrauen auf den Bestand des begünstigenden Aktes mit der Verwirklichung des danach genehmigten Werkes begonnen oder sonstige darauf beruhende besondere Anstalten getroffen hat[4]). Nur ausnahmsweise[5]) — also Ausnahme zur Ausnahme — kann in einigen, an Hand einzelner Gesetze erscheinenden Fällen widerrufen werden[6]).

Zu klären ist in jedem Fall, von welchem Zeitpunkt an ein rechtlicher Widerruf im Gegensatz zur rein tatsächlichen Rücknahme in Betracht kommt. Die Lage ist deutlich dann, wenn auch ein begünstigender Akt angefochten werden kann. Anfechtender ist nicht der Begünstigte selbst, sondern ein im Gesetz vorgesehener Dritter, wie die verschiedenen Vertreter des öffentlichen Interesses, die Stellen des § 19 GaststGes. usw. Man wird hier sagen müssen, daß die Begünstigung erst rechtswirksam wird mit dem formell oder materiell fruchtlosen Ablauf der Rechtsmittelfristen. Der Begünstigte wird zu einem solchen erst dann, wenn der Akt unanfechtbar geworden ist. Bis zu diesem Zeitpunkt sind in jedem begünstigenden Akt auch einige Prozente Belastung des Begünstigten insofern enthalten, als er im Augenblick des Erlasses noch keine Rechtsposition erwirbt, sondern erst bis zum Ablauf der Rechtsbehelfsfrist warten muß[7]).

---

[1]) Diese Begründung vermeidet die Gefahr des Zirkelschlusses, welcher sich diejenige Begründung aussetzt, die aus den durch den Verwaltungsakt entstandenen subjektiven Rechten dessen Unwiderrufbarkeit entnimmt. Auf den Zirkelschluß weisen vor allem hin: Jellinek, Verwaltungsrecht, 280 und Bühler, in: Verwaltungs- und Staatsrechtslexikon, 1927, Bd. 3, 110; dagegen Ipsen aaO., 72. — Die im Text vertretene Ansicht dürfte außerdem die Figur besonderer privatrechtsgestaltender Akte überflüssig machen.

[2]) Für grundsätzliche Unwiderrufbarkeit: Ipsen aaO., 72; Forsthoff, 217; hess. VGH. in: DVBl. 1950, 680. § 96 RAO. „regelt die Rücknahme und Einschränkung sog. begünstigender Verfügungen. Sie geht davon aus, daß sich die Beteiligten auf den mit der Verfügung verbundenen Vorteil wirtschaftlich eingerichtet haben, so daß es nicht gerechtfertigt scheint, wenn Verfügungen dieser Art ohne berechtigten Grund zurückgenommen oder eingeschränkt werden können"; Kühn, RAO. 1950, § 96 Anm. 1. — Ebenso: BGH. in: NJW. 1953, 787.

[3]) B.-w. VGH. 2, 166; OVG. Kbl. in: ÖV. 1955, 255; hess. VGH. in: DV. 1948, 46.

[4]) Vgl. z. B. Jellinek Verwaltungsrecht, 280; Fleiner, Institutionen, 201. Fraglich bei Akten mit Doppelwirkung: BGH. in: NJW. 1951, 836; Haueisen, in: NJW. 1955, 1460.

[5]) So ausdrücklich: BGH. in: MDR. 1953, 225; bayer. VGH. 6, 11.

[6]) Nicht von Bedeutung ist, ob die Begünstigung durch gebundene oder Ermessensverwaltung erteilt wurde. Dieser früher insb. im Polizeirecht gemachte Unterschied wurde (z. B. durch § 42 Abs. 2 des PVG.) aufgegeben, weil das Publikum regelmäßig die verschiedenen Verwaltungsarten nicht kennt. Vgl. Drews, Preuß. Polizeirecht, I, 73, 126.

[7]) Das kann auch bedeutungsvoll werden für die Frage der vorläufigen Vollziehung nach § 51 MRVO. Nr. 165 und VGG.

Wenn jedoch der begünstigende Akt von keiner dritten Seite angefochten werden kann, muß er mit dem Zeitpunkt seines Erlasses als sofort unanfechtbar („rechtskräftig") angesehen werden[1]). Dann ist ein Widerruf vom Zeitpunkt seines Erlasses an möglich, unabhängig davon, ob rein zeitlich betrachtet noch eine Frist für ein Rechtsmittel läuft, das mangels Beschwer von niemandem, insbesondere nicht von dem Begünstigten eingelegt werden kann.

c) Widerruf begünstigender Verwaltungsakte

(1) Wenn eine mit ihm verbundene Auflage oder Bedingung nicht erfüllt wird (§ 96 Ziff. 3 RAO.[2]), § 143 Ziff. 7 thür. LVO.; Art. 73 Abs. 1 Satz 2, 89 Ziff. 3 EWVRO[3]).

(2) Wenn der Widerruf im Gesetz (z. B. § 35 GewO., § 4 Abs. 1 StrVerkG., § 62 Abs. 1 BVertrG.) oder im Akt vorbehalten ist (§ 96 Abs. 1 RAO.; § 42 Abs. 2 pr. PVG.; § 142 Ziff. 1 thür. LVO.; Art. 89 Ziff. 1 EWVRO.)[4]), wobei der Widerruf aber niemals willkürlich, sondern immer nur aus ermessensmäßig zu rechtfertigenden Gründen zulässig ist[5]). Außerdem ist der Widerufsvorbehalt unwirksam, wenn der Akt, auf den er sich bezieht, dem Empfänger ein subjektiv-öffentliches Recht verleiht[6]).

Beispiel:

Hat eine stark zerstört gewesene Stadt im Jahre 1945 einer ausgebombten Lebensmittelhandlung die widerrufliche Erlaubnis erteilt, auf einer bestimmungsgemäßen Grünfläche eine Verkaufsbaracke zu errichten, so liegt ein polizeiliches Interesse vor, wenn die Stadt nach Wiederherstellung normaler Verhältnisse im Jahre 1949 von ihrem Widerrufsrecht Gebrauch macht, um die Grünfläche wieder ihrem bestimmungsgemäßen Zwecke zuzuführen — OVG. Lbg. vom 19. 6. 1952 — I A 95/52 —.

(3) Wenn er dem zur Zeit des Erlasses geltenden Recht widerspricht (§ 42 Abs. 1a pr. PVG.; § 143 Ziff. 2 thür. LVO.; Art. 88 Abs. 1 EWVRO.). Die von den Gesetzen gewählte Formulierung sagt nicht, ob der Gesetzesverstoß Nichtigkeit des Verwaltungsaktes herbeiführen muß oder ob schon Anfechtbarkeit genügt. Diese Frage gewinnt unter der Herrschaft der verwaltungsgerichtlichen Generalklausel mit ihrer alle Bezirke

---

[1]) Davon gehen Eyermann-Fröhler aaO. Anhang zu § 35 IV 2b als Regelfall aus.

[2]) Unter § 96 RAO. fallen nur rechtsbegünstigende (konstitutive), nicht rechtsbestätigende (deklaratorische Verfügungen (Kühn aaO. Anm. 2a).

[3]) Streitig ist, ob die Behörde gezwungen ist, vor Widerruf die Erfüllung der Auflage gegebenenfalls mit Verwaltungszwang durchzusetzen. Verneinend — m. E. richtig — Jellinek, Verwaltungsrecht, 285. A. A. Köhler, 196ff.

[4]) Eine andere Frage ist es, ob im Einzelfall ein Widerrufsvorbehalt zulässig ist oder ob der Begünstigte oder zu Begünstigende einen Rechtsanspruch auf Erlaß eines vorbehaltlosen Verwaltungsaktes hat. Der Vorbehalt kann i. a. nicht verjähren oder verwirkt werden — OVG. Münster vom 20. 3. 1952 II A 1014/51 —. Wieder eine andere (tatsächliche?) Frage ist es, ob der Verwaltungsakt so schwach ist, daß ein Widerrufsvorbehalt stillschweigend angenommen werden muß. Das kann der Fall sein bei Ausnahmebewilligungen, wozu z. B. § 43 bad. Verfahrensordnung von 1884 sagt, daß „wegen geänderter oder abweichender Ansicht" die Behörde frei widerrufen könne; — hierzu BGH. in AöR. Bd. 78 (1952), 102.

[5]) OVG. Hbg. in Verw.Rspr. 2, 433 — pr. OVG. 50, 363, 69, 399, 71, 428 schon für die Zeit vor pr. PVG.; VG. Bln. in: NJW. 1954, 1584.

[6]) OVG. Mstr. 5, 155.

des Verwaltungsrechts durchdringenden Unterscheidung von Nichtigkeit und Anfechtbarkeit besondere Bedeutung. Hält man nämlich Widerruf auch dann für möglich, wenn bloße Anfechtungsgründe vorhanden sind, dann hat die Verwaltung, deren Arbeitsmittel an keine Zeitgrenzen gebunden sind, eine ungleich bessere Stellung als der Privatmann, dem nur die durch formelle Vorschriften zeitlich beschränkte Anfechtung zur Verfügung steht. Für die Widerrufsmöglichkeit auch bei nur anfechtbaren, aber nicht nichtigen Verwaltungsakten spricht die allgemeine „Notwendigkeit, die durch eine rechtswidrige Maßnahme verletzte Rechtsnorm wieder zur Geltung zu bringen"[1]). Dagegen spricht, daß dann kaum jemals eine ruhige und gesicherte Rechtslage eintritt, was im Gegensatz zu der allgemeinen Tendenz jeder Verwaltungsführung steht, im Interesse der öffentlichen Ruhe lieber einmal einen nicht genau dem Gesetz entsprechenden Zustand zu dulden, als durch allzu korrekte Gesetzesanwendung dauernd Unruhe zu stiften. Dagegen sprechen auch die durch den nur anfechtbaren Akt entstandenen Rechte, sei es in dem Adressaten selbst, sei es in dritten Personen[2]). Diese Bedenken dürften es zweckmäßig erscheinen lassen, einen Widerruf wegen Verstoßes gegen das zur Zeit des Erlasses geltende Recht nur bei infolgedessen eingetretener Nichtigkeit zuzulassen. Ein solcher Widerruf hat nur deklaratorische Bedeutung[3]).

(4) Wenn er von einer sachlich oder örtlich unzuständigen Behörde erlassen ist (§ 96 Abs. 1 Ziff. 1 RAO.; § 143 Ziff. 1 thür. LVO.; Art. 88 Ziff. 2, 3 EWVRO).

(5) Wenn sich die tatsächlichen Verhältnisse geändert haben (clausula rebus sic stantibus) (§ 42 Abs. 1d, erste Alternative, pr. PVG.; § 96 Abs. 1 Ziff. 2 RAO.; § 143 Ziff. 4 thür. LVO.)[4]). Ändert sich die Rechtslage, so ist ein Widerruf i. a. nur dann

---

[1]) BGH. in: Betrieb 1951, 422; „Auch wenn der Widerruf eines VA. das durch ihn begründete Recht einer dritten Person berührt, steht dies der Gültigkeit des Widerrufs nicht entgegen, wenn der VA. wegen Gesetzwidrigkeit widerrufen wird, sei es, daß der Verstoß gegen das Gesetz ihn ohne weiteres ungültig oder nur anfechtbar macht." Ebenso BGH., in: NJW. 1951, 359; Bez. VG. Bln. in: Verw. Rspr. 3 Nr. 110, wohl auch bayer. VGH. ÖV. 1951, 315; Bayer. Bürgermeister, 1953, 44: Widerruf möglich bei Verstoß gegen „gebietende, zwingende Vorschriften"; vgl. auch Anm. 3.

[2]) Da der anfechtbare VA. ein zunächst mit allen Rechtswirkungen eines vollgültigen Aktes ausgestatteter Staatsakt ist, ist der oben erwähnte Zirkel für diesen Fall nicht vorhanden. Das LG. München sucht diese Schwierigkeit zu vermeiden, indem es die subjektiven durch einen späterhin widerrufenen VA. entstandenen Rechte als inzwischen selbständig gewordene Rechtsfiguren trotz des Widerrufs weiter bestehen läßt — in: Autobeorderungsprozeß, hsg. v. Arndt-Guelde 1949, 91.

[3]) In der Vergangenheit — ohne Generalklausel — war es im wesentlichen die „Wichtigkeit der verletzten Rechtsnorm", die das Maß des Widerrufs bestimmte. So hielt man nach § 42 pr. PVG. einen Widerruf möglich a) bei Verstoß gegen ein Verbotsgesetz, b) bei Nichterfüllung von im Gesetz für den Erlaß des begünstigenden Aktes aufgestellten Erfordernissen — Franzen, Lehrkommentar zum PVG., 1934, 152 —; nach älterem preußischen Recht bei besonderer Gefährdung der Öffentlichkeit, etwa bei Errichtung eines Hauses in der Nähe einer Sprengstoffabrik — pr. OVG. 29, 390, von Jellinek, Verwaltungsrecht, 283 zustimmend zitiert. EWVRO. spricht davon, daß nur der Verstoß gegen eine „gebietende Rechtsvorschrift" einen Widerruf rechtfertige. Aber da eine solche Vorschrift schon vorliegt, „wenn die Würdigung, ob der ihr zugrunde liegende Tatbestand für die Entstehung von Rechten oder Pflichten maßgebend ist, dem freien Ermessen der Behörden entzogen ist" (S. 298), fällt darunter jegliche Rechtsverletzung. Bayr. VGH. Verw. Rspr. 4 Nr. 34 versucht den Begriff („strikt, keine Ausnahme zulassend und kein freies Ermessen einräumend") näher zu umreißen.

[4]) Zusammenfassung bei Lawrenz, in NJW. 1952, 361.

möglich, wenn von dem Akt noch nicht Gebrauch gemacht worden ist und Tatsachen vorliegen, die nach dem neuen Recht eine Versagung rechtfertigen würden (§ 42 Abs. 1c pr. PVG., § 143 Ziff. 3 thür. LVG). Ergeben sich aus der neuen Rechtslage jedoch ständig neu entstehende Einzelverpflichtungen, dann kann der ursprüngliche Akt widerrufen und durch eine Neuregelung der neuen Rechtslage angepaßt werden[1]). Nicht widerrufen werden kann, wenn durch den Akt endgültigen Charakter tragende Rechte Dritter begründet worden sind, wie z. B. bei Inanspruchnahmen zur Verfügung nach einem Leistungsgesetz oder durch Abschluß eines Zwangsmietvertrages[2]).

(6) Wenn der Behörde ohne ihr Verschulden Tatsachen erst nachträglich bekannt werden, die zur Versagung des Aktes berechtigt hätten und polizeilich zu schützende Interessen gefährdet sind (§ 42 Abs. 1d pr. PVG.; § 143 Ziff. 8 thür. LVO., auch § 50 GewO.)[3]). Eine Veränderung der Beurteilung, insbesondere der rechtlichen Beurteilung der tatsächlichen Verhältnisse, ist kein Widerrufsgrund[4]).

(7) Wenn der VA. durch unlautere Mittel der Beteiligten zustande gekommen ist (§ 96 Abs. 1 Ziff. 2, Abs. 2 RAO.; § 42 Abs. 1b pr. PVG.; § 143 Ziff. 5, 6 thür. LVO.; Art. 88 Ziff. 7 EWVRO.)[5]). Diese Mittel rechtfertigen nur dann einen Widerruf, wenn sie durch den Begünstigten verwendet worden sind, also nicht schon dann, wenn bei einem dreiseitigen Verwaltungsakt oder einem Verwaltungsakt mit Doppelwirkung irgendeine nicht begünstigte Stelle sie benutzt hat[6]). — Widerrufsmöglichkeit wohl auch dann, wenn die Geltendmachung von durch den Akt erworbenen Rechten gegen Treu und Glauben verstoßen würde[7]).

Sind mehrere Instanzen vorhanden, so kann jede Instanz den Akt zurücknehmen oder widerrufen.

(8) Wenn die ihn erlassende Behörde ihre Ansicht ändert, das aber nur bei trotz repressiven Verbots erteilter Ausnahmebewilligung[8]).

7. Erfüllung

Ein Verwaltungsakt verliert seine Bedeutung, wenn dasjenige, was er anordnet, erledigt ist[9]) und weiterhin keiner öffentlichen Maßnahme mehr bedarf. Der gewöhnliche Fall der Erledigung, insb. der gestaltenden Verwaltungsakte,

---

[1]) So dürfen die Preisbehörden Bescheide, die vor Inkrafttreten des Preisgesetzes vor 1948 ergangen sind, wegen Eintritts der neuen Rechtslage ändern — OVG. Lbg. vom 30. 8. 1951 — III A 1/51 —.

[2]) Hess. VGH. vom 7. 1. 1948 in: DV. 1948, 149, OLG. Koblenz in ÖV. 1949, 318.

[3]) Totzek in: ÖV. 1949, 232; w.-b. VGH. in: ÖV. 1949, 20 und 175,

[4]) LVG. Braunschweig DV. 1949, 296 Eyermann-Fröhler aaO. Anh. zu § 35 IV 2d e. E.; OVG. Lüneburg vom 5. 10. 1951 — III A 286/50 —.

[5]) BVerwG. in: NJW. 1953, 1568.

[6]) Art. 88 Ziff. 4—6 EWVRO. kennt noch einige Formalien.

[7]) BGH. VerwRspr. 5, 278; in: NJW. 1953, 787.

[8]) Vgl. oben S. 119. Hier vor allem zeigt sich die Bedeutung der Unterteilung der Erlaubnisse. Auch für diese Widerrufsmöglichkeit gilt, daß der Widerruf nicht aus „sachfremden Motiven" und dann nicht mehr ausgesprochen werden darf, wenn von der Ausnahmebewilligung schon Gebrauch gemacht worden ist. — Vgl. auch oben S. 129.

[9]) § 75 Abs. 1 Satz 2 brit. MRVO. Nr. 165: „Hat der Verwaltungsakt durch Zurücknahme oder auf eine andere Weise seine Erledigung gefunden, so". — Parallelerscheinung im Privatrecht: Zweckerreichung und Wegfall des Gläubigerinteresses; vgl. Enneccerus-Lehmann, Schuldrecht, 1954, § 77.

ist die Erfüllung. Mit der Erfüllung erlöschen alle mit ihm in Zusammenhang stehenden öffentlichen Rechtsverhältnisse (ähnlich § 362 BGB.).

Da innerhalb der Verwaltung das Schwergewicht auf der Erreichung eines bestimmten Zweckes liegt, müssen Maßnahmen an Erfüllungs Statt in weitestem Umfang berücksichtigt werden.

Beispiel:

Verlangt die Baubehörde, daß ein in die Fluchtlinie ragender Vorbau um 1 m zurückgesetzt wird, so ist der Anordnung auch durch gänzliche Entfernung des Vorbaus Genüge getan.

Keine Maßnahme an Erfüllungsstatt sondern Erfüllung ist es, wenn der Verpflichtete von mehreren Erfüllungsmöglichkeiten, die selbständig und gleichwertig nebeneinander bestehen, die eine wählt. Eine derartige Wahl ist in weitherziger Weise stets zuzulassen, denn auch hierbei ist zu berücksichtigen, daß es auf das Ziel und nicht auf den Weg, sofern er nur nicht rechtswidrig ist, ankommt[1]).

Schrifttum

Andersen, Ungültige Verwaltungsakte mit besonderer Berücksichtigung der Ungültigkeitsgründe. 1927.
Apelt, siehe Kap. 6.
Bachof, Verwaltungsakt und innerdienstliche Weisung. In: Festschrift für W. Laforet. 1952, 285.
Bettermann, Verwaltungsakt und Richterspruch. In: Gedächtnisschrift für W. Jellinek. 1955. 361.
Bürckner, Der privatrechtsgestaltende Staatsakt (Leipziger rechtswissenschaftliche Studien, Heft 47). 1930.
Hippel, v., Untersuchungen zum Problem des fehlerhaften Verwaltungsaktes. 1928.
Ipsen, Widerruf gültiger Verwaltungsakte. 1932.
— Das Problem der justizfreien Hoheitsakte. 1937.
Jellinek, W., Zweiseitiger Verwaltungsakt und Verwaltungsakt auf Unterwerfung (in: Festgabe zur Feier des 50jährigen Bestehens des preußischen Oberverwaltungsgerichts). 1925.
— Der fehlerhafte Staatsakt. 1910.
Kormann, siehe Kap. 6.
Kroeber, Das Problem des privatrechtsgestaltenden Staatsakts. 1931.
Obermayer, Verwaltungsakt und innerdienstlicher Rechtsakt. 1956.
Pappenheim, Konversion fehlerhafter Staatsakte. In: Fischer's Zeitschrift für Praxis und Gesetzgebung der Verwaltung. 1927.
Schneider, Gerichtsfreie Hoheitsakte. 1951.
Schoen, Widerruf der Verfügungen nach der Rechtsprechung des Oberverwaltungsgerichts. (In: Festgabe zur Feier des 50jährigen Bestehens des preußischen Oberverwaltungsgerichts). 1925.
Siewers, Verwaltungsakt und Prüfungsrecht. (In: Fischer's Zeitschrift für Praxis und Gesetzgebung der Verwaltung). 1929.
Turegg, Generalklausel. 1956.

[1]) Drews, in: RVerwBl. 50 (1929), 2ff.

Achtes Kapitel

Subjektive Rechte

1. Bestand

Rechtsverhältnisse mit in jeder Beziehung gleichrangigen Partnern müssen notwendigerweise subjektive Rechte, das ist dem Inhalt nach eine dem einzelnen durch das objektive Recht zuerkannte Willensmacht und dem Zweck nach ein Mittel zur Befriedigung seiner Interessen[1]), kennen. Im öffentlichen Recht gehören solche Rechtsverhältnisse der nicht-öffentlichen Verwaltung an.

Beispiel:

Subjektive Rechte innerhalb öffentlich-rechtlicher Verträge; Beziehungen zwischen Gemeinden.

Auch in der fiskalischen Verwaltung gibt es notwendigerweise subjektive Rechte. In beiden Verwaltungsarten sind sie in jeder Staatsform denkbar.

Abhängig von der jeweiligen Staatsform und der aus ihr sich ergebenden rechtspolitischen Auffassung ist jedoch die Frage, ob es subjektive Rechte auch innerhalb der Hoheitsverwaltung und hier insbesondere in der Hand der Gewaltunterworfenen geben soll. Eine die Staatsautorität betonende Staatsform, wie die absolute, teilweise auch die konstitutionelle Monarchie oder der autoritäre Staat, wird eine solche Regelung für unerträglich halten. Die Demokratie der Gegenwart hält sie für möglich. Die dem Staatsbürger innerhalb der Hoheitsverwaltung zukommenden Rechte tragen den Namen subjektiv-öffentliche (oder subjektive öffentliche) Rechte. Sie sind eine Kunstschöpfung ebenso wie der Verwaltungsakt[2]). Mit ihm gemein haben sie die große Bedeutung, die ihnen im Verwaltungsrecht zukommt: Wie im Mittelpunkt der Rechtsstellung des Hoheitsträgers in der Hoheitsverwaltung der Verwaltungsakt, so steht hier im Mittelpunkt der Rechtsstellung des Gewaltunterworfenen das subjektiv-öffentliche Recht.

---

[1]) Enneccerus-Nipperdey, Allg. Teil des bürgerl. Rechts. 1952, 1. Halbb. 273.

[2]) Das wird wieder deutlich durch die Darlegungen bei Bühler, Gedächtnisschrift f. Jellinek. — Nicht überzeugend m. E. Forsthoff, Verwaltungsrecht, 157. Die dort erwähnte Dissertation von Gerh. Brings, Das subjektivöffentliche Recht und die Verwaltungsgerichtsbarkeit, Heidelberg 1938 zeigt m. E. gerade den höchst politischen Versuch, dieses Recht zu retten, indem es seiner „liberalistischen" Schlacken entkleidet werden sollte.

2. Begriff der subjektiv-öffentlichen Rechte

Mangels einer Legaldefinition ist der Begriff in Praxis, insb. derjenigen der Verwaltungsgerichte, und Theorie entwickelt worden. Dabei ist auszugehen von den dem Staatsbürger innerhalb des Staatsganzen zukommenden Rechtspflichten und Berechtigungen. Das Maß der rechtlichen Pflichten, soweit sie nicht freiwillig übernommen wurden, ist die Kehrseite der Verwaltungsakte. Insb. stehen den Hoheitsakten Pflichten der betroffenen Gewaltunterworfenen gegenüber. Soll der Staatsbürger aber nicht nur Objekt der Hoheitsverwaltung bleiben, dann muß die Rechtsordnung ihm eine selbständige Stellung gegenüber den Hoheitsträgern geben. Hierzu bedarf es einiger Voraussetzungen:

(1) Die Rechtsordnung muß subjektive Rechte kennen[1]).

(2) Der Hoheitsträger, an den der einzelne sich wenden will, muß Adressat der Äußerung des einzelnen sein können. Das ist nur möglich, wenn jenem die Stellung einer juristischen Person eingeräumt wird, wie das gegenwärtig der Fall ist.

(3) Es müssen Rechtsbeziehungen zwischen dem einzelnen Staatsbürger und Hoheitsträgern möglich sein. Der einzelne muß insb. in Rechtsverhältnissen, die Hoheitsmaßnahmen zum Inhalt haben und in denen er sich befindet, eine eigene Position einnehmen können. Das ist nur möglich, wenn er Subjekt des öffentlichen Rechts ist.

(4) Schließlich muß die Rechtsordnung dem einzelnen Gewaltunterworfenen die Möglichkeit geben, in den öffentlichen Rechtsverhältnissen, in denen er sich befindet, die ihm vom objektiven Recht eingeräumte Rechtsposition im Einzelfall zu verwirklichen.

Vollziehbarkeit gehört zwar nicht zum Wesen der dem einzelnen zustehenden Rechte[2]). Trotzdem ist eine Ordnung, die nur unvollziehbares oder unvollstreckbares Recht kennt, unserer modernen Auffassung nach keine solche, der man den Namen Rechtsordnung beilegen dürfte. Infolgedessen sind subjektiv-öffentliche Rechte i. a. nur interessant, wenn sie durchgesetzt werden können. Die wichtigste Form des Durchsetzens ist die Klage und hier, da es sich um öffentlich-rechtliche Zusammenhänge

---

[1]) Vgl. oben S. 134. — Für das Verständnis der Entwicklung des subjektiv-öffentlichen Rechts ist daran zu erinnern, daß die gegenwärtig herrschende Begriffsbestimmung eine Überwindung der Imperativtheorie — Gesetzesinhalt können nur Gebote und Verbote, was auf Seiten des Gesetzesadressaten nur Pflichten und Pflichtverletzungen zur Folge hat; Bierling, in: Zur Kritik jur. Grundbegriffe, 1883, 322 — sowie der reinen Willenstheorie — subjektive Rechte sind nur eine Willensmacht; Windscheid-Kipp, in: Lehrb. d. Pandektenrechts, I, 156 — und der reinen Interessentheorie — Jhering, in: Geist d. röm. Rechts IV, 330; auch Fleiner, in: Institutionen, 175 — bedeutet.

[2]) So deutlich schon Bühler, Subjektiv-öffentliche Rechte, 12.

handelt, die Klage im Verwaltungsstreitverfahren. Aber die Möglichkeit der gerichtlichen Geltendmachung gehört nicht zur Begriffsbestimmung[1]).

Ein subjektiv-öffentliches Recht ist danach ein subjektives Recht, das einem als Subjekt im öffentlichen Recht, also als Träger von Rechten und Pflichten anerkannten Nichthoheitsträger als ihm von der Rechtsordnung in seinem oder eines anderen Interesse verliehene Willensmacht zusteht, die von ihm gegenüber Hoheitsträgern geltend gemacht werden kann und die ihn seine Rechtsposition verwirklichen läßt[2]).

3. Träger und Adressat

a) Träger

Der Träger eines subjektiv-öffentlichen Rechts läßt sich nur vom Standpunkt des jeweiligen Rechtsverhältnisses aus feststellen. Träger kann jedes Privat-

---

[1]) Verfahrensbestimmungen können niemals materielle Rechte schaffen; aus den Verfahrensordnungen, insb. VGG. oder brit. MRVO. Nr. 165, ist also niemals zu entnehmen, ob s.-ö. Rechte bestehen; vielmehr sagen sie nur, wie sie verfolgt werden können, wenn sie bestehen; so: bayer. VGH. in: VerwRspr. I, 354; Witten, in: DV. 1948, 339; W. Jellinek, in: ArchöffR. 32, 584 unter Berufung auf G. Jellinek, System, 101; auch Bühler aaO., 48. — Die entgegenstehende Ansicht bei Bachof, Die verwaltungsgerichtliche Klage, 78 scheint nicht überzeugend; vgl. auch unten S. 144.

[2]) Eingehend: Turegg, Generalklausel, — Zur Geschichte der Definition des subjektiv-öffentlichen Rechts: Einigkeit besteht darüber, daß das subjektiv-öffentliche Recht dem einzelnen in einem bestimmten Verhältnis zur öffentlichen Gewalt die maßgebende Willensmacht einräumt. Nach Windscheid, I, 87, Stengel-Giese in: Fleischmann Wörterbuch, III, 5, u. a. ist die Zuteilung einer solchen Willensmacht das ausschlaggebende Merkmal. O. Mayer, I, 106, G. Jellinek, System, 41, Fleiner, 162, Bühler, Subj.-öff. R., 224; Zur Theorie, 36, in: Gedächtnisschr. f. Jellinek, 274 (wo er seine bisherige Definition aufrechterhält: „Subjektives öffentliches Recht ist diejenige Stellung des Untertanen zum Staat, in der er auf Grund eines Rechtsgeschäfts oder eines zwingenden, zum Schutze seiner Individualinteressen erlassenen Rechtssatzes, auf den er sich der Verwaltung gegenüber soll berufen können, vom Staat etwas verlangen kann oder ihm gegenüber etwas tun darf.") W. Jellinek, 206, Begründung zum Entwurf eines Gesetzes über das Reichsverwaltungsgericht — RT Drucksache 1926 Nr. 34, Kornmann-List, Einführung in die Praxis des deutschen Verwaltungsrechts 250 verlangen, daß das rechtliche Können des einzelnen, d. i. die ihm von der öffentlichen Gewalt eingeräumte maßgebende Willensmacht im eigenen Interesse desjenigen liegen müsse, dem aus der Zuteilung ein subjektives Recht erwachsen soll. Es gibt aber auch subjektiv-öffentliche Rechte, die im Interesse anderer oder im öffentlichen Interesse geltend gemacht werden, weshalb diese Begrenzung als zu eng abzulehnen ist; so EWVRO., 103 (Art. 10: „Ein Recht eines einzelnen liegt vor, wo er kraft öffentlichen Rechts ein bestimmtes Handeln, Dulden oder Unterlassen von der öffentlichen Gewalt oder von Dritten verlangen kann"). Auch bei Köhler, 219, Forsthoff, I, 147, Dennewitz, Verwaltung und Verwaltungsrecht, 1944, 142 fehlt diese Einschränkung. Dagegen sprechen Forsthoff, Bühler u. a. von einer durch Rechtssatz oder Rechtsgeschäft erlangten Rechtsposition; gegen die Verwendung des Begriffes Rechtsgeschäft vgl. die Bedenken oben S. 99ff. Woher das Recht stammt, dürfte gleichgültig sein; vgl. unten S. 145.

rechtssubjekt sein, sofern es — was der Norm entspricht — im konkreten Fall kein Hoheitsrecht geltend macht, wie z. B. beliehene Unternehmen. Träger kann sodann ein Hoheitsträger sein innerhalb eines Rechtsverhältnisses, in welchem er keine Hoheitsbefugnisse ausübt, aber einem Hoheitsträger gegenübersteht, der seinerseits Hoheitsverwaltung ausübt.

Auf die Hierarchie der Hoheitsrechte kommt es dabei nicht an. Übt ein Hoheitsträger Hoheitsrechte aus, so vermag er im gleichen Rechtsverhältnis nicht subjektiv-öffentliche Rechte geltend zu machen. Nur wenn man die Figur des Verwaltungsaktes ignoriert, kann man zu der Auffassung kommen, daß sich innerhalb eines öffentlichen Rechtsverhältnisses Hoheitsträger und Gewaltunterworfener bei aller soziologischen Verschiedenheit mit rechtlich gleichen Mitteln, eben den subjektiv-öffentlichen Rechten, ausgestattet gegenüberstehen[1]).

Behörden oder Dienststellen sind schon deshalb nicht als Träger subjektiv-öffentlicher Rechte anzusehen, weil sie keine Rechtssubjekte sind.

b) Adressat

Adressat eines subjektiv-öffentlichen Rechts kann zunächst jeder Hoheitsträger innerhalb des Rechtsverhältnisses sein, in dem sich die für das subjektive Recht maßgebliche Hoheitsmaßnahme befindet. Dabei sind die gleichen Konstellationen möglich wie bei den Trägern. Es kann also ein Hoheitsträger von jeder Person, die nicht als Hoheitsträger auftritt, angegangen werden. Oder, vom Standpunkt des Rechtsträgers aus: Jede Person des öffentlichen Rechts kann sich, außer wenn sie Hoheitsbefugnisse wahrnimmt — sofern sie hierzu überhaupt in der Lage ist — mit ihr zustehenden subjektiv-öffentlichen Rechten an einen Hoheitsträger wenden. Verwaltungsakte und subjektiv-öffentliche Rechte schließen mithin einander aus.

---

[1]) So z. B. deutlich Richter, in: ArchöffR. NF. 8 (1923), 22ff. in logisch geschlossener Weise. Aber das ist m. E. rechtsdogmatisch unmöglich. Man kann nicht dem Hoheitsträger einerseits die Möglichkeit des Erlasses von Verwaltungsakten in die Hand geben und ihm anderseits subjektiv-öffentliche Rechte zubilligen, ohne genauestens Klarheit über die jeweilige Verwendung beider Institutionen und ihre Abgrenzung zueinander zu schaffen. Insoweit sind beachtlich die Ausführungen bei Bühler, Subjektiv-öffentliche Rechte 132ff., der sich unter Hinweis auf Einzelregelungen gegen die Vorstellung von Ansprüchen des Staates wendet und mit Recht darauf hinweist, daß „Strafansprüche“, „Steueransprüche“, „Strafverfolgungsansprüche“ keine subjektiven Rechte sind, sondern objektive Rechtslagen. — Den Kern der Frage trifft wohl die Formulierung Fleiners, Institutionen, 175, daß das Einzelinteresse den Ausschlag gibt. Die Hoheitsverwaltung hat aber kein Einzelinteresse, sondern Allgemeininteressen zu wahren. Das Mittel hierfür ist der Verwaltungsakt und nicht das subjektiv-öffentliche Recht. Jede andere Auffassung dürfte eine klare Trennung zwischen Verwaltungsakt und subjektiv-öffentlichem Recht unmöglich machen. EWVRO. 103 sieht deutlich den Staat nicht als Träger subjektiv-öffentlicher Rechte an (die Zitierung Fleiners für die entgegengesetzte Ansicht beruht wohl auf einem Irrtum); zurückhaltend, aber den Staat als Träger subjektiv-öffentlicher Rechte wohl ablehnend: O. Mayer, I, 107ff.

Etwas anderes ist es, ob ein Rechtsträger gegen einen anderen teils mit Verwaltungsakten, teils mit subjektiv-öffentlichen Rechten operiert.

Beispiel: Gemeinden in Wegestreitigkeiten.

Es ist eine Konstruktionsfrage, ob man die verschiedenen Mittel, die sie gegeneinander benutzen, sich im gleichen Rechtsverhältnis nebeneinander liegend vorstellt, oder ob man lieber von mehreren Rechtsverhältnissen — Verwaltungsakt oder subjektiv-öffentliches Recht beinhaltend — spricht.

Umstritten ist, ob auch Personen des öffentlichenRechts, die nicht Hoheitsträger sind oder nicht als solche auftreten, Adressaten subjektiv-öffentlicher Rechte sein können. Mit der älteren Auffassung wird man diese Erweiterung als nicht dem Wesen der Rechte entsprechend abzulehnen haben. Dabei kann es sich um Personen handeln, die niemals Hoheitsträger sind, oder um Personen, die in dem zu beurteilenden konkreten Rechtsverhältnis — von dem stets auszugehen ist[1]) — nicht als Hoheitsträger auftreten. Das aber ist im gesamten Bereich der nicht-hoheitlichen Verwaltung der Fall. Hier können Hoheitsträger, ohne von ihren Hoheitsbefugnissen Gebrauch zu machen, außerhalb und innerhalb von Verträgen Verpflichtungen haben, die ihrerseits subjektive Rechte erstehen lassen.

Beispiel:

Anspruch des Staatsbürgers, der mit einer Behörde einen öffentlich-rechtlichen Vertrag schließt, auf Vertragserfüllung, Gestaltungsrecht, wie Anfechtung von Willenserklärungen, Aufrechnung innerhalb der nicht-hoheitlichen Verwaltung.

Solche Rechte liegen im Bereich des öffentlichen Rechts. Sie sind also sicherlich keine subjektiven Privatrechte, wie sie auf dem Gebiet der fiskalischen Verwaltung allein eine Rolle spielen. Aber ihrer Herkunft und ihrem Wesen nach haben sie nichts mit den als Gegengewicht gegen die Hoheitsverwaltung mit ihren Verwaltungsakten hervorgegangenen subjektiv-öffentlichen Rechten zu tun. Gerade im Gegensatz zu den subjektiv-öffentlichen Rechten können sie auch öffentlichen Verwaltungsträgern zustehen.

Beispiel:

Auch die vertragschließende Behörde hat einen Anspruch auf Vertragserfüllung durch den als Vertragspartner auftretenden Staatsbürger; auch sie kann innerhalb der nicht-hoheitlichen Verwaltung ihre Willenserklärungen anfechten.

Würde man solche Rechte mit der Bezeichnung subjektiv-öffentliche belegen, so wäre das nur im übertragenen Sinn möglich. Da es untunlich, wenn nicht falsch ist, Ungleiches mit dem gleichen Wort zu bezeichnen, bleibt nichts anderes übrig, als ihnen den Namen subjektive Rechte innerhalb der nichthoheitlichen Verwaltung zu geben. Es sind die Rechte im öffentlichen Verwaltungsrecht, die nicht zu den subjektiv-öffentlichen gehören[2]).

---

[1]) Vgl. oben S. 137.

[2]) Die Frage wurde zu Beginn der Lehre von den subjektiv-öffentlichen Rechten kaum beachtet, weil das Schwergewicht auf der Adressierung an den Staat lag, dem —

4. Inhalt der Rechtsmacht

Die Frage nach dem Inhalt der Rechtsmacht, welche das einzelne Recht seinem Träger gibt, ermöglicht — wie auch im Zivilrecht — eine und wohl die bedeutsamste Einteilung der subjektiven Rechte.

a) Herrschaftsrechte innerhalb der Hoheitsverwaltung

Sie erscheinen in zwei Zusammenhängen: Entweder sieht die rechtliche Betrachtung nur den Rechtsträger und den Adressaten, also den Hoheitsträger, dem gegenüber das Recht geltend gemacht wird; oder der Rechtsträger befindet sich in einem Kreis mehrerer Rechtsträger, und es entstehen infolge ihres tatsächlich vorgenommenen (realen) oder rechtlich möglichen (potentiellen) Zusammenwirkens Rechtsbeziehungen zu dem mit dem betreffenden Rechtsbereich verknüpften Hoheitsträger.

aa) Ansprüche

In den zunächst genannten Fällen erstrebt der Rechtsträger von dem Hoheitsträger etwas. Sein Verlangen richtet sich auf ein Tun oder Unterlassen. Das Recht aber, von einem anderen ein Tun oder Unterlassen zu verlangen, wird gewöhnlich als Anspruch bezeichnet (§ 194 BGB.). Es steht nichts im Wege, diese Rechtsfigur auch im Verwaltungsrecht zu benutzen, wie das seit jeher geschieht[1]).

(1) Ein Anspruch auf ein Tun bedeutet, daß ein Hoheitsträger in einer bestimmten durch den Anspruch vorgeschriebenen Weise tätig werden muß.

---

und das war das Neue — die Fähigkeit abgesprochen wurde, sich aller öffentlich-rechtlichen Pflichten zu entledigen. — O. Mayer, Verwaltungsrecht, I, 106, betrachtet die Rechte entsprechend seiner dem objektiven Recht den Vorrang gebenden Grundhaltung, die auch in der Lehre vom Verwaltungsakt auf Unterwerfung zum Ausdruck kommt, als ein dem Berechtigten um seines Vorteils willen durch die Rechtsordnung zugeteiltes Stück öffentlicher Gewalt. Erstmalig — soweit ersichtlich — Bühler, aaO., 102, erörtert die Frage nach dem Adressaten. Deutlich geht Fleiner, Institutionen, 172, davon aus, daß subjektiv-öffentliche Rechte „auf bestimmte staatliche Leistungen gehen" und daß „Verpflichteter der Träger der öffentlichen Gewalt" ist (176). Ebenso Richter aaO., 31, „gegen einen Träger öffentlicher Gewalt als Verpflichteten". — Eine andere Meinung, deren Herkunft schwer ersichtlich, die aber z. T. in der württembergischen Tradition begründet ist, vertritt die These, daß subjektiv-öffentliche Rechte gegen Dritte, also doch wohl auch gegen Nichthoheitsträger gerichtet sein können. Jedenfalls definiert Art. 10 EWVRO. das subjektiv-öffentliche Recht als eine Rechtsposition nicht nur gegenüber der öffentlichen Gewalt, sondern auch gegenüber einem Dritten. Die Begründung hierzu verzichtet auf jede Dogmatik und beschränkt sich auf teleologische Hinweise, welche die Vermutung nahelegen, daß sich die Verfasser bewußt waren, gegenüber der allgemeinen lex lata etwas Neues zu schaffen (105). Von hier ist diese Ansicht dann wohl zu dem neueren Schrifttum, so Bachof, aaO. 66, gelangt. — Vgl. auch oben S. 134.

[1]) Z. B. Bühler, aaO. 225, der außer Ansprüchen allerdings nur noch die sog. absoluten Rechte kennt.

Was er zu tun hat, ergibt sich aus der bestehenden Gesetzeslage einschließlich der Verfassung. Der Anspruch führt zum Erlaß eines deklaratorischen Verwaltungsaktes, vor allem im Fürsorge-, Sozial- oder Versorgungsrecht.

Beispiel:

Zubilligung von Wohlfahrtsunterstützung — BVerwG. 1, 159; von Soforthilfe — BVerwG. in: NJW. 1953, 1410.

Von den Ansprüchen auf ein inhaltlich bestimmtes Tun sind zu unterscheiden die Ansprüche auf ein Tun der Behörde schlechthin ohne Beachtung seines Inhaltes[1]).

Beispiel:

Jede Sacheingabe und jeder Rechtsbehelf muß von der Behörde beschieden werden (Art. 17 GG.)[2]).

(2) Einen Anspruch auf Unterlassen hat der Rechtsträger dann, wenn die Rechtsordnung ihm durch die Gewährung eines subjektiv-öffentlichen Rechts eine für die Hoheitsverwaltung unberührbare Sphäre schafft. Ein Anspruch auf Unterlassung ist stets vorhanden, wenn der Rechtsträger kraft materiellen Rechts die Vornahme einer ihn betreffenden Verwaltungsmaßnahme zu verhindern vermag

Beispiel:

Jemand wird als Polizeipflichtiger in Anspruch genommen, der es tatsächlich nicht ist.

oder umgekehrt, wenn der Erlaß der Verwaltungsmaßnahme ihn in seinen Rechten beeinträchtigen oder verletzen würde.

Beispiel:

Das Eigentum einer Person wird nach Leistungsrecht (z. B. RLG.) in Anspruch genommen, obwohl kein öffentliches Bedürfnis vorliegt.

Hierbei ist von besonderer Bedeutung, daß die im Grundgesetz enthaltenen Grundrechte subjektiv-öffentliche Rechte darstellen, aus denen Unterlassungsansprüche hervorgehen. Das ist gegenüber den älteren Verfassungen, insb. WRV. eine Neuerung, weil dort die Grundrechte vielfach nur Richtlinien für den Gesetzgeber waren. Diese Rechtslage klärt manche Zweife .

Es gibt kein allgemeines „formelles Recht auf fehlerfreien Ermessensgebrauch", sofern darunter ein Anspruch auf ein bestimmtes Tun der Verwaltung innerhalb der Ermessensverwaltung einschließlich des Vermeidens von Ermessensüberschreitung und -mißbrauch verstanden wird. Der Staatsbürger kann vielmehr vom Hoheitsträger ein Tun oder Unterlassen nur verlangen, wenn ihm ein im materiellen Recht begründeter Anspruch zusteht[3]).

---

[1]) Die noch aus der konstitionellen Lehre stammende Aufgliederung in materielle und formelle Rechte ist für die Gegenwart unergiebig; vgl. Turegg, Generalklausel, 63.

[2]) Bedenklich: OVG. Bln. in: NJW. 1952, 1232: Auf Erteilung eines Bescheides auf eine Dienstaufsichtsbeschwerde besteht kein Rechtsanspruch.

[3]) Eingehende Auseinandersetzung mit der entgegengesetzten Ansicht, die ein solches, im Prozeßrecht begründetes Recht bejaht, bei Turegg, Generalklausel, 62.

Es gibt keinen allgemeinen Gesetzesvollziehungs- oder Interessenbefriedigungsanspruch, auf den gestützt der Staatsbürger jeden Eingriff in seine Rechte verhindern oder kraft dessen er vom Staat die Vollziehung der Gesetze, also ein Tun, verlangen kann[1]). Die Lage wird vielmehr beherrscht vom Grundsatz der Gesetzmäßigkeit der Verwaltung: Sie darf sich nur im Rahmen des Gesetzes bewegen und der Staatsbürger ist durch seine im materiellen Recht begründeten Ansprüche geschützt[2]).

bb) Mitgliedschaftsrechte (Mitwirkungsrechte)

Als Staatsbürger steht ein jeder in der staatlichen Gemeinschaft und darüber hinaus in der Regel noch in weiteren Gemeinschaften, wie etwa denjenigen der Gebietskörperschaften[3]). Hierdurch entstehen auf die Gemeinschaft bezügliche subjektiv-öffentliche Rechte[4]).

Beispiel:

Stimmrecht beim Volksentscheid; Wahlrecht, das „vornehmste Mitwirkungsrecht des Staatsbürgers" — rhld.-pf. LVG. in: DVBl. 1952, 19 —; Rechte innerhalb von Personenkörperschaften wie Handwerkskammern, Innungen, Wasserverbänden; Naturalbezugsrechte gegenüber einer Gemeinde — bayer. VGH. in: NJW. 1949, 394. — Mitwirkungsrecht der Gesellenausschüsse in der Innung nach § 62 HandwO.

Öffentlich-rechtliche Mitwirkungsrechte sind nur innerhalb von Subjekten des öffentlichen Rechts denkbar, nicht bei Personen des Zivilrechts.

b) Herrschaftsrechte innerhalb der Nichthoheitsverwaltung

Hier gibt es zwischen den in den einzelnen Rechtsverhältnissen gleichgeordneten Partnern Ansprüche

Beispiel:

Anspruch eines Fürsorgeempfängers gegen den Fürsorgeverband auf Zahlung einer Summe, die dieser von einem Versicherungsträger für den Anspruchsberechtigten erhalten hat — OVG. Mstr. in: ÖV. 1953, 377.

und Mitgliedschaftsrechte.

Beispiel:

Beziehungen zwischen einer Pensionskasse für Körperschaftsbeamte und ihren Mitgliedern — w.-b. VGH VerwRspr. 5, 879.

c) Gestaltungsrechte innerhalb der Hoheitsverwaltung

Der Staatsbürger hat die Möglichkeit, durch Willenserklärung Rechtsverhältnisse zum Entstehen zu bringen oder auf bestehende Rechtsverhältnisse einzuwirken.

---

[1]) Status negativus und status positivus der konstitutionellen Lehre; vgl. unten S. 144.

[2]) So m. E. richtig: Fleiner, Institutionen, 172. — Die Bezeichnung des Interessenbefriedigungsanspruchs wird seit jeher als irreführend abgelehnt; vgl. JW. 1929, 972.

[3]) Vgl. oben S. 80.

[4]) Nach der konstitutionellen Lehre: status activus; vgl. unten S. 144.

Beispiel:

Antragsrechte, um ein Verwaltungsverfahren in Gang zu bringen oder einen konstitutiven Verwaltungsakt, insb. einen begünstigenden, wie die Erteilung einer Erlaubnis, herbeizuführen[1]). — Zustimmungsrechte. — Aufrechnung[2]). — Anfechtung einer einem Hoheitsträger gegenüber abgegebenen Willenserklärung[3]). — Kündigung, falls im Gesetz oder nach besonderer Vereinbarung vorgesehen.

d) Gestaltungsrechte innerhalb der Nichthoheitsverwaltung

Solche Rechte sind auch in dieser Verwaltungsart vorhanden. Sie ordnen sich ihr zwangloser ein, wie z. B. die Aufrechnung, die Anfechtung einer Willenserklärung, als der Hoheitsverwaltung.

5. Gegenstand der Rechtsmacht

a) Hoheitsverwaltung

Die Betrachtung des Gegenstandes, auf den sich die mit dem subjektiven Recht verbundene Rechtsmacht erstreckt, führt zu anderen Einteilungsmöglichkeiten der Rechte.

Nach dem Gegenstand können die subjektiv-öffentlichen Rechte zunächst aufgegliedert werden entsprechend den einzelnen Zweigen des Verwaltungsrechts.

Beispiel:

Rechte im Polizeirecht, im Gewerberecht, im Jagdrecht, im Beamtenrecht, im Verfahrensrecht[4]).

Eine Aufgliederung ist weiterhin möglich nach dem Rechtsgebiet, in dem das Recht in Erscheinung tritt.

Parallelen zum Zivilrecht dürfen nur mit Vorsicht gezogen werden. Auf dem Gebiet der Hoheitsverwaltung wird das Obligationenrecht ersetzt durch die eigenständige öffentlich-rechtliche Regelung des Verhältnisses von Verwaltungsakt und subjektiv-öffentlichem Recht, die so an die Stelle des Vertragsrechtes tritt. Der Tatbestand der ungerechtfertigten Bereicherung wird weitgehend durch Erstattungsregeln erfaßt, wonach einerseits der Hoheitsträger, andererseits der Gewaltunterworfene zu Unrecht erbrachte Leistungen oder deren Gegenwert zurückverlangen kann[5]).

---

[1]) Zu Zweifeln wegen der Abgrenzung zu den Ansprüchen auf ein Tun, vgl. Turegg, Generalklausel, 13, 37.

[2]) Die Entwicklung ist ersichtlich aus S. 101.

[3]) Vgl. oben S. 96.

[4]) Wer sich für eine besondere Benennung solcher Verfahrensrechte einsetzt, muß beachten, daß er einen anderen Einteilungsmodus als den nach der Rechtsmacht verwendet; vgl. Stiefel, in: NJW. 1954, 1789, dazu Turegg, Generalklausel, 36 ff.

[5]) Tiedau, in: MDR. 1952, 330; Haueisen, in: NJW. 1954, 977; Altrock, in: NJW. 1954, 1634; OVG. Lbg. in: NJW. 1953, 839; hess. VGH. 2, 14; Bachof, Klage, 99ff.; Lassar, Erstattungsansprüche.

Beispiel:

Rückzahlung zu viel oder zu Unrecht gezahlter Kommunalsteuern — OVG. Mstr. in: DVBl. 1955, 463 — Pflicht des Eigentümers eines requirierten Grundstücks, die Vorteile auszugleichen, die er dadurch erlangt hat, daß auf Weisung der Besatzungsmacht sein Grundstück verbessernde Anlagen angebracht sind — OVG. Mstr. in: NJW. 1954, 327. — Pflicht des Requisitionsgeschädigten auf Rückerstattung überbezahlter Entschädigungen — OVG. Mstr. in: NJW. 1954, 87.

Unerlaubte Handlungen werden durch die Bestimmungen über die Haftung, insbesondere die Amtshaftung, erfaßt[1]).

b) Nichthoheitsverwaltung

Auch hier lassen sich die auftretenden subjektiven Rechte, die aber keine subjektiv-öffentlichen, sondern solche „im Bereich der Nichthoheitsverwaltung"[2]) sind, aufgliedern nach den einzelnen Verwaltungszweigen. Dem Rechtsgebiet nach sodann gibt es Rechte aus vertraglichen Beziehungen, aus ungerechtfertigter Bereicherung

Beispiel:

Zu Unrecht erstattete Fürsorgeerziehungskosten kann der wirkliche Träger zurückverlangen — BVerwG. VA. 2. 54 —

und unerlaubter Handlung.

6. Erweiterung des Rahmens

a) Subjektiv-öffentliche Rechte gegenüber Nichthoheitsträgern

Der Kreis der subjektiv-öffentlichen Rechte wird erheblich erweitert, wenn man sie auch Nichthoheitsträgern gegenüber für möglich hält. Sie können dann eine Rolle spielen insb. innerhalb von zwischen Privatpersonen bestehenden Rechtsverhältnissen.

Beispiel:

Zwei Müller streiten über den Gemeingebrauch an einem öffentlichen Gewässer — Eyermann-Fröhler, Verwaltungsgerichtsgesetz, 77.

Hierdurch scheint jedoch die Grenze zwischen Privatrecht und öffentlichem Recht in unzulässiger Weise verwischt zu werden. Vielmehr sollten solche Rechtsverhältnisse nach Zivilrecht (Vertrag, unerlaubte Handlung) beurteilt werden mit den öffentlichrechtlichen Grundlagen als Vorfragen[3]).

b) Freiheitsrechte

Die Ansprüche auf Unterlassung werden nach einer insb. von W. Jellinek[4]) vertretenen Ansicht mit Freiheitsrechten in Verbindung gebracht. Die neuere Entwicklung verweist diesen Begriff jedoch mit Recht in das Staatsrecht. Das zeigt die Kontroverse

---

[1]) Vgl. oben S. 105 und unten S. 174 ff.
[2]) Vgl. oben S. 134, 138.
[3]) Vgl. oben S. 44 ff.
[4]) Verwaltungsrecht, 208.

um das persönliche Freiheitsrecht nach Art. 114 Abs. 1 WRV.[1]) und Art. 2 und 104 GG., aus denen die einzelnen subjektiv-öffentlichen Rechte, deren Inhalt näher umschriebene Freiheiten sind, entnommen werden müssen[2]).

c) Wohlerworbene Rechte

Die Erfassung der aus Rechtspraxis und Lehre des älteren Justizstaates[3]) stammenden wohlerworbenen Rechte machte lange Schwierigkeiten. Der Begriff war vorhanden, bevor sich das Verwaltungsrecht mit subjektiv-öffentlichen Rechten befaßte. Als dann beide nebeneinader bestanden, glaubte man in den feierlich weiterhin jura quaesita genannten Gebilden Rechte von besonderer Qualität sehen zu müssen, die unter staatlichem Schutz stehen. Über Art und Umfang des Schutzes aber konnte niemals Einigkeit erzielt werden. Ohne zu der Möglichkeit des Bestandes wohlerworbener Rechte in den verschiedenen Rechtszweigen Stellung zu nehmen[4]), ist für das deutsche Verwaltungsrecht zu sagen, daß sie durch die Gestalt der subjektiv-öffentlichen Rechte aufgesogen sind. Mehr als ein Anspruch gegen den Staat kann nicht zugebilligt werden.

d) Günstige Lagen

Durch objektive Rechtsvorschriften hergestellte günstige Lagen können Rechtssubjekte in einen Rechtszustand versetzen, aus dem sie betreffende Rechtsverhältnisse erwachsen; diese Eigenschaft der Rechtssubjekte nannte die konstitutionelle Lehre Status[5]). Für die Staatsbürger, die also nicht als Träger subjektiv-öffentlicher Rechte angesehen wurden, war es wichtig zu wissen, in welchem Status sie sich befanden; man unterschied den status negativus vel libertatis, der die Aufgaben erfüllen sollte, die heute den Unterlassungsansprüchen zukommen, den status positivus, der den Ansprüchen auf ein Tun oder den Gestaltungsrechten und der status activus vel civitatis, der den Mitwirkungsrechten in etwa entspricht[6]). Aber solche Rechtszustände geben keine subjektiven Rechte. Manche Polizeivorschriften oder Übertretungstatbestände des StGB. und anderer Strafgesetze beispielsweise sind für viele Personen nützlich. Dennoch hat niemand — vorbehaltlich §§ 172 StPO. — auf Grund dieser Bestimmungen einen öffentlich-rechtlichen Anspruch darauf, daß sie wirklich durchgeführt werden[7]).

Allenfalls wirft das objektive Recht auf die interessierten Personen einen Rechtsreflex, was sie dann in den Besitz eines sog. Reflexrechtes bringen soll. Dabei besteht

---

1) Anschütz, Reichsverfassung, 1933 Art. 114 Anm. 1.

2) Die Bezeichnung „Rechte des Dürfens" für die Unterlassungsansprüche — so Bühler in: Festgabe für Fleiner, 1927, 50 — sagt zwar, was gemeint ist. Die Bezeichnung ist aber unüblich und gibt außerdem zu Verwechslungen mit dem staatsrechtlichen Grundrecht auf Freiheit Anlaß, da man dort zur Definition das Merkmal des „Tundürfens" wohl kaum wird entbehren können.

3) Vgl. oben S. 9f.

4) Von der umfangreichen Literatur, vor allem auf dem Gebiet des internationalen Privatrechts, vgl. z. B. Pillet, Traité pratique de droit international privé, Paris 1923, I, 121. — Ständiger Internationaler Gerichtshof, Serie B, Gutachten Nr. 6.

5) W. Jellinek, Verwaltungsrecht, 192.

6) G. Jellinek, System, 94, 114, 136. — Zu den Versuchen, im Staatsrecht die Stellung von Abgeordnetem und Minister durch einen Status zu erfassen, vgl. Köttgen, Abgeordnete und Minister als Statusinhaber. In: Gedächtnisschrift für W. Jellinek. 1955.

7) Zu der — m. E. zu verneinenden — Frage, ob die Verletzung objektiven Rechts allein auch ohne subjektives Recht eine Klagemöglichkeit gibt, vgl. unten S. 221.

die Vorstellung, daß die Gesetzesvollziehung auf eine Reihe von Personen sympathisch wirkt und in ihnen einen von ihnen gern gesehenen Reflex hinterläßt. Die Leugner subjektiv-öffentlicher Rechte überhaupt setzen an ihre Stelle solche Reflexrechte. Rein terminologisch schon scheint die Bezeichnung wenig glücklich, weil man sich darüber klar ist, daß aus einem Reflexrecht niemals ein Anspruch fließen kann[1]). Eine zweite Schwierigkeit entsteht für diejenigen, die sowohl den Bestand von Reflexrechten als auch von subjektiv-öffentlichen Rechten bejahen, weil eine Abgrenzung wegen der Gedankenverbindung des Reflexrechtes mit einer subjektiven Berechtigung außerordentlich schwierig ist[2]). Insgesamt wird man die Lehre von den Reflexrechten heute unter der Herrschaft des GG. als nicht verwertbar ansehen müssen[3]).

7. Entstehung und Ende

a) Entstehung

Subjektiv-öffentliche Rechte können sich entweder aus Verfassung, ungeschriebenen Verfassungsgrundsätzen oder Gesetz ergeben

Beispiel:
Die Grundrechte nach Art. 1ff. GG.

oder sie können durch eine Verwaltungsmaßnahme, insb. einen Verwaltungsakt, begründet werden, der seinerseits auf eine gesetzliche Bestimmung zurückgehen muß.

Beispiel:
Erteilung einer Berechtigung nach dem freien Ermessen einer Behörde, auf deren Erteilung kein Anspruch besteht.

Ohne gesetzliche Grundlage kann kein subjektiv-öffentliches Recht entstehen[4]).

---

[1]) So richtig und deutlich w.-b. VGH. 1, 218.

[2]) Durch die Ausführungen von Fleiner, Institutionen, 164, wird die Unterscheidung zwischen subjektiven Rechten und Reflexwirkungen objektiven Rechts als eine rechtsstaatliche Erfindung bezeichnet. Sie zeigt deutlich die Schwierigkeiten der Abgrenzung. Bekannt ist der durch Jellinek veranlaßte Streit um die Einordnung des Wahlrechtes mit der vielzitierten Wendung, das Wahlrecht bestehe „keineswegs in dem Recht zu wählen. Das Subjekt dieses Rechtes wie das jeder staatlichen Ernennung ist ausschließlich der Staat und nur Reflexwirkung ist es, wenn der einzelne als solcher ein derartiges Recht zu besitzen scheint.“ — System, 159.

[3]) Es ist eine rechtspolitische Frage, ob man sich für die Gleichsetzung von „objektivrechtlich gewährten und gewollten Begünstigungen“ mit subjektiv-öffentlichen Rechten einsetzt und damit die Stellung des Staatsbürgers gegenüber dem Staat außerordentlich verstärkt, wie das z. B. Bachof, VVDStL. 1953, Heft 12, 84 und Gedächtnisschrift für W. Jellinek, 287 tut. Gegen solche Bestrebungen, die sich praktisch in einer Erweiterung der Verwaltungsklagemöglichkeiten auswirken, vgl. Turegg, Generalklausel, 101.

[4]) OVG. Mstr. in: NJW. 1954, 167; bayer. VGH. 7, 71.

b) Ende

aa) Entziehung

Die Entziehung durch ein neues Gesetz ist eine Möglichkeit der sog. uneigentlichen Rückwirkung[1]). Sie muß in der gleichen Form geschehen, in der die Rechte erteilt sind. Durch Verfassungssätze entstandene Rechte können also nur durch verfassungsändernde Gesetze entzogen werden. Die Entschädigung regelt sich nach den allgemeinen Vorschriften, insb. über die Enteignung und die Haftung ohne Verschulden[2]).

Beispiel:
Entzug von Renten für politisch Geschädigte nach erneuter gesetzlich umschriebener Nachprüfung, nds. Gesetz vom 1. 5. 1952 — GVBl. 25 —.

Die Entziehung durch Justizakte

Beispiel:
Berufsverbot nach § 42 l StGB.

oder Verwaltungsakte

Beispiel:
Widerruf von Verwaltungsakten

ist nur auf Grund gesetzlicher Bestimmungen zulässig.

bb) Erfüllung

Das Ende eines Rechts tritt durch Erfüllung im weitesten Sinn ein. Wenn alles das erreicht ist, was dem Berechtigten kraft seines subjektiv-öffentlichen Rechts zusteht, wenn insb. die geschuldete Leistung an ihn bewirkt ist oder wenn er eine andere als die geschuldete Leistung an Erfüllungs Statt annimmt, ist kein Recht mehr vorhanden[3]).

cc) Hinterlegung, Aufrechnung

Schuldbefreiung durch Hinterlegung des Schuldgegenstandes (ähnlich §§ 668ff. BGB.) ist auch im öffentlichen Recht möglich, wodurch dann das entsprechende subjektive Recht erlischt[4]). Ebenso können subjektive Rechte durch Aufrechnung verschwinden[5]).

dd) Verzicht

Verzicht bedeutet auch im öffentlichen Recht Übertragung des Rechts auf den Verpflichteten. Während es aber im Zivilrecht jedem Berechtigten i. a.

---

[1]) Vgl. oben S. 68.

[2]) Vgl. oben S. 104.

[3]) §§ 362 Abs. 2, 363, 364 Abs. 2, 365—371 BGB. werden von Art. 203 EWVRO. als entsprechend anwendbar erklärt, was i. a. für alle Regelungen zutreffen dürfte.

[4]) Zu unterscheiden von der Hinterlegung als Beendigungsart subjektiver Rechte im öffentlichen Recht ist das durch die Hinterlegung gemäß Hinterlegungsordnung zustande kommende öffentlich-rechtliche Verhältnis; vgl. oben S. 106.

[5]) Vgl. oben S. 101.

freisteht, auf die Geltendmachung seines Rechtes vor Erreichung des Zieles zu verzichten, ist das im öffentlichen Recht wegen seiner Allgemeinbezogenheit nicht möglich. Unverzichtbar sind alle Rechte, zu deren Ausübung der Berechtigte im Interesse der Allgemeinheit verpflichtet ist,

Beispiel:

Mitwirkungsrechte, insb. Wahlrecht, deren Verzicht die demokratische Staatsform ausheben würde.

ferner manche höchst persönlichen Ansprüche.

Beispiel:

Beamtengehalt — LAG. Ffm. in: DVBl. 1950, 470 —[1]); Sozialversicherungsleistungen.

Verzichtbar sind Rechte, die im Interesse des einzelnen entstehen und an deren Ausübung die Allgemeinheit kein Interesse hat[2]). Hierhin gehören Rechte, die durch Nichtausübung ohnehin verloren gehen,

Beispiel:

Gewerbekonzessionen, § 49 Abs. 3 GewO.

alle übertragbaren Rechte,

Beispiel:

Erstattungsansprüche, Ansprüche auf Schadensersatz.

alle durch Antrag entstandenen Rechte auf behördliche Tätigkeit,

Beispiel:

Gewerbe-, bau-, wasserpolizeiliche Genehmigungen[3]).

persönliche Ehrungen.

ee) Verjährung

Subjektive Rechte können verjähren oder verwirkt werden nach den allgemeinen, für das Verwaltungsrecht geltenden Maßstäben[4]). Von der Verwirkung zu unterscheiden ist die Aberkennung (regelmäßig wohl Widerruf) eines subjektiven Rechts durch besondere Verwaltungsmaßnahmen, wonach erst diese und nicht bereits die Rechtsordnung unmittelbar das Recht zum Verschwinden bringt[5]).

---

[1]) AA. Jellinek, Verwaltungsrecht, 204, zum mindesten für den Teil des bereits erdienten Gehaltes.

[2]) Dieser Grundsatz muß jedoch in den anzuwendenden gesetzlichen Bestimmungen ersichtlich sein. — Art. 14 EWVRO.: „Auf Rechte kann nur insoweit verzichtet werden, als sie dem einzelnen ausschließlich seines Vorteils wegen eingeräumt sind."

[3]) Vgl. unten S. 305, 382, 376.

[4]) Vgl. oben S. 90f.

[5]) Vgl. oben S. 126ff.

Schrifttum

Bachof, Begriff und Wesen des sozialen Rechtsstaats. Bericht (VVDStL. Heft 12). 1953.
— Reflexwirkungen und subjektive Rechte im öffentlichen Recht (In: Gedächtnisschrift für W. Jellinek). 1955.
Bühler, Die subjektiv-öffentlichen Rechte und ihr Schutz in der deutschen Verwaltungsrechtsprechung. 1914.
— Zur Theorie des subjektiv-öffentlichen Rechts, in: Festgabe für Fritz Fleiner. 1927.
— Altes und Neues über Begriff und Bedeutung der subjektiven öffentlichen Rechte, in: Gedächtnisschrift für W. Jellinek. 1955.
Jellinek, G., System der subjektiven öffentlichen Rechte (2. Aufl.). 1905.
Klein, in: VVDStL. Heft 8. 19.
Thoma, Die juristische Bedeutung der grundrechtlichen Sätze der Reichsverfassung, in: Nipperdey, Die Grundrechte und Grundpflichten der Reichsverfassung. 1929.
v. Turegg, Generalklausel, 1956.
Voigt, Geschichte der Grundrechte. 1948.
Wolff, Der Abwendungsanspruch aus öffentlichen Reflexrechten (Veröffentl. der westf. Verwaltungsakademien. Verwaltung und Wirtschaft. Heft 1). 1950.

Neuntes Kapitel

Öffentliche Sachen

1. Begriff

Öffentliche Sachen im weiteren Sinne sind solche Gegenstände, deren sich eine Person des öffentlichen Rechts zur Erfüllung ihrer Aufgaben bedient. Der Begriff der Sache ist im öffentlichen Recht weiter als im Privatrecht. Sachen im Sinne des öffentlichen Rechts sind zunächst die körperlichen Gegenstände (§ 90 BGB.), ferner Gegenstände, denen die Körperlichkeit fehlt, wie z. B. Elektrizität. Sodann können nach öffentlichem Recht Gegenstände selbständige Sachen sein, die nach Privatrecht nur Bestandteile von Sachen (§ 95 BGB.) sind. Endlich können auch Sachgemeinschaften und Sachgesamtheiten öffentliche Sachen sein, selbst dann, wenn sie Bestandteil eines verwaltungsmäßig geschlossenen Vermögens sind, wie z. B. eines Anstaltsvermögens[1]).

Öffentliche Rechte können an der Sache auch haften bleiben, selbst wenn sie in ihren Bestandteilen erheblich verändert wird.

Beispiel:
Wird ein Wirtshaus eingerissen und ein Teil des Wirtschaftsgrundstücks abgetrennt, so kann die Konzession auf dem übrigbleibenden Teil des Grundstücks ausgeübt werden, sofern auch dieses bisher zum Wirtschaften verwendet worden war — sächs. OVG. 26, 98.

Um die Sache zu einer öffentlichen zu machen, ist die Äußerung des Gesetzgebers oder einer Verwaltungsbehörde nötig. Es genügt nicht, daß der Verfügungsberechtigte sie der Allgemeinheit zur Verfügung stellt.

Beispiel:
Private Krankenhäuser, private Museen, Privatstraßen werden auch dann nicht zu öffentlichen Sachen, wenn sie jedermann offenstehen.

2. Arten

Je nach dem Zweck, den die öffentlichen Sachen erfüllen, gehören sie entweder zum Finanzvermögen, zum Verwaltungsvermögen oder zu den Sachen im Gemeingebrauch[2]).

---

[1]) Vgl. z. B. Maunz, Hauptprobleme, 44ff.

[2]) Diese Einteilung nimmt die herrschende Lehre vor. — Es ist nicht zu verkennen, daß die juristische Behandlung des Finanzvermögens weniger im öffentlichen Recht verankert ist als die der übrigen öffentlichen Sachen. Trotzdem aber ist sein Zweck so innig mit der Verwaltung und ihren Behörden verbunden, daß sich die Beibehaltung der bisher üblichen Einteilung rechtfertigt.

Finanzvermögen, auch werbendes Vermögen oder Fiskalgut genannt, sind Sachen, die durch ihren eigenen Wert oder durch ihre Früchte dem Staat oder dem öffentlich-rechtlichen Verband, dem sie gehören, die fiskalischen Mittel zur Führung der öffentlichen Verwaltung liefern. Sie dienen den öffentlichen Zwecken durch ihren Kapitalwert.

Das Finanzvermögen wird nach privatrechtlichen Grundsätzen behandelt. Das gilt insbesondere für seine Belastung und seine Veräußerung. Streitigkeiten hierüber gehören vor die ordentlichen Gerichte. Gegenstände des Finanzvermögens unterliegen der Zwangsvollstreckung mit den allgemeinen Beschränkungen[1]). Außerdem sind innere Dienstvorschriften oder Dienstinstruktionen möglich, die für die Verwaltung des Finanzvermögens von Bedeutung sind. Nur in diesen beiden Richtungen spielt das öffentliche Recht für das Finanzvermögen eine Rolle.

Beispiele:

Staatliche Wirtschaftsbetriebe wie Domänen, Forsten, Bergwerke, Fabriken, Bargeld, Wertpapiere.

Von besonderer Bedeutung ist das fiskalische Vermögen der öffentlich-rechtlichen Gebietskörperschaften. Für seine Verwaltung sind in den Gemeinde-, Kreis- und Städteordnungen meist eingehende Bestimmungen enthalten, z. B. §§ 61 ff. DGO. und der ihr nachgebildeten Gesetze. Innerhalb des Kommunalrechts ist noch eine dritte öffentlich-rechtliche Schranke denkbar: Gewisse Geschäfte der Gemeinde über ihr Finanzvermögen, insbesondere Veräußerungsgeschäfte, können von der Genehmigung der staatlichen Aufsichtsbehörde abhängig gemacht werden. Ohne sie hat ein solches Geschäft keine bürgerlich-rechtliche Wirkung, z. B. §§ 62 Abs. 2, 3, und 104 Abs. 1 DGO.

Das Verwaltungsvermögen setzt sich zusammen aus denjenigen Sachen, welche den Apparat für den Betrieb der Verwaltungsorganisation ausmachen. Alle diese Sachen sind ihrer ganzen Beschaffenheit nach unmittelbar dem öffentlichen Dienst gewidmet. Ihm dienen nicht ihr Kapitalwert oder ihre Erträgnisse, sondern sie selbst.

Beispiele:

Bürohäuser — RG. in: JW. 1931, 3325 —, sachliche Grundlagen von Anstalten wie Schulgebäude, Krankenhäuser; kommunale Einrichtungen wie Gas- und Elektrizitätswerke; staatliche Sondervermögensgrundlagen wie Bahn, Post; Friedhöfe[2]).

Sachen im Gemeingebrauch sind solche, welche der Benutzung durch jedermann offenstehen oder welche gemäß ihrer rechtlichen Zweckbestimmung von jedermann benutzt werden können. Diese Sachen dienen wie das Verwaltungsvermögen den öffentlichen Zwecken durch ihren Gebrauchswert[3]).

Beispiele:

Flüsse, Gletscher, Meeresstrand, ferner öffentliche Straßen, Plätze, Brunnen, Bänke in Parkanlagen, Uhren usw.

---

[1]) Vgl. oben S. 26.

[2]) Vgl. oben S. 81 ff.

[3]) Fleiner, Institutionen, 366; Nebinger, Gemeingebrauch und Polizeigewalt, in: Württ. Ztsch. Verw. 1930, 97.

Eine erschöpfende Aufzählung sämtlicher öffentlicher Sachen gibt es nicht. Infolgedessen muß den jeweils veränderten Umständen entsprechend von Fall zu Fall geprüft werden, ob eine solche Sache vorhanden ist.

3. Recht der öffentlichen Sachen

Es sind zwei Lösungsmöglichkeiten vorhanden[1]): Entweder regeln die Verhältnisse öffentlicher Sachen sich ausschließlich nach verwaltungsrechtlichen Bestimmungen oder es findet eine Regelung statt, wonach für sie sowohl verwaltungsrechtliche wie privatrechtliche Rechtsnormen Anwendung finden.

a) Ausschließlich öffentliches Recht

Die Anwendung ausschließlich öffentlichen Rechts lehrt Otto Mayer[2]). Die von ihm begründete Lehre will alle Sachen, in denen sich ein Stück öffentliche Verwaltung verkörpert, insbesondere Verwaltungsvermögen und Sachen im Gemeingebrauch, dem Privatrecht völlig entrücken und allein dem öffentlichen Recht unterstellen. Die sachenrechtliche Herrschaft über das Objekt (dominium) und die öffentlich-rechtliche Verfügungsgewalt (imperium) werden zu einer Einheit zusammengefaßt, dem sogenannten öffentlichen Eigentum. Alle Rechtsfragen, die sich mit einem derartigen öffentlichen Eigentum befassen, sollen durch Verwaltungsbehörden erledigt werden, gleichgültig, ob es sich etwa um Streitigkeiten über die Benutzung oder um Schadensersatzansprüche wegen Beschädigung oder wegen mangelhafter Unterhaltung handelt.

Diese Lehre stützt sich vor allem auf das wiederum auf römische Rechtsquellen[3]) zurückgreifende französische Verwaltungsrecht mit seinem Begriff des domaine public. Sie trat besonders in Erscheinung in der zweiten Hälfte des vorigen Jahrhunderts gelegentlich verschiedener die Öffentlichkeit bewegender Rechtsstreite.

Beispiel:

Berühmt geworden ist der Streit um die Baseler Festungswerke vom Jahre 1859. Bei der Trennung von Basel-Stadt und Basel-Land im Jahre 1833 wurde Basel-Stadt für verpflichtet erklärt, an Basel-Land 64% des staatlichen Vermögens abzugeben. Die Ausscheidung wurde sofort vollzogen. Als jedoch im Jahre 1859 Basel Stadt seine Festungswerke schleifte und das hierdurch freiwerdende Gelände zum Teil recht einträglich als Bauplätze verkaufte, erhob Basel-Land Anspruch auf einen Teil des Erlöses. Die Entscheidung über die Berechtigung des Anspruches hing davon ab, ob an den Festungswerken privatrechtliches Eigentum bestanden hatte, was zu einer Teilungsmasse gehörte, die als eine Art Liquidationsmasse angesehen werden konnte. L. v. Keller, Jhering, Dernburg, Rüttlmann sprachen sich in eingehenden Gutachten in verschiedenem Sinn darüber aus. Durch Urteil des schweizerischen Bundesgerichts vom 29. Oktober 1862 wurde festgestellt, daß auch an den Festungswerken privatrechtliches Eigentum bestanden habe und der Verkaufserlös in eine Teilungsmasse falle. Durch Übereinkunft zwischen Basel-Stadt und Basel-Land wurde sodann im Anschluß an den Prozeß die Höhe des Basel-Land gebührenden Anteils und die

---

[1]) Eingehende Würdigung der aufgestellten Theorien bei Maunz, 76.

[2]) Verwaltungsrecht II, S. 71ff., 103ff.

[3]) Dig. 18, 1, 6 pr., Dig. 18, 1, 72 § 1, Inst. 2, 1 pr.: res publicae in usu publico, die als res extra commercium angesehen werden, res omnium communes (Luft, Meer), res divini juris, flumina publica.

endgültige Abfindung ausgerechnet. — Vgl. die Einzelheiten in: Der Rechtsstreit über die Baseler Festungswerke, herausgegeben auf Anordnung der Regierung des Kantons Basel-Stadt. 1863.

Die Lehre Otto Mayers fand in Deutschland nur wenige Anhänger[1]). Zunächst stand ihr die Tendenz entgegen, dem Privatrecht einen möglichst weiten Anwendungsbereich zuzubilligen und die Zuständigkeit der ordentlichen Gerichte nach Möglichkeit zu vergrößern. Späterhin wirkte dann das Gewicht der herrschenden Lehre gegen sie[2]).

b) Öffentliches Recht und Privatrecht

Die herrschende Lehre wendet auf öffentliche Sachen teils öffentliches Recht, teils Privatrecht an.

Ein Akt des öffentlichen Rechts ist zunächst diejenige Handlung, welche eine Sache zu einer öffentlichen macht, die ihr insbesondere eine öffentliche Zweckbestimmung gibt. Derartige Widmungen oder Indienststellungen sind nur möglich bei Sachen, die nicht von Natur aus schon ohne eine besondere Verwaltungsmaßnahme öffentliche Sachen sind. Dem öffentlichen Recht gehören ferner an die Bestimmungen über die Benutzung. Maßgeblich ist weitgehend Landesrecht (Art. 65, 69, 73, 113, 132, 133 EGBGB.)[3]).

Nach privatrechtlichen Normen beurteilt die herrschende Lehre insbesondere die dinglichen Rechte an öffentlichen Sachen. Hierbei wird im allgemeinen die Frage nach dem Eigentum die erste sein, welche zu stellen ist. Nicht notwendig fällt das private Eigentum mit der Widmungsbefugnis oder überhaupt Verfügungsbefugnis in einer Hand zusammen. So können insbesondere auch Gegenstände, welche nicht im Eigentum des Staates oder einer sonstigen juristischen Person des öffentlichen Rechtes stehen, dem Gemeinbrauch gewidmet werden.

Beispiel:
Im Privateigentum stehende öffentliche Straßen.

Die öffentliche „Sachstandschaft"[4]) ist unabhängig vom Eigentum[5]). Im Bundes-

---

[1]) Das sächs. OVG. folgte ihr zunächst — 2, 99 (allerdings häufig herangezogen), lehnte sie dann aber ab — 15, 175; 18, 216. Vorübergehend hat sich das Reichsgericht für den französisch-rechtlichen Teil der Rheinprovinz (Art. 89 Nr. 2 pr. AGBGB.) auf einen ähnlichen Standpunkt gestellt, so in 80, 123, wo angenommen wird, daß in der Rheinprovinz die Übertragung des Eigentums an einem Hafenbett ein öffentlich-rechtlicher Akt des Staates sei und infolgedessen nicht der Auflassung nach § 925 BGB. bedürfe. Abschließend ablehnend jedoch: RGZ. 131, 264. — Das württembergische Wassergesetz vom 1. 12. 1900 und bad. Wassergesetz vom 26. 6. 1899 folgen der Lehre Mayers.

[2]) Es ist aber abwegig, die Entscheidung weltanschaulich zu unterbauen, wie das z. B. Max Merten, Gutgläubiger Eigentumserwerb, Berliner Diss. 1935, tut.

[3]) Nicht Art. 111, vgl. RGZ. 116, 268.

[4]) Diesen m. E. recht einprägsamen Begriff benutzt Gerber, Grundsätze eines allgemeinen Teils, in: Verwaltungsarchiv Bd. 36, S. 41.

[5]) Irgendein Eigentum muß vorhanden sein. Die Sache ist also nicht wegen des Gemeingebrauchs etwa res nullius; so eingehend pr. OVG. 80, 167. — Jedoch geringfügige Ausnahmen: Art. 1, 7 württ. Wassergesetz vom 1. 12. 1900.

staat muß festgelegt werden, welcher Staat Eigentumsträger ist (z. B. Art. 89, 90 GG.). Einen Schutz des guten Gedankens bezüglich der öffentlich-rechtlichen Belastung gibt es nicht.

Bei Zweifeln, ob Verwaltungsrecht oder Privatrecht anzuwenden ist, hat nach der bisherigen Auffassung das Privatrecht den Vorrang. Wenn also nicht ausdrücklich öffentlich-rechtliche Bestimmungen vorhanden sind, gelten Privatrechtssätze. Die Herrschaft des Privatrechts hört aber in dem Augenblick auf, in dem der öffentliche Dienst der Sache beginnt[1]). Diese Grenze gilt auch für die dingliche Belastung einer öffentlichen Sache. Eine privatrechtliche dingliche Belastung ist daher nur soweit möglich, als hierdurch die Erfüllung der öffentlichen Aufgaben, der die Sache gewidmet ist, nicht behindert oder gar ausgeschlossen wird.

Beispiel:

Eine Behörde kann Teile eines öffentlichen Parks verpachten und hierüber Pachtverträge privatrechtlicher Art mit Dritten schließen — pr. OVG. in: DJZ. 18, 358. — Häufig werden Chausseebäume an öffentlichen Straßen an Privatpersonen verpachtet.

Eigentumswechsel vollzieht sich nach Zivilrecht. Das gilt ebenfalls für den gutgläubigen Erwerb von Nichtberechtigten, sofern nur alle Voraussetzungen der §§ 932ff. BGB. erfüllt sind. Hiervon wird dann jedoch die öffentlich-rechtliche Beschränkung der Sache, ihr öffentlicher Dienst, nicht berührt. Sie bleibt trotz gutgläubigen Erwerbs bei dem Eigentum des neuen Eigentümers bestehen. Andererseits kann das Fehlen nach öffentlichem Recht für die Veräußerung nötiger Maßnahmen, etwa der Zustimmung der Dienstaufsichtsbehörde, den privatrechtlich gutgläubigen Erwerb nicht hindern. Das folgt aus dem Vorrang des öffentlichen Rechts für den öffentlichen Gebrauch der Sache[2]).

Insbesondere die Haftung für eine öffentliche Sache richtet sich weitgehend nach privatrechtlichen Grundsätzen. Der über eine öffentliche Sache Verfügende[3]) muß dafür sorgen, daß sie Dritten keinen Schaden zufügt, und er hat gemäß §§ 823ff. BGB. Ersatz zu leisten, wenn infolge von Vorsatz oder Fahrlässigkeit ein Schaden eintritt (Verkehrssicherungspflicht)[4]). Auch öffentlich-rechtliche Bestimmungen, wie solche über Straßenunterhaltung, Reinigungspflicht des Bürgersteigs, Streupflicht, Beleuchtung von Treppen usw. muß die über öffentliche Sachen verfügende Behörde oder sonstige Dienststelle gegen sich gelten lassen. Ihre Pflicht insoweit und ihre Haftung findet eine Grenze wiederum

---

[1]) Fleiner, Institutionen, S. 333.

[2]) Gleiches Ergebnis bei Peters, Verwaltung, 210, mit etwas anderer Begründung.

[3]) Also nicht der Eigentümer, wie RGZ. 121, 404; 128, 150 annimmt. Gegen RG.: Hofacker, Die Verkehrssicherungspflicht, 1929; Schenner, in: RVerwBl. 1937, 729; Forsthoff, Verwaltungsrecht, 288.

[4]) RGZ. 138, 228 (Seebad); 135, 12 (Schule); für Wege vgl. unten S. 366.

an der Zweckbestimmung. Eine Haftung insbesondere ist dann ausgeschlossen, wenn ein eingetretener Schaden oder die Störung Dritter nach Zweck und Sinn der öffentlichen Sache nicht zu vermeiden ist. Das Einzelinteresse hat hier vor dem Allgemeininteresse zurückzutreten[1]).

Beispiel:
Straßenlärm in der Nähe der Straße, Lärm von öffentlichen Werken, Beförderungseinrichtungen usw.

Von der Haftung für die Sache ist zu unterscheiden die Haftung für die Erfüllung öffentlich-rechtlicher Pflichten, die mit der Sache zusammenhängen können und die sich nach § 839 BGB. richtet.

Beispiel:
Wegebaupflichten — RGZ. 121, 404.

4. Verwaltungsvermögen

a) Bestand

Da für das Finanzvermögen im wesentlichen privatrechtliche Vorschriften gelten, sollte es aus dem Begriff der öffentlichen Sachen im engeren Sinne ausscheiden. Als öffentliche Sachen im engeren Sinne sind nur Verwaltungsvermögen und Sachen im Gemeingebrauch zu bezeichnen[2]).

Der geordnete Zustand des Verwaltungsvermögens, des notwendigen Apparates zur Ausführung bestimmter Tätigkeiten der öffentlichen Verwaltung, ist außerordentlich wichtig. Mängel und Fehler können die Durchführung von Verwaltungsaufgaben verhindern oder zum mindesten erschweren. Es ist ein Zeichen für eine geordnete Verwaltungsführung, wenn einerseits der erforderliche Apparat vorhanden ist, er andererseits aber auch nicht unsachgemäß aufgebläht wird.

b) Benutzung

Die Benutzung des Verwaltungsvermögens richtet sich nach den jeweiligen Vorschriften des Subjektes des öffentlichen Rechts, welches sein Träger ist. Die Vorschriften ergehen i. a. in der Form von Rechtsverordnungen oder statutarischen Satzungen[3]). Derartige Benutzungsordnungen (z. B. Anstaltsordnungen) können teils Rechte und Pflichten der Benutzer entstehen lassen, teils — und insoweit sind sie Verwaltungsverordnungen[4]) — innere Dienstanweisungen enthalten, durch die subjektiv-öffentliche Rechte nicht entstehen. Die Pflicht

[1]) Vgl. unten S. 289. Auch Lerche, in: DVBl. 1955, 283.

[2]) Ebenso: Fleiner, Institutionen, 350; Laband, Staatsrecht V, IV, 345, 352. Für Beschränkung auf Sachen im Gemeingebrauch, was aber nicht der Rechtslage entspricht: O. Mayer, Verwaltungsrecht, II, 39; Jellinek, Verwaltungsrecht, 505.

[3]) Vgl. oben S. 61 ff.

[4]) Vgl. unten S. 242.

zur entgeltlichen Benutzung des Verwaltungsvermögens (Anschluß- und Benutzungszwang)[1]) ist vorhanden nur in dem jeweils gesetzlich, oft in Gemeinde- oder Gemeindeabgabenordnungen festgelegten Rahmen

Beispiel:

Anschlußzwang an kommunale Einrichtungen wie Müllabfuhr, Wasserleitung usw. ist schon möglich, wenn ausreichende Gründe des öffentlichen Wohles vorliegen — hess. VHG. 2, 125; Anschluß an Kanalisation — OVG. Lbg. 7, 312.

und nur dann, wenn tatsächlich von dem Vermögen Gebrauch gemacht wird. Zwischen dem Vermögensträger und dem Benutzer entstehen öffentliche Rechtsverhältnisse, in denen hoheitliche und nicht hoheitliche Elemente enthalten sein können.

Beipiel:

Weder die polizeimäßige Verpflichtung, den Müll durch eine städtische Abfuhreinrichtung beseitigen zu lassen, noch die durch das Befahren der betr. Straße hierzu gebotene Möglichkeit — vgl. pr. OVG. in: pr. VBl. 29, 1054 und 25, 211 — sind für sich allein geeignet, eine Gebührenpflicht nach § 4 pr. Kommunalabgabegesetz von 1893 auszulösen, wenn nicht tatsächlich Gebrauch davon gemacht wird — OVG. Mstr. in: MDR. 1952, 125.

Angesichts der ohnehin vorhandenen Notwendigkeit einer individuellen Regelung dürfte es überflüssig sein, in bezug auf das Verwaltungsvermögen von Sondernutzungsrechten zu sprechen. Die ältere Lehre kannte solche Rechte

Beispiel:

Die in Artikel 133 EGBGB. erwähnten Rechte auf Kirchstühle oder Begräbnisplätze.

und faßte sie als dingliche Rechte (jura in re aliena) mit dem Range von wohlerworbenen Privatrechten auf. Entscheidend nach der gegenwärtigen Rechtslage ist, ob derartige Einrichtungen überhaupt zu einem Verwaltungsvermögen zu rechnen sind. Ist das der Fall, dann steht nichts im Wege, im Rahmen einer geschriebenen oder möglicherweise durch Gewohnheitsrecht entstandenen Benutzungsordnung einzelnen Personen eine allein ihnen zukommende entgeltliche oder unentgeltliche Benutzungsart zu gestatten. Gehören die Einrichtungen nicht zu einem Verwaltungsvermögen, so regelt sich die Rechtslage nach den Bestimmungen über den Gemeingebrauch und die möglicherweise mit ihm in Verbindung stehenden Sondernutzungen[2]).

c) Zweckbindung

Jedes Verwaltungsvermögen ist zweckgebunden. Eine Zweckentfremdung darf nach der einmal erfolgten Bindung nur durch Gesetz, i. a. durch Haushaltsplanbestimmungen, vorgenommen werden. Die Zweckbindung ist insbesondere von Bedeutung auch für zivilrechtliche Zusammenhänge.

Beispiel:

Die Rechte privater Gläubiger müssen sich an die Zweckbindung halten.

---

[1]) Hiervon zu unterscheiden ist die Anschluß- und Versorgungspflicht z. B. nach § 6 EnergWG., wonach i. d. R. Privatrechtsverhältnisse entstehen; vgl. oben S. 119.

[2]) Über die Abgrenzung vom Privatrecht vgl. bayer. ObLGZ. 33, 131; Surén-Loschelder. Deutsche Gemeindeordnung, 1940, I, 288.

5. Sachen im Gemeingebrauch

a) Wesen

Gemeingebrauch bedeutet die nach öffentlichem Recht jedermann ohne besondere Gewährung zustehende, dem öffentlichen Zweck der Sache entsprechende unmittelbare Nutzungsbefugnis[1]). Nicht nötig ist, daß die Sache von jedermann in gleichem Umfange und in gleicher Art gebraucht werden darf. Es gibt einen normalen, einen beschränkten und einen gesteigerten Gemeingebrauch. Dadurch, daß die Benutzung der Sache im Gemeingebrauch grundsätzlich durch jedermann möglich ist, unterscheidet sich die Benutzungsart von derjenigen des Verwaltungsvermögens, wobei jedesmal der Personenkreis, der zu seiner Benutzung befugt ist, bestimmt werden muß.

b) Begründung

Der Gemeingebrauch kann seinen Grund finden in einer von der Rechtsordnung als Anlaß für seine Begründung angesehenen natürlichen Beschaffenheit einer Sache.

Beispiel:

Flüsse, Gletscher, Meeresstrand[2]), Luftraum.

Ausnahmen sind kraft besonderer gesetzlicher Bestimmungen möglich.

Beispiel:

§ 905 BGB. für einen bestimmten Luftraum.

Wenn derartige Sachen im Privateigentum stehen, aber das Wesen von Sachen im Gemeingebrauch annehmen, verschwinden die privatrechtlichen Zusammenhänge weitgehend.

Beispiel:

Nimmt eine im Privateigentum stehende Grundfläche unter der Einwirkung der Meeresflut die tatsächlichen Eigenschaften des Meeresstrandes an, so wird sie dadurch Sache im Gemeingebrauch — pr. OVG. 89, 205.

Gegenstände, die nicht von Natur aus im Gemeingebrauch stehen, können zu Sachen im Gemeingebrauch durch eine individuelle Widmung werden. Der Widmungsakt zerfällt im allgemeinen in zwei Teile. Erforderlich ist die Willenserklärung öffentlich-rechtlicher Stellen, daß die Sache dem Gemeingebrauch überlassen werden soll.

Beispiel:

Die landesrechtlichen Wege- und Wassergesetze geben im einzelnen an, welche Stellen hierfür zuständig sind — OLG. Hamm, in: NJW. 1953, 1519.

---

[1]) Vgl. RGZ. 123, 181; 125, 108. — Versuch einer — de lege lata fehlenden — Legaldefinition: Art. 174 Abs. 2 EWVRO.

[2]) Helfritz, in: Festschr. f. d. OVG. 1925, 62ff.

Weiterhin ist die tatsächliche Indienststellung der Sache nötig. Nur wenn beide Voraussetzungen vorliegen, wird die Sache zu einer solchen im Gemeingebrauch.

Als dritte Möglichkeit kann eine Sache durch tatsächliche Übung dem Gemeingebrauch überantwortet werden. Derartige „stillschweigende Widmungen" werden jedoch nur selten anerkannt.

Beispiel:

Im öffentlichen — nicht im privaten — Eigentum stehende Wege, welche seit „urvordenklicher Zeit" im öffentlichen Verkehr benutzt werden — pr. OVG. 87, 328; 99, 130 (in ständiger Rechtsprechung). — Öffentliche Parkplätze können durch tatsächliche Übung auf enttrümmerten Privatgrundstücken entstehen — OLG. München in: NJW. 1951, 123.

Wegen des Auseinanderfallens von öffentlich-rechtlicher Zweckbestimmung und Privateigentum braucht sich sowohl die tatsächlich vorgenommene, als die sog. stillschweigende Widmung nicht auf Sachen zu beschränken, die im Eigentum eines Subjektes des öffentlichen Rechts stehen. Vielmehr kann auch Privateigentum dem Gemeingebrauch gewidmet werden, wobei je nach der Zweckbestimmung entweder die Berechtigung des Privateigentümers verschwindet oder nur beschränkt wird.

Beispiel:

Der private Eigentümer einer öffentlichen Straße muß das Aufstellen von Schildern usw. gemäß § 1004 Abs. 2 BGB. dulden — RGZ. 125, 108; pr. OVG. 80, 206.

Sofern die Widmung in bestehende Rechte eingreift, wird sie als Verwaltungsakt zu qualifizieren sein. Adressaten sind die von ihr Betroffenen[1]).

c) Entwidmung

In der gleichen Weise wie die Widmung kann die Entwidmung (nach älterer Terminologie auch: Einziehung — insb. im Wegerecht — oder Auflassung) vorgenommen werden. Sie ist ebenfalls ein rechtsgestaltender[2]) Verwaltungsakt. Er zerfällt i. a. in die Entwidmungserklärung und die tatsächliche Vornahme der Entwidmung. Die Entwidmung steht — vorbehaltlich gesetzlicher Sonderregelungen — im freien Ermessen der zuständigen Stelle. Die von der Entwidmung Betroffenen haben grundsätzlich kein subjektiv-öffentliches

---

[1]) Wenn kein Betroffener vorhanden ist, wie z. B. beim Bau einer öffentlichen Straße auf staatlichem Gelände, erübrigt sich die Frage nach der Qualität. — Zusammenstellung der Problematik: EWVRO. 540. — O. Mayer, Verwaltungsrecht II, 59 bezeichnet die Widmung als tatsächlichen Vorgang. Fleiner, Institutionen, 367 und Hatschek, Verwaltungsrecht, 473 als Indienststellung, welche ein öffentlich-rechtlicher Akt sein soll; Jellinek, Verwaltungsrecht, 509 als Zusammentreffen von Willenserklärungen. Durch solche Qualifikationen entstanden Schwierigkeiten, die bei der Qualifikation der Widmung als Verwaltungsakt nicht vorhanden sein dürften.

[2]) OVG. Kbl. in: ÖV. 1955, 510.

Recht darauf, daß die Sache dem Gemeingebrauch erhalten bleibt. Während des Laufes des Gemeingebrauches entstandene subjektive Rechte bleiben nach der Entwidmung nur bestehen, wenn sie inzwischen eine selbständige Rechtsgrundlage gefunden haben. Im übrigen entfallen sie mit der Entwidmung, sofern sie nicht auf dem Wege über die Abwicklung weiter wirken.

Beispiel:

Der Anlieger an einem Kanal hat kein „sonstiges Recht" im Sinne von § 823 BGB. auf Kanalbenutzung — württ. VGH. in: Württ. Verw.Praxis, 1950, 230, 214, so daß er sich das Zuschütten des Kanals entschädigungslos gefallen lassen muß.

Als Ausnahme von dem Grundsatz wird Anliegern an einer Straße ein subjektiv-öffentliches Recht auf Erhaltung des Zugangs von und zur Straße zugebilligt[1]).

Ob für Schäden, welche durch Entwidmung entstehen, Schadensersatz verlangt werden kann, richtet sich im wesentlichen nach den Regeln für die Aufopferung[2]).

d) Zweckbestimmung

So verschiedenartig die Fälle des Gemeingebrauchs sein können, so ist doch allen die auf die Allgemeinheit ausgerichtete Zweckbestimmung gemeinsam. Sie überragt die sonstigen Rechtsbeziehungen der Sache. Wo die eine Widmung aussprechende Stelle nicht gleichzeitig Eigentümer der Sache ist, ist die Zweckbestimmung das ausschlaggebende Mittel zur Abgrenzung des öffentlichen vom Privatrecht. Sich nicht auf den Gemeingebrauch beziehende Verträge kann der Eigentümer nur insoweit abschließen, als der Gemeingebrauch dadurch nicht behelligt wird. Privatsachenrechtliche Eingriffe sind nur möglich, soweit sie den Gemeingebrauch nicht beeinträchtigen.

Beispiel:

Die privatrechtliche Verpachtung des Ertrages von Obstbäumen an einer Straße oder des Grases an Straßenböschungen ist möglich, wenn dadurch der öffentliche Verkehr auf der Straße nicht behindert wird. — Pfandgläubiger und Nießbraucher verlieren ihre Rechte.

e) Umfang

Für den Umfang des Gemeingebrauches ist die bestehende Übung maßgeblich. Das trifft insbesondere zu für die ihrer Natur nach ihm unterfallenden Sachen. Bei den dem Gemeingebrauch gewidmeten Sachen ergibt sich im allgemeinen Näheres aus der Widmung. Für das wichtige Gebiet des Wege- und Wasserrechts sind eingehende positivrechtliche Regelungen vorhanden[3]).

---

[1]) Abschließend unter Aufgabe abweichender Auffassungen: RGZ. 145 107; OVG. Kbl. in: ÖV. 1955, 510.

[2]) Vgl. unten S. 169.

[3]) Vgl. unten 23. und 24. Kapitel.

f) Benutzungsarten

aa) Normaler Gemeingebrauch

Die Art der Ausübung des normalen Gemeingebrauchs folgt aus seinem Wesen, wonach die Benutzung jedermann zusteht. Infolgedessen darf der einzelne Benutzer die Sache nur in der Art gebrauchen, daß der gleiche Gebrauch durch andere nicht unmöglich gemacht oder unverhältnismäßig erschwert wird („Gemeinverträglichkeit"[1])).

Beispiel:

Linienverkehr mit Omnibussen liegt im Rahmen des Gemeingebrauchs — w.-b. VGH. in: ÖV. 1950, 626[2]), ebenso Ausladen von Gütern, auch wenn Anlieger und Straßenpassanten zeitweilig behelligt werden, oder Parken von Fahrzeugen.

Durch die Benutzung der Sache werden zwischen den einzelnen Benutzern keine Rechtsbeziehungen hergestellt. Gegen die für den Gemeingebrauch zuständige Stelle, meist die Widmungsstelle, hat der Einzelne jedoch ein subjektiv-öffentliches Recht auf Gemeingebrauch, eingeschränkt nur durch polizeiliche Grenzen[3]).

bb) Verminderter Gemeingebrauch

Eine Grenze der Benutzungsart der Sache ergibt sich aus der Überlegung, daß der Gemeingebrauch nicht die allgemeine Ordnung des Gemeinwesens stören darf. Er ist deshalb einschränkbar, sobald diese Störung droht. Die Einschränkung kann sich auf gewisse Handlungen eines jeden oder auf die Beschränkung nur einzelner Personen beziehen,

Beispiel:

Einschränkung durch Verbot, Reklametafeln usw. aufzustellen — BVerwG. in: DVBl. 1955, 60; durch Erteilung von Badekonzessionen am Strand — pr. OVG. 89, 205; durch Erteilung der Erlaubnis zur Einrichtung gebührenpflichtiger Parkplätze — OVG. Hbg. in: MDR. 1955, 57[4]), wodurch jeweils für die anderen Gemeingebraucher die Gebrauchsmöglichkeit verringert wird; Immissionsbeschränkungen in öffentliche Gewässer, um deren Verschmutzung zu verringern.

darf aber nicht den Gemeingebrauch gänzlich unterbinden[5]).

---

[1]) Ausdruck bei Forsthoff, Verwaltungsrecht, 304 im Anschluß an Petersen, aaO.

[2]) Weitere Beispiele vgl. unten S. 369 ff.

[3]) So die wohl überwiegende Meinung: z. B. schon Gierke, Deutsches Privatrecht II, 24 für das genossenschaftliche Eigentum; Huber, in: ÖV. 1955, 129. — Fleiner, Institutionen, 349, kennzeichnet ihn als einen auf ein konkretes Objekt gerichteten allgemeinen Anspruch der Gebietsangehörigen, zu den der allgemeinen Benutzung unterliegenden öffentlichen Einrichtungen zugelassen zu werden und deren Eigenschaften im individuellen Interesse gebrauchen zu dürfen. RGZ. 123, 183; 125, 111, 132, 400: Recht des Benutzens gegenüber dem Eigentum. Pr. OVG. 69, 332: dem Gemeingebraucher werden die Rechtsmittel nach §§ 127 ff. LVG. zugebilligt; OVG. Hbg. in DV. 1948, 69. AA. hessVGH. 1, 101.

[4]) Streitig! Vgl. OLG. Hbg. in: MDR. 1955, 35; Lerche, in: DVBl. 1955, 283.

[5]) Hess. VGH. 1, 101.

cc) Gesteigerter Gemeingebrauch

Dem beschränkten Gemeingebrauch gegenüber steht der gesteigerte Gemeingebrauch. Er geht nicht über den bestimmungsgemäßen Gebrauch der öffentlichen Sache hinaus, ermöglicht aber im einzelnen intensivere Benutzung, als sie der Allgemeinheit auf Grund des normalen Gemeingebrauchs zusteht[1]).

Der gesteigerte Gemeingebrauch zerfällt in Gebrauchserlaubnis und Gebrauchsnutzung (Sondernutzung). Die Gebrauchserlaubnis verschafft kein besonderes subjektiv-öffentliches Recht und gibt dem damit Bedachten keine stärkere Rechtsstellung als jedem anderen Gemeingebraucher. Es besteht auch kein Anspruch auf ihre Erteilung[2]). Jedoch kann damit im allgemeinen gerechnet werden, sofern keine öffentlichen Interessen, insbesondere verkehrs-, gesundheits- oder sicherheitspolizeilicher Art, im Wege stehen[3]). Der Widerruf ist an die gleichen Grenzen gebunden.

Beispiel:

Die Polizei darf das Aufstellen von Straßenhändlerbuden nur im Rahmen der Polizeigesetze, z. B. § 14 pr. PVG., versagen. Inanspruchnahme zur Benutzung nach RLG. Erlaubniserteilung an Gärtner, auf öffentl. Friedhöfen Gartenarbeiten zu verrichten — BVerwG. I B 18/53.

Die Verleihung von Sonderrechten regelt im Gegensatz zur Gebrauchserlaubnis einen Dauerzustand. Es gibt kein allgemeines subjektiv-öffentliches Recht auf Verleihung. Jedoch steht dem Beliehenen ein solches zu auf den Bestand des Rechts.

Beispiel:

Flößerei-, Fischerei- oder Fährregalien — pr. OVG. 91, 174; 99, 313. — Die Erlaubnis zur Anbringung von Anlagen an einem öffentlichen Wasserlauf — pr. OVG. 90, 326 — Straßen- usw. benutzung durch Klein- und Straßenbahnen, z. B. gemäß § 6 pr. Ges. vom 28. 7. 1892 — RGZ. 92, 312, Zuweisung eines erfaßten Wohnraums[4]).

Eingebrachte Sachen, z. B. Rohre, Kabel, Schienen, verbleiben im Eigentum des Berechtigten[5]).

Eine andere Ansicht kennt als öffentlich-rechtlichen Gemeingebrauch nur den normalen. Dann würde sich alles das, was hier als Gebrauchserlaubnis und Sondernutzungsrecht bezeichnet ist, auf dem Gebiet des Privatrechts und allenfalls öffentlich-rechtlicher Sonderbestimmungen abwickeln. Das Reichsgericht folgte in Zivilsachen im allgemeinen dieser Auffassung. Es leitete nur den allgemeinen Gemeingebrauch vom öffentlichen Charakter der Sache, Gebrauchserlaubnis und Sondernutzungsrecht jedoch vom Privateigentum ab.

---

[1]) So Fleiner, Institutionen, 378; Giese-Neuwiem-Cahn, Deutsches Verwaltungsrecht, 90; Hofacker in: VerwArch. 30, 124; Peters, Verwaltung, 211.

[2]) B.-w. VGH. 3, 49.

[3]) Fleiner, aaO.; Giese, aaO.; Forsthoff, Verwaltungsrecht, 284.

[4]) Vgl. unten S. 394 ff.

[5]) RGZ. 83, 67; 87, 43.

Beispiel:

„Es besteht eine Verkehrsanschauung und -übung, daß die Zeitungen und Zeitschriften verkaufenden Straßenhändler auch einen festen Stand auf dem Bürgersteig an Stellen einnehmen, an denen das mit dem Verkehr noch vereinbar ist.“ — RGZ. 125, 113.

Die Ansicht[1]) birgt die Gefahr in sich, daß der normale Gemeingebrauch in nicht absehbarer Weise ausgedehnt werden muß, um zu tragbaren Verwaltungsergebnissen zu kommen und daß andererseits die Gemeingebraucher selbst kein festes System vorfinden, nach welchem sie sich richten können[2]). Vielmehr sind sie von der privatrechtlich zu beurteilenden Ansicht des Eigentümers abhängig. Der BGH. bezeichnet denn auch z. B. das Aufstellen von Verkaufsständen als „über den Gemeingebrauch hinausgehend“[3]).

Sieht man den gesteigerten Gemeingebrauch als eine öffentlich-rechtlich Einrichtung an, so ist der Eigentümer oder sonstige dinglich Berechtigte öffentlich-rechtlich ausgeschaltet[4]).

Er kann allerdings privatrechtliches Nutzungsentgelt verlangen[5]).

6. Öffentliche Grundstückslast

Bestimmte öffentliche Lasten können in der Weise dinglich gesichert werden, daß neben die persönliche Haftung des Abgabeverpflichteten die dingliche Haftung aus dem Grundstück des Verpflichteten tritt. Was öffentliche Last ist, bestimmen die Bundes- oder Landesgesetze, wobei für bestimmte Abgaben ausdrücklich die dingliche Beziehung zu dem Grundstück hergestellt wird.

Insbesondere handelt es sich dabei um: Rentenbankgrundschulden (G. vom 11. 5. 1949 — WiGBl. 79 —), Knappschaftsbeiträge (G. vom 1. 7. 1926 — RGBl. 369 —), Entschuldungsrenten (G. vom 20. 6. 1935 — RGBl. 496 —), Grundsteuern (Grundsteuerg. idF. vom 10. 8. 1951 — BGBl. 519 —), Schornsteinfegergebühren (VO. vom 28. 7. 1937 — RGBl. 831 —), Leistungen aus Umlegungen (RUO. vom 16. 6. 1937 — RGBl. 629 —), Beiträge für Wasser- und Bodenverbände (VO. vom 3. 9. 1937 — RGBl. 933 —), Hypothekengewinnabgabe (LAG. vom 14. 8. 1952 — BGBl. 466 —). Hinzu treten einige, insbesondere in den Ausführungsgesetzen zum ZVG. enthaltene Landesbestimmungen.

---

[1]) Z. B. RGZ. 88, 14; 123, 181 (Leuchtreklame an Geschäftshäusern). Vgl. auch Germershausen-Seydel, Wegerecht und Wegeverwaltung in Pr. 1932 I, 97; Jellinek, Verw.Recht, 511 geht von der Notwendigkeit sowohl der Gestattung des Eigentümers als des Vorliegens einer öffentlich-rechtlichen Gebrauchserlaubnis aus.

[2]) Turegg in: NJW. 1951, 591. [3]) BGH. in: JR. 1956, 144.

[4]) Das ist — wenn man überhaupt einen gesteigerten Gemeingebrauch anerkennt — kaum bestritten für die Gebrauchserlaubnis (vgl. z. B. ausdrücklich Art. 185 EWVRO.); jedoch bestritten für die Sondernutzung. Mit Art. 186 EWVRO. wird man aber nur dann die Verleihung eines öffentlich-rechtlichen Sondernutzungsrechts von der Zustimmung des Eigentümers abhängig machen und ihm die negatorische Klage zubilligen dürfen, wenn ihm diese Position durch eine öffentlich-rechtliche Schut zbestimmung — wie sie Art. 186 EWVRO. eben sein soll — eingeräumt worden ist (vgl. Begründung zu EWVRO., 578).

[5]) RGZ. 150, 126; BGH. in: JR. 1956, 144.

Die persönliche Last und die dingliche Haftung entstehen entweder unmittelbar durch Gesetz oder im Einzelfall durch Verwaltungsakt. Eine Eintragung in das Grundbuch ist nicht erforderlich. Der Bestand der Last richtet sich weitgehend nach Privatrecht[1]). Sonderregeln sind nur dort vorhanden, wo das der öffentliche Zweck der Haftung verlangt.

Beispiel:
Besonderer Rang im Zwangsversteigerungsverfahren nach § 10 Abs. 1 Nr. 3 ZVG.; kein Surrogationsprinzip nach § 1127 ff. BGB.[2]).

I. a. hat die Haftung für die öffentliche Last den Vorrang vor der privatrechtlichen Haftung (Realkredit); doch wird der Vorrang meist zeitlich beschränkt[3]).

Schrifttum

(Vgl. auch 10., 23.—25. Kapitel)

Lauf, Öffentliches Eigentum. 1934.
Maunz, Hauptprobleme des öffentlichen Sachenrechts. 1933.
Merten, Gutgläubiger Eigentumserwerb und Zeitablauf in ihrer Bedeutung für das öffentliche Recht. 1935.
Petersen, Grundprinzipien und Grenzen des Gemeingebrauchs. Hamburger Diss. 1935.
Schallenberg, Die Widmung. 1955.
Stritter, Praktische Bedeutung der Theorie vom öffentlichen Eigentum. Heidelb. Diss. 1934.

---

[1]) RGZ. 146, 321; 150, 58.
[2]) Riewald, in: JW. 1932, 449.
[3]) Fischer, in: NJW. 1955, 1583.

Zehntes Kapitel

Öffentlich-rechtliche Entschädigung

1. Entschädigungsmöglichkeiten

a) Allgemeine Grundlagen

Erreicht ein an einem öffentlichen Rechtsverhältnis Beteiligter nicht das Ziel, welches er sich gesetzt hatte, so entsteht im öffentlichen Recht, wie stets[1]), die Frage, ob an die Stelle des ursprünglichen Rechtsverhältnisses ein anderes tritt, das einen Schadensersatz zum Inhalt hat. Der Schadensersatz kann entweder auf Wiederherstellung des früheren Zustandes gehen (Restitution) oder, falls das unmöglich ist, wenigstens eine Ersatzleistung an den Geschädigten gewähren (Kompensation). In einem auf Koordination seiner Subjekte aufbauenden Rechtszweig wird im allgemeinen mit einer Bejahung der Frage gerechnet werden dürfen. Das führt dazu, im Rahmen der nichthoheitlichen Verwaltung einen jeden, also Hoheitsträger und Nichthoheitsträger, der an einem Rechtsverhältnis, insbesondere an einem Rechtsgeschäft beteiligt ist, als zum Schadensersatz verpflichtet anzusehen, wenn seine Leistung infolge eines von ihm zu vertretenden Umstandes unmöglich wird (sinngemäße Anwendung von §§ 280ff. BGB.). Auf ein Verschulden oder gar eine Amtspflichtverletzung kommt es nicht an.

Beispiel:

Wenn eine Behörde einem Antragsteller „entgegenkommenderweise" die Zuweisung eines Lastzuges zugesagt und dieser darauf „entgegenkommenderweise" auf Rückbeorderung eines alten Lastzuges verzichtet, entsteht bei Nichteinhaltung der Zusage der Behörde für sie eine Schadensersatzpflicht — OLG. Hbg. in: BB. 1953, 248.

Wie im Zivilrecht, wird man davon auszugehen haben, daß kein neues Rechtsverhältnis entsteht, sondern nur eine Änderung eines bisherigen, das nunmehr auf Schadensersatz gerichtet ist. Damit bleiben alle von dem ursprünglichen Rechtsverhältnis abhängigen Rechtsbeziehungen erhalten. Etwa konkurrierendes Verschulden ist im Rahmen der §§ 254 BGB. zu berücksichtigen.

b) Hoheitsverwaltung

Anders liegen die Verhältnisse bei der Hoheitsverwaltung. Dem Gewaltunterworfenen kann hier eine Schadensersatzpflicht nur soweit aufge-

[1]) Vgl. z. B. §§ 286, 289, 292, 307, 325, 440 BGB.

bürdet werden, als ihm kein subjektiv-öffentliches Recht auf Unterlassung zur Seite steht. Die Frage klärt sich im Einzelfall also an Hand des Vorhandenseins oder Nichtvorhandenseins subjektiv-öffentlicher Rechte.

Eine Schadensersatzpflicht des Verwaltungsträgers gibt es im Gegensatz zu der zivilrechtlichen Regelung grundsätzlich nicht. Wenn dem einzelnen durch die öffentliche Verwaltung ein Schaden entsteht, dann hat das nicht automatisch eine Entschädigungsleistung zur Folge[1]). Denn jede Gemeinschaft muß unvergütbare Opfer von ihren Gliedern verlangen, wenn nicht ihre eigenen Interessen durch die auseinanderfallenden Interessen der sie bildenden Menschen ausgeschaltet werden sollen, was zu ihrem Ruin führen kann. Aber der Rechtsstaat sucht doch den unvermeidlichen Interessenkonflikt für den einzelnen möglichst erträglich zu lösen. Zwar kann man nicht von einer Kodifikation der öffentlich-rechtlichen Entschädigung oder auch nur einer kodifikationsähnlichen Regelung sprechen[2]). Es haben sich jedoch eine Reihe von Rechtssätzen für den Schadensausgleich gegenüber öffentlichen Eingriffen gebildet.

Die den umschriebenen Interessenausgleich beachtenden Erwägungen kreuzen sich zum Teil mit aus einer anderen Quelle stammenden Gedanken, die die Notwendigkeit des Eintretens des Staates für seine Organe und Vertreter betrachten. Die Regelung dieser Staatshaftung, einer besonderen Art der Haftung überhaupt[3]), kann so auch zur Regelung der öffentlichen Entschädigung führen.

Für die öffentlich-rechtliche Entschädigung sind verschiedene Arten des öffentlichen Handelns maßgebend. Es kann rechtmäßig sein, was zur Enteignung oder einer bestimmten Art der Aufopferung führt. Es kann rechtswidrig-schuldlos sein, was ebenfalls durch die Aufopferung erfaßt wird. Es kann rechtswidrig-schuldhaft sein, wobei es sich weitgehend um die Durchführung des zweiten Gedankens, der Amtspflichtverletzung und der Haftung des Staates hierfür, handelt. Schließlich kann Entschädigung in der Form gewährt werden, daß der Staat die Folgen unrechtmäßigen Verwaltens beseitigt.

---

[1]) Vgl. oben S. 104.

[2]) Wichtig bleiben die Versuche Otto Mayers, Verwaltungsrecht, II, 295ff., ein fest umrissenes System der öffentlich-rechtlichen Entschädigung aufzubauen. Um die Jahrhundertwende stieß er damit auf allgemeine Ablehnung. Neuestens aber geht die Entwicklung auf eine systematische Erfassung hin. Das ist nicht gleichbedeutend mit einer vollständigen Staatshaftung für alle Verwaltungsvorgänge, also möglicherweise einschließlich einer Gefährdungshaftung. Sondern als System ist schon zu bezeichnen ein Aufbau, der systematisch an gewisse Verwaltungsvorgänge eine Haftung knüpft und sie bei anderen Vorgängen ablehnt.

[3]) Vgl. oben S. 105.

Alle Entschädigungsregelungen, sowohl in der hoheitlichen als in der nichthoheitlichen Verwaltung laufen auf einen Interessenausgleich hinaus[1]). Das haben sie gemeinsam mit der Schadensersatzregelung im Privatrecht. Im Sinne einer einheitlichen und übersichtlichen rechtlichen Regelung dürfte es liegen, alle diese Rechtslagen nach möglichst übereinstimmenden Gesichtspunkten zu beurteilen[2]).

2. Entschädigung für rechtmäßiges hoheitliches Handeln

a) Enteignung

aa) Entwicklung des Begriffs

Enteignung ist das Beschränken der Rechtsstellung des einzelnen gegen Entschädigung (Art. 14 Abs. 3 GG.). (Junktim von beschränken und entschädigen!) Ihre Grenze ist die allgemeine Sozialgebundenheit des Eigentums, welche Rechtsbeschränkungen des einzelnen ohne Entschädigung zur Folge haben kann (Art. 14 Abs. 2 GG.). Die stets hart umkämpfte Grenze hat sich im Laufe der letzten Jahrzehnte zugunsten der Enteignung verschoben. Dadurch werden die Chancen des einzelnen, durch Eingriffe von hoher Hand Entschädigung zu erlangen, vergrößert.

Die systematische rechtliche Erfassung der Enteignung beginnt um die Mitte des 19. Jahrhunderts, als der Bau von Straßen und Eisenbahnen Gelände für die Allgemeinheit erforderte. Der nach den verschiedenen Landesgesetzen (z. B. bayer. Enteignungsg. v. 1837, pr. G. v. 1874)[3]) entwickelte sog. klassische Enteignungsbegriff besagt: Enteignung ist die entschädigungspflichtige Übertragung von Grundeigentum (nur!) durch gesetzlich zugelassenen Verwaltungsakt (nur!) an ein aus öffentlich-rechtlichen Gründen begünstigtes Unternehmen (nur!). Der nach Art. 153 WRV. unter der Führung des Reichsgerichts entwickelte sog. erweiterte Enteignungsbegriff ließ die drei Beschränkungen des klassischen Begriffs fallen. Enteignung ist danach möglich nicht nur durch Verwaltungsakt, sondern auch durch eine Norm unmittelbar, nicht nur für Grundeigentum, sondern auch für andere Rechtspositionen, nicht nur für ein begünstigtes Unternehmen, sondern auch für individuell Begünstigte[4]).

Beispiel:

Auf Ortsstatut beruhende Baubeschränkungen, die ihre Rechtsgrundlage im pr.

---

[1]) So Meiß, in: JZ. 1954, 111, der Interessenausgleichsansprüche als Sammelbezeichnung für zivilrechtliche Schadensersatzansprüche und öffentlich-rechtliche Entschädigungsansprüche vorschlägt.

[2]) Diese Vereinheitlichungstendenz verfolgt deutlich der BGH.; vgl. BGHZ. 6 270; 11, 156. Allerdings hat ihm das den Vorwurf eingebracht, er verfechte die Vereinheitlichungsthese nur, um den Rechtsweg vor den Zivilgerichten — vgl. oben S. 42 — möglichst weit auszudehnen — Naumann, in: JZ. 1954, 320; Ule, in: DVBl. 1954, 137.

[3]) Die einzelnen Gesetze usw. bei Schlechter, Wörterb. d. Staats- und VerwR. 1911, Art.: Enteignung.

[4]) StGH. in: RGZ. 124 Anh. 19.

Fluchtliniengesetz von 1875 haben, sind entschädigungspflichtige Enteignungen-RGZ. 128, 19, das grundlegende Bethke-Urteil.

Danach unterscheiden sich die Enteignungseingriffe von den durch die Sozialgebundenheit des Eigentums veranlaßten Eingriffe nur noch dadurch, daß sie nicht das gesamte Staatsvolk ergreifen dürfen, wie etwa die Steuerbelastungen[1]), sondern sich auf Einzeleingriffe gegenüber einzelnen Personen oder Personengruppen zu beschränken haben (Einzeleingriffslehre).

Durch die Auflösung des Enteignungsbegriffs gerieten vor allem die Gemeinden in Schwierigkeiten, weil sie ihre Baupläne (Fluchtlinienbereinigungen, Freiflächengestaltung) mangels ausreichender Entschädigungsmittel nicht durchführen konnten. Dieses „Fluchtlinienfiasko"[2]) suchte die Reichsregierung zu beheben, indem sie ältere Landesgesetze, auch wenn sie mit ihrem klassischen Enteignungsbegriff dem Art. 153 WRV. widersprachen, als reichsrechtliche Ausnahmen nach Art. 153 Abs. 2 WRV. übernahm; hierdurch und durch weitere Maßnahmen sollten übermäßige Entschädigungsforderungen erschwert werden (2. Not-VO. vom 5. 6. 1931 — RGBl. 279). Derartige Versuche blieben jedoch erfolglos. Nach der Übergangszeit zwischen 1933 und 1945, während welcher Art. 153 WRV. als einfaches Reichsrecht weiter galt[3]), hat sich unter der Führung des BGH. unter der Herrschaft des GG. der erweiterte Enteignungsbegriff durchgesetzt[4]).

bb) Die einzelnen Begriffsmerkmale

Enteignet werden kann nur, was unter die Verfassungsgarantie des Eigentums fällt. Was nicht darunter fällt, kann dem Wesen der Sozialgebundenheit des Eigentums entsprechend entschädigungslos beschränkt werden. Von der Garantie werden erfaßt das zivilrechtliche Eigentum und sonstige dingliche Rechte, was dem klassischen Enteignungsbegriff entspricht, und Obligationen, was durch den erweiterten Begriff hinzugekommen ist. Nicht von der Garantie erfaßt werden das Vermögen als solches[5]), schlechthin alle subjektiv-öffentlichen Rechte[6]), Körper und Gesundheit[7]).

---

[1]) RFH. in: RStBl. 1931, 929; Anschütz, Verf. 711 mit RG.-Judikatur.

[2]) Dürig, in: JZ. 1955, 523.

[3]) DOG. in: DVBl. 1950, 761; Forsthoff, in: JZ. 1952, 627; Stödter, in: ÖV. 1953, 97. A. A. BGH. 6, 270.

[4]) Weil die Möglichkeit bestand, daß nach 1945 der klassische Enteignungsbegriff, wenn auch nicht in seiner ursprünglichen Form, so doch als Beschränkung der Enteignung auf den Vorgang der Übertragung oder Belastung — so z. B. Haas, in: MDR. 1952, 649 — wieder verwendet würde, handelten die bisherigen Auflagen dieses Lehrbuchs die Enteignung beim Sachenrecht ab. [5]) BVerfG. 4, 7.

[6]) So BVerfG. 1, 264, 277; 2, 264 (274), 380 (399); NJW. 1955, 1268 in ständiger Rechtsprechung gegen manche Angriffe, z. B. BGHZ. 6, 270; vgl. Forsthoff, in: NJW. 1955, 1249. [7]) Die Beschädigung kann jedoch enteignungsähnlich sein, was rechtlich an den Impfschäden ausgetragen wurde; vgl. unten S. 169.

Die endgültige Unterscheidung zwischen Enteignung und Sozialgebundenheit ist — nach Wegfall der nach dem klassischen Enteignungsbegriff sich darbietenden Unterschiede — nach zwei verschiedenen Gesichtspunkten möglich, die den Einzelakt oder die Schutzwürdigkeit berücksichtigen, wobei stets zu beachten ist, daß es sich um eine qualitative und nicht nur quantitative Unterscheidung handelt[1]).

Die Einzelakttheorie kennt als einzigen Unterschied, daß die entschädigungspflichtige Enteignung nur einzelne oder bestimmte Gruppen ergreifen darf, während die entschädigungslose Inhaltsbeschränkung des Eigentums allgemein gültig sein muß[2]).

Die Schutzwürdigkeitstheorie[3]) oder die Zumutbarkeitstheorie[4]) verlangen stets außer dem Einzelakt weitere Voraussetzungen. Sie sehen entweder allgemein oder innerhalb des durch die Einzelakttheorie abgegrenzten Bereichs das kennzeichnende Unterscheidungsmerkmal zwischen Eigentumsumschreibung und entschädigungspflichtiger Enteignung darin, ob der Eingriff nach objektiver oder subjektiver Beurteilung den Betroffenen nach Umfang und Bedeutung zugemutet werden kann. Schwierig ist, hierbei die Grenze der Zumutbarkeit festzustellen. Die Vorstellung, daß die „Verletzung der Substanz"[5]) immer die Grenzen der Zumutbarkeit überschreitet und daher die Enteignung mit Entschädigungsfolgen darstelle, bietet eine wichtige Hilfe.

Sämtliche Theorien gehen von dem Gleichheitssatz aus. Die Einzelakttheorie identifiziert die Gegensätze „ungleich und gleich" und „speziell und allgemein". Die Vertreter der Zumutbarkeitslehre dagegen halten eine solche Gleichsetzung nicht für erlaubt, da nicht jeder einzelne Eingriff notwendigerweise eine Ungleichheit zur Folge haben muß. Vielmehr ist denkbar, daß der Einzeleingriff unter Berücksichtigung sonstiger Umstände den hiervon Betroffenen gegenüber der Allgemeinheit nicht ungleich behandelt[6]).

---

[1]) Haas, aaO.

[2]) BGHZ. 6, 270 definiert: „Bei der Enteignung handelt es sich nicht um eine allgemeine und gleichwirkende, mit dem Wesen des Betroffenen rechtsvereinbare inhaltliche Bestimmung und Begrenzung des Eigentumsrechts, sondern um einen gesetzlich zulässigen zwangsweisen staatlichen Eingriff in das Eigentum, sei es in der Gestalt der Enteignung oder der Belastung, der die Betroffenen einzeln oder in Gruppen im Vergleich zu anderen ungleich besonders trifft und sie zu einem besonderen, den übrigen nicht zuzumutenden Opfer für die Allgemeinheit zwingt."

[3]) Jellinek, Verwaltungsrecht, 413 nebst Nachtrag 1950, 32.

[4]) Stödter aaO., 190; DV. 1948, 22.

[5]) Haab, Privateigentum usw., 58.

[6]) Eine eingehende Auseinandersetzung mit den für die verschiedenen Theorien maßgeblichen Grundlagen bei Stödter in: ÖV. 1953, 97ff., 137ff.

cc) Gesetzliche Grundlagen

Die Enteignung kann vorgenommen werden unmittelbar durch Bundes- oder Landesgesetz oder durch auf Gesetz beruhendem Verwaltungsakt. Das Gesetz muß gültig sein, sonst ist die Enteignung unwirksam. Enteignung soll immer nur die letzte Möglichkeit sein, wenn eine andere Lösung nicht möglich ist[1]).

Beispiel:

Neben Forderungen aus dem Lastenausgleich können keine Enteignungsansprüche geltend gemacht werden — BGH. in: MDR. 1953, B 43.

Bei Gesetzen aus der Zeit vor Inkrafttreten des GG. kann das Gericht durch Auslegung ermitteln, ob Enteignung vorliegt, ob also das zwischen staatlichem Eingriff und Entschädigung bei der Enteignung notwendige Junktim vorhanden ist.

Beispiel:

Ob und in welcher Höhe Entschädigung nach dem hess. Ges. über den Aufbau der Städte und Dörfer von 1948 zu gewähren ist, bestimmt das ordentliche Gericht — BVerwG. 1, 42.

Bei Gesetzen aus späterer Zeit darf das Junktim allein der Gesetzgeber selbst herstellen entsprechend dem Wortlaut von Art. 14 Abs. 3 Satz 2 GG.[2]). Diese Verfassungsbestimmung nimmt also den Gerichten die Möglichkeit, Enteignung und damit Entschädigungsmöglichkeit auszudehnen[3]).

Enteignungen aus der Zeit vor dem Inkrafttreten des GG. behalten ihre Wirkung, auch wenn sie unter der Herrschaft des GG. nicht möglich gewesen wären; Art. 14 GG. hat keine Rückwirkung auf ältere Gesetze[4]).

Einige Sachgebiete:

Bauwesen, Baulandbeschaffung nach G. vom 3. 8. 1953 — BGBl. 720[5]), Landesfluchtlinieng., Landestrümmerverwertungsg. — OVG. Hbg. in: DVBl. 1952, 246[6]). Aber keine Enteignung: Beschränkungen nach § 3 BaubeschränkungsVO. — OVG. Mstr. in: ÖV. 1952, 571; Dispenserteilung mit Nebenauflagen — BVerwG. in: DVBl. 1955, 291; Ortsbeschränkungen für Schaukästen — BVerwG. in: MDR. 1955, 80.

---

[1]) BVerwG. in: NJW. 1955, 1243.

[2]) BVerfG. in: NJW. 1955, 1268.

[3]) Diese strenge und wortgetreue Auslegung durch das BVerfG. ist ein Versuch, die Enteignung zu beschränken, der in der gleichen Richtung läuft wie derjenige durch die 2. NotVO. von 1931, vgl. oben S. 166.

[4]) So BVerwG. in: NJW. 1955, 1204 und in ständiger Rechtsprechung; Weber, in: DVBl. 1955, 43; Stödter, in: ÖV. 1953, 98; Krüger, AöR. Bd. 77, 63; a. A. BGHZ. 6, 274.

[5]) Werner, in: DVBl. 1954, 44 mit Schrifttum; Dittus, in: DVBl. 1955, 726.

[6]) Am Fluchtlinienrecht insb. hat sich der erweiterte Enteignungsbegriff entwickelt; vgl. oben S. 165.

Bodenrecht, Flurbereinigung, Bodenerschließung[1]), Bodenreform[2]). Aber keine Enteignung: Auflagen nach Naturschutzg. OVG. Mstr. in: NJW. 1952, 800[3]).

Ernährung, Flurbereinigung. Aber keine Enteignung: Umlegung — BVerwG. 1, 225; Aufforstungszwang — OVG. Mstr. in: MDR. 1954, 763.

Leistungswesen, Reichs- und Landesleistungsgesetze[4]), Luftschutzbauten — BGH. in: BB. 1953, 429[5]).

Verkehrswesen, Bundesbahng. 1952; Bundeswasserstraßen, Bek. vom 23. 1. 1953 — BGBl. II, 25; WasserverbandsVO. 1937; einzelne Bundes- und Landesg. (Für DDR: AO. des Min. für Schwerindustrie vom 10. 9. 1954 — GBl. 807 — über Verpflichtung der Eigentümer, die Benutzung für Elektrizitätswirtschaft zu dulden mit Entschädigung.)

Wohnwesen, Inanspruchnahme nach RLG.; Geländeabtretung nach WohnSG. usw. — BVerwG. vom 11. 1. 1954 — I C 88/53 —. Aber keine Enteignung: Erfassung nach KRG. 18 — BGH. 6, 270.

Keine Enteignung sind Beschränkungen nach den verschiedenen Preisbestimmungen[6]). Sog. Enteignungen nach 11. DVO. zum Reichsbürgerg. 1933 waren stets Unrecht[7]). Keine Enteignung: die entschädigungslose Überführung in Volkseigentum oder Gemeindeeigentum nach Art. 24ff. Verf. DDR.

b) Enteignungsähnliche Vorgänge

Außer für Enteignungen wird — in ständig verschiedenem Umfang — Entschädigung gewährt für den einzelnen berührende Eingriffe von hoher Hand, die nicht als Enteignung bezeichnet werden können, die vielmehr eine bestimmte Art der Aufopferung darstellen. Rechtsgrundlagen für die Entschädigung sind §§ 74, 75 Einl. pr. ALR., die für die ehemals preußischen Gebiete direkt, für das übrige Bundesgebiet als Bundesgewohnheitsrecht, früher Reichsgewohnheitsrecht gelten, sowie allgemeine Billigkeitserwägungen, gestützt auf Art. 3 GG.[8]). Die Entwicklung verläuft übersichtlich, soweit es sich um andere als Vermögensschäden handelt.

Beispiel:

Tötung eines Unterhaltspflichtigen bei ihn nicht betreffenden polizeilichem Einsatz — schlesw.-holst. OLG. in: NJW. 1951, 605; — Impfschäden bei behördlich angeordneter Impfung — BGHZ. 9, 83; n.-w. G. über Impfschäden vom 13. 11. 1952 — GVBl. 193 —.

Rechtsetzung und Rechtsprechung stellen hier nunmehr das Junktim zwischen öffentlichem Eingriff und Entschädigung her[9]).

---

[1]) Vgl. unten S. 378ff.

[2]) Frei, in: ÖV. 1951, 345; Sellschopp, in: ÖV. 1952, 242, ArchöffR. Bd. 77, 469; Ipsen, in: DVBl. 1952, 226. — Webers Befürchtungen in: ÖV. 1953, 353 — richten sich gegen Art. 15 GG. und verkennen m. E. die tiefgreifende soziale Umschichtung durch den zweiten Weltkrieg.

[3]) Weber, in: DVBl. 1955, 40.

[4]) Vgl. unten S. 386ff.

[5]) Radtke, in: ÖV. 1955, 464.

[6]) Vgl. unten S. 400ff.

[7]) BGH. in: MDR. 1953 B 42.

[8]) Grundlegend: RGZ. 140, 276. Vgl. auch BGH. in: JZ. 1953, 457 mit Anm. von Giese; Schack, Gutachten, 18, 23, 37.

[9]) Damit ist die Rechtsprechung des Reichsgerichts — RGZ. 156, 305 —, welches Ersatz für Impfschäden verneinte, überholt.

Keine Einigkeit jedoch besteht darüber, ob der Aufopferungsanspruch angesichts der Erweiterung des Enteignungsbegriffs auch auf vermögensrechtlichem Gebiet noch eine selbständige Bedeutung hat[1]).

Beispiel:

„Verdrängung privater Herrschaft durch polizeiliche Verfügung" — RGZ. 118, 26; pr. OVG. 89, 376 (gute Zusammenstellung der älteren Judikatur in RGZ. 112, 98); Verschlechterung für Anlieger bei Straßeneinziehungen — RGZ. 145, 107. — Kein Anspruch eines Imkers, der durch öffentl. Schädlingsbekämpfung Schaden erlitten hat — BGH. in: ÖV. 1955, 559.

Da nach Art. 14 Abs. 3 S. 2 GG. es bei der Enteignung allein Sache des Gesetzgebers ist, Art und Ausmaß der Entschädigung zu regeln, muß ihm diese Befugnis auch für alle die rechtmäßigen Staatseingriffe vorbehalten werden, die man nicht als Enteignung, aber doch als enteignungsähnlich qualifizieren zu müssen glaubt. Diese durch das GG. für seine Geltungszeit geschaffene Rechtslage muß sich aber notwendigerweise auch auf die Auslegung älterer, vor seinem Inkrafttreten entstandener Gesetze auswirken. Das spricht für eine äußerste Zurückdrängung der Aufopferungsansprüche wegen rechtmäßiger Staatseingriffe.

c) Verfahren

Spezielle Formen entfallen, wenn das Gesetz die Enteignung unmittelbar selbst vornimmt. Dann beschränkt sich die Verwaltung auf die Durchführung des Gesetzes. Hierzu benutzt sie ihre allgemeinen Mittel, insb. deklaratorische Verwaltungsakte in dem allgemeinen Verwaltungsverfahren. Gibt das Gesetz der Exekutive nur die Möglichkeit, Enteignungen vorzunehmen, so liegt die Vornahme im einzelnen in ihrem freien Ermessen.

Die Gesetze, insb. die Landesenteignungsgesetze sehen mehrere Verfahrensstufen vor: Soll die Enteignung zugunsten einer bestimmten Stelle erfolgen, so wird ihr — dem Unternehmer — das Enteignungsrecht verliehen.

Beispiel:

Beschluß des nds. Landesministeriums vom . . . : Der Bundesrepublik Deutschland (Bundesstraßenverwaltung) wird hierdurch auf Grund des Gesetzes über die Enteignung von Grundeigentum vom 11. 6. 1874 — pr. GS. 221 — das

[1]) Der BGH., z. in: ÖV. 1954, 616 verwendet den Begriff des „enteignungsgleichen Eingriffs" laufend. Schack, Gutachten, 13ff., 35, 53, die umfangreichste neuere Stellungnahme, weicht aus, indem er sich auf die schwankenden Grenzen der Enteignung selbst beruft; außerdem ist die Neigung zu beobachten, Aufopferungsansprüche schon bei Interessen — und nicht erst bei Rechtsverletzungen zu geben. Gegen die damit heraufbeschworene Gefahr der unübersehbaren Staatshaftung nimmt mit Recht Stellung Düring, in: JZ. 1955, 522. — Eine Parallele zu derartigen Tendenzen sind die Bestrebungen, die gerichtliche Generalklausel des Art. 19 Abs. 4 GG. auf allgemeine Interessenlagen auszudehnen; hiergegen Turegg, Generalklausel, 1955, S. 102.

> Recht verliehen, das zur Erweiterung der Bundesstraße 72 in den Gemarkungen ..... erforderliche Grundeigentum im Wege der Enteignung zu erwerben oder, soweit das ausreicht, mit einer dauernden Beschränkung zu belasten.

Sie muß einen bestimmten Enteignungsplan aufstellen, der offen gelegt wird und gegen den die Betroffenen Einwendungen erheben können, die dann in einem besonderen Verfahren behandelt werden. Alle bis zu diesem Zeitpunkt getroffenen Maßnahmen sind nicht als Verwaltungsakte zu qualifizieren. Alsdann ergeht ein Planfeststellungsbeschluß, ein Verwaltungsakt[1]), gegen den es — unbeschadet anders lautender Bestimmungen in älteren Gesetzen — die üblichen Rechtsmittel gibt. Schließlich müssen die dinglichen Änderungen vorgenommen werden, gegen welche materielle Einwendungen nicht mehr möglich sind, da sie Vollstreckungsmaßnahmen darstellen.

Ein Verfahren innerhalb der Hoheitsverwaltung ist nicht nötig, wenn sich alle Beteiligten gütlich einigen, was i. a. durch Enteignungsverträge (Expropriationsverträge) geschieht[2]).

Für enteignungsähnliche Vorgänge ist eine besondere Verfahrensform nicht vorgesehen. Sie werden durch Verwaltungsakte vorgenommen, wobei insb. in polizeilichen Zusammenhängen Erlaß und Durchführung des Aktes zusammenfallen können.

Beispiel:

> Bei einem Brand muß ein nicht betroffenes Nachbarhaus eingerissen werden, um ein Ausbreiten des Feuers zu verhindern.

d) Entschädigung[3])

aa) Entschädigungsarten

(1) Volle Entschädigung, welche den objektiven Wert der enteigneten Sache und den subjektiven Wert gerade für den bisherigen Eigentümer umfaßt. Sie lag der klassischen Regelung zugrunde.

(2) Entschädigung nach gemeinem Wert, welche den objektiven Wert ohne entgangenen Gewinn umfaßt. Sie findet sich in einzelnen Gesetzen, z. B. § 10 Reichsbewertungsgesetz idF. vom 16. 10. 1934 — RGBl. I, 1035 —.

(3) Angemessene Entschädigung, welche lediglich den Mindestwert durch die Enteignung umfaßt, nicht aber darüber hinausgehenden Schaden, insb. nicht entgangenen Gewinn. Der Mindestwert wird unter Beachtung des gesamten Enteignungsvorganges ermittelt, so daß sich der bisherige Eigentümer einen

---

[1]) Damit ist das Enteignungsverfahren in das Gebiet der öffentlichen — hoheitlichen bei Meinungsverschiedenheiten zwischen den Beteiligten, nichthoheitlichen bei Übereinstimmung (Expropriationsverträge) — Verwaltung verwiesen. Ältere Erklärungen ihrer Rechtsnatur als Zwangskauf — RGZ. 61, 102 — oder als zweiseitiges obligatorisches Rechtsverhältnis — Georg Meyer — sind überholt, weil sie von zivilrechtlichen Gesichtspunkten ausgehen.

[2]) Vgl. oben S. 100.

[3]) Vgl. Schack, in: MDR. 1953, 195.

Wertzuwachs seines Eigentums an anderer Stelle infolge der Enteignung anrechnen lassen muß[1]).

Beispiel:

Einem Eigentümer wird Land zur Herstellung einer öffentlichen Straße enteignet. Durch die Straßenziehung werden seine übrigen Grundstücke, nunmehr Straßenland statt Ackerland, wertvoller.

Diese Entschädigung sichern Art. 153 WRV., Art. 23 VerfDDR. und die meisten neuen Landesverfassungen[2]) zu.

(4) Entschädigung unter gerechter Abwägung der Interessen der Allgemeinheit und der Beteiligten, welche auf jede generelle Regelung verzichtet und nur auf den Einzelfall abstellt. Die Interessenabwägung läßt alle Möglichkeiten offen; nur formale Entschädigung, bei der der Enteignete praktisch nichts erhält, angemessene oder volle Entschädigung. Diese Entschädigung sichert Art. 14 GG. zu[3]). Sie umfaßt also auch die anderen Entschädigungsarten, so daß ältere Enteignungsgesetze i. a. mit dem GG. nicht in Widerspruch stehen. Sie ist bedeutsam auch für gesetzliche Regelungen, die möglicherweise nicht vom Standpunkt des Gesetzgebers, aber doch von der gegenwärtigen Auffassung aus als Enteignung zu betrachten sind.

Beispiel:

Die Vergütung nach § 26 Abs. 1 RLG. ist wie eine Entschädigung nach Art. 14 GG. zu betrachten — OVG. Hbg. vom 23. 8. 1951 — II 286/50 —. Entschädigung nach Bodenreformgesetzen[4]).

Diese Entschädigungsarten haben sich zwar herausgebildet für die Enteignung. Sie sind aber auch anzuwenden auf die enteignungsähnlichen Vorgänge, so daß nunmehr für sie Art. 14 Abs. 3 Satz 3 GG. ebenfalls maßgeblich ist.

bb) Festsetzung

Die Entschädigungsfestsetzung dem Grunde nach ist Sache der Verwaltung. Die Entschädigungsgesetze enthalten manchmal Verfahrensvor-

---

[1]) Vgl. z. B. RGZ. 32, 298. Zur Vorteilsausgleichung: RG. in GruchBeitr. 66 (1923), 604. Die Berücksichtigung der Interessen des Enteigneten und des Enteigners wurde von der herrschenden Meinung abgelehnt; vgl. z. B. Anschütz, RV. S. 718. Versuchsweise a. A. allerdings pr. OVG. 100, 329; 101, 263.

[2]) Z. T. mit eigenen Definitionen: Art. 60 rhld.-pf. Verf.: Angemessen ist jede Entschädigung, die die Belange der einzelnen Beteiligten sowie die Forderung des Gemeinwohls berücksichtigt.

[3]) Mit Art. 14 GG. hat sich die bereits durch das pr. OVG. — vgl. oben Anm. 1 — vertretene Auffassung durchgesetzt. Der Enteignete kann hierdurch schlechter gestellt sein als nach der angemessenen Entschädigung. Das ergibt sich eindeutig aus den Beratungen des Parl. Rates, so daß es nicht angängig ist, die Entschädigung nach Art. 14 GG. als angemessene wie nach Art. 153 WRV. anzusehen; so Ehrenforth in: DRZ. 1949, 271.

[4]) Bestritten! Vgl. Weber, in: NJW. 1950, 401; ÖV. 1953, 353. Es ist nicht einzusehen, weshalb für Enteignungen aus Gründen der Bodenreform andere Maßstäbe angewandt werden sollen als für andere Enteignungen nach Art. 14 GG.

schriften, wie z. B. die Landesenteignungsgesetze. Sind sie nicht vorhanden so werden die allgemeinen Verwaltungsmittel angewandt.

Im Streitfall steht wegen des Grundes[1]), wegen der Höhe und wegen der Verfassungsmäßigkeit[2]) der Entschädigung der Rechtsweg vor den ordentlichen Gerichten offen. Diese Regelung des Art. 14 GG. entspricht der bisherigen Tradition, wie sie auch in Art. 153 Abs. 2 WRV. verwirklicht war. Im Gegensatz zu ihr kann aber nach GG. der ordentliche Rechtsweg nicht durch Gesetz ausgeschlossen werden. Er ist also nunmehr offen sowohl beim Schweigen der Enteignungsgesetze als auch dann, wenn sie ihn — nach GG. unzulässigerweise — ausschließen.

Beispiel:

Für die Ansprüche nach § 26 RLG. ist — entgegen § 27 Abs. 3 Satz 4 RLG. — der ordentliche Rechtsweg offen. — BGH. in: VerwRspr. 4 Nr. 118.

Alles das gilt auch für die Aufopferung[3]).

Entschädigungsansprüche unterfallen i. a. den im Verwaltungsrecht geltenden Verjährungsbestimmungen[4]), sofern nicht das jeweils in Betracht kommende Enteignungsverfahren besondere Fristen vorsieht. Für Entschädigungsansprüche aus Aufopferung wird allerdings eine kurze Verjährungsfrist angemessen sein[5]).

3. Entschädigung für rechtswidrig schuldlos hoheitliches Handeln

Als eine Entschädigungspflicht des Hoheitsträgers auslösende Aufopferung wird von einer verbreiteten Ansicht auch die Lage des einzelnen bei schuldlos-rechtswidrigen Hoheitseingriffen angesehen.

Beispiel:

Rechtswidriges, nicht schuldhaftes Zuweisen eines Wohnungssuchenden, der dann seine Miete nicht zahlt — BGH. in: NJW. 1952, 972; schuldlos-rechtswidriges Versagen einer Baugenehigung — RGZ. 140, 276 (grundlegende, immer wieder zitierte Entscheidung!); Schädigung durch ein von der Marinebehörde zur Hilfeleistung in Seenot befindliches Torpedoboot — RGZ. 113, 301[6]).

Diese Art der Aufopferung unterscheidet sich also von der Aufopferung bei rechtmäßigem Hoheitshandeln[7]). Sie stützt sich aber auf die gleichen Rechtsgrundlagen, nämlich §§ 74, 75 Einl. pr. ALR. und den allgemeinen, auf dem

---

[1]) BVerwG. 1, 42; BGH. in: NJW. 1953, 983; LVG. Hannover, in: DVBl. 1955, 643.
[2]) BVerwG. in: JZ. 1954, 758; BVerfG. VerwRspr. 4, 559.
[3]) BGHZ. 11, 248.
[4]) Vgl. oben S. 90f.
[5]) Drei Jahre: KG. in: Betrieb 1951, 267; allerdings 30 Jahre: BGH. in: NJW. 1953, 1660; in: JZ. 1953, 466 mit Anm. v. Giese.
[6]) Weitere Beispiele bei Schack, Gutachten S. 16; ders. VerArchiv. Bd. 40, 426.
[7]) Vgl. oben S. 169.

Gleichheitsgrundsatz beruhenden Rechtsgedanken, daß für Schädigungen, die der einzelne im öffentlichen Interesse hinnehmen muß ohne Rücksicht auf ihre Rechtmäßigkeit oder Rechtswidrigkeit Schadloshaltung zu gewähren ist[1]). Aufopferung entsteht nur bei unmittelbar gegen den Opfernden gerichteten Hoheitsmaßnahmen; hierdurch unterscheidet sie sich von der Gefährdungshaftung, welche den Schaden berücksichtigt, der entsteht infolge einer vom Hoheitsträger geschaffenen allgemeinen anomalen Gefahrenlage[2]).

Gegen diese Art der Aufopferungsentschädigung, wie sie im Anschluß an die Reichsgerichtsjudikatur[3]) auch vom BGH. bejaht wird[4]), ist als Bedenken geltend zu machen, daß alle Folgen des schuldlos-rechtswidrigen Handelns allein auf die Allgemeinheit abgewälzt werden. Der Hoheitsträger ist aber durch derartige Vorgänge genau so betroffen wie der mit ihnen in Berührung kommende einzelne. Dagegen sind bei rechtmäßigen, also planmäßigen Eingriffen der Hoheitsträger oder die von ihm bezeichnete Stelle immer die Begünstigten. Es dürfte unzulässig sein, derart völlig verschiedene Vorgänge nach den gleichen rechtlichen Gedanken zu regeln. Weiterhin ist geltend zu machen, daß nach Einführung der Generalklausel die hierdurch geschaffene Möglichkeit besteht, den rechtswidrigen Hoheitsakt beseitigen zu lassen[5]). Die ganze Verwaltungsführung mit ihrem favor actus publici gerät in Gefahr, wenn nach Jahr und Tag noch längst unanfechtbar gewordene Verwaltungsakte auf dem Umweg über die Aufopferung wieder aufgerollt werden können. Schließlich ist auf § 839 Abs. 3 BGB. hinzuweisen, wonach selbst bei schuldhaften Amtspflichtverletzungen eine Ersatzpflicht nicht eintritt, wenn der Verletzte es unterlassen hat, den Schaden durch Gebrauch eines Rechtsmittels, worunter auch die Anfechtungsklage fällt, abzuwenden[6]). Wird der Verwaltungsakt trotz der in Rechtsbehelfen vorgebrachten Warnung vollzogen, so kann darin ein Verschulden liegen, was einen Folgenbeseitigungsanspruch[7]) entstehen läßt.

4. Entschädigung für rechtswidrig schuldhaftes hoheitliches Handeln

Der Staat und die anderen Subjekte des öffentlichen Rechts treten durch natürliche Personen in Erscheinung. Rechtsverletzungen, die nach der Rechtsordnung den juristischen Personen zugerechnet werden, entstehen nur durch Handlungen von sie darstellenden natürlichen Personen, ihren Organen. Hierfür übernimmt das Subjekt des öffentlichen Rechts die Haftung gemäß Art. 34 GG., der an die Stelle älterer Bestimmungen getreten ist[8]). Inhalt

---

1) So zusammenfassend Schack, Gutachten, S. 18. 2) Vgl. oben S. 105.
3) RGZ. 140, 276. 4) Zusammenfassung bei Schack, Gutachten, 18ff.
5) Vgl. unten S. 221.
6) Zahlreiche Stimmen mit Bedenken gegen die BGH.-Ansicht: Stödter, in: JZ. 1955, 308; Haas, System; Düring, in: JZ. 1955, 524.
7) Vgl. unten S. 177.
8) Diese Art der Staatshaftung war ursprünglich entsprechend Art. 77 EGBGB. im Landesrecht geregelt, z. B. pr. G. von 1908/14. Dann trat für das Reich das G. von 1910 hinzu. Die Gesetze wurden ersetzt durch Art. 131 WRV., der nunmehr durch Art. 34 GG. abgelöst ist. Die weitere Fassung des Art. 34, die das Erfordernis „in Ausübung öffentlicher Gewalt" nicht mehr hervorhebt, bedeutet keine Erweiterung der Staatshaftung — BGHZ. 9, 289.

und Umfang der Haftung ergibt sich aus § 839 BGB. und einigen Sonderbestimmungen[1]). Überall, wo im Gesetz eine Schadensersatzpflicht eines öffentlichen Bediensteten, also nicht nur Beamten[2]) normiert ist, tritt dafür zum Schutz des Verletzten und zum Schutz des Bediensteten ein Subjekt des öffentlichen Rechts ein.

Es haftet der Dienstgeber, der den Bediensteten angestellt hat (Anstellungstheorie[3])).

Beispiel:

Bei Amtspflichtverletzung eines Kreiskommunalbeamten, der im Auftrage seines Landrates diesem als Staatsbeamten obliegende Staatsaufgaben erledigt, haftet der Kreis — BGHZ. 6, 215.

Die Haftung besteht auch dann, wenn der Amtsträger wegen Unzurechnungsfähigkeit nicht verantwortlich ist. Ermessensmißbrauch kann, da Rechtsverletzung, eine Amtspflichtverletzung darstellen[4]).

Für die Geltendmachung des dem öffentlichen Recht[5]) angehörenden Amtshaftungsanspruchs ist der ordentliche Rechtsweg gegeben (Art. 34 S. 3 GG.), ebenso wie für den Ausgleichsanspruch des Dienstgebers gegenüber dem Bediensteten[6]) und für die Ausgleichsansprüche mehrerer gesamtschuldnerisch haftender Dienstgeber[7]).

Diese übersichtlichen[8]) Grundlagen geraten durch die neuere Judikatur des BGH. ins Wanken. Der BGH. geht auch hier von seiner These aus, daß schuldlos-rechtswidrige Eingriffe als „enteignungsgleich" zu entschädigen seien[9]) und fährt dann unter Berufung

---

[1]) Z. B. § 12 GrundbOrd. a. F., § 21 RNotarordnung — BGH. MDR. 53 B. 63. — Alle diese Regelungen werden durch Art. 34 GG. nicht berührt, wonach wie schon bisher die einfachen Gesetze maßgeblich sind. Die Fassung des Art. 34 ist so gewählt, daß nicht nur Beamte, sondern alle öffentlichen Bediensteten erfaßt werden, deren sich das Subjekt des öffentlichen Rechts zur Erfüllung von Hoheitsaufgaben bedient. Daß diese Art der Haftung auf Hoheitsaufgaben beschränkt ist, zeigen die Worte „anvertrautes öffentliches Amt" und „Amtshaftung". Nach den Verhandlungen des Parl. Rates besteht kein Grund anzunehmen, daß durch diese Wortfassung eine sachliche Änderung gegenüber Art. 131 WRV. eintreten soll.

[2]) Das besagt das Wort „jemand" in Art. 34. Die Bezeichnung Bediensteter ist besser als Amtsträger.

[3]) Die Funktionstheorie — es haftet der Dienstgeber, dessen Funktionen wahrgenommen werden — vertritt nur noch das bayer. ObLG., z. B. Z. 1955/10, sehr gegen den Wunsch der Staatsverwaltung. — Die früher vertretene Besoldungstheorie hat jede Bedeutung verloren.

[4]) RGZ. 138, 14; 164, 31.

[5]) Heute nahezu unstreitig, vgl. Lerche, Ord. Rechtsweg usw. 1953, 103; Tietgen, in: DVBl. 1955, 549.

[6]) Vgl. näheres unten S. 341.

[7]) BGHZ. 9, 65.

[8]) Vgl. z. B. noch Enneccerus-Nipperdey, Allg. Teil des bürg. Rechts, 1952, 485.

[9]) Vgl. oben S. 173.

auf eine reichsgerichtliche Äußerung[1]) fort: „Haben aber schon die schuldlos durch einen solchen Eingriff Geschädigten einen Anspruch auf Entschädigung nach Enteignungsgrundsätzen, so muß das erst recht dann gelten, wenn der Eingriff nicht nur rechtswidrig, sondern auch schuldhaft war"[2]). Damit aber werden die in § 839 Abs. 1 S. 2 BGB. normierten Grenzen beiseite geschoben[3]). Trotz dieser positiv-rechtlichen Beschränkung kommt der BGH. nicht zu dem Ergebnis, daß seine Prämisse der Enteignungsgleichheit schuldlos-rechtswidriger Eingriffe unrichtig ist, weil nämlich dann der Staat für schuldloses Handeln weiter haften würde als für schuldhaftes, sondern umgekehrt; er ordnet den positiven Rechtssatz der im positiven Recht nicht aufzufindenden Prämisse unter. Das Ergebnis ist, daß nun eine Staatshaftung für schuldhaft-rechtswidriges Handeln auch dann eintritt, und zwar aus dem Gesichtspunkt der Enteignungsgleichheit, wenn sie nach § 839 BGB. nicht begründet ist. Rechtsmethodisch ist die Unterordnung eines positiven Rechtssatzes unter einen im positiven Recht nicht nachweisbaren Satz unrichtig. Rechtspolitisch ist die Ausweitung der Staatshaftung und ihre Vermischung mit dem Enteignungsrecht bedenklich[4]).

5. Entschädigung für nicht-hoheitliches Handeln

Ist der Eingriff rechtmäßig, so richtet sich die Haftung nach den zwischen den Parteien getroffenen Vereinbarungen, da mangels Anwendung hoheitlicher Gewalt Eingriffe nur mit allseitiger Zustimmung vorgenommen werden können.

Ist der Eingriff rechtswidrig schuldhaft, so werden nach der herrschenden Ansicht, da es sich um die Erfüllung von Amtspflichten handelt, die gleichen Bestimmungen wie für die Hoheitsverwaltung angewandt (§ 839 BGB, Art. 34 GG.)[5]). Jedoch kann sich die Haftung ausnahmsweise nach § 278 BGB. richten[6]).

Beispiel:

> Einem auf Grund öffentlicher Fürsorge in einem städtischen Krankenhaus unentgeltlich aufgenommenen Kranken gegenüber haftet die Stadt bei fehlerhafter Behandlung entsprechend § 278 BGB. — BGHZ 1, 383; 4, 138.

Bei dieser Betrachtung dürfte die Möglichkeit einer Haftung wegen „unerlaubter Handlung" ausscheiden; denn dieses Rechtsinstitut paßt nicht für die Ausübung öffentlicher Gewalt, die ja auch die nichthoheitliche Verwaltung darstellt.

Ist der Eingriff rechtswidrig schuldlos, so ergeben sich die gleichen Probleme wie bei der Hoheitsverwaltung.

---

[1]) RGZ. 140, 276, eine einmalige Entscheidung, die keine nachweisbaren Vorläufer hat; a. A. Schack, Gutachten, aber ohne überzeugenden Nachweis.

[2]) BGHZ. 7, 296.

[3]) So ausdrücklich BGHZ. 13, 88 (Plenarbeschluß). Dazu eingehend Schröer, in: JZ. 1955, 308.

[4]) Die Ansicht des BGH. wird abgelehnt u. a. durch Stödter, in: ÖV. 1953, 141; Schröer, in: JZ. 1955, 308; Scheuner, in: Reinhardt-Scheuber, Verfassungsschutz des Eigentums, 1954, 106; Düring, in: JZ. 1955, 523.

[5]) So Jess, in: Bonner Kommentar, Art. 34 Anm. II, 3 unter Berufung auf zahlreiche RG.-Entscheidungen; Gützkow, in: ÖV. 1953, 289.

[6]) Zur Problematik des § 278 vgl. BGHZ. 3, 173. Hier erweist sich die Notwendigkeit öffentlich-rechtlicher Verträge für die Nicht-Hoheitsverwaltung.

6. Entschädigung für fiskalisches Handeln

Bei rechtswidrig schuldhafter fiskalischer Verwaltung ist zu unterscheiden, ob sie sich im Rahmen von Verträgen, einschließlich des Verschuldens bei Vertragsabschluß[1]), abspielt oder nicht. Im ersten Fall richtet sich die Haftung nach § 278 BGB. Liegt kein Vertrag vor, so ist anzuwenden § 831 BGB[2]). Diese letzte Bestimmung wird für die „verfassungsmäßigen Vertreter" der juristischen Person des öffentlichen Rechts ersetzt durch §§ 89, 31 BGB.[3]). Unter verfassungsmäßigem Vertreter versteht man eine Person, welcher ein bestimmter Verwaltungszweig zur selbständigen Erledigung überlassen ist[4]).

Bei rechtswidrig schuldloser fiskalischer Verwaltung gelten die Haftungsgrundsätze gemäß §§ 89, 31 BGB.

Beispiele:
Verteidigungsnotstand nach § 228 BGB., irrtümliche Selbsthilfe nach § 231 BGB., Notstand nach § 904 BGB.

7. Folgenbeseitigung

Unter Folgenbeseitigung versteht man das Rückgängigmachen eines rechtswidrigen Verwaltungsaktes mit hoheitlichen Mitteln zur Wiederherstellung des ursprünglichen Zustandes.

Beispiel:
Entfernung von zugewiesenen Personen, wenn sich die Zuweisung in die Wohnung späterhin als rechtswidrig erweist — OVG. Hbg. MDR. 49, 506. — Entfernung eines in einer Privatwohnung durch die Polizei untergebrachten Obdachlosen, wenn die — zunächst möglicherweise rechtmäßige — Unterbringung infolge Zeitablaufs rechtswidrig geworden ist — OVG. Lbg. 4, 235.

Die Lehre von einem inhaltlich selbständig neben den anderen öffentlich-rechtlichen Entschädigungsansprüchen stehenden Folgenbeseitigungsanspruch[5]) wurde erst nach der Einführung der Generalklausel entwickelt[6]). Es ist jedoch fraglich, ob sie Bestand haben wird. Auf keinen Fall kann eine allgemeine Erfolgshaftung der Subjekte des öffentlichen Rechts auf dem Umweg über die Folgenbeseitigungsansprüche eingeführt werden; denn für eine solche Haftung fehlen die Rechtsgrundlagen[7]). Angesichts dieses Umstandes wird versucht, den Folgenbeseitigungsanspruch als Parallele zum privat-

---

[1]) BGH. in: NJW. 1952, 1130.

[2]) Zur Abgrenzung gegenüber § 839 BGH. in: ÖV. 1954, 87 (Krankenhausbehandlung).

[3]) Also nur bei außerkontraktlichem Schaden, vgl. Staudinger-Riezler-Coing, BGB. § 31 Anm. 6. KGZ. 165, 100.

[4]) RG.-Komm. 10. Aufl. 1953, § 89 Anm. 3.

[5]) Der seines materiellen Inhalts wegen etwas anderes ist als die nur den Weg der Geltendmachung betrachtende Abwicklung; vgl. oben S. 40.

[6]) Führend: Bachof, Klage, 106ff. Vgl. ferner: Klinger, Verwaltungsgerichtsbarkeit, § 51 Anm. A 2 mit weiteren Stimmen.

[7]) Vgl. oben S. 104.

rechtlichen quasinegatorischen Wiederherstellungsanspruch in das öffentliche Recht einzuführen[1]). Dieser privatrechtliche Anspruch soll als Wiederherstellungsanspruch neben den vorbeugenden Unterlassungsanspruch und neben den deliktischen Beseitigungsanspruch nach § 823 und § 249 BGB. als negatorischer oder quasinegatorischer Anspruch treten, der kein Verschulden voraussetzt. Aber abgesehen davon, daß die Lehre im Zivilrecht keineswegs unumstritten herrscht[2]), wäre ihre Übertragung auf das Verwaltungsrecht unzulässig; denn hier stehen sich nicht Privatinteressen gegenüber, sondern die Interessen der Allgemeinheit und der einzelnen, eine Konstellation, die gerade die Anerkennung einer allgemeinen Erfolgshaftung verhindert. Endlich kann ein allgemeiner Folgenbeseitigungsanspruch nicht mit der Behauptung gestützt werden, es gäbe einen öffentlich-rechtlichen Anspruch auf Vermeidung der rechtswidrigen Beeinträchtigung jeder objektiven Rechtsstellung, denn einen solchen Anspruch kennt das geltende Recht nicht[3]). Verneint man aber die Existenz eines selbständigen materiellen Folgenbeseitigungsanspruchs, dann müssen die Folgen eines rechtswidrigen und deshalb zu beseitigenden Verwaltungsaktes im Rahmen der oben[4]) umschriebenen Entschädigungsmöglichkeiten beseitigt werden. — Eine besondere Betrachtung verlangen die Fälle, bei denen ein Subjekt des öffentlichen Rechts durch einen rechtswidrigen und deshalb aufgehobenen Verwaltungsakt etwas erlangt hat, z. B. auf dem Gebiet der Abgaben, Gebühren oder Steuern. Handelt es sich um Geldleistungen, so liegt deutlich ungerechtfertigte Bereicherung vor, die es auch im öffentlichen Recht gibt[5]). Handelt es sich um andere Leistungen, so dürften keine Bedenken bestehen, die Rechtssätze über ungerechtfertigte Bereicherung ebenfalls anzuwenden[6]). Der Verwaltungsweg und der Verwaltungsrechtsweg sind gegeben, weil es sich um Abwicklung handelt[7]). Es erscheint fraglich, ob man wegen dieser sich zwanglos nach den Gesichtspunkten der ungerechtfertigten Bereicherung klärenden Vorgänge eine besondere Rechtsfigur der Folgenbeseitigung schaffen soll.

Schrifttum

Barkhan, Öffentl.-rechtl. Entschädigung bei Nothilfeleistungen. 1954.
Giese, F., Enteignung und Entschädigung (Schriftenreihe d. Akademie Speyer, Heft 4). 1950.
Giese, F. W., Der öffentl.-rechtl. Aufopferungsanspruch. 1936.
— Öffentl.-rechtl. Entschädigung für Aufopferung bei Impfschäden. 1939.
Diester, Enteignung und Entschädigung nach altem und neuem Recht. 1953.
Haab, Privateigentum und materielle Enteignung. 1932.
Haas, System der öffentl.-rechtl. Entschädigungspflichten. 1955.
Katzenstein, Entschädigungspflicht des Staats bei rechtswidrig-schuldloser Ausübung öff. Gewalt (Abh. und Mitt. aus dem Seminar f. öff. Recht Hamburg). 1935.
Kayser, Die Amtshaftung bei Ausübung öff. Gewalt. 1930.

[1]) Bettermann, in: ÖV. 1955, 534.
[2]) Bettermann aaO. verweist auf: RGZ. 148, 122; 163, 120; OGHbrZ. in: MDR. 1949, 100.
[3]) Vgl. oben S. 104.
[4]) Vgl. oben S. 173ff.
[5]) Vgl. oben S. 142.
[6]) Mit diesen Fällen befaßt sich Bachof, Klage, 99ff., von ihm sog. Erstattungsansprüche.
[7]) Der seines materiellen Inhalts wegen etwas anderes ist als die nur den Weg der Geltendmachung betrachtende Abwicklung; vgl. S. 40 oben.

Lerche, Ordentlicher Rechtsweg und Verwaltungsrecht (Prozeßrechtliche Abhandlungen, hsg. v. Rosenberg, Heft 21). 1953.
Neufang, Grundstückenteignungsrecht (Grundriß des Verwaltungsrechts, hsg. von Ambrosius, Bd. 39). 1952.
Reinhardt, Empfiehlt es sich, die verschiedenen Pflichten des Staats zur Entschädigung ... neu zu regeln? (Gutachten f. d. 41. Deutschen Juristentag). 1955.
Schack, Empfiehlt es sich, die verschiedenen Pflichten des Staats zur Entschädigungsleistung ... neu zu regeln? (Gutachten f. d. 41. Deutschen Juristentag). 1955.
Stödter, Öffentl.-rechtl. Entschädigung. 1933.
Volkseigentums, Das Recht des (3. Aufl.) Berlin-Ost 1955.
Weimar, Die Amts- und Staatshaftung. 1954.

3. Abschnitt

VERFAHREN

Elftes Kapitel

Verfahren erster Instanz

1. Allgemeine Formlosigkeit

Ohne ein bestimmtes Verfahren ist die Tätigkeit der Verwaltung nicht denkbar. Doch entspricht es ihrem Wesen, daß grundsätzlich keine genauen Formen einzuhalten sind. Selbst das rechtliche Gehör (Art. 103 Abs. 1 GG.) braucht grundsätzlich nur dort gewahrt zu werden, wo es normiert ist.

Beispiel:

§ 8 EnergWirtG. — BGH. in: ÖV. 1954, 438 —; §§ 138ff. FlurberG. — BVerwG. 2, 197.

Wenn der Gesetzgeber ausnahmsweise die Einhaltung bestimmter Verfahrensformen verlangt, so muß das ausdrücklich gesagt werden[1]).

Beispiel:

Keine Vorschrift, daß alle erstinstanzlichen belastenden Verwaltungsakte zu begründen seien; Ausnahme z. B. § 44 Abs. 2 pr. PVG., § 33 Abs. 2 nds. SOG., Schriftform für einige Wohnraumverfügungen. —

Das gleiche gilt für die Einhaltung von Fristen[2]). In einem Bundesstaat pflegt die legislatorische Zuständigkeit für den Erlaß von Verfahrensbestimmungen durch die Verfassung geregelt zu sein (Art. 84, 85 GG.)[3]). Von derartigen Verfahrensbestimmungen sind zu nennen die Notwendigkeit einer Rechtsmittelbelehrung, ohne die als Folge der Generalklausel im Verwaltungsgerichtsverfahren eine Verwaltungsentscheidung nicht unanfechtbar wird[4]), Bestimmungen über Auskunfterteilung[5]), über Zustellungen

---

[1]) Friese, in: ÖV. 1954, 168; Reuß, in: DVBl. 1954, 593.

[2]) Ist zur Fristwahrung eine telegrafisch übermittelte Erklärung ausreichend, so ist die Frist mit der fernmündlichen Durchsage durch das Fernsprechamt gewahrt — BGH. in: NJW. 1953, 25; BVerwG. 1, 103.

[3]) Problematik aufgezeigt bei Köttgen in: ÖV. 1952, 423.

[4]) Es dürfte kaum möglich sein, sich auf die Betrachtung des Verwaltungsverfahrens zu beschränken, wie das Benkendorff in: DVBl. 1952, 13 tut.

[5]) Thoma, Auskunfts- und Betriebsprüfungsrecht. 1955.

(Verwaltungszustellungsg. vom 3. 7. 1952 — BGBl. 379 — mit Allg. Verwaltungsvorschriften vom 3. 10. 1952 — BAnz. Nr. 195 — für Bundesbehörde und Landesfinanzbehörden; PostzustellungsVO. vom 13. 8. 1943 — KGBl. 527 — für Landesbehörden usw.)[1]).

Wenn das Gesetz nicht ausnahmsweise die Verwaltungsbehörde zum Eingreifen zwingt (Legalitätsmaxime), hängt das Eingreifen von dem eigenen Willen der Verwaltung ab (Opportunitätsmaxime)[2]).

Beispiel:
Die Polizei kann gegen ein Bordell auch einschreiten, wenn sie es vorher geduldet hat — OVG. Mstr. in: NJW. 1954, 1664.

Die Zusammenstellung des Sachverhalts erfolgt nach der Untersuchungsmaxime, d. h. die Verwaltung muß sämtliche in Betracht kommenden Gesichtspunkte von Amts wegen ermitteln; das Vorbringen der Beteiligten ist für die Verwaltungsbehörde niemals bindend, sondern stets nur ein Tatbestandsmerkmal neben anderen.

Insgesamt ist zu beachten, daß auf immer zahlreicheren Gebieten Verfahrensvorschriften entstehen. So ist die Unterscheidung zwischen Erkenntnisverfahren und Zwangsvollzugsverfahren vom Gerichtsverfahren auch auf das Verwaltungsverfahren übertragen worden[3]).

2. Monokratische und kollegiale Verwaltung

Monokratische (ältere Bezeichnung: bürokratische) Verwaltung bedeutet die Verwaltung durch eine einzelne Persönlichkeit. Diese kann entweder allein amtieren oder mit Vertretern oder Hilfskräften arbeiten. Die Stellung der Vertreter ist meist gesetzlich umrissen, wobei geklärt werden muß, ob der Vertreter auch bei Anwesenheit des Vertretenen amtieren darf oder ob das nur bei Behinderung des Vertretenen der Fall ist. Der Vertreter benutzt im Geschäftsverkehr die Amtsbezeichnung des Vertretenen selbst mit dem Zusatz „in Vertretung". Hilfskräfte dienen der arbeitsmäßigen Entlastung. Ihnen wird im allgemeinen ein Geschäftsbereich (Dezernat) zugewiesen, in welchem sie „im Auftrage" des Vertretenen handeln. Trotz Vertretung und Beauftragung ist innerhalb der monokratischen Verwaltung allein der Wille des Behördenleiters maßgeblich. Es entspricht ihrem Wesen, daß Vertreter und Beauftragte ihm in jeder Beziehung dienstlich untergeordnet sind.

Beispiel:
Regierungspräsident mit dem Vizepräsidenten als Vertreter und den einzelnen Abteilungsleitern als Beauftragten.

---

[1]) v. Rosen, vgl. unten S. 201. [2]) BGH. DVBl. 52, 702.

[3]) Vgl. unten S. 235. Noch Thoma, Hdb.ddStR. II, 129 hält das selbständige Erkenntnisverfahren für ein Charakteristikum der Rechtsprechung, was heute nicht mehr zutrifft.

Kollegiale Verwaltung bedeutet die Verwaltung durch ein Kollegium. Es kann bestehen aus Berufsbeamten, aus als Ehrenbeamten tätigen Laien oder aus einer Mischung beider Personenkreise. Die Bildung von kollegialen Verwaltungsstellen ist eines der wichtigsten Mittel der Beteiligung von Laien an der öffentlichen Verwaltung und infolgedessen stets in vielen Einzelfällen der Institution und der Besetzung nach politisch umkämpft.

In dem Kollegium entscheidet nicht der Wille einer einzelnen Person, sondern derjenige seiner Mehrheit. Schon die Feststellung des Willens setzt bestimmte Verfahrensformen voraus. Es muß geklärt werden, welche Art der Mehrheit, ob einfache oder qualifizierte, seinen Willen ausmachen sollen. Für das Verfahren im einzelnen sind regelmäßig die jeweilige Materie regelnde Formvorschriften vorhanden. Solche Spezialsätze enthalten z. B. Bestimmungen über die Notwendigkeit des rechtlichen Gehörs, die Möglichkeit eidlicher Zeugenvernehmungen usw.

Beispiel:

Lastenausgleichsausschüsse, Beirat nach §§ 309, 314 LAG., Bundesprüfstelle für jugendgefährdende Schriften nach G. vom 9. 6. 1953 — BGBl. 377 — mit DVO. — BGBl. 1954, 31 —.

All das kann dazu führen, daß das Verfahren zu einem gerichtsähnlichen (judiziellen) wird. Möglicherweise sprechen solche Behörden mit staatlicher Autorität aus, was in Anwendung des geltenden Rechts auf einen konkreten Tatbestand im Einzelfall rechtens ist, und sie tun das in einem Verfahren, das in etwa den Verfahrensgrundlagen des § 268 Abs. 1 ZPO. oder § 261 StPO. entspricht[1]). Deshalb sind solche Verwaltungsstellen aber noch keine Gerichte, denn ein Gericht verlangt außer der rechtsprechenden Tätigkeit nach einem bestimmten gerichtlichen Verfahren als weiteres Charaktermerkmal noch die richterliche Unabhängigkeit[2]).

3. Beschlußverfahren

Das Beschlußverfahren ist eine besondere Art des Kollegialverfahrens. Es besteht zur Zeit nur in den Ländern der ehemals britischen Zone gemäß Art. VIII MRVO. Nr. 141 und in gewissem Umfange in der DDR.

a) Beschlußbehörden

In Deutschland, und zwar in Preußen (§§ 50ff. pr. LVG.) und in Baden (§§ 28—43 bad. VO. vom 31. 8. 1884 betreffend das Verfahren in Verwaltungssachen), heimisch

[1]) Vgl. z. B. Thoma aaO. II, 127; Jerusalem: Die Staatsgerichtsbarkeit, 1930, 4.

[2]) Vgl. hierzu unten S. 206. Tatsächlich kann jedoch gerade bei Kollegialbehörden verwaltende und rechtsprechende Tätigkeit ineinander übergehen. Hier zeigt sich nach wie vor die grundsätzliche Richtigkeit der von Otto Mayer erarbeiteten Grundlage über die Lehre vom Verwaltungsakt der in unmittelbare Nähe des gerichtlichen Urteils gesetzt wird; vgl. oben S. 114.

wurde es durch die Bismarck-Gneistsche Verwaltungsreform. In Preußen waren die beiden ersten Instanzen der Verwaltungsgerichte, nämlich die Kreis- und Stadtverwaltungsausschüsse und die Bezirksausschüsse, zugleich Beschlußbehörden. Die oberste Instanz in Beschlußsachen waren die Provinzialräte (§ 54 Abs. 2—4 pr. LVG.), also nicht das Oberverwaltungsgericht. Durch Anpassungsges. vom 12. 12. 1933 wurden die Beschlußbehörden beseitigt und ihre nach Landesrecht bestehende Zuständigkeit auf die Behördenvorstände, ihre nach Reichsrecht bestehende Zuständigkeit (§§ 20, 21 GewO.)[1]) auf die Verwaltungsgerichte übertragen. In Baden waren zuständig die Bezirksräte mit Rekurs gegen ihre Entscheidungen an das zuständige Ministerium oder an die Landeskommissäre (§§ 36, 37 bad. VO.).

Nach der gegenwärtigen Regelung in der britischen Zone sind Beschlußbehörden nicht mehr die Verwaltungsgerichte, sondern von ihnen getrennte Dienststellen, nämlich von den Landesregierungen zu bestimmende Selbstverwaltungskörperschaften (Art. VIII brit. MRVO. Nr. 141, der gemäß § 115 brit. MRVO. Nr. 165 nicht aufgehoben ist)[2]). Die Landesregierungen haben die Hauptausschüsse der Gemeindevertreterkörperschaften oder von diesen zu ernennende Ausschüsse zu Beschlußbehörden bestätigt (n.-w. VO. über die Zuständigkeit in Beschlußsachen vom 23. 6. 1948 — GVBl., 197 —, ergänzt durch VerbandsbeschlußVO. über den Siedlungsverband Ruhrkohlenbezirk vom 2. 12. 1949 — GVBl., 309 —, MBl. 1950, 532 mit Runderlaß vom 23. 6. 1951 — MBl. 722 —; nds. VO. über Zuständigkeit in Beschlußsachen vom 14. 6. 1948 — GVBl. 67 — und vom 15. 1. 1949 — GVBl. 37 —; schl.-holst. Gesetz über die Neuregelung des Beschlußverfahrens vom 21. 11. 1951 — GVBl. 199 — mit 1. DVO. vom 26. 6. 1951 — GVBl. 117 — und 2. DVO. vom 24. 10. 1951 — GVBl. 192 — über die Zuständigkeitseinteilung zwischen Landesausschuß und örtlichen Beschlußbehörden)[3]). Die Vorsitzenden und mindestens zwei Drittel der Beschlußausschußmitglieder müssen Ratsmitglieder sein. Bedienstete der Selbstverwaltungskörperschaften dürfen ihnen nicht angehören[4]). Es steht nichts im Wege, Beamten als Sachverständige zu den Sitzungen hinzuzuziehen.

Es gibt Beschlußausschüsse für Stadt- und Landkreise und Beschlußausschüsse für die Regierungsbezirke, welche ihrerseits aus den kommunalen Vertretungskörperschaften der Stadt- und Landkreise gebildet werden. Der

[1]) Vgl. unten S. 229.

[2]) Allein für Schleswig-Holstein sind Art. VIII und IX durch brit. MRVO. Nr. 236 vom 22. 10. 1951 — ABl AHK 1261 — für unwirksam erklärt, so daß Beschlußbehörden und das Verfahren in diesem Lande unabhängig von MRVO. Nr. 141 gestaltet sind.

[3]) Wegen der Bedenken gegen die Rechtsgültigkeit der Verordnungen, die älter sind als MRVO. Nr. 236, vgl.: Haarmann, in: DVBl. 1952, 491.

[4]) Die hierin auf englische Veranlassung durchgeführte extreme Selbstverwaltung durch Laien hat sich in der Praxis nicht bewährt; vgl. Wiethaupt in: DVBl. 1951, 622; auch: Der Städtetag 1951, 240.

rechtlichen Qualifikation nach sind die Kreis- und Stadtbeschlußausschüsse Dienststellen der kommunalen Vertreterkörperschaften[1]. Eine Verwaltungsstreitigkeit der Vertreterkörperschaft gegen ihren Kreis- oder Stadtbeschlußausschuß ist deshalb nicht möglich.

Beispiel:

Keine Klage eines Stadtkreises in seiner Eigenschaft als Bezirksfürsorgeverband gegen die Entscheidung seines Stadtbeschlußausschusses, der den Antrag auf Verpflichtung eines Unterhaltsverpflichteten zur Unterstützungszahlung für einen Hilfsbedürftigen (resolutorische Verpflichtung) abgelehnt hatte.

Die Bezirksbeschlußausschüsse werden als selbständige Verwaltungsbehörden anzusehen sein, weil sie nicht in Anlehnung an eine kommunale Selbstverwaltungskörperschaft errichtet und keinesfalls Dienststellen des Regierungspräsidiums sind.

In der französischen Zone hat man dort, wo vor 1933 ein Beschlußverfahren vorhanden war, also z. B. auf ehemals preußischem Gebiet des Landes Rheinland-Pfalz, das Verfahren in der alten Form des preußischen Landesverwaltungsgesetzes wieder in Gang gebracht. Beschlußbehörden sind die Stadt- und Kreisausschüsse in erster und die Bezirksausschüsse in zweiter Instanz. In Baden ist die vor 1933 bestehende Einrichtung nicht wieder aufgelebt, ebensowenig in den ehemals preußischen Gebieten der Länder der amerikanischen Zone. In der sowjetischen Zone ist das Beschlußverfahren durch die Bildung von Kreis- und Stadträten auf Grund einiger Landesgesetze (z. B. Brandenburgisches G. vom 26. 6. 1947 — GVBl. 19 —) wieder eingeführt worden.

b) Verfahren

Das Beschlußverfahren setzte in Preußen keine mündliche Verhandlung voraus, die aber nach Bedarf anberaumt werden konnte (§ 119 prLVG.). Nur ausnahmsweise war sie in enumerierten Fällen vorgeschrieben. Für die Erhebung und Würdigung von Beweisen kamen die für die Verwaltungsgerichtsverfahren geltenden Vorschriften sinngemäß zur Anwendung (§§ 76ff. prLVG.). Die badische Regelung kannte als Grundsatz nur die öffentliche und mündliche Verhandlung.

Nach den Verfahrensbestimmungen aus der Zeit vor 1933 wird gegenwärtig dort vorgegangen, wo einerseits das Beschlußverfahren wieder angelaufen ist, andererseits keine neuen Verfahrensvorschriften erlassen sind. Die Verfahrensbestimmungen für die Länder der britischen Zone sind in den einzelnen Landesverordnungen enthalten. Sie gehen als Grundsatz von der mündlichen Verhandlung und der Gewährung rechtlichen Gehörs aus. Die Ausschüsse können Zeugen und Sachverständige vernehmen, aber nicht vereidigen. Der Vorsitzende hat Ordnungsgewalt nur im Rahmen des Hausrechts der Verwaltungsbehörde

[1]) OVG. Münster vom 30.10.1950 — III A 202/49, vom 11.5.1951 — IV A 263/49 —; OVG. Hbg VerwRspr. 1950, Nr. 56; OVG. Lbg. 4, 197 mit der Betonung, daß Bezirksbeschlußausschüsse positiv nicht qualifiziert werden können.

und keine Strafgewalt, kann also insbesondere keine Ordnungstrafen wegen Ungebührs oder Nichterscheinens verhängen. Im einzelnen richtet sich das Verfahren nach den für die Länder erlassenen Geschäftsordnungen. Das Verfahren endet entweder durch einen Vorbescheid des Vorsitzenden, welcher aus Gründen der Vereinfachung zugelassen ist, oder einen Beschluß des Kollegiums. Das Verfahren ist — entgegen der früheren preußischen Lösung — nur eininstanzlich[1]).

Die Interessen der Öffentlichkeit werden gewahrt durch die Einrichtung eines Vertreters oder Beauftragten des öffentlichen Interesses[2]). Dieser kann insbesondere die Entscheidungen des Ausschusses durch Klage im Verwaltungsstreitverfahren anfechten.

c) Sachliche Zuständigkeit

Das Beschlußverfahren wurde nach den gesetzlichen Regelungen aus der Zeit vor 1933 qualifiziert als eine Mittelstufe zwischen dem allgemeinen Verwaltungsverfahren und dem Verwaltungsgerichtsverfahren. Diesen Charakter hat es gegenwärtig im wesentlichen beibehalten: Die für den Staatsbürger besonders wichtigen Angelegenheiten sollen in einem förmlichen Verfahren vor einem Kollegium behandelt werden. Die Zuständigkeit der Beschlußausschüsse erstreckt sich auf die Gegenstände, für die sie vor dem Anpassungsgesetz von 1933 zuständig waren (Art. VIII Abs. 1 MRVO. Nr. 141), sowie vier enumerierte weitere Gegenstände (Art. VIII Abs. 2).

Insbesondere: Wohlfahrtssachen, Unterstützung eines Hilfsbedürftigen (§ 20 AVO. vom 30. 5. 1932 zur Fürsorgepflicht-VO.); Verfahren über die Unterbringung in einer Arbeitsanstalt (§ 21 aaO.); Verfahren über die Unterhaltspflicht Dritter — resolutorische Verpflichtung — (§ 30 aaO.); Einwendungen gegen die Festsetzung eines Fluchtlinienplanes (§§ 5ff. Pr. Fluchtlinieng. 1875); Rechtsgestaltungen im Gewerberecht (§§ 16ff. GewO., § 61 GewO. — Wandergewerbeschein —; § 124 prZG. — Genehmigung von Innungsstatuten —; § 126 prZG. Schließung von Innungen); in Wasser- und Fischereisachen (§ 64 pr. Wasserg. 1913 — Verleihung von Staurechten —; §§ 182ff. aaO. Eintragung ins Wasserbuch —; § 80 pr. Fischereig. — Bildung von Zwangsfischerei- und Wassergenossenschaften); manche Kommunalabgabeangelegenheiten (z. B. § 77 pr. Kommunalabgabeg. 1893). — Dieser aus dem preußischen Landesrecht, insbesondere LVG. und ZG. zu ersehende Katalog wird in Art. VIII Abs. 2 MRVO. Nr. 141 erweitert durch die Angelegenheiten des Gaststättengesetzes, des Milchgesetzes, der VO. über Speisewirtschaften und des G. über das Versteigerungsgewerbe idF. der Bekanntmachung vom 12. 2. 1938 — RGBl. 202[3]).

[1]) OVG. Münster vom 30. 10. 1950 — III A 202/49 —.

[2]) Nicht zu verwechseln mit der gleichnamigen Behörde im Verwaltungsstreitverfahren; LVG. Minden in DVBl. 1951, 354; vgl. unten S. 218.

[3]) Die rechtlichen Grundlagen sind unübersichtlich. Soll das Beschlußverfahren beibehalten werden, so ist eine übersichtliche gesetzliche Regelung, die insbes. auch Klarheit über die Zuständigkeit der Kreisausschüsse einerseits und der Bezirksausschüsse andererseits schafft, dringend erforderlich; vgl. hierzu auch Haarmann, in: DVBl. 1952, 491; Meyer, in: DVBl. 1954, 725. — Für Gewerberecht: Turegg, Gewerberecht 1953. 172ff.

4. Rekursverfahren

Das Rekursverfahren ist, wie der Name schon sagt, von Haus aus ein Verfahren zweiter Instanz für diejenigen Fälle, in denen gegen erstinstanzliche Entscheidungen der „Rekurs“ an die nächst vorgesetzte Behörde „zulässig“ ist (§ 20 GewO.). Die für das Gebiet der gewerblichen Wirtschaft maßgebliche reichsrechtliche Regelung sieht in bezug auf dieses Verfahren die Einhaltung gewisser Mindestvoraussetzungen vor, zu denen u. a. gehört, daß in erster oder in zweiter Instanz die Entscheidung durch eine kollegiale Behörde erfolgen muß (§ 21 Ziff. 1 GewO.)[1]).

So geregelt insb.: § 40 Abs. 2 mit §§ 30, 30b, 33a, 34, 34a; § 40 Abs. 2 mit §§ 33a, 35, 35b, 37, 54; §§ 49; 51 Abs. 2; § 53a und 54 Abs. 2; § 54; § 54i mit §§ 29, 33a, 34, 34a, 36, 40, 53; § 42b Abs. 2, 43 Abs. 2, 44a Abs. 5, 63, 84, 97, 105e Abs. 3, 126 Abs. 3, 128 Abs. 1, 139 GewOrd. Subsidiär: §§ 44, 62 Abs. 2 BGB., § 3 G. ü. Verk. m. unedlen Metallen, § 18 GastG., § 18 Abs. 2 Milchg., § 8 Versteigerungsvorschr., § 52 VOSch.

Infolgedessen steht es der landesrechtlichen Regelung (neueste: hbg. Rekursgesetz vom 4. 4. 1952 — GVBl. 63 —) frei, auch erstinstanzliche Verwaltungsbehörden wie Rekursbehörden auszugestalten. Derartige Kollegialbehörden arbeiten dann ähnlich wie die Beschlußausschüsse. „Bildet die Kollegialbehörde die erste Instanz, so erteilt sie ihre Entscheidung in öffentlicher Sitzung nach erfolgter Ladung und Anhörung der Parteien, auch in dem Falle, wenn zwar Einwendungen nicht angebracht sind, die Behörde aber nicht ohne weiteres die Genehmigung erteilen will“ (§ 21 Ziff. 2 GewO.).

Die Neuordnung der Verwaltungsgerichtsbarkeit nach 1945 hat sich auf das Rekursverfahren dahin ausgewirkt, daß es dort, wo es überhaupt noch besteht, ein eininstanzliches Verwaltungsverfahren ist. Im Geltungsbereich der brit. MRVO. Nr. 165 wird es durch die Beschlußausschüsse im Beschlußverfahren erledigt, endend mit einem Verwaltungsakt.

Unklarheit besteht hier nur hinsichtlich der Fälle, die das Anpassungsg. 1933 — von ihm aus gerechnet offensichtlich als Übergangslösung — den Verwaltungsgerichten übertragen hatte, insb. §§ 35, 37 (Untersagung eines Gewerbebetriebs), § 53 (Zurücknahme von Konzessionen), § 58 (Zurücknahme des Wandergewerbescheins) GewO. Die eine Meinung will diese Fälle auch heute noch auf Klage der Verwaltung hin durch die Gerichte als andere Streitigkeit des öffentl. Rechts nach § 22 brit. MRVO. Nr. 165 entscheiden lassen[2]). Die andere, m. E. richtige Meinung weist auch diese Fälle der Verwaltung zur Entscheidung zu und lehnt es ab, die Verwaltungsgerichte mit Aufgaben zu belasten, die ihnen systematisch und nach dem positiven Gesetz nicht zukommen[3]).

---

[1]) Vgl. oben S. 182.
[2]) So BVerwG. 1, 147; Landmann-Rohmer, Gewerbeordnung 1952, § 21 Anm. 8.
[3]) OVG. Lbg. vom 12. 12. 1952 — III A 163. 52 —; Klinger, Verwaltungsgerichtsbarkeit, § 23 Anm. D 3 (S. 177); Turegg, Gewerberecht, 1953, 156.

Im Geltungsbereich der VGG. ist ein solches positives Gesetz vorhanden, nämlich § 38 Abs. 2 VGG., der als Bundesrecht (Art. 125 Nr. 2 GG.)[1]) an die Stelle von §§ 20, 21 GewO. getreten ist: Es überträgt alle Rekurssachen auf die Verwaltungsgerichte. Für Rheinland-Pfalz gilt nach § 6 Abs. 4 VO. vom 23. 9. 1950 — GVBl. 273 — das gleiche. In dem ehemaligen Süd-Baden besteht als Übergangslösung noch § 2 VO. über den Aufbau der Verwaltungsgerichtsbarkeit vom 30. 3. 1947, wonach das Rekursverfahren neben der Klage zulässig ist.

5. Vorstellung

Vorstellungen (Remonstration) sind formlose Einwendungen der Betroffenen gegen Entscheidungen der Behörde. Derartige Vorstellungen sind jederzeit möglich. Ob die Behörde auf die Vorstellungen hin sich äußern muß, hängt von den allgemeinen Verwaltungsvorschriften ab. Wird Vorstellung gegen einen Verwaltungsakt erhoben, so ist die Behörde an die Vorschriften über die Zurücknahme und den Widerruf des Aktes gebunden. Sie kann also nicht völlig frei eine andere Entscheidung fällen, sofern Drittbeteiligte vorhanden sind.

Grundsätzlich wird auf jede Vorstellung eine wenigstens formelle Antwort zu geben sein. Die Antwort kann, wenn sie ablehnend ist, nicht als selbständiger Verwaltungsakt angesehen werden, sondern stellt eine Wissenserklärung dar[2]). Wird auf die Vorstellung hin die vom Vorstellenden beanstandete Entscheidung abgeändert, so ist die Abänderung möglicherweise ein selbständiger Verwaltungsakt. Damit gelten ähnliche Maßstäbe wie bei der Dienstaufsichtsbeschwerde.

6. Einspruch

Er ist ein Rechtsbehelf[3]). Wo das Gesetz ihn gibt, besteht ein subjektiv-öffentliches Recht auf materielle und formelle Nachprüfung. Einspruch ist die formelle Inanspruchnahme der entscheidenden Behörde mit dem Ziele der nochmaligen Nachprüfung des Vorganges durch diese Behörde selbst. Er ist seit jeher da zugelassen, wo Massenentscheidungen ergehen, die eine genaue Nachprüfung des Einzelfalles erschweren. Diese wird dann durch die Behörde in den Einspruchsfällen nachgeholt, während für die übrigen Fälle eine inten-

---

[1]) BVerwG. I C 113. 54.

[2]) Vgl. oben S. 112.

[3]) Im Gegensatz zu dem Begriff Rechtsmittel, der dem Gerichtsverfahren vorbehalten bleiben sollte; ebs. Menger, System, 137 unter Abwehr von a. A., Eyermann-Fröhler, Verwaltungsgerichtsgesetz § 32 Anm. I, 1; v. Werder-Labs-Ortmann, Verfahren vor den Verwaltungsgerichten, § 35 Anm. I, 1., auch Brauchitsch-Berner, Pr. Verwaltungsgesetze 1925, § 50 LVG. Anm. 4 unter Verwerfung der älteren, die Begriffe vermengenden Übung.

sivere Durcharbeitung erspart bleibt. Das Einspruchsverfahren ist notwendigerweise formeller; so wird man i. a. eine schriftliche Entscheidungsbegründung verlangen müssen[1]).

Die neuen Verwaltungsgerichtsordnungen verlangen den Einspruch und die Durchführung des Einspruchverfahrens als Klagevoraussetzung auch dann, wenn ein solches Verfahren nach sonstigen gesetzlichen Grundlagen nicht vorgeschrieben ist (§ 38 VGG., § 44 brit. MRVO. Nr. 165). Das Einspruchsverfahren entfällt nur, wo Einzelgesetze ein Beschwerdeverfahren vorsehen (§ 48 VGG., § 49 brit. MRVO. Nr. 165).

Die Einspruchsfrist ist aus den einzelnen Gesetzen zu ersehen (z. B. ein Monat nach § 45 brit. MRVO. Nr. 165[2]), zwei Wochen nach § 39 VGG.), beginnend mit dem Zeitpunkt, zu dem der Verwaltungsakt oder dessen Ablehnung dem Einspruchsberechtigten bekannt geworden ist.

Infolge der Verallgemeinerung der Rechtsbehelfe[3]) gegen einen Verwaltungsakt ist stets die Frage von Bedeutung, ob er unanfechtbar geworden ist[4]). Das wirkt zurück auf die Rechtsbehelfsfrist: Sie beginnt nur zu laufen, wenn die Beteiligten über den Rechtsbehelf, die zuständige Behörde mit Angabe ihres Sitzes und die einzuhaltende Frist belehrt worden sind (§ 35 brit. MRVO. Nr. 165, § 32 VGG.). Nach den Verwaltungsprozeßordnungen hat der Einspruch Suspensiveffekt, der ihm nach den ihn für Einzelfälle zulassenden Gesetzen i. a. nicht zukommt[5]).

---

1) Zschacke, in: NJW. 1954, 413.

2) Streitig ist, welche Frist bei Kollision zwischen Prozeßordnung und anderen Gesetzen gilt. Wegen der Regelung des § 115 Buchst. c dürfte die MRVO. maßgeblich sein.

3) Vgl. auch unten S. 190ff..

4) Vgl. unten S. 215.

5) Vgl. unten S. 224f.

Zwölftes Kapitel

Beschwerde

1. Beschwerderecht

Darunter zu verstehen ist die Berechtigung, Bitten oder Beschwerden bei den zuständigen Stellen und bei der Volksvertretung anzubringen. Dieses Recht steht je nach den Verfassungsgrundlagen entweder nur Staatsangehörigen (so Art. 126 Abs. 2 WRV.) oder jedermann (so Art. 17 GG.) zu. Es pflegt in neuerer Zeit durch die Verfassung garantiert zu sein im Gegensatz zu älteren Verfassungen, wie z. B. Art. 32 pr. Verfassung 1850, die „Petitionen unter einem Gesamtnamen nur Behörden und Korporationen" gestattete[1]).

Beispiel:

Gemeinschaftliche Eingaben von Beamten an Regierung oder Parlament dürfen nicht disziplinarisch verfolgt werden[2]).

Die angegangene Stelle ist zur Entgegennahme der Petition und zur sachlichen Nachprüfung verpflichtet. Dies kann allerdings nur im Rahmen ihrer ohnehin bereits bestehenden sachlichen Zuständigkeit geschehen, so daß das verfassungsmäßig garantierte Petitionsrecht diesen Rahmen nicht zu erweitern vermag. Das Grundrecht des Art. 17 GG. verleiht demjenigen, der eine zulässige Petition einreicht, ein Recht darauf, daß die angegangene Stelle die Eingabe nicht nur entgegennimmt, sondern auch sachlich prüft und dem Petenten die Erledigung schriftlich mitteilt. Eine zweite Antwort nach der Ablehnung ist grundsätzlich nicht nötig[3]).

Beispiel:

Querulanten darf nach einmaligem Bescheid mitgeteilt werden, daß weitere Eingaben nicht mehr bearbeitet werden können.

Der rechtsstaatliche Grundsatz, daß niemand in eigener Sache soll entscheiden dürfen („Richter in eigener Sache") wird wie für die Justiz so auch für die Exekutive gelten müssen[4]).

---

[1]) Vgl. auch pr. Patent vom 29. 7. 1794, wonach ein Bittsteller, der eine grundlose Beschwerde einbrachte, „mit Glimpf, Mäßigung und Herablassung zu seinen Fähigkeiten und Begriffen zu bedeuten und zurechtzuweisen" war, was nicht immer glimpflich ablief.

[2]) Näheres: Jahrb. Öffentl. R. 1950, 171; Kollmann, in: DÖV. 1952, 264.

[3]) BVerfG. 2, 225.

[4]) Eingehend Turegg, in: NJW. 1955, 40.

Beispiel:

Gehört ein öffentlicher Angestellter einer Dienststelle an, die auch zuständig für die Erteilung der Schwerbeschädigtenzustimmung zu der gegen ihn ausgesprochenen Kündigung ist, so darf sie über die Zustimmung nicht entscheiden — A. A. BVerfG. 3, 377.

2. Dienstaufsichtsbeschwerde

Ist eine Behörde in mehreren Instanzen aufgebaut, so besteht die Möglichkeit, sich über Maßnahmen der unteren Instanz bei der höheren zu beschweren. Das gleiche gilt für den Fall, daß eine Behörde über eine andere persönliche oder fachliche Aufsicht ausübt oder daß ein solches Verhältnis zwischen Mitarbeitern der gleichen Behörde besteht.

Für die Dienstaufsichtsbeschwerde, auch allgemeine Verwaltungsbeschwerde genannt, bestehen keine Formvorschriften. Sie kann frist- und formlos und unabhängig von der Möglichkeit formell gegebener Rechtsbehelfe eingelegt werden.

Von der herrschenden Meinung wird ein subjektiv-öffentliches Recht auf Bescheid anerkannt. Dieser Bescheid braucht aber keine umfassende sachliche Stellungnahme zu enthalten. Weist der Bescheid die Beschwerde zurück, so wird er als Wissenserklärung — also kein Verwaltungsakt — angesehen[1]. Wird die durch die Dienstaufsichtsbeschwerde angegriffene Verwaltungsmaßnahme aufgehoben oder durch eine andere ersetzt, so sind die neuen Maßnahmen in der Regel als Verwaltungsakte zu qualifizieren[2]. Ergeht auf die Beschwerde eine Weisung an die Behörde, gegen die sich die Dienstaufsichtsbeschwerde richtet, so handelt es sich um einen nicht anfechtbaren Dienstbefehl[3].

3. Förmliche Beschwerde

Den für Zivilrecht und Strafrecht geltenden Verfahrensformen am nächsten kommt im Verwaltungsrecht die förmliche Beschwerde. Sie kann vom Gesetzgeber bewilligt werden nach dem Enumerationsprinzip, wie z. B. gegenwärtig regelmäßig und früher in Preußen, oder als generelle Möglichkeit, wie z. B. früher in Sachsen oder Baden. Sie ist ein Rechtsbehelf[4].

Die die Beschwerde zulassenden Bestimmungen enthalten meist Vorschriften über die zu beachtenden Formalien. Sind sie nicht aufzufinden, so werden in der Regel die Landesverwaltungsgesetze heranzuziehen sein (z. B. §§ 50 prLVG. i. Vbd. mit §§ 21ff., VereinfachungsVO. von 1932).

---

[1] LVG. Schleswig in DV. 1949, 109; LVG. Ahrensberg in DV. 1949, 287.
[2] LVG. Hannover in ÖV. 1949, 238.
[3] Thür. OVG. in DRZ. 1948, 68.
[4] Wie der Einspruch, vgl. oben S. 187.

Beispiel:

Schriftform nach § 51 pr. VereinfachungsVO., § 49 brit. MRVO. Nr. 165.

Zur Wahrung der Beschwerdefrist genügt i. a. ihre Einlegung entweder bei der bisher entscheidenden oder bei der höheren Instanz.

Aktiv zur Einlegung berechtigt ist der durch die Verwaltungsmaßnahme Betroffene. In der Regel ist das derjenige, dem die angefochtene Entscheidung bekanntzugeben war. Sie kann aber auch in die Rechte Dritter eingreifen, die dann als Betroffene ebenfalls beschwerdeberechtigt sind.

Beispiel:

Der Eigentümer eines Brunnens, an dem ein Nachbar ein dingliches Nutzungsrecht hat, erhält die polizeiliche Aufforderung, den Brunnen wegen Verunreinigung des Wassers zu schließen. Hiergegen hat auch der dinglich berechtigte Nachbar ein Beschwerderecht — pr. OVG. 65, 419; 77, 451 —.

Beschwerdeführer können natürliche und juristische Personen oder auch Personengruppen sein, die keine selbständige juristische Person bilden (Argument aus Art. 126 WRV., Art. 17 GG.).

Beschwerdeadressat ist i. a. die nächsthöhere Instanz. Aus Zweckmäßigkeitsgründen wird die Beschwerde bei der ersten Instanz eingelegt, welche dann die Möglichkeit der Abhilfe hat. Macht sie hiervon Gebrauch, so hat der Beschwerdeführer grundsätzlich keinen Anspruch darauf, daß nun trotzdem noch die höhere Instanz mit der Sache befaßt wird. Ihm fehlt insoweit das Rechtsschutzinteresse. Ausnahmen werden jedoch stets zugelassen.

Beispiel:

Zieht eine Baupolizeibehörde die sachliche Versagung einer Baugenehmigung wegen nachträglich eingetretener Umstände zurück, so kann der Grundstückseigentümer doch eine Entscheidung über die Rechtmäßigkeit der Versagungsverfügung nach den Verhältnissen zur Zeit ihres Erlasses beanspruchen — prOVG. 89, 376.

Die Frage, ob die Beschwerde die Vollziehung der angegriffenen Entscheidung hemmt, ob sie Suspensiveffekt hat, wird von den Gesetzen nicht einhellig beantwortet. Meist wird sie neuerdings bejaht[1]) mit der Maßgabe daß die Behörde dennoch sofort vollziehen kann, wenn das im öffentlichen Interesse geboten ist (vgl. z. B. § 53 prLVG., § 17 thür. LVG., Art. 81 EWVRO.). Auf den Suspensiveffekt kann sich auch der materiell-rechtlich Nichtberechtigte berufen, sofern die sofortige Vollziehung rechtswidrig ist.

Beispiel:

Auch ein „Schwarzbezieher" kann von dem Vollziehungsbeamten des Wohnungsamts nicht exmittiert werden, wenn er Beschwerde eingelegt und die Behörde nicht die sofortige Vollziehung angeordnet hat — OLG. Hamm in: DVBl. 1952, 123.

---

[1]) Bayer. VGH. 68, 1 erblickt darin ein Fundament des Rechtsstaats. Das preuß. Recht gab vorwiegend keinen Suspensiveffekt, vgl. Brauchitsch-Berner, Pr. Verwaltungsgesetze, § 53 LVG. Anm. 2.

Das gilt auch für Verwaltungsakte, bei denen es einer besonderen Vollziehungshandlung nicht bedarf[1]).

Durch die Beschwerde wird die Angelegenheit vor die Beschwerdeinstanz gebracht, sofern nicht die bisherige Instanz selbst abhilft und dadurch das weitere Rechtsschutzinteresse verloren geht. Sie hat Devolutiveffekt, wonach die Beschwerdeinstanz den Gegenstand in tatsächlicher und rechtlicher Hinsicht nach Zweckmäßigkeit und Rechtmäßigkeit in vollem Umfange nachprüfen kann (Fachaufsicht)[2]). Auf die Zugehörigkeit der entscheidenden Stellen zu den verschiedenen Subjekten des öffentlichen Rechts kommt es nicht an; es kann also die Behörde der einen Person als Beschwerdestelle über die Behörde einer anderen Person die Fachaufsicht ausüben.

Beispiel:

Staatliche Mittelinstanz (Regierungspräsident) als Fachaufsicht über Kommunalbehörden, die als erste Instanz tätig werden.

Das Beschwerdeverfahren endet entweder mit einer Zurückweisung der Beschwerde, dem Erlaß eines neuen Verwaltungsaktes durch die Beschwerdeinstanz oder der Zurückverweisung an die Vorinstanz, der einzelne Auflagen gemacht werden können. I. a. sind die Entscheidungen der Beschwerdeinstanz als Verwaltungsakt zu qualifizieren[3]).

Eine Schlechterstellung (Verböserung, reformatio in peius)[4]) ist in der Regel — auch wo diese anordnende Gesetzesbestimmungen fehlen, wie z. B. § 243 AbgO. —[5]) möglich, wenn die Beschwerdeinstanz gleichzeitig fachliche Aufsichtsinstanz ist[6]). Aber auch für ein judiziell aufgebautes Verfahren, in dem die Beschwerdebehörde nicht Fachaufsichtsbehörde ist, wird man entgegen einer älteren Ansicht[7]) ein Verbot der Verböserung nicht mehr an-

[1]) LVG. Hannover in: DVBl. 1950, 346.

[2]) Im Gegensatz zur Rechts- oder Staatsaufsicht, vgl. unten S. 243, 274.

[3]) Eine Ausnahme macht allerdings die Rechtsprechung der süddeutschen Verwaltungsgerichte mit Bezug auf §§ 46, 50 VGG. Dort werden eine Beschwerde zurückweisende Entscheidungen nicht als durch Klage anfechtbar angesehen; vielmehr ist Streitgegenstand des gerichtlichen Anfechtungsverfahrens der — durch die Beschwerdeentscheidung bestätigte — erstinstanzliche Verwaltungsakt. Bedenken gegen diese wohl auf Zweckmäßigkeitserwägungen zurückzuführende Lösung (andernfalls würden wegen § 50 die Verwaltungsgerichtshöfe zu stark als erste Instanz beansprucht) bei Eyermann-Fröhler, Verwaltungsgerichtsbarkeit, § 46 Anm. 2.

[4]) Terminologie wie hier: BGHSt. 4, 346 usw. Vgl. auch unten S. 234.

[5]) So Fleiner, Institutionen, 226.

[6]) Das entspricht der neueren Auffassung für das Verfahren der freiwilligen Gerichtsbarkeit — vgl. z. B. Lent, Freiwillige Gerichtsbarkeit 1951, 84 — oder für das Landwirtschaftsrecht, sofern die Landwirtschaftsbehörde Verwaltungsmaßnahmen, insbesondere Hoheitsverwaltung vornimmt — vgl. Riedel in: Recht der Landwirtschaft 1952, 143, wo allerdings Verwaltungsverfahren und Verwaltungsgerichtsverfahren verwechselt werden.

[7]) Vgl. z. B. Hatschek-Kurzig, Verwaltungsrecht 453, gestützt auf die pr. Tradition, die aber keine verwaltungsgerichtliche Generalklausel kannte.

annehmen dürfen. Die Absicht der Verböserung muß dem Beschwerdeführer vor Erlaß der Entscheidung zur Stellungnahme mitgeteilt werden, andernfalls ein Verfahrensmangel verliegt[1]).

Entscheidungen der Beschwerdeinstanz kommt — wie allgemein Verwaltungsakten — keine materielle Rechtskraft zu. Selbst nach Abschluß des Beschwerdeverfahrens kann die untere Instanz einen neuen Antrag im Gegensatz zur Stellungnahme der Beschwerdeinstanz oder im Gegensatz zu ihrer bisherigen Haltung entscheiden. Eine Regulierung findet im inneren Dienst durch die Autorität der vorgesetzten Dienststelle statt[2]). Es ist auch irreführend, von einer formellen Rechtskraft von Beschwerdeentscheidungen oder überhaupt von Verwaltungsakten zu sprechen. Diese Bezeichnung ist Urteilen vorzubehalten, während Verwaltungsakte bei Erschöpfung der Rechtsbehelfe oder ihrer Nichtbenutzung innerhalb der Rechtsbehelfsfristen unanfechtbar geworden sind[3]).

Eine Anschlußbeschwerde, also die Möglichkeit für den Beschwerdegegner, nach Ablauf der Beschwerdefrist noch von sich aus Beschwerde einzulegen, gibt es nicht[4]). Eine weitere Beschwerde ist nur in einzelnen gesetzlich geregelten Fällen zugelassen. Das Gesetz muß angeben, ob die zur Entscheidung zuständige Stelle nur revisionsartig die Rechtmäßigkeit, (Rechtsbeschwerde) oder auch die Zweckmäßigkeit nachprüfen kann.

Ein als höherinstanzliches Verwaltungsverfahren ausgestaltetes Rekursverfahren gibt es nach der Neuordnung des Rekursverfahrens durch die Ordnung der Verwaltungsgerichtsbarkeit nicht mehr. Wo das Rekursverfahren noch besteht, ist das ganze Verwaltungsverfahren higeininstanzlich[5]).

Schrifttum

Eschenburg, Bemerkungen zur deutschen Bürokratie. 1955.

Groutas-Ress-Meyer, Aktenordnung. 3. Aufl. 1955.

---

[1]) RFH. in: Zeitschrift für Steuer und Wirtschaft 1935, Nr. 374.

[2]) Vgl. O. Mayer, Verwaltungsrecht I, 160.

[3]) Vgl. oben S. 123.

[4]) Auch das entspricht dem Verfahren der freiwilligen Gerichtsbarkeit, vgl. z. B. K. G. in JR. 1952, 174 unter Berufung auf KG. in JW. 1932, 2293. — Jedoch anders im Verwaltungsstreitverfahren; vgl. unten S. 234

[5]) Vgl. oben S. 186.

Dreizehntes Kapitel

Verwaltungszwang

1. Begriff

Der Zweck der Verwaltung ist nur dann zu erreichen, wenn die Verwaltungsmaßnahmen verwirklicht werden können. Die Verwirklichung wird vorgenommen in einem Vollziehungsverfahren, welches sich von dem Erkenntnisverfahren[1], das zu der Maßnahme selbst geführt hat, unterscheidet.

Ein Vollziehungsverfahren ist dann nicht erforderlich, wenn die Verwaltungsmaßnahmen als solche die Erfüllung des Willens der sie Setzenden in sich tragen, wie insbesondere alle Gestaltungsakte.

Beispiel:

Mit der Unanfechtbarkeit einer Auflösungsverfügung ist die juristische Person aufgelöst, ohne daß es noch eines Einschreitens bedürfte. — Eine polizeiliche Erlaubnis bedeutet nur, daß sich der Begünstigte darauf berufen kann — hess. VGH. in: NJW. 1953, 200.

Im übrigen aber muß für jeden Einzelfall das Erkenntnis- und Vollziehungsverfahren voneinander getrennt betrachtet werden.

Beispiel:

Der Befehl, einen Weg instand zu setzen ist ein gültiger Verwaltungsakt, aber zu unbestimmt, als daß er vollstreckt werden könnte — OVG. Hbg. VerwRspr. 5, 533.

In beiden Verfahren sind Verwaltungsakte möglich, die ihrerseits angefochten werden können. Dabei ist zu beachten, daß es im Vollziehungsverfahren ihm allein eigene Rechtsbehelfe, wie sie etwa für das Vollstreckungsverfahren nach §§ 766, 767 ZPO. vorhanden sind, der Form nach nicht gibt[2]; i. a. sind gegen die Androhung eines Zwangsmittels diejenigen Rechtsbehelfe vorhanden, die gegen den Verwaltungsakt zulässig sind, dessen Durchsetzung erzwungen werden soll (§ 18 VwVG.)[3]).Doch können inhaltlich gegen einen

---

[1]) Einer Verwendung dieses Begriffs im Verwaltungsrecht dürften durchgreifende Bedenken nicht entgegenstehen; vgl. auch oben S. 181.

[2]) Hess. VGH. in: NJW. 1951, 776. — Man sollte also nicht das Verfahren als selbständige Rechtsinstitution bezeichnen; vgl. Zschacke in: MDR. 1953, 13. Das ist nicht zu verwechseln mit Vollstreckungsmöglichkeiten im Gerichtsverfahren; vgl. unten auch: hess. VGH. in: NJW. 1953, 1038 (Möglichkeit einer Vollstreckungsgegenklage gegen gerichtlichen Titel).

[3]) OVG. Lbg., in: NJW. 1954, 1264.

Vollstreckungsverwaltungsakt nur aus der Vollstreckung sich ergebende Umstände („Art und Weise der Zwangsvollstreckung"), nicht den Erkenntnisakt betreffende Vorgänge geltend gemacht werden. Auch ein Dritter kann sich in dieser Weise zur Wehr setzen, wenn er in seinen Rechten verletzt wird.

In besonders eiligen, meist polizeilichen, Angelegenheiten[1]) ist manchmal eine zeitliche Trennung der beiden Verfahren nicht möglich, so daß Verwaltungszwang ohne vorheriges Erkenntnisverfahren anzuwenden ist.

Schließlich ist zu unterscheiden, ob die im Erkenntnisverfahren zustande gekommene Maßnahme unanfechtbar geworden ist und erst nach völliger Erledigung des Erkenntnisverfahrens das Vollziehungsverfahren in Gang gesetzt wird, oder ob noch vor Unanfechtbarwerden der Verwaltungsmaßnahme eine vorläufige Vollziehung stattfindet[2]).

2. Zwangsvollziehung (Zwangsvollstreckung)

a) Vollstreckung wegen öffentlich-rechtlicher Geldforderungen

Zu solchen Forderungen gehören insb. Gebührenforderungen, Ansprüche auf Rückzahlung zu Unrecht bewirkter Leistungen, Bußgelder, Zwangsgelder, Kosten der Ersatzvornahme[3]).

Rechtsgrundlagen, ohne welche keine Vollstreckung möglich ist[4]), sind in verschiedenen Gesetzen enthalten.

Beispiel:

Nach Bundesrecht: §§ 325—381 AbgO., Justizbeitreibungsordnung vom 11. 3. 1938 — RGBl. 298 —, §§ 114, 148 Branntweinmonopolg. vom 8. 4. 1922 — RGBl. 405. — Verwaltungs-Vollstreckungsg. vom 27. 4. 1953 — BGBl. 157 — (VwVG.), eine nach Reichsrecht fehlende zentrale Regelung, mit Kostenordnung vom 9. 5. 1953 — BAnz. Nr. 89. — Nach Landesrecht: Pr. VO. betr. das Verwaltungszwangsverfahren wegen Beitreibung von Geldbeträgen vom 15. 11. 1899 idF. vom 27. 9. 1941 — GS. 49 —[5]).

Es bedarf keines besonderen vollstreckbaren Titels, denn der zu vollstreckende Verwaltungsakt stellt ihn bereits dar (§ 3 VwVG.)[6]).

Vollstreckungsschuldner ist, wer eine Leistung als Selbstschuldner schuldet und wer für die Leistung, die ein anderer schuldet, persönlich haftet. Wer zur Duldung der Zwangsvollstreckung verpflichtet ist, wird dem Vollstreckungsschuldner gleichgestellt, soweit die Duldungspflicht reicht (§ 2 VwVG.).

---

[1]) Über Grenzen: OVG. Mstr. 7, 27.
[2]) Vgl. unten S. 224f.
[3]) Vgl. unten S. 196.
[4]) Wiethaupt, in: DVBl. 1953, 135.
[5]) Bez. VG. am. Sekt. Bln. in: ÖV. 1951, 49; auch: Schmidt in: JR. 1951. 174,
[6]) So schon Kautz-Riewald, Verwaltungzwangsverfahren, 1931, § 1 Anm. 6.

Vollstreckungsbehörden zur Vollstreckung in bewegliche körperliche Sachen sind oft besondere Dienststellen, die in ähnlicher Weise arbeiten wie Gerichtsvollzieher (Pfändung, Zwangsversteigerung, Anrechnung des Erlöses auf die Schuld). Zur Zwangsvollstreckung in Forderungen müssen — sofern nicht ausnahmsweise Verwaltungsbehörden Maßnahmen ergreifen dürfen, wie nach §§ 334ff. AbgO., §§ 36ff. pr. VO. 1899 — die ordentlichen Gerichte in Anspruch genommen werden (§§ 830ff. ZPO.). Für die Zwangsvollstreckung in das unbewegliche Vermögen gelten weitgehend die allgemeinen Bestimmungen (ZVG.).

Einige Sonderbestimmungen: VO. über die Behandlung wiederkehrender Leistungen vom 31. 3. 1936 — RGBl. 363 —; VO. über den Rang öffentlicher Grundstücklasten vom 22. 2. 1945 — RGBl. 33 —; VO. über die Behandlung wiederkehrender Leistungen vom 27. 7. 1948 — VOBl. brit. Z. 226 —; Ges. über die Zahlung usw. von Anliegerbeiträgen vom 30. 9. 1936 — RGBl. 854 —; Ges. über die Pfändung von Miet- und Pachtzinsforderungen vom 6. 3. 1934 — RGBl. 181 —. Art. 2 RPräsVO. 2. Tl. vom 14. 6. 1932 aufgehoben durch Art. 5 Ges. vom 20. 8. 1953 — BGBl. 964.

b) Ersatzvornahme

Wird die Verpflichtung, eine Handlung vorzunehmen, deren Vornahme durch einen anderen möglich ist (vertretbare Handlung)[1], nicht erfüllt, so kann die Vollzugsbehörde einen anderen mit der Vornahme der Handlung auf Kosten des Pflichtigen beauftragen (§ 10 VwVG., landesrechtliche Bestimmungen wie § 132 pr. LVG.[2]), § 56 pr. ZG., §§ 55ff. pr. PVG., §§ 147ff. thür. LVG.)[3]).

Beispiel:

Hat die Wegepolizeibehörde nach § 55 pr. ZG. Unterhaltungsarbeiten an einem öffentlichen Weg durch Dritte ausführen lassen, zu deren Vornahme der Wegebauunterhaltungspflichtige verpflichtet war, so kann sie von diesem die aufgewendeten Kosten verlangen — pr. OVG. 81, 259. — Gegenwert für nicht geleistete Hand- und Spanndienste nach § 68 KommAbgG. (Vereinbarkeit der Dienste mit GG.: BVerwG. in: KStZ. 1956, 10.) — Durch verwaltungsmäßige Bearbeitung entstandene Aufwendungen können nicht verlangt werden — OVG. Hbg. in: MDR. 1952, 189.

c) Zwangsgeld

Kann eine Handlung von einem anderen nicht vorgenommen werden und hängt sie nur von dem Willen des Pflichtigen ab (unvertretbare Handlung), so kann der Pflichtige durch ein Zwangsgeld zur Vornahme der Handlung an-

---

[1]) OVG. Mstr., in: ÖV. 1954, 218.

[2]) Diese Bestimmung gilt auf ehemals preußischem Gebiet weiter, ausgedehnt auf Lippe durch n.-w. G. vom 18. 4. 1950 — GVBl. 65 —, jedoch nach § 79 pr. PVG. nicht mehr für Polizeibehörden.

[3]) Nach einer verbreiteten Meinung bedarf es — anders als bei der Vollstreckung wegen einer Geldforderung — keiner speziellen gesetzlichen Grundlagen, weil die Vollstreckungsbefugnis ein der Verwaltung innewohnendes Recht sein soll; — Anschütz in: VerwArch. 1, 446.

gehalten werden. Das Zwangsgeld ist an die Stelle der älteren Zwangsstrafen (Exekutiv-, Ungehorsams-, Beugestrafen) getreten. Die Scheidung zwischen vertretbaren und unvertretbaren Handlungen ist im Verwaltungsrecht nicht so streng wie im Zivilrecht (§§ 887, 888 ZPO.). Zwangsgeld kann auch bei vertretbaren Handlungen verhängt werden, wenn die Ersatzvornahme untunlich ist, insbesondere wenn der Pflichtige außerstande ist, die Kosten zu tragen, die aus der Ausführung durch einen anderen entstehen. Zwangsgeld ist ferner zulässig, wenn der Pflichtige der Verpflichtung zu einem Dulden oder Unterlassen zuwiderhandelt (§ 11 VwVG., § 142 RUO., § 18 Abs. 3 DGO., §§ 33, 55 pr. PVG.). Zwangsgeld und Zwangsstrafe enthalten keine Merkmale einer Kriminalstrafe[1]). Sie werden nach dem Opportunitätsprinzip verhängt im Gegensatz zu dem für Kriminalstrafen geltenden Legalitätsprinzip; sie bezwecken vorwiegend die Regelung eines Zustandes für die Zukunft, während Kriminalstrafen der Liquidierung der Vergangenheit dienen. Kriminalstrafen und Zwangsgelder können nach der herrschenden Auffassung wegen des gleichen Sachverhalts nebeneinander und unabhängig voneinander verhängt werden[2]). Strafbestimmungen in einem Spezialgesetz schließen also die Anwendung allgemeiner Verwaltungszwangsbestimmungen nicht aus[3]).

Die Bestimmungen über Zwangsgelder sind mit dem Grundgesetz vereinbar[4]). Die Höhe des Zwangsgeldes ist im einzelnen festgesetzt; sie liegt meist zwischen 1 und 1000 DM (VO. über Vermögensstrafen und Bußen vom 6. 2. 1924 — RGBl. 44). Für den gleichen Gegenstand können die einzelnen Zwangsgeldverfügungen beliebig oft wiederholt werden. Der Satz: ne bis in idem gilt nur für die Androhung der jeweiligen einzelnen Forderung[5]).

Für die Verhängung des Zwangsgeldes im einzelnen sind die gesetzlich vorgeschriebenen Formen zu beachten, ohne deren Einhaltung die Maßnahme fehlerhaft ist und mit Erfolg angefochten werden kann. Die Einziehung der festgesetzten Geldsumme geschieht in der Form der Vollstreckung wegen einer Geldforderung.

Als unvereinbar[6]) mit Art. 2 Abs. 2, 104 GG. sind frühere Regelungen aufgehoben, die als Ersatz bei mangelnder Zahlung eine nicht vom Gericht verhängte Haftstrafe vorsahen (z. B. § 56 pr. PVG., Art. 2 württ. PolStrVerfG.)[7]).

---

[1]) Bayer.VerfGH. in: VerwRspr. 3 (1951) Nr. 36; auch Drews, Polizeirecht, 1931, 109.

[2]) Pr. OVG. 84, 276 (Plenarentscheidung 1929); im Anschluß daran einige Landesgesetze, z. B. § 55 Abs. 1 pr. PVG., § 153 Abs. 1 thür. LVG.

[3]) Z. B. §§ 14ff. Impfg. vom 8. 4. 1874 — RGBl. 31 —, BGH. in: ÖV. 1953, 343.

[4]) OVG. Lbg. in: DVBl. 1951, 733.

[5]) Pr. OVG. 84, 127; Fleiner, Institutionen, 219.

[6]) W.-b. VGH. 3, 157.

[7]) Die Verpflichtung von Personen des öffentl. Rechts zur Vornahme bestimmter Handlungen ist nur auf Grund besonderer Titel, insbes. verwaltungsgerichtlicher Urteile denkbar und daher in diesem Zusammenhang nicht zu behandeln.

Eine vom Verwaltungsgericht zu verhängende Ersatzzwangshaft sieht als ausdrückliche gesetzliche Beschränkung des Grundrechts nach Art. 2 Abs. 2 Satz 2 GG. § 16 VwVG. vor. Sie ist auf Antrag der Vollzugsbehörde von der Justizverwaltung gemäß §§ 804—911 ZPO. zu vollstrecken.

3. Gewaltanwendung (unmittelbarer Zwang)

Die im Verwaltungsrecht mögliche Gewaltanwendung, die im Zivilrecht keine Parallele hat, ist auf Grund gesetzlicher Bestimmungen möglich. Hierbei handelt es sich um eine Beschränkung oder Entziehung der grundsätzlich gewährleisteten (Art. 2, 104 GG.-Grundrechtscharakter! — „Habeas corpus-Artikel" des GG. —, Art. 8 VerfDDR., Art. 114 WRV. und die entsprechenden Sätze der Länderverfassungen) persönlichen Freiheit[1]). Das ist denkbar durch Spezialgesetze

Beispiel:

VO. zur Bekämpfung übertragbarer Krankheiten vom 1. 12. 1938 — RGBl. 1721 —; Geschlechtskrankheiteng. vom 23. 7. 1953 — BGBl. 700 —; nds G. zur Bekämpfung der Geschlechtskrankheiten vom 28. 3. 1949 — GVBl. 73 —, (Zwangsbehandlung widerspricht nicht Art. 2 Abs. 2 GG. — OVG. Lbg. 5, 453) —; nds. G. vom 23. 5. 1950 — GVBl. 27 — (OVG. Lbg. in MDR. 52, 446, 569); bad. Irrenfürsorgeg. vom 5. 9. 1951 — GVBl. 152[2]) —; Impfg. vom 8. 4. 1874 — RGBl. 115[3]); — hess. G. über die Ausübung unmittelbaren Zwanges vom 11. 11. 1950 — GVBl. 247 —; nicht hierher gehören formelle Bestimmungen wie §§ 14—26, 29, 42a StGB.; §§ 81 ff. StPO.; §§ 7, 11, 62—66 JGG.; §§ 1666, 1838 BGB.; § 656 ZPO.; § 20 FürsPflVO. (Arbeitszwang).

oder um allgemeine Polizeigesetze.

Beispiel:

§§ 14, 15 pr. PVG. (Schutzhaft, Zwangseinweisung gemeingefährlicher Geisteskranker); § 9 nds. Sicherheits- u. Ordnungsg. 1951 — OVG. Lbg. II A 111/51. — Durchsuchung Jugendlicher nach Feuerwerkskörpern rechtfertigt nicht Zwang — OLG. Ffm. in: NJW. 1951, 165.

Für die Freiheitsentziehung („polizeiliche Verwahrung") durch öffentliche Stellen[4]), nicht für die Freiheitsbeschränkung, legt Art. 104 Abs. 2 S. 1, 2 GG.

---

[1]) Es ist nicht zu verkennen, daß der Rahmen dieser Möglichkeiten die durch Art. 5 Europ. Konvention zum Schutz der Menschenrechte vom 4. 11. 1950 — BGBl. 1952, II, 685 — gezogenen Grenzen überschreitet; in Art. 5 ist insb. die polizeiliche Verwahrung nicht erwähnt. Deshalb erscheint es zweifelhaft, ob die ganze durch Art. 104 GG. gedeckte deutsche Regelung mit Art. 5 Konvention vereinbar ist; vgl. Hodler, in: NJW. 1953, 531.

[2]) Dadurch ist das alte Gesetz vom 25. 6. 1910 aufgehoben, was infolge der Entscheidung des VGH. vom 12. 7. 1951 nötig war. Einzelheiten: Gerber in: DÖV. 52, 387,

[3]) Vgl. oben S. 169.

[4]) Nicht etwa durch Private, z. B. Vormund — LG. Köln, in: MDR. 1954, 418.

die alleinige Zuständigkeit der Gerichte und zwar je nach Landesrecht[1]) ordentliche Gerichte oder Verwaltungsgerichte fest.

Beispiele:

Ordentliche Gerichte: Bayer. G. vom 30. 4. 1952 — GVBl. 163 —, hes. G. vom 19. 5. 1952 — GVBl. 111 —, § 10 nds. SOG. Verwaltungsgerichte: B.-w. G. vom 16. 5. 1955 — GVBl. 87[2]). — n.-w. Praxis entsprechend OVG. Mstr., in: DÖV 1952, 408.

Hinsichtlich der Freiheitsbeschränkung gibt Art. 104 Abs. 1 S. 1 GG. nur die Voraussetzungen über Zulässigkeit und Dauer[3]).

4. Ordnungswidrigkeitsverfahren

a) Entwicklung

Dieses Verfahren hat sich — abgesehen von älteren, gelegentlichen Einzelerscheinungen, wie z. B. §§ 83, 89, 92c, 96 GewO. — entwickelt im Anwendungsbereich der RAbgO. 1919 (§ 377) und 1931 (§ 413) sowie des Devisenrechts und des Sozialversicherungsrechts. Nach 1933 traten dann Ordnungsstrafmöglichkeiten hinzu im Bereich des Warenverkehrs, des Preisstrafrechts und der Verbrauchsregelungsstrafordnung. Das Ordnungsstrafrecht kann entweder unterstaatlichen juristischen Personen, insbesondere Berufsvertretungen, übertragen oder durch die allgemeine Verwaltung selbst ausgeübt werden[4]).

b) Gegenwärtige Regelung

Das ganze Verfahren hat durch das Wirtschaftsstrafg. idF. vom 25.3.1952 (WiStG.) — BGBl. 190 — und das G. über Ordnungswidrigkeiten vom gleichen Datum (OWG.) — BGBl. 177 — die bisher fehlenden festen Formen erhalten. Danach gibt es: Straftaten, Ordnungswidrigkeiten und Zuwiderhandlungen, die entweder Straftaten oder Ordnungswidrigkeiten sind. Die materiellen Tatbestände für diese Taten sind in verschiedenen Gesetzen enthalten, z. B. § 39 Bundesjagdg., § 37 Schwerbeschädigteng., § 27 Geschlechtskrankheiteng., § 23 FStrG., die mit der Wirtschaft zusammenhängenden im WiStG. Für die Straftaten gilt der Allgemeine Teil des StGB. und für das Verfahren die StPO. Für die Ordnungswidrigkeiten ist der Allgemeine Teil enthalten im 1. Buch des

---

[1]) BVerwG. I B. 179, 54. Für Freiheitsentziehung nach Bundesrecht: Gesetz über das gerichtliche Verfahren bei Freiheitsentziehung vom 29. 6. 1956 — BGBl. I, 599 —.

[2]) Entwicklung: BGH. Verw. Rspr. 4 Nr. 114; BVerwG. in: ÖV. 1955, 213 (beide Rechtswege).

[3]) BVerfG. 2, 118.

[4]) Zur geschichtl. Entwicklung vgl. James Goldschmidt, Das Verwaltungsstrafrecht, 1902; Erik Wolf, Die Stellung der Verwaltungsdelikte im Strafrechtssystem (Festschrift i. Frank) 1930 II, 516; Schmidt in: SJZ. 1948, 225; Gerner in: NJW. 1952, 521.

OWG. und die Prozeßordnung im 2. Buch des OWG. Ordnungswidrigkeiten sind Verwaltungsungehorsam und keine Straftaten. Sie werden es auch nicht durch die nach dem Verfahren möglicherweise nötig werdende Einschaltung der Staatsanwaltschaft. Bei den Zuwiderhandlungen, die Wirtschaftsstraftaten oder Ordnungswidrigkeiten sind (z. B. §§ 7—22 WiStG.), entscheiden Staatsanwaltschaft und Verwaltungsbehörde, d. i. die Stadt- oder Landkreisbehörde und gegebenenfalls — nach den einzelnen Gesetzen — deren Fachaufsichtsbehörde darüber, ob im Einzelfall eine Straftat oder Ordnungswidrigkeit vorliegt[1]). Besteht Tateinheit zwischen Ordnungswidrigkeit und Delikt, das keine Wirtschaftsstraftat ist, so entfällt das Ordnungswidrigkeitsverfahren[2]). Können sich Staatsanwaltschaft und Verwaltungsbehörde nicht einigen (negativer Kompetenzkonflikt = keiner will die Sache bearbeiten oder positiver Kompetenzkonflikt beide wollen die Sache bearbeiten), dann entscheidet das örtlich zuständige Landgericht (§§ 32, 58 OWG.). Die Ordnungswidrigkeit wird mit einer Geldbuße geahndet. Sie wird verhängt von der Verwaltungsbehörde, jedoch kann der Betroffene einen Antrag auf Entscheidung des Strafgerichts, und zwar des Amtsgerichts stellen. Das Verfahren ähnelt dann demjenigen, welches früher bei polizeilichen Strafverfügungen nach §§ 413 StPO. a. F. möglich war. Gegen die Entscheidungen des Amtsgerichts gibt es die revisionsähnlich ausgebaute Rechtsbeschwerde an das Oberlandesgericht (in Bayern: Oberstes Landesgericht — Ges. vom 30. 9. 1952 — GVBl. 261 —). Gegen zahlungsfähige, aber böswillige Schuldner kann das Vollstreckungsverfahren betrieben werden, indem das Amtsgericht auf Antrag der Verwaltungsbehörde Erzwingungshaft bis zu 6 Wochen anordnet. Die Haft ist keine Ersatzfreiheitsstrafe, sondern Verwaltungszwang. Wenn im Gesetz, also insb. durch Anwendbarkeitserklärung des OWG. das Strafgericht zuständig ist, ist der Verwaltungsrechtsweg ausgeschlossen[3]). Als Nebenverfahren ist vorhanden die gebührenpflichtige Verwarnung (§ 8 OWG.) und die Unterwerfung des Betroffenen ohne formelles Verfahren (§ 67 OWG., § 447 AO.). Im Unterschied zum Strafrecht erkennt das Ordnungswidrigkeitsverfahren den Verbotsirrtum als Strafausschließungsgrund an[4]).

5. Sofortige Vollziehung

Eine von der allgemeinen Vollziehung getrennte sofortige Vollziehung gibt es nur dort, wo Rechtsbehelfe Suspensiveffekt haben. Nach der seit langem allgemein geltenden Regelung kann in diesen Fällen die Behörde, die den Ver-

---

[1]) Umschreibung d. Abgrenzung z. B. OLG. Braunschweig in: MDR. 1952 S. 57.
[2]) OLG. Bremen in: NJW. 52, 316.
[3]) BVerwG. in: DÖV. 1955, 643.
[4]) Zur Irrtumslehre vgl. Beschluß des BGH. vom 19. 3. 1952 — GrSSt. 2/52 —.

waltungsakt erlassen hat — nur sie, nicht auch die vorgesetzte Behörde[1]) —, dessen Vollziehung anordnen, wenn sie es im öffentlichen Interesse für geboten hält (z. B. § 53 pr. LVG., § 51 VGG., § 51 brit MR.VO. Nr. 165).

Beispiel:
Ein Wohnungssuchender wird in erfaßten Wohnraum eingewiesen, obwohl der Wohnungsinhaber Beschwerde gegen die Erfassungsverfügung eingelegt hat.

Die Anordnung der sofortigen Vollziehung muß klar und deutlich erkennbar sein[2]). Sie kann mit dem zu vollziehenden Verwaltungsakt zugleich oder durch einen selbständigen Verwaltungsakt angeordnet werden, wodurch dann die aufschiebende Wirkung des Rechtsbehelfs ex tunc beseitigt wird.

Die einzelnen bei der sofortigen Vollziehung zur Verfügung stehenden Mittel sind die gleichen wie bei der endgültigen Vollziehung[3]).

Schrifttum

Eich, Verwaltungszwangsverfahren. 1950.
Moehrs, v., Probleme des Verwaltungszwangs zur Beitreibung von Geldbeträgen. 1939.
v. Rosen-v. Hoewel, Verwaltungsvollstreckungsgesetze und Verwaltungszustellungsgesetz. Komm. 1953.
Rotberg, Gesetz über Ordnungswidrigkeiten. Kommentar. 1952.
Stoecker, Ordnungswidrigkeitengesetz mit Wirtschaftsstrafgesetz, Devisengesetz, Sicherungsmaßnahmengesetz, Handelsklassengesetz. 1952.
Thomä, Auskunfts- und Betriebsprüfungsrecht der Verwaltung. 1955.

---

[1]) Ebenso: Eyermann-Fröhler, Verwaltungsgerichtsgesetz, § 51 Anm. 1c aa.

[2]) Bayer. VGH. in: VerwRspr. 1, 117; OVG. Hbg. in: MDR. 1948, 491.

[3]) Die Einrichtung entspricht zwar der vorläufigen Zwangsvollstreckung der ZPO. Doch ist sie von der vorläufigen Vollstreckung von Urteilen, die es im Verwaltungsgerichtsverfahren gibt — vgl. unten S. 235. — zu unterscheiden. — Zu unterscheiden ist sie auch von den Eingriffsmöglichkeiten der Verwaltungsgerichte nach § 51 brit. MRVO. Nr. 165, § 51 VGG. usw. — vgl. unten S. 224 f.

Vierzehntes Kapitel

Verwaltungsgerichtsbarkeit

1. Entstehung

Verwaltungsgerichtsbarkeit in ihrer heutigen Art und Form ist im Zeitalter des liberalen und monarchischen Rechtsstaates entstanden. Sie bedeutet, daß die Staatsgewaltsfunktion der Exekutive durch diejenige der Justiz überwacht wird. Dabei ist es — vom Grundsatz her betrachtet — von untergeordneter Bedeutung, wie die Gerichtsorganisation, die die Überwachung ausübt, aufgebaut ist. Die politische Entwicklung im Deutschland des 19. Jahrhunderts hat jedoch dahin geführt, daß die Organisationsfrage in den Kampf um die Einrichtung überhaupt verwickelt wurde.

Um die Jahrhundertmitte war hiervon noch nichts zu bemerken. Vielmehr hatte man bis dahin schlechte Erfahrungen mit einer von der Verwaltung abhängigen, also ohne richterliche Unabhängigkeit ausgestalteten Verwaltungsrechtspflege gemacht. Es bestand allein ein materielles Interesse daran, diese inhaltlich und organisatorisch der Exekutive angehörende Einrichtung zu beseitigen und die Justiz in ihrer Eigenschaft als selbständige Staatsgewaltsfunktion einzuschalten. Das besagt die Bestimmung der Frankfurter Reichsverfassung von 1849: „Die Verwaltungsrechtspflege hört auf, über alle Rechtsverletzungen entscheiden die Gerichte".

Aus politischen Gründen wurde in den folgenden Jahrzehnten die Verwaltungsrechtspflege in unmittelbare Verbindung mit einer ganz anderen politisch umkämpften Frage, nämlich der der kommunalen Selbstverwaltung gebracht. In langwierigen, Jahrzehnte andauernden Kämpfen gelang es den liberalen Elementen in den einzelnen Ländern, die kommunale Selbstverwaltung auch auf dem platten Lande, wo sie bis dahin noch nicht bestanden hatte, einzuführen. Als Kompromißlösung versah man die kommunalen Körperschaften, welche weitgehend aus Laien bestanden, mit Aufgaben, die bisher von der staatlichen Verwaltung nicht erledigt worden waren. Hierdurch wurde der Aufgabenbereich der traditionellen Staatsverwaltung kaum behindert, während andererseits die neu erwachsene Kommunalverwaltung ein eigenes Aufgabengebiet erhielt. Ein wesentlicher Bestandteil dieses Aufgabengebiets war die Verwaltungsgerichtsbarkeit. So wurde der Kampf um die Einführung einer Verwaltungsgerichtsbarkeit und der kommunalen Selbstverwaltung auf dem Lande nahezu identisch. Eine Folge dieser Entwicklung war, daß die Verwaltungsgerichtsbarkeit nicht auf die ordentlichen Gerichte übertragen wurde. Nur als zusätzliches Argument betonte man, es sei aus Zweckmäßigkeitsgründen besser, besondere Gerichte mit der speziellen Materie des Verwaltungsrechts zu befassen, welches von Haus aus den in der ordentlichen Justiz tätigen Juristen ferner liegt. Eine der führenden Persönlichkeiten in diesen Kämpfen für eine selbständige Verwaltungsgerichtsbarkeit war der liberale Politiker und Staatsrechtslehrer Rudolf von Gneist. Die Auffassung, welche für eine organisatorische Verbindung der ordentlichen und der Verwaltungsjustiz eintritt, stützte sich insbesondere auf die mitteldeutsche Lösung, deren wichtigster Vertreter der kurhessische Jurist Otto Bähr war.

Das Ergebnis sind die einzelnen Landesgesetze, welche die Verwaltungsgerichtsbarkeit und häufig gleichzeitig damit die kommunale Selbstverwaltung auf dem Lande einführen, 1863 Baden, 1873 Preußen durch die Kreisordnung, 1895 Braunschweig, 1898 Lippe, 1906 Oldenburg, 1916 Lübeck[1]).

Die Gerichtsbarkeit wurde im allgemeinen dreiinstanzlich aufgebaut, in Preußen entsprechend dem Landesverwaltungsgesetz und dem Zuständigkeitsgesetz von 1883, z. B. als Kreis- oder Stadtausschüsse, Bezirksausschüsse nud Oberverwaltungsgericht. Nur die oberste Instanz war allein rechtsprechend tätig, während die beiden unteren Instanzen neben der Rechtsprechung auch Verwaltungsaufgaben — z. B. im Beschlußverfahren[2]) — erledigten. In Süddeutschland heißt die oberste Instanz traditionsgemäß Verwaltungsgerichtshof.

2. Ausbau

Auf Reichsebene gab es kein zentrales Reichsverwaltungsgericht, jedoch Spezial-Verwaltungsgerichte für einzelne Sachbereiche, so z. B. das Reichsversicherungsamt, das Reichsaufsichtsamt für Privatversicherungen, das Reichsoberseeamt, das Reichspatentamt, als oberstes Fürsorgegericht das Bundesamt für Heimatwesen[3]). Die genannten Stellen übten zum Teil Verwaltungstätigkeit aus. Ausschließlich Gericht war der durch Reichsgesetz vom 26. 7. 1918 gebildete Reichsfinanzhof in München[4]). Artikel 107 WRV. machte die Verwaltungsgerichtsbarkeit in Reich und Ländern obligatorisch. Im Reich entstanden nach 1919 weitere zentrale Verwaltungsgerichte, so das Reichswirtschaftsgericht mit dem Reichskartellgericht und das Reichsversorgungsgericht.

Gesonderte Landesverwaltungsgerichte waren nur noch einzuführen in Hamburg, wo diese Aufgaben, bisher der sog. justizstaatlichen Tradition des Stadtstaates entsprechend, von der ordentlichen Justiz erledigt worden waren. Im übrigen kamen in den Ländern einige Spezialverwaltungsgerichte hinzu. In den beiden unteren Instanzen, also z. B. in Preußen in den

[1]) Die wohl eingehendste und übersichtlichste Schilderung dieser ganzen Zusammenhänge ist enthalten bei Heffter, Die Selbstverwaltung, mit vollständiger Literaturangabe.

[2]) Vgl. oben S. 182ff.

[3]) All diese Stellen gaben Entscheidungssammlungen heraus, so z. B. das Bundesamt für Heimatwesen seit 1873.

[4]) Sammlung d. Entscheidungen u. Gutachten des Reichsfinanzhofs bis zum Jahre 1944 insges. 53 Bände. Der BFH. setzt die Sammlung fort.

Kreis- oder Stadtausschüssen und den Bezirksausschüssen, war das Laienelement weitgehend vertreten.

Nach 1933 wurden diese Einrichtungen stufenweise abgebaut. Zunächst änderte man zwar den Namen „Ausschüsse" in Gerichte. So erhielten z. B. in Preußen die entsprechenden Ausschüsse die Bezeichnung Kreis- oder Stadtverwaltungsgerichte und Bezirksverwaltungsgerichte (Gesetz vom 15. 12. 1933 — GS. 479 —). Jedoch wurden nach ständiger Zuständigkeitsminderung zu Beginn des zweiten Weltkrieges zunächst die untersten Instanzen kassiert, später auch die Mittelinstanzen, indem man ihre Aufgaben auf die in den entsprechenden Verwaltungsebenen amtierenden Behördenleiter, insbesondere den Landrat und den Regierungspräsidenten übertrug. Eine durchgreifende Änderung an der Spitze brachte die noch während des Krieges vorgenommene Begründung eines Reichsverwaltungsgerichts (Führererlaß vom 3. 4. 1941 — RGBl. I, 201 —). Das Gericht erhielt jedoch nicht die Stellung eines zentralen, die gesamte Verwaltung im Reich überwachenden Gerichts, sondern wurde nur mit Einzelaufgaben betraut. Es trat an die Stelle von bis dahin bereits bestehenden Reichsspezialverwaltungsgerichten, die so in ihm aufgingen. Außerdem wurde das preußische Oberverwaltungsgericht eingegliedert[1]). Neben ihm blieben selbständig nur noch bestehen der Reichsfinanzhof, das Reichsversicherungsamt, das Reichsaufsichtsamt für Privatversicherungen, das Oberseeamt und das Reichspatentamt.

Nach dem Zusammenbruch wurde das Reichsverwaltungsgericht aufgelöst und im übrigen angeordnet, daß unter Aufhebung der Abbaumaßnahmen seit 1939 zur Entscheidung von Verwaltungssachen Verwaltungsgerichte in den einzelnen Zonen und in Berlin wieder einzurichten seien (Kontrollratsgesetz Nr. 36 vom 10. 10. 1946). Entsprechend dieser grundlegenden Bestimmung wurden in den einzelnen Ländern eine Landesverwaltungsgerichtsbarkeit aufgebaut, ergänzt nach Inkrafttreten des GG. durch eine Bundesverwaltungsgerichtsbarkeit.

Im einzelnen[2]): Amerik. Zone (entsprechend den Vorschlägen des im wesentlichen aus deutschen Fachkräften unter Leitung von Prof. W. Jellinek arbeitenden sog. Heidelberger Ausschusses): Bayer. Gesetz vom 25.9.1946 — GVBl. 281 — mit Änderung vom 30. 9. 1949 — GVBl., 258, w.-b. Gesetz vom 16. 10. 1946 — RegBl. 221 — mit DVO. vom 11. 2. 1947 — RegBl. 2, hess. Gesetz vom 31. 10. 1936 — GVBl. 132, mit Änderung vom 30. 6. 1949 — GVBl. 79 —, Bremer Gesetz vom 5. 8. 1947 — GBl. 171 —. Die Gesetze sind keine Länderratsgesetze, so daß diese ihnen vorgehen. Sie sind nicht nach Art. 125 Ziff. 1 GG. Bundesrecht geworden[3]). Die Gerichte sind in zwei Instanzen aufgebaut, erste Instanz: Verwaltungsgerichte, jede Kammer besetzt mit 3 Berufs- und 2 Laienrichtern, (in Bayern 5, in Württemberg-Baden 2, in Hessen 3, in Bremen 1), zweite Instanz: Verwaltungsgerichtshof für jedes Land, jeder Senat besetzt mit 5 Berufsrichtern. Nur in Bagatellsachen (§ 102 VGG.) und in einigen gesetzlich umschriebenen Gegenständen (Wohnungssachen und Preissachen in Hessen) ist die zweite Instanz ausgeschlossen[4]).

---

[1]) Entscheidungen des Reichsverwaltungsgerichts ab 1942 insges. 3 Bände.

[2]) Der Entwurf einer Bundesverwaltungsgerichtsordnung (EVwGO.) ist bereits ausgearbeitet — Bundesratsdrucksachen Nr. 7/53. Er beruht z. T. auf dem Entwurf der Vereinigung der Präsidenten der Verwaltungsgerichte und der Landesinnenministerien, veröffentlicht in: DVBl. 1951, September. [3]) BVerfG. in: ÖV. 1955, 378.

[4]) Umfangreichster Kommentar: Eyermann-Fröhler, Verwaltungsgerichtsgesetz.

In den Ländern der brit. Zone ergingen zunächst einige fast gleichlautende Anweisungen der Provinzen und Länder über die Wiederingangsetzung der Bezirksverwaltungsgerichte, wo früher solche bestanden hatten. Die erste umfassende Ausführungsbestimmung zum Kontrollratsgesetz Nr. 36 stellt die am 1. 4. 1948 in Kraft getretene brit. MRVO. Nr. 141 dar. Sie enthält insbesondere die Generalklausel[1]). Am 15. 9. 1948 trat jedoch eine ausführliche Prozeßordnung in Kraft, brit. MRVO. Nr. 165, welche Art. I —VI, X, XI MRVO. Nr. 141 wieder aufhob. Diese — im wesentlichen durch einen im Juni 1947 von einem bei der Legal-Devision in Herford gebildeten deutschen Ausschuß erarbeitete — für die Länder der brit. Zone maßgebliche Regelung sieht zwei Instanzen vor. Die erste Instanz sind die Landesverwaltungsgerichte, jede Kammer besetzt mit 2 Berufs- und 3 Laienrichtern, (Nordrhein-Westfalen 8, Niedersachsen 4, Schleswig-Holstein 1, Hamburg 1), zweite Instanz die Oberverwaltungsgerichte für Nordrhein-Westfalen, für Niedersachsen und Schleswig-Holstein und für Hamburg, jeder Senat besetzt mit 3 Berufs- und 2 Laienrichtern.[2]). Auch hier ist kraft Landesrechts für bestimmte Gegenstände die Berufung ausgeschlossen[3]) (Wohnungssachen in Hamburg, Wohnraum-, Preis- usw. Sachen in Schleswig-Holstein und Opfer des Nationalsozialismus-Angelegenheiten in Niedersachsen)[4]).

In den Ländern der französischen Zone beruht die Verwaltungsgerichtsbarkeit auf einzelnen Landesbestimmungen[5]), nämlich w.-h. LandesVO. vom 19. 8. 1946 — ABl. 324 — mit Gesetz zur Verfahrensänderung vom 17. 10. 1950 — RegBl. 301 — eininstanzlich —[6]); bad. LandesVO. vom 30. 3. 1947 — ABl. 89 — in der Fassung des Landesgesetzes vom 5. 9. 1951 — GVBl. 151, 1952, 14 — mit AVO. vom 16. 1. 1948 — GVBl. 17 —; rhld.-pf. Landesgesetz vom 14. 4. 1950 i. d. F. vom 12. 2. 1954 — GVBl. 21 —, wonach (zwei) Bezirksverwaltungsgerichte, jede Kammer besetzt mit 2 Berufsrichtern und einem Laienrichter, eingerichtet sind[7]). Nach der Bildung von Baden-Württemberg bleibt diese Organisation zunächst bestehen — DVO. zu Art. 19 b.-w. Überleitungsgesetz vom 21. 7. 1952 — GBl. 25 — mit der Maßgabe, daß es für das ganze Land nur noch einen Verwaltungsgerichtshof geben wird, der durch in Stuttgart und in Karlsruhe stationierte Senate entscheidet.

Für die drei westlichen Sektoren Berlins gilt — nach Auflösung der beiden Bezirksverwaltungsgerichte für den amerikanischen und den britischen Sektor — das Gesetz vom 8. 1. 1951 — VOBl. 46 — mit DVO. vom 2. 3. 1951 — VOBl. 261 —, wonach ein Landesverwaltungs- und ein Oberverwaltungsgericht bestehen.

Wo die Landesverfassungen ein mindestens zweistufiges Verfahren vorsehen (Art. 74 Abs. 2 n.-w.; Art. 67 b.-w.), ist jede andere Regelung verfassungswidrig)[8]).

---

1) Vgl. unten S. 221.

2) Sie können gleichzeitig Gemeinderat oder Kreistagsmitglied sein; OVG. Mstr. 5, 70.

3) Zulässig — BVerwG. 1, 60, 63.

4) Kommentare: Klinger, VO. über d. Verwaltungsgerichtsbarkeit in der brit. Z., Labs-Ortmann, das Verfahren bei den Verwaltungsgerichten. van de Sandt, Die Verwaltungsgerichtsbarkeit in der br. Z.

5) Vgl. Schunck-de Clerck, Verwaltungsgerichtsbarkeit Rheinland-Pfalz.

6) Als einzige in der Bundesrepublik. Die Lösung wird seit jeher als mit Art. 19 Abs. 4 GG. vereinbar angesehen.

7) Über die Notwendigkeit der Vereinheitlichung im Südwest-Staat, vgl. Walz in: ÖV. 1952, 577.

8) b.-w. VGH. ÖV. 55, 608.

Auf Bundesebene ist gemäß Art. 96 GG. durch Gesetz vom 23. September 1952 — BGBl. I, 625 — das Bundesverwaltungsgericht geschaffen worden[1]).

Neben der allgemeinen Verwaltungsgerichtsbarkeit gibt es noch besondere Verwaltungsgerichte (Spezialverwaltungsgerichte) für einzelne Sachbereiche, welche i. a. die allgemeine Verwaltungsgerichtsbarkeit ersetzen.

3. Begriff

Zu Beginn wurde die Verwaltungsgerichtsbarkeit in Parallele zur Zivilgerichtsbarkeit als Institution zur Verwirklichung subjektiver Rechte angesehen. Späterhin — mit der Ausbildung der Lehre von den Reflexrechten — trat der Gedanke hervor, daß sie das objektive Recht festzustellen habe, was nur mittelbar im Interesse des einzelnen liege[2]). Die moderne Auffassung nähert sich der ursprünglichen. Sie bezeichnet als Aufgabe der Verwaltungsgerichtsbarkeit, die gemeinschaftsbezogenen Pflichten und Rechte der Gesamtheit mit den subjektiven Rechten des einzelnen in Einklang zu bringen[3]).

Die Verwaltungsgerichte müssen, wie alle Gerichte, drei Voraussetzungen erfüllen, um als solche qualifiziert werden zu können: Sie müssen Rechtsprechung ausüben, also mit staatlicher Autorität in verselbständigender Weise aussprechen, was in Anwendung des geltenden Rechts auf einen konkreten Tatbestand im Einzelfall rechtens ist[4]). Sie müssen sodann nach einem judiziellen (gerichtsmäßigen) Verfahren arbeiten, durch welches insbesondere rechtliches Gehör im Sinne von Art. 103 GG. gewährt ist; daß Gerichte unbedingt unbeteiligte Dritte sind, ist nicht erforderlich, wie die Einrichtung der Strafgerichte zeigt, wo die Staatsanwaltschaft materiell nicht Partei ist. Die Gerichte müssen schließlich durch sachlich unabhängige Richter besetzt sein.

Insb. die richterlicheUnabhängigkeit ist schwer zu umschreiben. Zu unterscheiden ist:

a) Sachliche Unabhängigkeit, die bedeutet, daß der Richter in bezug auf den Inhalt der von ihm zu treffenden Entscheidung nur an das geltende materielle Recht gebunden ist und keinerlei Anweisungen spezieller oder genereller Art durch die Verwaltung (Regierungsstellen usw.) annehmen darf (vgl. Art. 97 Abs. 1 GG., Art. 102 WRV., § 1 GVG.). Der Gegensatz ist die bürokratische Abhängigkeit von vorgesetzten Stellen.

b) Persönliche Unabhängigkeit, das ist eine persönliche Stellung, die dem Richter der Regierung und allen sonstigen Stellen gegenüber die Bewährung richterlicher Unabhängigkeit nach durchschnittlicher psychologischer Berechnung ermöglicht[5]). Sie zerfällt in:

---

[1]) Vgl. Kommentare von Koehler, Ule und Schunck-de Clerck.

[2]) Zur Entwicklung vgl. Stier-Somlo, Hdwörterb. d. Rechtsw. 1929, VI, 61ff.

[3]) Frege, in: DVBl. 1953, 388. Für die Abgrenzung von der ordentlichen Gerichtsbarkeit sind die gleichen Gesichtspunkte maßgebend wie für die Abgrenzung von der Verwaltung; vgl. oben S. 38ff.

[4]) Vgl. oben S. 4f.

[5]) Ebenso die ältere Lehre, z. B. Fleiner, Institutionen, 249.

aa) die rechtliche Unabhängigkeit, das ist eine rechtliche Garantie persönlicher Unantastbarkeit;

bb) die tatsächliche Unabhängigkeit, welche hat eine

(1) innere Seite, das ist die völlig freie geistige Haltung des Richters, und eine

(2) äußere Seite, das ist die soziale Unabhängigkeit.

Sachliche Unabhängigkeit ist gegenwärtig durch Art. 97 Abs. 1 GG. gewährleistet. Stellen, denen sie fehlt, können keine Gerichte sein. Persönliche Unabhängigkeit dagegen ist für ein Gericht grundsätzlich nicht erforderlich. Art. 97 Abs. 2 GG. zeigt, daß das GG. auch nicht auf Lebenszeit angestellte und nicht unversetzbare Richter kennt (z. B. Gerichtsassessoren); danach ist die rechtliche Unabhängigkeit nicht vorgesehen[1]). Wenn ein Richter aus inneren Gründen tatsächlich nicht frei ist, etwa, weil er Angst vor seinen Vorgesetzten hat, so ist das ein schlechter Richter, aber immerhin ein Richter[2]); völlige soziale Unabhängigkeit gibt es nicht, sondern wird immer ein theoretischer Wunschtraum bleiben[3]).

Der Richter bedarf keiner besonderen Vorbildung, wie die Einrichtung des Laienrichtertums zeigt; allerdings kann sie für Berufsrichter gesetzlich vorgesehen sein.

Unter Anlegung dieser Maßstäbe sind eine Reihe von Behörden, die im Gesetz mit der Wahrnehmung von Spezialaufgaben betraut sind, als Spezialverwaltungsgerichte (besondere Verwaltungsgerichte) — keine Ausnahmegerichte im Sinne von Art. 105 WRV. oder Art. 101 Abs. 2 GG. — anzusehen. Durch die Zuständigkeit von Spezialverwaltungsgerichten wird diejenige der allgemeinen Verwaltungsgerichte ausgeschlossen (z. B. § 22 Abs. 3 MRVO. Nr. 165 und § 22 Abs. 1 VGG).

---

[1]) Als Ausnahme kann die Forderung erhoben werden, daß wenigstens bei manchen Gerichten auf Grund ihrer traditionellen Entwicklung in bestimmtem Umfang eine Besetzung mit planmäßig angestellten Richtern notwendig ist; so vor allem für die höheren Instanzen der ordentlichen Gerichtsbarkeit; näheres vgl. Turegg, in: NJW. 1953, 1195.

[2]) Für das generelle Erfordernis der inneren Unabhängigkeit trat v. Staff in: Grundrechte und Grundpflichten der RV., hrsgb. von Nipperdey, 1929, I, 61 ein. Dagegen m. E. überzeugend Mende, in: HdbchddStR. II, 79; auch Wolff, in: MDR. 1951, 64. Vgl. auch Rosenberg, Lehrbuch des Zivilprozeßrechts, 1954, 89, wonach die richterliche Unabhängigkeit letztlich in einem festen, aufrechten und unbeirrbaren Charakter begründet ist. Wer ihn nicht besitzt, dem kann er durch noch so umfangreiche gesetzliche Bestimmungen nicht verliehen werden. — Besondere Schwierigkeiten bereiten die Regelungen, nach denen die gleichen Personen teils Verwaltungsbeamte, teils Richter sind; die Richterqualität wird man hierdurch nicht beeinträchtigt sehen dürfen, sofern nicht ausnahmsweise das Gesetz die Verbindung verbietet, wie z. B. § 1 brit. MRVO. Nr. 165 für die allgemeinen Verwaltungsgerichte — OVG. Lbg. 5, 392. I. ü. handelt es sich um ein Problem der richterlichen Befangenheit (§§ 41ff. ZPO.).

[3]) So zusammenfass. Thoma in HdbchddStR. II, 132; auch Fleiner, Institutionen, 249.

Als Spezialverwaltungsgerichte kommen in Betracht:

Disziplinargerichte[1]), die nach den in den Ländern der am. Zone erlassenen Gesetzen zur Befreiung von Nationalsozialismus und Militarismus vom 5. 3. 1946 errichteten Spruch- und Berufungskammern (§ 138 VGG.)[2]), Spruchausschüsse bei den oberen Siedlungsbehörden[3]), Wahlprüfungsgerichte[4]).

Nicht als besondere Verwaltungsgerichte werden von der herrschenden Meinung anerkannt:

Umlegungsstellen nach RUO[5]); Schwerbeschädigten-Ausschüsse nach § 21 Schwerbesch. Gesetz[6]); anwaltschaftliche Ehrengerichte[7]); Berufungsausschüsse zur Zulassung von Ärzten zur Kassenpraxis[8]); Einspruchs- und Beschwerdeinstanzen in Wohnungsangelegenheiten nach dem Wohnungsgesetz (Kontrollratsgesetz Nr. 18)[9]); die nach den Landesgesetzen zur Wiedergutmachung nationalsozialistischen Unrechts eingesetzten Ausschüsse (z. B. Landesausschuß nach nds. Personenschadengesetz 1948)[10]), Soforthilfebeschwerdeausschüsse[11]), schlesw.-holst. Kleingartenspruchstellen[12]).

4. Rechtsweg

Für jede vor Gericht behandelte Angelegenheit muß geklärt werden, ob die richtige Gerichtsart tätig wird, d. h. ob überhaupt ein und welcher Rechtsweg gegeben ist. Gemäß Art. 96 GG. gibt es den Rechtsweg vor den ordentlichen (Zivil- und Straf-)Gerichten, den Verwaltungs-, Finanz-, Arbeits- und Sozialgerichten.

Vor jeden Rechtsweg gehören bestimmte Streitigkeiten, und zwar jeweils grundsätzlich die bürgerlichen Streitigkeiten und Strafsachen (§ 13 GVG.), die öffentlich-rechtlichen Streitigkeiten (§ 38 EVwGO.), die Steuerstreitigkeiten (§§ 47, 229 AO)., die Arbeitsstreitigkeiten (enumeriert in §§ 2, 3 Arbeitsgerichtsgesetz) und die Sozialsachen (enumeriert in §§ 51, 52 Sozialgerichtsbarkeitsgesetz). Da insbesondere die vor die ordentlichen und die Verwaltungs-

---

[1]) W.-b. VGH. in: DVBl. 1951, 354. — Eine Anzahl von Entscheidungen befaßt sich mit nunmehr in der Sozialgerichtsbarkeit geregelten Stellen.

[2]) Die entsprechenden Einrichtungen in den anderen Zonen sind keine besonderen Verwaltungsgerichte.

[3]) Bayer. VGH. n. F. 2, 78.

[4]) Richtig m. E.: Seifert, in: ÖV. 1953, 365.

[5]) Hess. VGH. in: DVBl. 1951, 384; OVG. Lbg. 5, 347; b.-w. VGH. in: MDR. 1953, 379; aA: bayer. VGH. in: DVBl. 1950, 381.

[6]) OVG. Lbg. in: DVBl. 1951, 349 mit Schrifftum; VGH. Bremen in: BB. 1951, 281. OVG. Hbg. in: DVBl. 1951, 349.

[7]) BVerwG., in: NJW. 1955.

[8]) OVG. Mstr. — MDR. 1951, 762; Bayer. VerfGG. in: GVBl. 1951, 139 = ÖV. 1952, 149. Schrifttum und Zusammenstellung bei: Wolff, in: MDR. 1951, 67; Sieveking, in: MDR. 1952, 336; Schoen, in: ÖV. 1951, 16, 396; Schäfer, in: ÖV 1951, 653, Hübner in: ÖV. 1952, 257; südbad. VGH. in: NJW. 1952, 317,

[9]) OVG. Lbg. in: DV. 1950, 112.

[10]) OVG. Lbg. in ständiger Rechtsprechung.

[11]) BVerwG. 1, 4. [12]) BVerwG. in: DVBl. 1954, 364.

gerichte gehörenden Streitigkeiten im Gesetz nicht normiert sind, liegt die Zuordnung des einzelnen Falles zum ordentlichen oder Verwaltungsrechtsweg weitgehend in der Hand der Gerichte[1]). Innerhalb des Verwaltungsgerichtswegs muß dann noch geprüft werden, ob spezielle oder die allgemeinen Verwaltungsgerichte zuständig sind (z. B. § 22 Abs. 1 brit. MRVO Nr. 165). Früher konnten allein die ordentlichen Gerichte für alle anderen bindend über die Zulässigkeit des Rechtswegs entscheiden (Kompetenzkompetenz nach § 17 Abs. 1 GVG.). Neuere Gesetze billigen diese Kompetenz einem jeden Gericht zu, wobei der zeitliche Vorrang entscheidet (§ 28 Abs. 1 brit. MRVO., § 52 Sozialgerichtsgesetz). Der einmal festgelegte Rechtsweg bleibt auch bei Gesetzesänderung bestehen, falls das neue Gesetz nicht ausdrücklich etwas anderes bestimmt (perpetuatio fori)[2]). In beschränktem Umfang kann das falsch angerufene Gericht die Sache auf den richtigen Rechtsweg verweisen[3]).

Wegen der umstrittenen Natur des Begriffs des Streitgegenstandes ist es nicht möglich festzulegen, für welche Streitgegenstände die einzelnen Rechtswege gegeben sind[4]).

5. Örtliche Zuständigkeit

Zu unterscheiden sind vier Anknüpfungspunkte:

a) Anfechtungssachen

Zuständig ist das Gericht, in dessen Bezirk die den angefochtenen Akt erlassende Behörde ihren Sitz hat (so § 11 BVGG. mit Rdschr. des BdJ. vom 30. 9. 1952 — GMBl. 263 —; § 29 Abs. 1 brit. MRVO. Nr. 165, § 53 Ziff. 2 EVwGO.) oder in dessen Bezirk der Akt erlassen wurde (§ 26 Abs. 1 Ziff. 4 VGG. § 53 Ziff. 3 EVwGO.) oder wirkt (§ 28 Abs. 1c rhld.-pf. VGG.).

---

[1]) Vgl. oben S. 40ff. — Über die Rechtsgrenze zwischen Verwaltungs- und Finanzgerichten vgl. in: DVBl. 1953, 304; BVerwG. 1, 21; eine Ausdehnung des einen Rechtsweges „kraft Sachzusammenhanges" gibt es aber nicht; vgl. oben S. 42; zwischen Verwaltungsgerichten und evang. Kirche Hesse, DVBl. 55, 589.

[2]) BVerwG. 2, 43. Vgl. auch BVerfG. in: NJW. 1955, 1270.

[3]) Nach leider völlig unsystematischen Bestimmungen; vgl. Müller, in: JR. 1956, 48.

[4]) Ganz allgemein wird im Zivilprozeß Streitgegenstand immer dasjenige sein, was von der materiellen Rechtskraft nach § 322 ZPO. umfaßt wird, aber im einzelnen streitig, vgl. Rosenberg, Zivilprozeßrecht, § 88. — Für Anfechtungsklagen wird als Streitgegenstand angesehen: der angefochtene Verwaltungsakt — § 45 VGG, § 80 EVwGO —, der durch den Akt geregelte Sachverhalt — Forsthoff, Verwaltungsrecht, 433 —, das Begehren des Klägers auf Feststellung der Rechtswidrigkeit — Bachof, in: JZ. 1953, 411 —, die Nachprüfung der Rechtmäßigkeit hoheitlichen Verwaltens im Allgemeininteresse — Niese, in: JZ. 1952, 353 —, das subjektive Anfechtungsrecht des Klägers, welches als Gestaltungsrecht angesehen wird — Bettermann, in: DVBl. 1953, 202ff., ein prozessualer Anspruch — BVerwG., in: NJW. 1955, 1334. — Vgl. auch Haustein, Der Streitgegenstand im Verwaltungsprozeß, Münchener Diss. 1955.

b) Verbandsstreitigkeiten

Zuständig ist das Gericht, in dem der klagende oder beklagte Verband (Gebiets- oder Personenkörperschaft) seinen Sitz hat (§ 26 Abs. 1 Ziff. 2 VGG.; § 28 Abs. 1b rhld.-pf. VGG.).

c) Belegene Sache

Bei Klagen, in denen über Rechte oder Pflichten in bezug auf ein Grundstück oder ein ortsgebundenes Recht zu entscheiden ist, entscheidet das Gericht der belegenen Sache (sämtliche Prozeßordnungen, § 53 Ziff. 1 EVwGO.)[1].

d) Sitz des Beklagten

Läßt sich nach der anzuwendenden Prozeßordnung der Fall nicht unter eine der bisher erwähnten Möglichkeiten unterordnen, so entscheidet das Gericht, in dessen Bezirk der Beklagte seinen Sitz, Wohnsitz oder, in Ermangelung dessen, seinen Aufenthalt hat oder seinen letzten Wohnsitz hatte.

Die Angelegenheiten des Bundes und der Länder werden nach den gleichen Gesichtspunkten behandelt. Wenn also nicht wegen des Streitgegenstandes die Zuständigkeit eines Bundesgerichts begründet ist (z. B. § 9 BVerwGG.), ist auch für die Bundesverwaltung die Verwaltungsgerichtsbarkeit der Länder zuständig[2].

Die örtliche Zuständigkeit bleibt bei gesetzlicher Änderung nach Rechtshängigkeit erhalten (perpetuatio fori)[3]. Eine Verweisung an das örtlich zuständige Gericht erfolgt nur auf Antrag[4].

6. Sachliche Zuständigkeit

Sie beschränkt sich auf Gegenstände des Verwaltungsrechts[5]. Hauptfrage oder Streitgegenstand können nur auf diesem Gebiet liegen. Alle anderen Gebiete, für die möglicherweise andere Rechtswege bestehen, dürfen bloß als Vorfragen behandelt werden.

a) Kontrolle der Rechtmäßigkeit

Innerhalb des Verwaltungsrechts beschränkt sich die Zuständigkeit der Verwaltungsgerichte grundsätzlich auf die Kontrolle von Rechtsfragen. Sie erstreckt sich auf zwei Gebiete.

---

[1]) Näheres bei: Redelberger, in: ÖV. 1953, 268.

[2]) BGHZ. 1, 1; w.-b. VHG. in: ÖV. 1949, 17; Wolff, in: MDR. 1949, 266; hess. VGH. in: VRspr. 3, 516.

[3]) BVerwG., in: JZ. 1955, 458.

[4]) VG. Wiesbaden, in: MDR. 1953, 761.

[5]) Verfassungssachen nur als Übergangslösung.

Das Verwaltungsgericht hat zunächst zu prüfen, ob die von der Verwaltungsbehörde und dementsprechend auch von ihm selbst angewandten Bestimmungen wirklich geltendes Recht sind. Es hat genau wie andere Gerichte das sog. Recht der Nachprüfung des Gesetzes.

Der Umfang dieses Rechts ist abhängig von der jeweils vorhandenen staatsrechtlichen Regelung. In Deutschland trat es erstmalig in der Mitte des 19. Jahrhunderts in Erscheinung, während man bis dahin in Verfolg der aus der Zeit des Absolutismus stammenden Ansicht allgemein angenommen hatte, daß eine der Form nach gültige landesherrliche Verordnung oder ein formell richtig zustande gekommenes Gesetz von den Gerichten als gültig hingenommen werden müsse[1]). Nachprüfen konnte nach dieser Auffassung nur der Gesetzgeber selbst. Im Laufe der zweiten Hälfte des 19. Jahrhunderts ging die Befugnis, die ordnungsmäßige Ausfertigung und Verkündung zu prüfen, als erster Einbruch in die bisherige Regelung im wesentlichen auf die Gerichte über[2]). Dagegen verblieb die Befugnis zur Prüfung, ob der Gesetzesinhalt mit der Verfassung übereinstimme, weiterhin in der Hand des Gesetzgebers, der so eine Nachprüfung in eigener Sache vornahm. Dieser Standpunkt wurde erst nach 1919 verlassen. Von nun an erstreckte sich das Nachprüfungsrecht der Gerichte auch auf die Übereinstimmung der Gesetze mit der Verfassung, also die Frage der Verfassungsgemäßheit der Gesetze[3]).

Geprüft wurden sowohl die Formalien (ist das Gesetz unter Mitwirkung der verfassungsmäßig notwendigen Organe und ohne Verletzung verfassungsmäßiger Formen zustande gekommen?), als auch der materielle Inhalt (ist das formell gültig erlassene Gesetz seinem materiellen Inhalt nach verfassungsmäßig und ist die es erlassende Volksvertretung legitim?)[4]). Was für formelle Gesetze galt, wurde auch als maßgeblich für abgeleitete Rechtsquellen angesehen. Unter der nationalsozialistischen Herrschaft lehnte man jede Möglichkeit der Nachprüfung von sog. Gesetzgebungsakten durch Gerichte ab.

Nach der Regelung des Grundgesetzes obliegt dem Gericht die Überprüfung der Rechtsnormen auf ihre Rechtsgültigkeit hin[5]). In die Überprüfung der Verfassungsmäßigkeit sind die Verfassungsgerichte eingeschaltet.

Hält ein Gericht ein Gesetz, das vor dem ersten Zusammentritt des Bundestages, dem 7. 9. 1949, verkündet worden ist, mit dem GG. nicht für vereinbar, so

[1]) Bischof, in: Zeitschrift f. Zivilrecht u. Prozeß 16 (1840), 235, 385; 17 (1841), 104, 253, 448; 18 (1842), 129, 302, 393.

[2]) Näheres: Art. 7 EWVRO. mit Schrifttumsangabe.

[3]) RG. (Plenarentsch. der Zivilsenate) in: DJZ. 1924, 419; Reichsfinanzhof 5, 333; pr. OVG. in: pr. VerwBl. 46, 559; Reichsversorgungsgericht in: DJZ. 1925, 99, 332; — vgl. auch Entwurf eines Gesetzes über die Prüfung der Verfassungsmäßigkeit von Vorschriften des Reichsrechts — Reichstagsdrucksachen 3.—6. Periode, 1924/26 Nr. 2855.

[4]) Die Literatur wandte sich teilweise gegen diese von den Gerichten vertretene Ansicht; vgl. zusammenfassend Apelt, Geschichte der Weimarer Reichsverfassung 1946, 286, der die von den Gerichten, insbesondere dem Reichsgericht vertretene Ansicht als ein Märchen bezeichnet und auf die entgegengesetzte Auffassung der Staatsrechtslehrervereinigung, Tagung 1922, verweist.

[5]) Von den beiden theoretischen Möglichkeiten — Überprüfung allein durch den Gesetzgeber (so Art. 66 VerfDDR.) oder durch das Gericht — hat das GG. den zweiten gewählt. Der dem entgegenstehende Art. 64 Abs. 2 Berl. Verf. 1950 ist deshalb grundgesetzwidrig; Drucks. Berl. Abg.-Haus 1953 Nr. 1300.

kann es die Unvereinbarkeit von sich aus feststellen und das Gesetz nicht anwenden[1]). Hält es ein formelles[2]) nach dem Inkrafttreten des GG. verkündetes Bundes- oder Landesgesetz, auf dessen Gültigkeit es bei der Entscheidung ankommt, für verfassungswidrig, so ist das Verfahren auszusetzen und, wenn es sich um die Verletzung der Verfassung eines Landes handelt, die Entscheidung des für die Verfassungsstreitigkeiten zuständigen Gerichts des Landes, wenn es sich um die Verletzung des Grundgesetzes handelt, die Entscheidung des Bundesverfassungsgerichts einzuholen, welches für die übrigen Gerichte bindend darüber entscheidet, ob der Rechtsweg vor ihm zulässig ist[3]). Das hat durch das Gericht, bei Kollegialgerichten nicht allein durch den Vorsitzenden, zu erfolgen. Der entsprechende Beschluß ist vor einem höherinstanzlichen Gericht nicht anfechtbar (Art. 100 Abs. 1 GG.). Nimmt das Gericht an, daß keiner der genannten Zwiespalte vorliegt, verneint es insbesondere die Verfassungswidrigkeit eines Gesetzes, so kann es selbst entscheiden[4]). Die Entscheidung auf Landesbasis wird durch die in den einzelnen Ländern nach und nach gebildeten Landesverfassungsgerichtshöfe vorgenommen, die Entscheidung auf Bundesbasis durch das Bundesverfassungsgericht (Art. 93 Abs. 1 Ziff. 2 GG. i. Vbd. mit Gesetz vom 12. 3. 1951 — BGBl. I, 243 —), welches auch bei Meinungsverschiedenheiten über das Fortgelten von Recht als Bundesrecht zu entscheiden hat (Art. 123ff. GG.)[5]). Gegen ein Gesetz, das durch Urteil des Bundesverfassungsgerichts für gültig erklärt worden ist, gibt es keine Verfassungsbeschwerde[6]).

Die Beschränkung der Nachprüfbarkeit von Rechtsvorschriften, die die Besatzungsmächte[7]) erlassen haben (Ziff. 7) Besatzungsstatut vom 6./8. 4. 1949; Art. 3 HAKG. Nr. 13 — ABl. 49, 54[8])), ist durch Teil I Art. 9 des sog. Überleitungsvertrages zu den Pariser Verträgen vom 5. 5. 1955 — BGBl. II, — weitgehend beseitigt. Es kann durch die Gerichte überprüft werden, insb. auf seine Verfassungsmäßigkeit hin. Unüberprüfbar bleiben nur die vom Kontrollrat erlassenen Rechtssätze, z. B. Umstellung, Wertpapierbereinigung, Entflechtung(sog. „versteinertes" Besatzungsrecht).

Die Frage, ob eine untergesetzliche Rechtsnorm sich im Rahmen des Gesetzes hält, von dem sie abhängt, kann stets von dem mit dem Gegenstand befaßten Gericht überprüft werden[9]).

Das Gericht hat sodann zu prüfen, ob die Prozeßbeteiligten das bestehende Recht richtig angewandt haben.

Unter Verwendung einer im Strafrecht üblichen Ausdrucksweise heißt das: Das Gericht hat zu prüfen, ob die im Gesetz enthaltenen Tatbestandsmerkmale und der kon-

[1]) BVerfG. 2, 124; 136. — 3, 357.

[2]) BVerfG. in: NJW. 1952, 497, 866.

[3]) OVG. Lbg., in: JZ. 1954, 350.

[4]) OVG. Münster in: JZ. 1951, 276.

[5]) Ob die Verfassungsmäßigkeit oder -widrigkeit auch von den Parlamenten selbst nachgeprüft werden kann, ist streitig; für ausschließliche Zuständigkeit der Gerichte: Bachof, in: Recht und Staat 163/164, 12; für Parlament: Apelt, in: NJW. 1952, 1.

[6]) BVerfG. in NJW. 1952, 59, 60.

[7]) BVerfG. 2, 181. — Zu den geschichtlichen Grundlagen des Besatzungsrechts vgl. für den 2. Weltkrieg: in Ztschr. f. aus. öff. R. u. VR. 1943, 592; für 1945ff.: Ruscheweyh, in: Justiz und Presse 1948, 30; Ipsen, in: Jhbch. des int. u. ausl. öff. R. 1948, 112. — Zur Gleichsetzung von unmittelbaren und mittelbaren Besatzungsvorschriften: BVerfG. in: MDR. 1953, 345; kein Besatzungsrecht, wenn deutschen Vorschriften bloß zugestimmt: OGH. britZ. 2, 368.

[8]) Vgl. oben S. 57.

[9]) BVerfG., in: NJW. 1952, 497.

krete nachzuprüfende Sachverhalt sich decken. Sind Maßnahmen der Hoheitsverwaltung zu überprüfen, so hat das Gericht alle Tat- und Rechtsfragen zu klären, also alle Vorgänge der gesetzesgebundenen Verwaltung. Weil hierzu auch die sog. unbestimmten Rechtsbegriffe gehören, ist es von großer praktischer Bedeutung, sie von der Ermessensverwaltung abzugrenzen[1]). Diese Verwaltungsart unterliegt der Überprüfung nur soweit, als Ermessensmißbrauch oder Ermessensüberschreitung vorliegt; denn das Nichtbeachten des vom Gesetzgeber gezogenen Rahmens ist eine Rechtsverletzung (§ 15 Abs. 2 BVerwGG., § 36 VGG., § 23 Abs. 3 brit. MRVO., § 23 Abs. 1b rhld.-pf. VGG.).

b) Kontrolle der Zweckmäßigkeit

Die Kontrolle der Zweckmäßigkeit von Verwaltungsmaßnahmen ist den Verwaltungsgerichten grundsätzlich entzogen. Im Rahmen der Ermessensverwaltung hat die Verwaltungsbehörde die Wahl zwischen mehreren Entscheidungen, die alle rechtmäßig sind, ohne daß das Gericht einzugreifen vermöchte. Das ist auch dann der Fall, wenn das Gericht aus Zweckmäßigkeitserwägungen zu einer völlig anderen Lösung gekommen wäre, als die Verwaltungsstelle.

c) Konversion[2])

Die ältere Praxis, insbesondere das pr. OVG., neigte dazu, Konversion zuzulassen. Das geschah insbesondere bei Polizeiverfügungen, die aufrechterhalten wurden, wenn sich das aus irgendeinem, möglicherweise nachträglich vorgebrachten rechtlichen Gesichtspunkt halten ließ.

Beispiel:

Eine aus gesundheitspolizeilichen Motiven erlassene Polizeiverfügung, die aus diesem Grunde nicht aufrechterhalten werden konnte, ließ man aus feuerpolizeilichen Gesichtspunkten bestehen — pr. OVG. 58, 379; 102, 182.

Eine Konversion im Sinne von § 140 BGB. durch das Verwaltungsgericht, also die von ihm vorzunehmende Fiktion, daß an Stelle der nichtigen Verwaltungsmaßnahme eine andere zu gelten habe, ist mangels Rechtsgrundlage nicht möglich. Aber auch Konversion im verwaltungsrechtlichen Sinn durch das Gericht ist unzulässig, weil sie nur innerhalb der Ermessensverwaltung vorgenommen werden kann[3]) und das Verwaltungsgericht zum Eingreifen in diese Verwaltungsart keine Befugnis hat. Die Verwaltungsbehörde selbst vermag nach Rechtshängigkeit begriffsnotwendig nicht mehr zu konvertieren, weil sich dann der Streitgegenstand ändern würde[4]).

[1]) Vgl. oben S. 27ff.

[2]) Zum Begriff vgl. oben S. 33.

[3]) Vgl. oben S. 28ff.

[4]) So die überwiegende Rechtsprechung: w.-b. VGH. in: SJZ. 1948, 154 OVG, Mstr. in: ÖV 1952, 760; bayer. VGH. in: DV. 1949, 72; rhld.-pf. LVG. in: VRspr. 3, 475. Einschränkend w.-b. VGH. in: NJW. 1949, 919, wenn die neue Begründung in der gleichen Richtung liegt wie die ursprüngliche und deshalb verteidigungsweise mit den gleichen Gründen bekämpft werden kann; vgl. hierzu Eyermann-

Beispiel:

Eine Inanspruchnahme „zur Verfügung" nach § 15 RLG. darf durch das Verwaltungsgericht nicht in eine solche „zur Benutzung" umgedeutet werden — w.-b. VGH. in: DVBl. 1952, 223 —, nicht ein beamtenrechtlicher Widerruf in eine Nichtigkeitserklärung — hess. VGH. in: VerwRspr. 5, 424.

Keine Konversion ist die Bezeichnung der richtigen Rechtsgrundlage durch das Gericht bei erkennbar falscher Bezeichnung (falsa demonstratio) durch die Verwaltungsbehörde sowie die Bezeichnung der Verwaltungsmaßnahme durch das Gericht, wenn die Verwaltungsbehörde versehentlich eine solche Bezeichnung versäumt hat, aber von der gleichen Grundlage ausgegangen ist.

Hat die Verwaltungsbehörde eine Verwaltungsmaßnahme durch einen Vorwand begründet, so hat das Gericht lediglich zu prüfen, ob die als Vorwand benutzte Norm die Verwaltungsmaßnahme trägt. Allein die Behauptung und gegebenenfalls der Nachweis des Vorwandes kann der Verwaltungsmaßnahme die Norm als Grundlage nicht entziehen.

Beispiel:

Eine Polizeibehörde verlangt von dem Eigentümer eines Vorgartens eine übersichtliche Einzäunung aus sicherheitspolizeilichen Gründen. In Wirklichkeit soll eine Fluchtlinienberichtigung stattfinden. Wenn die Verfügung durch die gegebene Begründung getragen wird, darf das Gericht sie auf den Einwand des Vorwandes hin nicht aufheben — pr. OVG. 65, 421; 68, 435.

Die Frage der Zulässigkeit des Nachschiebens von Tatsachen[1]) regelt sich danach, für welchen Zeitpunkt das Gericht seine Beurteilung vorzunehmen hat[2]). Alle Tatsachen, die vor diesen Zeitpunkten liegen, können in den gerichtlichen Tatsacheninstanzen geltend gemacht werden, vorbehaltlich der gegen Prozeßverschleppung vorhandenen Regeln.

7. Klagearten

a) Klagewirkung

aa) Hoheitsverwaltung

Im Bereich der Hoheitsverwaltung begehrt der Kläger entweder die Aufhebung oder das Setzen eines Verwaltungsaktes. Bei letzterem kommt es ihm darauf an, daß der Hoheitsträger sich überhaupt — gleichgültig mit welchem

---

Fröhler, § 78 Anm. IV. — Bedenklich BVerwG. 1, 311: Nachschieben zulässig, wenn hierdurch der Akt nicht in seinem Wesensgehalt und seinem Ausspruch nicht geändert und der Betroffene in seiner Rechtsverteidigung nicht beeinträchtigt wird. Wie hier auch Schack, in: DVBl. 1952, 320; Menger, in: Ztschr. f. Beamtenrecht und Beamtenpolitik 1952, 36; Menger, System, 175. Jellinek — unter Beibehaltung seines bisherigen Standpunktes — in: JZ. 1952, 535.

[1]) Keine Konversion vgl. oben S. 213.

[2]) Vgl. unten S. 228f.

Inhalt — oder mit einem ganz bestimmten Inhalt äußert. Zum Erreichen dieser Wirkungen stehen ihm zur Verfügung die Anfechtungsklage (§ 15 Abs. 1 BVerwGG., § 23 VGG., § 23 Abs. 1 brit. MRVO. Nr. 165, § 15 Abs. 1 rhld.-pf. VGG.!) oder die Verpflichtungsklage[1]), die unterfällt in die Untätigkeitsklage (§ 15 Abs. 3 BVerwGG., § 35 Abs. 2 VGG., § 24 Abs. 1 1. Alternative brit. MRVO. Nr. 165, § 15 Abs. 2 rhld.-pf. VGG.) und die Vornahmeklage (§ 15 Abs. 2 BVerwGG., § 35 Abs. 2 VGG.[2]), § 24 brit. MRVO. Nr. 165 Abs. 1 2. Alternative, § 15 Abs. 2 rhld.-pf. VGG.[2])).

Mit der Anfechtungsklage beantragt der Kläger einen erlassenen Verwaltungsakt aufzuheben. Mit der Verpflichtungsklage beantragt er, den Hoheitsträger für verpflichtet zu erklären, einen Verwaltungsakt[3]), sei es überhaupt, sei es mit einem bestimmten Inhalt zu setzen.

bb) Nichthoheitsverwaltung

Streitigkeiten des öffentlichen Rechts zwischen gleichgeordneten Rechtsträgern können im Wege der Parteistreitigkeiten ausgetragen werden (§ 83 VGG., § 25 rhld.-pf. VGG.). Nach § 22 brit. MRVO. Nr. 165 gehören Parteistreitigkeiten zu den — im Verhältnis zu den Anfechtungsstreitigkeiten — anderen Streitigkeiten des öffentlichen Rechts, die außerdem noch weitere, dem Umfang nach nicht genau bestimmbare Gegenstände umfassen, jedenfalls die inneren Verbandsstreitigkeiten.

Beispiel:
Streitigkeit zwischen Innung und Innungsmitgliedern — OVG. Lbg. III A 8. 1949 zwischen Wasserverband und Mitgliedern — OVG. Mstr. zwischen Gemeinderat und Mitgliedern — OVG. Lbg. 2, 225, 3, 223: zwischen Fürsorgeverband und Fürsorgeberechtigtem — OVG Abg. in: NJW. 1953, 840.

b) Klageinhalt

Zur Verwirklichung der nach materiellem Recht bestehenden subjektiven Rechte, wofür Rechtsschutz begehrt wird, stehen zur Verfügung Leistungsklage, Gestaltungsklage oder Feststellungsklage. Die Einteilung der Klagen auch nach diesen Gesichtspunkten ist schon deswegen nicht entbehrlich, weil davon die Urteilsform und entsprechend die Vollstreckungsmöglichkeit abhängt.

aa) Leistungsklage

Sie soll die Verurteilung des Beklagten zu einer bestimmten Leistung herbeiführen. Von den Klagen, durch die Vorgänge der Hoheitsverwaltung er-

---

[1]) Das Wort wird konsequent benutzt in EVwGO., insb. § 41.

[2]) Nicht ausdrücklich erwähnt, aber vorhanden, vgl. Bachof, Klage, 38ff.

[3]) Auch wo die Prozeßordnungen von Amtshandlung sprechen, ist nach der richtigen herrschenden Meinung Verwaltungsakt gemeint.

faßt werden, sind die Verpflichtungsklagen Leistungsklagen. und zwar gleichgültig, ob materielle Klagegrundlage ein Anspruch auf ein Tun oder ein Gestaltungsrecht ist[1]).

bb) Gestaltungsklage

Durch sie will der Kläger eine Gestaltung der Sach- oder Rechtslage herbeiführen oder beachtlich machen, also Rechtsfolgen schaffen, die bisher nicht vorhanden waren. Im Bereich der nichthoheitlichen Verwaltung sind in beschränktem Umfang[2]) solche Klagen möglich, etwa sur richterlichen Bestimmung oder Herabsetzung einer Leistung (§§ 315, 343 BGB.). Im Bereich der Hoheitsverwaltung sind die Anfechtungsklagen Gestaltungsklagen. Sie sind es, obwohl die materielle Grundlage — wenigstens in der Regel — ein Unterlassungsanspruch ist, der im Zivilrecht durch eine Leistungsklage durchgesetzt wird, weil ein mit der Vermutung der Rechtmäßigkeit und Rechtbeständigkeit ausgestatteter Hoheitsakt (favor actus publici) nur durch eine Gestaltung beseitigt werden kann[3]).

cc) Feststellungsklage

Durch sie will der Kläger eine seiner Ansicht nach bereits bestehende Rechtslage für alle, welche sie nicht als bestehend anerkennen, festgestellt wissen. Geklagt werden kann nur auf Feststellung des Bestehens oder Nichtbestehens eines öffentlichen für die Gegenwart erheblichen[4]) Rechtsverhältnisses[5]), welches nicht unbedingt die Prozeßparteien zu umfassen braucht[6]), wenn der Kläger ein berechtigtes Interesse[7]) daran hat, daß die Feststellung alsbald getroffen wird (§ 24 VGG., § 52 brit. MRVO. Nr. 165, § 24 rhld.-pf. VGG.). Eine Feststellungsklage ist nur subsidiär zulässig, falls eine Leistungs- oder Gestaltungsklage nicht möglich ist[8]). Vorbeugende Feststellungsklagen,

---

[1]) Näheres: Turegg, Generalklausel, S. 71ff..

[2]) Das Gros der Gestaltungsklagen des Zivilrechts, diejenigen im Bereich des Familienrechts, vgl. z. B. Rosenberg, Zivilprozeßrecht, § 87 II 1, scheidet der Natur der Sache nach aus.

[3]) Näheres: Turegg, aaO. [4]) BVerwG., in: DVBl. 1956, 22.

[5]) Es muß jeweils geklärt werden, was Rechtsverhältnis im Sinne der Prozeßordnung ist, ob insb. ein Verwaltungsakt dazu gehört, vgl. oben S. 112. § 42 EVwGO. umgeht die Schwierigkeit, indem es die Feststellung der Nichtigkeit eines Verwaltungsaktes — m. E. richtig — zuläßt.

[6]) OVG. Hbg., in: ÖV. 1955, 151.

[7]) Sehr differenzierte Rechtsprechung, z. B. OVG. Mstr. 6, 230; BVerwG., in: NJW. 1954, 773. — Auch nach § 24 VGG. ist die Feststellungsklage nicht auf Parteistreitigkeiten beschränkt, BVerwG. I B 73, 53. Die Gesichtspunkte, die dem RG. Anlaß gaben, das Feststellungsinteresse gegen den solventen und grundsätzlich vertragstreuen Fiskus eher zu bejahen als in sonstigen Fällen (RGZ. 152, 198) können für das Verwaltungsstreitverfahren nicht maßgeblich sein.

[8]) OVG. Mstr. 3, 30. — Ausdrücklich: § 42 Abs. 2 EVwGO.

wodurch künftig entstehende Rechtsverhältnisse festgestellt werden sollen, sind nicht zulässig[1]).

Für brit. MRVO. Nr. 165 ergibt sich eine Schwierigkeit insb. daraus, daß Feststellungsmöglichkeiten in § 24 Abs. 1 Satz 2 und § 52 nebeneinander genannt sind[2]), für VGG. daraus, daß in § 24 Abs. 2 feststellende Verwaltungsakte besondere Erwähnung finden[3]).

c) Widerklage

Sie wird — sofern sie nicht ausgeschlossen ist (z. B. § 75 rhld.-pf. VGG. im Berufungsverfahren) — allgemein bei Rechtsschutzinteresse auch dort für zulässig gehalten, wo die Prozeßordnung (z. B. § 92 VGG.) sie nicht ausdrücklich erwähnt[4]). Sie ist nur als Entgegnung gegen eine bereits anhängige Klage denkbar. Ihr Gegenstand muß mit dem der Klage im rechtlichen Zusammenhang stehen. Das mit der Widerklage angerufene Gericht muß sachlich, nicht auch örtlich, zuständig sein. Im übrigen gelten für sie die allgemeinen Voraussetzungen einer Klage.

d) Klageänderung

Sie ist zulässig, wenn die übrigen Beteiligten einwilligen oder das Gericht sie für sachdienlich hält, in zweiter Instanz aber nur unter besonderen, nach den Prozeßordnungen verschiedenen Beschränkungen (§ 109 VGG., § 87 brit. MRVO. Nr. 165, § 75 rhld.-pf. VGG.), im Revisionsverfahren überhaupt nicht (§ 60 BVerwGG.). Parteiänderung kann Klageänderung sein.

e) Klagerücknahme

Sie ist regelmäßig bis zum Eintritt der Rechtskraft möglich, wonach das Gericht das Verfahren durch Beschluß mit den gesetzlichen Folgen (insbes. Kosten dem Kläger) einstellt. Nach manchen Regelungen (§ 77 VGG., § 63, rhld.-pf. VGG., § 93 EVwGO.; nicht § 69 brit. MRVO. Nr. 165) ist die Rücknahme nach dem Beginn der mündlichen Verhandlung nur mit Zustimmung des Gegners zulässig (entsprechend § 271 ZPO.).

8. Beteiligte

a) Arten

Beteiligte am Verwaltungsgerichtsverfahren sind Kläger, Beklagte, Beigeladene und Vertreter des öffentlichen Interesses.

---

[1]) OVG. Lbg. 5, 312.

[2]) Vgl. Turegg, in: MDR. 1952, 150 LVG.; Minden, in: NJW. 1951, 935. — Übersicht bei Haueisen, in: NJW. 1952, 913.

[3]) Eyermann-Fröhler, § 24 Anm. I, 2 halten Feststellungsklage gegen deklaratorische Verwaltungsakte für unzulässig; a. A. Bayer. VGH., rhld.-pf. VGH. Verw.-Rspr. 6, 162.

[4]) So schon nach pr. Recht, z. B. pr. OVG. 75, 44.

Kläger und Beklagter können als Partei bezeichnet werden auch dort, wo die Verwaltungsgerichtsordnungen diese Bezeichnung nicht enthalten. Prozesse zwischen Dienststellen der gleichen Person des öffentlichen Rechts („In-sich-Prozeß") sind grundsätzlich unzulässig[1]).

Beispiel:

Ein städtisches Bauamt kann nicht gegen eine Schlichtungsstelle der gleichen Stadt klagen.

Unzulässig sind auch Prozesse zwischen verschiedenen Verwaltungsinstanzen, selbst wenn sie, was bei Auftragsangelegenheiten von Selbstverwaltungskörperschaften oft der Fall ist, verschiedenen Personen angehören[2]).

Beigeladener kann diejenige Person oder Behörde sein, deren rechtliche Interessen durch die Entscheidung in dem anhängigen Verfahren berührt werden (§ 41 brit. MRVO. Nr. 165, § 60 VGG., § 48 rhld.-pf. VGG.). Die bis zur Rechtskraft des Urteils mögliche Beiladung muß auf Antrag oder von Amts wegen durch Gerichtsbeschluß vorgenommen werden. Sie schafft ein Prozeßrechtsverhältnis[3]). Eine Nebenintervention kennt das Verwaltungsgerichtsverfahren nicht[4]).

Wie ältere Verwaltungsprozeßordnungen, so sehen auch die gegenwärtig bestehenden die Schaffung eines Vertreters des öffentlichen Interesses durch die jeweilige Landesregierung bei den beiden Landesinstanzen der Verwaltungsgerichte und durch die Bundesregierung beim Bundesverwaltungsgericht (als Oberbundesanwalt) vor. Für Sondergebiete können Spezialvertreter bestellt werden (z. B. Vertreter des Lastenausgleichsfonds nach § 322 LAG.), die dann je nach der gesetzlichen Spezialregel neben oder an die Stelle des allgemeinen Vertreters treten. Die Bestellung bedarf nicht der Form der Rechtsverordnung[5]). Die Vertreter handeln nach den Weisungen einer vorgesetzten Behörde; § 18 VGG. (§ 10 MRVO. Nr. 165; § 13 rhld.-pf. VGG., § 8 BVGG.). Sie können einen Prozeß — in einer höheren Instanz — auch gegen die juristische Person des öffentlichen Rechts, der sie selbst angehören, oder gegen deren Behörden führen; insoweit ist kraft jeweils positiver Regelung das Verbot des „In-sich-Prozesses" ausnahmsweise aufgehoben.

---

[1]) OVG. Lbg. 1, 129; 5, 418; OVG. Hbg., in: DVBl. 1951, 479, OVG. Mstr., in: ÖV. 1955, 123. Turegg, in: ÖV. 1954. — Bedenklich: Landessozialger. Schleswig. ÖV., in: 1955, 59 (Spruchausschuß eines Arbeitsamtes im Streit um Arbeitslosenversicherung).

[2]) OVG. Lbg. 4, 198 mit Judikatur. [3]) VGH. Freiburg, in: DVBl. 1955, 86.

[4]) Näheres über Beiladung: Schoen, in: ÖV. 1951, 522, Pietkowski, in: NJW. 1954, 102; Oppermann, ebd. 744. — § 67 EVwGO. übernimmt den von der Rechtsprechung entwickelten Begriff der notwendigen Beiladung: „Sind an dem streitigen Rechtsverhältnis Dritte derart beteiligt, daß die Entscheidung auch ihnen gegenüber nur einheitlich ergehen kann, so sind sie beizuladen."

[5]) OVG. Mstr. in: ÖV. 1953, 347. — Zur Problematik: Nebinger, in: ÖV. 1953, 626; Prandl, in: ÖV. 1954, 206.

Beigeladener und Vertreter des öffentlichen Interesses haben innerhalb des Prozesses die gleiche Stellung wie Kläger und Beklagter, da alle zusammen Prozeßbeteiligte sind. Alle vier können also sämtliche[1]) für den Prozeß in Betracht kommende Handlungen vornehmen, insbesondere Anträge stellen und sämtliche Rechtsmittel und Rechtsbehelfe einlegen, wobei die Rechtsmittelfrist jeweils von der Zustellung an sie läuft[2]). Die Rechtskraft der Entscheidung wirkt gegen sie; in einem neuen Verfahren können sie mit dem gleichen Vorbringen nicht mehr gehört werden[3]).

b) Parteifähigkeit

Parteifähigkeit ist die Fähigkeit, im Verwaltungsprozeß Beteiligter zu sein. Parteifähig ist i. a., wer rechtsfähig ist (§ 50 ZPO.). Ausnahmsweise sind auch andere Stellen parteifähig,

Beispiel:
Deutsche Bundesbahn nach § 2 Bundesbahnges. vom 13. 12. 1951 — hess. VGH. in: VerwRspr. 3, 516; Deutsche Bundespost nach § 4 PostverwaltungsG. vom 24. 7. 1953 — BGBl. I, 676.

wobei die Verwaltungsgerichtsordnungen großzügiger verfahren als die ZPO[4]).

Beispiel:
Nicht rechtsfähige Vereine sind aktiv und passiv parteifähig (§ 40 brit. MRVO. Nr. 165, § 53 VGG.); dgl. politische Parteien und Fraktionen — OVG. Mstr. in: DRZ. 1950, 414; OVG. Lbg. 2, 230. — § 64 EVwGO. „Parteifähig ... sind: 1. nat. und jur. Personen, 2. nicht rechtsfähige Personenvereinigungen."

In Abweichung von der allgemeinen Regel gibt § 50 brit. MRVO. Nr. 165 Behörden aktive und passive Parteifähigkeit. Diese Regelung hat den Nachteil, daß leicht eine falsche Behörde verklagt wird, wenn der Kläger nicht genaue Fachkenntnisse über den Behördenaufbau hat. Die Schwierigkeit kann weitgehend überwunden werden durch eine großzügige Handhabung der Bestimmungen über die Klageänderung.

Für den Bereich der VGG. besteht die Schwierigkeit, daß die herrschende Gerichtspraxis bei ergangener aber ablehnender Beschwerde nicht die juristische Person, welcher die Beschwerdebehörde, sondern diejenige, welcher die erste Instanz angehört, als passiv parteifähig ansieht[5]).

---

[1]) Doch: OVG. Lbg. 7, 551 keine Anschlußberufung; aber BVerwG., Großer Senat, in NJW. 1956, 766 für Befugnis zur Revisionseinlegung.

[2]) BVerwG. 1, 27.

[3]) w.-b. VGH. in: W.-b. St.-Anz. vom 5. 7. 47.

[4]) Krüger, in: MDR. 1953, 518.

[5]) Diese Auffassung ist nur zu verstehen im Zusammenhang mit § 50 VGG., wonach Anfechtungen ministerieller Verwaltungsakte, auch Beschwerdeentscheidungen, in erster und letzter Instanz vom VGH. zu entscheiden sind. Die herrschende Gerichtsmeinung will eine Überlastung der VGH. vermeiden. Die praktisch verständliche Tendenz scheint bedenklich, weil dadurch die Verwaltung zu sehr aufgespalten wird. Bedenken gegen die Gerichtspraxis auch bei: Eyermann-Fröhler, Verwaltungsgerichtsgesetz, § 46 Anm. 2, aber bei § 50 Anm. 1 doch überwiegend für § 50. EVwGO. enthält eine solche Regelung erfreulicherweise nicht.

c) Prozeßfähigkeit

Prozeßfähigkeit bedeutet — wie im Zivilprozeß — die Fähigkeit, einen Prozeß selbst oder durch einen Prozeßbevollmächtigten zu führen. Sie wird durch die sich nach dem materiellen bürgerlichen und öffentlichen Recht richtende Geschäftsfähigkeit[1]) geregelt. Prozeßfähig im Verwaltungsprozeß sind uneingeschränkt alle nach bürgerlichem Recht voll Geschäftsfähigen, sowie beschränkt die nach bürgerlichem Recht in der Geschäftsfähigkeit Beschränkten, insoweit sie nach bürgerlichem oder öffentlichem Recht für den Verfahrensgegenstand als geschäftsfähig anerkannt werden (so sämtliche Prozeßordnungen, auch § 65 EVwGO.), nämlich nach bürgerlichem Recht die in §§ 112 und 113 BGB. genannten und nach öffentlichem Recht die Personen, welchen für bestimmte Rechtsbereiche auch außerhalb der bürgerlichen Geschäftsfähigkeit eine solche zugebilligt wird.

Beispiel: Wegen Geisteskrankheit Entmündigte sind prozeßfähig im Verfahren nach Art. 104 GG. — OVG. Mstr. in: MDR. 1953, 188.

Die Figur der Prozeßstandschaft, wonach jemand einen Prozeß über ein fremdes Rechtsverhältnis im eigenen Namen führen darf, ist angesichts der grundsätzlich persönlichen Gebundenheit aller Verwaltungsrechtsverhältnisse im Verwaltungsprozeß wohl nicht verwertbar.

d) Prozeßvollmacht

Für die Prozeßvollmacht gelten die allgemeinen Bestimmungen des Zivilprozesses (§§ 81ff. ZPO.) Jedoch besteht kein Anwaltszwang. Zugelassen sind auch Beistände, die nicht für die Person, sondern neben ihr auftreten und die keiner Vollmacht bedürfen. Vor dem Bundesverwaltungsgericht sind als Bevollmächtigte und Beistände nur Rechtsanwälte und Rechtslehrer an deutschen Hochschulen zugelassen. Auch kann — allein hier — durch Beschluß angeordnet werden, daß sich Parteien durch derartige Personen vertreten lassen müssen (§§ 24, 82 BVerwGG.)[2]).

e) Klagebefugnis und Sachlegitimation

Die Verwaltungsprozeßordnungen müssen unter Berücksichtigung der Verfassung angeben, wer zur Erhebung der Verwaltungsklage befugt ist. Nur wenn der Rechtsweg, insb. der Verwaltungsrechtsweg offen ist, ist die Klage zulässig (Prozeßvoraussetzung)[3]). Wer in dem Prozeß obsiegt dagegen, richtet sich nach der Sachlegitimation (Aktiv- oder Passivlegitimation), nämlich der Stellung im materiellen Recht[4]).

---

[1]) Vgl. oben S. 73.

[2]) Zur Vertretung von Behörden: Metelmann, in: DVBl. 1955, 246.

[3]) Vgl. unten S. 225.

[4]) Vgl. Ule, Bunderverwaltungsgerichtsgesetz, § 15 Anm. 3a unter Berücksichtigung des Schrifttums. Für Zivilprozeß: Rosenberg, § 45 I, 1; Baumbach-Lauterbach, Gr. 4 vor § 50. Gehring, in: ÖV. 1954, 331.

9. Umfang der Klagemöglichkeit

a) Enumerationsprinzip

Die nach diesem Prinzip aufgebaute gesetzliche Regelung ermöglicht das Verwaltungsgerichtsverfahren nur in bestimmten im Gesetz aufgezählten (enumerierten) Fällen.

Sie war bis 1933 und in verringertem Umfang bis 1945 üblich, so z. B. nach pr. LVG. und ZG. und ist für die Verwaltungsgerichtsbarkeit der DDR. maßgebend.

b) Generalklausel

Sie hat bis 1933 nur gegolten in Württemberg (schon Gesetz vom 16. 12. 1876), Sachsen, Thüringen und den Hansestädten. Sie gilt nunmehr im gesamten Bundesgebiet und zwar in den einzelnen Ländern jeweils seit Einführung oder endgültiger Umgrenzung der Verwaltungsgerichtsbarkeit durch die verschiedenen Prozeßordnungen

Die Generalklausel bedeutet die Möglichkeit der Anrufung eines Gerichtes schlechthin. Sie sagt nichts über den Rechtsweg. Art. 19 Abs. 4 GG. geht von dem Vorhandensein von Verwaltungsgerichten aus und sieht den ordentlichen Rechtsweg nur subsidiär vor (sog. Auffangkompetenz)[1]). Er macht die Klausel nicht etwa in bezug auf die Verwaltungsgerichte allgemeinverbindlich. Bundes- oder landesgesetzliche Einschränkungen der Klausel, so ihr teilweiser Ersatz durch das Enumerationsprinzip, sind zulässig, führen jedoch automatisch zur Begründung des ordentlichen Rechtsweges[2]). Landesrechtliche Vorschriften, die in öffentlichen Streitigkeiten beide Wege gleichwertig behandeln, stehen mit Art. 19 Abs. 4 GG. im Einklang (z. B. Art. 141 S. 1 Bremer Verf.). Unzulässig ist nur die Beseitigung jeglicher gerichtlicher Zuständigkeit[3]). So ist die verwaltungsgerichtliche Generalklausel eingebaut in den allgemeinen Gerichtsschutz durch das in Art. 19 Abs. 4 GG. formulierte „formelle Hauptgrundrecht"[4]). Sachlich umfaßt sie nur subjektive Rechte; Gerichtsschutz steht nur den Rechtsinhabern zu; sie schützt nicht sonstige Positionen, wie „Interessen", „Lebenskreis", „Rechtsstellung"[5]). Örtlich erstreckt sich die verwaltungsgerichtliche Generalklausel auf die Verwaltungsakte deutscher, mit Aufgaben öffentlicher Verwaltung betrauter Stellen innerhalb des Geltungsbereichs des betr. Verwaltungsgerichtsgesetzes[6]). Zeitlich umfaßt sie nur die Vorgänge, die während ihres Herrschaftsbereiches sich ereignet haben.

---

1) Siebert, in: Soergel, BGB. 1954, I, 33.

2) Aus diesem Grund braucht nicht erörtert zu werden, ob die Klausel auch für andere Streitigkeiten als Anfechtungssachen Bedeutung hat.

3) Die Inanspruchnahme der Verfassungsgerichtsbarkeit bei Rechtsverletzungen, z. B. im Zusammenhang mit Art. 93 GG., ist im Staatsrecht und nicht im Verwaltungsrecht zu klären.

4) Vgl hierzu z. B. Klein, Referat, DStRL. 1949.

5) Bestritten! Näheres vgl. Turegg, Generalklausel, S. 73ff.

6) Für das Verhältnis zwischen Bund und Ländern vgl. oben S. 204ff.

Beispiel:

Verwaltungsakte in dem Gebiet der brit. Zone, welche vor dem 15. 4. 1948, dem Inkrafttreten von MRVO. Nr. 141, gesetzt und nicht nach dem Enumerationsprinzip anfechtbar waren, sind es auch nicht nach der in der Zeit vor dem 15. 4. 1948 noch nicht geltenden Generalklausel.

c) Abstrakte (subsidiäre)[1]) Normenkontrolle

Sie bedeutet, daß das Gesetz die abstrakte Feststellung der Verletzung objektiven Rechts zuläßt. Sie setzt voraus, daß der die Kontrolle Begehrende durch die Norm bereits betroffen wurde oder durch sie in absehbarer Zeit eine Benachteiligung zu gewärtigen hat[2]). Diese Möglichkeit kann als einzige Anfechtungsart vorhanden sein[3]). Oder sie kann bestehen neben der Anfechtungsmöglichkeit wegen der Verletzung subjektiv-öffentlicher Rechte, was den denkbar lückenlosesten Rechtsschutz bietet.

Beispiel:

Älteres: § 120 bad. Wassergesetz; neueres: § 25 VGG., wonach Normenprüfung nur möglich ist, wenn auf Grund der Normen erlassene Verwaltungsakte im Wege der Anfechtungsklage angefochten werden könnten[4]), aber noch kein zu Anfechtung geeigneter Akt ergangen ist (subsidiäre Natur)[5]).

Die Entscheidung wirkt inter omnes. Sie tritt an die Stelle der Norm, wodurch die Gerichte materiell legislatorische Funktionen ausüben.

Von der abstrakten Normenkontrolle zu unterscheiden ist die Popularklage, nach der jeder (quivis ex populo) die Rechtswidrigkeit einer Rechtsnorm oder einer Verwaltungsmaßnahme einschließlich eines Verwaltungsaktes geltend machen kann, ohne davon betroffen worden zu sein oder jemals in Zukunft damit in Berührung zu kommen. Eine derartige Einrichtung ist den gegenwärtigen verwaltungsrechtlichen[6]) Regelungen fremd.

---

[1]) Im Gegensatz zu inzidenter, vgl. S. 211.

[2]) Zusammenfassung der Meinungen bei Figge, in: MDR. 1953, 391; b.-w. VGH in: ÖV. 1954, 59.

[3]) Eine solche Lösung versuchte die dem Bestand subjektiv-öffentlicher Rechte feindliche nationalsozialistische Auffassung — sächs. OVG. 39, 298.

[4]) w.-b. VGH. in: VerwRspr. 3 (1951) Nr. 53; w.-b. VGH. in: DVBl. 1950, 573. — Nach brit. MRVO. Nr. 165 kann eine Rechtsverordnung nicht mit Verwaltungsklagen angefochten werden; ebenso nicht nach § 19 berl. VGG. — OVG. Bln. in: ÖV. 1953, 152 —, das jedoch — bedenklich — eine Feststellungsklage zuläßt, wenn die VO. so lückenlos vollzogen wurde, daß ihre Übertretung und damit die Herausforderung einer Verfügung unmöglich wurde.

[5]) Bayer. VGH. VerwRspr. 1, 501; hess. VGH. ebd. 4, 520. A. A. w.-b. VGH., in: ÖV. 1950, 282.

[6]) Für Verfassungsrecht z. B. Art. 98 Satz 4 bayer. Verf. i. V. mit § 54 bayer. G. über VerfGH. vom 22. 7. 1947; vgl. auch: BVerfG. 1, 102; Wessel, in: DVBl. 1952, 161 über die Ähnlichkeit mit der im Staatsrecht zu erörternden Verfassungsbeschwerde.

10. Verfahrensform

a) Stellung der Richter

Die Stellung der hauptberuflichen und nebenberuflichen (ehrenamtlichen) Richter ist die gleiche, wie bei den ordentlichen Gerichten. Insbesondere ist die sachliche richterliche Unabhängigkeit gesichert (Art. 97 GG.; § 1 VGG., § 1 brit. MRVO. Nr. 165, § 1 rhld.-pf. VGG.; §§ 1, 20 EVwGO.)[1]).

Beispiel:
Der Vorsitzende kann nicht abgelehnt werden, weil das Gericht im Laufe des Verfahrens seine Rechtsanschauung gewechselt hat — pr. OVG. 90, 438 —.

b) Untersuchungsmaxime

Die Verfahrensbestimmungen haben sich an den älteren Prozeßarten in Zivil- und in Strafsachen orientiert. Wie jene älteren Prozesse zerfällt auch das Verwaltungsgerichtsverfahren in das Erkenntnis- und das Vollstreckungsverfahren. Das Erkenntnisverfahren gliedert sich in ein Verfahren vor mehreren Instanzen. Für die allgemeinen Verwaltungsgerichte gibt es die verschiedenen für örtliche Bereiche geltenden Prozeßordnungen[2]), die durch in Spezialgesetzen enthaltene Bestimmungen für die besonderen Verwaltungsgerichte ergänzt werden können.

Die Klageerhebung steht im Belieben des Klägers; insoweit herrscht Dispositionsmaxime[3]). Wenn die Klage aber einmal erhoben ist, so wird das Verfahren grundsätzlich[4]) im Amts(Offizial)betrieb[5]) erledigt mit Untersuchungsmaxime, wonach das Gericht den Sachverhalt von Amts wegen erforscht, um die „objektive Wahrheit" festzustellen, und zwar für Sach- und Prozeßvorgänge (z. B. Zustellungen)[6]). An das Vorbringen und die Beweisanträge der Beteiligten ist es nicht gebunden. Deswegen enthalten i. a. die Verwaltungsgerichtsordnungen die Bestimmung, daß die erhobene Klage zwar die einzelnen Behauptungen (Begründungstatsachen) und Beweisantritte enthalten soll, aber nicht muß. Ein deutlich ersichtlicher — nicht unbedingt

---

[1]) Zur persönlichen Unabhängigkeit vgl. oben S. 206f.

[2]) Wegen der geplanten Bundesverwaltungsgerichtsordnung (VwGO.) vgl. oben S. 204.

[3]) Die Terminologie ist nicht einheitlich. Man kann den Beginn der Verfahrens nur auf Antrag hin auch als Akkusationsmaxime bezeichnen, vgl. z. B. Lindgen, Bundesdisziplinarrecht, 1952, 63. Der Gegensatz ist der Offizialbetrieb.

[4]) Ausnahmsweise ist Mitwirkung der Beteiligten nötig, z. B. bei der Anordnung des Ruhens.

[5]) Gegensatz: Parteibetrieb; vgl. Rosenberg, Zivilprozeßrecht, § 62, II.

[6]) Gegensatz: Verhandlungsmaxime, wonach das Gericht den Prozeßstoff nicht selbst sammelt, sondern nur den durch die Parteien gesammelten Stoff beurteilt, wie z. B. im Zivilprozeß — Das Gegensatzpaar Opportunitätsmaxime und Legalitätsmaxime spielt im allgemeinen Verwaltungsgerichtsverfahren keine Rolle; vgl. hierzu oben S. 181.

formulierter — Klageantrag muß allerdings vorhanden sein. Prozeßhindernde Einreden in dem Sinne, daß ein Sachrecht vom Gericht nur nach Vorbringen durch einen Beteiligten geprüft werden dürfte, gibt es nicht (vgl. § 274 Abs. 2, 3 ZPO. im Gegensatz zu § 63 VGG. oder § 61 MRVO. Nr. 165)[1]).

c) Klageerhebung

Die Klage ist regelmäßig bei dem Verwaltungsgericht erster Instanz zu erheben, ausnahmsweise vor einer höheren Instanz — wie z. B. bei Anfechtung ministerieller Entscheidungen nach § 50 VGG.[2]), oder in den Fällen des § 9 BVerwGG. vor dem Bundesverwaltungsgericht. Zur Wahrung der Klagefrist kann die Klage bei der Behörde, die den angefochtenen Verwaltungsakt oder den Beschwerdebescheid erlassen hat, erhoben werden (§ 49 VGG., § 53 MRVO. Nr. 165). Die Rechtshängigkeit mit all ihren Folgen tritt aber auch hier erst ein, wenn die Klageschrift bei Gericht eingegangen ist. Eine Anfechtungsklage hindert den Beklagten nicht, den Akt zurückzunehmen.

Die Klageerhebung hat aufschiebende Wirkung, was insbesondere bei der Anfechtungsklage von Bedeutung wird (§ 51 VGG. und brit. MRVO. Nr. 165, § 43 rhld.-pf. VGG[3]). Als übliches Gegengewicht gegen diesen Suspensiveffekt besteht die Möglichkeit, daß die Behörde, die den angefochtenen Verwaltungsakt erlassen hat, dessen vorläufige Vollziehung anordnet, wenn sie es im öffentlichen Interesse für geboten hält. Auf Antrag eines Beteiligten kann das Verwaltungsgericht — auch im Revisionsverfahren —[4]) jedoch die Vollziehung aussetzen. Dies geschieht in einem besonderen, mit einem Beschluß endenden Verfahren (keine Endentscheidung!)[5]), welches nur die Frage der Aussetzung behandelt.

Die vorzeitige Vollziehung darf allein die Behörde anordnen, die den Akt erlassen hat[6]). Diese Vollzugsanordnung kann vor dem Einstellungsantrag erfolgen und braucht nach dem Antrag nicht wiederholt zu werden[7]). Der Antrag auf Einstellung der Vollziehung kann schon vor Erhebung der Anfechtungsklage gestellt werden[8]). Der Einstellungsantrag kann auch noch gestellt werden, wenn der Akt bereits durchgeführt ist[9]), worauf bei Durchdringen des Antrags die Vollziehung wieder aufgehoben und die

---

[1]) Zum Vollziehungsverfahren vgl. unten S. 235.

[2]) Zu den verfassungsmäßigen Grenzen vgl. oben S. 211.

[3]) Das ist nunmehr die allgemeine Regelung, während brit. MRVO. Nr. 141 z. B. von dem entgegengesetzten Standpunkt ausging.

[4]) BVerwG. 1, 11.

[5]) BVerwG, in: MDR. 1955, 203.

[6]) Klinger, § 51 Anm. A 2; Eyermann-Fröhler, § 51 Anm. 1c aa.

[7]) Herrschend; nunmehr auch OVG. Mstr. 5, 121 unter Aufgabe der a. A.

[8]) Streitig. Aber wie im Text nunmehr auch Klinger, § 51 Anm. B 1.

[9]) Wie hier das überwiegende Schrifttum, sowie OVG. Lbg. 7, 426, bayer. VGH. in: ÖV. 1950, 254. AA. OVG. Mstr. 7, 191; hess. VGH. in: ÖV. 1949, 478; OVG. Hbg. in: DVBl. 1950, 250.

eingetretenen Folgen im Rahmen der vorhandenen materiellen subjektiven Rechte beseitigt werden müssen[1]). — Die Entscheidung über den Aussetzungsantrag darf allein von der Abwägung der öffentlichen und der privaten auf seiten des Antragstellers liegenden Interessen abhängen. Das „öffentliche Interesse" ist ein unbestimmter Rechtsbegriff und keine Ermessensfrage[2]). Die Erfolgsaussichten in der Hauptsache dürfen in dem Einstellungsverfahren nicht berücksichtigt werden. § 765a ZPO (Härteklausel) kann angewandt werden[3]).

Der Suspensiveffekt entfällt lediglich kraft Gesetzes bei Streitigkeiten über öffentliche Abgaben und Kosten.

Einstweilige Verfügungen sind nicht zulässig[4]).

d) Prozeßvoraussetzungen

Von Amts wegen (Untersuchungsmaxime!) zu berücksichtigende Prozeßvoraussetzungen für die Klageerhebungen sind

1. Ordnungsmäßigkeit der Klageerhebung (§§ 42, 44 VGG., §§ 53, 54 brit. MRVO. Nr. 165, § 41 rhld.-pf. VGG.),
2. Parteifähigkeit[5]),
3. Prozeßfähigkeit[6]),
4. gesetzliche Vertretung (z. B. § 54 VGG.),
5. Verhandlungsfähigkeit und Vollmacht des gewillkürten Vertreters (§ 61 VGG., § 42 brit. MRVO. Nr. 165, § 40 rhld.-pf. VVG.),
6. Zulässigkeit des Verwaltungsrechtswegs (§§ 22, 35 VGG., § 28 brit. MRVO. Nr. 165, § 15 rhld.-pf. VGG),
7. örtliche Zuständigkeit (§§ 26, 27 VGG., § 52 brit. MRVO. Nr. 165, § 28 rhld.-pf. VVG.),
8. sachliche Zuständigkeit (§§ 21ff. VGG., §§ 22ff. brit. MRVO. Nr. 165, §§ 25, 26 rhld.-pf. VGG.),

---

1) Klinger, § 51 Anm. A. 2 mit zahlreichen Entscheidungen.

2) Herrschend, z. B. rhld.-pf. LVG. in: ÖV. 1952, 414. BVerwG., in: DVBl. 1954, 25.

3) OVG. Mstr., in: NJW. 1954, 654.

4) Herrschend: OVG. Lbg. 5, 385; OVG. Hbg., in: DVBl. 1954, 787. Die Gegenmeinung OVG. Mstr., in: DVBl. 1956, 53 hat Auftrieb bekommen durch § 30 EVwGO., wonach „zur Abwehr schwerer Nachteile, zur Verhinderung drohender Gefahr und aus einem anderen wichtigen Grund zum gemeinen Wohl" einstweilige Verfügungen erlassen werden können. Die gegenwärtig herrschende Auffassung scheint richtig zu sein, weil andernfalls die Gerichte in Gefahr kommen, Verwaltungstätigkeit auszuüben. Außerdem kann man nicht eine solch wichtige Figur in ein Gesetz hineininterpretieren, wenn der Text keinen Anhalt bietet. Zusammenfassung der verschiedenen Meinungen bei Klinger, § 51 Anm. B 9. — Vgl. auch: Baring, in: ZBR. 1954, 44; bayer. VGH. 69, 176.

5) Vgl. oben S. 219. Zu unterscheiden hiervon ist die Aktiv- oder Passivlegitimation, d. h. die Frage, ob der richtige Kläger oder Beklagte vorhanden ist, was zur materiellen Klagebegründung gehört; A. A. Baring, ArchöffR. 76, 435. Zu ihrem Umfang: Krüger, in: MDR. 1953, 518; Menger, System, 154.

6) Vgl. oben S. 220.

9. Beachtung der Vorschriften über das Erfordernis der Einlegung eines Einspruchs oder einer Beschwerde (§§ 42ff. VGG., §§ 44ff. brit. MRVO. Nr. 165[1]), §§ 17ff. rhld.-pf. VGG.)[2]) („Vorschaltbeschwerde"),
10. Wahrung der Klage- und Rechtsmittelfrist (§§ 42, 103 VGG. und §§ 48, 83 brit. MRVO. Nr. 165),
11. anderweitige Rechtshängigkeit (§ 37 rhld.-pf. VGG. mit § 236 Abs. 2 ZPO., § 91 Abs. 2 EVwGO).

Nach der wohl richtigen Auffassung können prozessuale Mängel im Laufe des Verfahrens geheilt werden[3]). Es genügt, daß die Prozeßvoraussetzungen am Schlusse der letzten mündlichen Verhandlung vorliegen. Das ist besonders wichtig dann, wenn im Augenblick der Klageerhebung noch kein Einspruchs- oder Beschwerdeverfahren stattgefunden hatte. Fehlt eine Prozeßvoraussetzung oder ist sie am Schlusse der letzten mündlichen Verhandlung nicht mehr vorhanden, was stets von Amts wegen zu prüfen ist, so muß die Klage ohne Sachentscheidung als unzulässig abgewiesen werden.

Das neuerdings als Prozeßvoraussetzung qualifizierte Rechtsschutzbedürfnis sollte für den Verwaltungsprozeß nicht verwendet werden. Im deutschen Zivilprozeß ist streitig, ob es sich dabei um eine materielle Klagegrundlage handelt, was bisher von der Mehrheit angenommen wurde[4]), oder um eine Prozeßvoraussetzung, was einige neuere Stimmen annehmen[5]). Das Rechtsschutzbedürfnis ist ein Überbleibsel des nunmehr allgemein abgelehnten Rechtsschutzanspruchs[6]) und verschafft, wie dieser, nicht die Möglichkeit, allgemein gültige Ergebnisse zu ermitteln[7]).

e) Beweiserhebung

Ist das Gericht bei widersprechendem oder unvollständigem (Untersuchungsprinzip!) Vortrag der Beteiligten nicht in der Lage, zu einem bestimmten Ergebnis zu kommen, so kann es das persönliche Erscheinen eines oder der Beteiligten anordnen oder Beweis erheben, insbesondere durch Augen-

[1]) Über die Grenzen vgl. BVerwG. in: MDR. 1955, 204.

[2]) Vgl. hierzu oben S. 182. §§ 71ff. EVwGO. versuchen die sicherlich lästige Buntheit der verschiedenen Verfahren durch Einführung eines einheitlichen „Widerspruchsverfahrens" zu überwinden, de lege ferenda ein erstrebenswertes Ziel. Das ganze Vorverfahren ist als administratives Privileg anzusehen; es soll der Behörde die Chance eigener Korrektur geben, bevor sie verklagt wird; vgl. Loppuch, in: NJW. 1953, 1126.

[3]) So auch Schunck-de Clerck, Verwaltungsgerichtsbarkeit, § 65, Anm. 4; BVerwG. in: ÖV. 1954, 162.

[4]) Sauer, Grundlagen des Prozeßrechts, 1929, 529; im wesentlichen auch Jäger, ZZP. 40, 125.

[5]) Schönke, Arch. Ciff. Prax. 150, 216; Baring, ArchöffR. 76, 435; Bachof, in: ÖV. 1953, 417; hess. VGH. 1, 18.

[6]) Vgl. hierzu zusammenfassend Baumbach-Lauterbach, ZPO. Gr. 1 vor § 253.

[7]) Richtig m. E. Allorio, in: ZZP. 67, 321. — Besondere und gefährliche Bedeutung kann die Figur im Verfahren vor dem Bundesverwaltungsgericht erlangen, weil sie, falls man sie als Prozeßvoraussetzung auffaßt, dem Revisionsgericht die Möglichkeit gibt, über § 56 BVerwGG. tatsächlich die materielle Rechtslage nachzuprüfen.

scheinnahme, eidliche oder uneidliche Vernehmung von Zeugen und Sachverständigen und durch Heranziehen von Urkunden. Auch ist die eidliche Vernehmung der Beteiligten regelmäßig vorgesehen[1]), zulässig aber nur mangels sonstiger Beweismittel[2]). Die Anordnung der Beweiserhebung geschieht durch Beweisbeschluß. Die Durchführung ist im allgemeinen ähnlich derjenigen nach §§ 358ff. ZPO. Prozeßfördernd sind Regelungen, die es gestatten, den Beweis schon vor der mündlichen Verhandlung durch ein Gerichtsmitglied nach entsprechendem, im schriftlichen Verfahren vom Gericht[3]) erlassenen Beweisbeschluß erheben zu lassen (§ 64 VGG., § 62 brit. MRVO. 165, § 53 rhld.-pf. VGG.).

Im Verwaltungsprozeß steht die Beweiserhebung weniger im Mittelpunkt des Verfahrens als bei anderen Prozeßarten, weil er regelmäßig auf einem oder mehreren Verwaltungsverfahren aufbaut. Das ist insbesondere bei seinem hauptsächlichsten Gegenstand, den Anfechtungssachen, der Fall. Solche Verwaltungsvorgänge werden, soweit sie sämtlichen Beteiligten bekannt sind oder von ihnen hätten zur Kenntnis genommen werden können und soweit sie unbestritten oder unbestreitbar sind, vom Gericht benutzt, ohne daß das in der Regel als Beweiserhebung zu qualifizieren wäre. Das hängt mit der weitgehend kassatorischen Tätigkeit der Verwaltungsgerichte zusammen. Die Hinzuziehung von Akten von an dem Verwaltungsvorverfahren des Prozesses nicht beteiligten Behörden — von diesen aus gesehen ein Akt der Rechts- und Amtshilfe nach Art. 35 GG. — allerdings kann die Erhebung eines Urkundenbeweises sein. Eine Behörde ist zur Vorlage von Urkunden oder Akten und zu Auskünften nicht verpflichtet, wenn das Bekanntwerden des Inhalts dem Wohl des Bundes oder eines deutschen Landes nachteilig sein würde oder wenn die Vorgänge nach einem Gesetz oder ihrem Wesen nach geheimgehalten werden müssen (so § 68 VGG., § 55 rhld.-pf. VGG., § 100 EVwGO., nicht jedoch brit. MRVO. 165)[4]). Die Ablehnung ist ein seinerseits selbständig anfechtbarer Verwaltungsakt[5]).

Angesichts der geltenden Untersuchungsmaxime gibt es keine prozessuale Beweisfälligkeit[6]), wohl aber eine materiell-rechtliche Beweislast[7]).

Beispiel:

Nach manchen gewerberechtlichen Bestimmungen hat der Antragsteller Sachkunde nachzuweisen. — Beweis, daß ein Gerichtsbeamter das Datum eines Stempels unbefugt abgeändert hat. — BVerwG. I B 9, 55 —.

Beweissicherung ist i. a. im Rahmen von §§ 485ff. ZPO. möglich[8]).

---

[1]) Bayer. ObLG. in: NJW. 1952, 789.

[2]) OVG. Lbg. 7, 365.

[3]) Erlaß durch Berichterstatter genügt nicht — OVG. Mstr. 5, 65.

[4]) BVerwG. in: NJW. 1954, 1173.

[5]) So richtig wohl Schunck-De Clerck, Verwaltungsgerichtsbarkeit, § 55 Erl.; van Husen, Verwaltungsgerichtsgesetz § 68 Anm.; a. A. Eyermann-Fröhler, Verwaltungsgerichtsgesetz, § 68 Anm. 2.

[6]) W.-b. VGH. in: DVBl. 1951, 419; BVerwG. in: NJW. 1953, 1568.

[7]) Kniesch, in: MDR. 1954, 452; Ule, in: DVBl. 1954, 145. — Vgl. auch Rosenberg, Beweislast, 1953, 32 vorsichtig: bei Untersuchungsmaxime gibt es keine „Beweisführungslast“ = „prozessuale Beweislast“, wohl aber „Feststellungslast“.

[8]) OVG. Lbg. 6, 326.

f) Armenrecht

Armenrechtsbewilligung ist möglich. Es gelten i. a. §§ 114ff. ZPO., worauf die Prozeßordnungen Bezug nehmen[1]).

11. Entscheidungen

Sie ergehen nach der freien Überzeugung des Gerichts und dürfen nur auf Tatsachen und Beweisergebnisse gestützt werden, zu denen die Beteiligten sich äußern konnten (rechtliches Gehör!)[2]).

a) Vorbescheid

Weist die Klage formelle Mängel auf, z. B. Fehlen einer Prozeßvoraussetzung, so kann sie der Vorsitzende durch Vorbescheid zurückweisen. Gegen den Vorbescheid kann der Kläger innerhalb eines Monats die mündliche Verhandlung beantragen (§ 55 VGG., § 55 brit. MRVO. Nr. 165, § 44 rhld.-pf. VGG., in der Form abweichend: § 85 EVwGO.).

b) Bescheid

Erscheint durch die Erklärung der Beteiligten das Sach- und Rechtsverhältnis genügend geklärt, so kann das Gericht oder namens desselben der Vorsitzende auch ohne mündliche Verhandlung seine Entscheidung in der Form eines begründeten Bescheides fällen. Hiergegen kann jeder Beteiligte binnen eines Monats die Anberaumung der mündlichen Verhandlung beantragen. Diese Regelung kennt nur § 57 brit. MRVO. Nr. 165, nicht die übrigen Verfahrensordnungen; sie hat sich bewährt.

c) Urteil

In der Regel wird über die Klage durch Urteil entschieden, wie die Prozeßordnungen sagen, „soweit nichts anderes bestimmt ist". Es gibt Sachurteile, die über die Streitsache selbst, und Prozeßurteile, die über prozessuale Fragen, insb. Prozeßvoraussetzungen — also z. T. Dinge, über die auch durch Vorbescheid entschieden werden kann — entscheiden.

Dem Klageziel nach gibt es Leistungs-, Gestaltungs- und Feststellungsurteile. Das Schwergewicht liegt bei den auf eine erfolgreiche Anfechtungsklage hin ergehenden Gestaltungsurteilen, die als Kassationsurteil den angefochtenen Akt — mit Wirkung ex nunc —[3]) aufheben. Geprüft wird die Sach- und Rechtslage zur Zeit des angefochtenen Verwaltungs-

[1]) Zur Auswahl des Armenanwalts vgl. Müller, in: NJW. 1955, 1181.

[2]) BVerwG. in: MDR. 1955, 333.

[3]) Infolgedessen muß stets geprüft werden, welche Folgen der Akt vor seiner Aufhebung gehabt hat; der Akt selbst wird insofern ex nunc vernichtet, als er nach der Kassation völlig verschwindet und auch keine auf die Vergangenheit bezüglichen neuen Folgen mehr hat — so auch Bachof, Klage, 113; unrichtig: Menger, System, 167.

aktes[1]), wobei allerdings gewisse „Rückstrahlungen" möglich sind[2]). Außerdem ist zu berücksichtigen, daß neues Prozeßrecht alle schwebenden Verfahren sofort erfaßt[3]). Die auf eine erfolgreiche Verpflichtungsklage hin ergehenden Urteile sind Leistungsurteile. Wie die Prozeßordnungen eine Verbindung von Anfechtungs- und Verpflichtungsklage vorsehen, so kennen sie auch eine Verbindung der hierauf ergehenden Urteile (§ 79 Abs. 1, 3 VGG., § 75 Abs. 1, 3 brit. MRVO. Nr. 165, § 65 rhld.-pf. VGG.). Bei allen Leistungsurteilen wird die Sach- und Rechtslage zur Zeit der letzten mündlichen Verhandlung geprüft[4]). Als Ausnahme von dem Grundsatz der nur kassatorischen Entscheidung kann das Gericht — aber nur nach brit. MRVO. und VGG., jeweils Abs. 2 — den Betrag einer Leistung von Geld oder vertretbaren Sachen in geringerer Höhe festsetzen oder eine Feststellung in geringerer Höhe treffen. Auf dem Gebiet der nichthoheitlichen Verwaltung ergehen auf Leistungs- oder Gestaltungsklagen hin die gleichnamigen Urteile. Feststellungsurteile ergehen auf Feststellungsklagen hin. Außerdem sind alle klagabweisenden Urteile Feststellungsurteile[5]).

Ein Tätigwerden des Gerichts als Verwaltungsbehörde, indem es als Rekursbehörde eine Genehmigung selbst erteilt, gibt es nur in dem engen Rahmen des § 79 Abs. 4 VGG. Da dem Gericht hierdurch Aufgaben zugewiesen werden, die ihm nach dem Grundsatz der Gewaltenteilung nicht zukommen, kann diese Bestimmung nicht für andere Fälle sinngemäß angewandt werden[6]).

Der Form nach gibt es Endurteile und Zwischenurteile. Endurteile erledigen den Streitgegenstand entweder vollständig oder als Teilurteil nur zum Teil, wenn sie von mehreren Ansprüchen nur einen oder einen Teil eines Anspruchs oder bei Widerklage nur über die Klage oder die Widerklage befinden (§ 111 EVwGO. im Anschluß an die bestehenden Verwaltungsgerichtsordnungen mit Ausnahme von brit. MRVO. Nr. 165, für die — wegen der fehlenden Verweisung auf ZPO. — die Möglichkeit von Teilurteilen zweifelhaft ist, in der Praxis jedoch i. a. bejaht wird). Zwischenurteile sind in mehrfachen Zusammenhängen möglich.

Die ZPO. kennt drei Arten: a) gemäß § 275 über prozeßhindernde Einreden nach § 274 Abs. 2, b) nach § 304 als Vorabentscheidung über den Grund, c) nach § 303 zur Entscheidung über Zwischenstreite zwischen den Parteien mit Ausnahme der Fälle zu a) und b). Die erste und zweite Art sind hinsichtlich der Rechtsmittel als Endurteile anzusehen, also selbständig anfechtbar. Die dritte Art ist ein vorweggenommener Teil der Endentscheidung und nicht selbständig anfechtbar[7]). Für das Verfahren zu beachten ist, daß

[1]) BVerwG. 1, 35; in: NJW. 1955, 1291.
[2]) OVG. Mstr. 5, 215. Vgl. auch oben S. 215.
[3]) BGH. in: NJW. 1951, 886; Menger, System, 209.
[4]) BVerwG. 1, 291.
[5]) Turegg, Generalklausel, S. 90, 96.
[6]) Das verkennt BVerwG. 1, 147; vgl. unten S. 301 f. (Gewerberecht).
[7]) Vgl. z. B. Baumbach-Lauterbach, ZPO. § 303 Anm. 3.

nach § 275 eine abgesonderte Verhandlung erforderlich ist und sodann ein Zwischenurteil ergehen muß, während nach § 303 keine abgesonderte Verhandlung nötig ist und der Erlaß eines Zwischenurteils im Ermessen des Gerichts liegt. Streitig ist, ob die Fälle nach § 274 Abs. 2 auch in der Form des § 303 entschieden werden können[1]).

Angesichts des im Verwaltungsprozeß geltenden Untersuchungsprinzips und insb. des Fehlens prozeßhindernder Einreden dürften die geschilderten Unterschiede an Bedeutung verlieren. Wo, wie im Bereich des VGG., die ZPO. schlechthin entsprechend angewandt wird, wird man zweckmäßigerweise nur von einer einheitlichen Art von Zwischenurteilen ausgehen. Ebenfalls zweckmäßigerweise wird man sie nach der überwiegenden Regelung der ZPO. behandeln, d. h. nicht abhängig machen von einer gesonderten Verhandlung, andererseits aber sie selbständig anfechtbar sein lassen, wie Endurteile. Daß die letztere Lösung dem Wesen des Verwaltungsprozesses entspricht, zeigt § 73 brit. MRVO. Nr. 165, wonach Zwischenurteile über die Zulässigkeit des Verwaltungsrechtsweges sowie über die örtliche und sachliche Zuständigkeit des Gerichts selbständig angefochten werden können. Für diese Regelung sind das zudem die einzigen Zwischenurteile. (§§ 110, 112 EVwGO. kennen Zwischenurteile über die Zulässigkeit der Klage und über den Grund vorweg.)

Urteile ergehen auf Grund mündlicher Verhandlung, sofern die Beteiligten nicht darauf verzichten.

d) Beschluß

Die Möglichkeit des Erlasses von Beschlüssen ist in den Prozeßordnungen enumeriert („Entscheidungen, die keine Urteile sind"), insb. Beiladungen, Entscheidungen über sofortige Vollziehung eines Verwaltungsaktes, Zwangsstrafen, Urteilsberichtigungen, Kostenentscheidungen, Zwangsvollstreckungsentscheidungen, welche i. a. einen in sich geschlossenen Verfahrensabschnitt abschließen, und Beweisbeschlüsse, prozeßleitende Beschlüsse usw., bei denen das nicht der Fall ist.

Beschlüsse ergehen grundsätzlich ohne mündliche Verhandlung.

e) Rechtskraft

Verwaltungsgerichtliche Entscheidungen können formell und materiell rechtskräftig werden. Formelle (äußere) Rechtskraft tritt ein, wenn ein Rechtsmittel nicht mehr zulässig ist, sei es durch Verzicht, Verstreichen der Rechtsmittelfrist, Erschöpfung des Rechtswegs. Materielle (innere) Rechtskraft, welche nur bei vorher eingetretener formeller Rechtskraft möglich ist, bedeutet nach der für das Verwaltungsrecht als herrschend anzusehenden prozeßrechtlichen Theorie[2]), daß die Gerichte, auch die verschiedener Rechtswege[3]), in einem späteren Prozeß der gleichen Beteiligten, also nicht nur der Parteien, über den gleichen Gegenstand (eaedem partes, eadem res) an das Urteil gebunden sind.

---

[1]) Vgl. Rosenberg, Zivilprozeßrecht § 53, III 1b; RGZ. 110, 57; 129, 56.

[2]) So pr. OVG. 91, 94 unter Berufung auf RGZ. 101, 177 und pr. Obertribunal 17, 462. Über die einzelnen Theorien z. B. Baumbach-Lauterbach, ZPO. Einf. vor § 322 Anm. 2 A, B. Bettermann, in: MDR. 1954, 7. [3]) OLG. Hbg. in: MDR. 1954, 319.

Beispiel:

An die Feststellung der Rechtswidrigkeit eines Verwaltungsaktes durch rechtskräftiges Urteil eines Verwaltungsgerichts ist der Zivilrichter beim Prozeß unter den gleichen Parteien gebunden — BGH. in: NJW. 1953, 1103.

Rechtskraftwirkung hat jeweils nur der Tenor der Entscheidung, niemals die Urteilsgründe (§ 84 VGG., § 70 rhld.-pf. VGG., auch — trotz bedenklichen Textes — § 80 brit. MRVO. Nr. 165). Diese müssen allerdings häufig zur Ermittlung dessen, was der Tenor meint, herbeigezogen werden[1]), so regelmäßig bei klagabweisenden, aber auch bei Kassationsurteilen. Ohne eine solche Erläuterung ist weder verständlich, welche Klage abgewiesen noch welcher Verwaltungsakt kassiert wurde. Entsprechend dem Sinn der prozeßrechtlichen Rechtskrafttheorie besagt die Bindung nichts über die materiell-rechtlichen Verhältnisse.

Für die Kassationsurteile erhebt sich die Frage, ob die Verwaltung durch die Rechtskraft gehindert ist, einen gleichen Verwaltungsakt nochmals zu setzen. Eine solche Behinderung dürfte nicht vorliegen, denn bei sonst gleichen Voraussetzungen unterscheidet sich ein neuer Verwaltungsakt zum mindesten von dem ersten durch die andere Zeit seines Erlasses; auch muß die Verwaltung im öffentlichen Interesse jede neue Maßnahme unter Beachtung aller mit dem Erlaß in Zusammenhang stehenden Umstände prüfen können; schließlich kann wegen des Grundsatzes der Gewaltenteilung (Art. 20 Abs. 2 GG.) die Rechtsprechung nur so weit in die Verwaltung eingreifen, als das gesetzlich ausdrücklich zugelassen ist. Das Kassationsurteil aber schaut nicht in die Zukunft, sondern berichtigt Fehler der Vergangenheit[2]). Ein anderes Ergebnis rechtfertigt sich auch nicht auf dem Wege über eine Erstreckung der Rechtskraft auf die Gründe. Denn nichts spricht dafür, in Kassationsurteilen die Gründe — anders als bei allen anderen Urteilsarten — an der Rechtskraft teilnehmen zu lassen.

12. Berufung

a) Verfahren

Im Berufungsverfahren wird der Streitgegenstand[3]) in vollem Umfange in tatsächlicher und rechtlicher Hinsicht nachgeprüft. Das Berufungsgericht arbeitet also im wesentlichen nach den gleichen Richtlinien wie die erste Instanz. Entsprechend dem fortgeschrittenen Stadium des Verfahrens sind die Beteiligten strenger an ihr bisheriges Verhalten gebunden; so ist i. a. die Klageänderung erschwert (§ 109 VGG., § 87 brit. MRVO. Nr. 165, § 75 rhld.-pf. VGG.), die Widerklage eingeengt (§ 109 Abs. 2 hess. VGG.); bei säumigem Vorbringen entstehen Kostenfolgen (§ 110 VGG.).

---

[1]) BVerwG. in: NJW. 1954, 1093.

[2]) So in Übereinstimmung mit den dort zitierten Entscheidungen des pr. OVG. das OVG. Lbg. vom 25. 4. 1952 — III A 243/51. Auch Klinger, Verwaltungsgerichtsbarkeit, § 80 Anm. C 4. — A. A. Ule, Gesetz über das BVG. § 51 Anm. 2b und OVG. Lbg. 6, 261.

[3]) Beschränkung der Berufung auf Kosten wohl unzulässig; vgl. § 123 Abs. 1 EVwGO.

Anschlußberufung, die also noch nach Ablauf der Berufungsfrist von einem anderen Beteiligten als dem Berufungskläger eingelegt werden kann, ist möglich. Sie wird — genau wie im Zivilprozeß — hinfällig, wenn der Berufungskläger die Berufung zurücknimmt, was jederzeit möglich ist. Die Berufung kann ausnahmsweise kraft positiven Rechts ausgeschlossen sein (z. B. § 339 Abs. 3 LAG.)[1]).

b) Entscheidung

Außer den Entscheidungsmöglichkeiten der ersten Instanz ist eine dem Berufungsverfahren entsprechende Erweiterung der Vorbescheide vorgesehen: Durch Vorbescheid des Vorsitzenden kann die Berufung bei Formfehlern verworfen werden (§ 105 VGG., § 84 brit. MRVO. Nr. 165). Die Verwerfung ist auch durch das Plenum möglich. Das Berufungsgericht kann durch Urteil die angefochtene Entscheidung aufheben und die Sache an das Verwaltungsgericht zurückverweisen, wenn dieses die Klage abgewiesen hat, ohne in der Sache selbst zu entscheiden, oder das Verfahren an einem wesentlichen Mangel leidet oder neue Tatsachen oder Beweismittel bekannt werden, die für die Entscheidung wesentlich sind (§ 114 VGG., § 90 brit. MRVO. Nr. 165, § 129 EVwGO.)[2]).

13. Revision

a) Zulassung

Endentscheidungen der obersten Verwaltungsgerichte eines Landes[3]) können stets mit der Revision angefochten werden, wenn ausschließlich wesentliche Mängel des Verfahrens gerügt werden und eine der für die Zulassung der Revision überhaupt bezeichneten Voraussetzungen vorliegt (§ 54 BVerwGG.). I. ü. ist eine besondere Zulassung erforderlich, die durch das Berufungsgericht oder bei Ablehnung der Zulassung auf Beschwerde hin durch das Bundesverwaltungsgericht ausgesprochen wird. Die Revision ist nur[4]) zuzulassen, wenn die Klärung einer Rechtsfrage von grundsätzlicher Bedeutung zu erwarten ist, wenn der Bund am Verfahren beteiligt ist oder wenn die Endentscheidung von einer Entscheidung des Bundesverwaltungsgerichts oder eines obersten allgemeinen Landesverwaltungsgerichts abweicht (§ 53 BVerwGG.).

---

[1]) Vgl. auch oben S. 204f.

[2]) Diese dem klassischen Begriff entsprechende Zurückverweisung ist nicht zu verwechseln mit der (leider) ebenso genannten, in manchen Gesetzen (§ 59 VGG., § 47 rhld.-pf. VGG.) vorgesehenen Möglichkeit, die Sache vom Verwaltungsgericht an die Verwaltungsbehörde zurückzugeben.

[3]) Für die Normenkontrollentscheidungen ist die Revision eingeschränkt — BVerwG. Gr. S. 1956.

[4]) BVerwG. in: MDR. 1955, 80.

b) Revisionsgründe

Die Revision kann nur darauf gestützt werden, daß die angefochtene Entscheidung auf der Nichtanwendung oder der unrichtigen Anwendung von Bundesrecht beruhe oder bei den nicht zulassungsbedürftigen Revisionen auch darauf, daß das Verfahren an einem wesentlichen Verfahrensmangel leide, der auch im Landesrecht liegen kann (§ 56 BVerwGG.).

Bundesrecht (revisibles Recht) sind die nach dem Inkrafttreten des GG. von Bundesorganen erlassenen Rechtsnormen, früheres Recht, welches den Voraussetzungen der Art. 124, 125 GG. entspricht und schließlich unter den Voraussetzungen der Art. 73, 74, 75, 124, 125 GG. das von den Besatzungsmächten für eine oder mehrere Besatzungszonen gesetzte Recht. Für die zuletzt genannte Materie ist es gleichgültig, ob Besatzungsorgane unmittelbar oder von ihnen beauftragte deutsche Stellen tätig geworden sind[1]). Früheres Landesrecht, z. B. preußisches Recht kann also nicht Bundesrecht geworden sein, weil kein derartiges Recht jemals in einer ganzen Besatzungszone gegolten hat[2]). Bundesrecht oder Reichsrecht, welches in Landesgesetzen oder unterstaatlichen Rechtsnormen zur Ausfüllung von Lücken verwandt wird, auf welches Bezug genommen oder das zur Ergänzung herangezogen wird, wird dadurch i. a. nicht zu revisiblem Recht[3]). Revisibel ist jedoch die Frage, ob Landes- oder Ortsrecht dem Bundesrecht, insb. dem GG., widerspricht.

Das Revisionsgericht ist grundsätzlich an die in der angefochtenen Entscheidung getroffenen tatsächlichen Feststellungen, die im Tatbestand und in den Entscheidungsgründen enthalten sein können, gebunden. Bei Verfahrensmängeln darf es nur die geltend gemachten nachprüfen.

Zurücknahme der Revision (§ 58) und Anschlußrevision (§ 59) sind möglich.

c) Entscheidung

Ist die Revision unzulässig, so wird sie — mit oder ohne mündliche Verhandlung — durch Beschluß verworfen (§ 63 Abs. 3). Ist sie unbegründet, so wird sie durch Urteil zurückgewiesen, und zwar auch dann, wenn die vom Revisionskläger gerügte Gesetzesverletzung zwar vorhanden, das angefochtene Urteil aber aus anderen Gründen im Ergebnis zu halten ist, weil dann eine Beschwer des Revisionsklägers fehlt (§ 63 Abs. 2 BVerwGG., § 563 ZPO.). Ist die Revision begründet, so kann das Revisionsgericht durch Urteil entweder in der Sache selbst entscheiden oder — nach Aufhebung des angefochtenen Urteils (§ 564 Abs. 1 ZPO.) — die Sache zur anderweitigen Verhandlung und Entscheidung an die Vorinstanz zurückverweisen.

14. Beschwerde

Gegen die Entscheidungen der Verwaltungsgerichte, die nicht Urteile, Bescheide oder Vorbescheide sind und gegen die Entscheidungen der Vor-

---

[1]) BVerwG. Gr. S. in: NJW. 1956, 317. [2]) BVerwG. Komm. Steuer-Zeitschrift 1955, 138. [3]) BVerwG. in: ÖV. 1955, 665.

sitzenden steht den Beteiligten und sonst von der Entscheidung Betroffenen (z. B. Zeugen) die Beschwerde an das Gericht zweiter Instanz zu. Die Prozeßordnungen bestimmen die Beschwerdefrist. Anschlußbeschwerde ist möglich.

Allerdings können prozeßleitende Verfügungen, Aufklärungsanordnungen, Vertagungs- oder Fristbestimmungsbeschlüsse, Beweisbeschlüsse oder einen Beweisantrag ablehnende Beschlüsse sowie Beschlüsse über die Verbindung oder Trennung von Verfahren mit der Beschwerde nicht angefochten werden. Gegen die Entscheidungen der Berufungs- oder Revisionsgerichte gibt es überhaupt keine Beschwerde (§§ 142ff. EVwGO. entsprechend den geltenden Einzelregelungen) mit Ausnahme der Beschwerde gegen die Nichtzulassung der Revision (§ 53 Abs. 3 BVerwGG.).

15. Rechtsbehelfe

Außer den drei Rechtsmitteln (Berufung, Revision, Beschwerde) sind einige Rechtsbehelfe vorhanden: Ein rechtskräftig abgeschlossenes Verfahren kann durch Nichtigkeitsklage oder Restitutionsklage — auch durch den Vertreter des öffentlichen Interesses — wieder aufgenommen werden. Maßgeblich sind die Bestimmungen des 4. Buchs der ZPO. (z. B. § 52 BVerwGG.). Wenn jemand ohne Verschulden verhindert war, eine gesetzliche Frist einzuhalten, so ist ihm auf Antrag Wiedereinsetzung in den vorherigen Stand zu gewähren (§ 33 VGG., § 36 rhld.-pf. VGG.; nach § 36 brit. MRVO. Nr. 165: Nachsicht)[1]. Dabei gilt das Verschulden eines gesetzlichen Vertreters oder eines Prozeßbevollmächtigten als eigenes[2]. Gesetzliche Frist ist jeder gesetzlich bestimmte oder zumindest bestimmbare Zeitraum, innerhalb dessen ein Beteiligter unmittelbar kraft Gesetzes eine Handlung vornehmen soll, muß oder darf. Sie steht im Gegensatz zu Notfristen, die — in der ZPO. für enumerierte Fälle vorgesehen — die Verwaltungsgerichtsordnungen nicht kennen, einerseits und den richterlichen Fristen, die — weil ohne gesetzliche Bindung — vom Richter jederzeit verlängert werden können, anderseits.

16. Schlechterstellung (reformatio in peius)

Trotz mancher Angriffe wird das grundsätzliche Verbot einer reformatio in peius[3]) aufrechtzuerhalten sein, und zwar sowohl im Verhältnis von Gerichts- zu Verwaltungsentscheidungen als auch bei Gerichtsentscheidungen

---

[1]) BVerwG. in: NJW. 1954, 1261.

[2]) So auch nach § 36 Abs. 1 brit. MRVO. Nr. 165 trotz des Wortlauts.

[3]) Vgl. oben S. 192.

untereinander. Doch macht der Gesetzgeber Ausnahmen von dem Grundsatz, die dann jeweils eng auszulegen sind (§ 80 VGG., § 66 rhld.-pf. VGG. — nicht brit. MRVO. Nr. 165 — „wenn das öffentliche Interesse es verlangt")[1]).

17. Vergleich

Die Beendigung eines Rechtsstreits ist möglich durch gerichtlichen und (oder) außergerichtlichen Vergleich (§ 99 VGH., §§ 68, 101 brit. MRVO. Nr. 165, § 90 rhld.-pf. VGG., §§ 29, 30 GKG.)[2]). Das Verfahren ist sodann durch Beschluß einzustellen.

18. Vollstreckung

Vollstreckbare Titel sind rechtskräftige Urteile, Bescheide, Vorbescheide, ferner gerichtliche Vergleiche, Kostenfestsetzungsbeschlüsse, für vollstreckbar erklärte Schiedssprüche und schiedsrichterliche Vergleiche.

Eine Vollstreckung erübrigt sich bei Feststellungserkenntnissen und bei Kassationsentscheidungen auf Anfechtungsklagen hin. Hier insb. kassiert das der Klage stattgebende Urteil den Akt unmittelbar, während die Klageabweisung den Weg zur Vollstreckung (Vollziehung) des Aktes, nicht des Urteils freigibt. Bei Erkenntnissen auf eine obsiegende Verpflichtungsklage hin wird eine Vollstreckung bei funktionierender Verwaltung nicht praktisch werden; auch besteht ein grundsätzliches Verbot der Zwangsanwendung gegen den Staat (§ 17 VwVG.).

So kommt Vollstreckung in Betracht vor allem bei der Verurteilung zu Leistungen[3]) nichthoheitlicher Art und bei Kostenfestsetzungsbeschlüssen. Sie wird vorgenommen entsprechend der Vollstreckung von Verwaltungsakten[4]), i. a. durch die obsiegende Behörde[5]).

Im Falle der gerichtlichen Aufhebung einer schon vollzogenen Maßnahme, besteht die Pflicht zur alsbaldigen Wiederherstellung des rechtmäßigen Zustandes, soweit materiell-rechtliche Folgenbeseitigungsansprüche vorhanden sind.

---

[1]) Ob darüber hinaus auch andere Ausnahmen möglich sind — wie z. B. eine Abänderung des Streitwertes zuungunsten des Beschwerdeführers einer Streitwertbeschwerde — so OVG. Mstr. 5, 44 —, erscheint zweifelhaft. — Für enge Auslegung auch Soforthilfesenat 1, 93 (95); Jesch, in: ÖV. 1955, 391.

[2]) Näheres vgl. Hans, in: DVBl. 1951, 721. Ein gerichtlicher Vergleich kann auch vor einem unzuständigen Verwaltungsgericht rechtswirksam abgeschlossen werden. — Zur Vergleichsanfechtung vgl. OVG. Lbg. 7, 447.

[3]) OVG. Mstr. 1, 97. Zur Zwangsvollstreckung aus Vergleichen vgl. Bettermann, in: NJW. 1953, 1007; Hess, VGH. in: NJW. 1953, 1038.

[4]) Hierauf verweisen die Prozeßordnungen.

[5]) Näheres: Bachof, in: DVBl. 1950, 554; Turegg, Generalklausel, 98.

Beispiel:

Ein Wohnungsinhaber hatte einen Anfechtungsprozeß auf Aufhebung einer Erfassung gewonnen. Hierauf forderte die Wohnungsbehörde die inzwischen eingewiesenen Personen zur Räumung auf. Die von diesen erhobene Anfechtungsklage mußte abgewiesen werden — w.-b. VGH. in: DVBl. 1951, 470.

In gewissem Umfang sind auch Vollstreckungsgegenklagen möglich[1]).

Erstinstanzliche Urteile können im Rahmen gesetzlicher Bestimmungen (§ 112 VGG., § 89 brit. MRVO. Nr. 165, § 78 rhld.-pf. VGG.) mit oder ohne Sicherheitsleistung für vorläufig vollstreckbar erklärt werden. Das ist i. a. nur möglich, wenn die Interessen des Vollstreckungsgläubigers diejenigen des Schuldners übersteigen[2]) und wenn die realen Urteilswirkungen nicht — wie bei reinen Gestaltungsurteilen[3]) — erst mit der Rechtskraft eintreten sollen[4]).

Schrifttum

Bachof, Die verwaltungsgerichtliche Klage auf Vornahme einer Amtshandlung. 1951.
Baur, Justizaufsicht und richterliche Unabhängigkeit. 1954.
Brauchitsch, Verwaltungsgesetze für Preußen, Bd. I (24. Aufl.). 1930.
Eyermann-Fröhler: Verwaltungsgerichtsgesetz für Bayern, Bremen, Hessen u. Württemberg-Baden. Kommentar unter Mitarb. von Hoffmann. (2. Aufl.) 1954.
Gaudamet, Pelloux, Simonard, Bericht über die deutschen Verwaltungsgerichte. 1952.
Giesges, Die Verwaltungsgerichtsbarkeit in der Britischen Zone. VO. Nr. 165. Kommentar. 1948.
— Die Verwaltungsgerichtsbarkeit in Hamburg unter Einschl. d. VO. Nr. 141. 1948.
Haustein, Der Streitgegenstand im Verwaltungsprozeß. Münch. Diss. 1954.
Heffter, Selbstverwaltung im 19. Jahrhundert. 1950.
Hufnagl, Die Verwaltungsgerichtsbarkeit in der am. und brit. Zone. 1950.
Husen, van, Gesetz über die Verwaltungsgerichtsbarkeit in Bayern, Württemberg-Baden und Hessen. Komm. 1947.
Jellinek-Naumann, Die Verwaltungsgerichtsbarkeit (Verhandl. des 38. Dt. Juristentages). 1951.
Klinger, Die Verordnung über die Verwaltungsgerichtsbarkeit in der britischen Zone. Kommentar (2. Aufl.). 1953.
Knauth, Die heutige Lage der Verwaltungsgerichtsbarkeit. 1934.
Knoll, Gutachten zum 41. Dtsch. Juristentag. 1955.
Koehler, Gesetz über das Bundesverwaltungsgericht. Kommentar. 1952.
Lerche, Ordentlicher Rechtsweg und Verwaltungsrechtsweg. 1953.
Luetgebrune, Die freie Forschungsmaxime als Prinzip des Verwaltungsprozesses. 1951.
Meiß, Die gesetzliche Abgrenzung der Kompetenz der Zivil- und Verwaltungsgerichtsbarkeit. 1953.
Menger, System des verwaltungsgerichtlichen Rechtsschutzes. 1954.
Naumann, Die gesetzliche Abgrenzung ..... 1953.
van de Sandt, Die Verwaltungsgerichtsbarkeit in der brit. Zone. Komm. 1949.

[1]) Hess. VGH. in: NJW. 1953, 1038.
[2]) Über die einzelnen Gründe: OVG. Lbg. in: NJW. 1952, 952.
[3]) OVG. Hbg. in: Hans. Rechtszeitschrift 1923, 630; OVG. Lbg. in: DVBl. 1950, 248.
[4]) OVG. Hbg. in: MDR. 1949, 506; auch Bachof, Klage, 163.

Schatte, Verwaltungsgerichtliches Kostenrecht (brit. Zone). 1955.
Schoen, Zeit- und Streitfragen zum Verwaltungsprozeß. 1951.
Schunck-de Clerck, Das Landesges. über die Verwaltungsgerichtsbarkeit für Rheinland-Pfalz. Komm. 1952.
— Gesetz über das Bundesverwaltungsgericht. Komm. 1953.
Schwarz, Grundriß der Verwaltungsgerichtsbarkeit i. d. brit. Zone. 1949.
Spanner, Die richterliche Prüfung von Gesetzen. 1951.
v. Turegg, Generalklausel. 1956.
Ule, Das Bonner Grundgesetz und die Verwaltungsgerichtsbarkeit. (Schriftenreihe d. Hochschule Speyer). 1950.
— Die neue Verwaltungsgerichtsbarkeit und das Verhältnis von Justiz und Verwaltung. 1949. (Dt. Rechtszeitschrift. Beih. 10). 1949.
— Bundesverwaltungsgerichtsgesetz. Komm. 1952.
Vischer, Verwaltungsgerichtsbarkeit und Kirchenrecht. Hrsg. vom Presseverband Bayern. 1948.
v. Werder-Labs-Ortmann, Das Verfahren vor den Verwaltungsgerichten. Komm. zu brit. MRVO. Nr. 165. 1949.

4. Abschnitt

ORGANISATION

Fünfzehntes Kapitel

Organisationsgrundlagen

1. Behörden

Die Verwaltungsorganisation hängt weitgehend von den sie tragenden Behörden ab. Öffentliche Behörden sind organisatorisch einheitliche Stellen, die zur Erfüllung bestimmter öffentlicher Aufgaben, meist für eine bestimmte Dauer, berufen sind. Sie finden sich im Bereich einer jeden Staatsgewaltsfunktion[1]). Negativ steht fest, daß sie keine Rechtspersönlichkeit haben[2]), wenngleich ihnen ausnahmsweise Parteifähigkeit verliehen werden kann (z. B. § 50 brit. MRVO. Nr. 165). Eine umfassende positive Umschreibung ist im deutschen Recht nicht vorhanden[3]). Jedenfalls ist die Fähigkeit zur Vornahme von Hoheitsverwaltung kein eindeutiges Merkmal, weil es auch Behörden gibt, die nur nichthoheitliche Verwaltung ausüben. Keine Behörden sind sicherlich die auf staatsrechtlicher Grundlage bestehenden Parlamente; kommunale Parlamente, Gemeinderäte, dagegen können Behörden in manchen Angelegenheiten sein.

Beispiel:

Der Kreistag kann als Aufsichtsbehörde gegenüber Gemeinden Verwaltungsakte setzen; insoweit ist er Behörde. Er ist es nicht, insoweit er im Bereich der Selbstgestaltung seiner verfassungsmäßigen Ordnung, z. B. in Wahlstreitigkeiten, tätig

---

[1]) Die Staatsanwaltschaft ist eine Organisation der Justiz; ihre Akte sind verwaltungsrechtlich nicht anfechtbar — bayer. VGH. in: VerwRspr. 1, 1.

[2]) A. A. eine unter romanistischem Einfluß stehende Lehre, die sich aber nicht durchsetzen konnte; vgl. Thoma, Hdbch. d. dStR. II, 610. — Die nationalsozialistische Herrschaft tarnte sich häufig, indem sie zentralgelenkte Staatstätigkeit durch formell als Körperschaften aufgezogene Stellen verrichten ließ. Diese beiden falschen Ausgangspunkte belasten die Versuche, auch heute noch Körperschaften als Behörden zu qualifizieren, vgl. Sauter, in: RdL. 1955, 117.

[3]) Einzeldefinitionen: § 16 württ. Vollzugsordnung zur Landesfeuerwehrordnung — RegBl. 1937, 61, nach Nebinger, Verwaltungsrecht, 120 —: Behörde ist ein ständiges, von dem Wechsel der Person unabhängiges Organ der Staatsgewalt, das dazu berufen ist, unter öffentlicher Autorität nach eigenem Ermessen für die Herbeiführung eines Zweckes tätig zu werden. Ferner sächs. OVG. 24, 298, pr. OVG. 83, 27; Peters, Verwaltung, 115; Forsthoff, Verwaltungsorganisation; Huber, Wirtschaftsverwaltungsrecht, I, 85.

wird. Seine Äußerungen sind dann keine Verwaltungsakte; Streitigkeiten darüber sind Parteistreitigkeiten oder andere Streitigkeiten des öffentlichen Rechts — OVG. Lbg. in: DVBl. 1951, 92.

Behörden sind nur Stellen mit einer gewissen selbständigen Entscheidungsbefugnis.

Beispiel:
Der Polizeipräsident ist Behörde, nicht der einzelne Polizeiposten; selbst dann nicht, wenn er ein Dienstgebäude hat.

Behördeneigenschaft kann jede Person des öffentlichen Rechts mit Dienstherrnfähigkeit erteilen [1]).

Beispiel:
Bundesbehörden, Landesbehörden, Kommunalbehörden, Anstaltsbehörden.

Aus besonderen Anlässen können besondere Behörden gebildet werden, wie das z. B. nach 1945 nötig war.

Beispiel:
Zonenämter, Behörden der Besatzungsmächte, wobei allerdings völkerrechtliche Zusammenhänge eine Rolle spielen.

Innerhalb der Verwaltung gibt es Behörden der allgemeinen Verwaltung und Sonderbehörden. Den ersteren sind alle öffentlichen Aufgaben übertragen, die keine anderen Stellen zu erledigen haben. Sonderbehörden [2]) bearbeiten einzelne umrissene Sachgebiete. Sie stören den Verwaltungsaufbau und führen leicht zu unsachlichen Rivalitäten; anderseits sind sie wegen der zunehmenden Spezialisierung nicht zu vermeiden [3]).

Die Behörden innerhalb eines Staates sind nach einem bestimmten Plan aufgebaut („Behördenapparat", „Behördenhierarchie") mit örtlichen und sachlichen Zuständigkeiten. Dieser Zuständigkeitsregelung gegenüber ist wegen ihres streng formellen Charakters eine Berufung auf Treu und Glauben nicht möglich [4]).

---

1) Vgl. unten S. 332.

2) Zum Wesen der Sonderbehörde vgl. Müller, in: ÖV. 1954, 114; Schmid, in: ÖV. 1954, 719; Rietdorf, in: ÖV. 1955, 233. — Zu dem „ministerialfreien Raum der Staatsverwaltung" vgl. Loening, in: DVBl. 1954, 173.

3) Ob es zweckmäßig ist, als weiteren Begriff denjenigen des Amtes zu bilden (wie Forsthoff, Verwaltungsorganisation, 19), erscheint zweifelhaft. Gewiß tragen manche Behörden — örtlich verschieden — den Namen Amt, wie z. B. das seit langem so bezeichnete Landrats- oder Kreisamt oder neuere Stellen, wie das Besatzungsamt oder das Wohnungsamt. Nicht jedes Amt ist eine Behörde, sondern es kann auch eine Dienststelle einer Behörde sein. Der Name entzieht sich so einer juristischen Erfassung. — In anderer Bedeutung wird der Begriff des Amtes im Beamtenrecht verwendet zur Kennzeichnung des Verhältnisses, in dem sich eine Person zu der von ihr ausgeübten amtlichen Tätigkeit befindet, als Hauptamt, Berufsamt, Wahlamt, Ehrenamt, vgl. unten S. 333f.

4) Nipperdey, in: JZ. 1952, 377; Wild, in NJW. 1955, 693; BGHZ. 6, 330; Beitzke, in: MDR. 1953, 1.

Sämtliche Behörden, insb. sämtliche Staatsbehörden, bilden eine Einheit. Sie haben sich gegenseitig zu unterstützen. Meinungsverschiedenheiten müssen im innerdienstlichen Verfahren ausgetragen werden. Nur in gesetzlich genau umschriebenen Fällen können Behörden des gleichen Rechtsträgers Rechtsbehelfe oder Rechtsmittel gegeneinander anwenden.

Beispiele:
Die in einzelnen Gesetzen geschaffenen Vertreter oder Beauftragten des öffentlichen Interesses bei einer Behörde können gegen deren Entscheidungen Rechtsbehelfe einlegen oder klagen.

Die Behörden verschiedener Personen des öffentlichen Rechts haben sich gegenseitig Rechts- und Amtshilfe[1]) zu leisten (z. B. §§ 156—168 GVG., §§ 1, 2, 194 FGG., § 20 VGG., § 12 brit. MRVO. Nr. 165, § 15 RAbgO., § 116 RVO.). Im Bundesstaat pflegt diese Pflicht für den Oberstaat und die Gliedstaaten verfassungsmäßig festgelegt zu sein (Art. 35 GG.).

Verfügt eine Behörde auf Weisung einer vorgesetzten Behörde, so wird ihre Maßnahme dennoch als eigene angesehen[2]). Eine höhere Instanz ist grundsätzlich nicht befugt, die Aufgaben der ihr unterstehenden Instanz selbst zu erledigen. Der Staatsbürger hat keinen Anspruch gegen eine Aufsichtsbehörde, daß sie gegen die unterstellte Behörde wegen Nichterfüllung eines Anspruchs einschreitet[3]). Die finanzielle Kontrolle üben mit richterlicher Unabhängigkeit ausgestattete Rechnungshöfe aus[4]).

2. Zentralisierte und dezentralisierte Verwaltung

Die Behördenordnung ist weitgehend abhängig von dem Gegensatz zwischen Zentralisation und Dezentralisation. Eine rein zentralisierte Verwaltung wäre diejenige durch eine einzige einköpfige Behörde. Sie ist denkbar nur in den allerkleinsten Verhältnissen. Wenn man im modernen Staat von zentralisierter Verwaltung spricht, so ist damit ein Überwiegen der Zentralisation über die Dezentralisation gemeint. Bei der ersteren kann der Wille einer einzigen physischen Person für die Verwaltungsführung maßgeblich sein, wie etwa ein Fachminister. Die Bezeichnung wird aber auch dann gebraucht, wenn an der Spitze ein Kollegium steht. Die Befugnisse dieser Spitze, gleichgültig, wie sie im einzelnen ausgestaltet ist, sind zu vergleichen der unbedingten Befehlsgewalt militärischer Vorgesetzter[5]). Die Vorzüge der Zentralisation sind die Möglichkeit einheitlichen und schnellen Handelns und schneller Reaktion auf äußere Umstände.

---

[1]) Prost, in: ÖV. 1956, 80.
[2]) Bad. VGH. in: Ztschr. fbad.Verw. 1930, 185.
[3]) BVerwG. in: ZMR. 1955, 382.
[4]) Hartig, in: DVBl. 1955, 173.
[5]) Hess. VGH. in: VerwRspr. 1, 90.

Dezentralisation ist dem Wortsinn nach schon dann gegeben, wenn an die Stelle der durch eine Person dargestellten Spitze ein mehrköpfiges Kollegium tritt. Rechtlich jedoch verbindet sich mit dem Begriff der Dezentralisation derjenige der Verlagerung der Verwaltungsbefugnisse auf örtlich auseinandergezogene Behörden. Diese Art der Verwaltung hat den Vorzug, daß sie örtliche Sachkunde, örtliche und persönliche Beziehungen der Beamten zu den in ihrem Bereich liegenden Stellen und Personen benutzen kann.

Beide Verwaltungsorganisationsarten können sowohl monokratisch, als auch kollegial geordnet sein[1]).

Beispiele:

Monokratisch geordnet ist das preußische Regierungspräsidium mit geringfügigen Einschränkungen, die Staatsanwaltschaft oder auch die kommunale Verwaltung, wo kein Magistratssystem herrscht. Kollegiale Behörde ist ein Magistrat nach den entsprechenden Selbstverwaltungssystemen. — Zentral arbeiten meist die höchsten Staatsbehörden. Dezentralisiert ist oft die Kommunalverwaltung in großen Städten.

3. Verwaltungsvorschriften

a) Begriff

Der organisatorische Aufbau der Behörden und die Gestaltung ihres laufenden Betriebes werden durch Verwaltungsvorschriften vorgenommen. Sie betreffen innere Behördenverhältnisse und haben keine Außenwirkung („Selbstgespräche des Staates"). Falls sie abstrakte Vorgänge regeln, sind sie infolgedessen keine Rechtsverordnungen, und falls sie einen konkreten Einzelfall regeln, keine Verwaltungsakte. Eine Verfassungsbeschwerde gegen sie ist unzulässig[2]).

Der organisatorische Aufbau und Ausbau des Behördenapparates gehört begriffsnotwendigerweise zu den Aufgaben jeglicher Verwaltung, insbesondere der Hoheitsverwaltung. Organisationsverordnungen sind deshalb grundsätzlich Verwaltungsmaßnahmen und nicht Legislativmaßnahmen, also keine Rechtsverordnungen[3]). Wenn sich über ihren Erlaß Verfassungsbestimmungen vorfinden (z. B. Art. 84 GG., Art. 79 WRV., Art. 77 Abs. 1 bayer. Verf., Art. 77 n.-w. Verf., Art. 107 hess. Verf. usw.), so handelt es sich um Zuständigkeitsbestimmungen. Aus ihnen oder aus den auf ihrer Grundlage erlassenen Gesetzen, Rechtsverordnungen usw. können subjektive Rechte nur in dem gewöhnlichen Rahmen erwachsen, also wenn sie derartige Rechte ausdrücklich vermitteln

[1]) Vgl. i. ü. oben S. 181 f. [2]) BVerfG. 1, 82.

[3]) Dieser herrschenden Ansicht, vgl. Forsthoff, Verwaltungsrecht, 335; Nebinger, 238; Obermayer, in: ÖV. 1955, 314, hat sich nun auch bayer. VGH. 5, 224 angeschlossen; allerdings wieder Rechtsvo, „wenn durch sie eine neue Art von Behörden mit hoheitlichen Befugnissen eingerichtet wird" in: Bayer. Verw Bl. 1956, 121 mit Anmerkung von Obermayer.

wollen. Insoweit kann dann auch eine Organisationsverordnung ausnahmsweise eine Rechtsverordnung sein. Allgemeine subjektive Rechte auf eine bestimmte Art der Verwaltungsorganisation gibt es nicht.

Beispiel:

Wenn eine sachlich oder örtlich unzuständige Behörde tätig wird, muß jeweils geprüft werden, ob der hierdurch Betroffene in seinen Rechten verletzt wird[1].

b) Arten

Abstrakte Verwaltungsanweisungen geben allgemeine Regeln, ohne sich an einzelne Personen zu wenden (früher: sog. „Verwaltungsverordnungen").

Beispiel:

Dienstvorschriften für öffentliche Bedienstete, insb. Anweisungen über die Diensteinteilung, den Personaleinsatz von Behörden, über die Beschaffung des Verwaltungsinventars, über Formularwesen, über Etatisierung, Anstaltsordnungen.

Derartige Anweisungen werden häufig nicht allein erlassen, sondern befinden sich in Äußerungen, welche zum Teil auch als Rechtsverordnung oder als Verwaltungsakt anzusehen sind.

Die den Verwaltungsanweisungen im Gegensatz zu Rechtsverordnungen fehlende Außenwirkung wird von zwei Seiten aus in Zweifel gezogen: Im autoritäten System wird sie als lästig empfunden, weil die Verwaltungsanweisung keine unmittelbare Bindung der Gewaltunterworfenen erzeugt; das hat z. B. dazu geführt, daß Verwaltungsanweisungen nach § 12 AbgOrd. — inzwischen als dem GG. widersprechend durch G. vom 11. 7. 1953 — BGBl. 511 — aufgehoben — als Rechtsverordnungen angesehen wurden. Vom rechtsstaatlichen System aus wird das Bedenken erhoben, daß die Verwaltung zum Nachteil des Bürgers in die unkontrollierbaren Bereiche verwaltungsinterner Regelungen ausweichen und dadurch insb. eine verwaltungsgerichtliche Kontrolle unmöglich machen könne[2]). Beides ist unrichtig. Auch im Rechtsstaat braucht die Verwaltung, um überhaupt arbeitsfähig zu sein, einen inneren Bereich, in den nicht jeder einzelne Staatsbürger eingreifen kann. Nur wenn er durch Verwaltungsmaßnahmen in seinen im materiellen Recht begründeten subjektiven Rechten verletzt wird, kann er sich zur Wehr setzen.

Beispiel:

Eine Verwaltungsanweisung behandelt nicht alle gleichgelagerten Fälle gleich — BVerwG. in: JZ. 1956, 35.

Einzelanweisungen (Dienstbefehle) richten sich an den einzelnen Bediensteten. Sie binden ihn innerhalb des Dienstverhältnisses. Als Gegenmaßnahme stehen ihm nur beamtenrechtliche Schritte und keine Rechtsbehelfe oder Rechtsmittel zu[3]).

---

[1]) Vgl. oben S. 221.

[2]) Forsthoff, Verwaltungsrecht, 118; Krüger, aaO. 211; Schmidt, in: NJW. 1955, 401; Bedenken auch OVG. Mstr. VerwRspr. 4, 538; bayer. VGH. 5, 19; w.-b. — VGH. in: ÖV. 1950, 314. — Wie im Text: Bachof, aaO.

[3]) Vgl. unten S. 340.

Beispiel:

Befehle von Beamtenvorgesetzten. — Anweisungen des Amtsarztes an Hebammen — OVG. Lbg. 5, 377.

Nicht zur Verwaltungsorganisation gehörende Personen können weder aus Dienstvorschriften noch aus Einzelanweisungen subjektive Rechte herleiten, mögen sie auch tatsächlich noch so sehr dadurch betroffen werden[1]).

4. Bedeutung der Staatsform

a) Staat und unterstaatliche juristische Personen

Führt der Staat nicht alle Verwaltungsaufgaben selbst durch, sondern überläßt er einen Teil der Durchführung anderen Personen des öffentlichen Rechts, so muß das Gesetz angeben, in welcher Weise und in welchem Umfang das möglich ist. Über eine solche Auftragsverwaltung führt der Staat die rechtliche und tatsächliche Kontrolle umfassende Fachaufsicht.

Beispiel:

Auftragsangelegenheiten der Gemeinden und Gemeindeverbände, die von den Ländern kontrolliert werden. — Auftragsangelegenheiten der bundesunmittelbaren Körperschaften nach Art. 87 Abs. 3 GG., die vom Bund kontrolliert werden.

b) Bundesstaat und Gliedstaaten

aa) Landeseigene Verwaltung

Grundsätzlich führen die Länder die Landesgesetze und Bundesgesetze als eigene Angelegenheiten aus (Art. 83, 30 GG.). Diese Zuständigkeitsvermutung für die Länder entspricht dem seit jeher vorhandenen Rechtszustand. Über die Landesverwaltung übt der Bund die Rechtsaufsicht aus (Art. 84 Abs. 3 GG.).

Es gibt nach GG. nur eine sog. abhängige Aufsicht, d. i. eine solche, die erst nach bundesgesetzlicher Regelung einer Materie in Kraft tritt und von dem Dasein eines Bundesgesetzes abhängig ist[2]). Der Gegensatz ist die für das GG. verfassungswidrige[3]) selbständige Aufsicht des Oberstaates, die auch ohne gesetzliche Regelung durch ihn über die landeseigene Verwaltung besteht, sog. Mischverwaltung, wie sie für WRV. angenommen wurde[4]). — GG. trifft folgende Regelung: Wenn die landeseigene Verwaltung nicht gesetzmäßig ausgeführt wird, kann der Bund Beauftragte zu den obersten Landesbehörden schicken und mit ihrer Zustimmung oder, falls diese versagt wird, mit Zustimmung des Bundesrates auch zu den nachgeordneten

---

[1]) Vgl. oben S. 144.

[2]) So Herrfahrdt in: Bonner Kommentar, Art. 84 Anm. II, 1; Giese, Grundgesetz, Art. 84 Anm. II 3a; Pathe in: DVBl. 1951, 683; Schäfer in: ArchöffR. Bd. 78 (1952), 7.

[3]) Köttgen, in: ÖV. 1955, 488.

[4]) Anschütz, Verfassung des Deutschen Reichs, Art. 15 Anm. 1a; Triepel, Streitigkeiten zwischen Reich und Ländern in: Berliner Festgabe für Kahl 1923, 56ff., 81ff.

Landesbehörden. Stellt die Bundesregierung Mängel bei der Ausführung der Bundesgesetze in den Ländern fest, so beschließt der Bundesrat auf Antrag der Bundesregierung oder des Landes, ob eine Rechtsverletzung durch das Land vorliegt. Durch Bundesgesetz, welches der Zustimmung des Bundesrates bedarf, kann der Bundesregierung zur Ausführung von Bundesgesetzen die Befugnis verliehen werden, für besondere Fälle Einzelweisungen zu erteilen; sie sind an die oberste Landesbehörde zu richten, außer wenn die Bundesregierung den Fall für dringlich erachtet (Art. 84 Abs. 3—5 GG.). Weisungsrechte in älteren fortgeltenden Rechtsvorschriften bleiben bis zu einer anderweitigen gesetzlichen Regelung bestehen (Art. 84 Abs. 5 i. Vbd. m. Art. 128 GG.).

bb) Bundeseigene Verwaltung

Bundeseigene Verwaltung mit eigenem Unterbau (Instanzenzug) ist im GG. aufgezählt, nämlich Auswärtiger Dienst, Finanz, Bahn, Post, Sozialversicherung (Art. 87 GG.), in gewissem Umfang Polizei (Art. 91), Bundeswasserstraßen, Schiffahrt (Art. 89), Autobahnen, Fernverkehrsstraßen (Art. 90).

Bundeseigene Verwaltung durch die obersten Bundesstellen, insb. die Bundesministerien ohne eigenen Verwaltungsunterbau und unter Benutzung der Landesverwaltungsstellen als nachgeordnete Instanzen (sog. komplementarische Verwaltung) ist auch auf anderen im GG. nicht erwähnten Gebieten möglich [1]). Außerdem können für Angelegenheiten, für die dem Bund die Gesetzgebung zusteht, selbständige Bundesoberbehörden

Beispiel:

Bundesmonopolverwaltung für Branntwein — BGBl. 1952, 491 —; Bundesoberseeamt — BGBl. 1950, 768 —; Bundeskriminalamt — BGBl. 1951, 165 —; Kraftfahrtbundesamt — BGBl. 1951, 488 —; Bundesamt für Auswanderung — BGBl. 1952, 289 —; Bundesgesundheitsamt — BGBl. 1952, 121 —; Bundeszentrale für Heimatdienst — GMBl. 1952, 318 —; Statistisches Bundesamt — BGBl. 1953, 1314 —; Bundesamt für gewerbliche Wirtschaft — BGBl. 1954, 281.

und neue bundesunmittelbare Körperschaften und Anstalten des öffentlichen Rechts durch Bundesgesetz errichtet werden. Erwachsen dem Bund auf Gebieten, für die ihm die Gesetzgebung zusteht, neue Aufgaben, so können bei dringendem Bedarf bundeseigene Mittel- und Unterbehörden mit Zustimmung des Bundesrates und der Mehrheit der Mitglieder des Bundestages errichtet werden (Art. 87 Abs. 3 GG.). Als vorgesetzte Fachaufsicht können die Bundesstellen eine Rechtmäßigkeits- und Zweckmäßigkeitskontrolle ausüben.

cc) Bundesauftragsverwaltung [2])

Sie ist die Verwaltung zur Ausführung von Bundesgesetzen durch die Länder im Auftrage des Bundes. Dabei bleibt die Einrichtung der Behörden Angelegen-

---

[1]) Die Frage, insb. die Möglichkeit des Eintritts der Bundesministerien in die Stelle der Reichsministerien, ist umstritten. — Vgl. Turegg, in: NJW. 1951, 868; OLG. Köln, in: ÖV. 1954, 506; Jellinek, in: DVBl. 1955, 47.

[2]) Für die WRV. wurde Reichsauftragsverwaltung erst durch Schrifttum und Praxis für zulässig erklärt. — Vgl. Anschütz, Verfassung des Deutschen Reichs, Art. 14 Anm. 4.

heit der Länder, soweit nicht Bundesgesetze mit Zustimmung des Bundesrates etwas anderes bestimmen (Art. 85 Abs. 1 GG.). Auch über diese Verwaltung übt der Bund die Rechtmäßigkeits- und Zweckmäßigkeitskontrolle aus. Bundesauftragsverwaltung ist die Verwaltung der Bundeswasserstraßen im Gebiet eines Landes (Art. 89 Abs. 2 GG. — Kannvorschrift —), der Bundesautobahnen und Fernstraßen (Art. 90 Abs. 2 GG.), der dem Bund zufließenden Steuern (Art. 108 GG.). Die Begründung weiterer Zweige durch verfassungsänderndes Bundesgesetz ist möglich.

Schrifttum

Bachof, Verwaltungsakt und innerdienstliche Weisung. In: Festschr. f. Laforet. 1952.
Forsthoff, Verwaltungsorganisation (Heft 18 der Sammlung: Die Verwaltung, hrsg. von Frdr. Giese). 1952.
v. Harnack, Die Praxis der öffentlichen Verwaltung. (2. Aufl.) 1951.
Jacobi, Die Verwaltungsverordnungen. In: HdbchddStR. II, 255.
Jerusalem, Zentralismus und Förderalismus. In: Festschrift f. Laforet. 1952.
Klee, Das Haushaltsrecht des Bundes und der Länder. 1951.
Krüger, Rechtsverordnung und Verwaltungsanweisung. In: Festg. f. Smend. 1952.
Mudra, Die Staatsrechtlichen Grundlagen des Verwaltungsaufbaus in Bund und Ländern. Kölner Diss. 1955.
Obermayer, Verwaltungsakt und innerdienstlicher Rechtsakt. 1956.

Sechzehntes Kapitel

Organisation der Staatsverwaltung

1. Zentralbehörden

a) Weimarer Republik

Wie schon im Kaiserreich beließ Art. 14 WRV. das Schwergewicht der inneren Verwaltung bei den Ländern.

Oberste Spitze der Verwaltung waren die Reichsminister für ihre Ressorts. Das Reich konnte auf den Gebieten, auf denen es die Gesetzgebungsbefugnis hatte (Art. 15 Abs. 1 WRV.), die Verwaltung durch andere öffentlich-rechtliche Körperschaften ausüben lassen. Derartige Stellen wurden als mittelbare Reichsbehörden tätig.

Dem Reichsminister des Innern direkt unterstellt waren nur einige auf ein bestimmtes Fachgebiet beschränkte Sonderbehörden, die fast alle ihren Sitz in Berlin hatten. Meist war die reichseigene Verwaltung mit der Landesverwaltung in der Form komplementarischer Verwaltung verbunden. Außer für den Reichsminister des Innern bestand eine ähnliche Regelung innerhalb der Finanzverwaltung im Verhältnis von Reichsfinanzministerium zu den Landesfinanzämtern, innerhalb der Justizverwaltung im Verhältnis des Reichsgerichts zu den Land- und Oberlandesgerichten der Länder oder für das Reichsoberseeamt im Verhältnis zu den Seeämtern der Länder, das Reichsversicherungsamt im Verhältnis zu den Versicherungs- und Oberversicherungsämtern der Länder.

Neben diesen Behörden, welche Befugnisse der Reichsverwaltung und der Landesverwaltung vermischten, fand sich eine unvermischte reichseigene Verwaltung dort, wo eine Reichsbehörde ohne Mitwirken einer Unterbehörde tätig wurde, wie z. B. das Reichspatentamt oder Reichsaufsichtsamt für Privatversicherung.

Schließlich gab es Reichsverwaltungen mit eigenen voll ausgebauten Behördenapparaten mit mehreren Instanzen, wie z. B. das Auswärtige Amt mit seinen Botschaften, Gesandtschaften und Konsulaten, das Reichswehrministerium mit den verschiedenen einheitlichen Leitungen, das Reichspostministerium mit den Oberpostdirektionen, Post- und Telegraphen- und Fernsprechanstalten.

Nach dem Stand des Jahres 1932 waren außer dem Reichskanzler zunächst diejenigen Reichsminister vorhanden, die als Nachfolger der Staatssekretäre der Zeit des Kaiserreiches anzusehen sind, nämlich:

der Reichsminister des Äußeren, der in nur ganz geringem Umfange auf dem Gebiet der innerstaatlichen Verwaltung tätig wurde;
der Reichsminister des Inneren;

der Reichsjustizminister, dessen Einfluß auf die Gerichtsorganisation der Länder gering war;
der Reichsfinanzminister und der Reichspostminister.

Nach 1918 neu geschaffen wurden:

der Reichswirtschaftsminister, hervorgegangen aus dem am 21. 10. 1917 begründeten Reichswirtschaftsamt — RGBl. S. 963 —;

der Reichsarbeitsminister, hervorgegangen aus dem am 4. 10. 1918 begründeten Reichsarbeitsamt — RGBl. S. 1231 — (vgl. auch Erlaß des Reichspräsidenten vom 21. 3. 1919 RGBl. S. 327 —);

der Reichsverkehrsminister gemäß der Verfügung des Reichspräsidenten vom 21. 6. 1919 — RGBl. S. 1801 —;

der Reichswehrminister gemäß dem Erlaß des Reichspräsidenten vom 21. 3. 1919 — RGBl. S. 327 —;

der Reichsminister für Ernährung und Landwirtschaft gemäß dem Erlaß des Reichspräsidenten vom 30. 3. 1920 — RGBl. S. 379 —.

Eine Stärkung der Reichsgewalt und damit der Reichsverwaltung gegenüber der Zeit vor 1919 wurde vor allem in der Übertragung der Finanzverwaltung auf das Reich durch das Reichsgesetz über die Reichsfinanzverwaltung vom 10. 9. 1919 — RGBl. I, S. 1591 — gesehen. Unter dem Reichsfinanzminister standen 26 Landesfinanzämter, die alle gleichmäßig ausgebaut waren.

b) Die nationalsozialistische Herrschaft

Nach 1933 wurde die Reichsverwaltung vergrößert. Insbesondere zu erwähnen ist die Verreichlichung der Justiz — (zweites Gesetz zur Überleitung der Rechtspflege auf das Reich vom 5. 12. 1934 — RGBl. I, S. 1214) — und der Polizei (Erlaß über die Einsetzung eines Chefs der deutschen Polizei im Reichsministerium des Innern vom 17. 6. 1936 — RGBl. I, S. 487 —). Im übrigen benötigte die Staatsverwaltung zur Durchsetzung der Bestrebungen der NSDAP. einen äußerst komplizierten Verwaltungsapparat. Von größter Bedeutung für die Organisation war der Dualismus zwischen Staat und Partei. Es kam also häufig vor, daß Parteidienststellen von vornherein oder von einer bestimmten Zeit ab Behördenfunktion zugelegt wurde.

Für die Verwaltungsorganisation wichtig war außerdem die Aufhebung der Gewaltenteilung. Der Führer und Reichskanzler vereinigte in seiner Person die oberste gesetzgebende, verwaltende und richterliche Gewalt. Infolgedessen bildeten sich neben den einzelnen Reichsministern viele besondere Dienststellen, die zum Teil dem Staatsoberhaupt unmittelbar unterstanden.

Für bestimmte Zwecke wurden außerdem einige ministerielle und andere Stellen von Fall zu Fall oder auch für längere Zeit zu sogenannten überministeriellen Reichszentralbehörden zusammengefaßt.

Nach dem Stand von 1944 waren vorhanden die Reichsministerien des Innern, des Äußeren (Auswärtiges Amt), der Finanzen, der Justiz, der Ernährung und Landwirtschaft, für kirchliche Angelegenheiten, für Verkehr, für Post, seit 1933 noch Reichspropagandaministerium und Reichsluftfahrtministerium.
Während des Krieges entstanden das Reichsministerium für Rüstung und Kriegsproduktion und das Reichsministerium für die besetzten Ostgebiete.

Hinzu traten 5 Minister kraft besonderer Ernennung ohne Geschäftsbereich.

Neben dieser Organisation gab es oberste Reichsbehörden, die die Stellung eines Ministeriums innehatten, der Reichsforstmeister und Reichsjägermeister, der Generalinspektor für das deutsche Straßenwesen, der Generalinspektor für Wasser und Energie, der Chef des Oberkommandos der Wehrmacht, der Leiter der Parteikanzlei für Zusammenarbeit zwischen Partei und Staat. Als oberste Reichsbehörden galten auch der Jugendführer des Deutschen Reiches und die 3 Oberbefehlshaber der deutschen Wehrmacht.

Schließlich gab es oberste Reichsbehörden, die keinem Reichsministerium unterstanden und deren Leiter auch keine ministerähnliche Stellung innehatten, nämlich: der Rechnungshof des Deutschen Reiches für die Prüfung der Haushaltführung des Reiches und der Länder; die Reichsstelle für Raumordnung für die übergeordnete Planung und Ordnung des deutschen Raumes; der Präsident der Deutschen Reichsbank für die Regelung des Geld- und Zahlungsverkehrs, Ausgabe der Banknoten; der Reichskommissar für die Festigung des deutschen Volkstums (Umsiedlungsfragen); der Reichswohnungskommissar für Wohnungs- und Siedlungswesen, Kleingartenwesen und Wohnungswirtschaft; der Generalkommissar des Führers für das Sanitäts- und Gesundheitswesen (Sonderaufgaben in derartigen Angelegenheiten); der Reichskommissar für die Seeschiffahrt (einheitliche Planung der Seetransporte); der Reichsprotektor in Böhmen und Mähren (Vertreter des Führers und Reichskanzlers im Protektorat Böhmen und Mähren in seiner Eigenschaft als Staatsoberhaupt des Deutschen Reiches).

An überministeriellen Einrichtungen ist zu nennen vor allem seit 1936 der Beauftragte für den Vierjahresplan. Seine Tätigkeit überdauerte diesen Zeitraum und verstärkte sich sogar während des Krieges, so daß er später die gesamte Kriegswirtschaft lenkte. Ihm unterstanden ohne die Zuständigkeit eines Reichsministeriums der Reichskommissar für die Preisbildung, der Generalbevollmächtigte für den Arbeitseinsatz, der Generalbevollmächtigte für die Regelung der Bauwirtschaft sowie ein weiterer Stab von Beauftragten.

Innerhalb der Reichsregierung, bestehend aus den Ressortministern und den ihnen gleichgestellten Personen, gab es zwei besondere Zusammenfassungen, nämlich den Geheimen Kabinettsrat zur Beratung in außenpolitischen Fragen und den Ministerrat für die Reichsverteidigung.

Die Verwaltung der mittleren und unteren Instanzen wurde in einigen Aufgabengebieten durch unmittelbare Reichsbehörden erledigt, nämlich:

1. die Reichsfinanzverwaltung mit den Oberfinanzpräsidien, Finanzämtern, Hauptzollämtern und Reichsbauämtern;
2. die Reichsjustizverwaltung mit Oberlandesgerichten, Land- und Amtsgerichten, wozu noch die Sondergerichte und Arbeitsgerichte kamen;
3. die Reichsarbeitsverwaltung mit den Reichstreuhändern der Arbeit, den Gauarbeitsämtern sowie den Arbeitsämtern;
4. die Reichsversorgungsverwaltung mit den Hauptversorgungs- und Versorgungsämtern;
5. die Reichspropagandaverwaltung mit den Reichspropagandaämtern;
6. die Reichspostverwaltung mit den Reichspostdirektionen, Postsparkassenamt, Reichspostbaudirektion, Post- und Bahnpostämtern, Postscheck-, Telegraphen-, Fernsprech-, Telegraphenbau-, Telegraphenzeugämtern, Poststellen usw.;
7. die Eisenbahnverwaltung mit den Reichsbahndirektionen, Reichsbahnbaudirektionen und Reichsbahnzentralämtern. Dazu kamen noch die unteren Dienststellen.

Im übrigen benutzte die Reichsverwaltung den Verwaltungsapparat der Länder. Das traf vor allem für fast die gesamte allgemeine innere Verwaltung zu. Eine enge Verbindung wurde insbesondere hergestellt zwischen dem Reich und Preußen, indem man in 7 Fällen die Reichsministerien mit den preußischen Ministerien vereinigte, nämlich auf dem Gebiet der inneren Verwaltung, der Wirtschaftsverwaltung, der Ernährungs- und Landwirtschaftsverwaltung, der Verkehrsverwaltung, der Kultusverwaltung, der Arbeitsverwaltung und der Kirchenverwaltung. Die Verwaltung wurde vereinfacht durch die heute noch fortbestehende — da formell noch kein „Kriegsende"[1]) — VO. vom 30. 3. 1940 i.d.F. vom 7. 12. 1942 — RGBl. 678.

c) Nach 1945

Gemäß der Potsdamer Erklärung der Besatzungsmächte vom Juni 1945 sollte bis auf weiteres keine zentrale deutsche Regierung errichtet werden. Damit entfiel auch eine das Gesamtreich umfassende Verwaltungsdienststelle. Die Errichtung zentraler deutscher Verwaltungsabteilungen war nach der Erklärung vorgesehen für das Finanzwesen, das Transportwesen, das Verkehrswesen, den Außenhandel, die Industrie. Außerdem war vorübergehend eine zentrale Verwaltungsstelle für Ernährung und Landwirtschaft geplant. Verwaltungseinrichtungen, deren Zuständigkeiten ein einzelnes Landesgebiet überschreiten, wurden auf Zonen- oder Mehrzonenbasis geschaffen

aa) Bizone.

Die wichtigste Einrichtung war der Wirtschaftsrat für die britische und amerikanische Zone. Die ursprüngliche rechtliche Unterlage bilden die Proklamationen der amerikanischen Militärregierung Nr. 5 und 6 und die Verordnung Nr. 14 der britischen Militärregierung. Auf diesen Grundlagen gab sich der Wirtschaftsrat ein vorläufiges Statut mit Überleitungsgesetz und vorläufiger Geschäftsordnung. Als erstes Gesetz verabschiedete der Wirtschaftsrat ein Gesetz über den vorläufigen Aufbau der Wirtschaftsverwaltung des vereinigten Wirtschaftsgebietes vom 9. 8. 1947 (Überleitungsgesetz).

Der Wirtschaftsrat wurde aus Vertretern, die von den Landtagen der beiden Zonen in der Zeit vom 10. bis 21. 6. 1947 ausgewählt worden waren, gebildet. Er trat am 25. 6. 1947 erstmalig zu einer Vollversammlung zusammen. Nach der Proklamation Nr. 5 war es die Hauptaufgabe eines vom Wirtschaftsrat zu bildenden Exekutivausschusses, die Persönlichkeiten für die Durchführung der Verwaltung zu benennen.

Es wurde gebildet die Verwaltung für Wirtschaft, die Verwaltung für Ernährung, Landwirtschaft und Forsten, die Verwaltung für Finanzen, die Verwaltung für Verkehr und die Verwaltung für Post- und Fernmeldewesen. An der Spitze jeder Verwaltung stand ein Direktor. Diese Verwaltungen begannen im Spätsommer 1947. Bald zeigte sich eine fehlende Zusammenarbeit, was zu Beginn des Jahres 1948 zu einer Umbildung des Wirtschaftsrates führte. Grundlage ist die Proklamation Nr. 7 der amerikanischen Militärregierung vom 5. 2. 1948 und die Verordnung Nr. 126 der britischen Militärregierung vom 9. 2. 1948 (Beilage 2 zum GVBl. des Wirtschaftsrates des vereinigten Wirtschaftsgebietes 1948). (Ferner: Gesetz über den vorläufigen Aufbau der Wirtschaftsverwaltung vom 28. 7. 1948 nebst Änderungsgesetz — WiGBl. S. 93.) Danach hatte die Verwaltung des vereinigten Wirtschaftsgebietes der britischen und amerikanischen Besatzungszone folgende Dienststellen:

Den Wirtschaftsrat, den Länderrat, den Verwaltungsrat, das Obergericht, die Länderunionbank und einige weitere Verwaltungsstellen.

Der Wirtschatsrat selbst bestand aus 104 Mitgliedern, die von den Landtagen entsprechend der Stärke der politischen Parteien gewählt wurden oder aus dem Bestand des vorläufigen Wirtschaftsrates übernommen wurden. Er war zuständig zum Erlaß von Verordnungen über die Verwaltung der Eisenbahnen, Seehäfen und Küstenschif-

---

[1]) OVG. Mstr. BB. 55, 344.

fahrt, Beförderungen auf Binnengewässern, Binnenwasserstraßen, über Patente, Urheberrechte und Musterschutz, Post- und Nachrichtenverkehr mit Ausnahme des Rundfunks, Zölle und Verbraucherabgaben. Er sollte ferner das Personalwesen des öffentlichen Dienstes in der Verwaltung des vereinigten Wirtschaftsgebietes, insbesondere durch den Erlaß beamtenrechtlicher Bestimmungen regeln. Hiervon ausgenommen war das Personal des Länderrats. Der Wirtschaftsrat konnte fernerhin ganz allgemein über Angelegenheiten von grundsätzlicher Bedeutung, insbesondere auf dem Gebiet des Finanzwesens, Bestimmungen erlassen, durch die mehr als ein Land der Doppelzone betroffen wurde. Ihm oblag der Ausbau der Wirtschaftsgerichtsbarkeit, deren oberste Instanz das Obergericht für das vereinigte Wirtschaftsgebiet war. Er hatte auch die Möglichkeit, die Mitglieder des Verwaltungsrats oder einzelne Länder zum Erlaß von Verordnungen zu ermächtigen. Sodann schaffte er die Stellen für die Durchführung der Verwaltung und besetzte sie mit den von ihm ausgewählten Personen (Oberdirektor, Direktoren).

Der Länderrat beim Wirtschaftsrat bestand aus je zwei Vertretern für jedes Land der Doppelzone. Einer dieser Vertreter konnte der Ministerpräsident sein. Die Mitglieder des Länderrats wurden von den Landesregierungen bestellt und blieben so lange im Amt wie die sie bestellende Landesregierung. Der Länderrat hatte die Gesetzesinitiative für den Wirtschaftsrat mit Ausnahme der Gesetze für Besteuerung und Bereitstellung von Geldmitteln. Er hatte die Möglichkeit, allen vom Wirtschaftsrat angenommenen und von ihm vorher nicht im gleichen Wortlaut gebilligten Gesetzen mit einfacher Mehrheit zuzustimmen, sie abzuändern oder dagegen Einspruch zu erheben.

Der Verwaltungsrat bestand aus dem Vorsitzenden (Oberdirektor) ohne eigenen Geschäftsbereich und den Leitern der Verwaltungen (Direktoren). Über den Aufbau der einzelnen Verwaltungszweige sind einzelne Gesetze des Wirtschaftsrats ergangen (WiGBl. 1948, S. 57 — Personalamt —, S. 67 — Schuldenverwaltung —, S. 77 — Rechtsamt —, S. 87 — Arbeitsverwaltung —, S. 93 — Wirtschaftsverwaltung —, S. 95 — Verkehrsverwaltung —, S. 115 — Rechnungshof —[1]).

bb) Amerikanische Zone.

Für die amerikanische Zone wurde noch im Jahre 1945 der Länderrat gebildet, eine Zusammenfassung der drei Länderregierungen für Gegenstände, die das Gebiet eines einzelnen Landes überragen. Nach der Schaffung des Zweizonenwirtschaftsrates ging eine Reihe dieser Aufgaben auf diesen über. Es verblieben jedoch noch insbesondere nichtwirtschaftliche Angelegenheiten, die auf zonaler Basis erledigt werden mußten. Die gesetzlichen Grundlagen für den Länderrat sind die Proklamationen Nr. 2 und 4 der amerikanischen Militärregierung. Der Länderrat besaß keine eigene Exekutive, sondern übte auf administrativem Gebiet eine koordinierende Tätigkeit aus. Zur Durchführung seiner Anordnungen war er auf die Landesregierungen angewiesen.

cc) Britische Zone.

In der britischen Zone fanden sich nicht Anknüpfungspunkte für die Bildung einer gesamten Zonenorganisation, wie sie in der amerikanischen Zone durch das Vorhandensein bereits früher bestehender deutscher Länder gegeben waren. Infolgedessen sah sich die Militärregierung veranlaßt, eine zonale Stelle neu zu schaffen. Dieser Zonenbeirat wurde zunächst als eine beratende Körperschaft für die Militärregierung ohne ausführende Befugnisse begründet (Schreiben des brit. Haupt-

[1]) Vgl. Abschließ. Bericht des Präsidenten des Wirtschaftsrats über die Gesetzgebung des Wirtschaftsrats. Wiesbaden 1949.

quartiers vom 22. 2. 1946). Die Mitglieder des Zonenbeirates wurden von der Militärregierung ernannt. Sie schufen sich ein eigenes Sekretariat in Hamburg[1]).

Alsbald setzten Bestrebungen ein, den Zonenbeirat in ein politisches Repräsentationsorgan auf demokratischer Grundlage umzugestalten. Gemäß Verordnung Nr. 57 und 80 der brit. Militärregierung wurden die Mitglieder des Zonenbeirates seit dem Frühjahr 1947 durch gesetzgebende Körperschaften der drei in der britischen Zone gelegenen Länder und der Hansestadt Hamburg ernannt. Von den 37 Sitzen erhielten Nordrhein-Westfalen 20, Niedersachsen 10, Schleswig-Holstein 4 und Hamburg 3. Die Befugnisse des Zonenbeirates wurden jedoch nicht geändert. Er besaß weder gesetzgebende Gewalt noch Exekutive.

Mit Verwaltungsaufgaben betraut waren die in der britischen Zone vorhandenen Zentralämter als Hilfsorgane der Militärregierung. Sie unterstanden nicht dem Zonenbeirat. Er übte auch keine irgendwie geartete Kontrolle über sie aus. Die wichtigsten Zentralämter waren: Zentraljustizamt, Hamburg (VO. Nr. 41 der brit. Militärregierung); Zentralhaushaltsamt, Hamburg; Zentralamt für Ernährung und Landwirtschaft, Hamburg; Zentralamt für Wirtschaft, Minden; Zentralamt für Arbeit, Lemgo.

Weitere Zoneneinrichtungen, die durch organisatorische Umbildungen früherer deutscher Zentralbehörden entstanden, waren die Leitstelle für Finanzverwaltung (VO. der brit. Militärregierung vom 1. 3. 1946, Neuregelung durch brit. VO. Nr. 152 vom 1. 4. 1948) mit Weisungsbefugnissen gegenüber den Oberfinanzpräsidenten der Zone, der Rechnungshof für das Deutsche Reich, die Reichsbankleitstelle, sämtlich in Hamburg, die Reichsoberpostdirektion in Salzuflen. Schließlich sind zu nennen der Forst- und Holzwirtschaftsrat, das Zonenamt des Reichsaufsichtsamtes für Versicherungswesen, das Statistische Amt, die Feststellungsbehörde, das Zentralamt für Vermessungswesen, das Zentralamt für Vermögensverwaltung und das Oberseeamt (brit. VO. Nr. 144), alle in Hamburg[2]).

dd) Französische Zone.

In der französischen Zone waren zentrale Verwaltungseinrichtungen nur in geringem Umfange vorhanden. Die Zonenverwaltung wurde auf allen wichtigen Gebieten von der französischen Militärregierung selbst erledigt. Die Abgrenzung der Länderzuständigkeit gegenüber der Tätigkeit der Militärregierung erfolgte durch Kundgebung des französischen Oberbefehlshabers vom 9. 6. 1947 (Journal Officiel 780), durch VO. Nr. 95 vom 9. 6. 1947 (JO. S. 796) und durch VO. Nr. 218 vom 10. 6. 1947 (JO. S. 796). Danach hatte sich die Militärregierung zur Regelung auf Zonenbasis vorbehalten die militärische, industrielle und wissenschaftliche Abrüstung, die Anforderungen der Besatzungsmacht, die Angelegenheiten des internationalen Strafrechts, die Umsiedlung und Aufnahme von Neubürgern oder displaced persons und die Wiedergutmachung gegenüber den von Deutschland geschädigten Ländern.

Deutsche Zentralverwaltungen für die gesamte Zone, die von der Militärregierung eingesetzt worden waren und unter ihrer alleinigen Verantwortung arbeiteten, waren: das Zentral-, Post- und Fernmeldeamt in Rastatt, das Hauptversicherungsamt in Speyer, das für die französische Zone die Befugnisse des früheren Reichsaufsichtsamtes für Privatversicherungen ausübte, und das Koordinierungskomitee der Landeszentralbanken in Speyer. Die Länder hatten eine Betriebsgesellschaft der Eisenbahnen Südwestdeutschlands mit einem Eisenbahnverkehrsrat geschaffen. Er wurde gebildet durch je zwei Regierungs- und einen Gewerkschaftsvertreter der beteiligten Länder.

---

[1]) Einzelheiten vgl. DRZ. 1946, S. 114; 147, S. 152; DÖV, 1948, S. 111ff.
[2]) Vgl. DRZ. 1947, S. 408.

ee) Bundesrepublik.

Nach der Schaffung des westdeutschen Bundesstaates wurden alle Zonen- und Mehrzonenverwaltungen, nämlich alle „Verwaltungsorgane und sonstige der öffentlichen Verwaltung oder Rechtspflege dienende Einrichtungen, die nicht auf Landesrecht oder Staatsverträgen zwischen Ländern beruhen, sowie die Betriebsvereinigung der südwestdeutschen Eisenbahnen und der Verwaltungsrat für das Post- und Fernmeldewesen für das französische Besatzungsgebiet" der Bundesregierung unterstellt. Diese regelt mit Zustimmung des Bundesrates die Überführung, Auflösung oder Abwicklung (Art. 130 GG.). (Für Obergericht z. B. VO. vom 23. 4. 1951 — BGBl. I, 289—.)

Der Bund geht von der komplementarischen Verwaltung aus (Art. 83 GG.). Die Einrichtung der Behörden bleibt grundsätzlich Sache der Länder auch für Angelegenheiten, die sie im Auftrag des Bundes ausführen. Bundeseigene und Bundesauftragsverwaltung gibt es nur dort, wo das Gesetz sie einrichtet[1]).

ff) Deutsche Demokratische Republik.

In der russischen Zone wurden durch Befehl der Sowjetischen Militäradministration in Deutschland (SMAD.) am 27. 7. 1945 Deutsche Verwaltungen in der sowjetischen Ostzone eingesetzt. Die Abgrenzung ihrer Befugnisse gegenüber den Ländern wurde in Vereinbarungen zwischen den Ländern und den Präsidenten der 19 Zentralverwaltungen festgelegt. Die Zentralverwaltungen waren Organe der SMAD. und nur ihr verantwortlich ohne eigene Legislative und Exekutive. Sie unterfielen keiner deutschen Kontrolle. Die Frage, ob sie ihrer rechtlichen Natur nach Behörden oder Körperschaften des öffentlichen Rechts sind, ist ungeklärt. Ihre wichtigste Aufgabe bestand in einer Koordinierung der Länderinstanzen und der gemeinsamen Planung für die Ostzone. Allgemeine Weisungsbefugnisse gegenüber den Ländern hatten sie nicht. (Befehl der Militärregierung Nr. 138 vom 4. 6. 1947.)

Die durch Befehl Nr. 138 der SMAD. vom 4. 6. 1947 gebildete deutsche Wirtschaftskommission (DWK.) war ein Koordinierungsorgan der wirtschaftlichen Zentralverwaltungen. Ihre Neuorganisation erfolgte gemäß SMAD.-Befehl Nr. 32 vom 12. 2. 1948 (ZVOBl. S. 138) und Nr. 183 vom 27. 11. 1948 (ZVOBl. S. 543). Sie bestand aus einem Plenum, nämlich 48 Vertretern der Länder, von den Landtagen gewählt, und 53 Vertretern der politischen Parteien und der demokratischen Massenorganisationen, dem Sekretariat, 17 Hauptverwaltungen und einigen weiteren Einrichtungen. Um Ordnung und Sauberkeit in Verwaltung und Wirtschaft zu sichern, schuf die DWK. durch Anordnung vom 15. 6. 1948 (ZVOBl. S. 240) und 1. 9. 1948 (ZVOBl. S. 429) eine zentrale Kontrollkommission und für die Länder Landeskontrollkommissionen[2]).

An die Stelle dieser Stellen ist nunmehr die durch Verf. d. DDR festgelegte Organisation getreten. Gemäß Gesetz vom 8. 11. 1950 besteht die Regierung aus

[1]) Vgl. oben S. 244f.
[2]) Einzelheiten bei Lassing in: DV. 1949, S. 492ff.

dem Ministerpräsidenten, fünf Stellvertretern und 17 Fachministern. Neben den Ministerien steht die Staatliche Planungskommission unter dem Vorsitz eines Stellvertretenden Ministerpräsidenten. Dem Ministerpräsidenten untersteht die Zentrale Kommission für Staatliche Kontrolle, dessen Vorsitzender im Kabinett stimmberechtigt ist. Auch die Deutche Demokratische Republik hatte — wie die Bundesrepublik — nach dem Verfassungstext grundsätzlich komplementäre Verwaltung (Art. 115 Verf. d. DDR) und nur soweit ein Bedürfnis bestand, errichtete die Republik durch Gesetz eigene Verwaltungen. Doch sind die Länder durch das mit verfassungsändernder Mehrheit der Volkskammer beschlossene Gesetz vom 23. 7. 1952 — GBl. 613 — zu Verwaltungsbezirken der zentral verwalteten Republik geworden[1]). Die Gebiete der (fünf) Länder sind in 14 Bezirke geteilt, die aus 194 Landkreisen und 23 Stadtkreisen bestehen — VO. vom 4. 12. 1952 — GBl. 1283. — An der Spitze steht jeweils der kollegial aufgebaute Rat des Bezirks oder Kreises; ihnen zur Seite Bezirkstag und Kreistag. Alle werden als Organe der Staatsgewalt bezeichnet und arbeiten nach Ordnungen vom 24. 7. 1952 — GBl. 621ff. —. Alle diese Stellen haben zwar gewisse parlamentarische Befugnisse (das praktisch allerdings fast bedeutungslose Etatrecht, Wahl ihrer Exekutivorgane). Doch unterstehen sie der vollen Fachaufsicht von Volkskammer und Regierung der Republik, die nicht nur die Rechtmäßigkeit, sondern auch die Zweckmäßigkeit aller Maßnahmen nachprüfen.

2. Landesbehörden

Die innere Verwaltung liegt in Deutschland seit jeher im wesentlichen in der Hand der Landesbehörden. Hieran hat auch die nationalsozialistische Herrschaft — trotz nach außen anders lautender Propaganda — wenig geändert. Wenngleich die seit 1945 gebildeten neuen Länder grundsätzlich keine Rechtsnachfolger alter Länder sind[2]), so ist doch der frühere Verwaltungsaufbau auch heute noch von Bedeutung.

a) Preußen

Die Grundlage des Aufbaus der preußischen Behörden stammt von Kurfürst Friedrich Wilhelm (1640—1688). Dieser machte den Staatsrat (Geheimer Rat) zur zentralen Verwaltungsbehörde. Daneben standen noch andere Hofbehörden, die Amtskammer für die Domänenverwaltung und das Konsistorium für die kirchlichen Angelegenheiten.

Die erste Verwaltungsreform führte Friedrich Wilhelm I. (1713—1740) durch. Er schuf in der Zentralinstanz das Generaldirektorium (Generalkriegs-, Finanz- und Do-

[1]) Ebenso Schnorr, in: ArchöffR. Bd. 74, S. 276.
[2]) HessVGH. in: Verw. Rspr. 4, 138

mänendirektorium) als oberste Landeszentralbehörde unter dem Vorsitz des Königs. Das Generaldirektorium arbeitete als kollegiale Behörde mit teils fachlich, teils regional abgegrenzten Zuständigkeiten. In der Zentralinstanz gab es außerdem Kabinettsminister, nämlich für auswärtige, Standes- und Hausangelegenheiten und einen Justizminister (chef de justice). In der Mittelinstanz wurden durch Friedrich Wilhelm I. die Kriegs- und Domänenkammern begründet, die aus den bisherigen Amts- und Kriegskammern hervorgingen, in einzelnen Provinzen gab es sogenannte „Regierungen", die teils rechtsprechende Tätigkeit ausübten mit einer Zuständigkeit der heutigen Oberlandesgerichte, aber zugleich auch als Verwaltungsbehörden für die Kirchen- und Schulangelegenheiten der Provinz tätig wurden. In der Lokalinstanz wurde die staatliche Verwaltung sowohl auf dem flachen Lande als in den Städten ausgebaut. Auf dem flachen Lande wurde der Kreisdirektor, der bis zum Beginn des 18. Jahrhunderts ein rein ständischer Beamter war, mehr und mehr zur staatlichen Behörde. Seit 1701 erhielt er die Dienstbezeichnung Landrat. Die Städte wurden weitgehend Staatsbeamten (Steuerräten) unterstellt, die in manchen Provinzen, insbesondere in dem östlichen Teil des Landes, die gesamte städtische Verwaltung an sich zogen.

Die zweite Verwaltungsreform, die vor allem vom Reichsfreiherrn vom Stein betrieben wurde, gestaltete alle drei Instanzen um. In der Zentralinstanz traten an die Stelle des Generaldirektoriums die fünf klassischen Ministerien für Inneres, Äußeres, Finanz, Kirchen und Justiz. Die Zuständigkeit war von nun an nicht mehr regional, sondern nur noch fachlich abgegrenzt. Die Verbindung zwischen den einzelnen Ministerien stellte vorübergehend das Amt des Staatskanzlers her, das jedoch mit dem Tode Hardenbergs im Jahre 1822 wieder einging. In der Mittelinstanz wurden die Oberpräsidenten geschaffen, die allerdings zunächst nur Außenstellen des Ministeriums waren, sogenannte „ständige Kommissare des Ministeriums (Vizeminister)". Die Kriegs- und Domänenkammern wurden in Regierungen mit ausschließlich Verwaltungstätigkeit umgestaltet. Die bisherigen „Regierungen" wurden Justizbehörden und erhielten die Bezeichnung Oberlandesgerichte. In der Lokalinstanz wurde teilweise die Selbstverwaltung eingeführt. Die Städte erhielten das Recht der Selbstverwaltung durch die Städteordnung von 1808, das flache Land durch das Gendarmerieedikt von 1812, das allerdings nicht durchgeführt wurde.

Die dritte Verwaltungsreform fand unter dem Einfluß von Bismarck und Gneist (1872—1891) statt. Es wurde hierbei das Verwaltungsstreitverfahren und das Beschlußverfahren eingeführt. Der Oberpräsident wurde reine Mittelinstanz neben und teilweise über den Regierungen. Dies kam besonders zum Ausdruck durch die Schaffung des Provinzialrates beim Oberpräsidenten als zweite Instanz im Beschlußverfahren und durch die Übertragung des Rechts zum Erlaß von Polizeiverordnungen und zur Beschwerdeentscheidung in Polizei- und Kommunalaufsichtssachen. In den Kreisen und Provinzen wurde die Selbstverwaltung neu eingeführt oder ausgestaltet. Politische Selbstverwaltung wurde durch die Heranziehung von Ehrenbeamten in die Staatsverwaltung begründet. Rechtsgrundlage der Organisation waren das Landesverwaltungsgesetz vom 30. 7. 1883 (LVG.) und das Zuständigkeitsgesetz vom 1. 8. 1883 (ZG.). Die Rechtsgrundlagen überdauerten die Umwälzung von 1918. Erst im Jahre 1932 kam es zu einzelnen Vereinfachungsanordnungen des als Reichskommissar für das Land Preußen eingesetzten Reichskanzlers (VerVO. des Reichspräsidenten vom 20. 7. 1932). Alle diese gesetzlichen Grundlagen blieben zur Zeit der nationalsozialistischen Herrschaft grundsätzlich in Kraft. Sie gelten auch heute noch fort, soweit sie nicht durch besondere Bestimmungen ausdrücklich aufgehoben worden sind. Dabei ist jedoch darauf zu achten, ob solche Bestimmungen nicht ihrerseits wieder durch jüngere Anordnungen überholt sind, wodurch dann möglicherweise wieder die ursprüngliche gesetzliche Regelung bedeutungsvoll wird.

Die oberste vollziehende und leitende Behörde des preußischen Staates war das Staatsministerium (Art. 6 VU. 1920). Es bestand aus dem vom Landtag gewählten Ministerpräsidenten und den von diesem ernannten Ressortministern. Nach dem Stande von 1932 (VO. vom 29. 10. 1932) gab es sechs Ministerien. Mit Angelegenheiten der inneren Verwaltung beschäftigte sich vorwiegend das Innenministerium. Dem Staatsministerium unmittelbar nachgeordnet waren insbesondere: der Gerichtshof zur Entscheidung der Kompetenzkonflikte, errichtet am 1. 8. 1879; der Dienststrafhof, errichtet durch die Beamtendienststrafordnung vom 27. 1. 1932. Mittelbehörden waren die Oberpräsidenten mit dem Provinzialrat und die Regierungspräsidenten mit dem Bezirksausschuß. Der Oberpräsident war der ständige Vertreter des Staatsministeriums in der Provinz (§§ 1 ff. Vereinfachungs-VO. vom 3. 9. 1932).

An der Spitze der inneren Verwaltung stand der Minister des Inneren. Unter seiner Oberleitung führten in den einzelnen preußischen Provinzen die Oberpräsidenten die staatliche Verwaltung durch. Jedoch kam es auch vor, daß für Einzelaufgaben in den Provinzen Staatskommissare eingesetzt wurden, so z. B. der Staatskommissar zur Stützung des ostpreußischen Gütermarktes (Staatsministerialbeschluß vom 23. 3. 1929), der bestimmte gesetzlich festgelegte Aufgaben zu erledigen hatte (Gesetz über wirtschaftliche Hilfe Ostpreußens vom 18. 5. 1929 — RGBl. I, S. 97 —). Die Geschäftsbereiche der einzelnen Oberpräsidenten waren nicht ganz einheitlich und richteten sich nach den örtlichen und wirtschaftlichen Verhältnissen. Zu ihrem Geschäftsbereich gehörte im allgemeinen das Wasserwesen, gewisse Polizeibefugnisse und sanitäre Aufgaben. Unter ihrer Leitung oder Oberaufsicht standen: das Provinzialschulkollegium, der gerichtsärztliche Ausschuß, das Staatsarchiv, das Landeskulturamt, die Landwirtschaftskammer, die Ärztekammer, die Apothekerkammer, die Tierärztekammer und zeitweilig die Direktion der deutschen Rentenbank. Auch hier gab es keine vollständige Einheitlichkeit. Neben dem Oberpräsidenten bestand als Kollegialbehörde der Provinzialrat, über den der Innenminister die Dienstaufsicht führte. Er war zusammengesetzt aus dem Oberpräsidenten, einem höheren Verwaltungsbeamten und fünf vom Provinzialausschuß gewählten ehrenamtlichen Mitgliedern. Er mußte bei allen wichtigeren Entscheidungen des Oberpräsidenten, geregelt im einzelnen im Zuständigkeitsgesetz, mitwirken, z. B. beim Erlaß von Polizeiverordnungen. Er war Beschwerdeinstanz gegen Beschlüsse der Bezirksausschüsse in Beschlußsachen (bis 1932), nicht jedoch Verwaltungsgericht.

Den Oberpräsidenten als nächste staatliche Instanz untergeordnet waren die Regierungspräsidenten. Mehrere Regierungsbezirke bildeten so zusammen den Bereich des Oberpräsidiums, die Provinz. Bei den Bezirksregierungen gab es neben der dem Regierungspräsidenten allein vorbehaltenen Präsidialabteilung (Abt. I, allgemeine Verwaltung), die kollegial beratenden, jedoch der einseitigen Einwirkung des Regierungspräsidenten nicht völlig entzogenen Abteilungen für Kirchen- und Schulwesen (Abt. II) und — mit Ausnahme von Münster i. W. — Abteilungen für direkte Steuern, Domänen und Forsten (Abt. III). Als Kollegialbehörde gab es neben dem Regierungspräsidenten den Bezirksausschuß, bestehend aus dem Regierungspräsidenten als Vorsitzenden, zwei vom Staatsministerium ernannten Beamten, von denen der eine zum Richteramt, der andere zum höheren Verwaltungsdienst befähigt sein mußte, und aus vier vom Provinzialausschuß auf vier Jahre gewählten Mitgliedern. Er war teils Verwaltungsbehörde (z. B. § 150 ZG., § 29 Enteignungsgesetz vom 11. 6. 1874, § 128 ZG., § 26 PVG.), teils Verwaltungsgericht.

Den Regierungspräsidien als nächste staatliche Instanz (Unterinstanz) untergeordnet waren die Landräte mit den Kreisausschüssen. Sie standen an der Spitze eines Landkreises. Mehrere Landkreise bildeten einen Regierungsbezirk (§ 12 Vereinfachungs-VO. vom 3. 9. 1932). Kreisämter konnten durch Beschluß des Staatsministeriums gebildet werden. Sie entstanden durch Vereinigung des Landrats mit den Vorstehern einzelner Staatsbehörden innerhalb des Kreises, wie z. B. dem Kreisschulrat, Kreisarzt, Kreistierarzt usw. Diese Kreisämter waren Kollegialbehörden mit zwei Mitgliedern, dem Landrat und dem jeweiligen Vorsteher. Neben dem Landrat gab es als Kollegialbehörde den Kreisausschuß, bestehend aus dem Landrat als Vorsitzenden und sechs vom Kreistag gewählten ehrenamtlichen Mitgliedern. Er war Verwaltungsbehörde, insbesondere als Beschlußbehörde im Beschlußverfahren, und Verwaltungsgericht, alles dies in erster Instanz.

Oberpräsident, Regierungspräsident und Landrat wurden vom preußischen Staatsministerium ernannt. Bei den Oberpräsidenten und Regierungspräsidenten geschah dies gemäß Art. 86 VU. 1920 im Einvernehmen mit dem zuständigen Provinzialausschuß, bei den Landräten auf Vorschlag des Kreistages, an den das Staatsministerium jedoch nicht gebunden war. Sämtliche so ernannten Personen waren staatliche Berufsbeamte[1]). Oberpräsident und Landrat waren, abgesehen von den im Provinzialrat oder Kreisausschuß zu behandelnden Beschlußsachen, einköpfige, monokratisch verwaltete Behörden. Für den Regierungspräsidenten traf dies hinsichtlich der in Abteilung I zu behandelnden Angelegenheiten zu.

Die unterste Stelle des staatlichen Verwaltungsaufbaus nahmen die Ortspolizeiverwaltungen ein[2]).

Der staatlichen von „oben nach unten" organisierten Verwaltung wuchs die kommunale Selbstverwaltung, sich von „unten nach oben" aufbauend, entgegen. Beide Organisationen trafen sich auf der Kreisebene, wo der Landrat gleichzeitig Funktionen im Kreistag, der gewählten Vertreterkörperschaft des Kreises, innehatte. Selbstverwaltung und staatliche Verwaltung bestanden weiterhin auf der Provinzebene. Grundsätzlich keine staatliche Verwaltung gab es bei den aus den Landkreisen wegen ihrer Größe ausgeschiedenen selbständigen Stadtkreisen, den sogenannten kreisfreien Städten[3]). Ausnahmsweise wurden in ihnen nur polizeiliche Befugnisse als Staatsaufgabe erledigt[4]).

Diese Organisation bestand im wesentlichen in dem gesamten Lande Preußen. Eine Sonderstellung nahm Berlin ein, welches gleichzeitig Provinz, Kreis und Gemeinde war (Gesetz zu einer neuen Stadtgemeinde Berlin vom 27. 4. 1920, Gesetz über die vor-

[1]) Vgl. unten S. 272.
[2]) Vgl. unten S. 283.
[3]) Vgl. unten S. 272 f.
[4]) Vgl. unten S. 285.

läufige Regelung verschiedener Punkte des Gemeindeverfassungsrechtes für die Hauptstadt Berlin vom 30. 3. 1931, VO. vom 23. Januar 1933)[1]). Kleinere Abweichungen bestanden in Hannover, Hessen-Nassau, Westfalen und Rheinprovinz insbesondere für die Verwaltung der Ortspolizei. Zur Förderung der Siedlungstätigkeit im Ruhrkohlenbezirk wurde durch Gesetz vom 5. 5. 1920, 29. 7. 1949 — GS. 91 — ein Siedlungsverband Ruhrkohlenbezirk geschaffen. Für ihn trat an die Stelle der Regierungspräsidenten der Verbandspräsident. Als staatliche Beschlußbehörde und als Verwaltungsgericht war der Verbandsrat vorhanden, der die Stelle der Bezirksausschüsse einnahm. Die Behörde des Verbandspräsidenten wurde im Jahre 1947 aufgelöst (nordrhein-westf. Gesetz vom 28. 11. 1947 — GVBl. 1948, 95 —). Seine Befugnisse sind auf die örtliche Landesregierung übergegangen.

b) Länder auf dem Gebiet der ehemals britischen Zone

Diese Länder befinden sich auf ehemals preußischem Gebiet sowie auf dem Gebiet der Länder Braunschweig, Oldenburg und Schaumburg-Lippe. Die preußische Regelung hat das Übergewicht. Nach der durch Kontrollratsgesetz Nr. 42 vom 30. 11. 1946 durchgeführten Auflösung des Landes Preußen löste die britische Militärregierung die Provinzen des ehemaligen Landes Preußen in der britischen Zone ebenfalls auf und bildete an ihrer Stelle neue selbständige Länder (MRVO. Nr. 46 und Nr. 55). Danach entstanden die Länder Schleswig-Holstein, Niedersachsen, gebildet aus der preußischen Provinz Hannover und den ehemaligen Ländern Braunschweig und Oldenburg, sowie Nordrhein-Westfalen, gebildet aus der preußischen Provinz Westfalen und der Rheinprovinz mit Ausnahme der Regierungsbezirke Koblenz und Trier und Schaumburg-Lippe. Ein selbständiges Land blieb die Hansestadt Hamburg (Gesetz über Verwaltungsbehörden vom 3. 6. 1947 — GVOBl. 25 —)[2]).

Der Behörden- und Verwaltungsaufbau innerhalb der Länder ist in den unteren Instanzen im wesentlichen der gleiche geblieben wie früher. Die Einteilung der ehemaligen Provinzen in Regierungsbezirke ist beibehalten worden. Dagegen wurden in allen Ländern die Landkreise zu reinen Selbstverwaltungskörperschaften umgestaltet. Nur n.-w. LKO 1953 und PolGes. 1953 begründen hier wieder staatliche Zuständigkeiten. Staatliche Sonderbehörden der Kreisstufe (Katasterämter, Veterinärämter, Gesundheitsämter, Ernährungsämter, Straßenverkehrsämter) werden weitgehend den Stadt- und Landkreisverwaltungen als Dienststellen eingegliedert (z. B. nordrhein-westf. Gesetz vom 30. 4. 1948 — GVBl. 180 — oder bestehen als Kommunalbehörden fort, wie z. B. die Kreisschulämter)[3]). Die allgemeine staatliche Verwaltung endet mithin bei der Instanz des Regierungspräsidenten. Daneben bestehen Sonderbehörden (z. B. Oberversicherungsamt, Bergamt, Forstamt, Eichamt, Landeskulturamt, Arbeitsamt).

---

[1]) Übersicht z. B. bei Landsberg-Goetz, Verfassung von Berlin, 1950, 9ff.

[2]) Näheres DRZ. 1948, S. 429.

[3]) OVG. Mstr. 5, 143.

c) Länder auf dem Gebiet der ehemals russischen Zone

Sie umfassen ehemaliges preußisches Gebiet sowie die ehemaligen Länder Sachsen, Thüringen, Mecklenburg und Anhalt. Außer den preußischen Vorgängen ist für den Verwaltungsaufbau die ehemalige Verwaltungsorganisation in Sachsen und Thüringen von Bedeutung.

In Sachsen ging die Stufenfolge vom Ministerium des Inneren über die Kreishauptmannschaften zu den Amtshauptmannschaften. Die Kreishauptmannschaften waren in der Regel einköpfige Behörden, die Beamten der Kreishauptmannschaft waren nur Gehilfen des Kreishauptmanns, nur als Rekurs- und Beschwerdebehörde, ferner als Verwaltungsgericht, entschied die Behörde in dreiköpfiger Besetzung kollegialisch. Außerdem stand aber der Kreishauptmannschaft ein aus Abgeordneten der Bezirksverbände und der bezirksfreien Gemeinden gebildeter Kreisausschuß zur Seite, der unter dem Vorsitze des Kreishauptmanns in bestimmten Fällen kollegial beriet und beschloß. Ähnlich war der Amtshauptmann in bestimmten Fällen an die Mitwirkung des vom Bezirkstag gewählten Bezirksausschusses, dessen Vorsitzender er war, gebunden. während er im übrigen ohne kollegiale Beratung entschied. Staatliche Ortspolizeibehörden gab es nur in Chemnitz, Dresden, Leipzig (Polizeipräsidenten) und in Plauen (Polizeiamt), sonst verwaltete die Ortspolizei der Gemeinderat, der in der Regel nur aus dem Bürgermeister bestand, aber in größeren Gemeinden als mehrköpfige Behörde gebildet wurde und in den Städten der im übrigen aufgehobenen revidierten Städteordnung unter der Bezeichnung „Stadtrat" bis auf weiteres eine solche war. Im Falle der Mehrköpfigkeit war die Handhabung der Sicherheitspolizei einschließlich der Verkehrspolizei Aufgabe des Bürgermeisters allein. Die Einrichtung der bezirksfreien, d. h. keiner Amtshauptmannschaft untergeordneten, Städte gab es auch in Sachsen. Die maßgebende Einwohnerzahl betrug hier 30000. Dieser Aufbau ist zur Zeit nur teilweise vorhanden.

Nach dem Zusammenbruch wurden von der sowjetischen Militäradministration in den „föderierten Ländern" Mecklenburg und Vorpommern, Sachsen und Thüringen und in den Provinzen Mark Brandenburg und Sachsen Landes- und Provinzialverwaltungen eingesetzt, in denen sich deutsche Selbstverwaltungsbefugnisse und Gesetzgebungsbefugnisse vereinigten. Vorübergehend wurden die Länder als Staaten aufgefaßt. Seit dem Ausbau der Deutschen Demokratischen Republik als einheitsstaatlichem Gebilde sind sie Gebietskörperschaften ohne Staatsqualität. Durch Gesetz vom 23. 7. 1952 — GBl. 613 — ist das Gebiet der Republik in Bezirke eingeteilt, welche die Aufgaben der Länder übernehmen[1]). Durch dieses verfassungsändernde Gesetz ist die in der Verfassung ausgesprochene Zuständigkeitsverteilung zwischen Republik und Länder unwirksam geworden. Praktisch ist dadurch nicht viel verändert, weil schon nach Art. 116 Verf. DDR die Regierung der Republik die Aufsicht in allen Angelegenheiten ausübte, in denen der Republik die Gesetzgebung zusteht. Das aber ist nach Art. 111, 112 potentiell stets der Fall.

---

[1]) Vgl. oben S. 253.

d) Hessen

Dieses Land hat im wesentlichen die preußische Verwaltungsorganisation übernommen. Zentralbehörden sind die (drei) Landesministerien, sowie einige Sonderbehörden. Mittelbehörden sind die Regierungspräsidien. Die Kreise, in die die Regierungsbezirke aufgeteilt sind, sind Kommunalverwaltungsbezirke, wobei allerdings neben dem kommunalen Landrat noch staatliche Beamte tätig sind.

e) Rheinland-Pfalz

Dieses Land befindet sich auf ehemals preußischem, bayerischem und hessischem Gebiet. Unter den (sechs) Ministerien arbeiten als staatliche Mittelinstanz die (fünf) Regierungspräsidien. Weitgehend ist die preußische Verwaltungsorganisation beibehalten worden. Die Pfalz hat eine gewisse Sonderstellung. Sie ist staatlicher Verwaltungsbezirk mit einem Oberregierungspräsidenten an der Spitze und zugleich Provinzialverband zur Erfüllung von Selbstverwaltungsaufgaben. Die als Selbstverwaltungsgebietskörperschaften ausgestalteten Städte, Landgemeinden, Landkreisverbände und Bezirksverbände erfüllen auch Staatsaufgaben, so daß sie z. T. staatliche Behörden enthalten (staatliche Landräte) (§§ 15 BGH. 12 KO. = Teil C SelbstverwG. v. 27. 9. 1948 — GVBl. 355).

f) Bayern

Hier wurde nach dem Zusammenbruch die schon früher vorhandene Organisation im wesentlichen beibehalten. Unter den Ministerien als Zentralbehörden stehen die (sieben) Regierungsbezirke[1]) als staatliche Mittelinstanz. Die Regierungsbezirke sind eingeteilt in Stadt- und Landkreise, d. s. kreisfreie Städte ohne staatliche Verwaltung und Landkreise mit Landratsamt und Landrat als Kreisbehörde. Soweit diese rein staatliche Aufgaben, insb. die staatliche Aufsicht über die kreisangehörigen Gemeinden und sonstigen Körperschaften, Anstalten und Stiftungen des öffentlichen Rechts wahrnehmen, sind sie Staatsbehörden, die durch staatliche Nebenbeamte tätig werden (bayer. LKO. 1952 — GVBl. 39 —)[2]). I. ü. sind die Landkreise kommunale Körperschaften[3]).

---

1) Die Bezeichnung ist nun — erfreulicherweise — der nord- und westdeutschen angepaßt. Früher wurde die staatliche Mittelinstanz als Kreis bezeichnet, der in mehrere Bezirke eingeteilt war.

2) Bei Amtspflichtverletzungen des Landrats in der Erledigung von Dienstgeschäften des staatlichen Landratsamtes haftet der Staat (nach der allein noch unter dem Einfluß des Bayer. OLG. vertretenen Funktionstheorie, vgl. oben S. 175); so Eibl in: Bayer. Bürgermeister 1950, 60; Brandl, ebd. 175; Jobst, ebd. 201; OLG. München in: DVBl. 1951, 511; OLG. Bamberg in: DÖV. 1950, 753.

3) Verwaltungsrecht in Bayern, hrsg. von Mang, München, 1951 ff.

g) Baden-Württemberg

Oberste Landesbehörden sind die Landesregierung, der Ministerpräsident, die Minister und der Rechnungshof. Als staatliche Mittelinstanzen bestehen — wodurch die frühere Zersplitterung einer einheitlichen Organisation weicht — (vier) Regierungspräsidien. Die Stadt- und Landkreise erfüllen zum Teil Staatsverwaltung (Landesverwg. v. 7. 11. 1955 — GBl. 225).

h) Städte (Stadtstaaten)

In den historisch gewordenen Städten Hamburg und Bremen regelt die jeweilige Ordnung den Behördenaufbau und die Abgrenzung der staatsrechtlichen von der kommunalrechtlichen Sphäre (Hamb. Verf. vom 6. 6. 1952 — GVBl. 117 —[1]), Ges. über Verwaltungsbehörden i. d. F. vom 30. 7. 1952 — GVBl. 163 —; brem. Verf. 1947 i. d. F. vom 16. 1. 1953 — GBl. 7 —, Ges. über Ortsämter und Außenstellen der brem. Verw. vom 3. 7. 1951 — GBl. 67 —). Die nach dem Zusammenbruch zunächst versuchte Lösung eines von einem einheitlichen Magistrat verwalteten Berlin konnte nicht verwirklicht werden[2]). Das durch die drei Sektoren der Westmächte umschriebene Westberlin baut sich nunmehr als — nicht historisch gewordener, sondern künstlich errichteter — Stadtstaat gemäß der Verfassung vom 1. 9. 1950 — VOBl. I, 433 —[3]) auf.

Als Zentralverwaltungsstelle steht an der Spitze jeder Stadt ein Senat als Kollegium, dem eine Reihe sonstiger Behörden unterstellt ist.

Schrifttum

Becker, Der gegenwärtige Verwaltungsaufbau in der Pfalz. In: Festschrift für W. Laforet. 1952.
Bühler, Übersicht über die Behördenorganisation des Reichs. In: HdbchddStR. I, 586.
Handbuch für die Bundesrepublik Deutschland, hrsg. vom Bundesminister des Innern. 1953 ff.
Die Bundesrepublik. Taschenbuch für Verwaltungsbeamte (63. Jahrgang) 1953.
Eschenburg, Verfassung und Verwaltungsaufbau des Südweststaates. 1953.
Forsthoff, Verwaltungsorganisation (Heft 18 der Sammlung: Die Verwaltung, hsg. von Frdr. Giese) 1952.
Kratz, Mittelrhein-Saar (Heft 7 Hochschule Speyer). 1954.
Münchheimer, Die Neugliederung Mitteldeutschlands 1954 (auch Bühling, ÖV. 55, 8).
Taschenbuch des öffentlichen Lebens. 1953. Hsg. von Vogel-Oeckl-Graf Finkenstein. 1953.
Weber, Der gegenwärtige Verwaltungsaufbau. 1948.
Ders., Staats- und Selbstverwaltung in der Gegenwart. 1955.
Der Zonenbeirat der britisch besetzten Zone (Heft 2 der Monographien zur Politik, bearbeitet von Donndorf). 1951.

[1]) Drexelius-Weber, Verfassung der Freien u. Hansestadt Hamburg. Kom. 1953.
[2]) Haas, Vorläufige Verfassung von Groß-Berlin, Berlin 1947.
[3]) Vgl. Landsberg-Goetz., Verfassung von Berlin. 1952.

Siebzehntes Kapitel

Organisation der Kommunalverwaltung

1. Begriff der Selbstverwaltung

Selbstverwaltung im weitesten Sinne bedeutet eine Beteiligung der Personen, die Gegenstand einer Verwaltungstätigkeit sind, an dieser Tätigkeit selbst. Selbstverwaltung innerhalb des Staates bedeutet eine Beteiligung der genannten Personen, also der Staatsbürger, an der staatlichen Verwaltung oder an Aufgaben, die durch die staatliche Verwaltung durchgeführt werden können.

Sie erscheint daher nur innerhalb der Staatsfunktion der Verwaltung, nicht der Rechtsprechung oder Gesetzgebung.

Die nicht staatlichen Verbänden zukommende Befugnis, Recht zu setzen, wird als Autonomie bezeichnet[1]).

2. Arten der Selbstverwaltung

a) Selbstverwaltung im tatsächlich-politischen Sinn

Darunter versteht man Beteiligung von Laien an staatlichen Verwaltungsaufgaben. Es werden hierdurch Aufgaben, die auch durch hauptamtlich tätige Personen erledigt werden können, durch Laien im Nebenamt oder als Ehrenamt durchgeführt. Diese Art der Selbstverwaltung ist dem deutschen modernen Recht seit der zweiten Hälfte des vorigen Jahrhunderts bekannt[2]).

Selbstverwaltung in diesem Sinne ist vorhanden in den sogenannten gemischten Behörden, das sind aus Berufsbeamten und Laienmitgliedern zusammengesetzte Behörden, wie z. B. der preußische Kreisausschuß, Stadtausschuß, Bezirksausschuß, Provinzialrat.

Schon die Beispiele zeigen, daß diese Art der Selbstverwaltung nicht an bestimmte Arten von Behörden gebunden ist. Es kommt nicht darauf an, ob es sich um eine staatliche, eine städtische oder sonstige Behörde handelt. Überall da, wo Laien öffentliche Verwaltungstätigkeit ausüben, liegt Selbstverwaltung im tatsächlichen Sinne vor.

---

[1]) Vgl. meinen Aufsatz Volksgruppenrecht in bilateralen Staatsverträgen, in: Zeitschrift für öffentliches Recht, 1937.

[2]) Vgl. oben S. 202.

b) Wirtschaftliche Selbstverwaltung

Auch die wirtschaftliche Selbstverwaltung knüpft wie diejenige im tatsächlich-politischen Sinne an die Person an. Sie betrachtet jedoch nicht den Unterschied zwischen Verwaltungsfachleuten und Laien, sondern den Beruf der Menschen. Es ist ein alter deutscher Rechtsgedanke, daß zum gleichen Beruf gehörende Personen ihre Berufsangelegenheiten, und was damit zusammenhängt, selbst verwalten. Die moderne deutsche Wirtschaft kennt solche zu Einheiten zusammengefaßte Personenmehrheiten, wie z. B. die Innungen, die Handwerkskammern, die Industrie- und Handelskammern, die Bauernkammern usw.[1]).

Wirtschaftliche Zwecke verfolgen auf dem Gebiet des öffentl. und privaten Rechts die Realgemeinden, d. s. ländliche Genossenschaften, die sich aus alter Zeit bestimmte Nutzungsrechte, Land usw. als gemeinsames Eigentum bewahrt haben, wobei die dinglichen Anteilrechte aus meist historischen Zusammenhängen (z. B. Markgenossenschaft) berechtigten Personen gehören — Art. 164 EGBGB —[2]). Sie sind i. d. R. Personen des Privatrechtes. Aber auch Einrichtungen, die nicht nur wirtschaftliche, sondern vorwiegend ideelle Aufgaben erledigen, sind zu nennen, wie die Rechtsanwaltskammern, die Ärztekammern oder die deutschen Universitäten und sonstige Zentren der Wissenschaft.

c) Kommunale Selbstverwaltung

Den bisher besprochenen Arten der Selbstverwaltung steht diejenige gegenüber, die nicht an die Person oder ihren Beruf, sondern an den Aufenthaltsort der Person anknüpft. Von der Selbstverwaltung im tatsächlich politischen Sinne unterscheidet sie sich dadurch, daß sie nicht auch durch Staatsbehörden, sondern allein durch vom Staat getrennte Stellen, die öffentlich-rechtlichen Gebietskörperschaften, Gemeinden und Gemeindeverbände, ausgeübt wird. Von der wirtschaftlichen Selbstverwaltung unterscheidet sie sich dadurch, daß sie jeden Menschen, der sich auf ihrem Gebiet aufhält, erfaßt und nicht nur die Angehörigen eines bestimmten Berufes.

Für die deutschen Verhältnisse kommen in Betracht die Kommunalverbände, nämlich die Stadt- und Landgemeinden, und die Kommunalverbände höheren Grades, die die Bezeichnung Kreise, Bezirke, Provinzen oder Landschaftsverbände tragen oder trugen.

Diese Art der Selbstverwaltung verfügt über selbständige Behördenorganisationen.

---

[1]) Vgl. unten S. 311.

[2]) Vgl. Staudinger-Gramm, BGB. 10. Aufl. 1939 EG. Art. 164; Loeb-Caldenhof, Die Realgemeinden in Hannover. Gött. Diss. 1932.

3. Geschichte der kommunalen Selbstverwaltung

Sie ist eine typisch deutsche, aus der politischen Entwicklung dieses Landes hervorgegangene Einrichtung. Ihre Anfänge reichen bis in das frühe Mittelalter zurück.

Selbständige Ortsgemeinden finden sich schon im fränkischen Reich. Die lex Salica gibt den Dorfbewohnern z. B. das Recht, gegen Zuzug von Fremden in das Dorf Einspruch zu erheben. Danach müssen schon in dieser Zeit Dörfer als geschlossene Einheiten gesetzlich anerkannt worden sein. (Titel 45 der lex Salica, De migrantibus.) In einem etwas späteren Zusatz wird von einer Gemeindeversammlung gesprochen, der gewisse Rechte und Pflichten zustehen. Von vornherein steht fest, daß nicht alle Einwohner auch vollberechtigte Gemeindemitglieder sind[1]).

Für die Entstehung der Städte wird in der folgenden Zeit das Marktrecht wichtig, das den damit Bedachten Rechte gibt und Pflichten auferlegt. Im 12. und 13. Jahrhundert werden dann Recht und Verfassung der größeren Städte von besonderer Bedeutung für das ganze Reich. So breitet sich das Hamburger Recht in ganz Norddeutschland aus, das Soester, Münstersche und Dortmunder Recht in Westfalen, das Kölner Recht in Schwaben, das Frankfurter und Duisburger Recht in Franken oder das Magdeburger Recht in ganz Ostdeutschland. Eine Selbstverwaltung indessen gab es bis zum 12. Jahrhundert in all diesen Städten und Orten nicht. Vielmehr wurde die Verwaltung durchgeführt durch den vom Gemeindeherrn, also meist einem Fürsten, ernannten Stadtschultheiß, der zusammen mit dem Schöffenkollegium auch die Stadtgerichtsbarkeit ausübte.

Erst seit dem 13. Jahrhundert wurde der Stadtschultheiß allmählich verdrängt durch den von der Bürgerschaft gewählten oder von ihr in anderer Weise bestimmten Bürgermeister, der dann selbst oder durch seine Vertreter auch die städtische Gerichtsbarkeit übernahm. Allerdings war auch dann nicht die gesamte Einwohnerschaft an dieser Selbstverwaltung beteiligt, sondern nur die Mitglieder der sogenannten ratsfähigen Geschlechter. Das blühende deutsche Städtewesen einschließlich demjenigen der Hansa oder anderen Bünde lebte also nach einer oligarchischen Verfassung[2]). Die herrschende Schicht wachte mit Energie darüber, daß kein Außenseiter in den Rat hineinkam. Selbst nachdem die ausschließliche Herrschaft der ratsfähigen Geschlechter durch die mehr oder minder erfolgreichen Zunftkämpfe des 14. und 15. Jahrhunderts gelockert war, änderte sich im Grunde nicht viel. Denn die neu hinzutretenden Ratsmitglieder organisierten sich bald in der gleichen Weise wie die alten und machten mit ihnen zusammen Front gegen diejenigen, die eine demokratische Beteiligung aller an der Verwaltung durchsetzen wollten.

Der tiefere Grund für diese undemokratische Haltung war die Herrschaft des schon im alten germanischen Recht zu beobachtenden Genossenschaftsgedankens. Man war gewohnt, sich zu meist auf beruflicher Grundlage gebildeten Interessengruppen zusammenzuschließen. Die enge Bindung an bestimmte Personen und spezielle Zwecke verhinderte den Blick ins Allgemeinere und Freie. So gab es in den ersten Jahrzehnten der Neuzeit auf deutschem Boden eine Unzahl nebeneinander bestehender Genossenschaften. Die Städte und Gemeinden wurden von den darin Herrschenden fast genau

---

[1]) Die Grenzen sind für uns nicht klar ersichtlich und infolgedessen Gegenstand von Auseinandersetzungen. Vgl. z. B. M. Weber, Der Streit um den Charakter der altgermanischen Sozialverfassung in der deutschen Literatur des letzten Jahrzehnts (Gesammelte Aufsätze zur Sozial- und Wirtschaftsgeschichte, 1924), S. 508ff., oder auch Viktor Ernst, Die Entstehung des deutschen Grundeigentums, 1923, S. 26.

[2]) Auch hier ist im einzelnen vieles streitig. Vgl. E. Keutgen, Der deutsche Staat des Mittelalters, 1918, S. 36ff.

so angesehen wie eine Innung oder eine Handelsvereinigung, eben als Mittel zur Durchsetzung ihrer eigensten Interessen. Man pflegte oft zwar mit viel Liebe das Eigenleben, verlor darüber aber jede Stoßkraft nach außen. So ist es verständlich, daß die mit zentralisierten, zweckmäßig organisierten und sparsamen Verwaltungsapparaten arbeitenden Fürsten im 18. Jahrhundert die Vielzahl nebeneinander oder gegeneinander bestehender lokaler oder beruflicher Genossenschaften weitgehend überspielten[1]).

Aber zu einer völligen Vernichtung der alten städtischen Freiheiten kam es nur an wenigen Orten. Im Westen und Süden des Reichs konnten die Fürsten zwar gewisse Erfolge gegen die Städte erzielen, aber zu einer gänzlichen Unterwerfung unter die fürstliche Verwaltung fehlte ihnen die Macht. Es gibt zahlreiche Beispiele, wonach Städte Eingriffe der Landesherren in ihre bisherigen Rechte mit Erfolg zurückwiesen[2]). Selbst für Preußen legte Friedrich II., der allerdings wie schon sein Vater auch ausgediente Unteroffiziere als Ortskommissare in den Städten einsetzte, in seinem politischen Testament von 1752 nieder:

„Ich habe den Städten in den alten Provinzen die Freiheit gelassen, ihren Magistrat zu wählen und mich in diese Wahlen nur dann eingemischt, wenn sie Mißbrauch damit trieben und einzelne Familien zum Nachteil der anderen alle Gewalt an sich rissen. In Schlesien habe ich ihnen das Wahlrecht genommen, damit sie die Schöffenstühle nicht mit Leuten besetzen, die dem Hause Österreich ergeben sind. Mit der Zeit und sobald die gegenwärtige Generation ausgestorben ist, kann man den Schlesiern ihr Wahlrecht unbesorgt wiedergeben“[3]).

Die preußische Reform zu Beginn des 19. Jahrhunderts knüpfte in gewissem Maße an bestehende Zustände an. Stein stammte aus dem Nassauischen. Er hatte die Zustände im Westen des Reichs, wie sie zum Ausgang des 18. und Beginn des 19. Jahrhunderts bestanden, als Fachmann lange Zeit vor Augen und eingehend studiert. Aus zahlreichen Äußerungen geht hervor, daß er selbst meinte, nichts fundamental Neues geschaffen, sondern auf dem zu seiner Zeit in seiner Heimat noch vorhandenen Alten weiter aufgebaut zu haben. Selbstverständlich wollte er nicht die alten Libertäten der Städte wieder herstellen, aber er wandte sich z. B. noch im Jahre 1829 energisch dagegen, daß man sein Werk als revolutionär bezeichne und er fand harte Ausdrücke gegen diejenigen, die „von Eigennutz und Herrschsucht getrieben, versuchen, über die Städte- und Kommunalordnung Besorgnisse zu erregen, demokratische Gespenster aus dem eigenen hohlen Gehirn hervorzurufen“[4]).

Aufbauend auf den vorhandenen Unterlagen nun allerdings haben Stein und seine Mitarbeiter dem kommunalen Leben Richtlinien gegeben, die heute noch maßgebend sind. Der wichtigste Grundgedanke ist: Wenn der Mensch bei irgendwelchen Vorgängen nur immer Objekt oder Zuschauer ist, verliert er das Interesse. Wahrhaft interessiert ist lediglich derjenige, der in irgendeiner Form an der Handlung teilnehmen kann. Die Richtigkeit dieses Satzes ist mit Beispielen aus jedem Bereich menschlicher Tätigkeit zu belegen. Der wirklich interessierte Techniker will nicht immer nur die Konstruktionen anderer vorgeführt bekommen, er will selbst seine Gedanken in die Wirklichkeit umsetzen. Der an Gärtnerei Interessierte will nicht nur fremde Gärten bewundern, sondern er will selbst einen Garten bearbeiten. Wenn man gar die Menschen an einer solch kom-

---

[1]) Einzelheiten z. B. bei F. Lamp, Das Problem der städt. Selbstverwaltung nach österreichischem und preußischem Recht, 1905, 7—11, 107 mit Schrifttum.

[2]) F. Steinbach, Geschichtliche Grundlagen der kommunalen Selbstverwaltung in Deutschland, 1932, 83ff.

[3]) Friedrich der Große, Die politischen Testamente, Neuauflage 1922.

[4]) G. H. Pertz, Das Leben des Ministers Freiherr vom Stein, 1855, VI, 2, 249.

plizierten und vielleicht gar nicht einmal sehr liebenswerten Einrichtung wie dem modernen Staat interessieren will, dann muß man sie am Regieren und Verwalten dieses Gebildes irgendwie beteiligen. Gerade für das politische Gebiet war das zu Beginn des 19. Jahrhunderts besonders klar ersichtlich. Der vom Volk getragene französische Staat hatte überall Erfolge, während die Polizeistaaten wie Preußen oder die deutschen Duodezstaaten, die die Bürger mehr oder weniger ängstlich vom Mitregieren fernhielten, sehr schnell dem französischen Ansturm erlagen.

„Die Nation muß", wie Stein ausführte[1]), „daran gewöhnt werden, ihre eigenen Geschäfte zu verwalten und aus diesem Zustand der Kindheit herauszutreten, worin eine immer unruhige, immer dienstfertige Regierung die Menschen halten möchte."

Die Durchführung dieses Grundsatzes hat aber auch für die Verwaltung selbst Vorzüge.

„Der Formenkram und Dienstmechanismus in den Kollegien wird durch Aufnahme von Menschen aus dem Gewirr des praktischen Lebens zertrümmert, und an seine Stelle tritt ein lebendiger, feststrebender, schaffender Geist und ein aus der Fülle der Natur genommener Reichtum von Ansichten und Gefühlen."

Unter Verwendung dieser beiden nahe miteinander verbundenen Gesichtspunkte kam es dann unter Leitung von Stein und Hardenberg, dem preußischen Staatskanzler, zu einer umfassenden Verwaltungsreform mit einem genau abgewogenen Verhältnis zwischen Staatsverwaltung und Selbstverwaltung. Es wurden nicht die gleichen Grenzen gezogen, die wir heute im allgemeinen kennen, sondern die Selbstverwaltung oder, wie man auch sagte, die Selbständigkeit oder „Autonomie" der Gemeinden wich in vielen Punkten von unseren heutigen Lösungen ab. Die Stadtbürger sollten zu öffentlichen Ämtern herangezogen, die staatliche Bevormundung sollte auf ein Mindestmaß beschränkt werden. Als das wichtigste Recht der Gemeinde wurde die eigene Verwaltung ihres Haushalts angesehen. Die Gemeindeorgane waren durch die Gemeindemitglieder zu wählen, um „dem dringend sich äußernden Bedürfnis einer wirksamen Teilnahme der Bürgerschaft an der Verwaltung des Gemeindewesens zu genügen, in den Bürgergemeinden einen festen Vereinigungspunkt zu bilden, ihnen eine tätige Einwirkung auf die Verwaltung des Gemeinwesens beizulegen und durch diese Teilnahme Gemeinsinn zu erregen und zu erhalten." Im Grunde war so die Gemeinde eine selbständige, von der Regierung möglichst unabhängige Vermögensverwaltung[2]). Als selbständige Rechtspersönlichkeit wurde sie noch nicht angesehen. Hierzu bedurfte es noch langer Kämpfe.

Gerade diese Frage stand später im Mittelpunkt des Interesses, und es bedeutete eine große Stärkung der Stellung der Gemeinden den staatlichen Behörden gegenüber, als die Gemeinden sich rechtlich verselbständigten.

Den Kern auch der modernen kommunalen Selbstverwaltung[3]) bildet so die Verwaltung des eigenen Vermögens, also eine im Grunde wirtschaftliche Tätigkeit. Erst nach und nach wurde die Verwaltung auf die Befriedigung aller lokalen Bedürfnisse ausgedehnt, wie z. B. die Anlegung von Ortsstraßen, Wasserversorgung, dann sogar die Handhabung der Ortspolizei.

Ein weiterer Streit ging darum, ob man die kommunale Selbstverwaltung aufzufassen habe als etwas, was der Staat seinen Bürgern freiwillig, und ohne dazu gezwungen werden zu können, schenkt oder ob Selbstverwaltung ein jedem Menschen zu-

---

[1]) Eingang zur Städteordnung vom 19. 11. 1808.

[2]) Lamp, 38ff., Literatur.

[3]) Fritz Fleiner, Institutionen, 97.

stehendes Recht, ein Grundrecht ist[1]). Die letztere Lösung erkämpfte ihren bedeutendsten Sieg in der Zeit von 1848—1850. Die Frankfurter Reichsverfassung vom 5. 12. 1848, Art. II, § 184, nämlich bezeichnete das Recht auf Selbstverwaltung als Grundrecht. Es war zu verstehen in dem gleichen Sinne wie das Recht auf Briefgeheimnis, Versammlungs- oder Korporationsfreiheit usw. Diesem Vorbild schlossen sich zahlreiche Landesgesetze an, so z. B. die preußische Verfassungsurkunde vom 5. 12. 1848, Art. 104, das preußische Gemeindegesetz vom 11. 3. 1850. Die badische Gemeindeordnung in der Fassung von 1910 enthielt noch den Satz: Jede Gemeinde hat das Recht, die auf den Gemeindeverband sich beziehenden Angelegenheiten zu besorgen und ihr Vermögen zu verwalten (§ 6).

Aber im großen und ganzen hatten die Pläne von 1848 wie so viele aus dieser Zeit keine Folgen. Im Gegenteil wurden in den nächsten Jahren sogar viele Bestrebungen der Stein-Hardenbergschen Reform rückgängig gemacht. Die Entwicklung in Preußen kann dabei als Vorbild für die Zustände in den übrigen deutschen Ländern dienen. Der preußische König hatte schon zur Zeit der Karlsbader Beschlüsse die Vorschläge Hardenbergs „Über die zu bildende Repräsentation des Volkes" von 1815 abgelehnt. Hardenberg wollte „die Grundsätze der Städteordnung von 1808 auf alle Kommunen ausdehnen und mit der größeren Selbständigkeit, welche hiernach den Gemeinden zuteil wird, auch eine rege Teilnahme für ihre gemeinschaftlichen Angelegenheiten unter allen ihren Gliedern erwecken, um auf einer in diesem Sinne gebildeten Gemeindeeinrichtung die Grundlagen der künftigen Verfassung zu erbauen". Mit anderen Worten: Er wünschte einen organischen Ausbau der kommunalen Selbstverwaltung zu einer repräsentativen Staatsverfassung. Der Hauptwiderstand gegen alle diese Bestrebungen ging von den feudalen Großgrundbesitzern des Ostens aus. Das führte zu einem Gegensatz zwischen Stadt und Land und, entsprechend der Zusammensetzung der Bevölkerung, zu einem Gegensatz zwischen Ost- und Westdeutschland, der damals die innenpolitische Kampflage beherrschte. Die durch Gesetz vom 23. 6. 1823 eingeleitete Provinzial- und Kreisständische Gesetzgebung ließ das Virilstimmrecht der Rittergutsbesitzer zunächst einmal bestehen und basierte die Kreis- und Provinzialstandschaft auf den Grundbesitz in ständischer Gliederung. Die Städteordnung von 1808 blieb so völlig isoliert inmitten der ganz anders gearteten Umgebung des absolutistischen Beamtenstaates.

Aber selbst in den Städten ging man einen weiten Schritt zurück. Die Städteordnung von 1831 sagt: „Jeder Stadt soll als deren Obrigkeit ein Magistrat vorgesetzt sein, welcher in einer doppelten Beziehung steht a) als Verwalter der Gemeindeangelegenheiten, b) als Organ der Staatsgewalt." Die Tendenz ist deutlich. Die Mächte, die im preußischen Staat dominierten, wünschten das auch in Gemeindeangelegenheiten zu tun. Die Ereignisse des Jahres 1848 erschütterten ihre Stellung nicht. Am 24. 5. 1853 wurde Artikel 104 der Verfassung von 1848 nebst allen hiermit zusammenhängenden Gesetzen, insbesondere der Gemeindeordnung von 1850, wieder aufgehoben und die alten Kreis- und Provinzialstände wiederhergestellt. Auf dem flachen Land im Osten traten besonders noch durch zwei Gesetze von 1856 im wesentlichen die Rechtszustände des alten preußischen Landrechts mit der patrimonialen Polizeiobrigkeit des Gutsherrn über die Landgemeinden wieder in Kraft. Die Städte erhielten gebietsweise verschiedene Städteordnungen, die hinsichtlich der Befugnisse der Selbstverwaltung weit unter dem blieben, was die Städteordnung von 1808 bereits verliehen hatte.

Als man dann, beginnend im Jahre 1872, an eine allgemeine Verwaltungsreform ging, war nach der Schaffung des deutschen Reichs die außenpolitische Lage

[1]) Die verschiedenen Lehrmeinungen sind zusammengestellt z. B. bei Julius Hatschek, Lehrbuch des deutschen und preußischen Verwaltungsrechts, 1931, S. 95ff.

weitgehend geklärt, aber die wirtschaftlichen Kämpfe zwischen Kapital und Proletariat hatten einen Abschluß noch nicht gefunden. Dies geschah auch nicht durch die vom Staat vorgenommene Sozialgesetzgebung der 70er und 80er Jahre. Zwar konnten nach 1871 Männer, die bisher ihre Arbeitskraft der staatlichen Neugestaltung gewidmet hatten, nun kommunalpolitische Fragen erörtern. Die Arbeitervertreter jedoch hatten hierfür auch jetzt noch keine Möglichkeit. So steht die Verwaltungsreform von 1872 völlig unter staatlichem Aspekt. Die Kämpfe wurden ausgetragen zwischen den mehr die Belange der Städte und der westlichen Industriegebiete vertretenden Liberalen und den die ländlichen großagrarischen Gebiete und den Osten vertretenden Konservativen. Nach langem Ringen kam es schließlich zu einem Kompromiß.

Die kommunale Selbstverwaltung auf dem Lande wurde weitgehend auf die Verwaltungsgerichtsbarkeit beschränkt. Dem monokratisch „regierenden" Landrat war es weniger schmerzlich, bei einigen Gegenständen (Enumerationsprinzip!) eine verwaltungsgerichtliche Kontrolle zu dulden, als von seiner primären Entscheidungsbefugnis etwas abzugeben. Er blieb immerhin Staatsbeamter und vereinigte in seiner Person noch neue wichtige Kommunalämter[1]).

4. Rechtsgrundlagen

a) Werdegang

Bis 1933 kam es nicht zu einer für das ganze Reich einheitlichen gesetzlichen Regelung. Vielmehr hatte jedes Land eigene Ordnungen und hier meist wieder getrennt nach dem Gegenstand in Gemeinde-, Amts-, Städte- und Landkreisordnungen[2]). Nach dem ersten Weltkrieg begannen Bestrebungen, an die Stelle der vielen Gesetze eine einheitliche Regelung zu setzen. Nach zehnjähriger Arbeit stellte ein Studienausschuß des Deutschen Städtetages im Jahre 1930 den Entwurf einer Reichsstädteordnung her[3]). Mit dem gleichen Gegenstand befaßte sich ein unter der Federführung des Reichsinnenministeriums hergestellter Referentenentwurf[4]).

Nach einigen Übergangslösungen wurde am 30. Januar 1935 die einheitliche Deutsche Gemeindeordnung (DGO.) verkündet, die alle bisherigen Kommunalgesetze aufhob und ersetzte. Die von ihr gewählte Einteilung in sieben Teile (I. Grundlagen, II. Namen und Wahrzeichen, III. Gemeindegebiet, IV. Einwohner und Bürger, V. Verwaltung der Gemeinde, VI. Gemeindewirtschaft, VII. Staatsaufsicht) wird i. a. beibehalten, ebenso die nicht typisch national-sozialistischen Partien der Teile I, II, III, IV und VI., auch nachdem im Jahre 1945 die DGO. aufgehoben wurde. Diese oft auf die Vorarbeiten aus der Zeit vor 1933 zurückgehenden Teile sind bedeutsam für die neuen Regelungen, die teilweise an ältere Landesregelungen anknüpfen.

---

[1]) Eine wohl erschöpfende Darstellung der Zusammenhänge bringt Heffter, Die Selbstverwaltung im 19. Jahrhundert. 1951. Vgl. oben S. 202.

[2]) Zusammenstellung bei W. Jellinek, Verwaltungsrecht, 71f.

[3]) Abgedruckt in: Schriften des Deutschen Städtetages. Entwurf einer Deutschen Gemeindeordnung. 1947.

[4]) Vgl. Surén-Loschelder, DGO., I. 87.

b) Verfassungsgrundlage

Verfassungsgrundlage für die kommunale Selbstverwaltung ist Art. 28 Abs. 2 GG., wonach den Gemeinden und Gemeindeverbänden das Recht gewährleistet sein muß, alle Angelegenheiten der örtlichen Gemeinschaft im Rahmen der Gesetze in eigener Verantwortung zu regeln und zwar durch Willensbildung im Gemeinderat und durch Maßnahmen zur Willensverwirklichung[1]). Die hierdurch gewährleistete Selbstverwaltung besteht ganz allgemein darin, daß Einschränkungen durch den zuständigen Gesetzgeber den Wesensgehalt der Selbstverwaltung unangetastet lassen müssen[2]). Dieser Gehalt ist verschieden, je nachdem ob man von einer echten oder einer nur institutionellen Garantie ausgeht. Echte Garantie bedeutet: Dreistufigkeit des gesamten Verwaltungsaufbaus durch Bund, Länder und Gemeinden, wie er nun durchweg realisiert ist, wobei die Angelegenheiten der örtlichen Gemeinschaft den Gemeinden nicht entzogen werden dürfen[3]). Institutionelle Garantie bedeutet, daß Gemeinden bestehen müssen, während die Länder durch Gesetz ihre Zuständigkeit bestimmen können[4]). Es ist zweifelhaft, ob eine solche Beschränkung der kommunalen Selbstverwaltung noch gerecht wird. Jedenfalls darf der Staat die einmal gezogenen gesetzlichen Schranken nur zur Behebung außergewöhnlicher Umstände und in der Form eines Gesetzes überschreiten, welches sich mit dem unbedingt Notwendigen zu begnügen hat[5]). Eine Verletzung der Garantie können Gemeinden und Gemeindeverbände durch die Verfassungsbeschwerde geltend machen (§ 91 VerfGG.). Die Wahl der Organe gehört zum Bestand der Selbstverwaltung[6]).

c) Landesgesetze

Nach 1945 unternommene Versuche, über die Landesgrenzen hinaus geltende Gemeindeordnungen zu schaffen, scheiterten. Es gelten Landesgesetze, die allerdings inhaltlich bestimmte erkennbare Kommunalverfassungstypen verwirklichen[7]).

Im einzelnen:

Baden-Württemberg: GemOrd. vom 25. 7. 1955 — GBl. 129 —;
Bayern: GemOrd. vom 25. 1. 1952 — GVBl. 19 — i. d. F. des Stiftungsg. vom 26. 11. 1954 — GVBl. 301 — und des ÄndG. vom 23. 7. 1955 — GVBl. 159[8]); 1. AVO. vom

---

1) OVG. Mstr. in: DVBl. 1953, 208.
2) BVerfG. 1, 174.
3) Neuhoff in: ÖV. 1952, 261.
4) So wohl Wernicke in: Bonner Kommentar, Art. 28 Anm. II, 2, wohl mit der — noch? — herrschenden Meinung.
5) BVerfG. aaO.
6) N.-w. VerfGH., in ÖV. 1955, 248.
7) Lediglich in der ehemals brit. Zone galt die sog. revidierte DGO. 1946, eine demokratische Umarbeitung der DGO. 1935 weitgehend von englischen Vorstellungen aus, in der deutschen Praxis aber besser verwertbar, als es anfänglich schien.
8) Art. 11 Abs. 3 ist nichtig — VerfGH. GVBl. 1954, 353.

12. 8. 1953 — GVBl. 131 —; für Lindau: Rechtsanordnung betr. Übernahme der Bayer. GemOrd. — ABl. 1952 Nr. 8 —;

Bremen: Ges. über Ortsämter und Außenstellen der brem. Verwaltung vom 13.7.1951 — GBl. 67 —; Verf. der Stadt Bremerhaven i.d.F. vom 19.12.1947 — GBl. 1948.

Hamburg: Nach Art. 1 Verf. vom 6. 6. 1952 ist Hamburg keine Gemeinde mehr, sondern nur noch Land[1]).

Hessen: GemOrd. vom 25. 2. 1952 — GVBl. 11 mit Änderungen durch 1. ÄndG. vom 10. 7. 1953 — GVBl. 124 —, 2. ÄndG. vom 6. 7. 1954 — GVBl. 117 — und Polizeig. vom 10. 11. 1954 — GVBl. 203 —;

Niedersachsen: GemOrd. vom 4. 3. 1955 — GVBl. 55 —;

Nordrhein-Westfalen: GemOrd. vom 21. 10. 1952 i.d.F. der Bekanntmachung vom 28. 10. 1952 — GVBl. 283 — [2]) mit Änderungen durch ÄndG. des Gemeindewahlg. vom 9. 6. 1954 — GVBl. 219 —;

Rheinland-Pfalz: GemOrd., Teil A des Selbstverwaltungsg. vom 27. 9. 1948 i.d.F. vom 5. 10. 1954 — GVBl. 117 — mit DVO. vom 31. 3. 1955 — GVBl. 31 —;

Schleswig-Holstein: GemOrd. vom 24. 1. 1950 — GVBl. 25 — i.d.F. der §§ 74 und 75 Kreisord. vom 27. 2. 1950 — GVBl. 49 — und des ÄndG. vom 28. 1. 1955 — GVBl. 5 —.

Amtsordnungen für die von mehreren Gemeinden des gleichen Landkreises gebildeten Ämter sind vorhanden in Nordrhein-Westfalen i.d.F. vom 11. 8. 1953 — GVBl. 218 — und Schleswig-Holstein vom 17. 6. 1952 — GVBl. 95 —.

In der DDR erließen die Landtage als eine der letzten Maßnahmen vor ihrer Auflösung Ordnungen für die Stadtverordneten- und Stadtbezirksversammlungen vom 8. 1. 1953 — GBl. 53, 60 — und Kreisordnungen vom 24. 6. 1952 — GBl. 623 —. Für die Räte der Bezirke gilt eine vom Kabinett beschlossene Musterarbeitsordnung von 10. 3. 1955 — GBl. 245. Jedoch werden alle diese Stellen als Organe der Staatsgewalt bezeichnet[3]), so daß sie inhaltlich nicht als kommunale Organe anzusehen sind.

5. Gemeindeverfassungen

Wie bei jeder Verwaltung, so sind auch bei der Selbstverwaltung Entschlußbildung und Durchführung des einmal gefaßten Beschlusses als zwei verschiedene Verwaltungsstadien zu unterscheiden[4]). Die innere Gemeindeorganisation richtet sich danach, welche Stellen die einzelnen Tätigkeiten erledigen.

Zur Verfügung steht zunächst die für jede Selbstverwaltung zentrale Stelle, der von der Bürgerschaft gewählte Gemeinderat, der je nach der Struktur verschiedene Bezeichnungen haben kann, wie Stadtrat, Stadtverordnetenversammlung usw. Die Wahlen finden statt auf Grund von Landeswahlgesetzen. Oft wird es schon aus technischen Gründen nicht möglich sein, daß der Gemeinderat einzelne Verwaltungsmaßnahmen selbst durchführt, so daß

[1]) Vgl. oben S. 260. Vgl. auch BVerwG. in: Komm. StZ. 1956, 54 (zu aus dieser Regelung folgenden Schwierigkeiten).

[2]) § 60 Abs. 1 ist nichtig — VerfGH. GVBl. 1954, 303 —.

[3]) Eggeratt, in: NJ. 1952, 340. Leichtfuß-Hohbaum, aaO.

[4]) Sehr deutlich z. B. OLG. Braunschweig in: DVBl. 1951, 514. — Köttgen, in; DVBl. 1955, 445.

eine vom Rat getrennte Gemeindeverwaltung mit einer eigenen Leitung nötig wird. Jede Gemeindeverfassung muß einen Ausgleich suchen zwischen der gewählten Bürgerschaftsvertretung und dem Verwaltungsleiter.

In Deutschland ist dabei ein stetiges, wenn auch durch viele Rückschläge verlangsamtes Vorrücken der Gemeindevertretung zu beobachten. Vollends nach der Begründung der Republik im Jahre 1918 gewann sie an Bedeutung. Lediglich nicht aus den Gemeinden herrührende Kräfte, nämlich die allgemeine durch den verlorenen Krieg entstandene Notlage des Reichs und der damit verbundene Zwang, alle nur verfügbaren Mittel, einschließlich der Gemeinden, zentral einzusetzen, führte tatsächlich zu anderen Ergebnissen. In einem selbst zur Zeit der konstitutionellen Monarchie nicht gekannten Umfang erfolgte damals eine Bevormundung durch das Reich und damit eine allen theoretischen Überzeugungen zuwiderlaufende tatsächliche Ausschaltung des Gemeinderates zugunsten des Verwaltungsleiters als der geeigneten Stelle, an die sich der Staat halten konnte.

Für die Kombination und andererseits Abgrenzung der der Gemeindevertretung oder dem Verwaltungsleiter obliegenden Aufgaben bieten sich folgende Möglichkeiten:

a) Gemeinde- oder Stadtratverfassung

Die Leitung der Gemeinde liegt in der Hand einer einzigen Körperschaft, die sowohl für Beschlußfassung als auch die Durchführung der Beschlüsse zuständig ist. Das ist das System der Gemeinde- oder Stadtratverfassung. Der Gemeinde- oder Stadtrat besteht danach aus dem ersten Bürgermeister, seinem Stellvertreter und den von der Bürgerschaft gewählten Gemeinde- oder Stadträten. Diese Personen führen die von ihnen selbst gefaßten Entschlüsse durch. Meist werden die Beschlüsse in der Körperschaft durch Stimmenmehrheit in irgendeiner Weise gefaßt. Für die Durchführung wird zu Beginn der Amtszeit für ihre Dauer meist ein einzelner Gemeinde- oder Stadtrat bestimmt. Sind nicht genügend Fachkräfte vorhanden, so besteht nach den meisten Regelungen die Möglichkeit, daß der Rat sich durch geeignete Personen ergänzt, die dann hauptberuflich tätig werden. Das ist der Fall meist bei größeren Städten, wo die Größe der Verwaltung eine Aufteilung in spezielle Fachgebiete verlangt. Der Gemeinderat ist in allen Fällen Behörde.

Dieses Gemeindeverfassungssystem ist seit jeher in Süddeutschland üblich, manchmal mit Modifikationen zur Bürgermeisterverfassung hin, wie z. B. in Baden-Würtemberg, und in Niedersachsen, allerdings mit der Modifikation, daß der aus beamteten Ratsmitgliedern bestehende Verwaltungsausschuß, also ein Teil des Gesamtrats, die Verwaltungsgeschäfte tatsächlich führt.

b) Bürgermeisterverfassung

Eine andere Art des Einkörpersystems besteht darin, daß sich der Gemeinderat auf die Beschlußfassung beschränkt, während die Durchführung der Verwaltung allein dem bürokratisch organisierten Verwaltungsleiter obliegt

Wenn dieser völlig von Beschlußfassung und Gemeinderat getrennt ist, spricht man von unechter Bürgermeisterverfassung. Der vom Rat abhängige Verwaltungsleiter hat die Weisungen des Rates entgegenzunehmen und durchzuführen.

Ein derartiges System wurde eingeführt z. B. durch die sächsische Gemeindeordnung vom 1. 8. 1923 oder die thüringische Gemeindeordnung vom 20. 7. 1922. Große Ähnlichkeit mit ihm hat ferner die seit dem 1. 4. 1946 für die Länder in der britischen Zone geltende Regelung sowie diejenige in Nordrhein-Westfalen. Die Stelle des Bürgermeisters nimmt hier der Oberstadtdirektor oder Stadtdirektor ein. Der Vorsitzende des Gemeinderats führt den Titel Oberbürgermeister oder Bürgermeister, ohne daß ihm irgendwelche Durchführungsbefugnisse zukämen.

Wenn der Verwaltungsleiter außer für die Durchführung der Verwaltung auch für die Beschlußfassung zuständig ist, indem er den Vorsitz im Rat führt, meist mit Stimmrecht, häufig auch mit Stichentscheid, suspensivem oder absolutem Vetorecht, liegt die echte Bürgermeisterverfassung vor.

Sie galt im Rheinland durch die rheinische Bürgermeisterverfassung, in Hessen durch die Gemeindeordnung vom 10. 7. 1931, in Anhalt und einigen westfälischen Städten, vor allem aber in den meisten preußischen Landgemeinden, hier allerdings mit Einrichtungen der Gemeinderatsverfassung gemischt; sie gilt jetzt in Rheinland-Pfalz.

c) Magistratsverfassung

Den Einkörpersystemen stehen diejenigen mit zwei Körperschaften gegenüber. Die Verwaltungsleitung ist hier kollegial organisiert. Sie setzt sich aus einer Mehrzahl von Personen zusammen, die unter sich gleichberechtigt sind, meist dem Bürgermeister als primus inter pares, seinem Stellvertreter und mehreren besoldeten hauptamtlich tätigen oder unbesoldeten neben- und ehrenamtlich tätigen Magistratsmitgliedern.

Wenn die Verwaltungsleitung, der Magistrat, von der Beschlußfassung und dem Gemeinderat getrennt ist und sich auf die Durchführung der Verwaltung beschränkt, spricht man von unechter Magistratsverfassung.

Sie galt z. B. in Braunschweig, Oldenburg, Mecklenburg-Schwerin oder fakultativ in Sachsen durch die Neufassung der Gemeindeordnung vom 15. 6. 1925; sie gilt jetzt in Hessen und in Schleswig-Holstein.

Nach früherer Regelung war nur der Bürgermeister Behörde; nunmehr kann es auch der Rat sein[1]).

Wenn die Verwaltungsleitung außer für die Verwaltung auch für die Beschlußfassung zuständig ist, spricht man von echter Magistratsverfassung. Der wichtigste Anwendungsfall ist die preußische Städteordnung für die östlichen Provinzen vom 30. 6. 1853. Hiernach faßt der Magistrat Beschlüsse, die aber noch nicht durchgeführt werden. Als weiteres Beschluß- und auch als

---

[1]) Vgl. oben S. 238.

Kontrollorgan steht ihm die Stadtverordnetenversammlung gegenüber. Zur Willensbildung sind zwei übereinstimmende Beschlüsse beider Körperschaften nötig. Die Verwaltungsdurchführung obliegt allein dem Magistrat.

Diese Regelung war üblich unter den Systemen, die von der preußischen Städteordnung beeinflußt waren. Sie ist nun wieder weitgehend in den Ländern der Ostzone eingeführt.

Behörde ist der Magistrat, nicht aber der Gemeinderat.

6. Organisationsformen der Gemeindeverbände

a) Landkreise

Während die Stadtgemeinden und Landgemeinden trotz ihres Größenunterschiedes in der inneren Verwaltungsorganisation viele gemeinsame Züge aufweisen, sind gegenüber der dritten großen Gruppe von Selbstverwaltungskörpern, den Landkreisen, weit größere Unterschiede zu beobachten[1]). Unter Kreis versteht man die erste Stufe des Zusammenschlusses von Gemeinden zu gemeinsamer Selbstverwaltung.

Von grundlegender Bedeutung für die Organisation der Kreisverwaltung ist es, ob der Kreis sowohl staatlicher Verwaltungsbezirk als auch kommunaler Verwaltungsbezirk oder ausschließlich kommunaler Verwaltungsbezirk ist.

Die erste Lösung wählten zum Beispiel die preußische Kreisordnung vom 13.12.1872 und die ihr folgende Regelung auch anderer Länder. Danach stand im Mittelpunkt des kommunalpolitischen Lebens des Kreises der Kreistag. Er war gebildet aus den in gleicher geheimer unmittelbarer Verhältniswahl gewählten Kreistagsabgeordneten. Er war zuständig für die Willensbildung des Kreises, die in seinen Beschlüssen zum Ausdruck kam.

Neben dem Kreistag bestand der Kreisausschuß, dem in weitem Umfang die Verwaltung der kreiskommunalen Angelegenheiten oblag. Er setzte sich in Preußen zusammen aus dem Landrat und meist sechs, aus der Zahl der Kreisangehörigen, vom Kreistag gewählten Mitgliedern. Hier findet sich also eine der wichtigsten Behörden der sogenannten politischen Selbstverwaltung in einem System der kommunalen Selbstverwaltung. Die Haupttätigkeit des Kreisausschusses war die Vorbereitung und Ausführung der Beschlüsse des Kreistages.

Vorsitzender des Kreisausschusses war in Preußen und vielen anderen deutschen Ländern der Landrat. Er leitete und beaufsichtigte den Geschäftsgang und bereitete außerdem die Arbeiten des Kreisausschusses vor. Er vertrat den Kreisausschuß nach außen, verhandelte in seinem Namen mit Behörden und Privatpersonen, führte den Schriftwechsel und zeichnete in seinem Namen. Nach den meisten Kreisordnungen konnte er die Beschlüsse des Kreistages und des Kreisausschusses beanstanden, worauf dann ein kompliziertes Verfahren zur Klärung einsetzte. Die Haupttätigkeit des Landrats als Vorsitzender des Kreisausschusses war die Kommunalaufsicht über die zum Kreis gehörenden Gemeinden und Zweckverbände (z. B. pr. Vereinfachungs-VO. §§16,

---

[1]) De lege ferenda wird zu erwägen sein, ob man nicht einen einheitlichen Aufbau in Stadt- und Landkreisen schafft; vgl. hierzu Turegg, Grundsätze.

17). Der Landrat war zugleich auch Staatsbeamter. Hervorgegangen aus einem bloßen Hilfsorgan der Regierung, als deren Außenstelle oder ständiger Kommissar er zu ihren Sitzungen und Beratungen hinzugezogen werden konnte, wurde er im Laufe des 19. Jahrhunderts immer selbständiger. Von besonderer Bedeutung war, daß seit 1919 für die Bekleidung dieses wichtigen Verwaltungsamtes eine besondere Vorbildung nicht mehr erforderlich war. Da die Ernennung des Landrates durch die Staatsregierung erfolgte und auch gegen die ausdrückliche Stellungnahme des Kreistages erfolgen konnte, fühlte sich in den meisten Fällen der Landrat mehr als Staatsbeamter denn als Kommunalbeamter.

Auch für die Landkreise scheiterten nach 1945 die Versuche einer gesetzlichen Regelung über Landesgrenzen hinaus, ebenso die Versuche, sie gesetzlich mit anderen kommunalen Bildungen, insb. den Stadtkreisen gleich zu behandeln.

Im einzelnen:

Bayern: LandkrOtd. vom 16. 1. 1952 — GVBl. 39, 97 —;
Hessen: LandkrOrd. i.d.F, vom 6. 6. 1954 — GVBl. 117 —;
Nordrhein-Westfalen: LandkrOrd. vom 21. 7. 1953 — GVBl. 305 —;
Rheinland-Pfalz: LandkrOrd. (SelbstverwGes. Teil C) i.d.F. vom 5. 10. 1954 — GVBl. 117 —;
Schleswig-Holstein: KrOrd. vom 27. 2. 1950 — GVBl. 55 —.

Für Baden-Württemberg und Niedersachsen liegen Entwürfe 1955 vor.

Die seit 1945 in der britischen Zone, Hessen und Nordwürttemberg-Baden erlassenen Kreisordnungen haben die Landkreise zu reinen kommunalen Gebietskörperschaften gemacht und infolgedessen entstaatlicht[1]). Die in den Landkreisen tätigen Beamten sind i. d. R. nicht mehr sowohl Staatsbeamte als Kommunalbeamte, sondern nur noch Kommunalbeamte. Die Kreisämter und die staatlichen Sonderbehörden auf der Kreisebene (Schulamt, Gesundheitsamt usw.) wurden seit 1945 in einigen Ländern kommunalisiert[2]). Hinsichtlich der einzelnen Einrichtungen innerhalb des Landkreises hat man weitgehend an das Vorhandene angeknüpft. Die Willensbildung geschieht also durch den Kreistag als die von der Bevölkerung gewählte Körperschaft. Er bildet aus sich heraus den Kreisausschuß (Hauptausschuß), der als ständiger Vertreter des Kreistages dessen Arbeiten vorbereitet und wichtige Verwaltungsmaßnahmen selbst durchführt. Der Landrat hat in etwa die Stellung wie der Bürgermeister in dem System der unechten Bürgermeisterverfassung in den Städten. Er ist also die regelmäßig für die Durchführung der Anordnungen des Kreistages zuständige Stelle. In Niedersachsen und Nordrhein-Westfalen führt sie seit 1945 die Amtsbezeichnung Oberkreisdirektor (OKD.), während dem Kreistagsvorsitzenden die Bezeichnung Landrat zukommt. — In Süd- und Südwestdeutschland ist bei Unterschieden im ein-

---

[1]) Jedoch für Hessen vgl. oben S. 259, für NRW. vgl. oben S. 257, für B.-W. vgl. ÖV. 54, 489.

[2]) OVG. Mstr. 5, 143, Demokr. Gemeinde 54, 393.

zelnen der Landkreis eine Selbstverwaltungseinheit, während ihr Leiter, der Landrat — meist unterstützt von einem Staatsbeamten, der Jurist ist —, Staatsverwaltungsaufgaben wahrnimmt (Janushaupt!). Bei der Wahrnehmung von Auftragsangelegenheiten können die Kreistagsmitglieder Amtspflichtverletzungen begehen[1]).

Für die „Stadtstaaten" Berlin, Hamburg und Bremen (Gemeinde Bremen und Bremerhaven) fällt die Kommunalverwaltungsorganisation weitgehend mit derjenigen der Staatsverwaltung zusammen.

b) Kommunalverbände höherer Art

Sie waren als kommunale Provinzialverwaltung vorhanden in den preußischen Provinzen und sind nun vorhanden in Nordrhein-Westfalen — Landschaftsverbandsordnung vom 12. 5. 1953 — GVBl. 271, 363 — Satzung: GVBl. 1955, 9 — und Bayern — Bezirksordnung vom 27. 7. 1953 — GVBl. 107 i. d. F. vom 26. 11. 1954 — GVBl. 301 —.

c) Zweckverbände

Als Kommunalverbände im weiteren Sinn sind die Zweckverbände zu nennen. Sie sind mit den Rechten einer öffentlichen Körperschaft ausgestattete Verbände zur gemeinsamen Erfüllung bestimmter Aufgaben, zu deren Erfüllung die einzelnen Verbandsmitglieder berechtigt oder verpflichtet sind. Mitglieder können Gemeinden oder Gemeindeverbände — pr. Zweckverbandsgesetz vom 19. 7. 1911 — oder auch andere Stellen sein — Reichszweckverbandsgesetz vom 7. 6. 1939 — RGBl. I, 979 —.

Beispiel:

Im Jahre 1932 waren vorhanden: 7809 Volksschulverbände, 1620 sonstige Schulverbände, 1933 Feuerlöschverbände, 957 Verbände für Gesundheit, 461 Verbände für Friedhofswesen, 466 Verbände für Energieversorgung, 630 Verbände für Land- und Fostwirtschaft.

Die kommunalen Spitzenverbände, Deutscher Städtetag, Köln, Deutscher Landkreistag, Siegburg, Deutscher Städtebund, Düsseldorf (für kreisgebundene Städte), Deutscher Gemeindetag, Godesberg, jeweils in regionale Zusammenschlüsse unterteilt, sind privatrechtlich organisiert[2]).

7. Staatsaufsicht

Der Staat beaufsichtigt die Gemeinden und Gemeindeverbände in der Durchführung ihrer eigenen Angelegenheiten, d. s. teils allgemein gesetzlich übertragene (z. B. Schul-, Straßen-, Medizinalangelegenheiten, Brandverhütung[3]))

[1]) BGH. vom 3. 12. 1953 — III ZR. 66/52 —.

[2]) Der Deutsche Gemeindetag von 1935, dem alle Gemeinden und Gemeindeverbände angehören mußten — Reichsges. vom 15. 12. 1933 —, war eine öffentl.-rechtl. Körperschaft.

[3]) OVG. Mstr. ÖV. 53, 474; OVG. Mstr. ZBR. 54, 344.

oder freiwillig übernommene (z. B. gemeinnützige Einrichtungen). Die Staatsaufsicht soll sicherstellen, daß sie im Einklang mit den Gesetzen verwaltet werden. Beanstandet werden können mithin grundsätzlich nur Rechtswidrigkeiten. Eine Nachprüfung der Zweckmäßigkeit ist im Rechtsstaat nur ausnahmsweise (vgl. Art. 78 Abs. 4 n.-w. Verf., §§ 19, 26, 66, 67, 70, 78, 80 n.-w. GO., Art. 137 Abs. 3 hess. Verf., §§ 28, 94, 167 hess. GO., Art. 83 Abs. 4 bayer. Verf., §§ 16, 25, 75, 77 bayer. GO.; nicht: b.-w. Verf.)[1]), im autoritären Staat grundsätzlich (§ 106 DGO. 1935) möglich. Mittel der Staatsaufsicht sind Beanstandung, Aufsichtsbefehle, Verwaltungszwangsmittel wie Zwangsetatisierung, Einsetzung eines Staatskommissars. Es gibt ferner die Aufsicht bei einzelnen Vorgängen, z. B. Zwangsvollstreckung gegen Gemeinden[2]).

Von der Staatsaufsicht zu unterscheiden ist die Fachaufsicht. Sie wird durchgeführt in Auftragsangelegenheiten[3]), also dann, wenn die Kommunalbehörde unterste Instanz in Staatsverwaltungsangelegenheiten ist. Fachaufsicht umfaßt auch die Nachprüfung der Zweckmäßigkeit. Nicht weisungsmäßige Erledigung ist Amtspflichtverletzung[4]).

Zu staatlichen Aufsichtsmaßnahmen kann auch das nach manchen Kommunalverfassungen dem Verwaltungsleiter zustehende Beanstandungsrecht führen.

Schrifttum[5])

Baedorf, Die kommunale Selbstverwaltung in Niedersachsen 1949.
Bickel-von Bergen, Die Praxis der Gemeindeverwaltung, Bd. 1—3 1951.
Darmstaedter, Ist das engl. Selfgovernment als Grundlage der deutschen Selbstverwaltung anzusehen? In: Gedächtnisschr. f. Jellinek. 1955.
Enderling, Gemeindeordnung für das Land Nordrhein-Westfalen (3. Aufl.) 1953.
Entwurf einer Deutschen Gemeindeordnung. Mit Vorw. u. Einl. v. Ernst Böhme (Schriften d. Dt. Städtetages) 1947
Fachinger, Gemeinderecht im britischen Kontrollgebiet 1948.
Friedel, Haushaltsrechnung und -plan in verbundener Form 1940.
Groll, Die Vertretung des Bürgermeisters nach d. Dt. Gemeindeordnung 1938.
Gönnewein, Kommunalaufsicht als Rechtsaufsicht. In: Gedächtnisschr. f. Jellinek. 1955.

[1]) Kunze, in: ÖV. 1954, 430; Reschke, in: DVBl. 1954, 417. A.A. OVG. Mstr. ZBR. 54, 344, wonach Beschränkung auf Rechtskontrolle nur bei positiver Anordnung, was mit dem Wesen der Selbstverwaltung aber unvereinbar ist.

[2]) OVG. Mstr. OV. 55, 255.

[3]) Nach einigen theoretischen Bedenken (vgl. Entwurf des Städtetages 1947) ist für Nordrhein-Westfalen der Bestand von Auftragsangelegenheiten mit Rücksicht auf Art. 78 n.-w. Verf. fraglich geworden; das OVG. Mstr. hält jedoch an der bisherigen Einteilung fest — A. S. 4, 3; MDR. 1952, 58; ÖV. 1952, 510. Zusammenfasung der literarischen Äußerungen bei Scheerbarth, in: DVBl. 1953, 261.

[4]) BGH.. in: BB. 1954, 146.

[5]) Außerdem Textausgaben und Kommentare zu allen Landeskommunalgesetzen.

—, Handbuch der kommunalen Wissenschaft und Praxis. Bd. 1. Kommunalverfassung (Springer) 1955.
—, Handbuch für Kommunalverwaltung und -politik. (Neckarverlag) 1950 ff.
Heising, Die hannoverschen Realgemeinden. 1954.
Kirsten, Deutsches Gemeinde-Finanz- u. Wirtschaftsrecht 1943. (Kowa Verwaltungsbücher, H. 5.)
—, Die Landkreise der Bundesrepublik Deutschland. 10 Jahre Aufbauarbeit. 1955.
Leichtfaß-Hohbaum, Zur Rechtsstellung der Räte der örtlichen Organe der Staatsgewalt. Berlin-Ost 1952.
Loschelder, Kommentar der Städteordnung für die östlichen Provinzen. 1931.
—, Die Gemeindeordnungen in den westdeutschen Ländern und die Verfassungen von Berlin, Hamburg und Bremen. 1953.
Lünenbürger, Die Vertretung der Gemeinden im Rechtsverkehr 1951.
Odenbreit, Die Deutsche Gemeindeordnung in der im brit. Kontrollgebiet geltenden Fassung, 1. und 2. Aufl. 1946.
—, Gemeindeordnung für Nordrhein-Westfalen 1949.
Rietdorf, Die Gemeinde- und Kreiswahlen in Schleswig-Holstein 1949.
Rosen v., Hoewel v., Gemeinderecht (Schaeffers Grundriß des Rechts und der Wirtschaft). 3. Aufl. 1953.
Seydel, Die kommunalen Zweckverbände. 1955.
Stier-Somlo, Handbuch des kommunalen Verfassungsrechts in Preußen, 2. Aufl. 1928.
Surên, Gemeindeabgabenrecht der ehemals preuß. Gebiete unter Berücksichtigung d. Änderungen d. dt. Rechts der 4 Zonen von Groß-Berlin. Kommentar 1950.
Surén-Loschelder, Die deutsche Gemeindeordnung vom 30. 1. 1935. Kommentar 1940.
Turegg, v., Grundsätze einer neuen Gemeindeordnung (Die kommunale Praxis, H. 3) 1947.
Wagener, Die Städte im Landkreis. 1955.
Willeke. Das Finanzrecht der Gemeinden. 1951.
Ziebill, Geschichte des Deutschen Städtetages. 1955.
Zuhorn, Gemeindeverfassung. In: Das Gemeinderecht in Nordrhein-Westfalen. 1954.

II. Teil

Einzelne Verwaltungszweige

Achtzehntes Kapitel

Polizeirecht

1. Begriff

a) Soziologische Grundlage

Jede menschliche Gemeinschaft muß sich gegen äußere Angriffe verteidigen können. Ebenso wichtig und für ihren Bestand notwendig ist die Aufrechterhaltung der inneren Ordnung. Neben den Beziehungen der einzelnen Individuen untereinander umfaßt die innere Ordnung die Beziehungen der Gemeinschaft, des Kollektivs, zu den das Ganze bildenden Einzelwesen. Diese Funktion erfüllt die Polizei, die so als „Knigge der Menschen ohne gute Kinderstube"[1]), unabhängig von allen staatlichen Zusammenhängen eine soziale und soziologische Aufgabe erledigt. Wenn es dem modernen Staat nicht gelingt, eine Polizei zu schaffen, bildet die Gemeinschaft sie selbst, wie z. B. das Entstehen der Camorra um die Jahrhundertwende in Süditalien zeigt.

b) Verwaltung

Innerhalb des staatlichen Lebens gehört Polizei zur Verwaltung. Sie stellt einen großen und bedeutenden Teil der öffentlichen Verwaltungstätigkeit dar. Rechtlich wird er erfaßt durch das Polizeirecht im materiellen Sinn. Mit der Polizeiorganisation, die im täglichen Sprachgebrauch ebenfalls als Polizei bezeichnet wird, befaßt sich das Polizeiorganisationsrecht. Angesichts der Bedeutung der Polizei ist es für sie ganz besonders wichtig, die für die Verwaltung und das Verwaltungsrecht stets vorhandene Unterscheidung zwischen materiellen und formellen Grundlagen zu beachten. Der Umfang der Materie hat es zudem mit sich gebracht, daß sich allgemeine Regeln gebildet haben, die in einem allgemeinen Teil zusammengefaßt werden, während außerdem für einzelne Polizeizweige besondere Bestimmungen gelten.

2. Entwicklung des Polizeibegriffs

Polizei ist als Gesellschaftsfunktion zu den verschiedenen Zeiten in verschieden Formen in das menschliche Gemeinwesen eingebaut worden.

---

[1]) Hatschek-Kurtzig, Verwaltungsrecht, 125.

a) Antike

Das Wort selbst hat den gleichen Wortstamm wie das Wort Politik. Beide gehen auf das griechische Wort πολις, Stadtstaat, und das von ihm abgeleitete Wort πολιτεια zurück. πολιτεια bedeutet zunächst Bürger sein oder als Bürger in einer Stadt leben. Später, etwa vom vierten vorchristlichen Jahrhundert an, als Platon und Aristoteles ihre großen Werke über den Aufbau des Staates schrieben, verstand man darunter Staatsverfassung. Bei Aristoteles insbesondere bedeutet es auch gute oder erstrebenswerte Staatsverfassung, womit sich der Ordnungsbegriff verbindet.

b) Mittelalter

Hieran knüpft im vierzehnten Jahrhundert die französische Rechtssprache durch die Schaffung des Wortes la police an. Nach ihrem Vorbild richten sich bald darauf andere Staaten. Das Wort Police wird zunächst in dem Sinne von Staatszweck oder Staatstätigkeit, späterhin auch zur Charakterisierung eines guten und geordneten Zustandes eines Staatswesens verwendet. So wiederholt sich die bereits von Aristoteles vorgenommene Umdeutung und Ausdeutung.

Hinzu kommt eine andere Gedankenreihe, nämlich die Einordnung des Begriffes in die Merkmale der weltlichen Gewalt gegenüber der geistlichen Gewalt. Die erste Reichspolizeiverordnung von 1530 gebrauchte das Wort „Policey" in diesem Sinne. Wie auf vielen anderen Sachgebieten konnte sich jedoch das Reich hier ebenfalls nicht gegenüber den Territorialgewalten durchsetzen.

c) Absolutismus

Die Landesherren nahmen vom sechzehnten Jahrhundert an das jus politiae, das politische Recht, oder, wie man den lateinischen Ausdruck auch übersetzen kann, das „Polizeirecht" für sich in Anspruch. Das „Polizeirecht" wandte sich nach zwei Richtungen: Einmal gegen alle Inhaber geistlicher Gewalt und sodann gegen alle übrigen weltlichen Machthaber. Den Landesherren gelang es, in ihrer Person die bisher von den Kirchen und vom Kaiser oder anderen staatlichen Stellen ausgeübten Rechte zu vereinigen. Sie verschafften sich im Laufe der Zeit die Befugnis zum Erlaß zahlreicher Anordnungen, die weit über die Aufrechterhaltung des Rechtsfriedens gingen, der bisherigen Hauptaufgabe des Staates. Die Landesherren fühlten sich verpflichtet, für die irdische Glückseligkeit der Untertanen zu sorgen. Infolgedessen nahmen sie und der Staat für sich in Anspruch, ihre Macht über alle individuellen Betätigungen der Staatseinwohner zur Geltung zu bringen. Das ist der Grund, weswegen die Polizei ein so wichtiges Mittel in der Hand des Absolutismus wurde und absoluter Staat nahezu dasselbe ist wie Polizeistaat. Die Polizei wurde hier einerseits eine von allen übrigen Behörden getrennte Behördenorganisation, wie wir sie heute noch kennen. Andererseits wurde sie das dem Landesherrn unmittelbar zur Verfügung stehende Regierungsmittel. Zunächst noch auf bestimmte Aufgaben innerhalb der inneren Verwaltung beschränkt, dehnte sie ihre Zuständigkeit allmählich immer weiter aus. Im entwickelten absoluten Staat war Polizei fast gleichbedeutend mit der gesamten inneren Verwaltung. Insbesondere gehörte zu ihr die Wohlfahrtspflege und überhaupt grundsätzlich die gesamte innenpolitische Tätigkeit des Staates.

Der vollendete Polizeistaat des achtzehnten Jahrhunderts nahm von der Polizeiverwaltung lediglich die auswärtige Politik, das Kriegswesen und die Finanzen, das sogenannte Kameralwesen, aus. Erst allmählich begann sich auch die Justizverwaltung aus der übrigen inneren polizeilichen Verwaltung herauszulösen. Die Vermutung der Zuständigkeit sprach jedoch noch lange Zeit hindurch für die Polizei. Für die unteren Behörden war für die Zuständigkeitseinteilung bedeutsam die Unterscheidung zwischen

Justizsachen und Polizeisachen. Nur das, was nach bereits geschriebenen Rechtssätzen entschieden werden konnte, unterfiel der Zuständigkeit der Gerichte und war Justizsache. Demgegenüber waren Polizeisachen alle die staatlichen Angelegenheiten, die ohne gesetzlich ins einzelne gehende Unterlagen oder, wie man es ausdrückt, „nach freiem Ermessen" besorgt wurden. Praktisch fiel hierunter die gesamte Verwaltungstätigkeit mit den erwähnten Ausnahmen.

d) Begrenzung der polizeilichen Allmacht

Die Aufklärung konnte mit dieser alles beherrschenden Stellung der Polizei nicht mehr einverstanden sein. Man wehrte sich dagegen, von Staats wegen „zur eigenen irdischen Glückseligkeit" gezwungen zu werden und suchte nach einer Grenze der Polizeigewalt. Die zunächst in allgemein weltanschaulichem oder philosophischem Gewand auftretenden Gedanken faßte der deutsche Staatsrechtslehrer Johann Stephan Pütter in einem im Jahre 1770 erschienenen Werk[1]) in juristische Formen. Er stellt die für die Zukunft grundlegende These auf: Die Polizei ist von der Wohlfahrtspflege zu trennen.

Dieser Gedanke war nicht nur für die damalige Zeit maßgebend, sondern er ist es heute noch. Für jede Rechtsordnung und für jede Staatsverfassung muß geklärt werden, wie weit die Polizei für „das Wohl" des Volkes und des einzelnen Staatsbürgers tätig oder eingesetzt werden soll. Die Begriffe des Wohles und der Wohlfahrt verändern sich im Laufe der Jahrhunderte. Aber immer sind sie die eine Grenze polizeilicher Tätigkeit, gleichgültig ob sie von ihr noch umfaßt werden oder nicht. Die andere Grenze ist das Maß der öffentlichen Sicherheit. Auch hier ändern sich die Ansichten. Was heute als für die öffentliche Sicherheit nötig angesehen wird, ist es morgen nicht mehr. Aber immer hat sich die Polizei, gleichgültig welchen Umfang man ihr im einzelnen gibt, damit zu befassen.

Die zunächst nur theoretischen Äußerungen Pütters erlangten maßgebliche praktische Bedeutung durch ihre Aufnahme in das im Jahre 1796 erschienene preußische Allgemeine Landrecht (ALR.), ein vom damaligen Standpunkt aus sehr modernes, weitgehend durch Gedanken der Französischen Revolution beeinflußtes Gesetz. Der berühmte § 10, II, 17 lautet: „Die nötigen Anstalten zur Erhaltung der öffentlichen Ruhe, Sicherheit und Ordnung und zur Abwendung der dem Publico oder einzelnen Mitgliedern desselben bevorstehenden Gefahr zu treffen, ist das Amt der Polizei." Obwohl diese Bestimmung nur für Preußen galt[2]), wurde sie allmählich doch im ganzen Reichsgebiet angewandt. Entweder erließen die übrigen Länder selbst Gesetze, die inhaltlich das gleiche besagten, oder man wandte dort die eigentlich nur für Preußen geltende Formulierung an.

---

[1]) Institutiones juris publici Germanici, § 331: politiae est cura avertendi mala futura; pro morendae salutis cura non est proprie politiae.

[2]) Rosin, Der Begriff der Polizei, 1895, 72 hat wahrscheinlich Recht mit seiner These, daß § 10 II 17 keine Begriffsbestimmung, sondern nur die Bezeichnung der Grenzen der Polizeigewalt geben wollte. Aber praktisch ist die Norm stets als Begriffsbestimmung angesehen worden.

e) Gegenwärtige Begriffsbestimmung

Von ausschlaggebender Bedeutung ist die auf § 10 II 17 pr. ALR. aufbauende in § 14 pr. PVG. 1931 enthaltene Bestimmung:

Die Polizeibehörden haben im Rahmen der geltenden Gesetze die nach pflichtmäßigem Ermessen notwendigen Maßnahmen zu treffen, um von der Allgemeinheit oder dem Einzelnen Gefahren abzuwenden, durch die die öffentliche Sicherheit und Ordnung bedroht wird.

Wo seit 1945 neue Landespolizeigesetze ergangen sind, haben sie den Begriff unberührt gelassen, so die neuen Definitionen in schl.-holst. Gesetz i. d. F. vom 22. 12. 1952 — GVBl. 185 —, hamb. Gesetz vom 7. 11. 1947 — GVBl. 73 —, das nds. Gesetz über die öff. Ordnung und Sicherheit vom 21. 3. 1951 — OSG. — GVBl. 79, rhld.-pf. PVG. vom 26. 3. 1954 — GVBl. 31 —; bad.-württ. PolizeiG. vom 21. 11. 1955 — GVBl. 249 —; bayer. PolizeiaufgabenG. vom 16. 10. 1954 — GVBl. 237 —; hess. PolizeiG. vom 10. 11. 1954 — GVBl. 203 —.

3. Arten polizeilicher Tätigkeit

a) Sachliche Zuständigkeit

Nach dem materiellen Gehalt der polizeilichen Tätigkeit sind zu unterscheiden die Sicherheitspolizei, Kriminalpolizei und Verwaltungspolizei.

Rechtssicherheitspolizei oder Sicherheitspolizei im engeren Sinne (Vollzugspolizei) ist die Abwehr von Gefahren, die der Rechtsordnung durch den bösen Willen der Menschen drohen. Es muß sich dabei um den Schutz der bestehenden Rechtsordnung handeln. Der Schutz anderer Interessen ist nicht Aufgabe der Sicherheitspolizei. Sie befaßt sich nur mit menschlichen Handlungen und Begebenheiten, aus denen der Rechtsordnung erst in Zukunft Gefahren drohen. Durch ihre Tätigkeit soll sie erreichen, daß die Rechtsordnung durch Handlungen von einzelnen Personen oder von Personengruppen nicht verletzt wird. Diese polizeiliche Tätigkeit spielt sich im allgemeinen in voller Öffentlichkeit ab. Sie berührt wohl den einzelnen Staatsbürger, ebenso aber das Volk — oder wie man früher sagte, das Publikum — in seiner Gesamtheit. So ist es verständlich, daß diese Tätigkeit seit jeher von Polizeibehörden ausgeübt wird, deren Aufgabengebiet sich allein auf die Wahrung öffentlicher Sicherheit erstreckt, die jedem bekannte uniformierte Polizei.

Die Kriminalpolizei oder die Polizei der Strafrechtspflege erscheint erst, nachdem eine Störung der öffentlichen Ordnung oder Sicherheit eingetreten ist. Sie soll die für die Störung verantwortlichen Menschen zur Rechenschaft ziehen. Der Aufgabenbereich der Kriminalpolizei ist von dem der Sicherheitspolizei derart verschieden, daß bei nicht ganz einfachen Verhältnissen besondere Kriminalpolizeibeamte und eine besondere Kriminalpolizeiorganisation erforderlich sind.

Weniger an die Öffentlichkeit als an einzelne Staatsbürger wendet sich die verwaltungspolizeiliche Tätigkeit. Der Name Verwaltungspolizei sagt wenig. Der Inhalt des Wortes steht zudem nicht völlig fest. Infolgedessen muß der jeweiligen Regelung entnommen werden, welche Aufgaben im einzelnen zur Sicherheitspolizei und welche zur Verwaltungspolizei gehören. Im allgemeinen werden zum Aufgabenbereich der Verwaltungspolizei diejenigen polizeilichen Maßnahmen gerechnet, die sich mit der Registrierung der Staatsangehörigen und Ausländer und mit ihrer Tätigkeit sowie mit der Überwachung solcher Tätigkeiten befassen, wie z. B. Berufs-, insbesondere Gewerbepolizei, Feuer-, Wasser-, Jugend-, Fischerei-, Sitten-, Gesundheits-, Nahrungsmittel-, Veterinär-, Bau- oder Wohnungspolizei. Häufig wird der Verwaltungspolizei sodann die Überwachung verdächtiger Personen oder erfahrungsgemäß Rechtswidrigkeiten begünstigender Tätigkeiten zugerechnet, wie z. B. die Überwachung von Bettlern, Landstreichern und Vorbestraften, schließlich — aus etwas anderen Gründen — die Fremdenpolizei. Schwankend ist die Einordnung der Presse-, Vereins- oder Versammlungspolizei oder die Fürsorge für die Ordnung, Sicherheit und Leichtigkeit des Verkehrs auf öffentlichen Verkehrswegen. Fast ebenso unsicher wie die Grenze zur Sicherheitspolizei ist die Grenze der Verwaltungspolizei zu außerpolizeilichen Tätigkeiten, insbesondere der Wohlfahrtspflege.

Beispiel:

Eine aus ästhetischen Rücksichten zum Schutz der Aussicht auf das Kriegerdenkmal auf dem Kreuzberg in Berlin ergangene PolVO. ist als zur Wohlfahrtspflege gehörend ungültig — pr. OVG. 9, 353.

Wie bei der Sicherheits- und der Kriminalpolizei ist eine besondere Organisation der Verwaltungspolizei denkbar. In Deutschland wurden die verschiedenen polizeilichen Tätigkeiten bis 1945 nahezu alle durch ein und dieselbe Polizeiorganisation erledigt. Gegenwärtig allerdings ist die Trennung der Organisationen eine für das ganze Bundesgebiet akute, stets im Mittelpunkt der gesetzlichen Maßnahmen stehende Frage[1]).

b) Örtliche Zuständigkeit

Im Gegensatz zu den bisher behandelten Einteilungen nach sachlichen Zuständigkeitsgebieten können räumliche Gesichtspunkte für die Unterscheidung einzelner Polizeiarten von Bedeutung sein. Entscheidend ist hier ebenfalls das wahrzunehmende Interesse. Handelt es sich um polizeiliche Maßnahmen für einzelne Gemeinden oder Orte, so spricht man von Ortspolizei. Was einen das ganze Land oder doch einen einzelnen Ort überschreitenden Bereich angeht, ist Sache der Landespolizei.

---

[1]) Bedenken, ob heute noch — oder wieder? — die Polizei von der allgemeinen Verwaltung getrennt werden kann, bei Galette, in: DVBl. 1955, 277.

Maßgeblich ist also nicht die Organisation, sondern der Inhalt des polizeilichen Vorgehens. Die gleiche Dienststelle kann sowohl ortspolizeiliche als auch landespolizeiliche Funktionen ausüben. Allerdings gibt es meist verschiedene ortspolizeiliche und landespolizeiliche Behörden. Entsprechend den Machtverhältnissen kann wohl die Landespolizeibehörde der Ortspolizeibehörde die Wahrnehmung landespolizeilicher Aufgaben übertragen, aber nicht kann, von gesetzlich fest umrissenen Ausnahmen abgesehen, die Ortspolizei die Landespolizei zur Erledigung örtlicher Angelegenheiten in Anspruch nehmen. Umgekehrt kann die Landespolizeibehörde — aber nur in den gesetzlich festgelegten Schranken — ortspolizeiliche Maßnahmen ergreifen. Materiell ändert sich hierdurch an der Qualität der Maßnahmen nichts. Entscheidend für die Zuordnung zu der einen oder der anderen Art bleibt also der Inhalt.

4. Aufgaben[1]

a) Gefahrenabwehr

Gefahrenabwehr ist i. a. identisch mit der Abwehr von Schaden[2]) im Gegensatz zu bloßen Belästigungen, Nachteilen oder Unbequemlichkeiten[3]). Bezweckt ist der „Schutz dessen, was ist", der Schutz des Bestandes der rechtlichen und wirtschaftlichen Lage der Gemeinschaft und der sie bildenden Einzelnen vor regelwidrigen Einflüssen.

Beispiel:

Gegen Lärm oder schlechte Gerüche kann nur bei Gesundheitsgefahr eingeschritten werden — LVG. Düsseldorf in: BB. 1952, 931.

Die Gefahr muß bevorstehend sein. Die bloß unbestimmte Möglichkeit, daß irgendwann einmal ein Schaden eintreten könne, genügt nicht.

Beispiel:

Polizeiliche Rauchverbote sind nur mit Rücksicht auf leicht brennbare Gegenstände zulässig. — Verbot einer Tanzveranstaltung nur bei konkreter Gefahr — hess. VGH. 1, 232.

Die Gefahr muß der Allgemeinheit oder dem Einzelnen in seiner Eigenschaft „als Mitglied des Publikums" drohen.

Beispiel:

Polizeiliches Verlangen, nur innerhalb einer Familie gebrauchte Haushaltgeräte zu reinigen, ist unzulässig. Polizeiliches Verlangen, eine Bierdruckvorrichtung in einer Gaststätte zu reinigen, ist zulässig. — Besonders schwierig das Einschreiten bei Familienstreitigkeiten, wenn strafbare Handlungen, insb. Körperverletzung

---

[1]) Heute im wesentlichen wie nach pr. PVG.: BGH. in: VKBl. 54, 250.

[2]) So z. B. das pr. OVG. in ständiger Rechtsprechung.

[3]) Die Grenze ist oft schwer zu sehen. Das zeigt z. B. pr. OVG. 102, 179; 103, 159; 106, 62, wo — jedenfalls auf dem Gebiet der Baupolizei — auch bloße Belästigungen schon als Gefahr angesehen werden.

oder Totschlag erst drohen oder in ein umfriedetes Grundstück einzudringen ist — BGH. in: MDR. 1953, B 45 — oder wenn eine Sachlage bei verständigem Ermessen den Anschein einer polizeilichen Gefahr erweckt — BGH. in: VerwRspr. 5, 165. — Eingriffe bei Vermögensgefährdung — OVG. Kbl. 2, 6.

b) Schutz der öffentlichen Sicherheit

Er umfaßt „den Schutz der Allgemeinheit und des einzelnen gegen Schäden, die den Bestand des Staates oder seiner Einrichtungen oder das ungehinderte Funktionieren seines Organismus, die Leben, Gesundheit, Freiheit oder Ehre des einzelnen oder die endlich das Vermögen im Sinne des Komplexes aller durch die geltende Rechtsordnung gewährleisteten dinglichen und persönlichen Rechte physischer und juristischer Personen bedrohen"[1]). Quelle der Unsicherheit können Naturereignisse

Beispiel:
Feuerbrünste, Überschwemmungen, Unwetter, Epidemien

oder menschliche Handlungen sein.

Beispiel:
Verschütten von Öl auf der Straße — BGH. in: VKBl. 54, 250.

Eine wichtige Grenze der polizeilichen Funktionen sind die den Bürgern zustehenden Verfassungsgrundrechte.

Beispiel:
Vorbereitung zum Hochverrat verlangt polizeiliches Einschreiten, nicht aber schon in der Form nicht ungehörige, sachliche Kritik an Staatseinrichtungen.

c) Schutz der öffentlichen Ordnung

Er umfaßt „den Schutz aller Normen über Handlungen, Unterlassungen und Zustände, deren Befolgung — über die Grenzen des geltenden bürgerlichen, kriminellen oder anderen öffentlichen positiven Rechts hinaus — nach der herrschenden allgemeinen Auffassung zu den unerläßlichen Voraussetzungen gedeihlichen menschlichen und staatsbürgerlichen Zusammenlebens gehört"[1]). Auch wo diese Blankettbestimmung durch gesetzlich enumerierte Tatbestände wenigstens zum Teil ausgefüllt wird, wie z. B. durch die süddeutschen Polizeistrafgesetzbücher, bleibt ein großer Bereich für eine selbständig gestaltende Tätigkeit der Polizei übrig. Vieles richtet sich dabei nach sozialen Ansichten[2]). Eine rechtlich beachtliche Grenze wird immer sein, daß nur solche Anschauungskomplexe zu schützen sind, die nach der allgemeinen Überzeugung, nicht etwa nur derjenigen einer bestimmten Religionsgemeinschaft, als lebensnot-

---

[1]) So Drews, Preußisches Polizeirecht, 1931, 12 im Anschluß an die amtliche Begründung zu § 14 pr. PVG. 1931.

[2]) Einzelheiten mit Judikatur sind zu ersehen z. B. aus Drews, Preußisches Polizeirecht, wobei das Studium der verschiedenen Auflagen auch einen interessanten Einblick in den Wandel der Ansichten vermittelt.

wendige Grundlage der staatlichen und bürgerlichen Gemeinschaft, nicht nur einer bestimmten sozialen Klasse oder Schicht, angesehen werden müssen. Beachtlich ist gerade hier auch die Form des Vorganges: Eine in sachlich ruhiger Form vorgebrachte Kritik an bestehenden Einrichtungen braucht keine Ordnungsstörung zu sein, während die inhaltlich gleiche Kritik, vorgebracht mit Spott, Ironie, Herabwürdigung, Entstellung, Lächerlichmachung usw. sehr wohl eine Ordnungsstörung sein kann. Gerade hier aber muß sich die Polizei hüten, „mit Kanonen nach Spatzen zu schießen".

Beispiel:

Gegen Filme darf die Polizei nur im Interesse der Aufrechterhaltung der allgemeinen öffentlichen Ordnung einschreiten, nicht aus sonstigen Gründen — Rhld.-pf. LVG., in: ÖV. 1952, 664; OVG. Lbg., in: DVBl. 1953, 83 betr. den Film: „Die Sünderin". — Die in Art. 5 Abs. 3 GG. gewährleistete Freiheit der Kunst unterliegt nicht den Schranken der polizeilichen Generalklausel; anderseits werden durch die Einrichtung der freiwilligen Selbstkontrolle der Filmwirtschaft die polizeilichen Befugnisse nicht berührt — BVerwG. NJW. 55, 1203.

d) Schutz der öffentlichen Ruhe

Dieser in älteren Gesetzen erwähnten Tätigkeit kommt keine selbständige Bedeutung zu: Die Aufgabe ist in der Aufrechterhaltung der öffentlichen Ordnung und Sicherheit enthalten.

5. Polizeiliche Haftung

a) Behördliche Tätigkeit

Die Polizei bewältigt ihre Aufgaben ohne Inanspruchnahme dritter Personen und Stellen, wenn sie warnend oder belehrend tätig wird.

Beispiel:

Warnungen bei Epidemien; Einrichtung von Impfstationen; Absperren bombenverseuchter Gebiete; Vernichtung von Schwarzwild.

Diese Tätigkeit grenzt nahe an Wohlfahrtspflege. Das ist von Bedeutung für die Erstattung etwa entstehender Unkosten, wozu ein von der Polizei getrennter Polizeikostenträger[1]) nur verpflichtet ist, wenn es sich um Polizeiverwaltung handelt.

b) Polizeipflichtige

Diesem verhältnismäßig kleinen Aufgabenkreis gegenüber steht das große Gebiet, auf welchem zur Beseitigung eines polizeiwidrigen Zustandes die Mitwirkung dritter Personen nötig ist. Sie können dem Grundgedanken der polizeilichen Funktionen entsprechend als Helfer der Polizei angesehen werden. Oft aber widerspricht ihre persönliche Interessenlage der durch die Polizei zu wahrenden Interessenlage der Allgemeinheit, so daß sie als Störer der allgemeinen Interessen erscheinen. Auf jeden Fall sind sie Polizeipflichtige. An sie hält sich die Polizei, um — präventiv — ihre Aufgaben erfüllen zu können und —

[1]) Vgl. unten S. 296.

repressiv — bereits entstandene Unordnungen oder Störungen zu beseitigen. Dabei ist es bei Meinungsverschiedenheiten Sache der Polizei darzutun, daß die Inanspruchnahme des Dritten erforderlich ist und warum gerade eine bestimmte Person und nicht eine andere ausgewählt wurde, wobei allerdings Aufklärung bis ins einzelne von der Polizei nicht verlangt werden kann[1]).

Polizeipflichtig ist jeder Mensch nach seinem geistigen und körperlichen Vermögen. Schranken der Geschäftsfähigkeit, der Handlungsfähigkeit, der Verantwortlichkeit, des Bewußtseins der Rechtswidrigkeit, des Verschuldens sind für die Polizeipflicht unbeachtlich. Die Polizeipflicht besteht in bezug auf die eigene Person und in bezug auf Personen, auf die sich nach bürgerlichem Recht die Sorgepflicht erstreckt.

Beispiel:

Von den Eltern unmündiger Kinder kann die Polizei die Beseitigung durch die Kinder angerichteter Unordnung verlangen.

c) Handlungshaftung[2])

Alle Wirkungen, die von Personen durch ihr Tun oder Unterlassen ausgehen, begründen der Polizei gegenüber eine Handlungshaftung. Auf bürgerlichrechtliche oder strafrechtliche Zusammenhänge oder auf Verschulden kommt es dabei nicht an. Allein bedeutsam ist der äußere Ablauf der Ereignisse: Nur das Handeln oder Unterlassen, das bei unbefangener Betrachtung[3]) unmittelbar die öffentliche Ordnung und Sicherheit berührt, wird berücksichtigt. Dem Ursachenzusammenhang nach wird — richtigerweise — die Konditionentheorie mit Regreßverbot angewandt[4]).

Beispiel:

Die polizeiliche Haftung eines Fuhrunternehmers, dessen Zementladung in einen Bach gefallen ist, erlischt nicht durch den Verlust des Eigentums an der Ladung. — Wenn eine Kurkapelle ein Lied mit einem harmlosen Text spielt, aber Kurgäste zu der Musik einen die öffentliche Ordnung störenden Text singen, sind sie und nicht die Kapelle die polizeilichen Störer (pr. OVG.: Fall des „Borkumliedes"). — Für Verunreinigungen durch Plakatverteiler haftet der Auftraggeber; OVG. Lbg. in: DVBl. 1951, 733.

d) Zustandshaftung

Für den polizeilichen Zustand einer Sache ist der Eigentümer und der die tatsächliche Gewalt über sie Ausübende verantwortlich.

Beispiel:

Wenn der Chauffeur nachts ohne Licht fährt, kann die Polizei ihn oder den Eigentümer des Wagens belangen. — Bei verwanzten Wohnungen kann die Polizei zur

---

[1]) W.-b. VGH. in: ÖV. 1952, 727.

[2]) Die Haftungsbestimmungen sind nichtrevisibles Landesrecht — BVerwG. NJW. 55, 196.

[3]) OVG. Berlin in: NJW. 1953, 198 mit Anm. von Wacke.

[4]) Vgl. oben S. 94.

Beseitigung des polizeiwidrigen Zustandes den Mieter oder den Eigentümer in Anspruch nehmen — hess. VGH. in: DVBl. 1953, 373. Auch bei polizeiwidrigen Zuständen infolge des Krieges — OVG. KBl. ÖV. 54, 216.

Nur wer die tatsächliche Gewalt gegen den Willen des Eigentümers ausübt, haftet der Polizei allein.

Beispiel:

Der Dieb eines Autos, der nachts ohne Licht fährt.

Auch sind — bei den oft komplizierten wirtschaftlichen Zusammenhängen — Abmachungen zwischen Einzelpersonen und Polizei möglich. Genau wie bei der Handlungshaftung sind die bürgerlichrechtlichen und strafrechtlichen Zusammenhänge unerheblich.

Beispiel:

Wenn ein Bergrutsch eine Eisenbahnlinie zu verschütten droht, hält sich die Polizei richtigerweise an die Eisenbahn und verbietet den Betrieb, unabhängig davon, welche zivilrechtliche Haftung des Bergeigentümers gegenüber der Eisenbahn besteht.

Zustandshaftung entsteht nur infolge einer außergewöhnlichen Beschaffenheit einer Sache.

Beispiel:

Wenn durch Heranwachsen von Obstbäumen auf einem Privatgrundstück die Sicht auf eine Straßenkreuzung erschwert wird, liegt kein Fall der Zustandshaftung vor. Die Polizei kann auf diesem Wege nicht das Abschlagen der Bäume verlangen. Ausweg: Enteignung mit Schadensersatz durch Eintragung einer Dienstbarkeit, wonach der Eigentümer gehalten ist, an den in Betracht kommenden Stellen die Sicht offen zu lassen.

Außer den bisher erwähnten aktuellen gibt es potentielle Störungen, für die der Pflichtige regelmäßig ebenfalls haftet.

Beispiel:

Ein bisher von der Polizei nicht beanstandetes Strohdach wird zu einer Gefahr, wenn an dem Haus eine neue Eisenbahnlinie vorbeigeführt wird. Der Eigentümer usw. muß das Strohdach — ohne Entschädigung — beseitigen.

Umstritten ist die Haftung für von Trümmergrundstücken drohende Gefahren. Man wird eine Haftung des Eigentümers auf Grund der allgemeinen Polizeigesetze[1]) bejahen müssen[2]) mit Ausnahme der Fälle, in denen Dritte das Grundstück freiwillig betreten[3]) oder die Trümmerbeseitigung für den

---

[1]) Nicht nach 18. Anordnung des Generalbevollmächtigten für Bauwirtschaft i.d.F. vom 16. 8. 1941 — Reichsanz. Nr. 20 —, die nur bauwirtschaftlichen Inhalt hat —BVerwG. 1, 198.

[2]) Zusammenfassung bei: w.-b. VGH., in: NJW. 1952, 1311; auch Zusammenstellung verschiedener Urteile in: ÖV. 1952, 735. Vgl. auch: OVG. Mstr. 5, 185.

[3]) So insb. OVG. Mstr., in: DVBl. 1952, 664; vgl. auch bad. VGH., in: DVBl. 1953, 145 mit Schrifttum. 1953, 367.

Eigentümer wirtschaftlich unmöglich ist und ein entsprechendes Verlangen deshalb gegen Treu und Glauben verstoßen würde[1]).

Die Haftung besteht stets nur gegenüber der Polizei, nicht aber gegenüber Privatpersonen, die also auch keinen Anspruch auf ein bestimmtes Tätigwerden der Polizei haben[2]). Bei allen Haftungsmöglichkeiten handelt es sich um Erfolgs-, allenfalls Gefährdungshaftung[3]).

e) Haftung von Nichtstörern

Wenn Gefahr im Verzuge ist, kann und muß die Polizei auch Nichtstörer zur Hilfe anhalten, die dann hierdurch polizeipflichtig werden. Solche Maßnahmen dürfen nur getroffen und aufrechterhalten werden, soweit und solange die Polizei nicht über andere zur Beseitigung der Gefahr führende Mittel verfügt. Dabei kann auch in subjektive Rechte eingegriffen werden. Die entstehenden Rechtsfolgen werden durch das Institut der Aufopferung[4]) erfaßt. Entgegen polizeilicher Aufforderung unterlassene Hilfeleistung wird bestraft (§ 330 c StGB.).

Rechtsgrundlage für die Inanspruchnahme sind entweder die allgemeinen Polizeigesetze oder Sonderbestimmungen (z. B. WasserverbandsVO. vom 3. 9. 1937 — RGBl. 933 —, Reblausgesetz vom 6. 7. 1934 — RGBl. 261 —)[5]).

6. Mittel

a) Allgemeines

Für die nicht-hoheitliche Tätigkeit sind besondere Mittel nicht vorhanden. Der Polizei stehen sämtliche allgemeinen Verwaltungsmittel zur Verfügung. Die hoheitliche Polizeitätigkeit zerfällt in den Erlaß von Polizeibefehlen und die Erteilung von Polizeierlaubnissen. Hinzu treten Maßnahmen zur zwangsweisen Durchführung der polizeilichen Anordnungen. Ob und welche Mittel eingesetzt werden, richtet sich i. a. nach dem pflichtmäßigen freien Ermessen[6]) (Opportunitätsprinzip[7])).

Beispiel:
Duldung und späteres Verbot eines objektiv rechtswidrigen Bordells — OVG. Mstr. 8, 320.

---

[1]) OVG. Kbl. 2, 1.
[2]) BGH. in: DVBl. 1952, 702; hess. VGH. in: VerwRspr. 5, 447.
[3]) Vgl. oben S. 104. [4]) Vgl. oben S. 169ff.
[5]) Es war früher allgemein und ist jetzt noch teilweise üblich — vgl. z. B. Drews-Wacke, aaO. 96ff. — hier von polizeilichem Notstand zu sprechen. Dagegen wird insb. von Süddeutschland aus — m. E. mit Recht — geltend gemacht, daß die Erfüllung staatlicher oder jedenfalls öffentlicher Aufgaben eine öffentliche Pflicht bedeutet, die nicht gut „im Notstand" erfüllt werden kann. Wer schuldhaft den falschen Schein einer poliz. Gefahr hervorruft, erhält keinen Schadensersatz — BGH. in: VerwRspr. 5, 73.
[6]) BGH., in: ÖV. 54, 318. [7]) Vgl. oben S. 181.

b) Polizeibefehle

Sie enthalten polizeiliche Gebote oder Verbote. Zu unterscheiden sind Polizeiverordnungen und Polizeiverfügungen.

aa) Polizeiverordnungen sind Rechtsverordnungen und müssen alle diesen zukommenden Merkmale aufweisen. Wegen ihrer Bedeutung für die Allgemeinheit enthalten die Polizeigesetze eine Reihe von Vorschriften über die einzuhaltenden Formen beim Erlaß, über ihre Geltungsdauer usw. Die Vorschriften werden von den Gerichten regelmäßig restriktiv interpretiert, so daß sie streng eingehalten werden müssen.

Beispiel:

Auch wenn aus den allgemeinen Umständen möglicherweise der örtliche Geltungsbereich der VO. zu ersehen ist, muß er doch in der VO. selbst angegeben werden.

Zum Erlaß von Polizeiverordnungen sind i. a. die staatlichen Zentral- und Mittelbehörden sowie die Kreisinstanzen, auch wenn sie der Kommunalverwaltung angehören, zuständig. Erforderlich ist eine gesetzliche Grundlage[1]), die entweder in den allgemeinen Polizeigesetzen oder in Spezialgesetzen vorhanden ist. Infolgedessen darf eine juristische Person des öffentlichen Rechts nur über diejenigen Gegenstände Verordnungen erlassen, für die sie sachlich zuständig ist. Wer also nach den Organisationsgrundlagen[2]) nur verwaltungspolizeiliche Befugnisse (Ordnungsaufgaben) hat, darf allein für das Gebiet der Verwaltungspolizei Verordnungen erlassen.

Das ist besonders wichtig für die Gemeinden und Gemeindeverbände, die nunmehr die Verwaltungspolizei zu erledigen haben. Für dieses Sachgebiet dürfen sie Polizeiverordnungen erlassen. Dazu gehören aber nur die staatlichen Auftragsangelegenheiten[3]), nicht die eigenen Gemeindeangelegenheiten. Die letzteren können allgemein nur durch Ortssatzungen geregelt werden. I. a. müssen beim Erlaß von Polizeiverordnungen die auf der betreffenden Verwaltungsebene vorhandenen Vertreterkörperschaften, bei Landespolizeiverordnungen die Landesparlamente eingeschaltet werden (z. B. § 26 pr. PVG.; n.-w. Ges. vom 15. 12. 1952 — GVBl. 423 —; nds. Ges. vom 21. 3. 1951).

Polizeiverordnungen können durch alle Maßnahmen aufgehoben werden, die zur Aufhebung einer Rechtsnorm führen. Wo eine abstrakte Normenkontrolle durch die Gerichte vorhanden ist[4]), werden auch sie davon erfaßt.

---

[1]) In Norddeutschland durch gesetzliche Generalermächtigung zahlreicher als durch die in den süddeutschen Gesetzen enthaltene Enumeration, so z. B. nur nach dem Katalog nach §§ 32ff. bad. PolStGB.; vgl. Hellingrath, in: ÖV. 1952, 207. — Die Herabsetzung der Zahl der Polizeigesetzgeber wird seit jeher vom Gesetzgeber erstrebt; so konnte in Preußen durch die Neuregelung von 1931 die Zahl von 12000 auf 1500 vermindert werden.

[2]) Vgl. unten S. 293ff.

[3]) OLG. Düsseldorf, in: n.-w. JMBl. 1951, 162, BGH., in: DVBl. 1951, 736.

[4]) Vgl. oben S. 222.

bb) Polizeiverfügungen sind an bestimmte Personen erlassene Gebote oder Verbote oder die Versagung (Untersagung), Einschränkung oder Zurücknahme einer rechtlich vorgesehenen polizeilichen Erlaubnis oder Bescheinigung (so z. B. § 40 pr. PVG.). Sie behandeln also einen konkreten Sachverhalt. Sind sie an einzelne Personen gerichtet, so handelt es sich um Einzelverfügungen; sind sie an mehrere, aber der Zahl nach erfaßbare Personen gerichtet, so handelt es sich um Allgemeinverfügungen.

Beide Arten sind — eine sehr bedeutsame Gruppe — Verwaltungsakte, so daß die hierfür vorhandenen Regeln auf sie anwendbar sind und zwar hinsichtlich ihrer Entstehung, ihres Bestandes und ihrer Vernichtung[1]). Die im Gesetz übertragene Befugnis zum Erlaß von Polizeiverordnungen gibt nicht ohne weiteres die Befugnis, an ihrer Stelle Polizeiverfügungen zu erlassen[2]), weil es ohne Verordnung an einer Rechtsgrundlage für die Verfügung fehlen kann.

c) Polizeierlaubnis

Sie setzt als erstes ein gesetzliches Verbot zur Vornahme einer bestimmten Handlung und als zweites die gesetzlich der Polizei gegebene Möglichkeit voraus, im Einzelfall von dem grundsätzlichen Verbot abzusehen („Polizeiverbot mit Erlaubnisvorbehalt“[3]), „generelles Verbot mit Dispensationsmöglichkeit“). Das ist in zwei Wegen denkbar: als nur der Verwaltungskontrolle bestimmter Tätigkeiten dienendes präventives Verbot mit Erlaubnisvorbehalt und als der Ausschaltung bestimmter Tätigkeiten dienendes repressives Verbot mit Befreiungsvorbehalt[4]). Die Erlaubniserteilung ist ein begünstigender Verwaltungsakt, so daß die hierfür vorhandenen Regeln über Entstehung, Bestand und Ende, insb. auch Widerruf[5]) anwendbar sind. Ein Anspruch auf Erlaubniserteilung besteht nur bei gebundener Verwaltung. Bei Ermessensverwaltung, die insb. bei repressiven Verboten in Betracht kommt, kann die Polizei nach pflichtgemäßem Ermessen die Erlaubnis erteilen oder ablehnen[6]). Sie kann mit Auflagen[7]) und Bedingungen[8]) versehen werden.

---

[1]) Vgl. oben S. 111 ff. Der vom pr. OVG. aufgestellte Rechtsgrundsatz, daß für ihre Rechtmäßigkeit die ihr gegebene Begründung nicht entscheidend ist, daß es vielmehr genügt, wenn sie ihre rechtliche Grundlage in irgendeiner, auch in einer von der erlassenden Polizeibehörde nicht beachteten Vorschrift findet (z. B. 102, 182), ist m. E. überholt; vgl. oben S. 32, 213.

[2]) So — nach früher a. A. — pr. OVG. 64, 466; auch Drews-Wacke, 40.

[3]) Grundlagen bei O. Mayer, Verwaltungsrecht, I, § 21.

[4]) Vgl. oben S. 118 f.

[5]) Vgl. oben S. 126 ff. — Die früher übliche verschiedenartige Behandlung des Widerrufs gebundener und freier Erlaubnisse ist durch neuere Regelungen aufgehoben (insb. § 42 Abs. 2 pr. PVG.), weil das Publikum den Unterschied i. a. nicht erkennen kann. — Vgl. Drews, aaO. 72.

[6]) Über die Ermessensgrenzen vgl. OVG. Hbg. in: DVBl. 1953, 335.

[7]) Vgl. oben S. 109. [8]) Vgl. oben S. 109.

d) Zwangsmittel

Innerhalb der Polizeiverwaltung gibt es die allgemeinen Verwaltungszwangsmittel[1]). Darüber hinaus ist als Durchbrechung der Grundrechte nach Art. 2 und 14 GG. unmittelbarer Zwang möglich, d. i. die Anwendung körperlicher Gewalt gegen Personen und Sachen, wenn der polizeiliche Zweck auf andere Weise nicht erreicht werden kann. Er beruht entweder auf allgemeinen gesetzlichen Grundlagen (z. B. §§ 14ff. pr. PVG.) oder auf besonderen Gesetzen (z. B. bayer. Ges. über Anwendung unmittelbaren Zwangs durch die Polizei vom 22. 11. 1950 — GVBl. 239 —; rhld.-pf. LVO. vom 10. 4. 1954 — GVBl. 61 —).

Für den Waffengebrauch ist maßgeblich die Verhältnismäßigkeit des angewandten Mittels zum Erfolg einschließlich der Notwehr- und Notstandsbestimmungen[2]).

Polizeistrafen durch Zwangsstrafen oder Strafverfügungen gibt es nicht mehr (§ 413 StPO.). Die in den Ländern nach 1950 z. T. wieder eingeführte gebührenpflichtige Verwarnung (z. B. nds. Ges. vom 21. 3. 1951 — GVBl. 79 — bayer. Ges. vom 7. 3. 1952 — GVBl. 99 —, brem. Ges. vom 7. 11. 1952 — GBl. 117 —, n.-w. RderL vom 7. 3. 1950 — MinBl. 248 —) dürfte mit § 153 StPO. unvereinbar sein[3]).

Die einzelnen Zwangsmaßnahmen sind Verwaltungsakte.

7. Organisation

a) Möglichkeiten

Für die Polizeiorganisation steht im Mittelpunkt die Frage nach dem Träger der polizeilichen Befugnisse. Im Rechtsstaat müssen die sachlichen und örtlichen Zuständigkeiten zu polizeilichen Verwaltungsmaßnahmen gesetzlich bestimmt werden. Als Träger polizeilicher Befugnisse kommen i. a. Subjekte des öffentlichen Rechts in Betracht, während mit Hoheitsbefugnissen beliehene Subjekte des Privatrechts nur ausnahmsweise auch Polizeigewalt ausüben können.

Beispiel:
Bahnpolizei von Privatbahnen.

Von den Subjekten des öffentlichen Rechts stehen als Träger polizeilicher Befugnisse seit jeher der Staat und die kommunalen Gebietskörperschaften an der Spitze. Seit über hundert Jahren ist es eine politische Streitfrage, ob das Schwergewicht der Polizeiorganisation beim Staat oder bei den Gemeinden liegen soll.

---

[1]) Vgl. oben S. 194ff. — Probst, in: ÖD. 1954, 123.

[2]) Die alliierten Beschränkungen gelten nicht mehr; Kohlhaas, in: NJW. 1955, 1385; Biel, in: JZ. 1955, 625.

[3]) So auch Reh, in: NJW. 1952, 1120.

In Norddeutschland hatte sich unter preußischem Einfluß das staatliche Polizeimonopol durchgesetzt. Im Anschluß an ältere Gesetze ist nach § 1 pr. PVG. von 1931 Polizei Angelegenheit des Staates. In Süddeutschland gehörte die Polizei auf der unteren Verwaltungsinstanz in Bayern und Württemberg zu den eigenen Selbstverwaltungsangelegenheiten (Art. 84 bayer. GO. 1927, Art. 63 pfälz. GO. 1927; württ. GO. 1906). 1936 wurde die gesamte Polizei durch Einsetzung eines Chefs der deutschen Polizei im Reichsinnenministerium verstaatlicht, soweit sie es noch nicht war, und zwar auf das Reich übertragen („verreichlicht"). Seit 1945 sind wieder beide Lösungen vorhanden.

Wenn feststeht, wer Träger der Polizeibefugnisse ist, muß dieser gesetzlich klären, ob er einen selbständigen Polizeibehördenapparat aufbaut oder ob er die Polizeiverwaltung durch die auch mit anderen Aufgaben betrauten Verwaltungsbehörden durchführen läßt. Dabei können die verschiedenen Polizeiaufgaben derart getrennt werden, daß für einen Teil die eine und für einen anderen Teil die andere Organisation zuständig ist.

Bis 1945 waren für fast die gesamten Polizeiaufgaben besondere Polizeibehörden vorhanden, die ihrerseits nach verschiedenen Sachgebieten, etwa Sicherheits- (Vollzugs-) polizei, Kriminalpolizei, Verwaltungspolizei aufgegliedert waren. Nur wenige Polizeiaufgaben, etwa Baupolizei oder Gesundheitspolizei wurden ganz oder zum Teil von sonstigen Verwaltungsbehörden wahrgenommen. Seit 1945 sind zahlreiche Polizeiaufgaben, vor allem zur Verwaltungspolizei gehörende, durch die allgemeine Verwaltungsorganisation wahrzunehmen.

Wie viele andere Verwaltungsorganisationen ist i. d. R. auch die Polizeiverwaltung, sowohl wenn sie einen eigenen Apparat hat, als auch, wenn ein solcher fehlt (horizontal), in mehreren Instanzen aufgebaut. Außerdem bestehen — ebenfalls wie bei anderen Verwaltungszweigen — (vertikal) sachliche und örtliche Zuständigkeitsverteilungen.

b) Trennung der Verwaltungspolizei von den anderen Zweigen

Zu den Zielen der alliierten Besatzungspolitik gehörte es, die Macht der deutschen Polizei, die weitgehend als verantwortlich für den national-sozialistischen Terror in Deutschland und in Europa angesehen wurde, zu brechen. In der russischen und französischen Zone beschränkte man sich darauf, die nach 1933 vorgenommenen Änderungen, wie die Begründung der Geheimen Staatspolizei oder die Einsetzung eines Chefs der deutschen Polizei, wieder rückgängig zu machen und den Rechtszustand von 1932 wiederherzustellen. In der amerikanischen (Befehl des U.-S.-Hauptquartiers vom 7. 7. 1945) und britischen Zone (Instruktion vom 25. 9. 1945 — BAOR/38708/30g SDO. 1b) wurde eine eigene Polizeiorganisation nur noch für die Sicherheits- (Vollzugs-) und die Kriminalpolizei zugelassen, während, und zwar im Anschluß an immer schon bestehende deutsche Tendenzen[1]), alle verwaltungspolizeilichen Aufgaben auf die Kommunalverwaltungen übertragen wurden. Diese Tätigkeit wird seither als Ordnungsdienst bezeichnet, so daß die entsprechenden kommunalen Dienststellen Ordnungsämter oder ähnlich heißen, sofern nicht die Verwaltungspolizei- oder Ordnungsangelegenheiten von anderen Dienststellen mit erledigt werden, was z. B. beim Bauwesen oder Gesundheitswesen weitgehend der Fall ist.

[1]) Peters, in: ÖV. 1953, 385.

Wegen der Trennung der Verwaltungspolizei von Sicherheits- und Kriminalpolizei ist also nur für die beiden letzteren eine eigene Organisation[1]) vorhanden. Hierdurch hat sich an den materiell-rechtlichen Zusammenhängen nichts geändert. Die Polizeizuständigkeiten und Polizeiaufgaben haben sich nicht verringert,

Beispiel:

Die Ordnungsverwaltung kann Polizeiverordnungen — OVG. Mstr. 6, 349; 7, 120; Wolff, in: MDR. 1950, 5 — und Polizeiverfügungen — OVG. Mstr. 9, 213 — erlassen.

es sei denn, Gesetze mit materiellem Inhalt hätten eine Änderung herbeigeführt. Nur eine terminologische Frage ist es, daß an Stelle des früheren Wortes Verwaltungspolizei nunmehr vielfach die Bezeichnung Ordnungsverwaltung getreten ist[2]).

In Schleswig-Holstein, Niedersachsen und Nordrhein-Westfalen ist den Gemeinden und Kreisen als Ordnungsbehörden die Verwendung der Bezeichnung „-polizei", „polizeilich" usw. untersagt; z. B.: Bauaufsicht, Gesundheitsaufsicht, Gewerbeüberwachung, Verkehrsaufsicht, Ordnungsverfügung, ordnungsbehördliche Verordnung, ordnungswidrig, pflichtig (statt polizeipflichtig) usw.

c) Norddeutsch-preußische Organisation

Das pr. PVG. 1931 kennt Landes-, Kreis- und Ortspolizeibehörden. Landespolizeibehörden sind die Regierungspräsidenten, Kreispolizeibehörden die Landräte und Ortspolizeibehörden die Bürgermeister. Regierungspräsident und Landrat sind staatliche Beamte, während die Bürgermeister Kommunalbeamte sind, die in ihrer Eigenschaft als „Bürgermeister als Ortspolizeibehörde" jedoch ebenfalls als Staatsbeamte — unabhängig von sonstigen Gemeindestellen, insb. dem Gemeinderat — arbeiten. Im Bedarfsfall kann auf der Ortsstufe eine selbständige staatliche Polizeibehörde errichtet werden (§ 6), die Polizeipräsidenten in allen größeren und die Polizeidirektoren in allen mittelgroßen Städten. Diese Stellen sind es vor allem, die das Bild der Polizei als einer staatlichen Sonderbehörde bestimmen. Auf diesen Grundlagen bauen die neuen Landesregelungen auf in Niedersachsen (OSG.) mit der Möglichkeit der Errichtung kommunaler Polizei (§ 55), Schleswig-Holstein, Hamburg, Rheinland-Pfalz[3]) und Nordrhein-Westfalen

---

[1]) Auch die Länder der französischen Zone führen nach und nach diese Regelung ein.

[2]) Z. B. hess. VGH. in: DVBl. 1953, 378. §§ 14, 15 pr. PVG. gelten auch für Ordnungsbehörden — OVG. Mstr., in: ÖV. 1955, 479. Eine lückenlose Zusammenstellung der Aufgaben (ehem. Verwaltungspolizeiaufgaben) und Rechtsgrundlagen der Ordnungsbehörden bietet: Das kommunale Amt usw. a. a. O.

[3]) Siehe oben S. 259.

(Ges. vom 11. 8. 1953 — GVBl. 330 —). Oberste Landespolizeibehörden sind die Fachminister.

Über die dem preußischen Recht schon bekannte Mitwirkung kommunaler Stellen beim Erlaß von Polizeiverordnungen[1]) hinaus ist eine Mitwirkung der kommunalen Selbstverwaltung durch die Schaffung von Polizeibeiräten auf Regierungsbezirks- und auf Landesebene vorgesehen. Die Beiräte bestehen aus Mitgliedern der gewählten Volksvertretungen, können aber nicht entscheiden, sondern haben nur beratende und anregende Funktionen.

Die nach der Instruktion vom 25. 9. 1945 nach britischem Vorbild zunächst in der ganzen britischen Zone eingeführte Organisation ist in den neuen Landesgesetzen nur noch im Rahmen der allgemeinen Demokratisierung erkennbar. Danach wurden für bestimmte Bezirke, nämlich die Regierungsbezirke und die kreisfreien Städte als Polizeibehörden besondere Polizeiausschüsse gebildet für die jeweilige Regierungsbezirkspolizei (RB.-Polizei) oder Stadtkreispolizei (SK.-Polizei). Diese Körperschaften des öffentlichen Rechts waren aus etwa 10 von den örtlich zuständigen Gemeinderäten gewählten Mitgliedern zusammengesetzt und zuständig zur Entschließung über organisatorische und wirtschaftliche Polizeiaufgaben[2]). Den polizeilichen Einsatz leitete ein vom Innenminister bestellter Polizeichef, der aber weder Organ noch Beamter des Landes war, das also für ihn (nach §§ 31, 89, 839 BGB.) nicht haftete[3]). Instanz über den Polizeiausschüssen war der Innenminister, dem zur Beratung ein vom Landtag bestellter Ausschuß (Polizeisenat) beigegeben war.

d) Süddeutsche Organisation

Im Anschluß an die Verhältnisse bis 1933 wurde nach 1945 in den Ländern der amerikanischen Zone eine Gemeindepolizei errichtet[4]), Landespolizei besteht nur in beschränktem Umfang. Die Mittelinstanz bilden die Regierungspräsidenten oder ihnen entsprechende staatliche Dienststellen mit ihren Polizeidezernaten, die den früher in Süddeutschland vorhandenen Gendarmeriebezirksleitungen entsprechen. Die Kommunalisierung bringt insb. für die großen Städte, in denen der oberste Polizeibeamte im Anschluß an die frühere Bezeichnung Polizeipräsident oder Polizeidirektor heißt, die Gefahr eines unergiebigen Nebeneinanders, welches durch ständige Querverbindungen überwunden werden muß.

e) Bundespolizei

Von den nach Art. 87 GG. gegebenen Möglichkeiten hat der Bund durch Erlaß des Gesetzes über die Zusammenarbeit des Bundes mit den Ländern in Angelegenheiten des Verfassungsschutzes vom 27. 9. 1950 — BGBl. I, 682 — und eines Gesetzes über die Errichtung eines Bundeskriminalamtes vom

---

[1]) Vgl. oben S. 290.

[2]) Also keine Staatsbehörden; so m. E. richtig: Ule, in: DV. 1948, 12; Kleinrahm, in: DV. 1948, 107. — Zum Aufbau im allgemeinen vgl. OVG. Lbg. 6, 335; OVG. Mstr. 7, 212.

[3]) OGHbritZ. vom 22. 9. 1950.

[4]) Vgl. ÖV. 1955, 103.

8. 3. 1951 — BGBl. I, 165 — Gebrauch gemacht. Das Amt ist zugleich Zentralstelle für das polizeiliche Nachrichten- und Auskunftswesen. Es kann selbst Kriminaluntersuchungen im ganzen Bundesgebiet vornehmen, während die Länder entsprechende Landeskriminalämter zu unterhalten haben. Der durch Gesetz vom 16. 3. 1951 — BGBl. I, 201 — geschaffene Bundesgrenzschutz untersteht mit seinen mittleren und unteren Instanzen dem Bundesinnenminister.

In Ausführung des Gesetzes vom 27. 9. 1950 haben die Länder kasernierte Bereitschaftspolizeien neben den übrigen Landespolizeien eingerichtet (z. B. bayer. Ges. vom 31. 5. 1951, n.-w. Ges. vom 3. 8. 1951, brem. Ges. vom 27. 5. 1952, b.-w. Ges. vom 19. 1. 1953). Die Gesamtstärke für das Bundesgebiet beträgt entsprechend dem Verwaltungsabkommen zwischen Bund und Ländern vom 27. 10. 1950 30000 Mann.

f) Polizeikosten

Polizeikosten sind die persönlichen und sachlichen Ausgaben für die Polizei sowie die Ausgaben, die durch ihre Tätigkeit unmittelbar

Beispiel:

Ausgaben für Gehälter, Uniformen, Geräte.

oder mittelbar

Beispiel:

Schadensersatz für polizeiliche Aufopferungen.

entstehen. Es ist nicht ohne weiteres gesagt, daß die Träger der polizeilichen Hoheitsbefugnisse auch die Polizeikostenträger sind. Vielmehr enthalten die Polizeigesetze meist eine besondere Regelung. Hierbei muß vor allem geklärt werden, welche Kosten der Staat und die Gemeinden zu tragen haben. Wo die Polizei Staatsangelegenheit ist, steuern in der Regel die Gemeinden Kosten bei, ohne i. a. die Möglichkeit der Einflußnahme zu haben (vgl. Polizeikosteng. vom 29. 4. 1940 — RGBl. 688, 1260, 1494). Ist dagegen Gemeindepolizei vorhanden, so kann der Staat sehr wohl die Zahlung von Polizeikosten an die Gemeinden von gewissen Bedingungen abhängig machen. Erfahrungsgemäß ist das ein wichtiges Mittel für die gleichmäßige Ausrichtung rechtlich unabhängig voneinander bestehender Kommunalpolizeibehörden.

g) Einige Sondergebiete

Für eine Reihe von Gebieten polizeilicher Tätigkeit gibt es neben den allgemeinen Vorschriften noch Sonderregeln. Solche Sonderregeln beziehen sich meist — nicht immer — auf Zweige der Verwaltungspolizei, so daß der Organisation nach die kommunalen Ordungsämter betroffen werden[1]), während für die Sicherheits- (Vollzugs-)Polizei überwiegend die allgemeinen Vorschriften eine Rolle spielen.

Für die Kriminalpolizeibeamten, welche Hilfsbeamte der Staatsanwaltschaft sind (§ 152 GVG.), sind besondere der Verbrechensverfolgung dienende Bestimmungen in den Strafgesetzen, insb. §§ 98ff. StPO. enthalten. Wichtig ist: Die der Kriminalpolizei

[1]) Vgl BGH. in: NJW. 1953, 299.

nach StPO. usw. zur Verfügung stehenden Mittel, wie Beschlagnahme (§ 98 StPO.), Durchsuchung (§§ 102ff. StPO.), vorläufige Festnahme (§§ 127ff. StPO.) sind andere als die allgemeinen polizeilichen Zwangsmittel, welche manchmal den gleichen Namen tragen[1]). Auch sie können aber Verwaltungsakte „auf dem Gebiet des Strafprozesses" sein[2]).

a) Baupolizei[3]);
b) Fischereipolizei[4]);
c) Gesundheitspolizei.

Aufgabe: Vermeidung einer Störung der öffentlichen Ordnung und Sicherheit durch Krankheiten und Seuchen.

Rechtsgrundlagen: Allgemeine polizeiliche Zuständigkeitsbestimmungen, sofern nicht Sonderregeln: Ges. zur Bekämpfung gemeingefährlicher Krankheiten vom 30. 6. 1900 — RGBl. 306 —, VO. zur Bekämpfung übertragbarer Krankheiten vom 1.12.1938 — RGBl. 1721 — mit landesrechtlichen Änderungen nach 1945 und mit Spezialbestimmungen, wie VO. über Tuberkulosenfürsorge vom 8. 9. 1942 — RGBl. 549[5]), Gesetz zur Bekämpfung von Geschlechtskrankheiten, Impfg. vom 8. 4. 1874 — RGBl. 31 — mit AVO. vom 22. 1. 1940 — RGBl. 214 —, Lebensmittelgesetz vom 5. 7. 1927/17.1.1936 — RGBl. 18 —, Papageienkrankheitenges. vom 3. 7. 1934 — RGBl. I, 532 — mit DVO.[6]).

Mittel: Die Bestimmungen schaffen die Möglichkeit zu allen medizinisch im Interesse der Allgemeinheit erforderlichen Vorbeugungsmaßnahmen, zur Offenlegung aller Krankheitsquellen und zu Zwangsheilungen.

d) Gewerbepolizei[7]);
e) Jagdpolizei[8]);
f) Meldepolizei (Paßpolizei, Ausländerpolizei).

Aufgabe: Erfassung der Bevölkerung und Vervollständigung der öffentlichen Register. Die Meldepflicht besteht unabhängig von wohnrechtlichen und bürgerlichrechtlichen (§ 7 BGB.) Zusammenhängen.

Rechtsgrundlagen: An Stelle der Reichsmeldeordnung vom 6. 1. 1938 gelten ihr in den wesentlichen Punkten nachgebildete Landesmeldeordnungen. — Gesetz über das Paßwesen vom 4.3.1952 — BGBl. 290 — mit DVO. vom 17. 5. 1952 — BGBl. 295, —.

Mittel: Veranlassung gerichtlicher Bestrafung bei unterlassener oder falscher Anmeldung; daneben allgemeiner Paßzwang.

---

[1]) Näheres gehört in das Strafprozeßrecht.
[2]) BVerwG. in: NJW. 1956, 234.
[3]) Vgl. unten 24. Kapitel.
[4]) Vgl. unten S. 317.
[5]) BVerwG. V C 77/54 in: NJW. 1956, 395. — Für DDR. VO. vom 18. 5. 1955 — GBl. 421 —.
[6]) Die VO. über die Anzeigepflicht bei Schwangerschaftsunterbrechungen, Fehl- und Frühgeburten vom 18. 7. 1935 — RGBl. I, 1035 — ist in den meisten Ländern durch Landesbestimmungen seit 1951 aufgehoben worden. — Die Bestimmungen des Gesetzes zur Verhütung erbkranken Nachwuchses vom 14. 7. 1953 i.d.F. vom 4. 2. 1936 — RGBl. I, 119 — können — soweit sie Zwangseingriffe vorsehen — nicht mehr angewandt werden. Infolgedessen enthält das Gesetz keine Polizeivorschriften mehr.
[7]) Vgl. unten S. 304ff.
[8]) Vgl. unten S. 316.

g) Obdachlosenpolizei.

Aufgabe: Unterbringung Obdachloser, die auf andere Weise nicht untergebracht werden können, notfalls in leerstehende Privaträume. Die Einweisung darf in Privaträume nur für genau angegebene Zeiten und nur für eine angemessen kurze Zeit[1]) erfolgen. Auch der bisherige Mieter, der sein privatrechtliches Mietrecht verloren hat, kann mit dieser Maßgabe in den bisher von ihm bewohnten Räumen untergebracht werden[2]). Die Einweisung ist ein belastender Verwaltungsakt, nicht ein begünstigender für den Obdachlosen[3]). Der durch die Maßnahmen Betroffene hat nach Ablauf einer angemessenen Zeit ein subjektiv-öffentliches Recht auf ihre Aufhebung[4]). — Auch nach Inkrafttreten der Flüchtlingsgesetze können von der Polizei für Flüchtlinge Räume nach den allgemeinen Polizeibestimmungen in Anspruch genommen werden[5]).

Rechtsgrundlagen. Die allgemeinen Polizeigesetze (z. B. §§ 14, 21 pr. PVG.; § 30 bad. PStGB.).

h) Vereins- und Versammlungspolizei.

Aufgabe: Abwehr von Gefahren für die Öffentlichkeit durch Mißbrauch der verfassungsmäßig gewährleisteten Vereinigungs- und Versammlungsfreiheit.

Rechtsgrundlagen: Versammlungsg. vom 24. 7. 1953 — BGBl. 684 —[6]), allgemeine Polizeigesetze, Polizeiverordnungen, welche die öffentlichen Versammlungen und Umzüge beschränken; auch § 5 StVerkO. — Sie alle sind durch die allgemeinen polizeilichen Zuständigkeitsschranken eingeengt. Der bloße Verdacht einer Störungsabsicht genügt nicht zu einem polizeilichen Verbot[7]).

Mittel: Die allgemeinen Mittel, insb. unmittelbarer Zwang bei Auflösung störender Versammlungen.

i) Verkehrspolizei.

Aufgabe: Vorbeugungsmaßnahmen zur Erhaltung und Förderung der Sicherheit und Leichtigkeit des Verkehrs (Verkehrszeichen, Unfallverhütung, Verkehrskontrolle),

Beispiel:

„Verkehrssünderkartei“ ist zulässig — BVerwG. in: NJW. 1956, 357; Zwangsweiser Verkehrsunterricht[8]).

Straßensperren, Wegebenutzungsbeschränkungen durch Einbahnstraßen usw., Parkregelung, Führerscheinwesen, Kraftfahrwesen[9]), Lärmbekämpfung[10]), Inanspruchnahme der Straßen für sonstige Zwecke (Ambulanter Handel, Verkaufsstände, Außenreklame usw.) und Regelung des Gemeingebrauchs, wonach kein anderer geschädigt

---

[1]) OVG. Lbg. 4, 235; OVG. Mstr., in: DVBl. 1954, 435 – BVerwG., in: MDR. 1955, 588.

[2]) OVG. Lbg. 4, 235; hess. VGG. in: DVBl. 1952, 55; pr. OVG. 98, 74. — Vgl. auch: Randel in: ÖV. 1950, 41, Pentz in: ÖV. 1952, 365.

[3]) Bayer. VGH., in: NJW. 1954, 1382.

[4]) OVG. Mstr., in: MDR. 1954, 444 — OVG. Lbg. in: NJW. 1953, 599 (4 Monate). Verhältnis zu WBewG. OVG. Mstr., in: DVBl. 1955, 712.

[5]) OVG. Mstr. in: DVBl. 1953, 377. Grenze: w.-b. VGH. in: VerwRspr. 5, 398; hess. VGH., in: DVBl. 1954, 679.

[6]) Füßlein, in: DVBl. 1954, 553.

[7]) Pr. OVG. 88, 226.

[8]) Kern, in: ÖV. 1955, 444; Simon, in: DVBl. 1955, 593. a. A. — m. E. unrichtig — LVG. Hannover, in: DVBl. 1955, 328.

[9]) Vgl. OVG. Mstr. in: VerwRspr. 4, 189; Blau, in: ÖV. 1954, 460.

[10]) Lassally, Lärmbekämpfungsrecht. 1955.

oder mehr als nach den Umständen unvermeidbar behindert oder belästigt werden soll. Die Verkehrspolizei ist ein Teil der Wegepolizei[1]), wobei die Aufgaben nicht immer scharf getrennt werden können[2]).

Rechtsgrundlagen: Straßenverkehrsg. vom 19. 12. 1952 — BGBl. 837 —, wodurch Kraftfahrzeugges. usw. neue Fassungen erhalten, mit Straßenverkehrs-Ordnung i. d. F. vom 29. 3. 1956 — BGBl. 271, 327 —.

Mittel: Als Bundesoberbehörde für den Straßenverkehr besteht das Kraftfahrt-Bundesamt, das die Aufgaben früherer Reichsstellen vereinigt — Ges. vom 4. 8. 1951 — BGBl. 488 —. Alle Polizeimittel, abgestellt auf die besonderen Aufgaben.

k) Veterinärpolizei.

Aufgabe: Vermeidung der Störung der öffentlichen Ordnung und Sicherheit durch übertragbare Krankheiten der Haustiere (Viehseuchen).

Rechtsgrundlagen: Viehseuchengesetz vom 26. 6. 1909 — RGBl. 519 — i. d. F. vom 4. 2. 1940 — RGBl. 606 — mit Landesausführungsbestimmungen[3]).

Mittel: Alle medizinisch nötigen Vorbeugungsmaßnahmen, Offenlegung und Erfassung aller Krankheitsquellen, Zwangsheilungen oder Tötung.

l) Wegepolizei.

Aufgabe: a) Schutz des Bestandes der öffentlichen Wege in rechtlicher und tatsächlicher Beziehung (Straßenaufsichtspolizei), b) ihre Überwachung, um eine dem öffentlichen Bedürfnis entsprechende Anlage, Gestaltung und Unterhaltung zu sichern (Wegebaupolizei), c) Regelung des Gemeingebrauchs, d) Sorge für die Sicherheit und Leichtigkeit des Verkehrs (Verkehrspolizei)[4]).

Rechtsgrundlagen: Bundesfernstraßengesetz vom 6. 8. 1953 — BGBl. I, 903 —, § 37 GewO., § 366 Ziff. 3—5, 10 StGB. — Landesbestimmungen, wie z. B. § 55 pr. ZG.

Mittel: Straßenaufsichts- und Wegepolizei liegen i. d. R. bei den Ländern, Verkehrspolizei i. a. als Zweig der Verwaltungspolizei bei den Gemeinden (z. B. schl.-holst. VO. vom 18. 1. 1951 — GVBl. 17 —)[5]).

Schrifttum

Altmeyer-de Clerck, Polizeiverwaltungsg. von Rheinland-Pfalz. 1954.
Arndt-Guelde, Gesetz zur Sicherung des Straßenverkehrs. Kommentar. 1953.
Berner, Bayer. Polizeiaufgabengesetz. 1955.
Brundert, Der Begriff des Publikums im Polizeirecht, Diss. 1935.

---

[1]) Vgl. oben unter l und unten S. 365.

[2]) Vgl. z. B. w.-b. VGH. in: MDR. 1951, 570 (örtliche polizeiliche Regelung von Werbeeinrichtungen unter dem Gesichtspunkt des Verkehrsschutzes ist grundsätzlich möglich); OVG. Mstr. in: NJW. 1950, 924 (keine Straßensperre aus privaten Gründen, sondern nur nach § 14 pr. PVG.); VG. Kassel in: DÖV. 195, 1951, 388 (ein Wegebenutzungsverbot kann nur mit Gefahr für die öffentliche Sicherheit und Ordnung, nicht mit bloßer Gefährdung privaten Eigentums begründet werden; Untätigkeit der Polizei gegenüber einer Mißachtung einer polizeilichen Wegesperre gibt kein subj.-öffentl. Recht, sondern kann allenfalls nur im Strafverfahren verfolgt werden.

[3]) Für DDR.: i. d. F. vom 6. 2. 1953 — GBl. 269 —. Vgl. auch DVBl. 1952, 271.

[4]) Vgl. oben unter i und unten S. 365.

[5]) Vgl. LVG. Minden in: DÖV. 1951, 367.

Drews, Preußisches Polizeirecht, 2 Bd. (5. Aufl.) 1937; 6. Aufl. neu bearbeitet von Wacke. 1952.
Enderling, Die Aufgaben der Ordnungsämter, (2. Aufl.) 1952.
Franzen, Lehrkommentar zum Polizeiverwaltungsgesetz, Bd. 1—3. 1932—34.
Friedrichs, Grundzüge des Polizeirechts, (2. Aufl.) 1927.
Galette, Die Polizeiorganisation in Schleswig-Holstein. 1953.
Grapengeter-Schabbehard, Polizeirecht. Gesetzessammlung (4 Bd. Loseblatt). 1952ff.
Handbuch für die Polizei in Niedersachsen, hrsg. von Gewerkschaft f. Polizei. 1954.
Kaufmann u. a., Der polizeiliche Eingriff in Freiheiten und Rechte (Schriften des Instituts zur Förderung öffentlicher Angelegenheiten in Frankfurt). 1951.
Klüber, Das pr. Feld- und Forstpolizeigesetz (6. Aufl.). 1953.
Das kommunale Amt für öffentl. Ordnung im Land NRW., Bd. I Gewerbeüberwachung. 1953. Bd. II Aufgaben außerhalb der Gewerbeüberwachung. 1954.
Manthey-Heinrichs, Polizei im Lande Nordrhein-Westfalen. 1954.
Mölle, Polizeiliche Grundsätze und Begriffe (2. Aufl.). 1953.
Müller-Heidelberg, Kommentar zum niedersächsischen SOG. 1951.
Nebinger-Roller-Reiff-Breuninger, Das württembergische Polizeistrafgesetz und die weiteren Vorschriften zur Handhabung der Polizei in Württemberg (3. Aufl.). 1952.
Pioch, Das Polizeirecht, einschl. der Polizeiorganisation. (2. Aufl.) 1951.
Rasch, Das Preußische Feld- und Forstpolizeigesetz idF. vom 21. 1. 1926 (2. Aufl.). 1926.
Rosin, Der Begriff der Polizei und der Umfang des polizeilichen Verfügungs- und Verordnungsrechts in Preußen. 1895.
—, Das Polizeiverordnungsrecht in Preußen (2. Aufl.) 1895.
Schaeffer, Das Polizeiverwaltungsgesetz vom 1. 6. 1931. 1931.
Schneider, E. E., Hessisches Polizeigesetz. 1955.
Schneider, Hans, Polizeirecht. Preußisches Polizeiverwaltungsgesetz u. a. Bestimmungen üb. d. Polizeiwesen in den deutschen Ländern (11. Aufl.). 1952.
Schulze, Die Reichsmeldeordnung usw. 1952.
Thoma: Der Polizeibefehl im Badischen Recht. 1906.
Weber, Gesetzessammlung für den prakt. Polizeidienst. Ausg. Nordrhein-Westfalen 1955.
Ziegler-Ulrich, Polizeistrafgesetzbuch für Bayern. 1955.

Neunzehntes Kapitel

Gewerberecht

1. Begriff

a) Mensch und Wirtschaft

Das Gewerberecht befaßt sich mit der Stellung des Menschen und der innerstaatlichen Menschengemeinschaften im Wirtschaftsleben. Dabei sind drei Beziehungskomplexe zu unterscheiden. Das Verhältnis des Staates zu dem Inhalt der wirtschaftlichen Betätigung, die staatliche Kontrolle über eine für die Allgemeinheit erträgliche und daher ordnungsmäßige Durchführung der Wirtschaftsvorgänge und die innere Organisation der sich wirtschaftlich betätigenden Menschengemeinschaften. Das erste Verhältnis wird geregelt im Rahmen der mehr oder weniger intensiven administrativen Intervention. Das zweite Verhältnis ist der Gegenstand der Gewerbepolizei. Die dritte Beziehung wird erfaßt durch das Recht der Wirtschaftsorganisationen, welche — je nach der politischen Auffassung — eine mehr oder weniger große Selbständigkeit neben staatlicher Verwaltung haben können.

b) Gewerbe

Das Gewerbe ist von Bedeutung für das Verwaltungsrecht, für das Handelsrecht und für das Steuerrecht. Das Handelsrecht enthält in § 1, Abs. 2 HGB. eine erschöpfende Umschreibung des Handelsgewerbes. Die Steuergesetze geben im einzelnen an, was sie als Gewerbe ansehen. Diese beiden Zusammenhänge haben bei einer verwaltungsrechtlichen Betrachtung auszuscheiden, wenngleich sie tatsächlich für die einzelnen Gewerbebetriebe stets zu beachten sind[1]). Der Begriff des Gewerbes für das Gewerberecht als eines Teiles des Verwaltungsrechts läßt sich nur gewinnen durch die Abgrenzung gegen die weiteren Berufe der Urproduktion und der freien Tätigkeiten; unter Urproduktion zu begreifen ist die auf die Gewinnung roher Naturerzeugnisse gerichtete Tätigkeit[2]). Freie Berufe sind eine Anzahl selbständiger Betätigungen, die sich im Laufe der Zeit als solche erwiesen haben[3]). Unter Beachtung dieser Grenzen ist Gewerbe jede erlaubte, auf Erwerb gerichtete, berufsmäßig ausgeübte Tätigkeit.

---

[1]) Vgl. unten S. 304 ff.

[2]) Vgl. unten S. 314 ff. — Grenzgebiete: Gärtnereien, Hühnerfarmen — BFH. RdL. 1954, 267.

[3]) Vgl. unten S. 317 ff.

Erwerb bedeutet soviel wie die Erzielung von Gewinn. Auch ein mittelbarer Gewinn kann Erwerb sein.

Beispiel:

Durch Zugaben werden häufig bedeutende Gewinne erzielt, weil die Kundschaft zum Kauf anderer Gegenstände angereizt wird.

Gemeinnützige Unternehmungen und Vereine sind nur dann Gewerbe, wenn ihre überwiegende Tätigkeit als Erwerb anzusehen ist[1]). Ähnliche Maßstäbe sind an die vom Staat und sonstigen öffentlich-rechtlichen Körperschaften betriebenen, insbesondere die gemeindlichen Unternehmungen anzulegen.

Berufsmäßigkeit setzt keine Dauer voraus; auch die gelegentliche Vornahme beruflicher Handlungen ist eine berufsmäßige.

Beispiel:

Ein Metzgermeister, der, ohne ein ständiges Geschäft zu betreiben, hin und wieder ein Stück Vieh schlachtet, tut das in Ausübung seines Berufs. — Saisongewerbe wird als Gewerbe angesehen.

Manche Tätigkeiten können nur dann in der Form eines Gewerbebetriebes vorgenommen werden, wenn der Ausübende selbständig ist (§ 41, 42, 100ff. GewO.).

Beispiel:

Ein Ziegelmeister, der sich einer Ziegelei gegenüber verpflichtet, mit von ihm zu beschaffenden Arbeitern eine gewisse Anzahl von Ziegeln zu einem bestimmten Preis herzustellen, arbeitet nicht für eigene Rechnung.

2. Gewerbebetriebsformen

a) Stehendes und Wandergewerbe

Der Begriff des stehenden Gewerbes, der Normaltyp jeder gewerblichen Tätigkeit, kann nur gewonnen werden nach Ausscheiden des Wandergewerbes. Ein Wandergewerbe (Gewerbe im Umherziehen) betreibt derjenige, der außerhalb der Gemeinde seines Wohnsitzes ohne Begründung einer gewerblichen Niederlassung und ohne vorgängige Bestellung gewerbsmäßige Handlungen vornimmt (§ 55 GewO.). Jede sonstige wirtschaftliche Betätigung, welche die Merkmale eines Gewerbes aufweist, gehört zum stehenden Gewerbe.

b) Mischtypen

Zwischen den beiden Betriebsformen steht das ambulante Gewerbe. Es liegt vor, wenn der Gewerbetreibende in dem Gemeindebezirk einen Wohnsitz oder eine gewerbliche Niederlassung hat, aber innerhalb des Gemeindebezirks auf öffentlichen Straßen usw. oder von Haus zu Haus ziehend sich gewerblich betätigt (§ 42 GewO.). Auch der Marktverkehr weist beide Betriebsformen auf. Markt im Sinne der Gewerbeordnung ist eine öffentlich behördlich veranstaltete und genehmigte Einrichtung zu dem Zweck des Verkaufs und Kaufs gewerblicher Waren an bestimmten Orten und zu

---

[1]) Pr. OVG. 83, 41; 84, 44.

bestimmten Zeiten (Tit. IV GewO.). Es gibt verschiedene Marktarten, nämlich Messen, Spezialmärkte, Wochenmärkte und Jahrmärkte, für deren Veranstaltung und Besuch nicht völlig übereinstimmende, vorwiegend aus der Gewerbeordnung zu ersehende Regeln gelten. Daneben sind Spezialmärkte, wie Pferdemärkte, Viehmärkte, Getreidemärkte usw. vorhanden, für welche gesetzliche Sonderbestimmungen zu beachten sind. Börsen, auf denen vertretbare, nur der Gattung nach bestimmte Sachen und nicht wie bei sonstigen Spezialmärkten individuell bestimmte oder bestimmbare Stücke verkauft werden, unterliegen — obwohl dem Begriff nach Spezialmärkte — einer abschließenden Sonderregelung (Börsengesetz idF. vom 5. 3. 1934 — RGBl. 169 —).

3. Gewerbefreiheit und Gewerbebeschränkung

a) Entwicklung

Die moderne Entwicklung des Gewerberechts beginnt mit der Einführung der Gewerbefreiheit um die Mitte des 19. Jahrhunderts. Nach einigen landesrechtlichen Vorläufern wurde sie normiert in § 1 der am 21. 6. 1869 erlassenen, heute als Bundesrecht geltenden Gewerbeordnung des damaligen Norddeutschen Bundes (GewO.). Gewerbefreiheit im Sinne dieser gesetzlichen Regelung besteht insbesondere darin, daß die Zulassung zum Gewerbe niemandem anders verwehrt werden kann als gemäß den durch Gesetz, vor allem die Gewerbeordnung selbst vorgeschriebenen oder zugelassenen Ausnahmen. Während früher die Zulassung nur ausnahmsweise auf Grund bestimmter Berechtigungen möglich war, mußte sie von nun an grundsätzlich gewährt werden, sofern sie nicht ausnahmsweise durch Gesetz verboten wurde.

An Gewerbebeschränkungen hob die Gewerbeordnung endgültig den Unterschied zwischen Stadt und Land auf. Sie milderte den Zwang der Zünfte und Gilden. Sie beseitigte private Monopole, von denen nur noch diejenigen für Schornsteinfeger und Hebammen vorhanden sind. Die ehedem bestehenden Zwangsrechte (Untersagungsrecht) und Bannrechte (Bedarfsdeckungspflichten) — das sind die Befugnisse eines Gewerbeberechtigten, im Interesse seines Gewerbebetriebes von den Einwohnern eines Bezirks in bezug auf den Gewerbebetrieb ein bestimmtes Tun oder Unterlassen zu fordern — wurden mit einigen Ausnahmen (§ 7 Ziff. 2, 4, 8, 10 GewO.) aufgehoben.

In Verfolg der mit dem ersten Weltkrieg einsetzenden wirtschaftlichen Depression wurde die Gewerbefreiheit in zeitlich verschiedenem Umfange zurückgedrängt. Besonders die neben der Gewerbeordnung erlassenen Gesetze machten und machen einen Teil der Zulassungen zu gewerblichen Berufen abhängig von Erlaubnissen oder Genehmigungen (z. B. § 20 VO. über Handelsbeschränkungen vom 13. 7. 1923, Gaststättengesetz vom 20. 4. 1930, Milchgesetz vom 31. 7. 1930). Ihren Höhepunkt erreichte die Beschränkung der Gewerbefreiheit im Laufe des zweiten Weltkrieges. Seit der Währungsreform setzte eine Lockerung ein, wobei eine große Anzahl die grundsätzliche Gewerbefreiheit des § 1 GewO. beschränkender Gesetze wieder aufgehoben wurde.

b) Wirtschaftslenkung

Auch gegenwärtig ist keine völlige Gewerbefreiheit vorhanden. Vielmehr dürfen — unbeschadet der nach Art. 12 Abs. 1 GG. freien Berufswahl[1]) — eine Reihe von gewerblichen Berufen nur dann begonnen werden, wenn derjenige, der sie ausüben will, vorher von der zuständigen amtlichen Stelle zu dem betreffenden Gewerbe zugelassen worden ist. Derartige Zulassungsbeschränkungen sind in bestimmtem Umfang zulässig, insb. soweit sie Zuverlässigkeit, Sachkunde, Geschäftsräumlichkeiten, Bezugsquellen betreffen,

Beispiel:

Zuverlässigkeit des Gastwirts nach § 1 Gastges.; für die Personenbeförderung nach § 9 PBefG. — BVerwG. 1, 92 —; für den Kleinhandel mit Metallen — BVerwG. 1, 90; personelle Beschränkung der Heilpraktiker — BVerwG. 1, 71 —, für Rechtsberater — bayer. ObLG., in: DVBl. 1955, 194.

auch wenn sie die Wettbewerbslage verändern[2]). Unzulässig, weil den Wesensgehalt des Grundrechts der freien Berufswahl antastend, soll es sein, die Zulassung von dem Vorhandensein eines Bedürfnisses abhängig zu machen (Art. 12 Abs. 1, i. Vbdg. m. Art. 19 Abs. 2 GG.[3]).

4. Gewerbeausübung

a) Ausübung im allgemeinen

Ist der Gewerbebetrieb einmal zugelassen oder bedarf er keiner Zulassung, so ist als nächstes zu prüfen, ob er nunmehr ausgeübt werden darf. Hierbei sind vorwiegend polizeiliche Gesichtspunkte maßgeblich. Es soll vermieden werden, daß der einzelne Gewerbetreibende oder Gewerbebetrieb die öffentliche Ordnung und Sicherheit stören. Ein großer Teil dieser Bestimmungen befindet sich in der GewO. Schon hieraus ergibt sich, daß selbst zu Zeiten des größten Umfanges der Gewerbefreiheit eine polizeiliche Kontrolle der Gewerbeausübung nicht zu entbehren ist.

Dem Grade nach sind für die polizeiliche Kontrolle drei Gruppen zu unterscheiden, nämlich Konzessionen im engeren Sinne, erlaubnispflichtige Gewerbe und erlaubnisfreie Gewerbe.

---

1) Zusammenfassung der Rechtsprechung: Becker, in: NJW. 1955, 1735.

2) BVerfG. 3, 34; 4, 7. — Weber, in: ÖV. 1955, 328.

3) Bestritten! Bis zur Stellungnahme des BVerwG. gegen die Verfassungsmäßigkeit — BVerwG. 1, 48, 54, 92, 165, 171, 269 — wurden die Bestimmungen über die Bedürfnisprüfung als verfassungsmäßig angesehen; vgl. Turegg, Gewerberecht, 19ff.; Sauter, in: NJW. 1955, 324. — Die zwischen 1948 und 1952 für die amerikanische Zone bestehenden Sonderregelungen — volle Gewerbefreiheit! — sind inzwischen im wesentZchen aufgehoben. — Für die DDR. werden weiterhin Wirtschaftspläne für größere lieiträume aufgestellt, die notwendigerweise eine Kontingentierung der gewerblichen Zulassungen zur Folge haben; z. B. GBl. 1955, 347 — vgl. DVBl. 1955, 687.

b) Konzessionen

Durch Gesetz oder gesetzlich fundierte Verleihungsakte können dem Gewerbebetrieb durch Erteilung einer echten Konzession Hoheitsaufgaben übertragen werden. Er wird dann bei voller Beibehaltung seiner Eigenschaft als Privatrechtssubjekt „ein beliehenes Unternehmen"[1]). Oder die Konzession kann die Erlaubnis zur Ausübung einer sonst zugunsten einer juristischen Person des öffentlichen Rechts monopolisierten Tätigkeit sein.

Beispiel:
Privateisenbahnen, Energie-, Wasser- oder Gasversorgungsunternehmungen.

c) Erlaubnispflichtige Gewerbe

Die Ausübungserlaubnis kann gegeben werden für eine bestimmte Anlage oder für eine bestimmte Person.

Hinsichtlich der Anlagen sind zu unterscheiden lästige Anlagen (erschöpfend aufgezählt in § 16 Abs. 2 i. V. mit Abs. 3 GewO.), Dampfkessel (§ 24 GewO.), Energieanlagen (Energiewirtschaftsgesetz vom 13. 12. 1935 — BGBl. 1451 — mit Energienotgesetz vom 10. 6. 1949/29. 3. 1951 — BGBl. 224 —) und sonstige Anlagen (geräuschvolle Anlagen nach § 27 GewO. und Windmühlen nach § 28). Für alle diese Anlagen wird die Erlaubnis erteilt unabhängig von der sie jeweils betreibenden Person. Die Erlaubniserteilung ist davon abhängig, daß die Anlagen die im Gesetz umschriebenen Voraussetzungen erfüllen.[2])

Persönliche Erlaubnisse werden nur für eine bestimmte Person erteilt und tragen höchstpersönlichen Charakter. Auch Pächter, Stellvertreter usw. müssen die Erlaubnis ihrer Person nach erhalten. Die Erlaubniserteilung ist von verschiedenen, in den Gesetzen umschriebenen Voraussetzungen abhängig. An der Spitze stehen Sachkunde und persönliche und sachliche Zuverlässigkeit.

Hinsichtlich der Sachkunde ist für einige Gewerbe vor Beginn eine Prüfung abzulegen (HebammenG. vom 4. 1. 1954 — BGBl. 1 — und ergänzenden Landesbestimmungen, Hufbeschlagschmiede nach dem Gesetz über den Hufbeschlag, Buchdrucker nach § 30 GewO., Seeschiffer nach § 31 GewO., Markscheider nach § 34 GewO. i. V. mit landesrechtlichen Vorschriften und Heilpraktiker nach dem Heilpraktikergesetz). Sachkunde die nicht nur durch Ablegung einer Prüfung nachweisbar ist, wird in verschiedenen gesetzlichen Bestimmungen erwähnt, die meist im Zusammenhang genannt sind mit der Zuverlässigkeit.

Die Zuverlässigkeit ist insbesondere zu prüfen bei Unternehmern, welche auch juristische Personen sein können, von Privatkrankenanstalten usw. (§ 30 GewO.), Pfandleihern, Pfandvermittlern (§ 34 GewO.), beim Bewachungsgewerbe (§ 34a GewO.), beim Handel mit Betäubungsmitteln (Ges. idF. v. 9. 1. 1934 – RGBl. 22, 213 –), beim Versteigerungsgewerbe (Gesetz über das Versteigerungsgewerbe), für die Tätigkeit als Kinder- und Säuglingsschwester (VO. v. 19. 6. 1940 – RGBl. 941 –), für Buchmacher

---

[1]) Vgl. oben S. 87.

[2]) Busch-Trabandt, Das Recht der überwachungsbedürftigen Anlagen. 1955.

(Ges. v. 23.3.1934 — RGBl. 213 —), für Kraftfahrlehrer (VO. idF. v. 13. 11. 1937 — RGBl. I, 1254 —) und beim Versicherungsgewerbe (Ges. idF. v. 5. 3. 1937 — RGBl. 269 —). Die Nachprüfung der persönlichen Zuverlässigkeit umfaßt sämtliche Lebensbereiche der betroffenen Personen. Die fachliche oder, wie der Gesetzgeber meist sagt, „sich auf die Ausübung des Gewerbes beziehende Zuverlässigkeit" ist im allgemeinen weniger umfangreich.

Sämtliche Ausübungsvoraussetzungen werden von den Gerichten meist als Tat- und Rechtsfrage angesehen, so daß eine gerichtliche Nachprüfung ihres Vorliegens möglich ist.

d) Rechtswirkungen der Erlaubnis

Die Erteilung der Erlaubnis verschafft den Berechtigten ein subjektiv-öffentliches Recht. Dieses Recht entsteht bereits mit der Erlaubniserteilung und nicht erst mit der tatsächlichen Einrichtung des Betriebes. Allerdings kann nur der bereits eingerichtete Betrieb „Eigentum" im Sinne von Art. 14 GG. sein, so daß Entschädigungsforderungen im Zusammenhang mit einer Enteignung nur erhoben werden können, wenn ein solcher Betrieb bereits vorhanden ist[1]).

Das Recht fließt aus der Erlaubnis. Ein Recht auf Erteilung der Erlaubnis kann nur bei gebundener Verwaltung entstehen, also dann, wenn die Behörde bei objektiv festliegenden, dem Gesetz entsprechenden Voraussetzungen die Erlaubnis erteilen muß[2]). Tatsächlich sind viele Gewerbezweige in dieser Weise geregelt.

e) Erlaubnisfreie Gewerbe

Ohne besondere Erlaubnis dürfen alle nicht in irgendeiner gesetzlichen Bestimmung als erlaubnispflichtig bezeichnete Gewerbe betrieben werden. Dabei ist es möglich, daß der Gewerbetreibende verwaltungsrechtlichen, insbesondere polizeilichen Beschränkungen nur so weit unterliegt, wie jede andere natürliche oder juristische Person. Es ist aber auch möglich, daß das Gesetz zwar die Ausübung eines Gewerbes nicht von einer Erlaubnis abhängig macht, sie aber doch über das allgemein vorhandene polizeiliche Maß hinaus kontrolliert. Das sind die Fälle der seit jeher sogenannten gewerbepolizeilichen Duldung. Derartige Gewerbe können insbesondere untersagt werden, wenn Tatsachen vorliegen, welche die Zuverlässigkeit des Gewerbetreibenden in bezug auf diesen Gewerbebetrieb dartun (§ 35 GewO., § 13 Gastst. Ges., § 5 Milchgesetz § 87, 112 Ges. über private Versicherungsunternehmungen idF. vom 5. 3. 1937 — RGBl. 269 —, § 43 Schriftleitergesetz, § 11 Tierschutzgesetz).

---

[1]) Vgl. BVerfG. 1, 277.

[2]) Vgl. oben S. 27.

Die Ausübung des Handels mit Gegenständen des täglichen Bedarfs kann untersagt werden, wenn sich aus einer rechtskräftigen Verurteilung des Handelstreibenden wegen Betruges oder einer anderen strafbaren Verletzung fremden Vermögens usw. seine Unzuverlässigkeit ergibt (§ 35b GewO.).

5. Gewerbeanmeldung

Unabhängig von den verschiedenen Zulassungen und Ausübungsvorschriften besteht grundsätzlich für jedes Gewerbe die Pflicht der polizeilichen Anmeldung (§ 14 Abs. 1 GewO.). Außerdem gibt es eine Meldepflicht gegenüber dem Finanzamt aus steuerlichen Gründen (§ 165d Abgabenordnung). Für die Errichtung eines selbständigen Handwerksbetriebes ist sodann noch die Vorlage einer Handwerkskarte erforderlich (§ 9 Handwerksordnung vom 17. 9. 1953 — BGBl. 1411 —). Schließlich bestehen besondere Anzeigepflichten für einige im Gesetz aufgezählte Gewerbearten (§ 14 Abs. 2 GewO., § 35 Abs. 7 GewO., § 4 Gastst. Ges.).

Der Anzeige kommt keine privatrechtliche Wirkung zu.

6. Wandergewerbe

a) Sachliche Beschränkungen

Wegen der schwierigen Kontrolle des Wandergewerbes schließt das Gesetz manche Gewerbe davon aus (§ 56, 56a, c GewO., ergänzt durch eine größere Anzahl reichs-, bundes- und landesrechtlicher Sonderbestimmungen)[1].

Uneinheitlich ist die Frage geregelt, ob eine Bedürfnisprüfung erfolgen muß. Die Gewerbeordnung selbst sieht eine solche nur vor für das Lustbarkeitswandergewerbe (§ 57 Abs. 1 Ziff. 5 GewO.). Es sind aber landesrechtliche Abweichungen möglich.

b) Persönliche Beschränkungen

Zu unterscheiden sind zwingende Gründe (§ 57 GewO.), regelmäßige Gründe (§ 57a GewO.) und fakultative Gründe (§ 57b GewO.), die an einer Ausübung des Wandergewerbes hindern. Bei den letzteren ist die Versagung in das pflichtgemäße Ermessen der Behörde gestellt, während bei Vorliegen der regelmäßigen Gründe die Ausübung versagt werden soll und bei den zwingenden Gründen versagt werden muß.

c) Wandergewerbeschein und Befreiung von ihm

Der Wandergewerbetreibende benötigt einen Schein (§ 55 GewO.). Das Wandergewerbe kann auch von einer Handelsgesellschaft durch mit Wandergewerbe ausgestatteten Beauftragten ausgeübt werden[2].

[1]) Fommer, Arzneimittelhausierhandel, DVBl. 1955, 513.

[2]) OLG. Düsseldorf in NJW 1951, 730.

Einige Gewerbe können ohne Wandergewerbeschein im Umherziehen ausgeübt werden. Dabei handelt es sich im allgemeinen um das Feilbieten selbst gewonnener landwirtschaftlicher Erzeugnisse (§ 59 GewO.). Diese Regelung spielt eine nicht unerhebliche Rolle für die Bevölkerungsschichten, welche am Rande von Städten wohnen und in kleinerem Umfange Landwirtschaft betreiben, deren Erzeugnisse sie zum Teil selbst verbrauchen, zum Teil an Nachbarn oder sonstige Kunden abgeben.

7. Ambulantes Gewerbe

a) Lustbarkeitsgewerbe

Hierunter zu verstehen sind gewerbsmäßige Musikaufführungen, Schaustellungen, theatralische Vorstellungen und sonstige Lustbarkeiten ohne höheres Interesse der Kunst oder Wissenschaft (§ 33b GewO.). Sie bedürfen der Erlaubnis und unterliegen in ihrer Ausführung bestimmten, aus dem Gesetz zu ersehenden Beschränkungen.

b) Glücksspiele

Der Erlaubnis bedarf auch derjenige, der gewerbsmäßig auf öffentlichen Wegen usw. Spiele und Spieleinrichtungen betreiben will (§ 33d GewO.).

c) Straßenhandel

Das Feilbieten von Waren, das Ankaufen von Waren zum Wiederverkauf bei anderen Personen als bei Kaufleuten oder Warenproduzenten oder an anderen Orten als an öffentlichen Verkaufsstellen, das Aufsuchen von Warenbestellungen bei Personen, in deren Gewerbebetrieb Waren der angebotenen Art keine Verwendung finden, das Anbieten von gewerblichen Leistungen und schließlich das Aufsuchen von Bestellungen auf solche Leistungen kann von einer besonderen Erlaubnis abhängig gemacht werden (§ 42b GewO.). Derjenige, der in dieser Weise tätig wird, bedarf eines Erlaubnisscheines („Stadthausierschein"), der streng persönlichen Charakter trägt. Im übrigen bestehen ähnliche Beschränkungen wie für das Wandergewerbe.

8. Gewerbearten

Für einige Arten von Gewerben sind aus wirtschaftlichen oder aus historischen Gründen eine Reihe von Sonderregelungen entstanden.

a) Fabrik und Handwerk

Ein vor allem wirtschaftlich wichtiger Unterschied besteht zwischen Fabrik und Handwerk. Die Unterscheidung wurde erstmals bedeutsam nach dem Erlaß der Novelle zur Gewerbeordnung vom 1. 6. 1891, dem sog. Arbeiterschutzgesetz. Danach wurden Fabrikbetrieben besondere Schutz- und

Sicherungsmaßnahmen zugunsten der Arbeiter auferlegt, während Handwerksbetriebe davon freiblieben. Die hierdurch entstandenen Ungleichheiten hob jedoch die Novelle vom 28. 12. 1908 auf. Die rechtliche Unterscheidung zwischen Fabrik und Handwerksbetrieb verminderte sich dadurch erheblich, daß die Arbeiterschutzbestimmungen nunmehr einheitlich geregelt wurden (Teil IV GewO.).

Unter Fabrik ist nach der gegenwärtigen Entwicklung insbesondere ein Betrieb zu verstehen, dessen Grundlage in theoretisch konstruktiver Tätigkeit oder wirtschaftlicher Planung besteht. Der Arbeitsvorgang ist nicht von mit besonderen Fachkenntnissen versehenen Arbeitern abhängig. Er kann auch durch ungelernte oder schnell anlernbare Kräfte durchgeführt werden, da er durch reichhaltige Maschinenverwendung derart aufgespalten ist, daß im wesentlichen keine besonderen Fachkenntnisse für die erforderlichen einfachen Handgriffe nötig sind. Eine gemeinsame Antriebsquelle für den Betrieb der Maschinen und die Produktion von wenigen Warenarten in Massen sprechen im Zweifel für das Vorliegen eines Fabrikbetriebes[1]).

Eine endgültige Begriffsbestimmung des Handwerks brachte nach langem Schwanken erst die 1. Verordnung über den vorläufigen Aufbau des deutschen Handwerks vom 17. 6. 1934 (RGBl. I, 493), indem sie auf ein beigefügtes alle Handwerksarten aufzählendes Verzeichnis verweist. Sie ist nunmehr ersetzt durch die Bundeshandwerksordnung vom 17. 9. 1953 — BGBl. 1411 — mit einem entsprechenden Verzeichnis. In ihm sind sämtliche Gewerbebetriebe angegeben, welche als Handwerksbetriebe unterhalten werden können. Danach dürfen andere Betriebe nicht als Handwerksbetriebe betrieben werden, während es umgekehrt möglich ist, daß eine Betriebsart, die in dem Verzeichnis erwähnt wird, als Fabrik zu qualifizieren ist, wenn sie die für eine solche erforderlichen Merkmale aufweist. Die Bestimmungen für Handwerksbetriebe gelten auch für handwerkliche Nebenbetriebe, die dann vorliegen, wenn in einem Unternehmen des Handels, der Landwirtschaft oder sonstiger Gruppen der Wirtschaft Waren zum Absatz an Dritte auf Bestellung handwerksmäßig hergestellt oder Leistungen für Dritte auf Bestellung handwerksmäßig bewirkt werden, vorausgesetzt, daß eine solche Tätigkeit nicht nur in unerheblichem Umfang ausgeübt wird. Jeder Handwerksbetrieb muß in die bei den Handwerkskammern geführte Handwerksrolle — VO. vom 16. 3. 1954 — BGBl. 38 — eingetragen werden. Eingetragen werden darf nur, wer die Meisterprüfung für das von ihm betriebene oder für ein diesem verwandtes Handwerk bestanden hat oder die Befugnis zur Anleitung von Lehrlingen in

[1]) Dieser Begriff wurde insbesondere vom Reichswirtschaftsgericht herausgearbeitet; vgl. hierzu Weinbrenner, Die Abgrenzung des Handwerks, 128 ff. — Vgl. auch: Bülter, Geschichte der preuß. Fabrikgesetzgebung bis zu ihrer Aufnahme durch die RGewO. 1953.

diesem Handwerk besitzt (sog. großer Befähigungsnachweis)[1]. Von den Grundregeln können in gewissem Umfange Ausnahmen gemacht werden. Der Erwerb des Meistertitels ist nur in der durch die Gewerbeordnung vorgesehenen Weise, nämlich nach Erledigung einer Lehrzeit (§ 129ff. GewO.) und einer Gesellenzeit (§ 131ff. GewO.) möglich.

b) Heimarbeiter

Eine besondere für weite Kreise, seit 1945 auch für Flüchtlinge wichtige Gewerbeart stellt die Heimarbeit dar (Heimarbeiterg. vom 14. 3. 1951 — BGBl. 191 —, welches alle älteren Regelungen ersetzt). Die Heimarbeit wird betrieben durch drei Personengruppen: (1) Heimarbeiter ist, wer in selbstgewählter Arbeitsstätte allein oder mit seinen Familienangehörigen im Auftrage von Gewerbetreibenden oder Zwischenmeistern tätig ist, jedoch die Verwertung der Arbeitsergebnisse dem unmittelbar oder mittelbar auftraggebenden Gewerbetreibenden überläßt (§ 2 Abs. 1); Hausgewerbetreibender ist, wer in eigener Arbeitsstätte mit nicht mehr als zwei fremden Hilfskräften die Tätigkeit eines Heimarbeiters ausübt (§ 2 Abs. 2). (2) Die Arbeitsergebnisse dieser beiden Personenkreise gehen an die Zwischenmeister, das sind Personen, die, ohne Arbeitnehmer zu sein, die ihnen von Gewerbetreibenden übertragene Arbeit an Heimarbeiter oder Hausgewerbetreibende weitergeben (§ 2 Abs. 3). (3) Sie wiederum stehen in Verbindung mit dem den ganzen wirtschaftlichen Vorgang tragenden Gewerbetreibenden, dem Verleger.

Sämtliche in einem derartigen gewerblichen Verhältnis zusammenarbeitenden Personen sind an die gesetzlichen Regeln gebunden, die vor allem eine unsoziale Behandlung der wirtschaftlich meist schwachen Heimarbeiter zu verhindern suchen.

9. Berufsvertretungen

Fachorganisationen für das Handwerk sind die Innungen und Handwerkskammern, für Industrie und Handel die Industrie- und Handelskammern. Außerdem gibt es wirtschaftliche Zusammenschlüsse in der Form privatrechtlicher Vereinigungen (insb. Arbeitnehmerverbände), denen die wirtschaftlichen Vertretungen der Arbeitnehmer (insb. Gewerkschaften) gegenüberstehen.

a) Handwerk

Eine umfangreichere Regelung im öffentlichen Recht hat seit langem das Handwerk gefunden (§§ 47—109 Handwerksordnung, wodurch alle älteren

[1]) Mit GG. vereinbar: Turegg, NJW. 1954, 96; Becker, NJW. 1955, 975. A. A. — wohl zu Unrecht — OVG. Lbg. DVBl. 1955, 187.

Regelungen, insb. auch §§ 103—103 r, 129—132 a, 133 Abs. 1 und Abs. 3—10, 148 Abs. 1 Nr. 9 b GewO., abgelöst sind). Selbständige Handwerker des gleichen Handwerks oder verwandter Handwerke können sich zur Förderung ihrer gemeinsamen gewerblichen Interessen innerhalb eines Bezirkes zu einer Innung zusammenschließen. Innungen des gleichen Handwerks oder verwandter Handwerke können sich zu einem Landesinnungsverband zusammenschließen. Die Innungen, die innerhalb eines von der Handwerkskammer bestimmten Bezirks ihren Sitz haben, bilden die Kreishandwerkerschaft. Die gemeinsamen Interessen des Handwerks eines Bezirks werden durch die Handwerkskammer wahrgenommen. Ihre Aufgaben sind insb. die Regelung des Lehrlingswesens, die Unterstützung der Behörden in Angelegenheiten des Handwerks, die Beratung von Wünschen und Anträgen, die das Handwerk berühren, die Bildung von Prüfungsausschüssen zur Abnahme von Meisterprüfungen und die Aufsicht über die Innungen. Die Mitgliedschaft zu den Innungen war in der britischen Zone freiwillig, in der französischen Zone Zwang — was nach h. M. mit dem GG., insb. Art. 9 Abs. 3 vereinbar war [1]) — für alle in der Handwerksrolle eingetragenen Handwerker. Die Bundesregelung kennt nur freiwillige Mitgliedschaft (§ 53). Innungen und Handwerkskammern sind Körperschaften des öffentlichen Rechts.

b) Industrie- und Handelskammern

Sie haben sich auf landesrechtlichen Grundlagen entwickelt. Auch ohne daß das die gesetzlichen Grundlagen angeben, werden sie als Körperschaften des öffentlichen Rechts anzusehen sein[2]). Sie sind — privatrechtlich — zusammengeschlossen im Industrie- und Handelstag.

10. Gewerbliche Arbeitnehmer

Die Rechtsbeziehungen zwischen Arbeitnehmer und Arbeitgeber darzustellen, ist Aufgabe des Arbeitsrechts. Einige Gebiete des Arbeitsrechts aber werden beeinflußt durch öffentlich-rechtliche Bestimmungen. Davon sind besonders wichtig:

Das Arbeitspaßwesen (Kontrollratsbefehl Nr. 3, wodurch §§ 107ff. GewO. und Ges. vom 26. 5. 1937 überholt sind), das Zeugniswesen (§ 113 GewO.), die Bestimmungen über Lohnbücher und Arbeitszettel (§ 114a ff. GewO.), über Löhne (§§ 115ff. GewO., Verbot des Trucksystems!); die eingehende Regelung des Ausbildungs- und Lehrlingswesens (§§ 120, 126ff. GewO.), der Verhältnisse der Gesellen und Gehilfen (§§ 121—125

[1]) v. Mangoldt, in: BB. 1951, 621.

[2]) Zum Begriff „Kammer" vgl. Bremer, JR. 1955, 332. — Zur endgültigen Liquidierung der nationalsozialistischen Regelung durch Berl. Ges. vom 20. 1. 1956 — GVBl. 87 — vgl. Bremer, NJW. 1956, 161.

GewO.), wobei nach dem Aufbau des Gesetzes Handwerkslehrlinge und Handwerksgesellen nur eine Spezialart von Lehrlingen und Gesellen sind, der Verhältnisse der Betriebsbeamten, Werkmeister und Techniker (§§ 133aff. GewO.); die Vorschriften über den Erlaß von Arbeitsordnungen (§§ 134aff. GewO.), die Regelung der Arbeitszeit (Arbeitszeitordnung vom 30. 4. 1938 — RGBl. I, 447 — mit Kontrollratsrichtlinien Nr. 26, §§ 105aff. GewO. grundsätzlich Achtstundentag, Verbot der Sonn- und Feiertagsarbeit); Mutterschutz (Ges. vom 24. 1. 1952 — BGBl. I, 69 —); Jugendschutz (Ges. vom 30. 4. 1938 — RGBl. I, 437 —); Kündigungsschutz (Ges. vom 9. 7. 1926 — RGBl. I, 399 — für ältere Angestellte, Landesbetriebsratsgesetze; Kündigungsschutzgesetz vom 10. 8. 1951 — BGBl. I, 499 — für Arbeitnehmer, die länger als 6 Monate in demselben Betrieb beschäftigt sind und das 20. Lebensjahr vollendet haben); Erholungsurlaub (Landesgesetze); Überwachung der arbeitsrechtlichen Bestimmungen durch die Gewerbeaufsichtsämter (§ 139b GewO.).

Schrifttum

Boldt-Steffens, Gewerbeordnung und gewerberechtliche Nebengesetze mit Einführung in das Gewerberecht. Komm. 1955.
v. Busch-Trabandt, Das Recht der überwachungsbedürftigen Anlagen. 1955.
Denker-Täglich-Mesner, Der Verkehr mit Sprengstoffen. 1951.
Eyermann-Fröhler, Gewerbeordnung mit Gesetzen, Verordnungen usw. (35. Aufl.) 1954ff.
Frank-Voß, Der Güternahverkehr im Güterkraftverkehrsgesetz. 1952.
Gillhausen, Das Berufsrecht der Heilpraktiker. 1953.
Günther, Ges. über Versteigerungsgewerbe. 1955.
Habernoll, Die Entwicklung des Apothekenrechts und der privaten Apotheken in Schleswig-Holstein 1951.
Hartmann-Philipp, Handwerksrecht. 1954.
Hein-Eickhoff-Pukall-Krien, Güterkraftverkehrsgesetz. Loseblatt-Kommentar 1953ff.
Hieronimi, Getränkegesetze (Lebensmittelges., Weinges., Branntweinmonopol- und Biersteuerges. usw.). Komm. 1952.
Holthoefer, Das Lebensmittelgesetz. 1. Bd. 1948, 2. Bd. 1951.
Holthoefer, Das Lebensmittelgesetz. 1948.
Holtzweissig, Gewerbeordnung mit Nebengesetzen. 1948.
Huber, Wirtschaftsverwaltungsrecht. (2. Aufl.) 2 Bände 1953.
Katschke-Schmid, Das Recht des Wachgewerbes. Komm. 1954.
Köchnitz, Gesetz über den gewerblichen Binnenschiffahrtsverkehr. Komm. 1954.
Kolbenschlag-Lessmann-Stücklen, Die neue Handwerksordnung. Komm. 1954.
Krien, Verwaltung des Güterverkehrs. 1954.
Krueger, Grundgesetz und Kartellgesetzgebung. 1950.
Landmann-Rohmer, Kommentar zur Gewerbeordnung (10. Aufl., bearbeitet von Eyermann-Fröhler) 1952—1953.
Michel, Gaststättengesetz (4. Aufl.) 1952.
Moelle-Philipp, Das Recht des Schornsteinfegerhandwerks. 1952.

Müller, Straßenverkehrsrecht (19. Aufl.) 1955.
Nowak, Garagen, Verkehr mit brennbaren Flüssigkeiten. 1952.
Oppelt, Personenbeförderungsrecht (4. Aufl.) 1954.
Ploenies-Schönwalder, Die Sowjetisierung des mitteldeutschen Handwerks. 1951.
Roepke, Niedersächsisches Gesetz über die Zulassung und Schließung von Gewerbebetrieben. 1949.
Rohlfing-Kiskalt, Gewerbeordnung. Handkommentar 1953.
Rohmer, Kommentar zum Gaststättengesetz (2. Aufl. neu bearbeitet von Eyermann). 1952.
Ruwe, Güterkraftverkehrsgesetz. Komm. (2. Aufl.) 1953.
Schmidt-Rosen-v. Hoewel-Rother, Automaklerrecht. 1952.
Scupin, Die Rechtslage der Wirtschaft unter dem Bonner Grundgesetz (Schriftenreihe der wirtschaftlichen Gesellschaft für Westfalen und Lippe. Heft IX) 1950.
v. Turegg, Gewerberecht. 1953.
Uber, Freiheit des Berufs. Art. 12 Grundgesetz (Abhandlungen aus dem Seminar für öffentliches Recht, Hamburg, Heft 42) 1952.
Verkehrsrechtssammlung. Entscheidungen auf allen Gebieten des Verkehrsrechts. 1953 ff.
Weinbrenner, Die Abgrenzung des Handwerks. 1934.

Zwanzigstes Kapitel

Berufsrecht der Urproduktion und freien Berufe

1. Urproduktion

a) Landwirtschaft

Die Förderung landwirtschaftlicher Erzeugung gehört zur konkurrierenden Gesetzgebung des Bundes (Art. 74 Ziff. 17 GG.).

Die Zulassung zum landwirtschaftlichen Beruf unterliegt keinen Beschränkungen[1]). Für die Ausübung[2]) sind eine Reihe wirtschaftsrechtlicher Bestimmungen zu beachten (z. B. Ges. über Handelsklassen für Erzeugnisse der Landwirtschaft und Fischerei idF. vom 8. 6. 1955 — BGBl. 266 —, VO. über Anerkennung von Saatgut vom 29. 3. 1954 — BGBl. 48 —, GetreideG. mit DVO. — BGBl. 1955, 58ff. —[3]), Zuweisung von Milcherzeugern an bestimmte Molkereien nach § 1, 7, 8 MilchFettg.[4]). Außerdem gibt es neben den allgemeinen polizeilichen Beschränkungen

Beispiel:

Verbot von Knallscheuchen in Wohngegenden — AG. Rheinbach, RdL. 54, 14;
Verbot bienenschädlicher Pflanzenschutzmittel — BGH. RdL. 53, 210; 54, 175.

noch berufspolizeiliche Spezialbestimmungen, die vor allem Menschen und Pflanzen vor Krankheiten schützen sollen (z. B. Ges. zum Schutz der Kulturpflanzen vom 28. 8. 1949 — WiGBl. 308 — mit Landesausführungsbestimmungen, Lebensmittelgesetz)[5]). Vermischt Eigentumsregeln und Berufsausübungsregeln enthalten Gesetze, welche sich gegen landwirtschaftliche Mißwirtschaft wenden und im Sinne des Leistungsprinzips denjenigen vom land- oder forstwirtschaftlichen Eigentum verdrängen wollen, der es nicht im Sinne der Allgemeinheit am besten verwendet.

Nach Aufhebung älterer, insb. mit der Erbhöferegelung zusammenhängender Bestimmungen ist maßgeblich KRGes. Nr. 45, dessen Art. VII als Eingriffsmittel wegen Mißwirtschaft zuläßt die Aufforderung an den Nutzungsberechtigten, die Überwachung

---

[1]) Privatrechtliche Beschränkungen durch Höferegelung, wo sie bestehen, vgl. unten.

[2]) Außerdem gibt es Einrichtungen zur Förderung wie z. B. die bayer. Landesanstalt für Wein-, Obst- und Gartenbau, VO. vom 29. 9. 1952 — GVBl. 273 —, rhld.-pf. Ges. zur Förderung des Weinbaus idF. vom 14. 3. 1955 — GVBl. 26 —.

[3]) Der Natur der Sache nach ist in Zeiten wirtschaftlicher Spannungen die Landwirtschaft der erste Bereich, auf dem kontingentiert wird.

[4]) OVG. Lbg. 8, 397 mit Bejahung der Verfassungsmäßigkeit.

[5]) Vgl. DVBl. 1951, 631.

durch Aufsichtspersonen, die Wirtschaftsführung durch einen Treuhänder und die Zwangsverpachtung. Die Ausführungsbestimmungen hierzu sind jedoch uneinheitlich. In den Ländern der amerikanischen Zone gibt es nahezu keine Beschränkungen. In der britischen Zone dagegen erging — neben der die zivilrechtlichen Zusammenhänge berücksichtigenden als Nachfolger des Erbhofgesetzes anzusehenden Höfeordnung vom 24. 4. 1947 — die Landbewirtschafttungsordnung (LBO.) als Anlage C zu MRVO Nr. 84 — VOBl. br. Z. 1947, 26 . Wer dem in LBO. erstrebten Leistungsprinzip nicht entspricht, hat Eingriffe in sein landwirtschaftliches Eigentum zu gewärtigen. Dabei ist es gleichgültig, ob es sich um einen Hof im Sinne der Höfeordnung oder um sonstiges land- oder forstwirtschaftliches Eigentum handelt. Maßnahmen im einzelnen sind: Wirtschaftsüberwachung durch eine Aufsichtsperson (§§ 3—6), Treuhänderverwaltung (§§ 6—10), Zwangsverpachtung (§§ 11—16), außerdem Zwangsversteigerung nach Zwangsversteigerungsgesetz. Das Verfahren ist geregelt in der vom Zentraljustizamt für die britische Zone erlassenen Verfahrensordnung für Landwirtschaftssachen vom 2. 12. 1947 — VOBl. br. Z. 157 (LVO.), die allerdings auch Bestimmungen über zivilrechtliche Zusammenhänge, insb. das Höfeverfahren enthält. Zuständig sind die unteren und oberen Landwirtschaftsbehörden (§ 4 LVO.), d. s. in Nordrhein-Westfalen Stellen der Landwirtschaftskammern — Ges. vom 11. 2. 1949 mit DVO. — GVBl. 53, 203, 205 — in Niedersachsen auf Kreisebene gebildete Kommissionen und der Landesminister für Landwirtschaft usw. — RdErl. d. M. f. E. L. u. F. vom 5. 10. 1948 — ABl. 324 — und vom 11. 11. 1949 — I/1 Nr. 5126/49 — und in Schleswig-Holstein die Kreislandwirtschaftsämter oder Kreisbauernschaften, ferner der Landesminister für Landwirtschaft — AO. des M. f. L. vom 9. 4. 1948 — ABl. 145 —. In Rhld.-Pf. besteht das Ges. vom 7. 10. 1953 mit LVO. — GVBl. 140 —. Für Streitfälle ist das Verfahren für alle öffentlichrechtlichen Beschränkungen für den Verkehr mit land- oder forstwirtschaftlichen Grundstücken, auf Grund von Vorschriften über die Sicherung der Landbewirtschaftung usw. bundeseinheitlich geregelt (Ges. vom 21. 7. 1953 — BGBl. 667 —). Es entscheiden die Amtsgerichte, die Oberlandesgerichte und der Bundesgerichtshof, jeweils besetzt auch mit Laienrichtern[1]).

Die Ausübung der Landwirtschaft wird berührt durch die Flurbereinigung, wodurch zersplitterter oder unwirtschaftlich geformter ländlicher[2]) Grundbesitz zur Förderung der landwirtschaftlichen oder forstwirtschaftlichen Erzeugung und der allgemeinen Landeskultur nach neuzeitlichen betriebswirtschaftlichen Gesichtspunkten zusammengelegt, wirtschaftlich gestaltet oder sonstwie verbessert werden kann (Flurbereinigungsg. vom 14. 7. 1953 — BGBl. 599 —, an die Stelle des Umlegungsgesetzes mit Umlegungsordnung getreten[3]), mit Landesausführungsgesetzen).

Die Tierzucht ist insoweit beschränkt, als nur gekörte männliche Tiere verwendet werden dürfen (Ges. idF. vom 23. 6. 1953 — BGBl. 445 — mit DVO. — BGBl. 1950, 227 — als Nachfolger des Tierzuchtgesetzes von 1936)[4]).

---

[1]) Zusammenstellung der Rechtsprechung bei: Pritsch, in: MDR. 1951, 533.

[2]) Auch Stadtrandgebiete — BVerwG. I B 1955, 55.

[3]) Bochalli, DVBl. 1953, 563.

[4]) Zur Weitergeltung der nicht überholten alten Bestimmungen: BVerwG. MDR. 1956, 73. — OVG. Kbl. 1, 277.

Gemäß biz. Ges. zur Überleitung von Befugnissen auf dem Gebiet der Ernährung, Landwirtschaft und Fischerei vom 7. 9. 1948 — WiGBl. 281 — ist die Übertragung nichthoheitlicher Aufgaben, die bis 1945 in der Hand des Reichsnährstandes[1]) lagen, auf landwirtschaftliche Berufsorganisationen möglich. Die Länder haben hiervon in verschiedener Weise Gebrauch gemacht. Die Landwirtschaftskammern sind in den Ländern der britischen und französischen Zone Körperschaften des öffentlichen Rechts[2]), in den Ländern der amerikanischen Zone Privatvereine (n.-w. Ges. vom 11. 2. 1949 mit 2 DVO. — GVBl. 53, 203, 205 —; nds. Ges. vom 5. 7. 1954 — GVBl. 55, 132 —, schlesw.-holst. Ges. vom 19. 5. 1953 — GVBl. 53 —; rhld.-pf. Ges. vom 6. 9. 1948 —)[3]). Außerdem bestehen eine Anzahl beruflicher Fachverbände, meist eingetragene Vereine (im Jahre 1952 beim Bundesministerium für Ernährung, Landwirtschaft und Forsten 87 Verbände gemeldet).

b) Forstwirtschaft

Die Förderung der Forstwirtschaft gehört — wie die Landwirtschaft — zur konkurrierenden Gesetzgebung des Bundes (Art. 74 Ziff. 17 GG.). Neben einigen zentralen Bestimmungen (z. B. Ges. vom 3. 7. 1934 — RGBl. 534 —, VO. vom 1. 12. 1950 — BAnz. Nr. 242 —) sind wichtig die einzelnen Landesforstgesetze, z. T. mit Aufforstungszwang[4]).

c) Jagd

Die Ausübung der Jagd ist ein Teil des Jagdrechts, welches die ausschließliche Befugnis darstellt, auf einem bestimmten Gebiet wildlebende jagdbare Tiere (Wild) zu hegen, auf sie die Jagd auszuüben und sie sich als Jagdbeute anzueignen.

Die Zulassung[5]) zur Jagd ist beschränkt (Jagdschein). Die Ausübung unterliegt sachlichen Verboten (z. B. Verbot der Verwendung künstlicher Lichtquellen) sowie örtlichen und zeitlichen Verboten (gänzliche Abschußverbote, Schonzeiten)[6]). (Bundesjagdg. vom 29. 11. 1952 — BGBl. 780 —

---

[1]) Nach OVG. Hbg. — Urteil vom 18. 1. 1952 — Bf. II 218/51 — ist er Selbstverwaltungskörperschaft öffentlichen Rechts, die nach dem Zusammenbruch nicht aufgelöst, sondern nur zersplittert wurde und in verschiedenen Landesbauernschaften weiterlebt. Wichtig für Beamtenrechte, aber sehr bedenklich!

[2]) Keine Behörden, wie z. B. aus § 40 Saatgutg. vom 27. 6. 1953 — BGBl. 450 — folgt. — A. A. — m. E. unrichtig — Sauer, RdL. 1955, 117.

[3]) Vgl. RdL. 1952, 1ff.; dort auch Näheres über Abgrenzung der Zuständigkeit zwischen Bund und Ländern. — Vgl. ferner Kontroverse über Zuständigkeiten der Kammern ebd.; vgl. auch: OVG. Lbg. 5, 424.

[4]) Mit GG. vereinbar — OVG. Mstr. MDR. 1954, 763.

[5]) Bedenklich und insb. nach Erlaß des Bundesjagdgesetzes nicht mehr haltbar: rhld.-pf. VerfGH. in: VRspr. 3, 141, wo das Jagdrecht, ohne daß es einer Zulassung bedürfe, auf § 958 BGB. gestützt wird.

[6]) Als Eigentumbindung mit GG. vereinbar — bayer. ObLG. Bayer. Bgm. 1954, 260.

mit Landesausführungsgesetzen, wodurch das Reichsjagdg. von 1934 usw. außer Kraft tritt).

Die Berufsorganisation — Deutscher Jagdschutzverband mit Landesorganisationen — beruht auf privatrechtlicher Grundlage. In den Ländern bestehen Jagdbeiräte (§ 37 Bundesjagdg.), denen Vertreter der Landwirtschaft, der Forstwirtschaft, der Jagdgenossenschaften und der Jäger angehören müssen. Die nach dem Reichsjagdgesetz gebildete Deutsche Jägerschaft, eine Körperschaft des öffentlichen Rechts, wurde 1945 aufgelöst.

d) Fischerei

Die Hochsee- und die Küstenfischerei gehören zur konkurrierenden Bundeszuständigkeit (Art. 74 Ziff. 17 GG.). Die Fischerei in den nicht in Eigentum stehenden Küstengewässern ist für jeden Deutschen frei, vorbehaltlich bestehender internationaler Beschränkungen (Int. Vertrag betr. die polizeiliche Regelung der Fischerei in der Nordsee außerhalb der Küstengewässer vom 6. 5. 1882 — RGBl. 1884, 25 — nebst Erklärung vom 1. 2. 1889 — RGBl. 1890, 5 —, mit Bekanntmachung vom 31. 1. 1953 — BGBl. II. 25 —). Im übrigen ist die Zulassung beschränkt (Fischereischeingesetz vom 21. April 1939 — RGBl. 816 — mit Landesausführungsbestimmungen, z. B. nds. VO. vom 13. 7. 1951 — GVBl. 150 —). Die Ausübung unterliegt zahlreichen in den einzelnen Landesfischereigesetzen ausführlich dargestellten Beschränkungen (z. B. Verbot der Benutzung explodierender Stoffe, der Verunreinigung von Fischgewässern, Vorschriften über Schonzeiten, Fischschonbezirke, Laichschonbezirke).

Die Standesinteressen werden i. d. R. durch privatrechtliche Fischereigenossenschaften (z. B. §§ 36ff. pr. Fischereigesetz vom 11. 5. 1916) wahrgenommen.

e) Bergbau

Die Rechtsvorschriften über den Bergbau finden sich in Landesgesetzen (z. B. pr. Ges. vom 24. 6. 1865, auch geltend z. B. in ganz Hessen — hess. Ges. vom 6. 7. 1952 — GVBl. 130 —). Sie behandeln die Materie entsprechend ihrer wirtschaftlichen Bedeutung und auch wegen ihrer Gefährlichkeit vom polizeilichen Standpunkt aus eingehend und erschöpfend. Einige zentrale Bestimmungen sind in der GewO. enthalten (§ 6).

2. Freie Berufe

a) Die verschiedenen Gruppen

Es gibt freie Berufe, wie z. B. Künstler oder Schriftsteller, die der Zulassung und der Ausübung nach völlig frei von besonderen Verwaltungsvorschriften betrieben werden können. Andere, wie z. B. nicht-beamtete Lehrer oder Theaterunternehmer, bedürfen zur Berufsausübung eines bestimmten Apparates. Das Gesetz befaßt sich hierbei mit dem Aufbau und Ausbau des Betriebes und leitet auf diesem Umweg die Berufsausübenden in bestimmte Bahnen. Endlich gibt es freie Berufe, und zwar vor allem auf wirtschaftlichem, rechtlichem oder medizinischem Gebiet, für die seit langem verwaltungsrechtliche Sonderbestimmungen vorhanden sind. Sie beschäftigen sich mit der Zulassung und der Ausübung. Die Frage der Zulassung ist, wie die Entwicklung der letzten Jahrzehnte zeigt, abhängig von der Staatsform. Allen Regeln über die Ausübung ist gemeinsam, daß die Berufsorganisation für viele Dinge zuständig ist, die bei den Berufen der gewerblichen Wirtschaft durch die Polizei erledigt werden.

b) Rechtsgrundlagen

Nach 1933 wurden alle älteren Gesetze aufhebende Reichsordnungen für die einzelnen Berufe erlassen (Reichsrechtsanwaltsordnung, Reichsnotarordnung, Reichsärzteordnung, Reichszahnärzteordnung, Reichstierärzteordnung, Reichsapothekerordnung). Sie sind nunmehr, soweit sie nationalsozialistisches Gedankengut enthalten, was insb. für die Regelung der Zulassung und die Ausrichtung der Berufsorganisation nach dem Führerprinzip der Fall ist, aufgehoben und im übrigen teilweise durch Bundes- und Landesbestimmungen ersetzt. Für den Geltungsbereich der Reichsordnungen war § 29 GewO. aufgehoben, wobei es geblieben ist.

Für Rechtsanwälte: Rechtsanwaltsordnung für die brit. Zone vom 10. 3. 1949 — VOBl. brit. Z. 80 —; n.-w. AV. zur Zulassung von Rechtsanwälten und betr. Anwaltsassessoren vom 13. 2. 1951 — JMBl. 35 —; Landesrechtsanwaltsordnungen von 1948 der Länder der amerikanischen Zone[1]); w.-hoh. RAnwO. idF. vom 21. 12. 1951 — Regbl. 128 —; Berl. Ges. über vorl. Maßnahmen auf dem Gebiet des Anwaltsrechts vom 6. 5. 1952 — GVBl. 311 —. Eine Bundesrechtsanwaltsordnung ist in Vorbereitung.

Für Notare: Landesdienstordnungen, z.B. bayer. vom 5.6.1937 — DJ. 874 —, rhld.-pf. vom 3. 9. 1949 — GVBl. 391 —; Satzung der rheinischen Notarkammer vom 6. 2. 1952 — JMBl. 31 — (Körperschaft des öffentl. Rechts, freiwillige Mitgliedschaft). — Das Notariat in der Ostzone ist kein freier Beruf mehr, vgl. VO. über die Einrichtung und Tätigkeit des Staatlichen Notariats vom 15. 10. 1952 — GBl. 1055 —.

Für Ärzte: Landesärztekammergesetze und Zulassungsbestimmungen, und zwar hbg. vom 28. 7. 1949 — GVBl. 131 —, brem. vom 13. 12. 1948 — GBl. 85, rhld.-pf. vom 12. 10. 1949 — GVBl. 507 —, w.-hoh. vom 5. 4. 1950 — RegBl. 137 —, nds. vom 25. 11. 1950 — GVBl. 71 —, bayer. vom 24. 8. 1951 — GVBl. 134 —, w.-b. vom 26. 5. 1951 — RegBl. 61 —, n.-w. vom 17. 3. 1949 — GVBl. 83 —; Ges. über das deutsche Arzneibuch vom 22. 3. 1952 — BGBl. I, 145[2]).

---

[1]) Bayer. mit GG. vereinbar: BVerwG. MDR. 1956, 74.

[2]) Wegen der Weitergeltung der Reichsärzteordnung vgl. unten S. 321 Anm. 1. — Für die DDR.: Approbationsordnung für Ärzte von 1949 mit DVO. vom 21. 1. 1955 — GBl. 108 —. Über fachärztl. Anerkennung AO. vom 21. 1. 1955 — GBl. 107 —.

Für Zahnärzte: Ges. über die Ausübung der Zahnheilkunde vom 31. 3. 1952 — BGBl. 221, 251. — Für die Heilberufe beschränkt sich die Bundeskompetenz nach Art. 74 Nr. 19 GG. auf das Zulassungswesen[1]).

Für Apotheker: Apothekerbestallungsordnung vom 8. 10. 1937 und Apothekerprüfungsordnung, sämtlich idF. der VO. vom 19. 12. 1951 — BGBl. 1007 —[2]). Ges. über die vorl. Regelung der Einrichtung von Apotheken vom 13. 1. 1953 — BGBl. 9 —, wonach bis zu einer neuen Bundesregelung die Erlaubnis oder Berechtigung zur Errichtung einer Apotheke nur nach den am 1. 10. 1945 in den einzelnen Ländern geltenden Bestimmungen errichtet werden dürfen. — Apothekenstopg. idF. vom 10. 8. 1954 — BGBl. 256 —.

Für Wirtschaftsprüfer (Buchprüfer und Helfer in Steuersachen usw.)[3]) Landesgesetze, z. B. w.-b. vom 26. 2. 1948 — RegBl. 237 — 30. 11. 1948 — RegBl. 1919, 3 —, rhld.-pf. vom 21. 3. 1950 — GVBl. 91 —, brem. vom 4. 12. 1949 — GBl. 238 — mit Richtlinien vom 8. 11. 1951 — GBl. 99 —. Gesetz über Wirtschaftsprüfer im Genossenschaftswesen vom 17. 7. 1952 — BGBl. 385 —. n.-w. RdErl. darüber, daß Wirtschaftsprüfer usw. nicht der Anmeldepflicht nach § 14 GewO. unterliegen, vom 27. 6. 1951 — MBl. 912 —.

Für Baumeister: VO. vom 1. 4. 1931 — RGBl. 131 —.

Für Architekten: Landesrecht, z. B. bayer. G. vom 23. 1. 1954 — GVBl. 29 —.

Für Vermessungsingenieure, z. B. n.-w. Ges. vom 29. 7. 1954 — GVBl. 303 —

c) Zulassung

Voraussetzung für sie ist eine abgeschlossene wissenschaftliche und praktische (Anwärterdienst, Praktikantenjahr, Referendarzeit) Ausbildung einschließlich eines Universitätsstudiums. Für den Rechtsanwalts- und Notarberuf wird verlangt[4]) die Ablegung der großen zum Richteramt befähigenden Staatsprüfung oder die Bekleidung des Amtes eines ordentlichen Lehrers der Rechte an einer deutschen Universität, für den Arzt- und Apothekerberuf eine Bestallung (früher: Approbation). Das gilt auch für Dentisten, welche eine entsprechende Prüfung abgelegt haben (Ges. über Ausübung der Zahnheilkunde vom 31. 3. 1952). Nur wer die hiernach im Gesetz umschriebenen fachlichen und persönlichen Voraussetzungen nach Sach- und Fachkunde und nach persönlicher Zuverlässigkeit erfüllt, wird zum Beruf zugelassen. Für den Arztberuf gilt insb.: Bis zum Inkrafttreten des Heilpraktikerg. vom 17. 2. 1939 — RGBl. 251[5]) — bestand gemäß § 1 GewO. Kurierfreiheit — mit geringen Ausnahmen z. B. § 7 Geschlechtskrankheitengesetz vom 18. 2. 1927 — RGBl. 61 — oder § 21 Hebammeng. vom 21. 12. 1938 — RGBl. 1893 —.

---

[1]) BVerfG. 4, 74.

[2]) Entwicklung bei: Kahler, W., Das Apothekenwesen.

[3]) Streitigkeiten über die Berufszulassung gehören vor die Finanzgerichte — BVerwG. 1, 21; m. E. bedenklich!

[4]) Mit GG. vereinbar, auch wenn auf ein Land beschränkt — BVerwG. JZ. 1956, 30.

[5]) Im wesentlichen mit GG. vereinbar — OVG. Mstr. ÖV. 1954, 126; OVG. Lbg. 7, 322.

Geschützt war nur die Bezeichnung als Arzt. Seit dem Heilpraktikergesetz darf die Heilkunde nur von Ärzten und anderen im Besitz einer nach dem Gesetz erteilten Erlaubnis befindlichen Personen ausgeübt werden. Gemäß § 6 aaO. fiel die Ausübung der Zahnheilkunde jedoch nicht unter das Gesetz[1]). Erst das Ges. über die Ausübung der Zahnheilkunde vom 31. 3. 1952 — BGBl. 221 — macht die Ausübung der Zahnheilkunde von einer Bestallung abhängig, welche zur Führung der Bezeichnung „Zahnarzt" berechtigt. Die Ausübung ist kein Gewerbe; die Dentisten werden eingegliedert. Eine Bedürfnisprüfung (numerus clausus!) findet — im Gegensatz zu den Reichsordnungen — im allgemeinen nicht statt[2]). Altersbeschränkungen können gegen Art. 2, 12 GG. verstoßen[3]). Über die Zulassung entscheiden Behörden, meist die mittlere Verwaltungsbehörde, oft in Verbindung mit Standesorganisationen[4]) (duae conformes[5])).

d) Ausübung

Wie ein freier Beruf augeübt werden soll, was standesgemäß und vom berufsethischen Standpunkt aus zu vertreten ist, weiß die Standesorganisation i. a. besser als die Polizei. Allerdings werden auch freie Berufe nach den allgemeinen Maßstäben der öffentlichen Sicherheit überwacht.

---

1) So OVG. Mstr. 5, 1 gegen Friesenhahn.

2) Für Notare z.B. ausgeführt: LVG. Lüneburg in: MDR. 1952, 508. — Ausnahme OLG.-Bezirk Koblenz mit numerus clausus für Prozeßagenten; mit GG. vereinbar — BVerwG. NJW. 1955, 1534; dagegen nicht § 1 Abs. 2 RechtsberMißbrg. — BVerwG. NJW. 1955, 1531. — Bedürfnisprüfung auch noch im Apothekerrecht — vgl. OVG. Kbl. 1, 335; hess. VGH. 3, 13; OVG. Lbg. 7, 450.

3) OVG. Hbg. in DVBl. 1951, 694 für § 16 RAnwO. br. Z.

4) Auch wo die Zustimmung der Standesorganisation notwendig ist, muß die Zulassungsbehörde in eigener Verantwortung prüfen, — BVerwG. NJW. 1955, 1530.

5) Besonders geregelt ist die Stellung des Vertrauensarztes in der sozialen Krankenversicherung (§ 369b RVO.) und des staatlichen Gewerbearztes (§ 139b GewO.). — Dem öffentlichen Recht gehört sodann die Zulassung von Ärzten zur kassenärztlichen Praxis an (VO. vom 30. 10. 1923 — RGBl. 1051 —; Zulassungsordnung f. d. brit. Zone vom 21. 4. 1948 — ArbBl. f. d. brit. Z. 250 —). Die für das Reichsgebiet bestehende Kassenärztliche Vereinigung (KVD.) war eine Körperschaft des öffentlichen Rechts; diese Eigenschaft kommt nunmehr den einzelnen Landesstellen zu (b.-w. VGH. 3, 7; OVG. Hbg. in: MDR. 1951, 443; OVG. Lbg. 5, 402). Die Aufgabe der KV. besteht in der kassenärztlichen Versorgung und Betreuung der Bevölkerung im Rahmen der Sozialversicherung. Die Zulassungs- und Berufungsausschüsse der KV. sind keine selbständigen Körperschaften, aber, da sie auch die Interessen der Krankenkassen wahrzunehmen haben, auch keine Organe der KV., sondern unabhängige Organe der Selbstverwaltung der Sozialversicherung. Auf Grund der Beziehungen zwischen Ärzten, Zahnärzten und Krankenkassen im Rechtsweg zu entscheidende Streitigkeiten gehören vor die Sozialgerichte (§ 51 Abs. 2 SGG.). Hierzu gehört auch der Streit um die Zulassung zur Kasse. Damit sind ältere Ansichten, welche die gerichtliche Überprüfbarkeit der Zulassungsentscheidung verneinten, überholt. — Amtsärzte sind Beamte mit ihnen von ihren Dienstherren zugeteilten Aufgaben.

Beispiel:

Einem Arzt kann wegen Schwäche seiner geistigen Kräfte die eigene Berufsausübung und diejenige durch einen Vertreter untersagt werden — bayer.VGH. 68,43.

e) Berufsvertretung

Die Berufsorganisationen der freien Berufe tragen — wie diejenigen anderer Berufszweige — den Namen Kammern (z. B. Rechtsanwaltskammer, Ärztekammer). Solche Kammern gibt es, seitdem der Polizeistaat sich von der Bevormundung der freien Berufsausübung zurückgezogen hat (z. B. braunschw. Ärztekammerges. vom 25. 10. 1865). Sie haben sich in zwei Formen entwickelt: Entweder sind Kammern Stellen der Standesaufsicht mit vom Staat delegierter Hoheitsgewalt oder sie sind die staatlich anerkannten, das ganze Berufsleben umfassenden Standesvertretungen mit umfassender Zuständigkeit für alle Standesfragen.

Nach der ersten Form waren die Gesetze bis 1933 aufgebaut (z. B. RAnwO. 1878, pr. Ärztekammerges. 1887/1926, sächs. Ärztekammerges. 1904, bayer. Ärztekammerges. 1927, hamb. Ärztekammerges. 1927). Als Standesaufsichtsstelle waren die Kammern Wächter der sich aus dem Standesethos ergebenden Pflichten, die jedem Berufsangehörigen obliegen. Zur Durchführung stand ihnen ein von den Gesetzen verschieden ausgebautes, manchmal gerichtsähnliches Verfahren zur Verfügung. Nach der Not des ersten Weltkrieges übernahmen die Kammern auch die Einrichtung von Fürsorge- und Versorgungskassen. I. ü. wurden die sozialen und wirtschaftlichen Interessen durch neben den Kammern begründete privatrechtliche Vereine wahrgenommen (z. B. Ärztevereinsbund, Leipziger Bund [Hartmannbund], Deutscher Anwaltsverein, sämtlich mit lokaler Untergliederung), was zur sog. Doppelspurigkeit führte.

Nach der zweiten Form — und damit Verschwinden der Doppelspurigkeit — waren die Reichsordnungen von 1935ff. aufgebaut. Danach liegen Standesaufsicht und wirtschaftliche und soziale Interessenwahrnehmung bei den als Körperschaften des öffentlichen Rechts mit Zwangsmitgliedschaft ausgestalteten Kammern. Sie üben die Ehrengerichtsbarkeit über die Berufsausübung aus. Die im Gewand einer völligen Standesautonomie erscheinende Regelung wurde inhaltlich allerdings durch das Führerprinzip ausgehöhlt, wonach die selbständig erscheinenden Kammerstellen in Wahrheit nur Befehlsempfänger staatlicher Stellen waren. 1945 brach diese Organisation zusammen.

Der Neuaufbau erfolgte auf Länder-, Zonen und Bundesebene. Oft wird die zweite Form gewählt, wobei es sich wegen des Fortfalls des Führerprinzips um eine tatsächliche und rechtliche, den Kammern nach Delegation durch den Staat zukommende Autonomie handelt (z. B. RAnwO britZ., rhld.-pf. Ärzte- u Apothekerkammerges., nds. Ges., hamb. Ges., Satzung rhein. Notarkammern). Die Kammern sind Körperschaften des öffentlichen Rechts mit Zwangsmitgliedschaft. Trotz erheblicher organisatorischer Veränderungen werden sie als örtlich beschränkte Fortsetzungen der früheren Reichskammern anzusehen sein[1]). Aufbau und Tätigkeit sind beschränkt

[1]) Für die Ärztekammern: OVG. Mstr. 5, 102; OVG. Hbg. in: MDR. 1951, 443; VG. Stuttgart in: DÖV. 1950, 442. OVG. Lbg. 5, 412 (auch Fortbestand des Erfordernisses sittlicher Zuverlässigkeit); Weber, in: DÖV. 1952, 705. Für Apothekerkammern: OVG. Kbl. 1, 361.

durch das Grundgesetz: (1) Die Kammern können Standesvertretung nur insoweit sein, als sie für die Erhaltung und Förderung der sittlichen und geistigen Grundhaltung der Berufsangehörigen, also nicht wirtschaftliche und soziale Belange, verantwortlich sind. Insoweit ist die Übertragung von Hoheitsrechten sogar einschließlich ihrer für die Berufszulassung erforderlichen Zustimmung möglich (Art. 2, 9, 12, 28 GG.). Jedoch liegt die Berufszulassung selbst in der Hand amtlicher Stellen[1]). Die hierbei ergehenden Kammerbeschlüsse sind keine anfechtbaren Verwaltungsakte[2]). (2) Die Kammern dürfen nicht selbst Standesgerichtsbarkeit ausüben (Art. 20 Abs. 3 GG.). Möglich sind außerhalb der Kammern bestehende Ehren- oder Berufsgerichte als Spezialverwaltungsgerichte.

Beispiel:
Hess. Ehrengerichtshof für Anwälte — hess. VGH. 3, 104; nds. Ges. über die Standesvertretungen der Ärzte, Apotheker usw. i. d. F. vom 1. 12. 1950 — BVerfG. 4, 74 (92ff.); nicht: Ehrengerichte nach AnwObrZ., weil nicht außerhalb der Kammer stehend — BVerwG. in: NJW. 1955, 1530.

(3) Zwangsbeiträge[3]) dürfen nur zur Unkostendeckung erhoben werden.

Die Staatsaufsicht beschränkt sich auf die Kontrolle der Rechtmäßigkeit wie bei allen Körperschaften des öffentlichen Rechts[4]).

Schrifttum

Anders, Deutsches Fischereirecht. 1954.
Apelt, Das Landbewirtschaftungsrecht. Eine Sammlung. 1948.
Barnstedt, Ges. über das gerichtl. Verfahren in Landwirtschaftssachen. 1954.
Baur, Der Verkehr mit land- und forstwirtschaftlichen Grundstücken. 1949.
Boldt, Das allg. Berggesetz von 1865. Kommentar. 1948.
Born, Das preuß. Fischereigesetz. 1928.
Fischer-Woehrmann, Das Landpachtgesetz. Kommentar. 1952.
Förderreuter, Landwirtschaft usw. in: Verwaltung in Bayern, hsg. von Mang, 1952.
Gebhard, Reichsfischereirecht. 1941.
Haegele, Die Beschränkung des Grundstückverkehrs. 1950.
Hellich-Störiko, Die deutsche Tierseuchengesetzgebung (2. Aufl.) 1953.
Kiessling-Ostern, Bayerisches Berggesetz. 1953.
Lange-Wulff, Höfeordnung und sonstiges Landwirtschaftsrecht in der brit. Zone (4. Aufl.) 1954.
— Ges. über das gerichtliche Verfahren in Landwirtschaftssachen. 1954.
Mitschka-Schäfer, Bundesjagdgesetz. Komm. 1953.

---

[1]) Vgl. oben S. 320 Anm. 4.
[2]) OVG. Mstr. 4, 116.
[3]) Zwangsmitgliedschaft zulässig — bayer. VerfGH. 7, 21.
[4]) Behandlung des Themas: Redecker in: DVBl. 1952, 201, 239; OVA. Hamburg in: Arbeitsamt 1951, 28: bayer. VGH. in: NJW. 1951, 455; bayer. VerfGH. in: Arztrecht 1951, 34.

Nonhoff-Steiger-Heinrich, Das deutsche Agrarrecht (Sammlung sämtlicher agrarrechtlicher Vorschriften) Loseblattslg. 1951ff.
Pritsch, Das gerichtliche Verfahren in Landwirtschaftssachen. Komm. 1955.
Reuß-Grotefond-Dapprich, Das allg. Berggesetz. Kommentar. (10. Aufl.) 1953.
Rühling-Selle, Bundesjagdgesetz. Kommentar. 1953.
Steuer, Flurbereinigungsgesetz. Komm. 1955.
Woehrmann, Das Landwirtschaftsrecht der britischen Zone. 1951.
Woehrmann-Herminghausen, Komm. zum Ges. über das Verfahren in Landwirtschaftssachen. 1954.
Wygodzinski, Agrarwesen und Agrarpolitik (3. Aufl.) 1929.

Handbücherei für den öffentlichen Gesundheitsdienst, Bd. 1, 1a: Guett-Moebius, Der öffentliche Gesundheitsdienst 1935; Bd. 3: Baur, Der Arzt. 1938; Bd. 4a: Engel, Die ärztlichen Hilfskräfte. 1941—1943; Bd. 5: Kahler, Das Apothekerwesen. 1937.
Der Arzt des öffentlichen Gesundheitsdienstes. Hsgb. von Federhen 1952.
Heinemann-Koch, Kassenarztrecht (4. Aufl.) 1950.
Koch-Franke, Bestallungsordnung für Ärzte. Komm. 1955.
Krankenhausgesellschaft. Schriften der deutschen Krankenhausgesellschaft. Nr. 1: Molitor, Krankenhaus und Chefarzt. 1953.
Kuechenhoff, Freie Zulassung zur kassenärztlichen Tätigkeit (Schriftenreihe des Marburger Bundes) 1951.
Liniger-Molineus, Der Rentenmann. 1951.
— Der Unfallmann. 1951.
Marcelus, Arzneimittelrecht. Entscheidungssammlung. 1955.
Scheuner, Die freien Berufe im ständischen Aufbau (In: Festschrift für J. W. Hedemann zum 60. Geburtstag). 1938.
Schindler, Der Arzt im Staate. 1951.
Sievers, Das Zulassungsrecht. 1952.
Teschemacher, Der Berufsstand im Lichte der Staatslehre und der Rechtsstellung der berufständischen Organisationen im Rahmen des Art. 165 WRV. 1933.
Thieding, Die Zulassung zur kassenärztlichen Tätigkeit. 1949.
Trüb-Köppen, Das Niederlassungsrecht der Ärzte, Zahnärzte und Dentisten. (Bd. 13a des Grundrisses des Verwaltungsrechts, hrsg. von Ambrosius). 1951.
Wilson-Blanke, Apotheken- und Arzneimittelrecht des Bundes und der Länder. 1954.

Einundzwanzigstes Kapitel

Öffentliches Dienstrecht

1. Grundlagen

Im allgemeinsten Sinn sind als Beamte Personen anzusehen, die ihre gesamte Arbeitskraft einer bestimmten juristischen Person widmen, wofür sie von dieser eine Versorgung auch über die Zeit der tatsächlichen Arbeitsfähigkeit hinaus erhalten. Weitere Tatbestandsmerkmale des Beamtenbegriffs beruhen auf jeweils verschiedenen positiv-rechtlichen Regeln.

Geschichtlich sind für unser heutiges Beamtentum wohl kaum über den absoluten Staat hinausgehende Grundlagen von Bedeutung. Der Aufbau des absoluten Staates allerdings wäre in Deutschland ohne einen, dem absoluten Staatsoberhaupt besonders verbundenen und ergebenen Kreis von „Staatsdienern", den ersten Berufsbeamten im modernen Sinn, nicht möglich gewesen. In der Entwicklung und in der Meinung des Volkes teilten sie i. a. das Schicksal ihres Herrn. In ähnlicher Lage findet sich das Berufsbeamtentum in einem autoritären Machtgebilde[1]), das deshalb nicht als Staat im rechtsstaatlichen Sinn angesehen werden kann[2]).

Die Demokratie muß sich, wenn sie die Institution des Berufsbeamtentums beibehalten will, mit drei Schwierigkeiten auseinandersetzen.

a) Seit dem Ausbau industrieller Riesenwerke um die Jahrhundertwende wird des öfteren geltend gemacht, daß die Tätigkeit vieler industrieller Angestellter für das Volksganze mindestens ebenso wichtig sei wie die Tätigkeit öffentlicher Beamter. Auch pflegt solchen Angestellten, den Privatbeamten, die Existenz weitgehend ebenso sichergestellt zu werden. Infolgedessen kann es unangebracht erscheinen, öffentliche Beamte und Privatbeamte nicht nach den gleichen Rechtsgrundlagen zu behandeln[3]).

b) Seit dem ersten Weltkrieg nahm die Zahl der öffentlichen Angestellten, welche durch Privatdienstvertrag angestellt werden, jedoch öffentliche Angelegenheiten erledigen, ständig zu. Das führt zu der Frage, ob nicht die Zwecke, welche das Berufsbeamtentum im Staatsaufbau erfüllen soll, einfacher durch Angestellte erreicht werden können[4]).

---

[1]) Vgl. Vorspruch zum DBG. 1937: „Ein im deutschen Volk wurzelndes, von national-sozialistischer Weltanschauung durchdrungenes Berufsbeamtentum, das dem Führer des Deutschen Reichs und Volkes, Adolf Hitler, in Treue verbunden ist, bildet einen Grundpfeiler des national-sozialistischen Staates." [2]) BVerfG. 3, 58.

[3]) Vgl. v. Rheinbaben, Art. Beamte, in: Wtbch. des deutschen Staats- und Verwaltungsrechts, 1911. [4]) Zitiert werden ausländische Vorbilder, insb. USA.

c) Politische Bedenken wurden schon unter der WRV. geltend gemacht[1]). Dabei wurden beamtliche Sonderrechte als Widerspruch zu einer konsequenten Demokratie bezeichnet[2]). Unter völliger Durchführung solcher Gedanken haben die Verfassungen der sowjetischen Besatzungszone das Berufsbeamtentum abgeschafft[3]).

Für die Bundesrepublik ist Art. 33 GG. maßgeblich. Er enthält eine institutionelle Garantie des Berufsbeamtentums[4]), läßt aber Modifikationen der sog. hergebrachten Grundsätze zu. Für eine „repräsentative Bürokratie" ist in der Demokratie kein Raum[5]).

2. Begriffsarten

a) Beamte im staatsrechtlichen Sinn

Das sind Personen, die in einem öffentlich-rechtlichen Dienstverhältnis, das manchmal als Treueverhältnis charakterisiert wird, mit einem Subjekt des öffentlichen Rechts stehen. Die Wahrnehmung hoheitsrechtlicher Aufgaben ist begriffsnotwendig nicht den Beamten allein vorbehalten; doch kann das Gesetz eine solche Regelung treffen (wie z. B. § 4 BBG.).

Hinsichtlich des Personenkreises ist zu beachten:

Die Verhältnisse der Kirchenbeamten werden in besonderen Gesetzen geregelt (z. B. § 1 Abs. 2 n.-w. LBG.). Soweit sie keine delegierte Staatsgewalt ausüben, sind sie daher keine Beamte im staatsrechtlichen Sinn[6]).

Falls eine Wehrmacht vorhanden ist, sind die im aktiven Wehrdienst stehenden Offiziere, Unteroffiziere und Mannschaften keine Beamten. Besondere Bestimmungen bestehen zeitweilig für Militäranwärter (vor 1933) oder Versorgungsanwärter (nach 1933), das sind langgediente Soldaten, die nach bestimmten gesetzlichen Bestimmungen im zivilen Beamtendienst untergebracht werden (Bkm. vom 16. 7. 1930 i. d. F. vom 4. 11. 1932 — RGBl. 521 —).

---

[1]) Thoma, in: HdbchddStR. II, 198 sieht in der Beibehaltung des Berufsbeamtentums nach 1919 eine bedeutende und politisch sehr fühlbare Einschränkung des Parlaments und der parlamentarischen Regierungen; die Weimarer Republik sei demokratisiert an der Basis und an der Spitze, in der Kommunalverwaltung und der Verfassung, jedoch nur in beschränktem Maße in der Staatsverwaltung und im Verwaltungsstab. [2]) Schmitt, Verfassungslehre, 1928, 258.

[3]) In Berlin ist nach vorübergehender Aufhebung das Beamtentum wieder eingeführt durch Gesetz vom 24. 7. 1952 — GVBl. 603 —.

[4]) BVerfG. 3, 288 (nicht des Berufssoldatentums!).

[5]) Vgl. insb. Grewe, Referat zum 39. Deutschen Juristentag 1951; a. A. in der viel umstrittenen Repräsentationsfrage z. B. Köttgen, Heyland, Gerber, Fischbach.

[6]) Die Professoren der katholisch-theologischen Fakultäten sind Staatsbeamte, unterliegen aber bischöflicher Aufsicht — Schlußprotokoll zu Art. 12 des pr. Vertrages mit dem Hl. Stuhl vom 14. 6. 1929 — GS. 1511 —; vgl. auch pr. OVG. 82, 246.

Notare sind nicht Beamte, wohl aber Träger eines öffentlichen Amtes (§ 2 Reichsnotarordnung), wobei jedoch eine andere landesrechtliche Regelung möglich ist[1]). Rechtsanwälte sind nicht Beamte, sondern üben einen freien Beruf aus. Referendare sind nach den meisten Regelungen, so z. B. für Gerichtsreferendare die Justizausbildungsordnung vom 29. 3. 1935 — RGBl. S. 485 — Beamte[2]). Gerichtsreferendare, die auf Grund der Justizausbildungsordnung die große Staatsprüfung bestanden haben, scheiden aus dem Beamtenverhältnis aus. Sie werden erst wieder Beamte nach Ableistung des Justizprobedienstes und Ernennung zum Gerichtsassessor als Anwärter auf die Laufbahn des Richters oder Staatsanwalts. Ähnlich sind die Verhältnisse in den einzelnen Verwaltungszweigen (Studienassessor, Regierungsassessor, Forstassessor, Bergassessor usw.). Die im anwaltlichen Probedienst tätigen Assessoren oder im Anwärterdienst tätige Anwaltsassessoren sind keine Beamten. Die Notariatsassessoren stehen während des Probe- und Anwärterdienstes in einem öffentlich-rechtlichen Dienstverhältnis zum Staat[3]).

b) Beamte im Sinne der Haftungsbestimmungen

Der Beamtenbegriff des Art. 34 GG. und der Staatshaftungsgesetze[4]) ist weiter als der staatsrechtliche Beamtenbegriff. Unter ihn fallen auch im Dienste des Staates oder einer öffentlich-rechtlichen Körperschaft stehende Angestellte oder Arbeiter. Entscheidend ist, daß die betreffende Person nicht in einem bloßen Angestellten- oder Arbeitsverhältnis steht, wie es innerhalb eines jeden Privatbetriebes möglich ist, sondern daß sie einem öffentlich-rechtlichen Gewaltverhältnis unterworfen ist. So ist insbesondere Beamter im Sinne der Haftpflichtgesetzgebung jeder, der öffentliche Aufgaben erledigt, gleichgültig, ob er Beamter im staatsrechtlichen Sinne ist oder nicht[5]).

c) Beamte im Sinne des Strafrechts

Für die Beamteneigenschaft im Sinne des Strafrechts gilt ähnliches. Gemäß § 359 StGB. sind unter Beamten im Sinne des Strafrechts zu verstehen alle im unmittelbaren oder mittelbaren Dienst des Bundes, eines Landes oder einer unterstaatlichen juristischen Person des

---

[1]) Notare in Baden und Bezirksnotare in Württemberg, die eine feste Besoldung aus der Staatskasse erhalten, wurden stets als Beamte angesehen; — Durchf.-VO. zu § 171 DBG. und § 19 AusfVO. vom 26. 6. 1937 —. Auch für die Notare in Bayern galt DBG. und RDStO.

[2]) VO. DDR. vom 11. 12. 1950 — GBl. 1229 — über Referendarprüfungen — vgl. Weidhard, in JZ. 1951 300.

[3]) Zusammenstellung für die Gegenwart: DRZ. 1949, S. 176, 205. Übernahme eines Assessors (K) nach dem Kriege bedeutet die Fortsetzung des außerplanmäßigen Beamtenverhältnisses. (DVBl. 1950, 374, 378f.).

[4]) Vgl. oben S. 174ff.

[5]) Treuhänder, custodians u. dgl., die nach 1945 als Vermögensverwalter aus politischen Gründen verhinderter Personen eingesetzt waren (vgl. die Landestreuhändergesetze 1946—1948) sind Verwalter fremden Eigentums in eigenem Namen kraft Amtes — in: BGH. NJW. 1954, 1364, 1889. Ihre Beziehungen zu den sie ernennenden Stellen sind öffentlichrechtlicher, zu den Verwalteten privatrechtlicher Natur — BVerwG. C 2.55. —

öffentlichen Rechts auf Lebenszeit, auf Zeit oder nur vorläufig angestellte Personen ohne Unterschied, ob sie einen Eid geleistet haben oder nicht. Die Beamteneigenschaft im Sinne des Strafrechts wird demnach durch die Anstellung für ein öffentliches Amt erworben. Deshalb ist auch jeder Behördenangestellte, der Dienstverrichtungen öffentlich-rechtlicher Art vornimmt, Beamter im Sinne des Strafrechts. Auch Mitglieder der Gemeindevertretung[1]) oder auf Privatdienstvertrag angestellte Personen können Beamte in diesem Sinne sein[2]).

3. Gesetzliche Grundlagen

Bis 1913 regelten alle Personen des öffentlichen Rechts, die Dienstherrenfähigkeit[3]) besaßen, die Rechtsverhältnisse ihrer Beamten autonom (Dienstherrenrecht!). Das Reichsbeamtengesetz vom 31. 3. 1873/17. 5. 1907 galt für Reichsbeamte, die Landesbeamtengesetze für Länderbeamte, die kommunalen Beamtengesetze für Kommunalbeamte. Erst Art. 10 Nr. 3, 128 Abs. 3 WRV. gaben die Möglichkeit, generelles Beamtenreichsrecht zu schaffen (z. B. Gesetz zur Änderung von Vorschriften des allgemeinen Beamten-, des Besoldungs- und des Versorgungsrechts vom 30. 6. 1933 — RGBl. I, 433 —).

Alle einzelnen Bestimmungen wurden aufgehoben und ersetzt durch das Deutsche Beamtengesetz vom 26. 1. 1937 — RGBl. 39 — (DBG.), das einheitliche für alle deutschen Beamten geltende Vorschriften enthielt. Ausnahmsweise konnte für Personen des öffentlichen Rechts — auch Nichtgebietskörperschaften — partikuläres Beamtenrecht aufrechterhalten oder neu geschaffen werden (§§ 152, 155).

Beispiel:

Deutsche Reichsbank, deren Beamte mittelbare Reichsbeamte blieben, erhielt beamtenrechtliche Autonomie; § 7 Ges. vom 15. 6. 1939 — RGBl. 1015 —.

Art. 33 Abs. 5 GG. enthält als Auswirkung der institutionellen Garantie eine Anweisung an den Gesetzgeber in Bund und Ländern, die Rechtsverhältnisse der in Abs 4. genannten in einem öffentlichen Dienstverhältnis stehenden Amtsträger im Sinne der hergebrachten Grundsätze des Berufsbeamtentums zu regeln. Solche Grundsätze sind nicht ein für allemal feststehend, sondern variabel; darunter zu fassen sind z. B. öffentlich-rechtliches Dienstverhältnis, grundsätzlich Beamtenstellung auf Lebenszeit und Eintritt in vorher bestimmte Laufbahnen als Regelfall, Versorgung, Dienstentlassung nur nach formellem Verfahren. Für die im Dienst des Bundes stehenden Beamten sowie für die Beamten der bundesunmittelbaren Körperschaften, Anstalten und Stiftungen des öffentlichen Rechts gilt das Bundesbeamtengesetz (BBG.) vom

[1]) OLG. Braunschweig in: DVBl. 1951, 513.
[2]) BGH. in: NJW. 1952, 191.
[3]) Vgl. oben S. 239.

14. 7. 1953 — BGBl. I, 551 —, welches die Übergangslösung des das DBG. weitgehend in Kraft lassenden Gesetzes vom 17. 3. 1950 abgelöst hat. Zur einheitlichen Durchführung der beamtenrechtlichen Vorschriften besteht ein Bundespersonalausschuß, der seine Tätigkeit unabhängig und in eigener Verantwortung ausübt (§§ 95ff. BBG.).

Die Länder der amerikanischen Zone haben als erste neue Landesgesetze geschaffen (Bayern vom 18. 10. 1946 — GVBl. 349 —, Nordwürtt.-Bad. vom 9. 11. 1946 — RegBl. 249 —, Hessen vom 12. 11. 1946 — GVBl. 205 —) mit Ausnahme von Bremen, wo das eingeschränkte DBG. gilt. Für Rheinland-Pfalz gilt das G. i. d. F. vom 28. 4. 1951 — GVBl. 114 —, für Nordrhein-Westfalen das G. vom 15. 6. 1954 — GVBl. 237 — (alle abgekürzt: LBG.). Wo keine landesrechtliche Neuregelung vorgenommen wurde, gilt noch das DBG. mit den üblichen politischen Einschränkungen und mit landesrechtlichen Änderungen als Landrecht[1]). In Berlin gilt das Gesetz vom 24. 7. 1952 — GVBl. 603 —. Die Rechtsstellung der Kommunalbeamten ergibt sich i. a. aus den Ländergesetzen.

Von großer Bedeutung für alle Beamtenarten ist die Regelung der Rechtsstellung der unter Art. 131 GG. fallenden Personen[2]) und das Personalvertretungsgesetz vom 5. 8. 1955 — PVG. —[3]). Für Polizeibeamte gelten Sondergesetze.

4. Begründung des Beamtenverhältnisses

Die Vertragstheorie läßt die Anstellung durch Willensübereinstimmung der Behörde und des Anzustellenden zustande kommen[4]). Die Lehre vom zweiseitigen Verwaltungsakt betrachtet den öffentlichen Dienst als Hauptanwendungsfall solcher Akte[5]). Sie wird fast mit den gleichen Bedenken bekämpft wie die Vertragstheorie. Die Lehre vom einseitigen Verwaltungsakt auf Unterwerfung hält zwar die Bereitwilligkeit des Anzustellenden, sich anstellen zu lassen, für unentbehrlich, rückt aber die rechtliche Überlegenheit des Staates stark in den Vordergrund[6]). Sie wird von autoritären Staatsformen bevorzugt. Durch ungenaue gesetzliche Formulierungen immer wieder auftauchende Zweifel veranlassen die neueren Gesetze, selbst die für den Geltungsbereich maßgebliche Struktur des Beamtenverhältnisses anzugeben. Die Beantwortung der Frage ist politisch bedingt. Wer ein Aufgehen

---

[1]) BVerwG. 1, 58.
[2]) Vgl. unten S. 337 f.
[3]) Vgl. unten S. 342.
[4]) Laband, Staatsrecht I, 447: „Kein Akt der Gesetzgebung, sondern ein Rechtsgeschäft." RGZ. 95, 144.
[5]) Jellinek, Verwaltungsrecht, 241, 352; RGZ. 101, S. 296.
[6]) Otto Mayer, Verwaltungsrecht I, 189; RGZ. 110 192.

der Beamtenschaft in die Volksgemeinschaft erstrebt und ihre Absonderung von der übrigen Bevölkerung vermeiden will, wird das Angestelltenverhältnis durch einen Vertrag zustande kommen lassen.

Das Beamtenverhältnis ist durch bestimmte Formen beherrscht[1]). Eine Formvorschrift bei der Begründung ist die Aushändigung einer Ernennungsurkunde. Die Urkunde begründet das Rechtsverhältnis nicht (konstitutiv) — das dürften bei richtiger Auslegung auch § 27 DBG., § 6 Abs. 1 BBG. oder die Landesgesetze, z. B. § 7 n.-w. LBG., besagen; aber der Beweis seines Bestehens kann doch nur ausnahmsweise anders als durch die Urkunde geführt werden.

Beispiel:

In der ersten Zeit nach 1945 konnten Beamtenverhältnisse auch ohne Urkunde begründet werden — BVerfG. 3, 255.

Der Eid — bei Monarchien und autoritärer Staatsform: Treueid; in der Demokratie: Verfassungs- oder Amtseid — wirkt nie konstitutiv[2]).

5. Voraussetzung der Anstellung

a) Sachliche

Für jede Einstellung ist eine Stelle erforderlich, die in einem Haushaltsplan (Etat) entweder für die Dauer festgelegt ist (Planstelle) oder nur für eine bestimmte Zeit geschaffen wird (Geschäftsandrangsstelle). Den Gleichheitssatz nach Art. 3 GG. suchen Bestimmungen über Stellenausschreibung, die Auslesung der Bewerber, über die Laufbahnen sowie die Zulassung von anderen als Laufbahnbewerbern zu verwirklichen (z. B. §§ 8, 9, 15—21 BBG.).

b) Persönliche

Grundsätzlich können nur Staatsangehörige in ein Beamtenverhältnis berufen werden[3]). Sie müssen voll geschäftsfähig sein und müssen sich zu der Verfassungsform ihres Dienstherrn bekennen (§ 7 BBG.). Alle Unterschiede nach Herkunft, Geschlecht, Rasse oder Religion entfallen (Art. 33 Abs. 3 GG.), ebenso verschiedene Anstellungsmindestalter für Mann und Frau (z. B. § 9 BBG.: einheitlich 27 Jahre).

Die fachliche Qualifikation kann auch durch Tätigkeit außerhalb des Behördenapparates erworben werden („freie Bewerber") (z. B. §§ 7 Abs. 1

---

[1]) Sehr streng insb. BGHZ. 3, 2; vgl. dazu Tietgen in Schl.-holst. Anz. 1952, 121, der auch die Gefahren einer Übertreibung aufzeigt.

[2]) Redelsberger, in: ÖV. 1954, 397, 492.

[3]) Ausnahmsweise kann die Staatsangehörigkeit durch Berufung in ein Beamtenverhältnis erworben werden, wie z. B. Adolf Hitler die deutsche Staatsangehörigkeit im Jahre 1931 durch Ernennung zum Regierungsrat in Braunschweig erwarb.

Nr. 3, 21 BBG.)[1]). Grundsätzlich wird allerdings eine durch gesetzliche und Verwaltungsbestimmungen umschriebene Vorbildung („Laufbahnbewerber") verlangt. Die einzelnen Stufen der Vorbildung können durch bestimmte Prüfungen[2]) abgeschlossen werden. Praktische und theoretische Vorbildung ist verschieden je nach den Laufbahnen, für die sie bestimmt sind. (Reichsgrundsätze über Einstellung, Anstellung und Beförderung vom 14. 10. 1936 i. d. F. vom 24. 1. 1951 — BGBl. 88 —, VO. über Vorbildung und Laufbahnen vom 28. 1. 1939 i. d. F. vom 24. 1. 1951 — BGBl. 89 — mit Landesbestimmungen, z. B. Ausbildungsordnungen für Juristen — JAO. — z. B. Bln. vom 24. 1. 1953 — GVBl. 77 —.)

I. a. sind vier Laufbahnen[3]) vorhanden: (1) Höherer Dienst (Assessor, Rat, Direktor, Präsident), grundsätzlich beruhend auf akademischem Studium; (2) gehobener mittlerer Dienst (Supernumerar, Inspektor, Oberinspektor, Amtmann, Amtsrat; (3) einfacher mittlerer Dienst (Sekretär, Obersekretär); (4) einfacher Dienst (Amtsgehilfe, Wachtmeister).

Für das Aufrücken von einer niederen in eine höhere Stelle oder Laufbahn werden i. a. wissenschaftliche Prüfungen nicht verlangt. (Vgl. aber § 25 BBG!) Entscheidend soll die praktische Bewährung sein.

Hier schalten sich die nach deutscher Tradition auf freiwilliger Grundlage arbeitenden, der Fortbildung der Beamten und Angestellten dienenden Verwaltungsakademien ein, die nun in allen Ländern wieder vorhanden sind mit zentralem Zusammenschluß (Düsseldorf). Die Verwaltungsakademie in Speyer bezweckt die Ausbildung höherer Beamter[4]).

6. Anstellungsbehörde

Anstellungsbehörde ist die zur Anstellung des Beamten zuständige Dienststelle, welche immer eine solche des Dienstgebers sein muß.

Häufig haben noch andere Stellen mitzuwirken. Die Mitwirkung kann erfolgen durch Einweisung in das Amt, Bestätigung oder Ersatzbestellung. Dabei handelt es sich immer um zusätzliche Voraussetzungen für das Zustandekommen eines Beamtenverhältnisses. Sie allein begründen es nicht[5]).

---

[1]) Politisch sehr umstritten! Dient u. a. der Brechung des „Juristenmonopols",

[2]) Die Prüfungen sind keine Verwaltungsakte, es sei denn, daß sachfremde Erwägungen maßgeblich waren, wie Bevorzugung oder Benachteiligung aus rassischen oder religiösen Gründen. Wohl aber sind die Entscheidungen über die Zulassung zur Prüfung Verwaltungsakte — bayer. VGH. in: DVBl. 1952 342 mit Anm. von Werner; OVG. Lbg. in: DVBl. 1951, 147; OVG. Mstr. in: MDR. 1953, 253. — A. A. rhld.-pf. LVG. in: NJW. 1953, 317 mit Anm. von Bachof. Für die Prüfungen und das Prüfungsverfahren sind Landesgesetze maßgebend.

[3]) Zusammenstellung der Landesbestimmungen in: JZ. 1951, 14.

[4]) Traumann, in: DVBl. 1954, 378; für Berlin Sonderregelung (Möglichkeit des Verwaltungsassessors); vgl. Bergemann, ebd. 528.

[5]) Pr. OVG. 90, 429.

Von besonderer Bedeutung ist die Mitwirkung in dem Verhältnis von Staat zu kommunalen Körperschaften. Hier ist insbesondere für leitende Kommunalbeamte, die meist gewählt werden müssen, in Landesgesetzen eine staatliche Bestätigung vorgesehen (z. B. nds. Ges. vom 28. 5. 1947 — GVBl. 62 —; schl.-holst. RdErl. vom 8. 5. 1947 — Abl. 271 —). Zu unterscheiden sind drei Vorgänge, nämlich die Wahl, wodurch dem Kandidaten noch keine Rechte erwachsen, die staatliche Bestätigung, welche, sofern sie das in Betracht kommende Recht als Akt der gebundenen Verwaltung auffaßt, nicht widerrufbar ist und wodurch dem Kandidaten ein subjektives Recht auf Berufung in das Beamtenverhältnis entsteht, und die Anstellung[1]). Die Bestätigung eines leitenden Kommunalbeamten ist i. a. an keine Form und nicht an den Gebrauch bestimmter Worte gebunden[2]). Wo keine staatliche Bestätigung vorgesehen ist, erwächst — so wird man annehmen müssen — dem gewählten Kandidaten durch die Wahl selbst ein Recht auf Anstellung. — Zu beachten ist sodann die gesetzlich im einzelnen festgelegte Mitwirkung der Arbeitnehmervertretungen, insbesondere der Betriebsräte, eingehend geregelt im PersVertrG.

Ist die Mitwirkung eine echte Voraussetzung für das Zustandekommen des Beamtenverhältnisses, so wird es bei ihrem Fehlen nichtig. Ist die mitwirkende Stelle nur zu „hören", so macht das Fehlen die Anstellung anfechtbar[3]).

7. Dauer des Anstellungsverhältnisses

a) Beamte auf Lebenszeit

Wo die Institution des Berufsbeamtentums besteht, gehört die grundsätzlich lebenslängliche Dauer des Beamtenverhältnisses zu den hergebrachten Grundsätzen im Sinne von Art. 33 Abs. 5 GG. (§ 5 Abs. 1 Ziff. 1 BBG.).

b) Beamte auf Probe

Beamter auf Probe ist, wer eine bestimmte Zeit hindurch Dienst tut und während dieser Zeit daraufhin geprüft wird, ob er zum Beamten auf Lebenszeit befähigt ist (z. B. § 5 Abs. 1 Ziff. 2 BBG.).

c) Beamte auf Widerruf

Hierbei handelt es sich um Beamte, deren Beamtenverhältnis von der Behörde auf Widerruf hin beendet werden kann. Der Widerruf kann fristlos ausgesprochen werden (z. B. § 61 DBG.)[4]); er kann aber auch an eine Frist gebunden sein (§ 32 Abs. 1 BBG.). Außer bei mangelnder Bewährung kann das Beamtenverhältnis aus außerhalb der Persönlichkeit des Beamten liegenden Gründen widerrufen werden. Dabei sind jedoch die Grenzen des Ermessensmißbrauchs einzuhalten[5]).

[1]) Vgl. pr. OVG. 86, 110; LVG. Hannover in: DV. 1950, 91 m. Anm. von Baedorf.
[2]) OVG. Lbg. in: DVBl. 1951, 414.
[3]) Vgl. oben S. 124.
[4]) Ule, in: DVBl. 1951, 339.
[5]) So z. B. OVG. Lbg. 2, 197 in ständiger Rechtsprechung.

Bei Beamten auf Widerruf, die sich in einer Planstelle befinden, kann nach Ablauf einer Bewährungsfrist, die nach Vollendung des 27. Lebensjahres sechs Jahre nicht übersteigen darf, das Beamtenverhältnis in ein solches auf Lebenszeit umgewandelt werden (§ 30 Abs. 2 DBG.). Solche Personen haben, wenn sie die genannten Voraussetzungen erfüllen, bei entsprechenden gesetzlichen Grundlagen ein subjektives Recht auf Anstellung auf Lebenszeit.

d) Beamte auf Zeit

Sie treten für eine bestimmte Zeit in das Beamtenverhältnis. Während des Zeitablaufs haben sie i. a. die Rechtstellung von Beamten auf Lebenszeit. Nach Zeitablauf endet das Beamtenverhältnis automatisch.

Von dieser Möglichkeit macht vor allem die kommunale Selbstverwaltung für die leitenden Gemeindebeamten Gebrauch, die entsprechend den in den Gemeindeordnungen usw. enthaltenen Bestimmungen auf sechs oder zwölf Jahre bestellt werden. Meist gelangen sie durch Wahl in ihre Ämter. Begriffsnotwendig ist dieser Zusammenhang nicht.

e) Urkunde

In der Ernennungsurkunde[1]), muß grundsätzlich[2]) angegeben sein, ob die „Berufung in das Beamtenverhältnis" „auf Lebenszeit", „auf Probe", „auf Widerruf", „als Ehrenbeamter" oder auf eine bestimmte Zeitdauer vorgenommen wird (§§ 6, 10 BBG.).

Auf dem Gebiet des Besoldungsrechts liegt der Unterschied zwischen planmäßigen, meist Beamten auf Lebenszeit, und außerplanmäßigen Beamten, meist Widerrufsbeamten.

8. Arten

Den besten Überblick verschafft eine Einteilung nach der Verschiedenheit des Dienstgebers und des Dienstverpflichteten.

a) Dienstgeber

Dienstgeber (oder Dienstherr) ist eine juristische Person des öffentlichen Rechts, der durch Gesetz oder Verwaltungsakt Dienstherrenfähigkeit verliehen ist.

Beispiel:

Staat, Gebietskörperschaften, Bank deutscher Länder nach USMR. Ges. Nr. 60, brit. MRVO. Nr. 129; § 3 n.-w. LBG.

Dienstbehörde ist die für den Beamten zuständige Behörde des Dienstherrn; oberste Dienstbehörde ist die oberste Behörde des Dienstherrn, in deren Dienstbereich der Beamte ein Amt bekleidet (§ 3 Abs. 1 BBG.).

---

[1]) Vgl. oben S. 329.

[2]) Ausnahme, wenn der Wille der Beteiligten auch ohne die Worte klar ersichtlich — BGH. in: NJW. 1955, 670.

Dienstvorgesetzter ist, wer für beamtenrechtliche Entscheidungen über die persönlichen Angelegenheiten der ihm nachgeordneten Beamten zuständig ist. Das kann eine Einzelperson als Behördenleiter oder ein Kollegium sein (§ 3 Abs. 2 BBG.).

Vorgesetzter ist, wer einem Beamten für seine dienstliche Tätigkeit Anordnungen erteilen kann (§ 3 Abs. 2 BBG.).

In Deutschland sind seit der Begründung des Reiches als Dienstherren vorhanden das Reich, seit 1948 der Bund, die Länder und unterstaatliche juristische Personen des öffentlichen Rechts. So unterscheidet man Reichsbeamte, Bundesbeamte, Landesbeamte und sonstige Beamte, von denen Kommunalbeamte die größte Gruppe ausmachen. Die Unterscheidungsmerkmale haben sich im Laufe der Zeit gewandelt. Das Reichsbeamtengesetz von 1907 faßte den Begriff des Reichsbeamten dahin, daß der von Landes wegen eingestellte Beamte dann Reichsbeamter wurde, wenn er den Anordnungen des Reichspräsidenten, früher des Kaisers, Folge zu leisten verpflichtet war. Das Gesetz bestimmte aber nicht, daß diese Beamten damit aufhörten, Landesbeamte zu sein. So nahm die herrschende Meinung an, daß derartige Beamte außer ihrer Reichsbeamteneigenschaft auch noch diejenige eines Landesbeamten besäßen. Das führte zu dem Begriff des mittelbaren Reichsbeamten. Hatte nämlich der Beamte außer dem Reich noch einen anderen Dienstherrn, insbesondere ein Land, so war er mittelbarer Reichsbeamter.

Nur derjenige war unmittelbarer Reichsbeamter, für den als einziger Dienstherr das Reich vorhanden war. Die Zahl der unmittelbaren Reichsbeamten wuchs allmählich entsprechend der Vergrößerung der unmittelbaren Reichsbehörden. Die Entwicklung fand ihren Abschluß durch das Ges. über die Vereinheitlichung im Behördenaufbau vom 5. 7. 1939 — RGBl. S. 1179. Nach diesen Grundlagen gab es zur Zeit des Zusammenbruchs folgende Beamtenarten:

a) unmittelbare Reichsbeamte, die diese Stellung bereits vor 1939 hatten, weil sie Behörden angehörten, die entweder seit jeher vom Reich verwaltet waren, wie z. B. das Auswärtige Amt, oder im Laufe der Zeit vom Reich übernommen waren, wie z. B. die Reichsfinanzverwaltung seit 1919 oder die Reichsjustizverwaltung seit 1935;
b) unmittelbare Reichsbeamte, die in Landesbehörden beschäftigt wurden und die durch das Gesetz vom 5. 7. 1939 in diese Rechtsstellung eingerückt waren;
c) mittelbare Reichsbeamte, die gleichzeitig unmittelbare Provinzialbeamte waren, was es in einigen Gebieten, insbesondere in Preußen, gab;
d) mittelbare Reichsbeamte, die gleichzeitig unmittelbare Körperschaftsbeamte waren, wozu unter anderem alle Kommunalbeamten gehörten.

Seit dem Zusammenbruch sind die Länder alleinige Dienstgeber ihrer Beamten. Die Befugnisse über Beamte sonstiger Personen des öffentlichen Rechts stehen grundsätzlich ihren verfassungsmäßig berufenen Organen zu; Ausnahmen sind jedoch möglich (Argument aus § 151 DBG.). Der Bund ist nur zuständig für die unmittelbaren Bundesbeamten. Es ist daher nicht mehr angängig, einen Beamten von einem zum anderen Dienstherrn zu „versetzen".

b) Dienstverpflichtete

Nach der Person des Dienstverpflichteten sind zu unterscheiden berufsmäßige und nichtberufsmäßige Beamte. Die letzteren zerfallen in Personen, die ständig Beamtendienst tun, die Ehrenbeamten, und solche, die nur einzelne ehrenamtliche Tätigkeiten von Fall zu Fall ausüben.

Beispiel:
Nicht hauptamtlich tätige Stadtdirektoren nach § 49 n.-w. GO.; ehrenamtliche Mitglieder von Beschlußausschüssen oder Wohnungsausschüssen.

Die Rechtsstellung der Berufsbeamten ist der eigentliche Gegenstand des Berufsbeamtenrechts.

Die Rechtsstellung der Ehrenbeamten ähnelt in vielen Punkten derjenigen der Berufsbeamten. Sie sind stets, insbesondere auch während ihrer dienstfreien Zeit, Beamte mit all den Pflichten, die sich aus dem Beamtenverhältnis ergeben. Ihnen können bestimmte Pflichten auferlegt werden, z. B. das Verbot für kommunale Ehrenbeamte, Ansprüche Dritter gegen die Gemeinde geltend zu machen[1]). Von den hauptberuflichen Beamten unterscheiden sie sich vor allem durch das Fehlen einer festen Besoldung und durch die Bindung an ein bestimmtes Amt. Wenn das Amt verschwindet, verliert der Ehrenbeamte seine Beamteneigenschaft. Einen Ehrenbeamten zur Disposition oder außer Dienst gibt es nicht (z.B. §§ 107ff. GVG.). Ehrenbeamte werden meist auf Zeit bestellt.

Ob Mitglieder parlamentarischer Körperschaften Amtsträger und damit Ehrenbeamte sind, richtet sich nach der rechtlichen Natur der Körperschaft. Mandate der Bundes- und Landtagsabgeordneten sind keine öffentlichen Ämter (z. B. im Sinne von § 31 StGB.). Dagegen sind die Gemeindevertretungen nach den meisten Regelungen oberste kollegiale Verwaltungsbehörden und damit ihre Mitglieder Träger eines öffentlichen Amtes[2]). — Bei der Ausübung einzelner ehrenamtlicher Tätigkeiten fällt das Dienstverhältnis mit der zeitlich begrenzten Diensttätigkeit zusammen.

9. Bestand des Beamtenverhältnisses

Unter unveränderten äußeren Verhältnissen können nur sich aus dem Beamtenverhältnis selbst ergebende Gründe seinen Bestand beeinflussen. Sie liegen in den Anstellungsbedingungen, die eine solche Änderung vorsehen, im allgemeinen Behördenaufbau, der gewissen entwicklungsmäßigen Veränderungen unterworfen ist[3]), oder in der Person des Beamten, dessen Verhalten eine Änderung oder Auflösung des Verhältnisses zur Folge hat. Durch den Zusammenbruch sind jedoch sämtliche Beamtenverhältnisse, die am 8. 5. 1945 bestanden, durch von außen kommende Umstände berührt.

a) Änderungen im Staatsaufbau

Änderungen im Staatsaufbau und Änderungen der Staatsgewalt oder der Ausübung der Staatsgewalt haben grundsätzlich für sich allein keine Beendigung der vorher begründeten Beamtenverhältnisse zur Folge. Eine normative

---

[1]) BVerwG. I B 40, 1955.

[2]) So schon nach früherem preußischem Recht; vgl. pr. OVG. 50, 12; für rev. DGO. 1946: OVG. Mstr. in: DVBl. 1951, 412; Elleringmann, Die Deutsche Gemeindeordnung britischer Fassung, Bochumer Beiträge, Heft 1, 24. Vgl. auch oben S. 239.

[3]) Vgl. oben S. 238ff.

Kraft des Faktischen insoweit wurde z. B. weder 1919 noch 1933 anerkannt. Doch setzt das voraus, daß es sich um echte Beamtenverhältnisse im traditionell rechtsstaatlichen Sinn handelt, was für das nationalsozialistische Staatswesen nicht angenommen werden kann. Infolgedessen sind alle vor dem 8. 5. 1945 bestehenden Beamtenverhältnisse mit diesem Datum erloschen[1]).

b) Änderungsmaßnahmen

Auch können Beamtenverhältnisse bei Staatsumwälzungen durch positive Maßnahmen der Kräfte aufgelöst werden, die nach dem Ende der bis dahin bestehenden tatsächlichen und rechtlichen Lage zur Macht kommen (z. B. Ges. zur Wiederherstellung des Berufsbeamtentums vom 7. 4. 1933, das u. a. die Entfernung aller aus politischen Gründen nicht genehmen Beamten zum Ziele hatte).

Bevor durch die Rechtsprechung des BVerfG. die Lage geklärt war, galt — teils als Übergangslösung — folgendes: In der Ostzone hat die Abschaffung des Berufsbeamtentums den Bestand sämtlicher Beamtenverhältnisse beendet. In der amerikanischen Zone hat die Militärregierung im Jahre 1945 sämtliche zu dieser Zeit bestehenden Beamtenverhältnisse aufgelöst. Jedes einzelne Beamtenverhältnis mußte neu begründet werden. In der französischen Zone hat die Militärregierung ebenfalls im Jahre 1945 die damals bestehenden Beamtenverhältnisse aufgelöst. In der britischen Zone wurde keine allgemeine Auflösung, sondern nur die Entlassung einzelner Beamter oder einzelner Beamtengruppen vorgenommen. Wichtig ist die Gebietsnachfolgeschaft. Hierunter zu verstehen ist das Verhältnis eines Dienstherrn zu den Personen, die bis 1945 auf seinem nunmehrigen Gebiet als Beamte tätig waren (vgl. § 22 Abs. 1 südd. Beamtengesetze von 1946; rhld.-pf. Ges. vom 23. 5. 1949 i. d. F. vom 15. 3. 1950 — GVBl. 165 —).

Ehemalige Reichsbeamte werden, wie jeder andere, nur durch Begründung eines neuen Beamtenverhältnisses Bundesbeamte.

c) Entnazisierungsverfahren

Außer von den bisher genannten Voraussetzungen ist der Fortbestand eines jeden vor dem 8. 5. 1945 bestandenen Beamtenverhältnisses abhängig von dem Ergebnis des Entnazisierungsverfahrens. Soweit das Beamtenverhältnis nicht aus anderen Gründen erloschen ist, vernichtet der Spruch der Entnazisierungsstelle das Verhältnis oder läßt es fortbestehen, beides mit rechtsgestaltender Wirkung. Das ist die Regelung in der britischen Zone. Soweit das Beamtenverhältnis aus anderen Gründen bereits erloschen ist, schafft der Spruch der Entnazisierungsstellen die unabdingbare Voraussetzung für seine neue Begründung. Das sind die Vorschriften in der amerikanischen und französischen Zone.

---

[1]) BVerfG. 3, 58; für Berufssoldaten, ebd. 288. — Jedoch BVerwG. in: NJW. 1955, 1492: Fortbestand der Beamtenverhältnisse nach § 161 rhld.-pf. LBG. verstößt nicht gegen Bundesrecht.

Nach der endgültigen Regelung bewirken die Eingruppierung in Gruppe I oder II (Hauptschuldige und Hauptbelastete), Gefängnisstrafen von einem Jahr und mehr und die Unfähigkeit zur Bekleidung öffentlicher Ämter (Art. VIII Ziff. IIa und c, Art. IX Ziff. I und II Kontr.R.Dir. Nr. 38) automatisch das Ausscheiden aus dem Beamtenverhältnis gemäß § 53 DBG. Bei Eingruppierung als Minderbelasteter oder Mitläufer (Gruppe III oder IV) kann die Entnazisierungsstelle auf Erlöschen des Beamtenverhältnisses erkennen[1]). Es kann aber auch auf die Versetzung in den Ruhestand mit vollem oder herabgesetztem Ruhegehalt oder in ein Amt mit geringerem Rang oder in eine andere Dienststellung unter Kürzung der Bezüge, Rückgängigmachung einer Beförderung, Überführung aus einem Beamtenverhältnis in ein Angestelltenverhältnis erkannt werden (Art. X Ziff. 5b, Art. IX Ziff. 4, 5b Kontr.R. Dir. Nr. 38). Die Eingruppierung in Gruppe III schließt das Verbot einer neuen Verwendung als Beamter ein. Bei der Eingruppierung in Gruppe IV steht es im Ermessen der Entnazisierungsstelle, das Verbot auszusprechen oder nicht. Alle genannten Beschränkungen sind von der gleichen Art, die bereits § 67 Abs. 1 DBG. kennt[2]).

d) Sparmaßnahmen

Die meisten Länder haben, gestützt auf § 27 Abs. 2 Umstellungsgesetz vom 20. 6. 1948 — WiGBl. 77 —, als Sparmaßnahme Bestimmungen erlassen, wonach der Bestand aller Beamtenverhältnisse unabhängig von dem Ergebnis des Entnazisierungsverfahrens beeinträchtigt wird.

Die 3. n.-w. VO. vom 19. 3. 1949 — GVBl. 29 — mit ÄndGes. dazu vom 23. 8. 1949 — GVBl. 261 — ist rechtsgültig[3]); ebenso 2. nds. VO. vom 15. 3. 1949 — GVBl. 57 —[4]) und die entsprechende schl.-holst. VO. vom. 28. 3. 1949 — GVBl. 55 —[5]). Dagegen z. T. nicht gültig ist die Hamburger Regelung[6]).

Die Bestimmungen sind auch nach Inkrafttreten des Gesetzes vom 11. 5. 1951[7]) noch gültig, insofern sie gegenüber diesem Gesetz eine günstigere Regelung enthalten (§ 63 Abs. 3). Rückwirkende Herabsetzung der Bezüge ist wegen Verstoßes gegen Art. 129 Abs. 1 Satz 3 WRV. nicht möglich[8]).

---

[1]) Über das Verhältnis von Entnazisierung und Kategorisierung vgl. BGH. in: DVBl. 1954, 160.

[2]) Daß nur solche Sonderregelungen eine Rechtsgrundlage darstellen und daß die Eigenschaft als ehemaliger Reichsbeamter schlechthin nicht ein Land zur Übernahme in das Beamtenverhältnis verpflichtet, ist nie verkannt worden — vgl. hess. VGH. ArchöffR. 1948, 351, und rhein.-pfälz. Verwaltungsblatt 1948, 236.

[3]) OVG. Mstr. in: VerwRspr. 1950 Nr. 121; BGH. in: JZ. 1951, 464. (Beispiel zum Begriff der Beförderungsstelle: OVG. Mstr. 4, 107.)

[4]) OVG. Lbg. in: DVBl. 1951, 632.

[5]) LVG. Schleswig in: Schl.-holst. Anz. 1950, 180.

[6]) OVG. Hbg. in: MDR. 1951, 57. DVBl. 1951, 573.

[7]) Vgl. unten zu e.

[8]) BGH. in: DVBl. 1953, 113.

e) Feststellung des Dienstgebers

Die Rechtsstellung der öffentlichen Bediensteten, die am 8. 5. 1945 im öffentlichen Dienst standen und durch den Zusammenbruch berührt wurden, ergibt sich aus dem alle älteren Regelungen überholenden Ges. zur Regelung der Rechtsverhältnisse der unter Art. 131 GG. fallenden Personen vom 11. 5. 1951 — BGBl. 1953 1287 —. Das Gesetz beendete das bis zu seinem Erlaß nach Art. 131 GG. bestehende, mit dem GG. vereinbare Justitium[1]).

Durch das Gesetz werden erfaßt die Heimatvertriebenen und sonstigen verdrängten Angehörigen des öffentlichen Dienstes (Kapt. I), die einheimischen Angehörigen des öffentlichen Dienstes, die aus anderen als beamten- oder tarifrechtlichen Gründen ihr Amt verloren haben (Kapt. II) und diejenigen Personen, die zwar in ihrem Amt oder an ihrem Arbeitsplatz verblieben, aus ihrem bisherigen Rechtsverhältnis als Beamte, Angestellte oder Arbeiter des Reichs, eines Landes oder eines unterstaatlichen Subjektes des öffentlichen Rechts, infolge der Neuordnung der staatsrechtlichen Verhältnisse aber ausgeschieden waren. Ausgenommen sind Personen, die aus politischen Gründen nicht berücksichtigt werden können (§ 3). Als Stichtag für das Bestehen eines öffentlichen Dienstverhältnisses gilt für alle Personengruppen der 8. 5. 1945, wobei auch diejenigen Personen zu berücksichtigen sind, die auf Veranlassung der Militärregierung schon vorher ihre Tätigkeit aufgeben mußten. Ein weiterer Stichtag ist der 1. 4. 1951. Nur wer an diesem Tage seinen Wohnsitz oder dauernden Aufenthalt im Bundesgebiet befugt genommen hatte, kann berücksichtigt werden, wobei für Spätheimkehrer eine sie gleichstellende Sonderregelung stattfindet (§ 4).

Für die beiden ersten Gruppen gilt: Die zu den genannten zu berücksichtigenden Personenkreisen gehörenden Beamten auf Zeit oder Lebenszeit, die noch dienstfähig und noch nicht 65 Jahre alt sind, gelten als Beamte zur Wiederverwendung („z. Wv."). Ihr Rechtsstand ist dem eines Wartestandsbeamten vergleichbar. Ein subjektiv-öffentliches Recht auf Einstellung oder gar auf eine bestimmte Stelle haben sie nicht[2]). Dienstunfähige und über 65 Jahre alte Beamte gelten als am 8. 5. 1945 in den Ruhestand versetzt, sofern sie eine zehnjährige Wartezeit für die Versorgungsberechtigung zurückgelegt haben[3]). Die noch dienstfähigen Beamten, die noch keine zehnjährige Dienstzeit abgeleistet haben oder durch eigenes Verschulden dienstunfähig geworden sind, gelten als mit Ablauf des 8. 5. 1945 entlassen (§§ 5, 30). Beamte auf Widerruf gelten ebenfalls als zum gleichen Zeitpunkt entlassen, sofern sie an jenem Tage nicht pensionsberechtigt waren (§ 6). — Die Formulierung des § 8 gibt auch den in Gruppe (Kategorie) IV eingereihten Beamten, welche nach den Landesentnazisierungsgesetzen keine Ansprüche auf Weiterbeschäftigung oder Wiedereinstellung haben, sofern ihnen in dem Entnazisierungsverfahren solche Ansprüche nicht ausdrücklich aberkannt sind, die Rechtsstellung der Beamten z. Wv. Personen, die, wenn auch nur vorübergehend, NSDAP.-Funktionen ausgeübt haben, sind nicht lediglich nominelle Mitglieder[4]). — Die Beamten zur Wiederverwendung und die mit einer ordnungsgemäßen Vorbildung versehenen Beamten auf Widerruf müssen — und das ist ein wesentlicher Punkt des Gesetzes — durch Bund, Länder, Gemeinden mit mehr als 3000 Einwohnern, Gemeindeverbände

---

[1]) BGH. in: MDR. 1951, 353; BVerfG. 3, 58, 213. — Bedenken: BGH. ÖV. 1954, 500.

[2]) BVerfG. 3, 187.

[3]) BVerfG. 3, 288; Versorgungsansprüche aus der Zeit vor dem Zusammenbruch bestehen fort.

[4]) BVerwG. NJW. 1955, 1369.

und sonstige Körperschaften, Anstalten und Stiftungen des öffentlichen Rechts untergebracht werden (§ 11). Bis dahin erhalten sie ein Übergangsgehalt (§ 37). Das Gesetz regelt nicht abschließend, bei welcher Behörde der einzelne unterzubringen ist, also wer jeweils als Dienstherr in Betracht kommt. Doch ist für Beamte, Angestellte und Arbeiter, die am 8. 5. 1945 in einem Dienst- oder Arbeitsverhältnis bei einer Reichs- oder Landesdienststelle im Bundesgebiet gestanden haben, Dienstherr diejenige Körperschaft, die bei der Neuordnung der staatsrechtlichen Verhältnisse die Aufgaben der Dienststelle ganz oder überwiegend übernommen hat. Diese Dienstherren sind auch zur Zahlung der Versorgungsbezüge für den gleichen Personenkreis verpflichtet (§ 82). I. ü. liegt diese Verpflichtung beim Bund (§ 57), für Angehörige von Bahn und Post bei diesen (§ 58). Zur Unterbringung und Versorgung von Angehörigen von Nichtgebietskörperschaften sind die entsprechenden Einrichtungen im Bundesgebiet verpflichtet (§ 61). Insoweit hat sich der schon vor diesem Gesetz verschiedentlich angewandte Gedanke der Gebiets- oder Sachnachfolgeschaft durchgesetzt. — Die Unterbringung der Betroffenen und das Aufbringen der Mittel soll dadurch erreicht werden, daß jeder der genannten Dienstherren mindestens 20% seines Besoldungsaufwandes für sie aufwenden (§ 12) oder, falls er das nicht tut, einen Ausgleichbetrag in Höhe von 25% des Unterschiedes zahlen soll (§ 14)[1]). Mit bestimmten Ausnahmen sind bis zur Erreichung dieser Prozentsätze alle freiwerdenden Stellen mit Beamten z. Wv. zu besetzen, was z. T. durch Stellensperren (§ 14), z. T. durch Stellenvorbehalte erreicht wird (§ 15). Für die Unterbringung ist eine Bundesausgleichsstelle beim Innenminister errichtet (§ 25), die ihre Unterlagen von den Rechnungsprüfungsbehörden erhält (§ 26)[2]).

Für die dritte Gruppe werden die am 8. 5. 1945 bestehenden Dienst- oder Arbeitsverhältnisse kraft Gesetzes (§ 82) mit dem neuen Dienstherrn — soweit vorhanden — fortgesetzt[3]).

10. Pflichten der Beamten

a) Allgemeines

Die Hauptpflicht ist die Hingabe der Persönlichkeit des Beamten an seinen Dienstherrn. Hierdurch ist er zu größeren Leistungen verpflichtet, als sie nach einem privatrechtlichen Arbeits- oder Dienstverhältnis erwartet werden (§§ 2 Abs. 1, 54 BBG., § 65 n.-w. LBG. usw.).

Die Hingabepflicht findet ihre Grenze an dem Recht und der Pflicht, die Mitwirkung zum Begehen von Unrechtmäßigkeiten zu verweigern (§ 56 BBG., § 67 n.-w. LBG.). Jede Staatsform verlangt von dem Beamten ihre grundsätzliche Bejahung. Es ist also pflichtwidrig, wenn ein Beamter den Staat, dem er dient, bekämpft; ja er muß darüber hinaus durch seinen persönlichen Einsatz jederzeit für die freiheitliche demokratische Grundordnung im Sinne des GG. eintreten. — Die enge Verbindung zwischen Dienstherrn und Beamten hat auch eine laufende Vermögenskontrolle zur Folge (§ 112 KO., § 910 ZPO.).

Der Beamte ist Diener des ganzen Volkes, nicht einer Partei. Er hat seine Aufgaben unparteiisch und gerecht zu erfüllen und dabei das Wohl der Allgemeinheit zu bedenken (§ 52 Abs. 1 BBG.).

---

[1]) Ist gültig nach BVerfG. 1, 178.

[2]) Zu dem umfangreichen Schrifttum vgl. Schrifttumsverzeichnis.

[3]) BVerwG. in: NJW. 1956, 662.

Damit wird vom Beamten grundsätzlich innerpolitische Neutralität bei seiner Amtsführung — nicht in seiner Gesinnung — verlangt. Eine solche Forderung wird nicht gestellt an die politischen Beamten. Das sind Beamte, welche die Politik der Regierung besonders nachdrücklich und umsichtig zu fördern haben und die deswegen in ihr Amt gekommen sind. Derartige Beamte gab es in der konstitutionellen Monarchie und in der Weimarer Republik (§ 25 RBG. 1907, Art. III Ges. vom 21. 7. 1922 — RGBl. I, 299 —) nach Reichs- und Landesrecht. In Preußen z. B. waren viele Behördenleiter bis zum Landrat hinunter politische Beamte. Von den gesetzlichen Regelungen nach 1945 führte erst § 36 BBG. wieder eine beschränkte Zahl politischer Beamter ein; dem folgen die Länder nach und nach (z. B. § 33 n.-w. LBG.)[1]). Sie können jederzeit in den Wartestand oder in den vorläufigen Ruhestand versetzt werden[2]).

b) Einzelne Verpflichtungen

Hinsichtlich der Form der Amtsausübung ist zu unterscheiden zwischen tatsächlicher Dienstleistung, die auch Bereitschaftsdienst sein kann, und der Pflicht zur Dienstbereitschaft. Der Beamte muß auch außerhalb der regelmäßigen Dienstzeit erreichbar sein, wenn die dienstlichen Verhältnisse das fordern (Residenzpflicht, dienstlicher Wohnsitz, §§ 18, 19 DBG., § 86 n.-w. LBG.). Ihm können bestimmte Dienststunden vorgeschrieben werden.

Er ist verpflichtet, für seine fachliche und allgemeine Fortbildung Sorge zu tragen. Diesem Zweck dienen u. a. die Verwaltungsakademien[3]). Der Beamte, der mit seinen Leistungen hinter dem von ihm zu fordernden Maß zurückbleibt, hat Nachteile zu gewärtigen (Trottelparagraph!).

Der Inhalt der Amtsausübung ist im Rechtsstaat bestimmt durch Bindung an das Gesetz (so schon § 13 RBG. 1907). Von Bedeutung ist die Amtsverschwiegenheit, die ihre Grenze an der Strafbarkeit der Maßnahmen anderer Beamter, auch Vorgesetzter hat (§ 61 BBG., § 72 n.-w. LBG. usw.). Zeugen- und Sachverständigenaussagen bedürfen der Genehmigung (§ 73 n.-w. LBG. usw.).

Jeder Beamte ist verpflichtet, auf Anordnung einer gesetzlich bestimmten Stelle jede Nebentätigkeit im öffentlichen Dienst mit oder ohne Vergütung zu übernehmen, sofern die auszuübende Tätigkeit seiner Berufsbildung und Vorbildung entspricht. Eine von ihm gewünschte Nebentätigkeit darf er grundsätzlich nur nach vorheriger Genehmigung ausüben (§ 65 BBG., § 10 DBG. mit VO. über die Nebentätigkeit der Beamten vom 17. 7. 1937 i. d. F. der Bekanntmachung vom 24. 1. 1951 — BGBl. I, 94 —, VO. über die Nebentätigkeit beamteter Ärzte, Zahnärzte und Tierärzte vom 3. 5. 1938 i. d. F. vom 24. 1. 1951 — BGBl. I, 97 —). Nicht genehmigungspflichtig ist die Verwaltung eigenen oder der Nutznießung des Beamten unterliegenden Vermögens, eine

[1]) Zusammenstellung bei Geffers, DVBl. 1955, 658, wo allerdings der juristische Begriff durch das Hineinziehen politischer Beurteilungen unklar wird.

[2]) Vgl. unten S. 345.

[3]) Vgl. oben S. 330.

schriftstellerische, wissenschaftliche, künstlerische oder Vortragstätigkeit usw. sowie die Tätigkeit zur Wahrung von Berufsinteressen, z. B. in Beamtenverbänden oder Gewerkschaften (§ 66 BBG.).

Ein allgemeines Recht auf Amtsausübung wird nicht anerkannt werden können, da der Beamte das Amt nicht im eigenen Interesse, sondern für die Allgemeinheit ausübt (Suspension vom Amt, vorläufige Untersagung der Amtsausübung). Ein Amtsverlust durch Untergang des Amtes infolge organisatorischer Änderungen läßt die Rechte und Pflichten des Beamten unberührt.

Politische Betätigung in der Öffentlichkeit ist für Beamte mit Mäßigung und Zurückhaltung erlaubt (§ 53 BBG., § 64 n.-w. LBG.)[1]). Nicht verboten insb. ist Beitritt und Zugehörigkeit zu einer politischen Partei[2]). Auskünfte an die Presse dürfen i. d. R. nur Behördenvorstände erteilen (§ 76 n.-w. LBG. usw.).

Die Frage, ob ein Beamter Mitglied eines Parlaments sein kann, Inkompatibilität, ist umstritten[3]). Für den Bundestag gilt die Regelung, daß die in ihn gewählten Beamten mit dem Tage der Annahme der Wahl in den Ruhestand treten und nach dem Ende des Mandats auf Antrag wieder in das frühere Dienstverhältnis übernommen werden. Die Abgeordnetenzeit wird auf das Besoldungsdienstalter angerechnet. Behördenangestellte werden insoweit wie Beamte behandelt. Hochschullehrer und Ehrenbeamte indessen können ihr Amt auch neben der parlamentarischen Tätigkeit ausüben (Ges. über die Rechtsstellung der in den Deutschen Bundestag gewählten Angehörigen des öffentlichen Dienstes vom 4. 8. 1953 — BGBl. I, 777 —).

c) Amtspflichtverletzungen

Im innerdienstlichen Verhältnis können Amtspflichtverletzungen oder Dienstvergehen (§ 77 BBG.) Disziplinarmaßnahmen zur Folge haben[4]).

Dritten Personen gegenüber, also im Außenverhältnis, entsteht bei Amtspflichtverletzungen eine Schadensersatzpflicht nach § 839 BGB[5]).

Da im Bereich der hoheitlichen und nichthoheitlichen Verwaltung[6]) die dritten Personen sich an den Dienstgeber halten müssen (Art. 34 GG.), ist zu klären, in welcher Weise er an dem schuldigen Beamten Regreß nehmen kann. Für den Bund gilt, daß der schuldhaft seine Amtspflicht verletzende Beamte den dem Dienstgeber daraus entstandenen Schaden zu ersetzen hat,

---

[1]) BVerwG. 1, 57 (59).

[2]) Ein nach 1945 für Richter, Staatsanwälte und Polizeibeamte bestehendes Verbot der britischen MilReg. ist seit 1950 aufgehoben.

[3]) Zusammenstellung bei Türk, Eschenburg aaO. Eingehend: Jess, Bonner Komm., Art. 137 Anm.

[4]) Vgl. unten S. 345ff.

[5]) Vgl. oben S. 174ff.

[6]) Wegen fiskalischer Verwaltung vgl. oben S. 177.

wobei der Rückgriff gegen den Beamten, falls der Dienstgeber Schadensersatz nach Art. 34 S. 1 GG. geleistet hat, sich auf Vorsatz und grobe Fahrlässigkeit beschränkt (§ 78 BBG.). Die Länder haben ähnliche Regelungen. Bei Streitigkeiten ist derjenige Rechtsweg zu beschreiten, der auch bei Amtspflichtverletzungen gegeben ist[1]). Da den Hinterbliebenen ihre Bezüge nicht als Erben, sondern kraft eigenen Rechts zustehen, ist die Geltendmachung einer Regreßforderung gegen sie nicht möglich. — Der Ausgleich etwa vorhandener mehrerer Dienstgeber erfolgt nach §§ 840, 426 BGB. mit ordentlichem Rechtsweg[2]).

Die verwaltungsrechtlichen Defektenverfahren; wonach früher unter Ausschaltung des ordentlichen Gerichts der Beamte zur Deckung von Fehlbeständen am öffentlichen Vermögen herangezogen werden konnte, bestehen nun als Verwaltungsverfahren mit nachfolgender Klage vor den ordentlichen Gerichten (Ges. v. 18. 4. 1937 idF. BGBl. 1951, 109)[3]).

11. Rechte der Beamten

Die Rechte der Beamten sind zu qualifizieren als subjektiv-öffentliche einklagbare Rechte. Als solche sind nunmehr auch diejenigen Rechte aufzufassen, die nach älteren Bestimmungen wohlerworbene Rechte waren (Art. 129 WRV.). Davon zu unterscheiden sind die sich aus Dienstbefehlen[4]) ergebenden Rechtsbeziehungen, derentwegen keine Klage, insb. keine Anfechtungsklage möglich ist[5]).

a) Persönliche Rechte

Der Beamte hat während und teilweise nach Ende des Dienstes ein Recht auf die ihm zukommende Dienstbezeichnung. Sie zerfällt in Titel, die lediglich der persönlichen Auszeichnung dienen[6]), Funktionsbezeichnung und eigentliche Amtsbezeichnung.

Beispiel:

Titel: Geheimrat, Hofrat, Kommerzienrat; Funktionsbezeichnung: Referent, Dezernent, Amtsvorsteher; Amtsbezeichnung: Sekretär, Inspektor, Regierungsrat.

Der Beamte hat ein Recht auf Fürsorge durch den Dienstgeber sowohl für seine innerdienstliche Tätigkeit als auch für seinen wirtschaftlichen und sozialen Lebensbereich (§ 79 BBG., § 36 DBG., § 618 BGB.)[7]).

---

[1]) Vgl. oben S. 174ff.
[2]) OVG. Mstr. in: NJW. 1953, 785.
[3]) BGH in: MDR 1956, 218; ebenso: Ule, in: DVBl. 1953, 109; für Rechtsweg vor Verwaltungsgerichten: Bettermann, in: MDR 1956, 195.
[4]) Vgl. oben S. 243.
[5]) Eingehend: Eyermann-Fröhler, § 22 Anm. 2.
[6]) Ein Titelverbot wie nach Art. 109 WRV. besteht heute nicht. Das Verbot widersprach wohl zu sehr der menschlichen Eitelkeit!
[7]) Idel, Fürsorge und Amtshaftung, NJW. 1955, 1300.

Beispiel:
Strafanträge nach § 194 StGB.; Vorsorge gegen Dienstunfälle — w.-b. VGH. ÖV. 51, 222; Mutterschutz — OVG. Mstr. 5, 119.

Er hat das Recht auf Einsicht in die Personalakten[1]). Auf Antrag wird ihm ein Dienstzeugnis erteilt (§ 41 DBG.); die Zeugniserteilung ist kein Verwaltungsakt[2]).

Ein Streikrecht zur Verbesserung seiner Wirtschaftslage hat der Beamte nicht. Doch kann und möglicherweise muß er die Arbeit verweigern zur Verhinderung von Verfassungs- oder Gesetzesverletzungen[3]).

Das lange umstrittene Koalitionsrecht der Beamten ist nunmehr anerkannt (§ 91 BBG.). Es gibt eine Gewerkschaft für öffentliche Dienste, Transport und Verkehr (ÖTV. im DGB.) und Beamtenorganisationen. Unabhängig von den Aufgaben der Gewerkschaften und der Arbeitgeberverbände werden in den Bundesverwaltungen und den Länderverwaltungen, letzteres durch Bundesrahmenvorschriften angeordnet, Personalvertretungen gebildet (Personalvertretungsg. vom 5. 8. 1955 — BGBl. 477), die an Personal- und Sozialangelegenheiten beteiligt sind (vgl. auch § 106 n.-w. LBG.).

b) Vermögensrechte

Der dem Beamten zustehende Anspruch auf Besoldung kann als Bezahlung für geleistete Dienste — wie in jedem Dienst- oder Arbeitsverhältnis — oder als Gewährung eines Unterhaltes, der dem Beamten die Sorge für seine Lebensbedürfnisse abnimmt, angesehen werden. Die zweite früher allgemein herrschende Ansicht dürfte überholt sein[4]).

Besoldung (Gehalt) bekommt der im aktiven Dienst stehende Beamte. Auch hier besteht volle Gleichheit der Geschlechter.

Beispiel:
Die Vorschrift des § 14 Abs. 8 RBesoldg., wonach eine verheiratete Beamtin Kinderzuschüsse nur bekommt, wenn ihr Ehemann unterhaltsunfähig ist, verstößt gegen Art. 3 Abs. 2 GG-BGH. ÖV. 55, 505.

Versorgung erhält der nicht mehr aktiv tätige Beamte; zu unterscheiden sind: Ruhegehalt für den ehemals aktiv tätigen Beamten selbst (Beamter i. R.), Hinterbliebenenrente für die Witwe[5]) und die Kinder — auch uneheliche (§§ 123 ff. BBG.) — eines ruhegehaltsberechtigten verstorbenen

---

[1]) OVG. Mstr. 5, 113, auch durch Rechtsanwalt.
[2]) OVG. Lbg. 9. 5. 1951 — II A 510. 50 —.
[3]) Näheres: Hieronymus, Beamtenrechtliche Gehorsamspflicht, Kölner Diss. 1956.
[4]) W. Weber, in: DVBl. 1952, 682 mit Schrifttum.
[5]) Nicht für Witwer einer Beamtin, soweit er nicht in ihrem Unterhalt stand. — Grenze: BGH. ÖV. 1954, 470.

Beamten und Wartegeld für den in den Wartestand versetzten Beamten (Beamte z. D.). Dies ist nur in den im Gesetz enumerierten Fällen und in dem im Gesetz umschriebenen Rahmen möglich (§ 53 DBG.).

Beispiel:
Fortfall der Betätigungsmöglichkeit bei Auflösung der Behörde; für politische Beamte[1]) Regierungsänderung.

Auch für die Bezüge ist Art. 131 GG. mit den Ausführungsgesetzen maßgebend (vgl. auch Kap. V Ges. zur Änd. von Vorschriften auf dem Gebiet des allg. Beamten-, des Besoldungs- und des Versorgungsrechts vom 30. 6. 1933 mit Ausführungsbest. idF. der Bek. vom 24. 3. 1951 — BGBl. 97 —)[2]).

Vermögensrechtliche Ansprüche sind für Bundesbeamte und die Beamten in NRW. (§ 180 LBG.) vor den Verwaltungsgerichten (Art. 33 GG. § 172 BBG.), für die übrigen Beamten vor den ordentlichen Gerichten geltend zu machen[3]).

Sonderrechte genießen Beamte, denen durch die nationalsozialistische Herrschaft Unrecht zugefügt wurde, gemäß dem Gesetz zur Regelung der Wiedergutmachung nationalsozialistischen Unrechts für Angehörige[4]) des öffentlichen Dienstes vom 11. 5. 1951 — BGBl. 291 — idF. vom 19. 8. 1953 — BGBl. 994 —, welches älteres Bundes- und Landesrecht ersetzt[5]).

Ehrenbeamte erhalten keine Besoldung, sondern Ersatz ihrer Unkosten oder Verdienstausfälle, allenfalls Ehrensold, Aufwandsentschädigung usw.

12. Beendigung des Beamtenverhältnisses

a) Ausscheiden kraft Gesetzes

Ausscheidungsgründe sind der Verlust der Staatsangehörigkeit, die Verlegung des Wohnsitzes in das Ausland, Eintritt in den Dienst eines anderen öffentlich-rechtlichen Dienstherrn (§ 29 BBG.), strafgerichtliche Verurteilung zu Zuchthaus, wegen einer vorsätzlich begangenen Tat zu Gefängnis von einem Jahr und länger oder wegen vorsätzlicher hochverräterischer oder landesverräterischer Handlung, ferner bei Aberkennung der bürgerlichen Ehrenrechte oder der Befähigung zur Bekleidung öffentlicher Ämter (§ 48 BBG., §§ 31, 33, 35 Abs. 2 StGB.).

Nach herrschender Ansicht trat auch mit der Todesstrafe eine Beendigung des Beamtenverhältnisses ein, obwohl das im deutschen Strafgesetzbuch nicht ausdrücklich

---

[1]) Vgl. oben S. 339.
[2]) OVG. Hbg. DVBl. 1954, 537.
[3]) Es ist zu erwarten, daß die Länder der neuen Bundesregelung folgen werden.
[4]) Notare gehören nicht dazu: BVerwG. in: MDR 1956, 266.
[5]) Über die praktischen Ergebnisse: Mannheimer, in: DÖV. 1953, 328. — Aufzählung der Schädigungen: BVerwG. DVBl. 1954, 535.

bestimmt war. Von solchen Fällen zu unterscheiden sind diejenigen, bei denen die Beendigung des Beamtenverhältnisses nicht ohne weiteres aus dem Strafurteil folgt, sondern noch ein besonderes Disziplinarverfahren erforderlich ist, welches auf dem rechtskräftigen Strafurteil aufbauen und zum Amtsverlust führen kann.

Als Folge des Ausscheidens aus dem Amt in den bisher erwähnten Fällen hat der Beamte keinen Anspruch auf Dienstbezüge und Versorgung. Er darf die Amtsbezeichnung und die im Zusammenhang mit dem Amte verliehenen Titel nicht mehr führen und darf keine Uniform mehr tragen.

b) Entlassung durch Verwaltungsentscheidung

Entlassungsgründe sind Disziplinarvergehen[1]), ferner Eidesverweigerung, wo ein Diensteid verlangt wird (z. B. § 28 BBG.). Entlassen werden kann ein auf Zeit bestellter Beamter, wenn er die Weiterführung des Amtes nach Zeitablauf verweigert. Ferner ist Entlassung auf Antrag des Beamten hin möglich (§ 30 BBG.).

Da alle Ausnahmebestimmungen gegen weibliche Beamte beseitigt sind (Art. 128 WRV., Art. 3 GG.), führt die Verheiratung einer Beamtin nicht zur Entlassung aus dem Beamtenverhältnis[2]). Etwa sich aus der Eheschließung ergebende Schwierigkeiten, wie z. B. hinsichtlich des Wohnsitzes, werden durch besondere Bestimmungen geklärt (Grundsätze der Reichsregierung über die Rechte und Pflichten der verheirateten Beamten von 1920)[3]).

Nach der Entlassung hat der Beamte keine Ansprüche auf Dienstbezüge und Versorgung. Auch verliert er meist das Recht auf Amtsbezeichnung.

c) Eintritt in den Ruhestand

Das normale Ende des Beamtenverhältnisses ist der Eintritt in den Ruhestand.

Der Übertritt in den Ruhestand kann erfolgen kraft Ges. bei Erreichung der Altersgrenze, meist 65 Jahre, jedoch bei besonderer Wichtigkeit des Beamten durch Anordnung einer gesetzlich bestimmten Verwaltungsstelle auch später, nach Ablauf der Amtszeit für Beamte auf Zeit, durch Eintritt einer Amtsbehinderung. Er kann eintreten wegen Dienstunfähigkeit des Beamten, wenn er infolge eines körperlichen Gebrechens oder wegen Schwäche seiner körperlichen oder geistigen Kräfte zur Erfüllung seiner Dienstpflichten dauernd unfähig ist. Die Feststellung ist eine Tat- und Rechtsfrage[4]).

---

[1]) Vgl. unten S. 345ff.

[2]) § 63 DBG. bestimmte, daß ein verheirateter weiblicher Beamter zu entlassen sei, wenn seine wirtschaftliche Versorgung nach der Höhe des Familieneinkommens dauernd gesichert sei (sog. Zölibatsklausel). [3]) ArchöffR., Bd. 41, 229.

[4]) W.-b. VGH. in: VerwRspr. 3, 210. Der Zurruhesetzungsbescheid ist ein einseitiger staatlicher Hoheitsakt; die Auslegung des Bescheides ist in der Revisionsinstanz unbeschränkt nachprüfbar — BGH. in: VerwRspr. 3, 564.

Beamte auf Zeit werden Beamten auf Lebenszeit i. a. gleichgestellt. Beamte auf Widerruf werden in den Ruhestand versetzt meist nur, wenn sie infolge einer Beschädigung dienstunfähig geworden sind, die sie sich ohne grobes Verschulden bei Ausübung oder aus Veranlassung des Dienstes zugezogen haben. Wartestandsbeamte können auf Antrag jederzeit in den Ruhestand versetzt werden.

Mit dem Eintritt in den Ruhestand entsteht der Versorgungsanspruch auf Zahlung des Ruhegehalts. Die allgemeinen Beamtenpflichten gelten für pensionierte Beamte grundsätzlich nicht. Es besteht unter bestimmten Voraussetzungen eine Pflicht zum Wiedereintritt in den Dienst. Wenn sich pensionierte Beamte nach 1945 wieder zur Verfügung stellten, so war das eine freiwillige Handlung. Art. 131 GG. mit Ausführungsgesetz usw. erfaßt auch die Ruhegehälter.

d) Einstweiliger Ruhestand (Wartestand)

Infolge von außerhalb des einzelnen Beamtenverhältnisses liegenden Umständen (Verschwinden der Beschäftigungsbehörde, politische Zusammenhänge)[1]) können Beamte in den Wartestand (so die meisten Landesgesetze) oder einstweiligen Ruhestand (§§ 36ff. BBG.) versetzt werden. Solche Beamte sind i. a. verpflichtet, einer neuen Berufung Folge zu leisten.

13. Dienststrafrecht

a) Gesetzliche Grundlage

Ältere Regelungen, z. B. Pr. ALR. (Titel 20, Teil II), kannten keinen Unterschied zwischen Strafrecht und Dienststrafrecht (Disziplinarrecht). Insb. wurden Amtsverbrechen, „Verbrechen der Diener des Staates“, die die Täter nur in ihrer Eigenschaft als Beamte begehen können, und Verfehlungen rein disziplinärer Art in den gleichen Gesetzen und häufig vor den gleichen Gerichten behandelt.

In Preußen z. B. wurde eine Trennung beider Gebiete erstmalig durch Ges. vom 29. 3. 1844 — GS. 77 — durchgeführt. Das Gesetz unterschied grundsätzlich zwischen gemeinen Verbrechen, zu denen auch die Amtsverbrechen gezählt wurden, und den eigentlichen Disziplinarverfehlungen. Für die letzteren gab es ein besonderes Dienststrafverfahren vor besonderen Dienststrafbehörden. Eine ähnliche Entwicklung zeigte sich in den übrigen deutschen Ländern.

Das immer stärker hervortretende Verlangen nach einer Sicherung der richterlichen Unabhängigkeit führte zu einer Sonderbehandlung der Richter gegenüber den übrigen Beamten. So ergingen in Preußen am 7. 5. 1851 ein Ges. betreffend die Dienstvergehen der Richter, und am 21. 7. 1852 ein Ges. betreffend die Dienstvergehen der nichtrichterlichen Beamten. Beide Gesetze galten mit einigen Abänderungen bis zum Jahre 1932. Das Reich (§§ 72—133 Reichsbeamt.Ges.) und zum Teil andere Länder übernahmen die Disziplinarbestimmungen in die Beamtengesetze, z. B. das bayer. Beamteng.

[1]) Vgl. oben S. 339.

vom 15. 7. 1908. Unter Berücksichtigung demokratischer Grundsätze wurden am 27. 1. 1932 in Preußen eine Beamtendienststrafordnung und eine Dienststrafordnung für richterliche Beamte — GS. 59ff. und 79ff. — erlassen.

An die Stelle aller reichs- und landesrechtlichen Gesetze trat die Reichsdienststrafordnung vom 26. 1. 1937 (RDStO.).

Nunmehr gelten für Landes- und Körperschafts- usw. Beamte die seit 1945 erlassenen Landesgesetze[1]), wobei für Richter oder Polizeibeamte z. T. Sonderregelungen vorhanden sind, und für Bundesbeamte die Bundesdisziplinarordnung vom 28. 11. 1952 — BGBl. 749 — (BDO.). — In der DDR. gilt für „Bürger, die durch Ernennung oder Arbeitsvertrag eine Tätigkeit bei staatlichen Verwaltungsstellen ausüben und dafür Gehalt beziehen" einschl. der volkseigenen Betriebe die Disziplinarordnung vom 10. 3. 1955 — GBl. 217 —.

b) Begriff

Das materielle Dienststrafrecht[2]) befaßt sich mit den Dienstvergehen und den für sie bestimmten Dienststrafen. Das formelle Dienststrafrecht umfaßt das Verfahren, in welchem die Dienstvergehen behandelt werden. Dabei sind zu unterscheiden leichtere Verstöße, wofür i. a. der Dienstvorgesetzte zuständig ist, von den schwereren Verstößen, die im förmlichen Dienststrafverfahren vor hierfür ausschließlich zuständigen Gerichten behandelt werden.

c) Wesen

Die Disziplinargerichtsbarkeit wurde früher, z. B. nach pr. ALR., betrachtet als Standesgerichtsbarkeit oder als soziale Ehrengerichtsbarkeit, die ihrerseits als Teil der Strafgerichtsbarkeit galt, die sich mit Staatsbürgern besonderer Art, den Beamten, befaßt.

Nach neuerer Auffassung ist das Dienststrafrecht nicht ein Zweig des allgemeinen Strafrechts, sondern des Verwaltungsrechts. Es bezweckt neben der Bestrafung die Reinhaltung und Leistungsfähigkeit des Beamtentums und die Erhaltung seiner Pflichttreue und Unbescholtenheit. Andererseits dient es dem Schutz des Beamten selbst[3]).

d) Besonderheiten

Das Dienststraf- oder Ordnungsrecht ist nicht vom Legalitätsprinzip, sondern grundsätzlich vom Opportunitätsprinzip beherrscht sowohl für die Einleitung (§ 3 BDO.) als auch für die Durchführung. Es gilt nicht der Grundsatz des ne bis in idem. Daher ist es möglich, wegen der gleichen Tat sowohl im ordentlichen Strafverfahren als auch im Disziplinarverfahren zu

[1]) Aufgeführt z. B. bei Lindgen, Bundesdisziplinarrecht, 6ff.

[2]) Die Bezeichnung „Dienstordnungsrecht" hat in die Gesetzessprache noch nicht Eingang gefunden.

[3]) Pr. OVG. 98, 26.

bestrafen. Wenn ein Verfahren vor dem ordentlichen Gericht mit einem solchen vor einem Disziplinargericht kollidiert, so hat gemäß § 13 GVG. das ordentliche Gericht den Vorrang. Oft ist das außerdem schon deshalb nötig, weil sich infolge des mit dem Strafurteil verbundenen Verlustes des Amtes ein Dienststrafverfahren erübrigt (§ 8 BDO.).

e) Dienststrafverfahren (Dienstordnungsverfahren)

Das Verfahren beginnt mit Vorermittlungen, die meist in der Hand des Dienstvorgesetzten liegen. Erweisen die Vorermittlungen Vorgänge, bei denen nach der Ansicht des Dienstvorgesetzten eine geringere Strafe ausreicht, so geben die Gesetze ihm die Möglichkeit, diese Strafe selbst zu verhängen. Ergeben die Vorermittlungen, daß eine geringere Strafe nicht am Platze ist, so beginnt das förmliche Disziplinarverfahren. Die Gesetze müssen festlegen, wer als Einleitungsbehörde des Verfahrens in Betracht kommt. Meist sind es die für die Ernennung des betreffenden Beamten zuständigen Behörden, bei Kommunalbeamten i. d. R. der Gemeinderat[1]). Die Einleitungsbehörde kann einen Untersuchungsführer bestellen, der in etwa die Befugnisse wie ein Untersuchungsrichter nach StPO. hat.

Die Einleitungsbehörde stellt nach der Untersuchung das Verfahren ein, wenn das Untersuchungsergebnis zur Weiterführung keinen Anlaß bietet. Oder aber sie verfaßt eine Anschuldigungsschrift und legt die Sache dem Dienststrafgericht vor. Weder diese Entscheidungen noch die Einleitungsverfügung können vor den allgemeinen Verwaltungsgerichten angefochten werden[2]).

Das Dienststrafgericht führt das Verfahren durch, wobei im einzelnen weitgehend die Verfahrensbestimmungen für Strafgerichte und für Verwaltungsgerichte angewandt werden. Das Verfahren endet durch ein auf eine Hauptverhandlung hin ergehendes Urteil oder ohne Entscheidung in der Hauptsache durch Beschluß.

Die Disziplinargerichte sind selbständige Sonderverwaltungsgerichte[3]) und nur organisatorisch meist der Verwaltungsgerichtsbarkeit eingegliedert[4]).

---

[1]) OVG. Mstr. in: DVBl. 1951, 355.

[2]) OVG. Lbg. vom 8. 7. 1952 — II A 121/52.

[3]) W.-b. VGH. in: DVBl. 1951, 354. — Es dürfte nicht möglich sein, die Unwirksamkeit eines Dienststrafurteils im Verwaltungsstreitverfahren festzustellen, wie rhld.-pf. LVG. in: NJW. 1953, 40 will.

[4]) In der Übergangszeit nach 1945, bevor wieder Dienststrafgerichte errichtet waren, konnte nach positiven, möglicherweise durch die Militärregierung gesetzten Regeln das gesamte Dienststrafverfahren in die Hand des Dienstvorgesetzten gelegt werden. Das traf insbesondere für den Polizeidienst in der britischen Zone zu.

f) Dienststrafen (Dienstordnungsmittel)

Warnung ist die Mißbilligung eines bestimmten Verhaltens des Beamten mit der Aufforderung, den Fehler künftig zu vermeiden;

Verweis ist der Tadel eines bestimmten Verhaltens;

Geldbuße ist die Zahlung einer Geldsumme, die kraft positiver Regelung die einmonatlichen Bezüge nicht übersteigen darf;

Gehaltkürzung ist eine bruchteilmäßige Verminderung der jeweiligen Dienstbezüge um einen bestimmten Prozentsatz für eine bestimmte Zeit;

Entfernung aus dem Dienst[1]) bewirkt auch den Verlust des Anspruchs auf Dienstbezüge und Versorgung sowie die Befugnis, die Amtsbezeichnung und die im Zusammenhang mit dem Amt verliehenen Titel zu führen und Uniform zu tragen. Die Entfernung aus dem Dienst erstreckt sich im allgemeinen auf alle Ehren- und Nebenämter.

Kürzung oder Aberkennung des Ruhegehalts. Hiervon betroffen werden i. a. nur Ruhestandsbeamte. Daneben kennen manche Regelungen Zwischenstrafen.

§ 4 BDO. kennt außerdem Versagen des Aufsteigens im Gehalt, Einstufung in eine niedrigere Dienstaltersstufe, Versetzung in ein Amt derselben Laufbahn mit geringerem Endgrundgehalt.

14. Behördenangestellte

a) Rechtsgrundlagen

Die Rechtsbeziehungen des Behördenangestellten zu dem öffentlichrechtlichen Hoheitsträger sind im Gegensatz zum Beamtenverhältnis ausschließlich privatrechtlich, meist tarifvertraglich geregelt. Bei Rechtsstreitigkeiten sind die Arbeitsgerichte zuständig[2]). Die Tarifbestimmungen waren zunächst für das ganze Reichsgebiet einheitlich zusammengefaßt in der Allgemeinen Tarifordnung für Gefolgschaftsmitglieder im öffentlichen Dienst (ATO.), Tarifordnung A für Angestellte (TOA.) und Tarifordnung B für Lohnempfänger (TOB.), alle vom 1. 4. 1938 — Reichsarbeitsblatt S. IV, 471 —. Sie werden ergänzt durch je eine Allgemeine Dienstordnung (ADO.) vom 17. 2. 1938 — RGBl. 206 —, 30. 4. 1938 — RGBl. 206 —, erlassen vom Reichsfinanzminister. An ihre Stelle sind seit 1945 zum Teil bundes- oder landesrechtliche Neuregelungen getreten[3]). Außerdem werden manche recht-

[1]) Die Bewährungsfrist nach § 30 Abs. 2 DBG. für Widerrufsbeamte kann durch formlose Entziehung einer Planstelle nicht unterbrochen werden — OVG. Lbg. vom 18. 4. 1951 — II A 663/50.

[2]) OVG. Mstr. in: VerwRspr. 3, 233.

[3]) Tarifverträge zwischen Bundesrepublik und Gewerkschaften vom März/April 1953 — GemMinBl. 102 ff.

lichen Beziehungen der Angestellten in neueren Beamtengesetzen geregelt, so z.B. die Besoldung, das Ruhegehalt, die Hinterbliebenenversorgung, der Urlaub, oder in noch allgemeinerer Art. Das hess. BG. vom 12. 11. 1946 wählt z.B. die Form, zunächst die Rechtslage sämtlicher Behördenbediensteten festzulegen und hieran mehr oder weniger als Ausnahmen Sonderbestimmungen für Dauerangestellte und für Beamte anzuschließen. Das BBG. läßt die Angestellten außer Betracht.

Wie jeder privatrechtliche Dienstvertrag endet der Angestelltenvertrag durch Kündigung[1]), wenn nicht tatsächliche Umstände, wie etwa der Zusammenbruch vom 8. 5. 1945[2]) ihn beenden. Seit langem gibt es eine besondere Art von Behördenangestellten, deren Kündigung erschwert ist, die Dauerangestellten (vgl. z.B. hess. BG. §§ 49ff.).

Dritten gegenüber haben die Angestellten im wesentlichen die gleiche Stellung wie Beamte. Sie können also auch Hoheitsfunktionen wahrnehmen. Für sie gilt die gleiche Regelung der Amtshaftung[3]).

b) Nachteil der Einrichtung

Nach wie vor wird die Zweiteilung der Behördenbediensteten in Beamte und Angestellte von vielen Seiten für eine schlechte Lösung gehalten, da hierdurch sachlich ungerechtfertigte und persönlich nachträgliche Verschiedenheiten in den Behördenapparat getragen werden. Gegen die Zweiteilung spricht insbesondere: Nachdem Klarheit darüber besteht, daß Angestellte auch Hoheitsverwaltung ausüben dürfen, ist es vielfach Zufall, ob die gleiche Arbeiten verrichtenden Personen, die möglicherweise im gleichen Raum arbeiten, Beamte oder Angestellte sind. Es ist nicht einzusehen, warum ein Sekretär oder eine Sekretärin, die sich in langer Arbeit bewährt haben, als Angestellte hinsichtlich ihrer Versorgung schlechter gestellt werden sollen wie ihr Chef. Sie können — bei Beibehaltung des Berufsbeamtentums überhaupt — genau so gut Beamte sein, wie diejenigen Personengruppen, die es bisher schon waren. § 7 Abs. 1 Ziff. 3b BBG. gibt älteren Angestellten ein verstärktes Anrecht auf Übernahme in das Beamtenverhältnis[4]).

15. Behördenarbeiter

Stellen innerhalb der Behörden für Arbeiter sind solche, bei denen es sich um die unmittelbare Überwachung oder Leistung gelernter oder ungelernter Arbeit in einem anerkannten Gewerbe oder Handwerk oder um eine sonstige

---

[1]) Ihr steht Suspendierung durch brit. MilReg. gleich — BVerfG. 3, 187.

[2]) BVerfG. 3, 162. [3]) Vgl. oben 10. Kap.

[4]) Jede derartige Regelung muß Übergangslösungen schaffen für Personen, die sich bis zu ihrem Inkrafttreten in Angestelltenverhältnissen befanden. Man wird den Angestellten weitgehend die Möglichkeit des Übertritts in das Beamtenverhältnis schaffen müssen. Eine schlechte Kritik haben alle Versuche, das grundsätzlich richtige und zu fordernde Leistungsprinzip hier in der Form von Prüfungen zu stark in den Vordergrund zu stellen. Nicht mit Unrecht wird darauf hingewiesen, daß gerade ältere Menschen, die sich als gute Arbeitskräfte längst bewährt haben, oft recht schlechte Prüflinge sind. Schematisches und bürokratisches Vorgehen kann dabei viel schaden.

hauswirtschaftliche, körperliche oder mechanische Arbeit handelt. Die Rechtsstellung des Behördenarbeiters richtet sich ausschließlich nach Arbeitsrecht, wobei im einzelnen Tarifverträge von Bedeutung sind.

Ein äußeres Zeichen für den Unterschied zwischen Angestellten und Arbeitern ist, daß jene angestelltenversicherungspflichtig, diese invalidenversicherungspflichtig sind.

Behördenarbeiter sind in den meisten Betrieben notwendig. Es gibt immer Arbeiten, deren Verrichtung durch Beamte unzweckmäßig ist. So kannte auch biz. BG. außer den Beamten die Behördenarbeiter. Dabei herrscht Einigkeit darüber, daß Bürotätigkeit als Beamtentätigkeit zu qualifizieren ist.

Bezüglich der Rechtsstellung des Arbeiters im Behördenganzen ist das gleiche zu sagen wie hinsichtlich der Stellung des Angestellten. Auch die ihn betreffenden Bestimmungen gehören in die allgemeine Regelung des Rechts der Behördenbediensteten. Die Gewerkschaften sind bei der Festlegung der Tarifbestimmungen zu beteiligen. Die Eingruppierung hat sich ausschließlich nach Verantwortung und Leistung zu richten.

Schrifttum[1])

Anders, Gesetz zur Regelung der Rechtsverhältnisse der unter Art. 131 GG. fallenden Personen. (3. Aufl.) 1954.
— Gesetz zur Regelung der Wiedergutmachung nat.-soz. Unrechts. 1951.
Ambrosius, hsg. von, Grundriß des Verwaltungsrechts Reihe A (Haushaltsrecht, Kassenwesen, Rechnungswesen, Besoldungswesen, Tarifrecht).
— Tarifrecht der Angestellten im öffentlichen Dienst (5. Aufl.) 1955.
— Tarifrecht der Arbeiter im öffentlichen Dienst. 1956.
— Reisekostenrecht (6. Aufl.) 1955.
Ambrosius-Löns-Rengier, Gesetz zu Art. 131 GG. 1952.
v. Arnim, Gesetz zur Regelung der Beamtenverhältnisse nach Art. 131 GG. 1951.
Behnke, Bundesdisziplinarordnung. Komm. 1955.
Bochalli, BBG., Kommentar. 1954.
— Landesbeamtengesetz von NRW. 1955.
Böhm-Jund, Dienstverhältnisse der Angestellten und Arbeiter bei öff. Verwaltungen und Betrieben. Kommentar. 3 Bände 1952.
Bretschneider-Prill, Das gesamte Dienst-, Sozial- und Steuerrecht der Beamten, Angestellten und Arbeiter des öffentlichen Dienstes. 1950.
Bursche-Hering, Personalvertretungsgesetz. 1956.
Deistel-Selge, BBG., Kommentar. 1954.
Eschenburg, Der Beamte in Partei und Parlament (Kleine Schriften für den Staatsbürger, Heft 15). 1952.
Fischbach, Deutsches Beamtengesetz nebst dem Bundespersonalgesetz. 1951.
— Bundesbeamtengesetz. Komm. 1954.
Glaessing, Gesetz zur Regelung der Rechtsverhältnisse nach Art. 131 GG. 1951.
Grewe, Die politische Treupflicht im öffentl. Dienst. 1951.

[1]) Außerdem Kommentare zu den Landesbeamtengesetzen.

Heyland, Das Berufsbeamtentum im neuen demokratischen deutschen Staat. Nach d. Stande vom 1. 10. 1948. 1949.
— Das Recht der Beamten. 1951.
Kayser, Die Amtshaftung bei Ausübung öffentl. Gewalt. 1939.
Kern, Institutionen des Berufsbeamtentums. 1951.
Köhnen, Das Dienst-, Werkdienst- und Mietwohnungsrecht. 1950.
— Beihilfen, Unterstützungen und Vorschüsse der Angehörigen des öffentlichen Dienstes. 4. Aufl. 1952.
— Das Umzugskostenrecht einschl. Trennungsentschädigungen u. Beschäftigungsvergütung. Nach dem Stande vom 1. 5. 1950 (2. erw. Aufl.). (Grundriß d. Verwaltungsrechts. Bd. 7), (3. Aufl.) 1952.
— Alters- und Hinterbliebenenversorgung der Angestellten und Arbeiter des öff. Dienstes. 1953.
Kranz, Beamtenrecht, in: Verwaltungsrecht in Bayern, hsg. von Mang, 1952.
Krüger, Die Rechtslage der verdrängten Beamten. 1951.
Labs-Rosch, Ausbildung der Berufsauffassung im öffentlichen Dienst. 1950.
Lindgen, Bundesdisziplinarrecht. Systematische Darstellung und Gesetze. Loseblatt. 1952ff.
Merkel, Der Beamte ohne Amt. 1949.
Merkel-Köhler, Der Gemeindebeamte (10. Aufl.). 1939.
Nipperdey, Rechtsungültigkeit der 50%igen Abgabenverpflichtungen. (Der Krankenhausarzt, Jg. 22, H. 7). 1949.
Oppler, Die Neugestaltung des Öffentlichen Dienstes. (Wissenschaftl. Schriftenreihe d. Instituts z. Förderung öffentl. Angelegenheiten e. V., Bd. 5). 1950.
Rahner, Das Besoldungsdienstalter. 8. Aufl. 1952.
Renk, Die Rechtsansprüche der entnazifizierten Beamten. 1949.
Reuß, Erstattungsgesetz. Kommentar. 1939.
Römer, Bundesdisziplinarordnung nebst Landesdisziplinargesetzen. Komm. 1953.
Röttgen-Lenz, Das Recht der unter Art. 131 GG. fallenden Personen. Ein Wegweiser. 1951.
Scheuner, Die politische Treupflicht im öffentlichen Dienst. 1951.
Schmaltz, Die Entlassung. Richtlinien u. Stichworte z. Entlassungsrecht (4. Aufl.). 1950.
Schmidt-Viertel, Personalvertretungsgesetz. Komm. 1955.
Schneider, Kommentar zum deutschen Beamtengesetz. 1951.
Wawerla-Ambrosius, Das Haushaltsrecht. 1950.
Wenzel, Rechtsstellung der entnazifizierten Beamten. 1949.
— Das Gesetz zu Art. 131 und die Hochschullehrer. 1953.
Werder-Ortmann-Otto, Das Recht der unter Art. 131 GG. fallenden Personen. 1951.
Wirth, Das Ortsklassenverzeichnis nach dem Stande vom April 1950. 1950.

Zweiundzwanzigstes Kapitel

Fürsorgerecht

1. Begriff der Fürsorge

Jede menschliche Gemeinschaft pflegt für ihre Hilfsbedürftigen zu sorgen. Innerhalb der Familie gibt es die verschiedenen gesetzlichen Bestimmungen der Unterhaltspflichten und -rechte (§§ 1360ff., 1578ff., 1601ff., 1708ff. BGB.). Dem entspricht auf dem Gebiet des öffentlichen Rechts die Fürsorge im weitesten Sinne. Nicht für jeden Hilfsbedürftigen gelten die gleichen Regeln. Vielmehr ist der Gegegenstand je nach der in Betracht kommenden Person oder dem zu behandelnden Fall in verschiedener Weise geordnet. Der Grundgedanke stimmt mit demjenigen der caritativen Armenpflege überein: Niemand, der zur Gemeinschaft gehört, soll verhungern, jeder soll wenigstens das Notwendigste zum Leben haben. Die deutsche Regelung nähert sich so dem Ideal des Wohlfahrtsstaates[1]).

2. Arten der Fürsorge

Aus dem weiten Gebiet jeder nur denkbaren Fürsorge der Öffentlichkeit für einzelne hat sich eine Fürsorge und damit ein Fürsorgerecht im engeren Sinne herausgehoben.

Davon werden als zur Fürsorge im weiteren Sinn gehörend nicht erfaßt:

a) Der Person nach:

(1) Die Sozialversicherten. Sozialversicherung sind die auf Gegenseitigkeit beruhenden, rechtsverbindlichen, zwangsmäßigen, staatlichen Maßnahmen zur Sicherung notleidender oder wirtschaftlich gefährdeter Bevölkerungsschichten für den Fall der Krankheit, des Betriebsunfalls und der Berufserkrankung, der Invalidität oder Berufsunfähigkeit und des Alters. Der Zwangscharakter vor allem unterscheidet sie von der privaten Versicherung. Die Sozialversicherten haben einen Rechtsanspruch auf Gewährung der in den Gesetzen vorgesehenen Leistungen, wobei es sich in zunehmendem Maße um Sachleistungen handelt.

Die rechtlichen Grundlagen wurden entsprechend der durch Bismarck verkündeten kaiserlichen Botschaft vom 17. 11. 1881 gelegt. Maßgeblich sind nunmehr die Reichsversicherungsordnung von 1911, nach mancherlei Änderungen i. d. F. vom 9. 1.

---

[1]) Vorkämpfer: Lord Beveridge (Beveridge-Plan von 1945); Pigou, Diogenes, Juni 1954; Colin Clark, Welfare and taxation, 1954. Bedenken gegen diese Art des Staatsaufbaus z. B. Röpke, Neue Zürcher Zeitung 18. 6. 1955.

1926 (RVO.), das Angestelltenversicherungsgesetz von 1911 idF. vom 28. 5. 1924 — RGBl. 562 —, das Reichsknappschaftsgesetz vom 1. 7. 1926 — RGBl. 369 — und das Reichsges. über die Altersversorgung des deutschen Handwerks vom 31. 12. 1938 — RGBl. 1018. — Für die Bundesrepublik sind Anpassungsgesetze ergangen, insb. zur RVO. vom 17. 6. 1949 und 10. 8. 1949 — WiGBl. 248 — und vom 4. 8. 1953 — BGBl. 846 —, zum Knappschaftsversicherungsgesetz vom 30. 6. 1949 — WiGBl. 202—, vom 18. 7. 1953 — BGBl. 659 — und vom 4. 8. 1953 — BGBl. 847 —.

Versicherungsträger sind die Verwaltungsstellen, welche die jeweiligen Aufgaben der Sozialversicherung durchzuführen haben. Sie sind Personen des öffentlichen Rechts mit weitgehender Selbstverwaltung durch eine Vertreterversammlung und einen Vorstand, der maßgeblich an der Einstellung der Geschäftsführer beteiligt ist (Ges. über die Selbstverwaltung auf dem Gebiet der Sozialversicherung idF. vom 13. 8. 1952 — BGBl. 427 —). Versicherungsträger sind für die Krankenversicherung die Krankenkassen (im Jahre 1939 insg. 4555, nämlich 987 Ortskrankenkassen (AOK.), 380 Landkrankenkassen, 2875 Betriebskrankenkassen, 292 Innungskrankenkassen, 22 Knappschaftskrankenkassen, 1 Seekasse, 16 Angestellten-Ersatzkassen und 12 Arbeiterersatzkassen), für die Unfallversicherung die Berufsgenossenschaften (insg. 253, nämlich 64 gewerbliche, 31 landwirtschaftliche Berufsgenossenschaften, 28 Gemeindeunfallversicherungsverbände, 130 Ausführungsbehörden für Träger der Unfallversicherung) und für die Rentenversicherung die Landesversicherungsanstalten (insg. 33, nämlich 28 Landesversicherungsanstalten, 3 Sonderanstalten) sowie die Bundesversicherungsanstalt für Angestellte (G. vom 7. 8. 1953 — BGBl. 857 —) und die Knappschaft (§ 103 KnappschG., § 1360 RVO.) — Die Errichtung von Versicherungsträgern ist durch Private oder kraft Hoheitsaktes nur in den engen, in den jeweiligen Gesetzen umschriebenen Rahmen möglich. — Sie sind Personen des öffentlichen Rechts, und zwar sind die Krankenkassen, die Berufsgenossenschaften, die Versicherungsgenossenschaften und die Knappschaft Körperschaften (Genossenschaften), die Träger der Rentenversicherung (Invalidenversicherung und die AVAV-Bundesanstalt, Bundesversicherungsanstalt) Anstalten. Die Scheidung kann nicht streng durchgeführt werden[1]).

Die Versicherten, derentwegen die ganze Sozialversicherung eingerichtet ist, werden in den einzelnen Gesetzen meist zu Beginn der materiell-rechtlichen Bestimmungen umschrieben (§§ 165ff., 537ff., 915ff., 1046ff., 1226ff. RVO., §§ 1ff. AVG., §§ 1ff., 15f., 28ff., 49ff., 101 KnappschG.). Sie zerfallen in Versicherungspflichtige und -berechtigte.

Die Versicherungsbehörden üben die staatliche Rechtsaufsicht über die Versicherungsträger aus. Auf Kreisebene stehen die Versicherungsämter, auf Bezirksebene die Oberversicherungsämter, darüber die Sozialgerichtsbarkeit. 1945 entfiel die zentrale Stelle, das Reichsversicherungsamt, dessen Tätigkeit nur in Bayern — Ges. vom 2. 9. 1946 — GVBl. 1947, 11 — und Württemberg-Baden — Ges. vom 26. 1. 1948 — RegBl. 40 — auf Landesebene fortgesetzt wurde. Gemäß Art. 20 Abs. 2 GG. bringt in Ausführung von Art. 96 Abs. 1 GG. das Sozialgerichtsgesetz — SGG. — einen eigenen Gerichtsüberbau über die Verwaltung — BGBl. 1953, 1239.

In der Ostzone wurden alle Sozialversicherungszweige verbunden und in jedem Land eine Sozialversicherungsanstalt eingerichtet, die für ihren örtlichen Bereich an die Stelle aller anderen Träger trat — Befehl Nr. 28 der SMAD. vom 28. 1. 1947 —.

[1]) Entwicklungstendenzen: Rohrbeck, ÖV. 1955, 613; Hampel, ebd. 617; Bogs ebd. 621.

Die VO. über Sozialversicherung vom 26. 4. 1951 — GBl. 325 — bringt die Umgestaltung zum Abschluß durch eine völlige Zentralisierung und führt außerdem die Selbstverwaltung durch die Versicherten ein.

(2) Die arbeitslosen, aber arbeitsfähigen und -willigen Personen. Für sie gilt, nach Versicherungsgrundsätzen aufgebaut, das Ges. über Arbeitsvermittlung und Arbeitslosenversicherung vom 16. 7. 1927, nunmehr idF. vom 24. 8. 1953 — BGBl. 1022 — (AVAVG.)[1]). Die Arbeitslosenversicherung wird dem Versicherten eine gewisse Zeit hindurch gezahlt. Dauert die Arbeitslosigkeit länger, so setzt die allgemeine Wohlfahrtspflege ein. Die im Rahmen des AVAVG. durchgeführten Maßnahmen zum Arbeitseinsatz sind keine Verwaltungsakte. Renten werden z. Tl. nicht angerechnet (Ges. vom 18. 7. 1953— BGBl. 660 —).

Versicherungsträger ist die Bundesanstalt für Arbeitsvermittlung und Arbeitslosenversicherung (Nürnberg)[2]), aufgegliedert in Hauptstelle, Landesarbeitsämter und Arbeitsämter (Ges. vom 10. 3. 1952 — BGBl. 123 —). — Gegen die Entscheidungen der Arbeitsämter gibt es Widerspruch mit nachfolgenden Sozialgerichtsverfahren nach SGG.

(3) Die Flüchtlinge und Vertriebenen, d. s. Personen, die unfreiwillig ihren bisherigen Wohnsitz infolge des Krieges oder späterer politischer Ereignisse aufgegeben haben. Maßgeblich ist das Bundesvertriebenenges. vom 19. 5. 1953 — BGBl. 201 —, wodurch die bis dahin geltenden Landesgesetze abgelöst sind. Der durch das Bundesgesetz berücksichtigte Personenkreis deckt sich mit der nordrhein-westfälischen Lösung, da es die nach den Gesetzen der am. und frz. Zone nicht berücksichtigten Sowjetzonenflüchtlinge einschließt. Das Gesetz bringt neues materielles Recht insb. auf dem Gebiet der landwirtschaftlichen Siedlung und der Steuerbehandlung. Den Wohnungsbau will fördern das Ges. vom 30. 7. 1953 — BGBl. 712 —. Sämtliche Bestimmungen gehen von der Flüchtlingsbetreuung als vorübergehendem Zustand aus. Sobald der Flüchtling in die Gemeinschaft sozial und wirtschaftlich eingegliedert ist, hört er auf, Flüchtling zu sein. Wird er später wiederum hilfsbedürftig, so gelten nicht mehr die Flüchtlingsbestimmungen[3]). Wenn auch nach dem ersten Weltkrieg Fürsorge für „Deutsche, staatenlose ehemalige Deutsche und staatlose Personen deutscher Abkunft beim freiwilligen oder erzwungenen Übertritt aus dem Ausland" nicht fremd war (vgl. 12 FPflVO., Bek. vom 18. 5. 1918 — RGBl. 409 —, VO. vom 17. 12. 1923 — RGBl. 1202 —), so ist das Problem seit dem Zusammenbruch doch von ungleich größerer Bedeutung. Neben der Beschaffung von Existenzgrundlagen kann die Fürsorge in der Vermittlung der Auswanderung bestehen, wofür das als Bundesoberbehörde ausgestaltete Bundesamt für Auswanderung zuständig ist (Ges. vom 8. 5. 1952 — BGBl. 289 —)[4]).

(4) Evakuierte, d. s. Personen, die zwischen dem 26. 8. 1939 und 5. 5. 1945 ihre Wohnsitzgemeinde aus kriegsbedingten Gründen verlassen mußten und in einer anderen Gemeinde Aufenthalt gefunden haben, einschl. der Heimkehrer, welche nachträglich sich ihrer evakuierten Familie angeschlossen haben. Maßgeblich ist das Bundesevakuiertenges. vom 14. 7. 1953 — BGBl. 586 —. Die gewährte Hilfe besteht vor allem in bevorzugter Wohnungszuteilung und Unterstützung bei der Heimkehr[5]).

---

[1]) H. Schieckel, AVAVG. — Komm. 1949.

[2]) Die gesetzliche Bezeichnung „Körperschaft" meint: Person des öffentlichen Rechts.

[3]) OVG. Mstr. 3, 32; OVG. Lbg. 3, 188, 207.

[4]) Leitreiter, Bundesvertriebenengesetz. Komm. 1953; Straßmann-Nitsche, Bundesvertriebenengesetz. Komm. 1953.

[5]) Straßmann-Nitsche, Bundesevakuiertengesetz. Komm. 1953; Draeger, Heimkehrergesetz. Komm. (2. Aufl.) 1952.

(5) Heimkehrer, d. s. Deutsche, die wegen ihrer Zugehörigkeit zu einem militärischen oder militärähnlichen Verband kriegsgefangen waren, auch Kriegsgefangene, die zur Überführung in ein ziviles Arbeitsverhältnis im bisherigen Gewahrsamsland entlassen waren, ferner Deutsche, die wegen ihrer Volkszugehörigkeit oder Staatsangehörigkeit im Ausland oder auf dem Gebiet des früheren Deutschen Reichs außerhalb der Bundesrepublik und Westberlins interniert waren. Für sie gilt das Heimkehrergesetz vom 30. 10. 1950 idF. vom 18. 12. 1951 — BGBl. 994 —[1]).

(6) Kriegsversehrte (Kriegsopfer), d. s. Personen, die durch eine militärische oder militärähnliche Dienstverrichtung oder durch einen Unfall während der Ausübung des militärischen oder militärähnlichen Dienstes oder durch die diesem Dienst eigentümlichen Verhältnisse eine gesundheitliche Schädigung erlitten haben. Für sie und ihre Hinterbliebenen gilt das Bundesversorgungsgesetz idF. vom 6. 6. 1956 — BGBl. 463 —[2]), für das Verwaltungsverfahren das Ges. vom 2. 5. 1955 — BGBl. 202 —, für die Verletzten des 1. Weltkriegs und ihre Hinterbliebenen das Reichsversorgungsg. vom 22. 12. 1927 — RGBl. 515 —. — Nach Aufhebung des alliierten Verbotes, das die Opfer auf die allgemeine Fürsorge verwies, brachten die Länder ein Verfahren in Gang, und zwar in der britischen und amerikanischen Zone auf der Grundlage der Unfallversicherung, in der französischen Zone nach den alten Versorgungsgesetzen. Das Bundessozialgerichtsgesetz schafft mehrere Instanzen.

(7) Opfer des Nationalsozialismus (OdN.). Für sie ist nach den einzelnen Landesgesetzen mit BundesentschädigungsG. idF. vom 29. 6. 1956 — BGBl. 559 — zu gewähren Haftentschädigung für die Zeit, während welcher sie aus politischen, religiösen, rassischen usw. Gründen in Haft gehalten waren, sowie eine laufende Rente, falls die Verfolgung eine heute noch fortbestehende Schädigung an Leib und Leben (Personenschaden), Eigentum, Vermögen herbeigeführt hat[3]).

(8) Lastenausgleichsberechtigte, d. s. Personen, denen Schäden und Verluste abgegolten werden, die sich infolge der Vertreibungen und Zerstörungen der Kriegs- und Nachkriegszeit ergeben haben oder die Härten infolge der Neuordnung des Geldwesens erlitten haben. Hierfür gilt das Lastenausgleichsges. vom 14. 8. 1952 — BGBl. 446 — idF. vom 11. 5. 1956 — BGBl. 421 —, welches eine Reihe älterer Bestimmungen ablöst oder ergänzt, insb. das Soforthilfeges. vom 8. 8. 1950[4]). Der Feststellung von Vertreibungsschäden, Kriegssachschäden und Ostschäden — ohne Begründung eines Entschädigungsanspruchs — dient das Feststellungsges. idF. vom 14. 8. 1952 — BGBl. 535 — mit Änderungsgesetzen.

b) Der Sache nach:

Nicht zur Fürsorge gehören Maßnahmen, die nicht der Unterstützung der Hilfsbedürftigen selbst, sondern Zwecken der Allgemeinheit dienen, wie:

---

[1]) K. Draeger, Heimkehrergesetz. Komm. 1951.

[2]) Schieckel-Aichberger, Bundesversorgungsgesetz. Komm. 1950; Schönleitner, Bundesversorgungsgesetz. 1950. Zum Verhältnis der verschiedenen Fürsorgemaßnahmen untereinander vgl. Jehlow, DVBl. 1954, 180.

[3]) Nicht zu verwechseln mit dem Rückerstattungsrecht von noch vorhandenen Gegenständen nach u.-s. oder brit. Ges. Nr. 59, brit. MRegVO. Nr. 159.

[4]) Kühne-Wolff, Die Gesetzgebung über den Lastenausgleich. Komm. 1953ff. Kühne-Wolff, Kommentar zum Soforthilfegesetz. 1950. Harmening, Lastenausgleich. Komm. 1953ff.

(1) Polizeikosten, d. s. Maßnahmen, die bei Hilfsbedürftigen aus polizeilichen Gründen nötig werden (Polizeikostenges. vom 29. 4. 1940 — RGBl. 688 —)[1]).

Beispiel:

Heilungskosten von Geschlechtskranken — BHW. 75, 1 —. Tbc.-Hilfe — BVerwG. in: NJW 1956, 395; Unterbringung eines Bazillenträgers in einem Krankenhaus. Unterbringung obdachloser Personen, die im übrigen nicht hilfsbedürftig sind — BHW. 77, 213 —[2]).

(2) Justizkosten.

Beispiel:

Krankenkosten für kranke Straf- oder Untersuchungsgefangene; — BHW. 62, 44; 74, 53; 86, 93[3]).

(3) Fürsorgeerziehungskosten gemäß § 70 Jugendwohlfahrtsg.[4]).

3. Rechtsgrundlagen der allgemeinen Fürsorge

Für sämtliche Fürsorgefälle, die nicht aus persönlichen oder sachlichen Gründen einer rechtlichen Sonderregelung unterliegen, gelten in der Bundesrepublik — nach Art. 74 Nr. 7 GG. zur konkurrierenden Gesetzgebung gehörend — einheitliche gesetzliche Grundlagen, und zwar:

Die Verordnung über die Fürsorgepflicht vom 13. 2. 1924 idF. des Ändg. vom 20. 8. 1953 — BGBl. 967 — (FPflVO.), ergänzt durch 3. und 4. DVO. — BGBl. 43, 301; 44, 323 — und Landesfürsorgegesetze.

Sie beruht auf dem Ermächtigungsges vom 8. 12. 1923 — RGBl. 1179 —, das der Reichsregierung die Befugnis gab, die Maßnahmen zu treffen, die sie im Hinblick auf die Not von Volk und Reich für erforderlich und dringend erachtete. Auf Grund dieses Gesetzes erging die dritte Steuernotverordnung vom 14. 2. 1924 — RGBl. I, S. 74 —. Nach § 42 dieser Verordnung übertrug das Reich verschiedene Fürsorgezweige, für die es bisher größere Zuschüsse gewährt hatte, unter Einstellung der Zuschüsse den Ländern. Diesen wurde im Wege des Finanzausgleichs eine Anzahl von Steuern ganz oder zum Teil überwiesen. Die FPflVO. regelt die Art und Weise, wie die Länder die Lasten der Aufgabe der Wohlfahrtspflege aufzubringen haben. In ihr werden eine Anzahl von Zweigen der sozialen Fürsorge, die ursprünglich einmal von der Armenpflege ausgegangen oder abgezweigt worden waren, wieder mit ihr vereinigt und gleichzeitig das Unterstützungswohnsitzgesetz entsprechend schon lange geäußerten Wünschen weiter Kreise reformiert. Die Verordnung ist dann späterhin verschiedentlich geändert worden.

---

[1]) Grundsätzlich weiter anwendbar mit der Einschränkung, daß der Polizeikostenträger nach der neuen Polizeiorganisation festzustellen ist; — schl.-hol. OLG. in: Schl.-Hol. Anzeigen 1951, 49; OLG. Düsseldorf in: HGBR. 1951, 144. — Groß, in: DVBl. 1953, 353.

[2]) Die Unterbringung von Geisteskranken in einer Irrenanstalt wurde bis zur Neufassung von § 21b FPflVO. durch Ges. vom 29. 4. 1935 — RGBl. I, 565 — als Polizeimaßnahme angesehen (BHW. 61, 18) und ist seither als Fürsorgemaßnahme anzusehen.

[3]) Die Unterbringung von Gewohnheitsverbrechern in einer Heil- und Pflegeanstalt, einer Trinkerheilanstalt oder Entziehungsanstalt (§ 42a StGB.) ist nach manchen Landesgesetzen Fürsorgesache (z. B. pr. Ges. vom 16. 10. 1934 — GS. 403 —).

[4]) BHW. 72, 1, 77, 64.

Die Reichsgrundsätze über Voraussetzung, Art und Maß der öffentlichen Fürsorge vom 1. 8. 1931 idF. vom 20. 8. 1953 — BGBl. 967 — RGr. — mit amtlicher Erläuterung vom 27. 11. 1931 — Reichsarbeitsbl. I, 315 —.

Sie beruhen auf § 6 FPflVO., wonach die Reichsregierung mit Zustimmung des Reichsrats Vorschriften über Voraussetzung, Art und Maß der zu gewährenden Fürsorge erlassen sollte[1]). Sie legen bindend Voraussetzung, Art und Maß der öffentlichen Fürsorge fest und bezeichnen, welche Aufwendungen zum notwendigen Unterhalt gehören.

4. Gegenstand der Fürsorge im engeren Sinn

a) Allgemeine Armenfürsorge

Die Unterstützung bei Hilfsbedürftigkeit war bis zum 19. Jahrhundert Sache nichtstaatlicher Gemeinschaften, so insbesondere der Kirchen und caritativer Vereinigungen. Sie wurde sodann in Deutschland Aufgabe öffentlich-rechtlicher Verbände, zuletzt der Orts- und Landarmenverbände auf Grund des Unterstützungswohnsitzg. vom 30. 5. 1908 — RGBl. 381 —, das seit dem am 1. 1. 1916 erfolgten Beitritt Bayerns für das ganze Reich galt. Unterstützungswohnsitz ist der Wohnsitz, den jemand durch mindestens einjähriges ununterbrochenes Wohnen in der gleichen Gemeinde begründet. Die Regelung stellte entschieden einen Fortschritt gegenüber dem bis dahin geltenden Heimatprinzip dar, wonach jemand Unterstützung nur in seiner Heimat, also praktisch seinem Geburtsort, erhielt, gleichgültig wo er gelebt hatte und gleichgültig, wo der Unterstützungsfall eingetreten war. Beide Arten der Regelung sind überholt. Nach der FPflVO. ist der gewöhnliche Aufenthaltsort des Hilfsbedürftigen für die Bearbeitung des Falles maßgebend.

Eine besondere Art der Fürsorge ist diejenige für hilfsbedürftige Minderjährige[2]) (§ 1 Abs. 1 Ziff. e FPflVO., § 6 d, e RGr., §§ 49 ff. Reichsges. für Jugendwohlfahrt vom 9. 7. 1922)[3]) idF. vom 28. 8. 1953 — BGBl. 1035 — und die Wochenfürsorge (§ 1 Abs. 1 Ziff. f FPflVO., § 6 c RGr.,

[1]) In der Ostzone ist FPflVO. ersetzt durch VO. über Sozialfürsorge für die Bevölkerung in der sowj. Besatzungszone vom 22. 4. 1947 mit DVO. vom 21. 9. 1948.

[2]) Das Verwaltungsgericht ist befugt zu entscheiden, ob das körperliche, sittliche oder geistige Wohl eines Pflegekindes i. S. des § 22 JWG. gefährdet ist. — OVG. Hbg. vom 26. 4. 1951 — II. 624/49 —.

[3]) Nach Art. 125, 74 Ziff. 7 GG. Bundesrecht geworden. Muthesius, Reichsjugendwohlfahrtsgesetz. 1950. — Die sich mit der Betreuung von Jugendlichen befassenden Bestimmungen sind zusammengestellt in: Handbuch des gesamten Jugendrechts. Verlag Luchterhand. Ffm. 1951 ff. — Ausschlaggebend ist immer das Wohl des Kindes — OVG. Bln. in: JZ. 1953, 280.

Ges. über Wochenfürsorge vom 9. 6. 1922 — RGBl. 502 — und VO. vom 18. 8. 1923 — RGBl. 816 —)[1]).

b) Schwerbeschädigte und Schwererwerbsbeschränkte

Das sind nach der Regelung des Schwerbeschädigteng. vom 16. 6. 1953 — BGBl. 389 —, welches alle älteren Bestimmungen, insb. das Gesetz vom 12. 1. 1923, ablöst, eine Reihe von Personen; nämlich Deutsche, die (a) infolge einer gesundheitlichen Schädigung i. S. der §§ 1, 82 Bundesversorgungsg., (b) infolge einer gesundheitlichen Schädigung i. S. des § 5 Abs. 2a Bundesversorgungsg., sofern das schädigende Ereignis nach dem 31. 7. 1945 eingetreten ist, oder (c) infolge einer gesundheitlichen Schädigung durch nationalsozialistische Verfolgungs- oder Unterdrückungsmaßnahmen aus politischen, rassischen oder religiösen Gründen, oder (d) infolge einer gesundheitlichen Schädigung durch Arbeitsunfall oder Berufskrankheit im Sinne der Unfallversicherung oder durch einen Dienstunfall i. S. der beamtenrechtlichen Vorschriften oder (e) infolge mehrerer dieser Schädigungen nicht nur vorübergehend um wenigstens 50% erwerbsgemindert sind; ferner Blinde; sodann in gewissem Umfang Nichtdeutsche und in gewissem Umfang bis zu 30% Beschädigte[2]).

Die nach den gesetzlichen Grundlagen zu bildenden Schwerbeschädigtenausschüsse sind keine Gerichte; ihre Entscheidungen sind Verwaltungsakte und können vor den Verwaltungsgerichten angefochten werden[3]). Wichtig vor allem ist das Recht auf bevorzugte Unterbringung in Arbeit und der Kündigungsschutz, wonach unter die gesetzliche Regelung fallende Personen nur mit Zustimmung der Schwerbeschädigtenausschüsse gekündigt werden können. Auf die Zustimmungsversagung hat der Beschädigte keinen Rechtsanspruch, aber Anspruch auf fehlerfreie Ermessensausübung. Über die Frage, ob ein Arbeitsverhältnis ohne Einhaltung der vorgesehenen Kündigungsfrist (§ 13) gelöst werden kann, entscheiden allein die Arbeitsgerichte[4]).

Die bedeutsamsten Neuerungen der jüngsten Regelung liegen in der Abgrenzung des Personenkreises (schätzungsweise 710000), in der Festlegung der Beschäftigungspflicht, der Regelung der Ausgleichsabgabe, der Einbeziehung der Arbeitsbeschaffung für die Witwen und Ehefrauen der Kriegs- und Arbeitsopfer und in der gemeinsamen Durchführung des Gesetzes durch die Arbeitsverwaltung und die Dienststellen der Kriegsbeschädigten- und Kriegshinterbliebenenfürsorge.

---

[1]) Die Hilfe für Kleinrentner, d. s. hilfsbedürftige Personen, welche durch die Inflation von 1923 ihr Vermögen verloren haben — Gesetz über Kleinrentnerhilfe vom 5. 7. 1934, älteres Gesetz von 1923 — ist seit 1945 fortgefallen (Art. XI Abs. 2 d Ändges. vom 20. 8. 1953). Solche Personen konnten zwar nicht im Rahmen der Soforthilfe erfaßt werden, doch nur im Rahmen des Lastenausgleichs.

[2]) Bis 1930 konnten etwa 350000 Kriegsopfer untergebracht werden, ferner etwa 100000 Arbeitsopfer. [3]) OVG. Lbg. 1, 235; rhld.-pf. LVG. in: NJW. 1953, 280.

[4]) OVG. Lbg. vom 16. 7. 1952 — IV A 8/52 —.

5. Rechtsgrundlage der Hilfsbedürftigkeit

Nach früheren verschiedenartigen Regelungen gelten nun für jede Art der Hilfsbedürftigkeit die FPflVO. mit den Reichsgrundsätzen mit den für die Sondergruppen vorhandenen Abweichungen und Ergänzungen. Die öffentliche Fürsorge greift grundsätzlich nur subsidiär ein, sofern weder die Familiennotgemeinschaft auf Grund der bürgerlich-rechtlichen Bestimmungen noch eine Versicherung, insb. Sozialversicherung leistungspflichtig ist[1]). Notwendig ist, daß der Unterhalt wirklich geleistet wird, nicht schon, daß Unterhaltspflichtige vorhanden sind.

Nach der gegenwärtig herrschenden Meinung besteht für den Hilfsbedürftigen im Sinne von § 5 RGr. ein subjektiv-öffentliches Recht, jedoch kein Grundrecht auf Fürsorge, welches aus Art. 2 GG. folgt (rechtspolitische These)[2]). Die Hilfsbedürftigkeit im Einzelfall ist eine Rechtsfrage und von den Gerichten unbeschränkt nachprüfbar[3]). Art und Umfang sind von der Behörde nach ihrem Ermessen ohne Engherzigkeit mit ernster Verantwortung zu bestimmen. Sie verstößt gegen den Gleichheitssatz, wenn sie in einem Einzelfall von ihren Richtsätzen ohne zureichenden Grund abweicht. Allgemeine Richtsätze entbinden die Fürsorgebehörde nicht von der Pflicht, in jedem Fall zu prüfen, ob der notwendige Lebensbedarf wirklich gedeckt ist. Eine Anfechtungsklage mit der Begründung, die Richtsätze seien für den notwendigen Lebensbedarf nicht ausreichend, ist daher möglich. Es gibt keine Fürsorgeunterstützung für die Vergangenheit (in praeteritum non vivitur). Dagegen ist rückwirkende Zahlung von beantragten Fürsorgeleistungen möglich für eine Zeit, während welcher die Fürsorgeberechtigung bereits bestand, weil ein objektiv vorhandener Anspruch auch befriedigt werden muß[4]). Ein Fürsorgeverband, der seine Unterstützungspflicht schuldhaft versäumt, kann sich nicht darauf berufen, daß ein anderer Verband das gleichfalls getan habe.

6. Art der Hilfeleistung

Die öffentliche Fürsorge unterstützt nur Personen, die nicht mehr für den Arbeitseinsatz in Frage kommen. Solange die Unterstützten noch leichte Arbeit verrichten können oder ihre Beschäftigung aus arbeitserzieherischen

---

[1]) OVG. Lbg. 4, 218. — OVG. Mstr. 13, 12. 1950 — IV A 874/51 —.

[2]) BVerwG. 1, 159. Im Gegensatz zu der früher herrschenden sog. fürsorgepolitischen These, welche nur ein Reflexrecht annimmt, also kein subjektives Recht gewährt. — Tuberkulosenhilfe ist polizeiliche Seuchenbekämpfung ohne Rechtsanspruch. — Vgl. oben S. 297.

[3]) OVG. Hbg. vom 22. 1. 1951 — II 366/50. W.-b. VGH. ÖV. 51, 84.

[4]) OVG. Mstr. MDR. 50, 571; OVG. Hbg. VerwRspr. 3, 606; OVG. Lbg. ebd. 4, 657.

Gründen erwünscht ist, kann die Unterstützung von angemessener Arbeit gemeinnütziger Art abhängig gemacht werden (§ 19 FPflVO.)[1]). Im übrigen wird der notwendige Lebensbedarf gewährt. Hierzu gehört der Lebensunterhalt, insb. Unterkunft, Nahrung, Kleidung, Pflege (Wohlfahrtsunterstützung), Krankenhilfe sowie Hilfe zur Wiederherstellung der Arbeitsfähigkeit (§ 6 RGr.).

Beispiel:

Einem Blinden muß ein Hund gestellt werden, wenn ihm dadurch, sei es auch nur beschränkt, Arbeit ermöglicht wird — BVerwG. 2, 184.

(Grundsatz der sog. Individualeinheitsfürsorge).

7. Träger der Fürsorgepflicht

Der bedeutendste Forschritt der durch die FPflVO. geschaffenen Neuregelung bestand darin, daß sie einheitliche Träger der Fürsorgepflicht schuf. Mit der durch die Verordnung bewirkten Übernahme der Aufgaben der Wohlfahrtspflege durch die Länder gingen ihre Lasten auf besondere Verbände, die Bezirksfürsorgeverbände und Landesfürsorgeverbände, über. Die Fürsorgeverbände sind Körperschaften des öffentlichen Rechts. Das Land kann bestimmten Zwecken dienenden Teilen ihres Vermögens gesonderte Rechtsfähigkeit verleihen (§ 4 FPflVO.).

Landesfürsorgeverbände, errichtet auf Landesebene (Sozialministerium) oder, wo vorhanden, auf Provinzebene, erledigen vorwiegend die außerordentliche Armenpflege, wie die Fürsorge für Geisteskranke, Taubstumme, Sieche, Krüppel, Blinde, also meist Aufgaben, für die ein größerer Apparat nötig ist und die den Interessenkreis eines einzelnen Bezirks überschreiten.

Die Bezirksfürsorgeverbände, errichtet auf der Ebene der Stadt- und Landkreise, erledigen die normalen Fürsorgeaufgaben.

Eingeschaltet werden können auch die Verbände der freien Wohlfahrtspflege[2]). Dabei ist darauf zu achten, daß einerseits keine Doppelarbeit geleistet wird, aber auch keine Lücken entstehen. Die Fürsorgeverbände sollen darauf hinwirken, daß öffentliche und freie Wohlfahrtspflege sich zweckmäßig ergänzen und in Formen zusammenarbeiten, die der Selbständigkeit beider gerecht wird (§ 5 FPflVO.).

---

[1]) OVG. Kbl. ÖD. 54, 115; OVG. Lbg. 7, 507, insb. über die Unterstützung von Gewerbetreibenden und freien Berufen.

[2]) Die Spitzenverbände der freien Wohlfahrtspflege haben im Laufe der Zeit sich verändert. Es sind vorhanden: Der Deutsche Caritasverband, Freiburg i. Br., der Zentralausschuß für innere Mission der deutschen evangelischen Kirche, Berlin-Dahlem, die Arbeiterwohlfahrt, das Deutsche Rote Kreuz, der Paritätische Wohlfahrtsverband, die Zentralwohlfahrtsstelle der Juden.

8. Vorläufige Fürsorge

Die Fürsorgeverbände, meist ein Bezirksfürsorgeverband, müssen eingreifen, wenn ein Fall der Hilfsbedürftigkeit eintritt. Jeder hilfsbedürftige Deutsche muß vorläufig von demjenigen Bezirksfürsorgeverband unterstützt werden, in dessen Bezirk er sich bei Eintritt der Hilfsbedürftigkeit befindet (§ 7 FPflVO.). Da die Fürsorge die Aufgabe hat, dem Hilfsbedürftigen den notwendigen Lebensbedarf zu gewähren, muß dieser Verband alles tun, was nach den gesetzlichen Bestimmungen überhaupt an fürsorgerischen Maßnahmen zu tun ist. Nur an ihn kann sich der Hilfsbedürftige halten.

Kommt der Verband seiner Pflicht nicht nach, so kann er durch die Staatsaufsichtsbehörde dazu angehalten werden. Außerdem wird er jedem anderen Verband, der an seiner Stelle handelt und dadurch Auslagen hat, ersatzpflichtig. Die Fälle glatten Versagens der Unterstützung sind selten. Aber es können sonstige Umstände vorhanden sein, welche die Maßnahmen des für die vorläufige Fürsorge zuständigen Verbandes unrichtig erscheinen lassen. Für alle diese Fälle hat die Rechtsprechung den Begriff der Abschiebung geprägt, der dann später in das Gesetz aufgenommen wurde (§ 17 FPflVO.). Unter Abschiebung versteht die herrschende Meinung sowohl die Nichterfüllung vorläufiger Fürsorgepflicht in rechtswidriger (doloser) Weise als auch ohne Bewußtsein von der Rechtswidrigkeit unter Vernachlässigung der erforderlichen Sorgfalt.

9. Endgültige Fürsorgepflicht

Diese liegt demjenigen Verband ob, in dessen Bezirk der Hilfsbedürftige seinen gewöhnlichen Aufenthalt[1]) hat. Ist ein solcher nicht zu ermitteln, so ist derjenige Landesfürsorgeverband endgültig verpflichtet, dem der vorläufig verpflichtete Verband angehört (§ 7 FPflVO. i. Vbd. m. VO. über den Ersatz von Fürsorgekosten vom 30. 1. 1951 — BGBl. 154 —).

Von der Grundregel gibt es Ausnahmen für uneheliche Kinder (§ 8 FPflVO.), für den Aufenthalt in einer Anstalt (§ 9), bei Erkrankung an einem Ort, in dem der Hilfsbedürftige in einem Dienst- oder Arbeitsverhältnis gestanden hat (§ 11)[2]).

Die endgültige Fürsorgepflicht besteht in einer öffentlich-rechtlichen Vorteilsausgleichung zwischen dem vorläufig und dem endgültig verpflichteten Fürsorgeverband und in der Übernahmepflicht des letzteren. Die Vorteilsausgleichung erstreckt sich auf dasjenige, was zur Fürsorge im Sinne des Gesetzes nötig war und gegeben werden durfte. Die Auseinander-

[1]) Zur Bestimmung des gewöhnlichen Aufenthaltes vgl. oben S. 74f.
[2]) Vgl. auch §§ 12, 36 Abs. 3 FPflVO.

setzung der verschiedenen Verbände geht den Hilfsbedürftigen nichts an. Vor allem: er braucht nicht zu warten, bis die endgültige Ausgleichung stattgefunden hat.

Die Höhe der dem vorläufig tätig werdenden Verband von dem endgültig zuständigen Verband zu ersetzenden Kosten im einzelnen richtet sich nach den Grundsätzen und Richtsätzen, die am Unterstützungsort für die Unterstützung Hilfsbedürftiger gleicher Art gelten (§ 16 FPflVO.). Von besonderer Bedeutung für den Ausgleich ist die Klärung der Fälle, in denen eine Abschiebung vorliegt oder behauptet wird. Ist nämlich die Unterstützungspflicht eines Fürsorgeverbandes durch eine pflichtwidrige oder gegen Treu und Glauben verstoßende Handlung entstanden, die ein Fürsorgeverband zu vertreten hat, so kann der dadurch belastete Fürsorgeverband von dem sich so Verhaltenden außer der Übernahme der Fürsorgekosten erhöhte Vergütung verlangen. Das gleiche gilt, wenn ein Fürsorgeverband die verlangte Übernahme des Hilfsbedürftigen schuldhaft verzögert (§ 17 FPflVO.).

Beispiele:

Gewährung von Reisegeld, um den Hilfsbedürftigen zur Abreise aus dem Bezirk zu veranlassen — BHW. 87, 137. — Vermittlung der Reise kranker und pflegebedürftiger Personen an andere Orte, wenn keine sachlichen Gründe dafür vorhanden sind, daß dort eine bessere Pflege möglich ist — BHW. 79, 140. —

Nicht erstattungsfähig sind Kosten, die ein Fürsorgeverband aufwenden muß, um Personen, die an ihn abgeschoben worden sind, in den Bezirk des Verbandes, der abgeschoben hat, zurückzubefördern. Der Ausgleich der Deckungsmittel zwischen Bund und Ländern regelt sich nach Ges. idF. vom 21. 8. 1951 — BGBl. 779 —.

10. Erstattung und Ausgleich

In erster Linie ist der Unterstützte selbst verpflichtet, dem Fürsorgeverband die aufgewendeten Kosten zu ersetzen, sobald er hinreichendes Vermögen oder Einkommen hat (§ 25 FPflVO.; VO. vom 30. 1. 1951 — BGBl. 154 —)[1]). Sodann haften die für den Unterstützten nach bürgerlichem Recht Unterhaltspflichtigen, nicht die Personen, die nur sittliche Verpflichtungen haben, wie z. B. Stiefgeschwister[2]). Im gleichen Umfang wie der Unterstützte selbst haften die zahlungsfähigen Ehegatten und die Eltern unter 18 Jahre alter Personen (resolutorische Verpflichtung). Zur Ermittlung der Unterhaltspflichtigen kann die Behörde Auskünfte einholen; das Auskunftverlangen (§ 27 FPflVO.) ist ein Verwaltungsakt[3]). Inwieweit Renten, auch Sozialrenten, in Anspruch genommen werden können, ergibt sich aus dem Gesetz

Beispiel:

§§ 1531 ff. RVO., § 80 AngVerGes., § 111a AVAVG.

---

1) Gottschick, in: ÖV. 1951, 236; Jehle, in: DVBl. 1951, 65.

2) OVG. Lbg. 4, 229; 6, 495.

3) OVG. Lbg. vom 6. 8. 1952 — IV A 20/52 —.

oder aus dem Zusammenhang.

Beispiel:

Hat der Fürsorgeverband eine Sonderleistung — z. B. Krankenhilfe — zu gewähren, so darf er sie nicht verweigern, wenn der Hilfsbedürftige gleichzeitig Unterhalts- oder Überbrückungshilfe bezieht — OVG. Mstr. 7, 197.

Durch schriftliche Anzeige an den Schuldner des Hilfsbedürftigen kann der Fürsorgeverband den Übergang der Ansprüche auf sich selbst herbeiführen (§ 21a FPflVO.)[1]). Streitigkeiten um die resolutorische Verpflichtung gehören vor die ordentlichen Gerichte (§ 23 Abs. 2 FPflVO)[2]).

Kann der für die vorläufige Fürsorge zuständige Verband von den genannten Personen oder Stellen keinen Ersatz seiner Aufwendungen erhalten, so erfolgt ein Ausgleich zwischen ihm und dem Verband, dem die endgültige Fürsorgepflicht obliegt.

11. Verfahren

Für das Verfahren sind die allgemeinen Verwaltungsgrundlagen maßgeblich. Erlassene Verwaltungsakte, gegen die es Einspruch und Beschwerde gibt (§ 3a FPflVO.), können im Rahmen der Generalklausel vor den Verwaltungsgerichten angefochten werden. Wo ein Beschlußverfahren besteht[3]), sind die Beschlußbehörden für einige Vorgänge zuständig.

Auch in früherer Zeit war weitgehend Beschlußverfahren und Verwaltungsgerichtsbarkeit (z. B. G. über Unterstützungswohnsitz vom 30. 5. 1908, § 37) vorgesehen. Oberstes Reichsgericht war das noch z. Z. des Norddeutschen Bundes gegründete Bundesamt für Heimatwesen, dessen Rechtsprechung richtungweisend war.

Zur Vereinfachung des recht komplizierten Ausgleichsverfahrens haben die Fürsorgeverbände der Bundesrepublik eine Lastenverteilungsvereinbarung getroffen, die nun in der Weinheimer Fassung vom 3. 5. 1949 niedergelegt ist und u. a. auch ein schiedsgerichtliches Verfahren vorsieht[4]). Für den Ausgleich der Kosten, die in verschiedenen Ländern durch vorläufige, nicht durch endgültige Fürsorgeerziehung entstehen, ist das BVerwG. zuständig (§ 70 Abs. 1 JWG.)[5]).

---

[1]) Näheres: BGH. NJW. 1954, 755, 1113; OVG. Lbg. 6, 500.

[2]) Bayer. VGH. ÖV. 1954, 61; Tipke, DVBl. 1954, 689.

[3]) Vgl. oben S. 182ff.

[4]) Dadurch ist die sog. Hamburger Vereinbarung der Bezirksfürsorgeverbände und die sog. Wiesbadener Vereinbarung der Landesfürsorgeverbände vom 11. 11. 1932 überholt. — Abgedruckt bei: Muthesius, aaO.; Ruppert-Kraegloh, aaO.; Ztschr. f. d. Fürsorgewesen, Sonderdruck 1949.

[5]) BVerwG. in: NJW. 1955, 1774.

Schrifttum

Brackmann, Handbuch der Sozialversicherung. 1949.
Caesar, Grundriß der deutschen Sozialversicherung. 1950.
Eckert, Die Sozialversicherungsgesetze in der Bundesrepublik Deutschland. 1950.
Eichelsbacher-Aichberger, Reichsversicherungsordnung (24. Aufl.). 1954.
Gahler-Kreis-Nau, Wohlfahrtswesen usw. in: Verwaltung in Bayern, hsg. von Mang, 1952.
Heinemann, Kassenarztrecht auf Grund der gesetzlichen Bestimmungen (4. Aufl.). 1950.
Jäger-Aichberger, Angestelltenversicherungsgesetz (15. Aufl.). 1950.
Klöpfer, Reichsversicherungsordnung (39. Aufl.). 1951.
Knoll-Peters, Die grundsätzlichen Entscheidungen des Reichsversicherungsamtes. 1952ff.
Koch-Hartmann, Das Angestelltenversicherungsgesetz (2. Aufl., bearbeitet von Altrock-Fürst). 1952.
Kuehne, Handburch der Krankenversicherung. Im Anschluß an frühere Mitwirkende fortgesetzt von Peters. 1950.
Miesbach-Busl, Reichsknappschaftsgesetz (Loseblattausgabe) 1953.
Stolt, Die Ersatzkassen der Krankenversicherung (2. Aufl.). 1939.
Jehle, Fürsorgerecht. Handkomm. (2. Aufl.). 1954.
Koller, Das Flüchtlingsproblem in der Staatsverwaltung (Schriftenreihe der Akademie Speyer Heft 3). 1949.
Muthesius, Reichsjugendwohlfahrtsgesetz. 1950.
— Bundesrechtliche Grundlagen der Fürsorgepflicht (4. Aufl.). 1951.
Rewolle, Schwerbeschädigtengesetz. Handkomm. 1953.
Riedel, Jugendwohlfahrtsgesetz. 1952.
Rower-Kallmann-Mann, Schwerbeschädigtengesetz. 1954ff.
Ruppert-Kraegloh, Das Recht der öffentl. Fürsorge. 1954.
Potrykus, Jugendwohlfahrtsgesetz. Kommentar. 1953.
Sellmann-Evermann, Gesetz über die Beschäftigung Schwerbeschädigter. 1954.

Dreiundzwanzigstes Kapitel

Wegerecht

1. Allgemeine Grundlagen

Ein öffentlicher Weg ist ein Gegenstand (Straße, Platz, Aue, Anger usw.) des öffentlichen Rechts, welcher kraft hoheitlicher Verfügungsgewalt und mit öffentlich-rechtlicher Wirkung für den nicht an Schienengleise gebundenen, innerhalb der Grenzen des allgemeinen jedermann offenstehenden Gebrauchs liegenden, also öffentlichen Landverkehr bestimmt und dieser Bestimmung dauernd erhalten ist[1]). In bezug auf öffentliche Wege sind drei Stellen von rechtlicher Bedeutung, die Wegepolizeibehörde, der Eigentümer und der Wegebaupflichtige.

a) Wegepolizei

Die Einteilung der Wege ihrer Wichtigkeit und damit ihrer öffentlichen, insbesondere polizeilichen Verwaltung nach ist enthalten in dem vorwiegend als Organisationsgesetz erlassenen Ges. über die einstweilige Neuregelung des Straßenwesens und der Straßenverwaltung vom 26. 3. 1934 — RGBl. 243 — (StrNG.) und dem Bundesfernstraßeng. (FStrG.) vom 6. 8. 1953 — BGBl. 903 —[2]). Danach werden unterschieden: Bundesautobahnen und Bundesstraßen mit den Ortsdurchfahrten, die beide gemeinschaftlich ein zusammenhängendes Verkehrsnetz bilden und einem weiträumigen Verkehr zu dienen bestimmt sind, für die StrNG. nicht mehr gilt, ferner Landstraßen erster Ordnung, Landstraßen zweiter Ordnung. Nur für die letzteren sind die kommunalen Polizeibehörden zuständig, während für sämtliche anderen Straßen die staatlichen Polizeibehörden, hierbei teilweise in Erledigung von Bundesauftragsangelegenheiten in Betracht kommen.

b) Eigentum

Die genannte Einteilung (vgl. insb. § 3 StrNG.) hat das Eigentum[3]) nicht automatisch geregelt. Jedoch wurde es an dem Straßenland entsprechend der

[1]) Vgl. Fleiner, Institutionen, 341 ff.; Germershausen-Seydel, I, 37. — Der Gegensatz ist die Privatstraße, das ist eine Straße, die der ausschließlichen Verfügungsgewalt des Eigentümers nach §§ 903 BGB. unterliegt und durch ihn ohne Einziehungsverfahren — vgl. unten 3. — dem öffentlichen Verkehr jederzeit wieder entzogen werden kann. — Zum Begriff vgl. Bergenroth, MDR. 1955, 31.

[2]) Hierdurch ist das Reichsautobahngesetz von 1941 außer Kraft getreten.

[3]) Die Sonderformen des Rechtszustandes an öffentlichen Wegen, z. B. als domaine public, res extra commercium, wurden durch Art. 181 EGBGB. in das Eigentum des BGB. übergeführt; — vgl. z. B. RGZ. 94, 35.

Wichtigkeit der Wege hergestellt. Die Reichsautobahnen und Reichsstraßen befanden sich am 8. 5. 1945 mit geringfügigen Ausnahmen im Eigentum des Reichs. Gemäß Art. 90 Abs. 1 GG. i. Verb. mit Ges. vom 2. 3. 1951 — BGBl. 97 — ist der Bund Eigentümer dieser Straßen. Die Landstraßen erster und zweiter Ordnung sowie die kleineren Wege befinden sich im Eigentum der Länder, Kommunalkörperschaften oder Privatpersonen[1]).

c) Wegebaulast

Die Wegebaulast (Straßenbaulast) ist die öffentlich-rechtliche, der Wegepolizeibehörde gegenüber[2]) bestehende und von dieser gegebenenfalls mit Zwang zu verwirklichende Pflicht, in Beziehung auf den Bau, die bauliche Gestaltung und Einrichtung und die Unterhaltung öffentlicher Wege alles zu leisten, was erforderlich und zweckmäßig ist, damit den jeweils gegebenen Bedürfnissen des öffentlichen Verkehrs Genüge geschieht. Der Pflichtumfang ist entweder gesetzlich vorgeschrieben (z. B. § 3 FStrG., § 55 prZG., zahlreiche Provinzialgesetze) oder beschränkt (vgl. Mindeststraßenbreite, Mindestbrückenbreite, Straßenbaumaterial) oder in das pflichtgemäße Ermessen der Wegepolizei gelegt. Insoweit bestehende Landesbestimmungen sind u. a. durch Bundes- oder Reichsregeln nicht abgeändert[3]).

Dahin gehört u. a. die Verkehrssicherungspflicht durch Unterhaltung[4]), Verbesserung, Verbreiterung, Verlegung, Reinigung[5]) des Weges und seiner Zubehörungen, wie Böschungen, Windschutzpflanzungen, Schutzgeländer, Entwässerungsanstalten — das sind Anlagen von Seitengräben, Durchlässen, Rinnsteinen, u. U. ganze unterirdische Entwässerungsanlagen[6]), Furten usw. —, Streuen bei Glätte[7]), das Beseitigen von Verkehrshindernissen. — Nach der neuerdings wohl herrschenden Ansicht gehört die Sorge für die zum Straßenverkehr nötige Beschilderung (Gebots- und Verbotszeichen, Warnungsschilder, überhaupt Verkehrszeichen[8]) nicht zur Wegebaulast, sondern ist

[1]) Also — nach herrschender Meinung — unabhängig von der Wegebaulast; vgl. Hammer, in: ÖV. 1952, 363 zu den einzelnen Eigentumsmöglichkeiten.

[2]) Zur Forderung einer konkreten Wegebauleistung ist nur die Wegeaufsichtsbehörde berechtigt. Eine freiwillige Übernahme der Wegebaulast ist möglich, falls nicht durch Landesrecht ausgeschlossen. Entsprechende früher möglicherweise privatrechtlich abgeschlossene Verträge sind zu öffentlich-rechtlichen geworden; — hess. VGH. in: ÖV. 1950, 654.

[3]) OLG. Stuttgart in: DÖV. 1953, 283.

[4]) Schwarze, MDR. 1954, 584; BGH. JZ. 1954, 53. Für Uferstraßen: BGH. in: DVBl. 1952, 626.

[5]) Gemeint ist die „verkehrsmäßige Reinigung“ im Gegensatz zur „polizeimäßigen Reinigung“ aus vorwiegend ordnungs- oder gesundheitspolizeilichen Gründen, die nach Herkommen oder Observanz geregelt, eine meist den Gemeinden obliegende Polizeilast ist (z. B. pr. G. vom 1. 7. 1912 — GS. 187 —) — OVG. Mstr. in: DVBl. 1951, 767.

[6]) Pr. OVG. 28, 196; 48, 507.

[7]) Rspr. — Übersicht: BB. 1954, 81. OLG. Köln JR. 1954, 420.

[8]) MinErl. vom 29. 8. 1927 — MinBliV. Sp. 921 unterscheidet: Gefahrenschilder, Verbots- und Verkehrsbeschränkungsschilder, Wegweiser und Ortstafeln. Das Anbringen von Ortstafeln und von Verbots- und Verkehrsbeschränkungsschildern für polizeiliche Wegesperrungen, Geschwindigkeitsbeschränkungen oder Verkehrsregelungen (Neben-

Sache der Wegepolizei (anders aber nach § 3 FStrG.)[1]). Nicht zur Wegebaulast gehören ferner: Vorrichtungen, die einem der Wegeanlage fremden Zweck dienen, wie Tragmasten elektrischer Leitungen, Kabel- oder Röhrenleitungen, Gleise, Durchlässe (Drummen) für Vorflutgräben[2]); die Wegebeleuchtung, welche, falls nicht abweichende gesetzliche Regelungen vorhanden sind, von der Wegepolizei aus Sicherheitsgründen auf Kosten des Polizeikostenträgers einzurichten ist[3]).

Träger der Wegebaulast sind für die Bundesfernstraßen der Bund (§ 6 Ges. vom 2. 3. 1951 — BGBl. 157 —, sowie § 5 FStrG.)[4]), für Landstraßen erster Ordnung die Länder. Von ihrer Straßenbaulast ausgenommen sind die Durchfahrten durch Orte von mehr als 9000 bzw. 6000 Einwohnern. Ob die Länder oder die Kreise Träger der Wegebaulast der Landstraßen zweiter Ordnung sind, ist streitig[5]). Die nach Landesrecht festgelegten Wegeverzeichnisse usw.[6]) werden als durch das Gesetz über die einstweilige Neuregelung überholt anzusehen sein. Eine einigermaßen gleichmäßige Verteilung der Lasten geschieht durch Lastenausgleich zwischen den in Betracht kommenden Körperschaften. Bei mehreren möglichen Lastenträgern entscheidet entweder die Natur der Sache

Beispiel:
Bei Uferstraßen ist der Träger der Straßenbaulast, nicht der Unterhalter des Wasserlaufs verantwortlich — BGH. in: DVBl. 1952, 626.

oder besondere Gesetze.

Beispiel:
Ges. über Kreuzungen von Eisenbahnen und Straßen vom 4. 7. 1939 — RGBl. 1211 —; bayer. VGH. in: DVBl. 1952, 627[7]).

---

straßen, Stoppstraßen usw.) wird man entsprechend der neueren Entwicklung nicht mehr als zur Wegebaupflicht gehörend ansehen können, sondern zu den Pflichten der Wegepolizei zu rechnen haben, welche die Auslagen auf die Polizeiträger abwälzen kann. — So auch OLG. Hamm in: VerwRspr. 3, 90.

[1]) BGHZ. 14, 63 („objektive Gefahrenlage"); auch Baumeister, in: DVBl. 1952, 38. — Zu dem älteren Meinungsstreit vgl.: RGZ. 121, 404: allein Polizei; RGZ. 154, 24: Wegebaupflichtiger; Schmalzl, in: NJW. 1956, 205; auch LG. Wiesbaden in: NJW. 1952, 1098; DVBl. 1952, 39. — Zur Beleuchtung von Gefahrenquellen vgl. Marschall, in: NJW. 1951, 907. — Vgl. auch w.-b. VGH. 1, 95, wonach eine Anordnung der Verkehrspolizei nach § 4 StVO. über das Aufstellen von Verkehrsschildern eine Rechtsverordnung und kein Verwaltungsakt ist. (Bedenklich und durch BGH. überholt!) Vgl. auch § 5a Straßenverkehrsg. vom 19. 12. 1952 — BGBl. 837 —; Nedden, ÖV. 1956, 14.

[2]) Vgl. pr. OVG. 33, 122.

[3]) An die Unterhaltspflicht stark kriegsbeschädigter Gemeinden sollen keine überspannten Anforderungen gestellt werden — LG. Köln in: HGBR. 1951, 1 W 55.

[4]) Der Bund haftet nach §§ 31, 89 BGB. für Verwaltung der „Treuhänder" aus der Zeit vor der Übernahme — BGH. in: ÖV. 1952, 572.

[5]) RG. in DR. 1940, 2105 und 1944, 111; OLG. Celle in: Nds. Rpfl. 1952; 7: Kreise. BGH. 6, 195: für mangelhaften Aufbau die Kreise, für laufende Unterhaltung die Länder; vgl. auch: Frisius, in: NJW. 1953, 886.

[6]) Für Preußen z. B. Germershausen-Seydel I, 5, 167—347.

[7]) Hierzu: Koch in: ArchöffR. Bd. 78 (1952), 63. — Bayer. VGH. in: ÖV. 1952, 729

Eine bedeutende Finanzquelle sind die Anliegerbeiträge für (entweder) Neubauten an (oder) neuen Straßen (nach den Landeskommunalabgabengesetzen, z. B. § 87 pr. KommAbgG.[1]). Ein Vertrag zwischen einer öffentlichen Stelle und einem Privaten über Wegebau und -unterhaltung gehört dem Privatrecht an[1]).

d) Publikumsverkehr

Die Verkehrssicherungspflicht für eine öffentliche Straße beruht zwar auf öffentlichem Recht; ihre Erfüllung ist jedoch keine Amtspflicht, sondern eine nach privatrechtlichen Grundsätzen zu beurteilende Verpflichtung. Zwischen dem pflichtigen Träger der Wegebaulast und dem die Wege benutzenden Publikum bestehen nur zivilrechtliche Beziehungen aus Vertrag (selten) oder aus unerlaubter Handlung (§ 823 BGB.)[2]). Es gilt der privatrechtliche Grundsatz, daß derjenige, der eine Straße zum öffentlichen Verkehr bestimmt und einrichtet, für die ordnungsmäßige und betriebssichere Herstellung und Instandhaltung aller zu ihrer Benutzung bestimmten Einrichtungen zivilrechtlich verantwortlich ist und wegen Verletzung dieser Pflicht haftet[3]).

Ist eine Haftung des Wegebaulastträgers nicht festzustellen, so ist zu prüfen, ob eine Pflichtverletzung der Wegepolizei vorhanden ist, die möglicherweise zu einer Haftung nach § 839 BGB. führt.

Beispiel:

Unterlassen von Maßnahmen gegen ausgelaufenes Öl mit Glätte — BGH. VkBl. 1954, 250.

2. Widmung

Für die Widmung von Bundesstraßen ist § 2 FStrG., für die Widmung sonstiger öffentlicher Wege sind die einzelnen Landesbestimmungen maßgeblich. I. a. wird ein besonderer Widmungsakt verlangt (vgl. z. B. Widmungstheorie des pr. OVG.)[4]), der durch die drei Rechtsbeteiligten, nämlich Wegeeigentümer, Wegebaupflichtiger und Wegepolizeibehörde, vorzunehmen ist[5]). Über die allgemeine Sicherheit der öffentlichen Ordnung hinaus hat die

---

[1]) Hess. VGH. 2, 197;OVG. Lbg. 6, 393 —; zuungunsten der Anlieger sieht die Rechtsprechung i. a. den Wiederaufbau eines Trümmergrundstücks als Neubau an — OVG. Mstr. 7, 229; OVG. Kbl. 1, 302. — Übersicht: Wiethaup, DVBl. 1956, 45.

[2]) RGZ. 54,59; 113, 296; 155, 1; BGH. in: DVBl. 1952, 626, NJW. 1953, 1297. — Einzelheiten bei: Danckelmann, in: NJW. 1951, 905. — Für Warntafel insb.: RGZ. 154, 27.

[3]) Vgl. Forsthoff, in: DVBl. 1952, 164.

[4]) Sie gibt keine Begriffsbestimmung, sondern umreißt die Voraussetzungen für die Entstehung der öffentlichen Wege; — vgl. hierzu Germershausen-Seydel I, 2ff.

[5]) Bayer. VGH. 6, 130 läßt die Öffentlichkeit eines Weges nicht entstehen, wenn die betr. Körperschaft die privatrechtliche Verfügungsbefugnis über die Wegfläche nicht besitzt. — Nichtbeachtung der Rechte Dritter kann die Widmung unwirksam machen — vgl. Fleiner, 368 Anm. 8 für bayerisches und rheinisch-französisches Recht —

Polizei dafür zu sorgen, daß den Bedürfnissen des öffentlichen Verkehrs Genüge geschehen kann (vgl. z. B. § 55 pr. ZG.).

Ist die Widmung nicht durch einzelne Akte nachweisbar, so kann aus einer seit Menschengedenken erfolgten Benutzung für den öffentlichen Verkehr mancherorts auf eine frühere Widmung und damit auf die Öffentlichkeit ohne den sonst erforderlichen genauen Nachweis der Widmungsvorgänge geschlossen werden (so in ständiger Rechtsprechung das pr. OVG., z. B. Bd. 99 S. 135)[1]). Eine ähnliche Regelung gilt jedoch nicht für Wege, die im Eigentum einer Privatperson stehen, der nicht die öffentlich-rechtliche Wegebaupflicht in dem betreffenden Kommunalbezirk obliegt. Hier bedarf es auch bei alten, seit unvordenklicher Zeit bestehenden Wegen des genauen Nachweises der Widmungsvorgänge, es sei denn, daß der Privateigentümer selbst die Öffentlichkeit behauptet (pr. OVG. 87, 328). Insb. ist die bloße Duldung des Verkehrs noch keine Widmung[2]). Bei anderen öffentlich-rechtlichen Körperschaften als Staat oder Kommunen hängt es von den Umständen des Einzelfalles ab, ob sie näher an einem öffentlichen Eigentümer oder an einer Privatperson stehen. So dürften kirchliche Körperschaften, in deren Eigentum sich Straßenland befindet, dem Staat als Eigentümer gleichzustellen sein.

Inhaltlich muß jede Widmung für den allgemeinen und nicht auf bestimmte Personenkreise (z. B. Anlieger, „Interessentenweg")[3]) beschränkten Verkehr erfolgt sein. Doch kann die von jedermann zu berücksichtigende Gebrauchsart (Fuß-, Reit-, Radfahr-, Kraftfahrweg) näher festgelegt werden.

Neue Bundesfernstraßen dürfen nur nach einem Planfeststellungsverfahren gebaut werden; das gleiche gilt für die Veränderung bestehender (§§ 16ff. FStrG.).

3. Gemeingebrauch

Gemeingebrauch der öffentlichen Wege ist der nach öffentlichem Recht einem jeden offenstehende freie Gebrauch innerhalb der besonderen Bestimmungen der einzelnen Wege und innerhalb der verkehrsüblichen Grenzen[4]).

württ. VGH. vom 3. 7. 1929 in württ. Z. 72 Spr. Beilage 341 für württ. Recht; Jellinek, Verwaltungsrecht, 489, spricht von Unwirksamkeit, also wohl Nichtigkeit der Widmung. — Nur ausnahmsweise verzichtet das Landesrecht auf die Mitwirkung einer der drei Rechtsbeteiligten; so tritt nach han. Ges. vom 28. 7. 1851 — noch gültig! vgl. OVG. Lbg. vom 21. 9. 1951 — III A 57/50 — an die Stelle der Wegepolizeibehörde die Gemeinde, welche über die Widmung einen Beschluß zu fassen hat.

[1]) OVG. Lbg. vom 18. 12. 1951 — III A 13/49 —. Nicht in Württemberg!

[2]) OLG. München in NJW. 1954, 1452.

[3]) pr. OVG. 80, 255; „öffentliche Interessentenwege" gibt es nicht — pr. OVG. 72, 334.

[4]) Die Benutzung des Weges kann sich im Rahmen des allgemeinen Gemeingebrauchs oder des gesteigerten Gemeingebrauchs — Gebrauchserlaubnis, Sondernutzung — abwickeln — vgl. hierzu Turegg in: NJW. 1951, 1236.

Grundsätzlich sind öffentliche Wege nur für den Verkehr[1]) bestimmt und das, was damit zusammenhängt — z. B. zum Parken[2]), Anbringen von Lichtreklame[3]), Aufstellen von Warenautomaten[4]), zur Benutzung für Leitungen, die dem eigentlichen Verkehrszweck selbst dienen, wie zur Beleuchtung oder Reinigung der Straßen, nicht aber für Versorgungsleitungen (vgl. Erl. d. RWM. vom 11. 7. 1938 — II En 4964/38 und 30. 9. 1938 — II En 7923/38 — Richtlinien über Kreuzung von Reichsautobahnen und Elektrizitätsversorgungsanlagen). Das Verhältnis zwischen Wegebaulastpflichtigen und Telegrafenverwaltung ist behandelt in dem Telegrafenwegegesetz vom 18. 12. 1899 — RGBl. S. 709 —[5]), dasjenige zwischen Eisenbahnen und anderen öffentlichen Verkehrswegen im Kreuzungsgesetz vom 4. 7. 1939[6]). Das Verhältnis von Anliegern regelt sich i. a. nach Privatrecht[7]).

Für Bundesfernstraßen bedarf der Gebrauch über den normalen Gemeingebrauch hinaus (Sondernutzung) der Erlaubnis der Straßenbaubehörde, bei Ortsdurchfahrten der Gemeinde (§ 8 FStrG., der die einzelnen Voraussetzungen aufzählt).

4. Einziehung

Einziehung eines öffentlichen Weges bedeutet die Entkleidung von seiner Öffentlichkeit. Nach der Einziehung darf er nicht mehr für den öffentlichen Verkehr in Anspruch genommen werden. Einziehung ist mithin eine den rechtlichen Zustand des Gemeingebrauchs an dem bisher öffentlichen Weg aufhebende Handlung. Die für die Einziehung maßgeblichen materiellen Gründe und das einzuschlagende Verfahren sind hinsichtlich der durch das Gesetz vom 26. 3. 1934 erfaßten Straßen reichs- bzw. bundeseinheitlich, im übrigen nach Landesrecht geregelt, so für die ehemals preußischen Gebiete nach § 57 ZG[8]).

Für die Einziehung muß stets ein öffentliches Interesse sprechen[9]). Gegen die Einziehung können sowohl öffentliche als auch private Interessen Berück-

[1]) Anlieger haben weder nach § 4 StVO. noch nach § 14 pr. PVG. einen klagbaren Anspruch auf bestimmte Maßnahmen — OVG. Mstr. in: DVBl. 1951, 223; auch § 7 FStrG.

[2]) OLG. Stuttgart in: DAutR. 1952, 62. — Die zunächst umstrittene Zulässigkeit von Parkuhren ist jetzt nach § 16 Abs. 3 StVO. idF. vom 29. 3. 1956 — BGBl. 271, 327 — gegeben.

[3]) RGZ. 123, 181; 125, 112.

[4]) v. Rosen—v. Hoewel, in: DVBl. 1953, 133 mit Schrifttum.

[5]) Vgl. Eiser-Riederer, Energiewirtschaftsrecht 1953, VI A 1 d; auch Germershausen-Seydel I, 142 ff.

[6]) Vgl. Koch, in: ArchöffR. 78. Bd. (1952), 63 ff.

[7]) OVG. Lbg. in: ÖV. 1954, 90.

[8]) OVG. Mstr. in: ÖV. 1954, 635.

[9]) Vgl. z. B. pr. OVG. 67, 333; 104, 145; auch Drews, Preußisches Polizeirecht, 1933, II, 290.

sichtigung verlangen[1]). Ob den Anliegern bei Wegeeinziehungen oder Wegeveränderungen Entschädigungsansprüche zustehen, ist streitig[2]).

Widmung, Entwidmung und Modifikation der Widmung sind adressatlose Verwaltungsakte, auf deren Erlaß niemand einen Anspruch hat[3]).

5. Fluchtlinienveränderung

Die Festlegung der Baufluchtlinien ist keine notwendige Bedingung für die Neuanlage oder Veränderung von Straßen. Wenn aber einmal Fluchtlinien vorhanden sind, ist ihre Veränderung nur in der jeweils gesetzlich vorgesehenen Weise möglich. Rechtsgrundlagen sind die verschiedenen Landesfluchtliniengesetze, so z. B. für die ehemals preußischen Gebiete das pr. Fluchtliniengesetz von 1875 i. d. F. vom 28. 3. 1918[4]).

Das Verfahren wird durchgeführt von der Wegepolizeibehörde. Von besonderer Bedeutung ist die Einhaltung der Fluchtlinien in geschlossenen Ortschaften, so daß weitgehend das Verfahren in der Hand der Gemeindebehörden liegt. Sollen neue Fluchtlinien festgelegt werden, so ist der Fluchtlinienplan zu jedermanns Einsicht offenzulegen. Über Einwendungen gegen den Plan wird in einem gesetzlich jeweils besonders festgelegten Verfahren entschieden[5]).

Die Verwaltungsentscheidungen sowohl bei der Einziehung von Wegen als auch bei dem Fluchtlinienverfahren stellen Verwaltungsakte dar, die im Rahmen der Generalklausel verwaltungsgerichtlich angefochten werden können. Die erste Offenlegung eines Fluchtlinienplanes kann eine Allgemeinverfügung

---

[1]) Diese vom pr. OVG. ständig vertretene Ansicht — vgl. z. B. 60, 366; 104, 145 — wird neuerdings bestritten, indem man private Interessen nicht gelten lassen will — LVG. Minden in ÖV. 1951, 367.

[2]) Vgl. die an RGZ. 70, 80, wo die Frage wegen des zwischen Anlieger und Behörde geschlossenen „Anliegervertrages" bejaht wird, anknüpfende Auseinandersetzung, zusammengefaßt bei Germershausen-Seydel I, 118ff. Nunmehr BGH. in: MDR. 1953 B, 42: Ersatzanspruch nach § 75 EinlALR. nur, wenn den Anliegern ein besonderes persönliches Opfer auferlegt wird, nicht schon, wenn die Beschränkungen auf allgemeinen gesteigerten Straßenverkehr und dadurch hervorgerufene Regeln über Nutzbarkeit und Verwertbarkeit der Straßen beruhen. — Diese Regelung wird wohl allen Interessen gerecht.

[3]) OVG. Hbg. in: MDR. 1954, 57; OVG. Mstr. 1954, 635.

[4]) Zu der Spezialfrage der Fluchtlinien und Entschädigung bei Laubengängen s. Delius, in: ÖV. 1951, 402. — Fluchtlinien können nicht festgelegt werden durch Anwendung der VO. über Baugestaltung vom 10. 11. 1936 — RGBl. 928 —, die sich nicht auf Fluchtlinien, sondern nur auf die äußere Gestaltung von Bauwerken und ihre einwandfreie Einfügung in ihre Umgebung bezieht — LVG. Hannover vom 9. 8. 1951 — I 222/51.

[5]) Vgl. pr. Richtlinien für die Aufstellung von Fluchtlinien- und Bebauungsplänen vom 28. 5. 1876 — MinBliV. 131; wichtige Entscheidungen: pr. OVG. 86, 395; 98, 215.

sein[1]). Der endgültig festgelegte Fluchtlinienplan dagegen ist eine Rechtsnorm[2]). Ob ein Fluchtlinienplan aufgestellt wird, steht im freien Ermessen, wie er zu gestalten ist, im gebundenen Ermessen der zuständigen Behörde, meist der Gemeinde[3]).

Die Festsetzung einer Entschädigung für die betroffenen Grundeigentümer richtet sich nach den Enteignungsgesetzen[4]).

Schrifttum

Dassel, v., Das Recht der Verwaltung von Reichs- und Landstraßen (Sonderdruck aus Verwaltungsarchiv). 1944.
Floegel-Hartung, Straßenverkehrsrecht. Kurzkomm. (9. Aufl.). 1954.
Germershausen-Seydel, Das Wegerecht und die Wegeverwaltung in Preußen (3. Aufl.). 1932.
Händel, Anliegerbeitragsrecht. 1953.
Heigl, Wegerecht, in: Verwaltung in Bayern, hsg. von Mang, 1952.
Kodal-Gudat, Handbuch des Straßenbaurechts. 1954.
Koerner, Studien zum Recht der öffentlichen Wege (Wiener straf- und rechtswissenschaftliche Studien, Bd. XXI). 1932.
Lutkes, Straßenverkehr. Straßenverkehrszulassungsordnung. 1954.
Marschall, Das Straßenbaurecht. 1951.
— Bundesfernstraßengesetz. Komm. 1954.
Müller, Straßenverkehrsrecht. Komm. (18. Aufl.). 1955.
Nüßle-Merkel, Kraftfahrzeuggesetze. (8. Aufl.). 1955.
Schmid, G., Das öffentliche Wegerecht in Württemberg. 1932.
Seebohm, Die Straßen der Bundesrepublik (Schriftenreihe des Bundesministers f. Verkehr). 1954.
v. Strauß-Tornay-Meyer-Saß, Pr. Straßen- und Baufluchtgesetz (7. Aufl.). 1954.

---

[1]) OVG. Mstr. hält allerdings die Klage gegen einen Beschluß nach § 8 pr. Fluchtlinieng. für unzulässig — Beschl. vom 18. 12. 1952 — IV B 705/52 —. Bedenklich! BVerwG. in: ÖV. 1954, 187. läßt offen, verneint aber das Rechtsschutzbedürfnis — ÖV. 1954, 662.

[2]) LVG. Hbg. in: MDR. 1952, 766. w.-b. VGH. in: VerwRspr. 1, 34; OVG. Mstr. 5, 162; OVG. Kbl. 2, 6: Bedenken bei Schneider, Baldauf, Hüttenheim, in: ÖV. 1951, 661; 1952, 621; 1954, 163.

[3]) OVG. Hbg. in: DVBl. 1951, 280. [4]) OVG. Mstr. 5, 162.

Vierundzwanzigstes Kapitel

Wasserrecht

1. Begriff

Das Wasserrecht behandelt den Begriff und die Arten der Gewässer, die Eigentumsverhältnisse an ihnen einschl. der Betten, ihre Benutzung und Unterhaltung einschl. der Ufer, das wild abfließende Wasser, die Quellen. Angesichts des zunehmenden Mangels an verwendbarem Wasser und der untragbaren Verschmutzung der Gewässer besteht ein immer stärkeres Bedürfnis für eine großräumige Regelung[1]).

Nicht zum eigentlichen Wasserrecht gehören: das Schiffahrtsrecht (Seewasserstraßenordnung vom 31. 10. 1933 — RGBl. II, 838 —; BinnenschiffahrtspolizeiVO. vom 12. 4. 1939 — RGBl. II, 655 —[2]), das Fischereirecht[3]).

2. Reichs- und Bundesrecht

Reichsrechtliche Regelungen finden sich nur auf dem Gebiet der Wasserstraßengesetzgebung, des Wasser- und Bodenverbandsrechts und einiger Verfahrenszweige[4]).

a) Wasserstraßen

Art. 97 Abs. 1 WRV bestimmte, daß die Reichswasserstraßen in Eigentum und Verwaltung des Reiches stehen. Dementsprechend gingen Wasserstraßen nach dem Gesetz über den Staatsvertrag betr. den Übergang der Wasserstraßen von den Ländern auf das Reich vom 29. Juli 1921 — RGBl. 961 — und zwar die großen in einem besonderen Verzeichnis aufgeführten Binnenwasserstraßen sowie Seewasserstraßen auf das Reich über. Damit fiel auch das Landeseigentum — mit kleinen Vorbehalten (§ 2) — an das Reich. Privateigentum blieb bestehen und kann seither gegebenenfalls gegen Entschädigung enteignet werden. Die einzelnen Ausführungsregeln sind in Zusatzverträgen mit den Ländern enthalten (vgl. RGBl. 1922, I, 222ff.). Das Gesetz wurde formell aufgehoben und ersetzt durch VO. über Reichswasserstraßen vom 15. April 1943 — RGBl. II, 131 — mit DVO.

Nach Art. 89 Abs. 1 GG. ist der Bund Eigentümer der bisherigen Reichswasserstraßen. Die geltende Regelung unterscheidet Eigentum und Verwaltung. Welchen Inhalt das Eigentum hat, ist umstritten. Die Begründung zum Gesetz von 1921 geht, was die VO. 1943 ausdrücklich vorbehält, von dem vollen privatrechtlichen Eigentum aus. Aber die Lage ist abhängig von der landesrechtlichen

---

[1]) Näheres: Wüsthoff, in: NJW 1950, 578; 1955, 1777.

[2]) Kommentar: Vortisch-Zschucke, Binnen-Schiffahrts- und Flößereirecht (2. Aufl.) 1953; Textsammlung, hrsg. v. Laun-Lindenmaier 1955.

[3]) Vgl. oben S. 317f.

[4]) Über die Grundlinien eines Bundeswasserg.. Lohr, in: ÖV 1954, 297.

Regelung, so daß privatrechtliche Bestimmungen nur dort — wie z. B. in Preußen — voll Anwendung finden können, wo das Wasserrecht auf privatrechtlichen Grundlagen aufbaut. Sondernutzungsrechte, z. B. Fischereiberechtigungen, Fährberechtigungen, Fähr- und Brückenregale, bleiben bestehen.

Unter Verwaltung zu begreifen ist all das, was mit dem Gemeingebrauch der Wasserstraßen zusammenhängt. Die Grenze zwischen Zuständigkeit des Reiches (Bund) und der Länder ist niedergelegt in § 11 des Staatsvertrages von 1921:

„Die Verwaltungszuständigkeiten der Landeszentralbehörden hinsichtlich des Baues, der Unterhaltung, des Betriebes und der Verwaltung der auf Grund dieses Vertrages übergehenden Wasserstraßen einschließlich der Strom- und Schiffahrtspolizei und hinsichtlich der sonstigen, auf den Verkehr bezüglichen Befugnisse sowie hinsichtlich der Seezeichen und des Lotsenwesens gehen mit dem 1. 4. 1921 auf das Reich über. I. ü. erfolgt die einstweilige Verwaltung der Reichswasserstraßen durch die mittleren und unteren Behörden der Länder auf Kosten des Reiches und unter Leitung des Reichsverkehrsministeriums." Hierzu hat der Staatsgerichtshof einige Feststellungen getroffen[1]: Dem Reich war die Verwaltung der Wasserstraßen übertragen nur soweit, als diese dem Verkehr dienen, nebst dem, was hiermit in unlöslichem Zusammenhang steht, nämlich Schiffahrtspolizei, Tarifgestaltung, Eigentumsbefugnis. Den Ländern verblieben: Vorflutrecht, Kraftquellen, Sicherheits-, Gesundheits- und Deichpolizei, Fischereinutzung.

Die ihm zustehenden Verwaltungsaufgaben regelte das Reich weitgehend in Form der Auftragsverwaltung. Diese Verwaltungsform sah die WRV. nicht vor; aber Praxis und Theorie hatten sie gerade am Beispiel des Wasserrechts herausgebildet, und der Staatsgerichtshof beanstandete sie nicht. Die nach § 5 VO. 1943 vorgesehene reichsunmittelbare Verwaltung — auf Grund der bestehenden Landesgesetze — wurde nie durchgeführt. Art. 89, 90 GG. sieht nun fakultativ Bundesauftragsverwaltung vor, sofern der Bund keine bundeseigene Verwaltung errichtet.

b) Wasser- und Bodenverbände

Den früher nach Landesrecht bestehenden etwa 20000 verschiedenen Wasser-, Deich-, Siel-, Schleusen- usw. Verbänden, den Bodenverbesserungs- und Bodenkulturgenossenschaften usw. gab die Erste Wasserverbandsordnung vom 3. 9. 1937 — RGBl. 933 — eine einheitliche reichsrechtliche, nunmehr — im wesentlichen mit dem GG. vereinbare — bundesrechtliche[2]) Grundlage. Sie sind seitdem — abgesehen von einigen Ausnahmen (fünf Verbände im Ruhrgebiet und im rheinischen Industriegebiet, § 191 pr. Ges. vom 14. 7. 1904, 29. 4. 1913, 3. 6. 1913, 19. 1. 1926) und einigen Übergangsbestimmungen, insb. für Württemberg — Körperschaften des öffentlichen Rechts. Die hauptsächlichsten Aufgaben der Verbände sind: Herstellung von Gewässern und ihren Ufern, Änderung und Erhaltung des ordnungsgemäßen Zustandes (Meliorationen); Herstellung, zweckmäßige Änderung usw. von Schiffahrts-, Stau-, Schleusenanlagen, Grundstücksbe- und -entwässerung, Abwässerabführung, Beschaffung von Trink- und

---

[1]) RGZ. 112, Anhang 33.

[2]) BVerwG. IV C 18, 54, womit der heftige Streit, ob Landes- oder Bundesrecht, entschieden ist. — Vgl. auch Linckelmann, in: ÖV. 1955, 685, 717.

Brauchwasser mit Grundwasserbewirtschaftung, Verbesserung des Bodens durch richtige Wasserwirtschaft, schließlich Landgewinnung aus Wasserflächen (§ 2). Ihre volkswirtschaftliche Wichtigkeit ist angesichts solcher Aufgaben kaum zu überschätzen. — Den Verbänden können als Mitglieder zugewiesen werden: die jeweiligen Eigentümer von Grundstücken, Bergwerken oder Anlagen (sog. dingliche Mitglieder), Personen, denen der Verband Gewässer- oder Uferunterhaltungspflichten abnimmt (sog. Unterhalter), öffentlich-rechtliche Körperschaften (praktisch insb. Gemeinden und Gemeindeverbände), andere Personen aus einzelnen zweckbestimmten Gründen.— Jeder Verband hat i. d. R. ein bestimmtes Verbandsgebiet, auf dem er seine Arbeiten, sein „Unternehmen", verrichtet. In diesem Rahmen besitzt er ein Enteignungsrecht. Für größere Unternehmen muß ein Plan aufgestellt werden, wobei die Aufsichtsbehörde eingeschaltet ist. — Die inneren Verhältnisse des Verbandes zu seinen Mitgliedern sind in einer Satzung geregelt. Streitigkeiten zwischen diesen Stellen sind i. d. R. andere Streitigkeiten des öffentlichen Rechts oder Parteistreitigkeiten. — Die Aufsicht, ausgeübt durch die allgemeine Verwaltung, hat sich — nach der wohl richtigen Auslegung des § 111 — auf die Kontrolle der Rechtmäßigkeit der Verbandsmaßnahmen zu beschränken. — Die Gründung neuer Verbände geschieht durch Verwaltungsakt, der von den dadurch Betroffenen, auch den präsumtiven Mitgliedern, angefochten werden kann. Wie stets kann das Verwaltungsgericht nicht die Zweckmäßigkeit der Verwaltungsmaßnahme nachprüfen, sondern nur bei Rechtsverletzung einschl. Ermessensmißbrauch oder Ermessensüberschreitung einschreiten.

c) Verfahren

Während die Wasserpolizei durch Landesbehörden durchgeführt wird, richtet sich die außerordentlich wichtige Wasserschau, insb. für die größeren Gewässer, nach reichs- bzw. bundesrechtlichen Bestimmungen. Die Wasserschau bezweckt die laufende Unterrichtung aller zuständigen Stellen über den Zustand der Gewässer. Über die Ergebnisse der Schau werden Schaubücher geführt. Die Schauämter können in bestimmtem Umfang auch Zwang ausüben, wobei insb. das Gesetz über Ordnungswidrigkeiten angewandt wird.

3. Landesrecht

Nach Landesrecht richtet sich die Rechtslage der vielen Gewässer, die nicht in dem Anhang zu dem Gesetz von 1921 und später der Verordnung von 1943 aufgeführt sind. Für die übrigen gilt Landesrecht, wenn nicht ausdrücklich Bundesrecht vorhanden ist.

a) Öffentliches Eigentum

Die Landesrechte nun haben zwei voneinander verschiedene Ausgangspunkte je nachdem, ob das öffentliche Recht im Vordergrund steht oder ob öffentliches Recht und Privatrecht sich die Waage halten. Die bad. und württ. Regelung kommt dem öffentlichen Eigentum nahe. Nach dem bad. Wassergesetz sind öffentliche Gewässer Staatseigentum und natürliche Wasserläufe Gemeindeeigentum; nur künstliche und geschlossene Gewässer können in Privateigentum stehen. Staats- und Gemeindeeigentum sind nicht übertragbar. Nach der württ. Regelung ist die Lage ähnlich. Nach beiden Rechtsordnungen gelten die sog. wohlerworbenen Rechte als dem öffentlichen Recht angehörende Nutzungen. Insgesamt überwiegt so das öffentliche Recht.

Beispiel:

Errichtung der „Hafenverwaltung Kehl — Körperschaft des öff. Rechts" nach badischem Recht durch Abkommen zwischen Baden und dem Port Autonome de Strasbourg vom 19. 10. 1951 — BVerfG. 2, 359.

b) Öffentliches und privates Recht

Demgegenüber geht die norddeutsche Regelung — z. B. pr. Wasserg. vom 7. April 1913 — von einer privatrechtlichen Grundlage, also vom Privateigentum aus, welches durch das öffentliche Recht, insbesondere durch Gemeingebrauch, weitgehend überdeckt ist. Die pr. Regelung teilt die Gewässer in zwei Gruppen ein, nämlich „Wasserläufe" (Legaldifinition, § 1 Abs. 1) und „nicht zu den Wasserläufen gehörende Gewässer".

Zu letzteren gehören kraft ausdrücklicher Vorschrift (§ 1 Abs. 3) auch Gräben, die nicht der Vorflut der Grundstücke verschiedener Eigentümer dienen. Vorflut ist die Möglichkeit des ungehinderten Ablaufs des auf der Erdoberfläche befindlichen Wassers nach dem natürlichen Gefälle. Wasserläufe werden nach zwei Gesichtspunkten eingeteilt: Nach der Art ihrer Entstehung, das sind natürliche und künstliche (§ 1 Abs. 1); nach ihrer wasserwirtschaftlichen Bedeutung: Wasserläufe I., II. und III. Ordnung, wobei über die Zugehörigkeit ein nach dem Gesetz aufzustellendes Verzeichnis entscheidet. Das Eigentum ist Privateigentum nach BGB. Wasserläufe I. Ordnung stehen im Eigentum des Staates, Wasserläufe II. und III. Ordnung im Eigentum der Anlieger mit Übergangsregeln. Die Unterhaltspflicht ist eine öffentlich-rechtliche Verbindlichkeit, welche grundsätzlich weder aufgehoben noch abgeändert werden kann (§ 113). Sie umfaßt bei Wasserläufen I. Ordnung die Erhaltung der Schiffbarkeit und Vorflut (Hochwasser) (§ 114—122). Unterhaltspflichtig ist bei natürlichen Wasserläufen I. Ordnung der Staat bzw. bei Bundeswasserläufen der Bund (§ 115 Abs. 1 Ziff. 1, § 15 Staatsvertrag 1921), für Wasserläufe II. Ordnung im allgemeinen Wassergenossenschaften, die für diesen Zweck von am Wasserlauf Interessierten gebildet werden (§115 Abs. 1 Nr. 2, § 206 Nr. 1, §§ 210, 238, 245), für Wasserläufe III. Ordnung die Eigentümer und, wenn nicht zu ermitteln, die Anlieger.

Beispiel:

Besonders teuere Vorfluthindernisse — pr. OVG. 83, 255. — Brückentrümmer, bizonale Ordnung vom 3. 5. 1947.

Die Vornahme von Unterhaltungsarbeiten am Flußbett ist keine hoheitliche Tätigkeit, sondern wirtschaftlicher Natur[1]). Bei Verletzung der Sorgfaltspflicht bei Ausbau und Unterhaltung haftet der Pflichtige nach bürgerlich-rechtlichen Grundsätzen (§§ 89, 31, 30, 823, 831 BGB.)[2]). Wasserpolizei im organisatorischen Sinne ist eine durch Gesetz geschaffene Sonderpolizei. Sie ist nur zuständig für die Überwachung der Lebensverhältnisse, die in notwendigen und unbedingten Beziehungen zu den Gewässern stehen (vgl. auch § 357, Schauämter; § 369 Wasserbeiräte). Im übrigen sind die allgemeinen Polizeibehörden zuständig. Normaler Gemeingebrauch besteht für alle Wasserläufe in Baden, Waschen, Schöpfen mit Handgefäßen, Viehtränken, Schwemmen, Kahnfahren, Eislaufen und Entnehmen von Wasser und Eis sowie Einleitung von Wasser und Abwässern (§ 25), für Wasserläufe I. Ordnung zusätzlich in Schiffahrt und Flößerei

[1]) OLG. Köln in: DVBl. 1952, 177. [2]) OLG. Hbg. in: MDR. 1953, 167.

mit verbundenen Hölzern (§ 26). Beschränkung des Gemeingebrauchs durch die Wasserpolizeibehörde ist möglich (§ 39)[1]). Sondernutzung kann bestehen in Wasserableitung, besonders starker Einleitung von Wasser und anderen flüssigen Stoffen, Hebung oder Absenkung des Wasserspiegels, Stauen, der Anlage von Häfen und Stichkanälen, der Herstellung von Anlegestellen und baulichen Vorrichtungen von größerer Bedeutung, der Errichtung kommunaler oder gemeinnütziger Badeanstalten (§ 46), durch alte Fährgerechtigkeiten und Nutzungsrechte der Anlieger (§ 382). Bei Gewässern, die nicht zu den Wasserläufen gehören, muß der Gemeingebrauch bestimmt werden (§ 199). — Ähnlich ist der Aufbau des Wasserrechts in Bayern (WG. vom 23. 3. 1907)[2]).

Die Verkehrssicherungspflicht obliegt der Wasserstraßenverwaltung; sie ist privatrechtlicher Natur[3]).

Schrifttum

Albers, Das Deichrecht im Amte Ritzebüttel. 1938. (Archiv f. Beiträge z. Deutschen Schweizerischen u. skand. Privatrechte. H. 28.)
Barocka, Wirtschaftl., organisatorische und finanzielle Probleme des Wasserbaus und des Meliorationsrechts. 1953.
Bochalli-Linckelmann, Wasser- und Bodenverbandrecht (2. Aufl.) 1949.
Denkschrift des Verbandes deutscher Sportfischer e. V. zur Erhaltung unserer Fischgewässer. 1950.
Giese, Die Bundeswasserstraßen. (Schriftenr. des Bundesm. f. Verkehr) 1955.
Haller, Württ. Wassergesetz. Nachdruck 1954.
Holtz-Krentz-Schlegelberger, Das Preuß. Wassergesetz (4. Aufl.) 1927.
Linckelmann, Untersuchungen über das Wasser- und Bodenverbandsrecht (Rechtsgutachten f. B. d. I.). 1955.
Riederer, Wasserverbandsrecht. 1953.
Rudolph, Wasserrecht in: Verwaltungsrecht in Bayern, hsg. von Mang, 1952.
Wuesthoff, Handbuch des deutschen Wasserrechts. 2. Bd. 1949.
— Einführung in das deutsche Wasserrecht (Mitt. des deutschen Wasserwirtschafts- und Wasserkraftverbandes e. V. Berlin), 1953.

---

[1]) Besonders wichtig wegen der Verschmutzung der Gewässer infolge der Ausbreitung der Industrie.

[2]) Bayer. VGH. 49, 25: Recht auf Gemeingebrauch; ein Recht auf Eröffnung des Gemeingebrauchs gibt es nicht; vgl. oben S. 157. — Für Sondernutzung hält VGH. 25, 244; 62, 10 die Erlaubnis des Eigentümers für erforderlich.

[3]) OLG. Stuttgart in: VkBl. 1954, 100; OVG. Schleswig, in: VkBl. 1954, 191; wie bei Wegen vgl. oben S. 368.

Fünfundzwanzigstes Kapitel

Baurecht

1. Geschichte

Im Mittelalter und zur Zeit des Absolutismus war das Bauwesen weitgehend obrigkeitlich gelenkt. Der Liberalismus des 19. Jahrhunderts verringerte alle öffentlich-rechtlichen Bindungen auf ein Mindestmaß und beschränkte sich vorwiegend auf eine nur polizeiliche Kontrolle[1]). Zur Zeit der größten Bauentfaltung, der bis dahin ungekannten Erweiterung der Städte nach Umfang und Bevölkerung war so das Bauwesen dem freien Wettbewerb und der Triebfeder des Gewinnstrebens überantwortet[2]). Das wirkt sich heute noch in dem Bild unserer Städte aus (häßliche und unhygienische Mietkasernen, „Gängeviertel").

Seit der Jahrhundertwende gibt der Landesgesetzgeber allmählich seine Zurückhaltung auf und regelt außer den baupolizeilichen auch baukulturelle und ästhethische Gebiete[3]), wie z. B. die Landesverunstaltungsgesetze zeigen. Entwürfe von Landesstädtebaugesetzen — so z. B. für Preußen im Jahre 1926 — scheiterten an den unüberwindlichen Schwierigkeiten der Entschädigungsfrage[4]).

Für das Reich kam es zu einem Referentenentwurf für ein Reichsstädtebaugesetz — RArbBl. 1931 Nr. 32 — und ein Baulandgesetz. In den dreißiger Jahren ergingen dann Regelungen für Einzelgebiete, die heute noch von Bedeutung sind, die einen völligen Auseinanderfall des Baurechts verhinderten, aber doch ihrem ganzen Aufbau nach nur vorläufigen Charakter tragen.

Die Zerstörungen des zweiten Weltkrieges machten neue Gesetze nötig. Die Länder erließen Trümmergesetze, um die Trümmerentfernung zu ordnen und noch brauchbare Baustoffe zu verwerten. Baulenkungsgesetze suchten die Schwierigkeiten der Materialbeschaffung zu überwinden. Nachdem seit der Währungsreform die wirtschaftlichen Verhältnisse übersichtlicher geworden sind und langfristigere Planungen zulassen, werden sie ersetzt durch die Landesaufbaugesetze, welche die Voraussetzungen für eine geordnete Entwicklung des Wiederaufbaus schaffen wollen. Sie knüpfen an den sog. Lemgoer Entwurf des ehemaligen Zentralamts für Wirtschaft von 1947 an, regeln aber bewußt nur Teilgebiete, meist Sonderrecht für Wiederaufbaugebiete. Dem Bund steht — unter den Voraussetzungen des Art. 72 Abs. 2 GG. — die Regelung zu über die städtebauliche Planung, die Baulandumlegung, die Zusammenlegung von Grundstücken, den Bodenverkehr, die Erschließung und die Bodenverwertung in bezug auf die vorbezeichneten Gegenstände. Er ist nicht zuständig für die Baupolizei und für Wertsteigerungsabgaben[5]).

---

[1]) So z. B. pr. OVG. 9, 353, das bekannte „Kreuzbergurteil"; vgl. oben S. 283.

[2]) Vgl. z. B. Görderitz-Blunck, Aufbaugesetz von Niedersachsen, 12; Büge-Zinkahn, Verunstaltung, 11ff.

[3]) Nur nach gesetzlichen Grundlagen: pr. OVG. 84, 416.

[4]) Hier liegen die eigentlichen Schwierigkeiten für die Festlegung des Enteignungsbegriffs, vgl. oben S. 165; auch: Schriftenreihe des Bundesministeriums für Wohnungsbau, Heft 1 (1952).

[5]) BVerfG. 3, 427. Ernst, in: DVBl. 1955, 410; Giese, in: ArchöffR. 80, 212. Vgl. die Schriften von Wilhelm Dittus, insb. Entwurf zu einem Baugesetz für die Bundesrepublik

2. Begriff

Baurecht ist die Summe der Rechtsvorschriften, die sich auf die Ordnung des bebauten und zu bebauenden Bodens beziehen[1]). Das materielle Baurecht regelt die materiellen Rechtsbeziehungen, das formelle regelt das Verfahren.

Die neuere Ansicht gliedert das Baurecht nach dem üblichen Ablauf des Baugeschehens in Planungsrecht, d. i. die Vorbereitung und Leitung der Bebauung in Stadt und Land, zu ihr gehörenden baulichen Anlagen und Einrichtungen sowie der mit der Bebauung zusammengehörenden Bodennutzung (konkurrierende Gesetzgebung des Bundes)[2]),

Wohnsiedlungsg. i.d.F vom 27. 9. 1938 — RGBl. 1246 — mit AVO.[3]); Ges. vom 3. 7. 1934 — RGBl. 568 —[4]) mit DVO., VO. über die Regelung der Bebauung vom 15. 2. 1936 — RGBl. 104 —, VO. über befristete Bausperren vom 29. 10. 1936 — RGBl. 933 —, auch Reichssiedlungsg. i.d.F vom 8. 7. 1926 — RGBl. 398 —, Baulandbeschaffungsg. vom 3. 8. 1953 — BGBl. 720 —, südd. Ges. zur Beschaffung von Siedlungsland zur Bodenreform von 1946[5]).

Umlegungs-, Zusammenlegungs- und Grenzberichtigungsrecht, die Rechtsgrundlagen dafür schaffen, Grundstücke so umzuformen, daß geeignete Bauflächen entstehen (konkurrierende Gesetzgebung des Bundes),

KleinsiedlungsVO. vom 17. 10. 1936 — RGBl. 896 —, Reichsheimstätteng. i.d.F vom 25. 11. 1937 — RGBl. 1291 — mit AVO., Erstes Wohnungsbaug. vom 24. 4. 1950 — BGBl. 83 —, Flurbereinigungsg. vom 14.7.1953 — BGBl. 591 (an Stelle des Reichsumlegungsgesetz 1936 und der Landesumlegungsgesetze), Landesbaulandgesetze.

Erschließungsrecht, das die Herstellung und Unterhaltung der den Bauzwecken mittelbar dienenden Anlagen und Bauwerke (Wege, Leitungen, Kanalisation, Abfallbeseitigung, Grünflächen) zum Gegenstand hat,

G. vom 2. 7. 1875 i.d.F vom 30. 1. 1939 — RGBl. 106 —; Anliegerbeitragsg. vom 30. 9. 1936 — RGBl. 854 —,

Bauordnungsrecht (besser als Baurecht i. e. S.) mit seinen Bestimmungen über die architektonischen, technischen und baukünstlerischen Voraussetzungen für jeden Bau sowie über die öffentliche Sicherheit.

Deutschland mit einem Vorwort von Bundesminister Wildermuth, Bonn 1950. Der Entwurf zerfällt in folgende Teile: Planung, Baulandumlegung, Zusammenlegung von Grundstücken, Landbeschaffung, Bodenbewertung und Bodenverkehr, Erschließung, Bebauung, bauliche Nachbarrechte. — Auch: Bundesbaublatt, hrsg. vom Bundesminister für Wohnungsbau in Zusammenarbeit mit den obersten Landesbehörden, Wiesbaden.

[1]) So als Ergebnis der Entwicklung: Zinkahn, Baurechtliche Vorschriften Vorwort. — Zur Grenze gegenüber dem bürgerl.-rechtl. Nachbarrecht: v. Kohler, in: JR. 1955, 135.

[2]) BVerfG. 3, 427.

[3]) Zur Anwendung: VGH. Bremen in: DVBl. 1954, 61.

[4]) Über die Anwendung: BVerwG. in: DVBl. 1955, 292; dazu Forsthoff, in: ÖV 1955, 193; Dittus, in: ÖV 1955, 196.

[5]) Mit GG. vereinbar: BVerwG. 1, 140.

Baugestaltungsvo. vom 10. 11. 1936 — RGBl. 938 — mit DVOen; Reichsnaturschutzg. i.d.F. vom 20. 1. 1938 — RGBl. 36 — mit DVO. — Landesverunstaltungsgesetze[1]). Reichsgaragenordnung[2]).

Daneben gibt es zahlreiche Sonderbestimmungen für einzelne Bauarten[3]). Für jeden Bau sind außerdem wichtig die als Ortsstatute oder Polizeiverordnungen erlassenen Bauordnungen (für Preußen landeseinheitliche Muster, nämlich Einheitsbauordnung für Städte vom 25. 4. 1919, Einheitsbauordnung für das platte Land vom 22. 3. 1931, für Bayern z. B. Bauordnung vom 17. 2. 1901 — GVBl. 87 — i. d. F. vom 11. 2. 1943 — GVBl. 11 —)[4]).

3. Materielles Baurecht

Materielles Baurecht bedeutet (positive) Baupflege und (negativen) Schutz gegen Verunstaltung. Rechtsbestimmungen, die diesem Zweck dienen, sind grundsätzlich mit dem GG. vereinbar. Sie beeinträchtigen insbesondere nicht die Entfaltung der Persönlichkeit im Sinne von Art. 2 Abs. 1 GG. Daher sind Regelungen des Reichs-, Landes- und Ortsrechtes zulässig, die im Dienste positiver Baupflege über den ausschließlichen Zweck, Verunstaltungen abzuwehren, hinausgehen. Denn Art. 2 Abs. 1 GG. hat nicht die gesetzgeberische Aufgabe, der schrankenlosen Willkür des einzelnen den Weg zu bereiten[5]).

Nach der Baugestaltungs-VO. insbesondere sind bauliche Anlagen und Änderungen so auszuführen, daß sie Ausdruck anständiger Baugesinnung und

---

[1]) Zinkahn, in: DVBl. 1951, 397, Walter, in: DVBl. 1954, 451. — Büge-Zinkahn; Naumann, in: DVBl. 1951, 398; zum Umfang der Lichtreklame: OVG. Hbg. in: MDR. 1952, 59; zur Werbung fern der geschäftlichen Niederlassung: w.-b. VGH. in: DVBl. 1951, 770; Verunstaltungsbegriff ist abhängig vom Durchschnittsempfinden: OVG. Hbg. in: MDR. 1952, 253.

[2]) Geltendes Recht: BVerwG. in: NJW. 1955, 1452, entsprechend der fast einhelligen Meinung.

[3]) Zusammenstellung sämtlicher in Betracht kommender Vorschriften bei Zinkahn aaO. (Loseblattausgabe), wodurch ältere Sammlungen, z. B. diejenige von Kayser im gleichen Verlag, überholt sind. — Auch Mahly-Prenzlow, Bau- und Betriebsvorschriften für Lichtspieltheater, Theater, Versammlungsräume, Zirkusanlagen, Waren- und Geschäftshäuser, 1953. — Für das ehemals preußische Gebiet gelten z. B. 121 Reichsgesetze und -Verordnungen, 50 preußische Regelungen und außerdem noch Ortssatzungen, für die Stadt Köln z. B. 27.

[4]) Die gesetzlichen Grundlagen einer Bauordnung sind i. a.: VO. vom 15. 2. 1936, Baugestaltungs-VO., VO. über baupolizeiliche Behandlung von öffentlichen Bauten vom 20. 11. 1938 sowie Landesgesetze (für Preußen z. B. § 14 pr. PVG. Art. 4 pr. Wohnungsg. vom 28. 3. 1918 — GS. 23 —, pr. Gesetz über baupolizeiliche Zuständigkeiten vom 15. 12. 1933 — GS. 491 —). Bauordnungen können durch Landesgesetz verlängert werden — hess. VGH. in: DVBl. 1955, 742. Über den örtlichen Bereich hinaus instruktiv ist: Schulz-Scheer, Bauordnung für Berlin mit Kommentar (2. Aufl.) Bauwelt-Verlag Berlin 1952.

[5]) BVerwG. in: NJW. 1955, 1647.

werkgerechter Durchbildung sind und sich der Umgebung einwandfrei einfügen. Bei beiden handelt es sich um von den Verwaltungsgerichten nachprüfbare Rechtsfragen[1]). Es besteht ein Anspruch auf Genehmigung, wenn der Bau nicht objektiv ohne Anwendung überspitzter ästhetischer Gesichtspunkte verunstaltend wirkt.

Beispiel:
Reklameschilder, Werbeanlagen, die sich der Umgebung anpassen, sind zulässig — BVerwG. in: NJW. 1955, 1647.

Ein in reinen Wohngebieten verbotener Bau kann sich dennoch seiner Umgebung einwandfrei einfügen[2]).

Außer diesen allgemeinen materiellen Anforderungen können — vor allem zur Durchführung städtebaulicher Absichten — durch lokale Bauordnungen für die Errichtung und Änderung baulicher Anlagen besondere Anforderungen gestellt werden[3]). Wenn in ihnen oder sonstigen Verwaltungsäußerungen bestimmte Bebauungspläne enthalten sind, so ist umstritten, ob der hierdurch Betroffene ein subjektiv-öffentliches Recht auf ihre Einhaltung hat[4]). Jedenfalls können sie nicht durch privatrechtliche Vereinbarung geändert oder unwirksam gemacht werden[5]). Ein Ortsbebauungsplan kann verwaltungsgerichtlich nicht angefochten werden[6]). Die in ihnen vorgesehenen Ausnahmegenehmigungen von zwingenden Vorschriften („Dispense") werden i. a. im Rahmen des freien Ermessens erteilt, so daß also kein Anspruch auf Erteilung besteht[7]). Insbesondere für Städte wichtig ist die Reichsgaragenordnung, wonach bei Neubauten die Notwendigkeiten des Kraftfahrverkehrs zu berücksichtigen sind.

Nachbarn des Bauberechtigten haben keine öffentlich-rechtlichen Beziehungen zur Baubehörde[8]). Die Zustandshaftung des Eigentümers usw. richtet sich nach den allgemeinen polizeilichen Regeln[9]).

---

1) OVG. Mstr. in: VerwRspr. 5, 468.
2) OVG. Mstr. in: DVBl. 1954, 56.
3) Für die Verbindung zwischen beiden Materien wichtig: § 24 pr. Einheitsbauordnung. — Zur Behandlung von sog. Außenbezirken vgl. Ringe, in: DVBl. 1953, 296.
4) Verneint: OVG. Hbg. in: DVBl. 1950, 280; für Abstandsvorschriften in ständiger Rechtsprechung: w.-b. VGH. 1, 129. Bejaht: VG. Stuttgart in: DVBl. 1951, 612, für den Fall, daß die Bebauungsvorschriften nicht nur im Interesse der Allgemeinheit, sondern auch von einzelnen Personen, z. B. von Grundstücksnachbarn erlassen worden sind.
5) OVG. Mstr. in: NJW. 1953, 80.
6) W.-b. VGH. in: VerwRspr. 2, 478.
7) Bad. VGH. in: DVBl. 1953, 88; BVerwG. in: NJW. 1955, 725; VGH. Freiburg, in: NJW. 1955, 1412; OVG. Mstr. in: DVBl. 1954, 27; Pietzonka, in: NJW. 1954, 1181; a. A. w.-b. VGH. in: DVBl. 1954, 506 und stand. Rechtsprechung. — Sofern ein Dispens — z. B. innerhalb der geschlossenen Bauweise nach § 8 pr. Einheitsbauordnung — nötig ist, empfiehlt es sich, zunächst hierüber zu entscheiden und sodann erst nach Erteilung des Dispenses darüber zu befinden, ob der Bau der Baugestaltungs-VO. entspricht.
8) BVerwG. ini NJW. 1954, 1214 entspr. herr. M.; a. A. bayer. VGH. in: VerwRspr. 5, Nr. 56.
9) BVerwG. in: MDR. 1955, 204.

4. Enteignung

Die Frage, ob Beschränkungen von Bauplänen der Grundstückseigentümer oder im Allgemeininteresse vorgenommene Änderungen von Privatbauten eine Enteignung darstellen, ist nicht nach einheitlichen Gesichtspunkten zu beantworten. Maßgeblich ist die Auffassung über die Möglichkeiten des Umfanges der Enteignung.

Beispiele aus der uneinheitlichen Judikatur:

Keine Enteignung: Versagung einer Bauerlaubnis nach § 3 Baugestaltungs-VO., so OVG. Mstr. 5, 181; Nebenbestimmungen bei Dispensen, so BVerwG. in: DVBl. 1955, 291; Bauverbot auf Grund des Naturschutzg.[1]) — dessen Weitergeltung nach OVG. Mstr. 5, 221 anzunehmen ist —; ebenso Haas, in: BB. 1952, 214; Versagung der Wiederaufbaugestattung für Gebäudereste, wenn auf Baukostenordnung (PolizeiVO.) gestützt; LG. Hagen in: DVBl. 1953, 61; Festsetzung einer Mindestgröße für Baugrundstücke hess. VGH. in: DVBl. 1952, 272. — Enteignung: Bauverbot nach Naturschutzgesetz, OVG. Hbg. in: DVBl. 1952, 246[2]); baurechtliche Eingriffe infolge städtebaulicher Neuregelung nach Kriegszerstörung OVG. Hbg. in: DVBl. 1952, 244, 246[3]).

Vorschriften über den Grundstücksverkehr, nach denen insb. die Teilung von Grundstücken, die Verfügung über sie sowie Vereinbarungen, durch die ein Recht zur Nutzung oder Bebauung eingeräumt wurde, genehmigungspflichtig sind, enthalten keine Enteignung, sondern stellen nur Inhaltsbestimmungen des Eigentums dar.

5. Formelles Baurecht

Die Bauordnungen unterscheiden im allgemeinen bauliche Anlagen, die einer Baugenehmigung bedürfen, und Anlagen, die keiner solchen Baugenehmigung bedürfen[4]). Eine Baugenehmigung ist die Erklärung der zuständigen Behörde, daß dem beabsichtigten Bauvorhaben Hindernisse in dem zur Zeit ihrer Erteilung geltenden öffentlichen Recht — einschließlich der allgemeinen polizeilichen, auch verkehrspolizeilichen[5]) und der baupolizeilichen Belange — nicht entgegenstehen[6]). Sie ist eine gebundene Erlaubnis, bei der

[1]) Die Bekanntmachung der unteren Naturschutzbehörde über den beabsichtigten Erlaß eines Landschaftsschutzes ist kein VA. Ein Verbot, bis zur Erledigung des Verfahrens Veränderungen vorzunehmen, ist VA. — OVG. Mstr. in: DVBl. 1953, 59.

[2]) Vgl. ferner Krüger in: ArchöffR. 77, 63; Naumann in: DVBl. 1951, 400; OVG. Münster in: HGBR. 1952, B 50 (R 2) Bl. 1; rhld.-pf. LVG. in: DVBl. 1952, 256; Wiethaupt in: BB. 1951, 910.

[3]) Auch: Maury, in: DVBl. 1953, 73.

[4]) Zum Begriff Neu- und Wiederaufbau vgl. bayer. VGH. 4, 5.

[5]) OVG. Mstr. in: DVBl. 1955, 294.

[6]) So insbes. die herrschende pr. Auffassung im Anschluß an die Rechtsprechung des OVG., vgl. Baltz-Fischer, pr. Baupolizeirecht VI, 395; Englert-Mang, Bayer. Bauordnung, 251; bayer. VGH. in: VerwRspr. 5, 466.

die Bindung darin liegt, daß sie erteilt werden muß, wenn die gesetzlich erforderlichen tatsächlichen Voraussetzungen erfüllt sind[1]). Bedingungen und Auflagen sind zulässig, aber nur dann, wenn sie durch die Bauordnung gedeckt sind[2]). Eine wichtige Auflage ist der Widerrufsvorbehalt, wobei der Widerrruf aber nicht willkürlich, sondern nur im öffentlichen (polizeilichen) Interesse ausgesprochen werden darf.

Beispiel:

Hat eine stark zerstörte Stadt im Jahre 1945 einer ausgebombten Lebensmittelhandlung die jederzeit widerrufliche Erlaubnis erteilt, auf einer bestimmten Grünfläche eine Verkaufsbaracke zu errichten, so liegt ein polizeiliches Interesse vor, wenn die Stadt nach Wiederherstellung normaler Verhältnisse im Jahre 1949 von ihrem Widerrufsrecht Gebrauch macht, um die Grünfläche wieder ihrem Zweck zuzuführen — OVG. Lbg. in: Bundesbaublatt 1952, 214.

Ohne eine solche kann sie nur nach den allgemeinen Regeln[3]) widerrufen werden. Die Genehmigung schließt späteres sicherheitspolizeiliches Eingreifen nicht aus[4]). Die Baugenehmigung gilt ihrem Wesen nach nur für eine bestimmte Zeit und wird hinfällig, wenn der Bau innerhalb einer gewissen Frist, meist Jahresfrist, nicht begonnen ist oder wenn der begonnene Bau eine gleiche Zeit lang unterbrochen wurde. Beim Wiederaufbau kriegszerstörter Häuser ist das z. Z. des Wiederaufbaus geltende Recht maßgeblich[5]). Die Aufführung eines Baues ohne die erforderliche Bauerlaubnis läßt einen formell illegalen Bau entstehen. Dieser Mangel allein ist aber noch kein Grund, um seine Beseitigung zu verlangen[6]). Ein solches Verlangen ist vielmehr nur dann gerechtfertigt, wenn und soweit der Bau auch gegen das materielle Recht verstößt[7]).

Es gibt auch vorläufige Baugenehmigungen. Aus ihnen erwachsen dem Bauherrn keine Rechte; sie bedeuten nur, daß die Baubehörde auf die polizeiliche Verhinderung des Baues und eine etwaige Bestrafung verzichtet[8]).

Außer der Baugenehmigung sind oft weitere Genehmigungen zur Errichtung eines Baus erforderlich[9]).

---

[1]) BVerwG. in: NJW. 1955, 1647. [2]) Bayer. VGH. in: VerwRspr. 3, 573.

[3]) S. oben S. 126. [4]) OVG. Mstr. in: DVBl. 1954, 509.

[5]) LVG. Hannover in: Städtetag 1952, 339 = ÖV. 1952, 571.

[6]) Baltz-Fischer aaO. 395; Drews, Pr. Polizeirecht 1933, Bd. II, 255. — OVG. Hamburg vom 18. 7. 1952 — II 694/51 —: „Mit dieser Begründung kann die Baubehörde noch nicht einmal die Erlaubnis zur Vervollständigung oder Ergänzung eines Bauwerkes verweigern." OVG. Mstr. in: VerwRspr. 5, 462. — Über Ermessensmißbrauch: bayer. VGH. in: DVBl. 1954, 510.

[7]) Hess. VGH. in: DVBl. 55, 296.

[8]) W.-b. VGH. in: DVBl. 1952, 672.

[9]) Der Wiederaufbau zerstörter Städte bedingt viele Eigentumsverschiebungen, so daß die Frage der Vereinfachung der Formvorschriften aktuell ist (Art. 3, 142 EGBGB.), vgl. Knickenberg in: ÖV. 1953, 204. — Zur Hypertrophie des Rechtsschutzes auch: Werner, in: NJW. 1953, 765.

Beispiel:

Wer in ehemals preußischem Territorium auf einem Grundstück, das in einem Wohnsiedlungsgebiet und gleichzeitig außerhalb von Baugebieten liegt, ein Wohnhaus errichten will, bedarf dazu 1. der Wohnsiedlungsgenehmigung nach § 4 WSG., zu erteilen von der unteren Verwaltungsbehörde, 2. der Ansiedlungsgenehmigung nach § 13 AnsG., zu erteilen vom Beschlußausschuß, 3. der Bebauungsgenehmigung nach der BauregelungsVO. und pr. G. über baupoliz. Zuständigkeit vom 15. 12. 1933, 4. der Bauerlaubnis nach örtlichem Baurecht — OVG. Mstr. in: DVBl. 1954, 52.

6. Bausperren

Das Recht des privatrechtlich Berechtigten, auf seinem Grundstück zu bauen, ist ein subjektiv-öffentliches Recht. Bauordnungen können nur Teilbeschränkungen enthalten. Bausperren sind nur möglich nach der VO. vom 29. 10. 1936. Danach kann die Baugenehmigungsbehörde für genehmigungspflichtige Vorhaben für eine befristete Zeit die Baugenehmigung versagen und für nichtgenehmigungspflichtige Vorhaben die Durchführung verbieten. Die Zerstörung der Städte erfordert mitunter zum allgemeinen Wohl eine städtebauliche Neuplanung, die für eine Übergangszeit einen Stillstand der privaten Bautätigkeit voraussetzt[1]). Außerdem können — was in Großstädten die Regel ist — Baubezirke (z. B. Wohngebiete, Geschäftsgebiete, in denen keine Betriebe errichtet werden dürfen, die „durch üble Dünste, starken Rauch oder ungewöhnliche Geräusche Gefahren, Nachteile oder Belästigungen für die Nachbarschaft oder die Allgemeinheit herbeiführen können", § 7 Ziff. 2 Abs. 9 Bauordnung Hannover vom 1. 1. 1943) errichtet werden, in denen gewisse Arten von Bauten — auch wenn sie nicht genehmigungspflichtig sind — nicht errichtet werden dürfen. Nur eine Sperre, die durch gesamtstädtische oder überörtliche Planung im Interesse der Allgemeinheit veranlaßt oder verlängert wird, wirkt enteignungsgleich[2]). In der gleichen Richtung liegt die Auffassung der Judikatur, daß Abweichungen von den bisherigen Fluchtlinien für Neubauten auf zerstörten Fundamenten für zulässig gehalten werden[3]).

7. Verfahren

Baubehörde oder Bauaufsichtsbehörde ist nach den landesrechtlichen Bestimmungen im allgemeinen die untere Instanz, also die Kreisbehörde. Sie entscheidet durch Verwaltungsakt[4]) über Baugenehmigungen und sie untersagt nicht genehmigungspflichtige Bauten, falls ein gesetzlicher Versagungsgrund

[1]) OVG. Hbg in: DVBl. 1951, 280.
[2]) BGH. in: ÖV. 1955, 180; auch Dittus, ebd. 162.
[3]) OVG. Hbg in: DVBl. 1950, 284.
[4]) Bayer. VGH. in: DVBl. 1955, 710.

vorhanden ist. Die rechtliche Durchsetzung der bauaufsichtlichen Anordnung erfolgt im Wege des Zwanges, und zwar im allgemeinen nach den vorhandenen Polizeizwangsmaßnahmen durch Ersatzvornahme, Zwangsgeld oder unmittelbaren Zwang (vgl. § 55 pr. PVG.)[1]).

Schrifttum

Baltz-Fischer, Preußisches Baupolizeirecht (6. Aufl.). Unveränd. Neudruck. 1954.
Büge-Zinkahn, Der Rechtsschutz gegen Verunstaltung. 1952.
Dittus, Baurecht im Werden. 1951.
— Grundgedanken für eine Beurteilung des Bonner Baugesetzentwurfs. 1952.
—-Zinkahn, Baulandbeschaffung. 1952.
Ehrenfort, Das Recht der Siedlung und Bodenreform. 1949—1953.
Englert-Mang, Bayerische Bauordnung (10. Aufl.). 1951.
Ernst, Kommentar zum Aufbaugesetz von Nordrhein-Westfalen. 1953.
Göderitz-Blunck, Kommentar zum Aufbaugesetz von Niedersachsen. 1951; mit Nachtrag 1952.
Jensen-Grapengeter, Stadtplanung und Planungsschäden (Untersuchungen des dt. Volksheimstättenwerks) 1952.
Jungmann, Gesetz zum Schutz von Kunst, Kultur und Naturdenkmalen. 1934.
Mang, Boden- und Baurecht in: Verwaltungsrecht in Bayern, hrsg. von Mang, 1952.
Maury, Hessisches Aufbaugesetz. Komm. 1950.
Mitzlaff, Naturschutzgesetzgebung (4. Aufl.) 1953.
Oelker, Bauaufsichtsrecht. Ein Leitfaden für die Praxis. 1954.
Pathe, Baulandbeschaffungsgesetz. 1953.
Pergande-Schwender, Baulandbeschaffungsgesetz. Komm. 1954.
Prange, Preisbildung im Wohnungsbau. 1951.
Rappaport, Sitten und Siedlungen im Spiegel der Zeiten. 1952.
Scholz, Handbuch des gesamten öffentlichen Grundstücksrechts. 1932.
Simon-Halstenberg, Baulandbeschaffungsgesetz. 1953.
Stahlkopf, Baulandbeschaffungsgesetz, Komm. 1953.
Strauß-Torney, Gesetz betr. die Anlegung von Straßen und Plätzen in Städten und ländlichen Ortschaften. 1934.
Thiel, Baurechtssammlung. 1954.
Umlauf, Vom Wesen der Stadt und der Stadtplanung. 1951.
Wormit-Ehrenfort, Heimstättenrecht. 1950.
Zinkahn, Baurechtliche Vorschriften des Bundes und der Länder. 1952 ff.
— Bauordnungsrecht. 1953.

---

[1]) Vgl. pr. OVG. 105, 240; hierzu auch Wiethaupt DVBl. 1950, 707.

Sechsundzwanzigstes Kapitel

Leistungsrecht

1. Gesetzliche Grundlagen

a) Leistungsrecht i. e. S.

Der gesetzliche Ausgangspunkt aller Leistungspflichten ist das Reichsleistungsgesetz (RLG.) vom 1. September 1939 — RGBl. I, 645. Seine Vorgänger waren das Quartierleistungsgesetz vom 25. Juni 1868 — RGBl. 523 — und das Wehrleistungsgesetz vom 13. Juli 1938 — RGBl. I, 887 —. Der Zweck dieser Gesetze war die Beschaffung von Leistungen, die der Wehrmacht zur Vorbereitung und Durchführung des Krieges dienen sollten. Das RLG. stellt sich darüber hinaus in den Dienst der zivilen Wirtschaft in Krisenzeiten, die durch vom Krieg hervorgebrachte Umstände beeinträchtigt sind. Seit 1945 ist der Aufgabenbereich des RLG., der sich mit der Wehrmacht befaßt, überholt. Übriggeblieben jedoch ist der Bereich des Gesetzes, der die zivile Wirtschaft behandelt.

Das RLG. gilt im Bundesgebiet weiter[1]) mit Ausnahme von Hessen und dem Gebiet des ehemaligen Südwürttemberg-Hohenzollern, wo nach 1945 bis zum 31. 12. 1949 bzw. 1952 zeitlich begrenzte Landesgesetze bestanden hatten[2]). Die übrigen Länder haben lediglich Ergänzungsbestimmungen erlassen[3]).

Im Entwurf vorhanden sind für Bundesaufgaben ein G. über die Sicherstellung der Erfüllung völkerrechtlicher Verpflichtungen usw.[4]), das vor allem die gewerbliche Wirtschaft betrifft, und ein Bundesleistungsgesetz — EBLG. —, das auch Leistungen für Verteidigungszwecke und Erfüllung der Verpflichtungen des Bundes über die Stationierung ausländischer Streitkräfte vorsieht[5]).

---

[1]) So die von vornherein herrschende Auffassung; vgl. z. B. w.—b. VGH. in: NJW. 1947, 112.

[2]) Dieser Zustand widerspricht Art. 37 des Truppenvertrages vom 30. 3. 1953 — BGBl. II, 301 —, wonach die Bundesrepublik zur Deckung des Bedarfs der Stationierungsstreitkräfte im ganzen Bundesgebiet eine Regelung durch Leistungsgesetz gewährleistet.

[3]) Z. B. Bayern im Zusammenhang mit G. über die Bereinigung von Kraftfahrzeugzuweisungen vom 28. 1. 1950 — GVBl. 43 —, BVerwG. V C 23. 54.

[4]) BT-Drucks. 794/54.

[5]) BR-Drucks. 179/55. — Vgl. Schmidt, DVBl. 1955, 616. — Vorläufige Regelung durch Inanspruchnahmegesetz vom 3. 7. 1956 — BGBl. 639 —.

b) Bundesflüchtlingsnotleistungsrecht

Das Bundesflüchtlingsnotleistungsg. idF. vom 6. 6. 1955 — BGBl. 265 — tritt an die Stelle der Leistungsgesetze für Tatbestände, die sich daraus ergeben, daß Deutsche aus der sowjetischen Besatzungszone oder dem sowjetisch besetzten Sektor von Berlin geflüchtet sind und nach dem 1. Juli 1951 im Bundesgebiet oder in den westlichen Sektoren Berlins ihren Aufenthalt genommen haben[1]).

c) Besatzungsrecht

Leistungen waren bis zum Inkrafttreten des Deutschlandvertrages vom 5. 5. 1955 auch zu erbringen im Zusammenhang mit Maßnahmen der Besatzungsmächte. Hierfür sind völkerrechtliche Grundlagen maßgebend, insbesondere Art. 82ff. der Haager Landkriegsordnung von 1907. Die Besatzungsmächte bedienen sich zur Durchführung dieser völkerrechtlichen Maßnahmen entweder eigener Dienststellen oder Dienststellen des okkupierten Gebiets. So wurden bei den Stadt- und Landkreisen nach 1945 in der Regel sogenannte Besatzungsämter, gegebenenfalls mit weiteren Dienststellen, eingerichtet[2]). Zum Ausgleich von Vermögensnachteilen im Zusammenhang mit Besatzungsleistungen und von Besatzungsschäden gewährt die Bundesrepublik auf Antrag Entschädigung nach dem die Materie abschließend regelnden Ges. über die Abgeltung von Besatzungsschäden vom 1. 12. 1955 — BGBl. 734 —[3]).

2. Leistung

Nach den insoweit übereinstimmenden gesetzlichen Grundlagen können sämtliche in dem Geltungsbereich des betreffenden Gesetzes befindlichen Sachen, gleichgültig in wessen Eigentum sie stehen, und Leistungen in Anspruch genommen werden. Um welche Sachen es sich im einzelnen handeln kann, ist gesetzlich näher umschrieben. In Betracht kommt u. a. die Stellung von Beförderungsmitteln, insbesondere Kraftwagen, von Unterkunft[4]), die Verabreichung von Verpflegung, Futter, Betriebsstoffen usw., die Benutzung von Grundstücken, Gebäuden und Wasserflächen, die Benutzung privater Nach-

[1]) Bis zum Inkrafttreten des Bundesvertriebenen-Gesetzes — vgl. oben S. 354 — sahen eine Reihe von Flüchtlingsgesetzen besondere Inanspruchmaßnahmen vor.

[2]) Zur Fortgeltung von Besatzungsakten vgl. Maier, JZ. 1955, 408. — § 85 EBLG. sieht vor, daß die Besatzungsmächte Objekte, die vor dem 5. 5. 1955 requiriert waren, auch nach diesem Zeitpunkt für ihre Gesandtschaften und Konsulate benutzen dürfen.

[3]) Vgl. Baring, DVBl. 1956, 75.

[4]) Also auch Wohnungen und Geschäftsräume. Die Leistungsgesetze durften nach der herrschenden Meinung für die Inanspruchnahme von Räumen so lange angewandt werden, bis das Wohnungszwangsrecht (Kontrollratsgesetz Nr. 18) neu geregelt war — BGH. in NJW. 1952, 822; OVG. Mstr. 3, 43; Naumann, in: MDR. 1949, 118.

richtenanlagen, die Mitbenutzung von Werkstätten. Als Leistungen in Betracht kommen Werkleistungen auf dem Gebiet der Ernährung und des Verkehrs (§§ 12, 14 EBLG.), der Abschluß von Zwangsverträgen[1]) mit Verpflegungs- und Verkehrsunternehmen (§§ 13, 14 EBLG.), ferner Gebrauchs- und Nutzungsbeschränkungen (§ 2 EBLG.) Nötig im Hinblick auf Art. 14, 19 Abs. 4 GG. ist, daß alle gesetzlichen Tatbestände, nach denen Leistungen zu erbringen sind, nach Gegenstand, Inhalt, Zweck und Ausmaß hinreichend klar umschrieben und begrenzt sind[2]). Vor dem Inkrafttreten des GG. erlassene Bestimmungen, die diesen Erfordernissen nicht genügen, müssen als mit ihm nicht vereinbar im Sinne von Art. 123 Abs. 1 GG. angesehen werden. Die Inanspruchnahme erfolgt entweder „zur Verfügung", womit der Verlust des Eigentums für den Leistungspflichtigen verbunden ist[3]), oder „zur Benutzung", wodurch dem Leistungspflichtigen die bisherige dingliche Berechtigung erhalten bleibt (§ 25 RLG.) und er bloß im Gebrauch während der Inanspruchnahmezeit beschränkt ist.

Die Inanspruchnahme „zur Verfügung" soll nur die äußerste Maßnahme sein, die dann nicht angewandt werden darf, wenn das gleiche Ziel mit geringerem Aufwand erreicht werden kann (Ermessensfehler)[4]). Die Stärke der ergriffenen Maßnahmen und der Rahmen der anzuwendenden Mittel müssen sich nach dem Zweck ausrichten. Es muß stets ein öffentlicher Zweck erreicht werden. Die ehemaligen im RLG. so bezeichneten „Reichsaufgaben" sind nunmehr Aufgaben des Bundes oder der Länder geworden. Sie bedingen zu ihrer Bewältigung Maßnahmen, die zur Überwindung von Katastrophen und zum Kampf gegen besondere öffentliche Notstände erforderlich sind, die einen größeren Kreis von Personen in Gefahr bringen[5]) (§ 1 EBLG.). Die Leistungen

---

[1]) Thür. OVG. WIB. 48, 343 noch zweifelhaft.

[2]) So eingehend Bayer. VGH. in GVBl. 1949, 39.

[3]) Zusammenstellung der Rechtsprechung bei: Bachof in DVBl. 1952, 221; vgl. auch BGH. in: NJW. 1952, 584.

[4]) OVG. Lbg. 3, 195; OVG. Mstr. 4, 88; Bayer. VGH. 3, 135. — § 10 EBLG. klärt die Rechtslage — allerdings zuungunsten des Bürgers — durch die gesetzliche Vermutung, daß eine Inanspruchnahme von beweglichen Sachen zu Eigentum erfolgt.

[5]) Erlaß des nds. Innenministers v. 13. 7. 1948 — ABl. 213; Luedtke-Brune in: DV. 1949, 121; hessischer VGH. in VerwRspr. 1, 78; w.-b. VGH. ebd. 36; OVG. Mstr. 4, 88. — Es ist eine Verkennung der tatsächlichen, insb. in der Zeit nach 1945 herrschenden Umstände, wenn generell die Übertragung von Gegenständen an bestimmte Beamte persönlich als eine Inanspruchnahme zu privaten Zwecken angesehen wird — so wohl hess. VGH. in: DV. 1949, 191; bayer. VGH. 5, 125. Maßgeblich ist vielmehr allein, zu welchen Zwecken der Gegenstand gebraucht wird. Auch einem Beamten zu privatem Eigentum gegebene Gegenstände können öffentlich-rechtlichen Zwecken dienen — so rhld.-pf. LVG. in: VerwRspr. 1, 192; OVG. Mstr. ebd. 3, 542; OVG. Lbg. in ständiger Rechtsprechung.

obliegen in der Regel dem bürgerlich-rechtlichen Besitzer[1]) und denjenigen, die die Leistung tatsächlich erbringen können (§ 4 EBLG.). Die Verpflichtung geht auf den Erben über[2]).

3. Bedarfsstellen (Anforderungsbehörden)

Um die sich aus dem Zweck der Leistung ergebenden Beschränkungen praktisch erreichen zu können, sind nur bestimmte Behörden Bedarfsstellen, nach § 5 EBLG. (allein) von der Bundesregierung zu bestellende Anforderungsbehörden. Sie sind zu ersehen aus der Bekanntmachung der Bedarfsstellen außerhalb der Wehrmacht vom 10. 1. 1944 — RGBl. I, 13 — wobei die Bestimmung dem veränderten Behördenaufbau entsprechend anzuwenden ist. Insbesondere entfallen die Funktionen der Wehrersatzinspektionen[3]), was besonders bei der Inanspruchnahme von Kraftfahrzeugen (§ 15 Abs. 1 Ziff. 2 RLG.) bedeutungsvoll ist. Nur Baden, Niedersachsen und Schleswig-Holstein haben eigene, die frühere Reichsregelung ersetzende Bestimmungen über die Bedarfsstellen getroffen. Maßnahmen, durch die Leistungen von Behörden ohne Bedarfsstelleneigenschaft gefordert werden, sind nichtig. Die Bedarfsstellen fordern die Leistungen für sich an oder für bestimmte Bedarfsträger, gegebenenfalls auf deren Antrag, die dann unmittelbar Leistungsempfänger werden (§§ 6, 7 EBLG.).

Die Bedarfsstellen haben bei der Inanspruchnahme bestimmte Formen einzuhalten (§ 23 RLG.), wovon sie in dringenden Fällen jedoch weitgehend entbunden sind[4]). Dem gesetzlichen Erfordernis der Bekanntgabe genügt jegliche mit Wissen und Willen der Bedarfsstelle erfolgende Übermittlung des Inhalts der Leistungsforderung an den Pflichtigen[5]); bei Mitbesitzern genügt die Bekanntgabe an einen von ihnen. Die Bekanntgabe an Kriegsgefangene wird nicht für möglich gehalten[6]). Bei mangelnder Identität der verantwortlich zeichnenden und der tatsächlich entscheidenden Behörde ist die Inanspruchnahmeverfügung nichtig[7]). Dagegen macht die Nichtbenennung eines Begünstigten die Verfügung weder nichtig noch anfechtbar[8]).

---

[1]) Hess. VGH. in: DV. 1948, 46; OVG. Hbg. in: DV. 1949, 277; Benkendorff in: NJW. 1949, 769, Naumann in: DV. 1949, 92; für Kraftfahrzeuge in der Regel also der Halter — so Lindemann in: DVBl. 1950, 371. Den nicht besitzenden Eigentümer — so OVG. Lbg. 2, 149 — wird man nur ausnahmsweise als Leistungspflichtigen ansehen können. [2]) VGH. Bremen in: DVBl. 1952, 636.

[3]) BGHZ. 4, 77; Bayer.VerfGH. in: VGH. 4, 9.

[4]) Vgl. BGHZ. 4, 10; OVG. Lbg. in: Betrieb 1951, 836; OVG. Hbg. VerwRspr. 4 146.

[5]) BGH. in VerwRspr. 4, 702; hess. VGH. in: DV. 1949, 78; w.-b. VGH. in: Verw.-Rspr. 5, 398. [6]) Vgl. Benkendorff, in: NJW. 1949, 769.

[7]) BGH. in: DVBl. 1951, 345.

[8]) OVG. Hbg. in: MDR. 1949, 678. Eine einheitliche Meinung über sämtliche Möglichkeiten der Nichtigkeit konnte sich nicht bilden — vgl. vor allem Witten in: DV

4. Rechtliche Beziehungen

Die Inanspruchnahmeverfügung stellt gegenüber dem Leistungspflichtigen und gegenüber Personen, deren Berechtigung an der Sache beschränkt wird, einen ihn belastenden Verwaltungsakt dar. Die öffentlichen Pflichten sind manchmal im Gesetz näher umschrieben (§§ 16, 17 EBLG.). Die Belasteten können sich hiergegen im Rahmen des geltenden Verfahrensrechts zur Wehr setzen. Bis zum Inkrafttreten der Generalklausel in der Verwaltungsgerichtsbarkeit vermochte er sich nur auf die Nichtigkeit des Aktes zu berufen, die entsprechend ihrem Wesen jederzeit geltend gemacht werden kann. Inanspruchnahmen, die nach dem Inkrafttreten der genannten Klausel erfolgen, können nach Erledigung des durch die Verwaltungsgerichtordnungen oder nach sonstigen Bestimmungen vorgeschriebenen Verwaltungsinstanzenzuges durch Anfechtungsklage angefochten werden. Dies gilt — wie stets — auch dann, wenn in Gesetzen aus der Zeit vor 1945 normiert ist, daß eine bestimmte Verwaltungsentscheidung „endgültig" oder dgl. sei.

In bezug auf einen bedachten Dritten kann der gleiche Verwaltungsakt, der die Inanspruchnahme enthält, eine Begünstigung aussprechen (Verwaltungsakt mit Doppelwirkung)[1]).

Der Begünstigte erwirbt aber kein subjektiv-öffentliches Recht auf Fortbestand der Begünstigung. Zu seinen Gunsten wirkt sich eben nur eine für ihn günstige objektive Lage aus.

Neben öffentlich-rechtlichen können auch zivil-rechtliche Folgen eintreten. Insbesondere kann ein Dritter an dem in Anspruch genommenen Gegenstand Eigentum erwerben, wobei der Erwerb als originärer anzusehen ist[2]) (§ 17 Abs. 5 EBLG.).

Beispiel:

> Ein Kraftwagen wird einem Kaufmann, dessen Geschäft nach 1945 aus Gründen der Warenverknappung stilliegt oder nur beschränkt betrieben werden kann, weggenommen und einem Lebensmitteltransporteur oder einem Arzt übereignet, der übliche Fall aus den ersten Jahren nach Kriegsende.

Zwangsmietverträge usw. sind — im Gegensatz zum Wohnungszwangsrecht — nicht vorgesehen. Die zivilrechtlichen Folgen, also insbesondere der Eigentumserwerb, bleiben grundsätzlich auch bestehen, wenn der ihnen zugrundeliegende

---

1948, 5 — Gerade im Zusammenhang mit dem Leistungsrecht ist nach 1945 eine bei den Zivilgerichten vorhandene Tendenz zu beobachten, den Rahmen der Nichtigkeit recht weit zu ziehen, um gerichtlichen Schutz zu gewähren, der bei Bestehen der Generalklausel von den Verwaltungsgerichten erteilt wird. — Vgl. z. B. OLG. Koblenz in DÖV 1949, 236; Kleinrahm in MDR. 1948, 107. Nach dem Inkrafttreten der verwaltungsgerichtlichen Generalklausel wird man auch für das Leistungsrecht die allgemeinen Richtlinien der Nichtigkeit von Verwaltungsakten — vgl. oben S. 124 — anwenden müssen.

[1]) Vgl. oben S. 119. [2]) BGHZ. 4, 10.

Verwaltungsakt nichtig war oder auf Anfechtung hin aufgehoben wurde. Das ist eine Folge des originären Eigentumserwerbs. Doch wird in entsprechender Anwendung der in § 932 BGB. zum Ausdruck kommenden Rechtsgedanken „böser Glaube" den Eigentumserwerb verhindern. Der böse Glaube muß sich unter Beachtung der in Betracht kommenden Zusammenhänge auf die Verfügungsbefugnis der zuweisenden Behörde richten. Der Begünstigte mußte entweder erkennen oder doch erkannt haben können, daß ein nichtiger oder anfechtbarer Verwaltungsakt vorlag[1]). — Bei Inanspruchnahmen lediglich zur Benutzung bleiben die nicht unmittelbar durch sie betroffenen Rechtsverhältnisse bestehen (§ 15 EBLG.).

Rechtlich muß die Inanspruchnahme zur Verfügung als eine besondere Art der Enteignung qualifiziert werden. Die Inanspruchnahme zur Benutzung kann man als eine Art Gebrauchserlaubnis ansehen, wofür derjenige, dessen Rechte in dieser Weise durch die Inanspruchnahme dem Gemeingebrauch gewidmet werden, kraft positiven Rechts (§ 26ff. RLG.) eine Entschädigung erhält.

5. Entschädigung (Abgeltung)

a) Grund und Höhe

Bei unanfechtbar gewordener Inanspruchnahme steht dem Pflichtigen ein Vergütungs- und Entschädigungsanspruch zu (§ 26 RLG.). Dieser richtet sich gegen die Bedarfsstelle oder, falls die Inanspruchnahme zugunsten einer staatlichen oder mit staatlichen Aufgaben betrauten Stelle vorgenommen wurde, gegen sie. Hat die Bedarfsstelle die Leistung für einen sonstigen Dritten (Bedarfsträger nach BLG.) in Anspruch genommen, so kann dieser die Entschädigung unmittelbar an den Pflichtigen leisten. Das ist die einzige Rechtsbeziehung, die in solchen Fällen zwischen Pflichtigem und Begünstigtem, beides Privatpersonen, entsteht. Leistet der Begünstigte nicht, so muß sich der Pflichtige an die Bedarfsstelle halten. Diese Regelung ist vereinbar mit Art. 14 GG.[2]). Die Beteiligten haben einen klagbaren Anspruch auf Entscheidung, ob und in welcher Höhe eine Vergütung oder Entschädigung zu zahlen ist[3]).

Der Höhe nach wird für die erbrachte Leistung selbst volle Entschädigung (§ 26 Abs. 1 RLG.), für die nur gelegentlich der Inanspruchnahme entstandenen Schäden angemessene Entschädigung gewährt (§ 26 Abs. 3 RLG.)[4]).

---

[1]) Bestritten! Bayer.VGH. 4, 157 meint, daß die Fehlerhaftigkeit eines Entstehungsakts schlechthin auch das Eigentum ergreife.

[2]) BGH. in: NJW. 1952, 824. — §§ 23ff. EBLG. sieht eine sehr eingehende Regelung vor, die durch Schaffung unmittelbarer Rechtsbeziehungen zwischen Pflichtigem und die Leistung empfangendem Bedarfsträger von der bisherigen Regelung abweicht.

[3]) OVG. Mstr. 5, 217; jedoch bedenklich, vgl. unten S. 392 Anm. 2.

[4]) So entsprechend der nie bestrittenen Ansicht — vgl. Pfundtner-Neubert, Das neue Deutsche Reichsrecht, Reichsverteidigung 1943 § 26 RLG., Anm. 1 und 2

b) Verfahren

Das RLG. selbst sieht ein reines Verwaltungsverfahren vor (§ 27ff.). Ein solches Verfahren ist auch gegenwärtig noch zulässig[1]).

Insoweit die Entschädigung eine Folge der als Enteignung zu qualifizierenden Inanspruchnahme zur Verfügung ist, kann sie wegen der Regelung des Art. 14 Abs. 3 GG. vor dem Zivilgericht geltend gemacht werden. Ein vorhergegangenes Verwaltungsverfahren ist möglich, jedoch nicht unbedingt erforderlich. Das ist bedeutungsvoll, weil für die Vorgänge vor dem ordentlichen Gericht die Nichtbeachtung von Anmeldungsfristen nicht zum Erlöschen der Ansprüche führt[2]). Wer die Inanspruchnahme zur Benutzung ebenfalls als eine Art der Enteignung ansieht[3]), kommt in bezug auf sie unmittelbar zu dem gleichen Ergebnis. Aber auch wer die Inanspruchnahme zur Benutzung als eine entschädigungspflichtige Widmung zum Gemeingebrauch ansieht, wird nicht anders entscheiden können, da immerhin ein enteignungsähnlicher oder der Aufopferung ähnelnder Vorgang vorhanden ist und es zweckwidrig wäre, für ihn einen anderen Rechtsweg anzunehmen[4]).

6. Ende der Leistung

Die Inanspruchnahme endet nicht automatisch mit dem Fortfall der für sie maßgeblichen Voraussetzungen. Jedoch hat die Bedarfsstelle die Pflicht zur Zurückbeorderung des Leistungsgegenstandes und auch ggf. zur zwangsweisen Durchführung, sofern ihr noch wirtschaftliche Bedeutung zukommt und demgemäß ein Rechtsschutzinteresse des die Rückgängigmachung Fordernden gegeben ist)[5].

— OLG. Hbg. in: Betrieb 1951, 836; vgl. auch BGHZ. 6, 270 = MDR. 1952, 610 mit Anm. von Haas, 648 und NJW. 1952, 972 mit Anm. von Hamann, 1176 und Pagenkopf, 1193. Bei fast allen Streitsachen in Leistungsangelegenheiten spielt die Entschädigungshöhe eine große Rolle. Wirtschaftlich handelt es sich häufig nicht um den Kampf gegen die Leistungspflicht als solche, als vielmehr um den Kampf gegen Währungsschäden. Die Entschädigungen wurden vor der Währungsreform in RM ausgezahlt, und zwar entsprechend den normalen Preisen. Diese Preise entsprachen aber nicht der Wirklichkeit, da man die in Anspruch genommenen Gegenstände sich nur gegen weit überhöhte Schwarzmarktpreise wiederbeschaffen konnte.

[1]) BGH. in: BB. 1952, 180.

[2]) BGH. in: NJW. 1952, 1017 — Deshalb erscheint es fraglich, ob ein Anspruch auf Behördenentscheidung dahin besteht, ob und in welcher Höhe eine Vergütung oder Entschädigung zu zahlen ist, wie das OVG. Mstr. 5, 217 meint.

[3]) Wie z. B. LVG. Hbg. in: BB. 1951, 766.

[4]) Diese ganze Regelung ist umstritten; vgl. die Zusammenstellung der Meinungen in: DVBl. 1952, 353.

[5]) Auch dies ist umstritten; vgl. OVG. Hbg. in: MDR. 1948, 494; Naumann in: MDR. 1949, 718.

7. Bundesflüchtlingsgesetz

Das Bundesgesetz vom 9. 3. 1953 regelt die von ihm erfaßten Tatbestände[1]) abschließend. Der Zweck der Leistungen ist festgelegt. Sie dürfen nur zur Unterbringung von Sowjetzonenflüchtlingen angefordert werden, die nach dem 1. 7. 1951 im Bundesgebiet oder in West-Berlin Aufenthalt genommen haben (§ 1). Der Umfang der Leistungspflicht, der etwa derjenigen des RLG. entspricht, ist genau umschrieben (§§ 7, 8). Das Gesetz bezweckt nur die Unterbringung, nicht aber die Versorgung der Flüchtlinge, so daß mit Ausnahme von Vorbereitungsarbeiten (§ 9 Abs. 1) keine Werk- oder Dienstleistungen, sondern nur Sachleistungen gefordert werden können. Die Leistungen sind zum Teil Eigentumsbeschränkungen infolge der Widmung der Gegenstände zur Gebrauchserlaubnis (§ 7 Abs. 1, § 8), zum Teil Enteignungen (die Inanspruchnahme von Brennmaterial usw. nach § 7 Abs. 2).

Die Leistungen können nur durch besondere, hierfür bestimmte Anforderungsbehörden, die den Bedarfsstellen des RLG. entsprechen, verlangt werden. Die Anforderungsbehörde darf grundsätzlich nicht mit dem Leistungsempfänger, der immer eine Körperschaft des öffentlichen Rechts ist (§ 4 Abs. 1) identisch sein. Damit werden Entscheidungen in eigener Sache der Behörde selbst vermieden. Nur ausnahmsweise kann Leistungsempfänger auch die Körperschaft sein, die von der Anforderungsbehösde vertreten wird (§ 4 Abs. 2)[2]).

Die Entschädigungshöhe ist geregelt wie nach RLG. Für die mit der Anforderung unmittelbar zusammenhängenden Schäden wird voller Ersatz geleistet (§ 15), für die nur gelegentlich der Anforderung entstandenen Schäden angemessene Entschädigung (§ 16). Darüber hinaus wird — in Überschreitung des Rahmens des Art. 14 Abs. 3 GG. — Entschädigung auch zur Abwendung unbilliger Härten gewährt (§ 16 Abs. 2)[3]).

Schrifttum

Der Autobeorderungsprozeß und das RLG. Hsgb. von Arndt und Guelde. 1949.
Danckelmann-Kühne, Besatzungsschädenrecht mit Erläuterungen (Ges. und VOen. der AHK. und der Berliner Kommandantur). 1952.
Forschbach, Flüchtlings-Notleistungsgesetz. Kommentar. 1953.

[1]) Vgl. oben S. 387.

[2]) Wie Forschbach in: DVBl. 1953, 331 mitteilt, wurde diese Regelung im Hinblick auf ein künftiges umfassendes Bundesleistungsgesetz gewählt. Sie hat weniger Bedeutung für das Flüchtlingsnotleistungsgesetz als für diese künftige Regelung.

[3]) Zur Terminologie ist noch zu vermerken, daß das Gesetz nur die Bezeichnung „Entschädigung" kennt und nicht die im RLG. benutzte Bezeichnung „Vergütung" Dadurch wird, wie nicht zu verkennen ist, der ganze Vorgang nahe an die Enteignung gerückt.

Siebenundzwanzigstes Kapitel

Wohnraumrecht

1. Entwicklung

Der Rückgang der privaten Bautätigkeit und eine allgemeine Materialverknappung zwangen nach dem ersten Weltkrieg erstmalig zu einer Wohnraumzwangsbewirtschaftung. Es ergingen das Wohnungsmangelg. vom 26. 7. 1923 — RGBl. 751 — (Vorläufer: WohnungsmangelVO. vom 23. 9. 1918 — RGBl. 1143) als öffentlich-rechtliche Grundlage, das Reichsmieteng. vom 24. 3. 1922 und das Mieterschutzg. vom 1. 6. 1923 als privatrechtliche Grundlage. Insges. wurde dadurch die Einrichtung des bürgerlichrechtlichen Mietvertrages erheblich verändert, da die Verträge mit öffentlich-rechtlichen Bestandteilen erfüllt wurden (Beschlagnahme, Zwangsmieten). Für den Mieter bedeutete das eine soziale Sicherstellung. Die allmähliche Zunahme der Bautätigkeit erlaubte es, das Wohnungsmangelg. am 1. 4. 1933 außer Kraft zu setzen.

Das Gesetz vom 18. 4. 1936 zur Änderung des Reichsmieteng. und des Mieterschutzg., welches als Vorbote der neu einsetzenden Kontingentierung angesehen werden kann, verbot grundsätzlich die Umwandlung von Wohnräumen in Räume anderer Art (Zweckentfremdung). Der zweite Weltkrieg zwang zu weiteren Beschränkungen und die ZweckentfremdungsVO. vom 14. 8. 1942 — RGBl. 545 —, welche das genannte Gesetz endgültig faßte, brachte erneut den Zwangsmietvertrag. Das Verfügungsrecht des Vermieters war vorher schon durch die Verordnung über die Erleichterung der Wohnraumbeschaffung für kinderreiche Familien vom 20. 4. 1939 eingeschränkt worden. Als Beschränkung des Vermieters war noch aufgebaut die VO. über die Vermietung freiwerdender Wohnungen vom 5. 10. 1942 — RGBl. 573 — mit DVO.

Eine Abwendung vom freien Mietvertrag und die grundsätzlich vollständige amtliche Verteilung des vorhandenen Wohnraums brachte die VO. zur Wohnraumlenkung vom 27. 2. 1943 — RGBl. 127, 1944, 214 — mit einer Reihe von DVO. Mit ihnen konnten jedoch die katastrophalen Auswirkungen des Krieges nicht gemeistert werden. Die Verwaltungsbehörden bedienten sich in den auf 1943 folgenden Jahren vielfach des Reichsleistungsgesetzes[1]), wobei sie unter Berücksichtigung des unentbehrlichen Eigenbedarfs des Wohnungsinhabers oder des Eigentümers Wohnräume beschlagnahmten und Obdachlose einwiesen (§ 5 RLG.), und zwar oft unmittelbar im Anschluß an die Beschlagnahme (§ 2 RLG.). Beschlagnahmt werden konnten auch Haushaltgeräte.

Das RLG. ist jedoch für die Regelung vorübergehender Zustände vorgesehen, während die Wohnungsnot ein Dauerzustand wurde. Im Jahre 1948 kamen auf einen Wohnraum in Westdeutschland 1,94 Personen gegenüber 0,98 im Jahre 1927. Die Rechtszersplitterung wurde beendet durch den Erlaß des Wohnungsg. — Kontrollratsg. Nr. 18 — vom 8. 3. 1946[2]). Das Gesetz knüpfte an die Wohnraumlenkungsver-

---

[1]) Vgl. oben S. 387.

[2]) Bundesrecht! — BVerwG. DVBl. 1954, 290.

ordnung und an das Wohnungsmangelgesetz an. Es war weitgehend ein Rahmengesetz, welches durch landesrechtliche Bestimmungen ausgefüllt wurde, und steht mit dem Grundgesetz in Einklang[1]).

Die erste Lockerung der allumfassenden und ausnahmslosen Wohnraumbewirtschaftung brachte für nach dem 31. 12. 1949 bezugsfertig gewordene Neubauten das Erste Wohnungsbaug. idF. v.25.8.1953 – BGBl. 1047 –. Ohne Einsatz öffentlicher Mittel errichtete Bauten sind von der Erfassung durch die Wohnungsbehörden freigestellt (§ 23)[2]). Auch bei mit öffentlichen Mitteln errichteten Bauten genießen die Bauherren Vorzüge (§ 22) oder von ihnen ausgewählte Dritte[3]). Weitere Lockerungen infolge der veränderten staatsrechtlichen und wirtschaftlichen Verhältnisse und die hierdurch eingetretene Unübersichtlichkeit der Rechtsgrundlagen machten eine umfassende Neuregelung erforderlich, welche das Wohnraumbewirtschaftungsg. vom 31. 3. 1953 (WBewG.) – BGBl. 97 – enthält, in Kraft getreten am 1. 7. 1953[4]), ergänzt am 13. 8. 1953 – BGBl. 915 –. Das Gesetz ersetzt das – durch AHKGes. vom 25. 5. 1953 aufgehobene – Wohnungsg. Nach amtlicher Schätzung ist noch ein Fehlbestand von etwa 4 Millionen Wohnungen vorhanden.

2. Umfang

Das WohnG. war auf alle vorhandenen Wohnräume anzuwenden. Freifinanzierte und steuerbegünstigte Wohnungen i. S. von §§ 23, 28 WBewG. waren als erste von der Erfassung und Zuweisung nach dem WohnG. ausgenommen; sie unterliegen nun überhaupt keinen Beschränkungen mehr. Ausgenommen von der Wohnraumbewirtschaftung sind ferner ohne öffentliche Darlehen oder Zuschüsse errichtete Neubauten aus der Zeit zwischen dem 21. 6. 1948 und dem 31. 12. 1949. Endlich unterliegt Wohnraum, der wegen seines räumlichen Zusammenhanges mit Geschäftsraum mit diesem vermietet oder verpachtet ist oder in sonstiger Weise genutzt wird, sofern nach § 5 Abs. 3 Geschäftsraummieteng. idF. vom 26. 12. 1954 — BGBl. 503 — Mieterschutz nicht besteht, sowie nach § 6 MietpreisVO. und § 1 MieterschutzausnahmeVO. von Preisschutz und Mieterschutz freigestellter Raum — letzterer jedenfalls grundsätzlich — nicht mehr der Wohnraumbewirtschaftung. Nur die dann noch übrigbleibenden Wohnräume werden bewirtschaftet.

Die Bewirtschaftung beschränkte sich seit jeher auf Wohnräume, d. s. Räume, die gegen Witterungseinflüsse geschützt sind, über hinreichende Beleuchtung, Luft und geregelte Luftzufuhr verfügen und für welche sanitäre Einrichtungen in notwendigem Ausmaß zugänglich sind; nicht dazu gehören Badezimmer, Flure, Treppenhäuser, Küchen mit einem Flächenraum von mindestens 10 qm und die ersten Küchen mit mehr als 10 qm. Zu den Wohnräumen gehören auch die Dienst- und Werkwohnungen, d. s. Räume, die nur mit Rücksicht auf ein bestehendes Dienst- oder Arbeitsverhältnis überlassen werden oder vom Inhaber zur Unterbringung von Betriebs-

---

[1]) OVG. Mstr. in: DVBl. 1953, 52.

[2]) Auch keine Meldepflicht: w.-b. VGH. in: NJW. 1953, 119.

[3]) OVG. Lbg. in: DVBl. 1953, 49. Fellner, ÖV. in: 1955, 205.

[4]) Weitnauer, in: MDR. 1953, 321 Hans, in: NJW. 1953, 841; Althans, in: DVBl. 1953, 461.

angehörigen errichtet worden sind (§§ 20ff. MSchG.)[1]). Der Gegensatz zum Wohnraum ist der gewerbliche Raum. Für die Abgrenzung beider ist für die Eignungstheorie[2]) die objektive Eignung des jeweiligen Raumes und für die Zweckbestimmungstheorie[3]) die Art der gegenwärtigen Nutzung oder Zweckbestimmung maßgeblich. Zweckentfremdung, d. i. die Bestimmung und Benutzung[4]) von Wohnräumen zu gewerblichen Zwecken ist bei durchgeführter Wohnraumbewirtschaftung nur mit behördlicher Genehmigung zulässig (VO. vom 14. 8. 1842, nunmehr § 21 WBewG. mit Landesbestimmungen)[5]).

3. Verfahren

a) Wohnungsuchende

Nach dem WohnG. wurden als Wohnungsuchende nur anerkannt und in Vormerklisten (Dringlichkeitslisten mit verschiedenen Dringlichkeitsstufen)[6]) eingetragen Personen, deren Bedarf überprüft worden war. Nach WBewG. dagegen muß jedermann auf Antrag in die Vormerklisten eingetragen werden. Die Eintragung ist danach keine Anerkennung einer Anwartschaft mehr. Ein subjektives Recht entstand durch die Eintragung niemals.

b) Verfügungsverbot

Die Regelung des ersten Weltkrieges verschaffte den Wohnraumbehörden die Möglichkeit der Verteilung von Wohnraum dadurch, daß sie ihnen die Befugnis zur Inanspruchnahme (Beschlagnahme) von Räumen gab. Die Regelung des zweiten Weltkrieges und das WohnG. gab den Behörden die Möglichkeit der Erfassung allen freien Wohnraums (Art. VII WohG.). Ein Wohnraum galt als frei, wenn er tatsächlich leer stand oder wenn ihn ein Nichtberechtigter innehatte. Als nichtberechtigt galt auch, wer unterbelegten Wohnraum innehatte. Wann ein Raum unterbelegt war, war aus den örtlichen Verhältnissen zu ersehen. Es wurden je nach der Verknappung des Raumes Richtzahlen errechnet, die mit 7 qm je Person (in Schleswig-Holstein zeitweilig) am niedrigsten lagen. Durch die Erfassung durfte nie die Existenz des Wohnungsinhabers gefährdet oder vernichtet werden[7]).

Nach dem WBewG. gibt es keine Erfassung mehr; frühere Erfassungen werden gegenstandslos[8]). Die Wohnungsbehörden dürfen nicht mehr durch einzelne Maßnahmen zuteilbaren Wohnraum beanspruchen. Vielmehr statuiert das Gesetz ein allgemeines Verfügungsverbot, wonach der bürgerlichrechtlich Verfügungsberechtigte über Wohnraum nicht verfügen, ihn insb. anderen nicht zur Benutzung überlassen darf (§ 12 Abs. 1 WBewG.).

---

[1]) Landesrechtliche Regelung ist möglich; bloße Vereinbarung, daß ein Raum Werkwohnung sein soll, genügt nicht. — BGH. in: NJW. 1953, 259.
[2]) Hans, Das Wohnungsgesetz. Art. XII Anm. I, 2 mit Schrifttum.
[3]) Z. B. OVG. Lbg. in ständiger Rechtsprechung.
[4]) Zum Begriff: BVerwG. NJW. 1954, 1213.
[5]) OVG. Mstr. in: DVBl. 1953, 56.
[6]) Die Benachrichtigung über die Einstufung ist ein Verwaltungsakt — OVG. Mstr. in: VerwRspr. 5, 406.
[7]) OVG. Mstr. in: DVBl. 1953, 57.
[8]) BVerwG. DVBl. 1955, 703.

c) Wohnungsbehördliche Genehmigung

Nach dem WohnG. wurden die erfaßten Räume den Wohnungsuchenden zugewiesen, wobei die verschiedenen Dringlichkeitsstufen bedeutungsvoll waren. Ein Anspruch auf Zuweisung oder Einstufung in eine bestimmte Stufe bestand grundsätzlich nicht[1]). Solche altrechtlichen Zuweisungen sind durch das WBewG. nicht gegenstandslos geworden[2]). Wenn der Wohnungsinhaber den Zugewiesenen nicht freiwillig aufnahm, wurde dieser zwangsweise eingewiesen. Die Rechtsbeziehungen zwischen Wohnungsinhaber und Eingewiesenen konnten durch einen Zwangsmietvertrag (nur Vermiet-, kein Mietzwang!) geregelt werden. Ein solcher Vertrag hat die Wirkungen eines freiwillig abgeschlossenen Vertrages[3]) auch hinsichtlich des Mieterschutzes (Kontrahierungszwang als Ausnahme von dem Grundrecht der Vertragsfreiheit)[4]).

Nach dem WBewG. bedarf die Überlassung von Wohnraum der wohnungsbehördlichen Genehmigung. Diese Regelung wird vorgenommen, wenn der Wohnungsinhaber von sich aus einen Antrag stellt (§ 12 WBewG.). Die Behörde kann dem Inhaber aber auch mehrere, mindestens zwei Wohnungsuchende zuweisen, nämlich zur Auswahl stellen (§ 15 Abs. 1). Wählt der Inhaber davon einen aus, bedarf es insoweit keiner besonderen Genehmigung zum Vertragsabschluß mehr. Die Zuweisung ist, falls nicht außergewöhnliche Umstände vorliegen (§ 15 Abs. 4), erst zulässig, wenn der Wohnungsinhaber binnen einer bestimmten Frist — meist zwei Wochen — keinen Antrag gestellt hat oder wenn sein Antrag „aus gewichtigen Gründen der Wohnraumbewirtschaftung" abgelehnt werden mußte. Wählt der Wohnungsinhaber unter den ihm Zugewiesenen keinen aus, dann geht das Bestimmungsrecht auf die Behörde über. Sie kann u. a. als privatrechtsgestaltenden Verwaltungsakt[5]) eine „Mietverfügung" erlassen, welche für das Zustandekommen des Mietvertrages die Willenserklärung von Mieter und Vermieter ersetzt und die Wirkung eines Mietvertrages hat (§ 16). Auch diesen Mietvertrag wird man als Zwangsobligation bezeichnen müssen[6]). — Noch stärker ist die Stellung des Inhabers bei zweckgebundenem Wohnraum; hierbei entscheidet nicht die Dringlichkeit zwischen verschiedenen Anwärtern, sondern allein die Tatsache, ob der vom Inhaber Vorgeschlagene die Voraussetzungen des zweckbestimmten Wohnraums erfüllt (§ 18)[7]).

---

[1]) Ausnahme z. B. § 5 Heimkehrergesetz. — Einstufung und Benachrichtigung hiervon kann ein Verwaltungsakt sein — OVG. Mstr. in: DVBl. 1953, 51

[2]) BVerwG. NJW. 1955, 1650.

[3]) Keine Klage vor Verwaltungsgerichten — BVerwG. NJW. 1955, 1294.

[4]) BVerwG. NJW. 1955, 962.

[5]) Vgl. oben S. 118.

[6]) Die Rechtslage ähnelt der auf Grund von § 894 ZPO. entstehenden, wenn das rechtskräftige Urteil die Willenserklärung innerhalb eines Vertrages ersetzt. Vgl. auch Zusammenstellung bei Haas, DVBl. 1955, 697.

[7]) Zschacke, Zweckentfremdung, in: NJW. 1953, 209.

d) Richtlinien der Genehmigung

Unter den Wohnungsuchenden gibt es nur noch zwei Rangstufen, nämlich den Grundstückseigentümer oder einen ihm gleichstehenden dinglich Berechtigten, die stets den Vorrang haben, und die Masse der nicht dinglich Berechtigten. Da der Wohnungsinhaber das erwähnte Vorschlags- und Auswahlrecht hat, muß die Wohnungsbehörde es hinnehmen, wenn weniger dringliche Fälle eher erledigt werden als dringliche (§ 17).

4. Behörden

Das Verfahren wird durchgeführt von den auf Kreisstufe vorhandenen Wohnungsämtern und den in zweiter Verwaltungsinstanz tätigen, nach Landesrecht verschieden ausgestalteten, meist mit Laienbeisitzern besetzten Schlichtungs- und Beschwerdestellen, welche unbeschränkt auch Ermessensentscheidungen nachprüfen können[1]). Für Einzelmaßnahmen sind mancherorts — z. B. in Nordrhein-Westfalen — die Gemeinden zuständig.

5. Rechtliche Qualifikation

Erfassung, Genehmigung, Zuweisung und Einweisung sind Verwaltungsakte innerhalb der gebundenen Verwaltung[2]). Die Maßnahmen sind keine Enteignung, sondern liegen innerhalb der sozialen Verpflichtung des Eigentums[3]). Das durch das WBewG. eingeführte allgemeine Verfügungsverbot kann schon als allgemeine Beschränkung und nicht als Einzelakt keine Enteignung sein. Damit entfällt jeder Schadensersatz innerhalb der Wohnraumbewirtschaftung,gleich gültig, auf welcher Grundlage sie durchgeführt wird[4]). Die einzelnen, den Wohnungsinhaber beschränkenden Bestimmungen schränken in mit dem GG. vereinbarer Weise das Grundrecht der Unverletzlichkeit der Wohnung (Art. 13 GG.) ein (vgl. § 1 Abs. 1 WBewG.), wobei die allgemeinen Haftungsgrundlagen auch für diesen Verwaltungszweig gelten. Die Stellung des zivilrechtlich am Wohnraum Berechtigten ist ähnlich wie diejenige an einer dem Gemeingebrauch gewidmeten Sache; sie unterscheidet sich von ihr allerdings dadurch, daß der Wohnraum nicht der Allgemeinheit, sondern

---

[1]) OVG. Mstr. 5, 23.

[2]) Insb. nach WohnG. stand es der Wohnungsbehörde nicht frei, wann sie erfaßte und wen sie zuwies.

[3]) So herrschend, z. B. BGHZ. 6, 270 (285); Hans, aaO. 28; Roquette, in JZ. 1953, 259; a. A. Bettermann, Öff. Wohnungsrecht, 71; Kiefersauer, Grundstückmiete, Anm. 118, 119. — Eine Aufopferung liegt ebenfalls nicht vor aus den gleichen gegen eine Enteignung sprechenden Gründen. Die Inanspruchnahme nach der Regelung des ersten Weltkrieges wurde als Enteignung angesehen.

[4]) Näheres: Fellner, DVBl. 1954, 692.

nur bestimmten wenigen Personen zur Verfügung gestellt wird. Diese erlangen dadurch die Stellung von Sondernutzungsberechtigten[1]). Wie bei jeder Art von Planbewirtschaftung spielen fürsorgerische und fürsorgepolizeiliche Gesichtspunkte eine Rolle.

Die Wohnraumbewirtschaftung berührt nicht das Grundrecht der Freizügigkeit (Art. 11 GG.), weil dieses Recht nicht den Inhalt hat, daß jeder Neuzuziehende zum Nachteil der bereits ansässigen Wohnungsuchenden einen Anspruch auf Zuteilung von Wohnraum hat[2]).

Schrifttum

Bettermann, Schnellkartei des Wohnungsrechts. Sammlung der i.d. Westzone u. in Berlin geltenden raumrechtlichen Bestimmungen. 1950ff.

— Das öffentliche Wohnungsrecht. Syst. Grundriß der Wohnungszwangswirtschaft. 1947.

— Das Wohnungsrecht als selbständiges Rechtsgebiet. (Recht und Staat in Geschichte u. Gegenwart, Bd. 140.) 1949.

Bettermann-Haarmann, Kommentar zum Mieterschutzgesetz und seinen Nebengesetzen. 1950ff.

Brecht, Neue Wohnungsbaugesetze. Loseblattsamml. 1955ff.

Dundalek zur Nieden, Die Wohnraumbewirtschaft. (Gesetz u. Praxis.) Anh.: Das Bundeswohnungsbaugesetz vom 24. April 1950.

Entscheidungs-Sammlung aus dem gesamten Miet- und Wohnrecht. Von Becker (u. a.) 1949ff.

Fellner-Fischer, Wohnraumbewirtschaftungsgesetz. Komm. 1953.

Fischer-Dieskau-Pergande, Das 1. Wohnungsbaugesetz des Bundes. (2. Aufl.) 1954ff.

Glaser, Wohnungsgesetz mit Einf., Fundstellenverzeichnis d. Durchführungsbest. nach dem Stande v. 1. Okt. 1949. 1949.

Hans, Das Mieterschutzgesetz v. 15. 12. 1942. Kommentar. 1949.

— Das Wohnungsgesetz. Gesetz Nr. 18 des Kontrollrates. 6. u. 7. Aufl. 1950.

— Wohnraumbewirtschaftungsgesetz. Komm. 1953.

Hedemann, Grundprobleme des Wohnungsrechts. 1951.

Kopp, Wohnrecht in Niedersachsen. (Göttinger Juristische Taschenkommentare Bd. 2 a.) 1949.

Lehmann, in: Enneccerus-Lehmann, Schuldrecht (8. Aufl.) 1954, § 136.

Nau, Öffentliches Wohnungsrecht in: Verwaltungsrecht in Bayern, hsg. von Mang, 1952.

Pergande, Das Wohnungsgesetz. (Kontrollratsgesetz Nr. 18) u. s. Durchführungsregelung. Von H. G. P. u. Alfred Sonnenberg. 1949.

Roquette, Mietrecht. (3. Aufl.). 1950.

— Wohnraumbewirtschaftungsgesetz. Komm. 1953.

Stroessenreutter, Das Wohnungsgesetz. 1949.

Wormit, Das Wohnraumbewirtschaftungsgesetz. 1954.

[1]) Die schon in der 1. Auflage vertretene Ansicht, daß die Wohnraumbewirtschaftung durch den Gemeingebrauch zu erfassen sei, ist zwar angegriffen worden. Doch fehlt es an anderen positiven Lösungsvorschlägen. Die theoretische Frage ist wegen der erschöpfenden gesetzlichen Regelung von geringer Bedeutung.

[2]) Bayer. VerfGH. in: NJW. 1951, 734.

Achtundzwanzigstes Kapitel

Preisrecht

1. Begriff

Der durch die Vorbereitung des Krieges, den Krieg selbst und seine Auswirkungen geschaffene Mangel an Bedarfsgegenständen jeglicher Art einschließlich von Miet- und Pachträumen hätte auf der Grundlage der Vertragsfreiheit ein steiles Ansteigen der Preise zur Folge gehabt. Um das zu vermeiden, wurde gesetzlich ein von der jeweiligen Marktlage unabhängiger Preisstop eingeführt. Entsprechend der seit 1948 fortschreitenden Ausgeglichenheit der Marktlage sowie der Zunahme der Mieträume seit dem Wiederaufbau nach der Währungsreform werden die gesetzlichen Bindungen nach und nach gelockert.

2. Rechtsgrundlage

Die Rechtsgrundlage und gleichzeitig einschneidendste Beschränkungen enthält die PreisstopVO. vom 26. 11. 1936 — RGBl. 955 —, die als Rechtssatz das Verbot enthält, Entgelte für Leistungen jeglicher Art über den Stand vom 18. 10. 1936 (Stoptag, Stoppreis) zu erhöhen. Als Preiserhöhung galt auch die Veränderung der Zahlungs- und Lieferungsbedingungen zum Nachteil des Geldschuldners. Von dem Verbot betroffen wurden auch Handlungen, die mittelbar oder unmittelbar das Verbot umgingen. Ausnahmen von dem Grundsatz konnten der Reichskommissar für die Preisbildung und die ihm unterstellten Preisbehörden machen, soweit solche aus volkswirtschaftlichen Gründen oder zur Vermeidung besonderer Härten dringend erforderlich erschienen. Die Preisbindungen hatten so eine marktregelnde Funktion.

Das Preisg. vom 18. 4. 1948 — WiGBl. 27 — ändert an diesen Rechtsgrundlagen nichts; es ist ein Rahmengesetz, wodurch vorwiegend Zuständigkeiten umrissen und Ermächtigungen[1]) erteilt werden. Dagegen hatte die Überwindung der Mangellage seit der Währungsreform eine allgemeine Preisfreigabe zur Folge. Preisgebunden sind nur einzelne Geschäftsvorgänge, wie Grundstücksübertragungen nach VO. vom 7. 7. 1942[2]), eine Reihe von Leistungen durch Tarife, z. B. in der Energiewirtschaft, dem Güterverkehr, und Gebühren sowie zum Teil Lebensmittel (Getreidepreisg. vom 9. 7. 1952 — BGBl. 369 —; § 20 Milch- und Fettg. idF. vom 10. 12. 1952 — BGBl. 811). Preisbindungen bestehen z. T. für die öffentliche Hand[3]).

---

[1]) Rechtsgültigkeit: BVerwG. 1, 104.

[2]) BVerwG. NJW. 1954, 1132. — Höchstgebotsfestsetzungen bei Grundstückszwangsversteigerungen eingeschränkt durch VOPR. 1/55 — BVerwG. V C 10. 55.

[3]) BVerwG. V C 15. 55.

3. Mieten und Pachten

a) Höchstpreisvorschriften

Für Vermietung und Verpachtung von Grundstücken und Räumen jeder Art einschließlich der Gewährung von Übernachtung blieben die bisher bestehenden Preisvorschriften mit der Maßgabe in Kraft, daß sie als Höchstpreisvorschriften zu gelten hatten. Die Aufgabe der Preisbehörden wurde so vor allem die Aufrechterhaltung des Preisstandes des Stoptages vom 18. 10. 1936, wobei sie die Befugnis erhielten, aus volkswirtschaftlichen Gründen zur Vermeidung von Härten den Stopmietzins nach unten oder oben zu verändern — AV. vom 25. 6. 1948 — WiGBl. 61 —, außer bei Untermietverhältnissen—[1]), auch wenn Mietabreden fehlen[2]). Die Entscheidungen der Preisbehörden ergingen im Rahmen ihres pflichtgemäßen Ermessens, so daß ein Rechtsanspruch weder auf Tätigwerden noch auf eine bestimmte Entscheidung bestand. Ein Rechtsanspruch bestand vielmehr nur auf ermessensmißbrauchsfreie Arbeit der Behörden (Wichtige Arbeitsgrundlagen: RdErl. Nr. 184/37 i. d. F. vom 29. 11. 1951 — BGBl. 920 —, der keine Rechtsnormen, sondern nur Verwaltungsvorschriften enthält, mit Ergänzungen in: VfWMBl. 1948 B, 26, 173; 1949, 42, 44, 86; BWMBl. 1951, 146). Die Preisfeststellung ist ein feststellender Verwaltungsakt[3]). Vereinbarungen über höhere als die Höchstpreise sind nichtig (§ 134 BGB.); an die Stelle der vereinbarten treten die gesetzlichen oder die behördlich festgesetzten Entgelte[4]).

b) Lockerungen

Dieses System wurde aufgelockert.

aa) Nach dem ersten Wohnungsbaug. vom 24. 4. 1950 — BGBl. 83 — sind freifinanzierte, nach dem 31. 12. 1949 bezugsfertig gewordene Wohnungen den Preisbeschränkungen entzogen.

bb) Nach VOPR. Nr. 71/51 über Maßnahmen auf dem Gebiet des Mietpreisrechts vom 29. 11. 1951 — BGBl. 920 — (Mietpreis-VO.)[5]), einer die bisherigen Rechtsquellen abändernden Rechtsverordnung, sind weitere Mietverhältnisse über Neubauwohnungen und sämtliche Miet- und Pachtverhältnisse über Geschäftsräume und gewerblich genutzte unbebaute Grundstücke von der Preisbindung freigestellt. Damit wird für den hiervon nicht ergriffenen Teil der Miet- und Pachtobjekte die Preisbindung überwiegend aus sozialen Rücksichten und nicht mehr allein aus Gründen der Marktgestaltung aufrechterhalten. Da außerdem die Mietpreisverordnung selbst die Grenzen feststellt, innerhalb deren die Mietpreisbehörden die Miete festzusetzen haben, werden sie nur in gebundener Verwaltung tätig, so daß die Betroffenen[6]) einen Rechtsanspruch auf Beachtung der gesetzlich umschriebenen Grenzen haben[7]).

cc) Mit der Lockerung des Preisstops verbunden ist eine Ordnung der Grundsteuer und Gebührenmehrbelastung des Hausbesitzers—AOPR. Mr. 72/49 i.d.F. v. 24. 11.1951

---

[1]) BVerwG. in: MDR. 1956, 74.
[2]) BVerwG. in: MDR. 1954, 378.
[3]) B.-w. VGH. in: NJW. 1953, 878.
[4]) BVerwG. in: MDR. 1956, 73.
[5]) Zur Gültigkeit von § 2 vgl. BVerwG. 1, 104.
[6]) Streitig! Nach aA. haben nur die Vermieter einen Anspruch auf Erhöhung.
[7]) Ob auch bei der Entschädigungsfestsetzung für Besatzungssachschäden aus Unrechtshandlungen die preisrechtlichen Vorschriften, welche zur Zeit der Unrechtshandlung in Kraft waren, zu beachten sind, ist streitig. Dafür: OVG. Hbg. in: MDR. 1952, 637, OVG. Lbg. in: MDR. 1952, 638; dagegen: Cohn in: MDR. 1953, 23.

— und — von wirtschaftlich außerordentlich großer Bedeutung — ein Abbau des Mieterschutzes für die Wohnungen und Wohnräume, die nicht mehr den Preisvorschriften unterliegen — VO. vom 27. 11. 1951 — BGBl. 926 —. Das Geschäftsraummieteng. idF. vom 26. 12. 1954 — BGBl. 503 — nimmt endgültig die Miet- und Pachtverhältnisse über Geschäftsräume und gewerblich genutzte unbebaute Grundstücke vom Preisrecht und Mietschutzrecht aus, wobei es für die Übergangszeit für Mieter und Pächter entstehende allzu große Härten vermeiden will. Das Gesetz gilt nur für als Geschäftsräume vermietete Räume[1]).

dd) Eine weitere Lockerung enthält die auf Grund von §§ 2 und 3 Preisgesetz ergangene VOPR. Nr. 72/52 über einen allgemeinen Mietzuschlag für Wohnräume des Althausbesitzers vom 27. 9. 1952 — BGBl. 648 —, wonach durch freiwillige Abmachung zwischen Vermieter und Mieter die Miete für Wohnraum, der vor dem 1. 4. 1924 bezugsfertig geworden war, bis zu 10% erhöht werden kann. Der noch verbleibende Preisstop verstößt nicht gegen das GG.[2]) und das Erste Wohnungsmieteng. vom 27. 7. 1955 — BGBl. 458 —, wonach die Miete für preisgebundenen, nach dem 31. 12. 1949 bezugsfertig gewordenen Wohnraum in der Höhe zulässig ist, die sich aus der letzten vor dem 1. 1. 1955 zustande gekommenen Vereinbarung ergibt, die Miete für preisgebundenen bis zum 20. 6. 1948 bezugsfertig gewordenen Wohnraum um 10% erhöht werden darf und eine Kostenvergleichsmiete im Einzelfall zulässig ist. Wo keine Lockerung eintritt, bleiben die gesetzlichen Preisbindungen bestehen.

Beispiel:

Die Zahlung von Abstandsgeldern zwischen neuem und altem Mieter ist nach PreisstopVO. weiterhin verboten — BGH. in: JZ. 1954, 353.

Schrifttum

Bettermann, Grundfragen des Preisrechts für Mieten und Pachten. 1952.
Bormann-Mai-Wolff, Das geltende Pacht- u. Mietzinsrecht, in: Der Wirtschaftskommentator, Teil D IV, 4. 1950.
Drews, Handbuch des gesamten Mietpreisrechts. 1954
— Das Erste Bundesmietengesetz. Komm. 1955.
Görg-Edelmann, Das Preisrecht für Mieten und Pachten (2. Aufl.). 1949.
Hans, Preisrecht für Mieten 1952.
— Mieterschutzgesetz, Geschäftsraummietengesetz, erläutert, 1952.
Kiefersauer, Grundstückmiete (7. Aufl.) 1950.
Luchterhand-Verlag, Das gesamte Miet- und Wohnungsrecht (ergänzbare Sammlung) 2 Bände 1952ff.
Meeske, Kommentar zum Geschäftsraummietengesetz 1952.
Nibler, Preisrecht in: Verwaltungsrecht in Bayern, hsg. von Mang, 1952.
Prange, Das Baupreisrecht der Bundesrepublik. 1950. — Siehe i. ü. Kap. 25.
Pribilla, Das Recht der Preisbildung bei öffentlichen Aufträgen. 1954.
Rhösa, Baupreisrecht. 1950.
Roquette, Mietrecht (4. Aufl.). 1954.
Weimar, Die kleine Mietreform (3. Aufl.) 1952.
— Geschäftsraummietengesetz. Kurzkommentar 1952.
Zipfel, Preisrecht. Sammlung der wichtigsten Gesetze usw. 1953ff.
— Preisbildung bei öffentlichen Aufträgen. 1954.

[1]) OVG. Mstr. in: NJW. 1953, 877.

[2]) OVG. Mstr. in: VerwRspr. 5, 390.

Neunundzwanzigstes Kapitel

Schulrecht

1. Begriff

Schulrecht im engeren Sinne ist die Sammlung der Schulrechtsnormen, die sich ausschließlich mit schulrechtlichen Gegenständen befassen. Dadurch wird jedoch kein übersichtliches Bild vermittelt, weil eine Reihe die Schulen betreffender Fragen in sonstigen Gesetzen geregelt sind.

Schulrecht in weiterem Sinne umfaßt folgende Gegenstände: a) Schulorganisationsrecht, das ist Schulaufbau, Schulverwaltung, Schulaufsicht, Schulträgerschaft, Schulunterhaltung und -finanzierung; b) Schulbenutzerrecht, nämlich Recht der Schulpflicht, Schulgeld, Schülerschutz, rechtliche Grundlagen für den Einfluß der Eltern, Mitwirkung der Eltern und Schüler an der Gestaltung der Schule und des Schulwesens; c) Schulkirchenrecht, nämlich die Abgrenzung der Befugnisse von Kirche und Staat in den einzelnen Arten der Schulen (Gemeinschafts-, Bekenntnis- und Weltanschauungsschulen), Religionsunterricht sowie Eingriffsmöglichkeiten der Eltern auf Grund des Elternrechts auf diesen Gebieten; d) Schullehrerrecht, nämlich die Rechtsstellung der Lehrer, ihre Ausbildung, ihre Einflußmöglichkeiten auf die Gestaltung der Schule und des Unterrichts; e) Privatschulrecht, nämlich die gesetzlichen Möglichkeiten der Schaffung nicht-öffentlicher Schulen; f) Hochschulrecht.

Nur in den seltensten Fällen sind Schulen Anstalten des öffentlichen Rechts mit eigener Rechtspersönlichkeit, vielmehr handelt es sich in der Regel um Dienststellen öffentlicher Behörden oder um Behörden[1]). Privatschulen haben in der Regel die Eigenschaft juristischer Personen des Privatrechts.

2. Gesetzliche Grundlagen

a) Verfassungsrecht

Während früher Schulrecht Landessache war, schuf erstmalig die WRV. ein deutsches Gesamtschulrecht. Art. 10 Ziff. 2 gab die Möglichkeit, Grundsätze für das Schulwesen aufzustellen und Art. 143—149 enthielten einige Grundsätze und Einzelregelungen für die Öffentlichkeit des Schulwesens,

---

[1]) OVG. Mstr. in: DVBl. 1954, 584.

Schulaufbau und Schulaufsicht, Schulpflicht mit sozialer Förderung begabter Schüler, Elternrecht, Gliederung des Schulwesens nach Bekenntnis und Weltanschauung, Religionsunterricht, Lehrer- und Lehrerbildungsrecht, Privatschulrecht.

GG. läßt nicht mehr die Schaffung von Bundesgrundsätzen für das Schulwesen zu. Die vor 1919 bestehende Kulturhoheit der Länder ist wieder voll hergestellt. Das GG. regelt nur noch Elternrecht (Art. 6 Abs. 2)[1]), Schulaufsicht des Staates (Art. 7 Abs. 1), Religionsunterricht (Art. 7 Abs. 2 u. 3) und das Privatschulwesen (Art. 7 Abs. 4—6). Nur mittelbar regelt es den Grundsatz der Öffentlichkeit des Schulwesens und seine Gliederung nach Bekenntnis und Weltanschauung (Art. 7 Abs. 4 u. 5). Nicht mehr geregelt sind der Aufbau des öffentlichen Schulwesens (mit der Ausnahme des Art. 7 Abs. 6), Schulpflicht und soziale Begabtenförderung, Recht der Lehrer und der Lehrerbildung. Für das Privatschulwesen sind einige steuerrechtliche Bestimmungen vorhanden[2]).

b) Reichsgesetze

Mit Ausnahme der Begabtenförderung und des Lehrerbildungswesens, welches reine Ländersache geworden ist, kann das GG. deswegen auf eine Regelung verzichten, weil Reichsgesetze eine reichs- oder bundeseinheitliche Lösung sicherstellen. Das Grundschulg. vom 28. 4. 1920 — RGBl. 851 — befaßt sich mit dem Aufbau des öffentlichen Schulwesens in der untersten Stufe. Die Bestimmung des Art. 7, Abs. 6 GG., wonach Vorschulen, d. h. vor der ersten Gymnasialklasse liegende besondere Schulen aufgehoben bleiben, enthält die Anerkennung der für alle Kinder gemeinsamen Grundschule. Das Reichsschulpflichtg. vom 6. 7. 1938 — RGBl. 799 — mit DVO. vom 7. 3. 1939 — RGBl. 438 — enthält die Mindestregelung der Schulpflicht. Während dieses Gesetz in der Bundesrepublik — mit landesrechtlichen Modifikationen — weitergilt, ist es in der DDR. durch das Schulpflichtg. idF. vom 20. 1. 1955 — GBl. 99 — ersetzt. Über die soziale Begabtenförderung äußern sich die meisten Landesverfassungen. Die Rechtsstellung der Lehrer richtet sich nach allgemeinem Berufsbeamtenrecht. Das Ges. über die religiöse Kindererziehung vom 15. 7. 1921 — RGBl. 93 — gibt Richtlinien für den Religionsunterricht.

Nach 1933 wurde erstmalig eine gesamtdeutsche Schulverwaltung in dem Reichserziehungsministerium geschaffen. Es wurden einheitliche Notenstufen für das gesamte Reich eingeführt und der Schuljahrbeginn seit 1941 für das

---

[1]) Mayer, Elternrecht, Schule u. Kirche, in: DVBl. 1955, 581; bayer. VerfGH. 7, 9.

[2]) § 4 Ziff. 7 Grundsteuerg., § 4 Ziff. 13, 14 Umsatzsteuerg. mit §§ 40, 41 DVO., § 8 Ges. über Besoldungsrecht vom 6. 12. 1950 — BGBl. 939 —, §§ 10ff. GrundsteuerdurchführungsVO. i.d.F. vom 29. 1. 1952 — BGBl. 79.

gesamte Reichsgebiet, im Gegensatz zu der früheren Reichsregelung, von Ostern auf den Herbst verlegt. Elterneinwirkung und Schülerselbstverwaltung wurden abgeschafft und durch Zusammenfassung der Schüler in der HJ. ersetzt. Für das Schulkirchenrecht wurde das Reichskonkordat vom 12. 9. 1933 — RGBl. II S. 679 — theoretisch bedeutsam, jedoch praktisch weitgehend nicht angewandt. Für das Lehrerrecht waren die Gesetze vom 5. 7. 1939 und 30. 3. 1943 maßgeblich, die die Volksschullehrer und Mittel- und Hauptschullehrer zu unmittelbaren Reichsbeamten erklärten. Das Schulunterhaltungsrecht behandelt das Finanz- und Lastenausgleichsg. zwischen Ländern und Gemeinden vom 10. 12. 1937 — RGBl. 1352 — und das sich mit Besoldungsfragen befassende Ges. vom 30. 10. 1944 — RGBl. 288 — mit VO. vom 20. 2. 1942 — RGBl. 85 —. Diese Gesetze sind im Bundesgebiet, soweit sie nicht nationalsozialistisches Gedankengut enthalten oder durch spätere Bundes- oder Landesgesetze ganz oder teilweise aufgehoben sind, noch in Kraft.

Für die DDR. ist eine im wesentlichen vollständige Neuregelung erfolgt durch das bereits erwähnte Schulpflichtgesetz, die VO. zur Neuregelung des Fachschulwesens vom 23. 3. 1950 — GBl. 215 —, die VO. über die Ausbildung qualifizierter Industriearbeiter in den Berufsschulen und Betriebsberufsschulen vom 26. 1. 1950 — GBl. 58 —, VO. zur Verbesserung der Berufsausbildung in der Landwirtschaft vom 29. 6. 1950 — GBl. 615 —, VO. über die Regelung des Stipendienwesens von Hoch- und Fachschulen vom 19. 1. 1950 — GBl. 17 —, Prüfungsordnung für Zwischen- und Lehrabschlußprüfungen vom 6. 2. 1950 — GBl. 77 — und vom 25. 8. 1950 — GBl. 963 —.

Die fehlenden bundesrechtlichen Regelungen werden teilweise ersetzt durch Ländervereinbarungen, zustande gekommen auf Kultusministerkonferenzen der Länder. In dieser Weise geregelt ist u. a.: Schuljahrsbeginn (Ostern[1]), Ferienordnung, einheitliche Notenstufen, freiwilliger Fremdsprachenunterricht in den Volksschulen, Beginn des fremdsprachlichen Unterrichts an höheren und mittleren Schulen, Grundsätze über Rechtschreibung und Schulbücher, gegenseitige Anerkennung der Reifezeugnisse, Lehrerausbildung, Behandlung der aus den Ostgebieten kommenden Personen.

c) Landesgesetze

Vollständige Schulgesetze haben erlassen:

Großberlin: G. idF. vom 30. 5. 1951 — GVBl. 381 — mit 1. DVO. — VOBl. 1950, 76 —, 2. DVO. — VOBl. 391 —, 3. DVO. — GVBl. 1951, 1147; ferner: AO. über Religionsunterricht vom 9. 11. 1950 — VOBl. II, 1101 —, AO. über körperliche Züchtigung vom 10. 6. 1948 — VOBl. II, 340[2]);

Hamburg: Ges. über Schulwesen idF. vom 4. 3. 1954 — GVBl. 9 — mit DVO. vom 4. 7. 1950 —; ferner: G. über Volksschullehrerausbildung vom 27. 9. 1947 — GVBl. 57 mit DVO. 28. 8. 1951 — GVBl. 145 —; AusfBest. über Lehrmittelfreiheit idF. vom 5. 2. 1954 — GVBl. 5—; VO. über Schul-

[1]) Ausnahme nur (noch!) Bayern.
[2]) Kummerow, in: JR. 1951, 51.

pflicht kaufmännischer Lehrlinge vom 21. 4. 1950 — GVBl. 91 —, G. über Gewerbelehrer vom 27. 9. 1947 — GVBl. 57 —, Privatschulg. vom 25. 5. 1951 — GVBl. 79 —;

Bremen: G. vom 4. 4. 1949 — GBl. 59 — mit DVO. — GBl. 1949, 219; ferner: Gebührenordnung vom 1. 11. 1948 — GBl. 68 —, G. über Unentgeltlichkeit des Schulunterrichts vom 4. 5. 1948 — GBl. 68 —, Schulverwaltungsg. vom 31. 1. 1950 — GBl. 21 — mit DVO. — GBl. 1950, 89 —, G. zur Gleichstellung der Lehrkräfte vom 20. 3. 1951 — GBl. 33 —.

Die übrigen Länder bauen im wesentlichen auf den vorhandenen reichs- und bundesrechtlichen Grundlagen unter Berücksichtigung der Ländervereinbarungen auf und begnügen sich mit der Regelung einzelner Sachgebiete*).

Baden: LG. über die Zahl der Volksschullehrer vom 21. 9. 1949 — GVBl. 394 —, LG. über Lehrerbesoldung vom 3. 10. 1951 — GVBl. 147 —, LG. über Schuljahresanfang und Schulpflicht vom 12. 2. 1952 — GVBl. 25 —, Privatschulg. vom 14. 11. 1950 — GVBl. 1951, 15 —[1])[2]);

Bayern: G. über Schulpflege an Volksschulen vom 27. 7. 1948 — GVBl. 157[3]) — mit Vollzugsbek. vom 14. 12. 1948 — KMBl. 169 —, Schulorganisationsg. vom 8. 8. 1950 — GVBl. 159 — mit DurchfBek. vom 23. 11. 1950 — KMBl. 405 —, Oberlehrerg. vom 20. 11. 1951 — GVBl. 223 —, G. über Ahndung der Schulversäumnisse idF. vom 25. 10. 1950 — GVBl. 220 —, G. über die Schulpflicht idF. vom 21. 10. 1953 — GVBl. 179 — mit AusfBest. vom 7. 4. 1952 — KMBl. 121 —, G. über Schulgeldfreiheit idF. vom 27. 11. 1950 — GVBl. 245 —, G. über Lehrmittelfreiheit idF. vom 20. 12. 1951 — GVBl. 227 — mit Bek. vom 26. 10. 1950 — KMBl. 388 —[1]).

Hessen: Schulpflichtg. idF. vom 13. 11. 1951 — GVBl. 84 —, G. über Unterrichtsgeld und Lehrmittelfreiheit idF. vom 17. 7. 1951 — GVBl. 113 — mit DurchfG. vom 12. 7. 1949 — GVBl. 96 —, G. über Unterrichtsgeld und Lehrmittelfreiheit an Privatschulen idF. vom 21. 7. 1950 — GVBl. 135 —, VO. über Unterrichtsgeldfreiheit und Erziehungsbeihilfen vom 13. 8. 1950 — GVBl. 157 —[1]); Schulverwaltung- u. Schulkosteng. vom 10. 7. 1953 — GVBl. 126, 131 —;

Niedersachsen: G. über die vorläufige Einführung eines Gastschulbeitrages vom 20. 3. 1952 — GVBl. 20 —, G. über Altersgrenze der Lehrer an öffentlichen Schulen vom 11. 11. 1950 — GVBl. 67 —, über Berufs- und Berufsfachschulen in Braunschweig

---

*) Für die ehemals preußischen Gebiete sind möglicherweise auch noch preußische Bestimmungen zu berücksichtigen, sofern sie nicht durch neueres Landesrecht abgeändert worden sind, insbesondere Volksschulunterhaltungsg. von 1906 — GS. 335 —, Berufsschulpflichtg. von 1923 — GS. 367 —, Gewerbe- und Handelslehrerbesoldungsg. von 1928 — GS. 89 —, Volksschullehrerbesoldungsg. 1928 — GS. 125 —. Mittelschullehrerbesoldungsg. von 1928 — GS. 149 —, Studienratsgleichstellungsg. von 1929 — GS. 51 —, Volksschulfinanzg. von 1936 — GS. 161 — mit DVO. — GS. 1937, — 24 —, Mittelschulfinanzg. von 1938 — GS. 59 —.

[1]) Die noch geltenden Gesetze aus der Zeit vor 1945 sind zusammengestellt bei: Heckel, Übersicht über das Schulwesen, 23ff.

[2]) Dazu kommen Ausführungsbestimmungen, die jedoch zum Teil nach der Bildung des Südweststaates überholt sind.

[3]) Verfassungsmäßigkeit: bayer. VerfGH. 7, 49.

vom 13. 2. 1952 — GVBl. 13 —; Schulverwaltungsg. vom 19. 5. 1954 — GVBl. 29[1])[2]); Gesetz über das öffentl. Schulwesen in Niedersachsen vom 14. 9. 1954 — GVBl. 89 —;

Nordrhein-Westfalen: Volksschulfinanzg. idF. vom 25. 5. 1950 — GVBl. 115 —, G. über Besoldung der Gewerbelehrer vom 24. 4. 1951 — GVBl. 51 —, 1. G. zur Ordnung des Schulwesens vom 8. 4. 1952 — GVBl. 61 —[3]), welches entgegenstehende Gesetze aufhebt mit 1. AVO. vom 31. 7. 1952, 2. AVO. vom 8. 4. 1952 — GVBl. 61, 155 —[1])[4]);

Rheinland-Pfalz: Finanzausgleichsg. vom 27. 2. 1951 — GVBl. 39 —, Berufsschulg. vom 3. 3. 1952 — GVBl. 57 —, LG. zur Änderung des Reichsschulpflichtg. vom 23. 3. 1952 — GVBl. 67 —[1]); Volksschulg. vom 4. 2. 1955 — GVBl. 1 —;

Schleswig-Holstein: G. über Wiedereinführung des 9. Schuljahres vom 11. 2. 1947 — GVBl. 10 —, G. zur Schulreform vom 5. 3. 1948 — GVBl. 40 — mit DVO. — GVBl. 57 —, Grundschulg. vom 3. 2. 1951 — GVBl. 77 —, G. über Aufbauzweige an ländlichen Volksschulen vom 3. 2. 1951 — GVBl. 78 —, G. über Schulbeiträge vom 23. 3. 1949 — GVBl. 67 —, Schulfreiheitsg. idF. vom 21. 6. 1952 — GVBl. 113 — mit 3 DVErl. 1951 — ABl. 179, 342, 402 — [1]);

Württemberg-Baden: Finanzausgleichsg. vom 15. 10. 1947 — Reg. Bl. 110 — G. über Schulanfang und Schulpflichtbeginn vom 30. 7. 1951 — RegBl. 59 —, G. zur Änderung des Reichsschulpflichtg. vom 24. 4. 1952 — RegBl. 41 —, Schulgeldfreiheitg. vom 2. 4. 1951 — RegBl. 61 —;

Württemberg-Hohenzollern: Schulg. vom 24. 8. 1948 — RegBl. 28 —, Finanzausgleichsg. vom 4. 9. 1951 — RegBl. 99 —, G. über Schuljahranfang und Schulpflicht vom 13. 3. 1951 — RegBl. 28 —[1])[5]).

3. Schulorganisationsrecht

Schulwesen und Schulaufsicht[6]) sind regelmäßig Staatsaufgaben (z. B. § 28 n.-w. G. vom 8. 4. 1952). Lediglich Rheinland-Pfalz (Art. 27 Abs. 2 Verf.) und Bayern (Art. 133 Abs. 1 Verf.) sehen eine kommunale Beteiligung an der Schulaufsicht vor, ähnlich wie sie nach Art. 144 WRV. möglich war. Eine auf die Beaufsichtigung des Religionsunterrichts beschränkte Mitwirkung der Kirchen bei der Schulaufsicht kennen Rheinland-Pfalz (Art. 34) und Baden (Art. 28, Abs. 2). Die staatliche Schulaufsicht ist praktisch vor allem für die kommunalen höheren Schulen[7]). Gerade für diesen Rechtszweig gibt es noch einiges Gewohnheitsrecht[8]).

---

[1]) Die noch geltenden Gesetze aus der Zeit vor 1945 sind zusammengestellt bei: Heckel, Übersicht über das Schulwesen, 23 ff.

[2]) Die in den Teilgebieten Oldenburg und Braunschweig noch geltenden Bestimmungen bei: Heckel aaO. 25.

[3]) Mit n.-w. Verf. vereinbar — n.-w. VerfGH. — GVBl. 1954, 70 —.

[4]) Dazu einige Sonderbestimmungen für Lippe.

[5]) Dazu kommen Ausführungsbestimmungen, die jedoch zum Teil von der Bildung des Südweststaates überholt sind.

[6]) Über den Inhalt: OVG. Lbg. in: DVBl. 1954, 255.

[7]) Streitig, ob nur Kommunalaufsicht im gewöhnlichen Sinne (so: Peters, in: Städtetag 1952, 99) oder in größerem Umfang (so: Berkenhoff, in: DVBl. 52, 425; vgl. auch S. 274). [8]) OVG. Kbl. in: DVBl. 1955, 503.

Schulträger ist entweder nur das Land — wie insbesondere in Hessen, Württemberg und Baden —, wobei im Wege des Finanzausgleichs die Gemeinden Zuschüsse zur personalen und sachlichen Schulverwaltung zahlen. Das entspricht in etwa den Grundlagen des Reichsfinanz- und Lastenausgleichsgesetzes vom 10. 12. 1927. Oder es gibt staatliche und kommunale Schulen nebeneinander, wie in den übrigen Ländern der Bundesrepublik [1]).

Der Schulaufbau ist in den Ländern verschieden. Mit Ausnahme von Berlin, Hamburg und Bremen kennen die Länder der Bundesrepublik Volksschulen (Grundschulen), Mittelschulen — mit Ausnahme von Baden, — höhere Schulen und Berufs-, Fach- oder Berufsfachschulen. Überall vorhanden ist eine vierjährige Grundschule. Darauf baut auf entweder eine vier-, manchmal fünfjährige Volksschule oder eine zwischen vier und sechs Jahren schwankende Mittelschule oder eine acht oder neun Schuljahre umfassende höhere Schule. Die Berufsschulen (Fortbildungsschulen) — kaufmännische, gewerbliche, hauswirtschaftliche, gärtnerische, ländliche — können nur nach abgeschlossener Volksschule oder Absolvierung der entsprechenden Klassen der Mittelschule oder höheren Schule besucht werden. Fachschulen (Textil-, Metall-, Bau-, Berg-, Seefahrts-, Handels-, Kunstgewerbe-, Frauen-, Verwaltungsschulen; vgl. z. B. §§ 81b, 88, 103e, 127, 127b, 129, 131, 139c GewO.) setzen meist eine höhere Vorbildung — mittlere Reife, abgeschlossene Handwerkslehre oder dgl. — voraus.

Die Schuleinheitsform sieht sechs — in Hamburg und Bremen — oder acht Jahre — in der Ostzone und Berlin — Grundschule vor mit einer Fremdsprache ab 5. Klasse, worauf dann die Mittelschule, Oberschule oder höhere Schule mit entsprechend weniger Klassen folgt.

Noch größere Abweichungen voneinander als der Schulaufbau weisen die Lehrpläne auf, wovon allerdings vorwiegend die höheren Schulen betroffen werden. Überall schließen diese Schulen mit der Hochschulreife (Abitur) ab. Seit längerem vorhanden sind drei Studienzweige, nämlich vorwiegend alte Sprachen, vorwiegend moderne Sprachen oder vorwiegend Naturwissenschaften [2]).

Der Schulbeginn ist für das Bundesgebiet nach verschiedenen Schwankungen (Anfang September und Mitte Juli) Ostern [3]) während in der DDR das Schuljahr im Herbst beginnt.

---

[1]) Heckel, Mitwirkung und Mitbestimmung der Gemeinden im Schulwesen, ÖV. 1951, 580, 601. — Die nach § 13 VereinfachungsVO. vom 3. 9. 1932 eingerichteten Schulämter sind Behörden i. S. von § 25 brit. MRVO. Nr. 165 — OVG. Mstr. 9. 11. 1951 — V B 408/51 —.

[2]) Vgl. Abkommen der Ministerpräsidenten zur Vereinheitlichung auf dem Gebiet des Schulwesens vom 17. 2. 1955 mit Durchführungsvereinbarung der Kultusminister vom 24. 6. 1955.

[3]) Vgl. oben S. 405 Anm. 1.

4. Schulbenutzerrecht

Nach verschiedenen Versuchen auf Landesebene werden für die Schulpflicht im allgemeinen die Regeln des Reichsschulpflichtgesetzes befolgt. Danach besteht ab 6. Lebensjahr für die Dauer von acht Jahren die Pflicht zum Besuch einer Volksschule, soweit nicht für die Erziehung in andererWeise hinreichend gesorgt ist, was insbesondere nach Absolvierung der Grundschule durch den Besuch einer Mittelschule oder einer höheren Schule geschehen kann. Mit der Beendigung der Volksschulpflicht beginnt die Pflicht zum Besuch der Berufsschule im allgemeinen auf die Dauer von drei —für landwirtschaftliche Berufe zwei — Jahren, längstens jedoch bis zum 17. Lebensjahr. Die Berufsschulpflicht ist durch Besuch derjenigen Berufsschule zu erfüllen, die von der Schulaufsichtsbehörde vorgeschrieben ist. Die Verpflichtung besteht für alle Jugendlichen, solange sie nicht eine als ausreichenden Ersatz für den Berufsschulunterricht anerkannte Fachschule, deren Besuch als solcher stets freiwillig ist, besuchen, mindestens 24 Stunden wöchentlich am Unterricht einer anderen öffentlichen oder privaten Schule teilnehmen oder eine Hochschule besuchen. — Ausnahmebestimmungen bestehen für geistig Zurückgebliebene (Hilfsschulen) oder bildungsunfähige Kinder.

Kinder und Jugendliche, welche die Pflicht zum Besuch der Volks- oder Berufsschule nicht erfüllen, werden der Schule zwangsweise zugeführt. Hierbei kann die Hilfe der Polizei in Anspruch genommen werden. Wahlweise ist aber auch — selbst wenn das im Schulgesetz nicht vorgesehen ist — Zwangsgeldverhängung möglich[1]). Verantwortlich für die Erfüllung der Schulpflicht ist der Erziehungsberechtigte oder die ihm gleichstehende Person, für den Besuch der Berufsschule insbesondere der Lehrherr usw. Die Verletzung dieser Verpflichtung ist eine strafrechtliche Übertretung.

Die Schulbenutzer begeben sich in ein besonderes Gewaltverhältnis[2]).

Ein subjektiv-öffentliches Recht auf Offenhaltung der Schule wird durch die Aufnahme nicht begründet[3]). Die Entscheidung darüber, in welche Oberschule ein Schüler aufgenommen werden soll[4]) sowie Schulverweisungen sind anfechtbare Verwaltungsakte[5]); desgleichen Prüfungsergebnisse bei Anstaltsexternen regelmäßig, bei Dauerbenutzern der Anstalt unter Umständen, insb. der Ausschluß von der Staatsprüfung bei Täuschung durch den Prüfling[6]).

---

[1]) So m. E. richtig: OVG. Mstr. in: DÖV. 1952, 698, zwar nur für Berufsschulen, aber wohl auf alle Schularten übertragbar.

[2]) Bedenken gegen die Verwendung dieses Begriffs vgl. oben S. 82.

[3]) Hess. VGH. in: MDR. 1951, 184.

[4]) OVH. Hbg. in: DVBl. 1953, 506.

[5]) BVerwG. 2, 22; NJW. 1955, 646; vgl. Krüger, in: NJW. 1953, 1369; Thieme, in: NJW. 1954, 742.

[6]) Bayr. VGH. in: DVBl. 1951, 147.

Schulgeldfreiheit besteht nach den einzelnen Landesverfassungen für alle Pflichtschulen, auch für private Ersatzschulen. Darüber hinaus gewähren Schulgeldfreiheit für alle sonstigen allgemein bildenden öffentlichen Schulen Bayern: — Ges. vom 5. 3. 1949 —[1]); Schleswig-Holstein: Ges. vom 3. 2. 1951, idF. vom 21. 6. 1952 —; Hessen: Ges. vom 16. 2. 1949, — VO. vom 13. 8. 1950 —; Baden-Württemberg: Ges. vom 31. 1. 1955 — GVBl. 38 —; Berlin, Hamburg und Bremen: nach den Landesschulgesetzen[2]).

Ein Ausfluß des in Art. 6 Abs. 2 GG., Art. 6 Verfassung der deutschen demokratischen Republik und den Landesverfassungen erwähnten Elternrechts — das ist „das natürliche Recht der Eltern auf Pflege und Erziehung der Kinder" — ist das Bestreben, die Eltern in demokratischer Weise an der Gestaltung des Schullebens und der Schulverwaltung mitwirken zu lassen durch Wahl der Schulart[3]), Elternausschüsse, Elternbeiräte, Elternräte usw., wie sie in den einzelnen Landesverfassungen erwähnt sind.

5. Schulkirchenrecht

a) Schulcharakter

Das GG. sieht im Anschluß an die bisherige Entwicklung Gemeinschaftsschulen, das sind nach Bekenntnis nicht getrennte Schulen, Bekenntnisschulen und Weltanschauungsschulen, das sind bekenntnisfreie sog. weltliche Schulen, als gleichberechtigt an.

Die Länder haben in ihren Verfassungen verschiedene Lösungen gewählt: Baden-Württemberg: Christliche Gemeinschaftsschule (Art. 15 Abs. 1 mit den am 9. 12. 1951 geltenden Modifikationen der alten Landesteile), Bayern: Bekenntnisschule und Gemeinschaftsschule nebeneinander mit Wahlrecht der Eltern (Art. 135); Berlin: Gemeinschaftsschule (Art. 13); Bremen: Gemeinschaftsschule (Art. 32); Hamburg: Gemeinschaftsschule mit Religionsunterricht (Art. 8 und 10); Hessen: Gemeinschaftsschule mit Religionsunterricht (Art. 56); Niedersachsen: Nach Schulgesetz vom 14. 9. 1954 grundsätzlich christliche Gemeinschaftsschule mit Möglichkeit der Errichtung von Bekenntnisschulen und Sonderbestimmungen für Verwaltungsbezirk Oldenburg; Nordrhein-Westfalen: Bekenntnisschule, Gemeinschaftsschuleoder Weltanschauungsschule (Art. 12; §§ 16ff. 1. G. zur Ordnung des Schulwesens); Rheinland-Pfalz: Bekenntnisschule und christliche Gemeinschaftsschule nebeneinander (Art. 29).

---

[1]) Zur Verfassungsmäßigkeit: bayer. VerfGH. 5, 243.

[2]) Art. 9 Abs. 2 n.-w. Verf. sieht die gesetzl. Regelung der Schulgeldfreiheit für die weiterführenden Schulen vor. Dazu ergangen Schulgeldfreiheitsgesetz vom 31. 1. 1956 — GVBl. 95 —.

[3]) OVG. Hbg. in: VerwRspr. 6, 654.

In der DDR gibt es entsprechend der Trennung von Staat und Kirche die weltliche Gemeinschaftsschule.

b) Religionsunterricht

Der Religionsunterricht ist nach Art. 7 Abs. 3 GG. und den meisten Landesverfassungen ordentliches Lehrfach. Art. 141 GG. läßt die für Bremen bereits vorhandene Lösung bestehen, wonach Religionsunterricht durch die Kirchen außerhalb der Schule erteilt wird. Eine ähnliche Lösung sieht auch § 13 Berliner Schulgesetz vor.

Wo der Religionsunterricht ordentliches Lehrfach ist, steht den Kirchen eine Einsichtnahme zu sowie das Recht, die Religionslehrer ausdrücklich zu bevollmächtigen (missio canonica). Im übrigen unterliegt er der Staatsaufsicht wie alle anderen Fächer mit der oben erwähnten Ausnahme für Rheinland-Pfalz und Baden, wo neben der Staatsaufsicht eine direkte kirchliche Aufsicht besteht.

Die Bestimmung der Konfession steht bis zum 14. Lebensjahr den Eltern zu, von dann ab den Kindern selbst (§ 5 Gesetz über religiöse Erziehung), in Bayern (Art. 137) und Rheinland-Pfalz (Art. 35) heraufgesetzt auf 18 Jahre.

6. Schullehrerrecht

Die Lehrer waren im Zuge der Ges. vom 5. 7. 1939 — RGBl. 1197 — und vom 30. 3. 1943 — RGBl. 189 — unmittelbare Reichsbeamte geworden. Sie sind nun Landesbeamte. Aus dem Fehlen einer dem Art. 143 Abs. 3 WRV. entsprechenden Bestimmung im GG. ist nicht der Schluß zu ziehen, daß die Lehrer nicht den übrigen Landesbeamten gleichgesetzt wären.

Streitig ist die Rechtsstellung der in kommunalen Schulen angestellten Lehrer. Ihr Dienstherr ist zwar die Gebietskörperschaft, ihr Dienstvorgesetzter jedoch das Land. Die Entwicklung geht dahin, sie entsprechend dem Rechtszustand nach den genannten Reichsgesetzen als Landesbeamte anzusehen — so z. B. ausdrücklich § 5 schlesw.-holst. Berufsschulgesetz —.

Die Lehrerbildung, für die im GG. eine dem Art. 143 Abs. 3 WRV. entsprechende Bestimmung fehlt, liegt völlig in der Hand der Länder. Sie kommen zu voneinander stark abweichenden Lösungen, z. B. Rheinland-Pfalz (Art. 36 Abs. 2): Konfessionell getrennte Lehrerbildungsanstalten; Nordrhein-Westfalen (Art. 15): Hochschulmäßige Ausbildung auf bekenntnismäßiger Grundlage; Berlin (Art. 25): Hochschule für Lehrerbildung; Hamburg (Art. 25): Universitäts-Studium.

7. Privatschulrecht

Art. 147 WRV. ließ die älteren landesrechtlichen Bestimmungen über das Privatschulwesen, für Preußen z. B. Kabinettsorder vom 10. 6. 1834 — GS. S. 135 —, im wesentlichen unberührt. Nach 1933 kam das Privatschulwesen, insb. soweit als Schulträger kirchliche Organisationen auftraten, praktisch zum Erliegen.

Erstmalig in der modernen deutschen Staatsentwicklung durchbricht Art. 7 Abs. 4 Satz 1 GG. den Grundsatz vom absoluten Vorrang des öffentlichen Schulwesens. Danach sind von Privatschulen zunächst sonstige Unterrichtserteilungen, wie weiterführende Einrichtungen mit Hochschulcharakter, Einrichtungen für Erwachsenenbildung, freie Unterrichtseinrichtungen, etwa Reitschulen, Schauspielschulen, Kosmetikschulen, Kindergärten, Fernunterricht usw., Privatunterricht zu unterscheiden. Hierfür, manchmal auch als „Ergänzungsunterricht" bezeichnet, gelten zur Zeit besondere Landesvorschriften, die sich im allgemeinen auf eine polizeiliche Kontrolle beschränken und mit dem GG., insb. Art. 12, für vereinbar gehalten werden[1]). Die eigentlichen Privatschulen stehen als Schuleinrichtungen eigenen Gepräges gleichberechtigt neben den öffentlichen Schulen. Die Rechte und Pflichten der Privatschulen ergeben sich positiv aus ihrer grundgesetzlich gewährleisteten Eigenständigkeit, nicht, wie bisher, nur negativ unter dem Gesichtspunkt des Schutzes der Allgemeinheit vor unzureichenden Bildungseinrichtungen. Die Privatschulen unterstehen der rechtlichen Schulaufsicht, welche Rechtsaufsicht und bei Ersatzschulen auch Fachaufsicht ist.

Die Durchführung im einzelnen obliegt den Ländern[2]); es besteht eine Ländervereinbarung für das Bundesgebiet vom 10./11. 8. 1951[3]), welche alle älteren Vereinbarungen ersetzt.

Private Schulen im Sinne des Art. 7 GG. und der Vereinbarung sind alle nicht öffentlichen Schulen, wobei als öffentliche Schulen gelten alle staatlichen und die nach Landesrecht als öffentliche Schulen anerkannten nichtstaatlichen Schulen.

Beispiel:

Mädchen-Oberschule Stift Keppel/Westf.; Stiftisches Gymnasium Gütersloh/Westf.

---

[1]) OVG. Mstr 5, 152; für Privatklavierunterricht ist der Erlaubniszwang nach Kabinettsorder vom 10. 6. 1834 – GS. 135 –, Instruktion des Staatsministeriums vom 3. 12. 1839 – MBl. i. V. 1840, 94 – und Erlaß pr. Min. für Wiss. vom 2. 5. 1925 – ZBl. UV. 181 — mit Art. 12 GG. vereinbar. — Grenzen der staatlichen Schulaufsicht: OVG. Lbg. in: DVBl. 1954, 255.

[2]) Alle Bestimmungen bei Heckel, Privatschulrecht.

[3]) Heckel, aaO. 85; verschiedene Landesamtsblätter — Sondervereinbarung für Musikkonservatorien, ebd. 89.

Nur ausnahmsweise gibt es Privatschulen, deren Träger der Staat oder eine Gemeinde ist, z. B. in Baden, wo grundsätzlich keine öffentlichen Kommunalschulen vorhanden sind.

Die Privatschulen zerfallen in Ersatzschulen und Ergänzungsschulen, Ersatzschulen stehen an Stelle der öffentlichen Schulen. („Lehrgegenstände, die zum Kreis der verschiedenen öffentlichen Schulen gehören" nach § 14 pr. Instruktion vom 31. 12. 1839 — MBliV. 1840, 94 —.) Dabei ist nicht Gleichartigkeit, sondern nur Gleichwertigkeit mit der öffentlichen Schule erforderlich, z. B. Freie Waldorf-Schulen, deren Lehrplan von den üblichen Schulen erheblich abweicht. Ergänzungsschulen füllen von öffentlichen Schulen gelassene Lücken aus („Fächer, die nicht in den verschiedenen öffentlichen Schulen gelehrt werden" auch aaO.), wie naturwissenschaftliche Schulen, Musikschulen, Gymnastikschulen usw. Sie sind oft schwer von freien Unterrichtseinrichtungen zu unterscheiden. Maßgeblich für den Einzelfall ist, ob nach den allgemein üblichen Gesichtspunkten von einem Schulbetrieb gesprochen werden kann.

Alle Ersatzschulen bedürfen der Genehmigung (Art. 7 Abs. 4 GG.), meist des Landeskultusministers. Die Genehmigung ist ein Verwaltungsakt. Ergänzungsschulen können nach Landesrecht auch ohne Genehmigung nur nach der Anzeige von ihrer Errichtung — ähnlich § 14 GewO. — betrieben werden (z. B. § 45 n.-w. Ges. vom 8.4.1952). Ob sie bei Schweigen des Landesrechts genehmigungspflichtig sind, ist streitig[1]), ebenso, ob ein Rechtsanspruch auf Genehmigung besteht, wenn die Voraussetzungen des Art. 7 Abs. 4 Satz 3 u. 4 GG. vorliegen (durch GG. gebundenes Ermessen)[2]). Die Genehmigung als Akt der staatlichen Schulaufsicht im Sinn von Art. 7 Abs. 1 kann die Eignung in wissenschaftlicher, sittlicher und staatsbürgerlicher Hinsicht prüfen[3]).

Eine Bedürfnisprüfung darf nicht mehr vorgenommen werden; dem entgegenstehendes Landesrecht ist aufgehoben (Art. 31 GG.). Die Befugnisse der Privatschulen müssen in den Landesgesetzen geregelt sein. Angemeldete Privatschulen haben die gleichen Befugnisse und Berechtigungen wie öffentliche Schulen (z. B. Art. 8 Abs. 4 Satz 2 n.-w. Verf.) oder nur jeweils individuell anerkannte oder sogenannte privilegierte Schulen (z. B. § 8 bad., § 4 hamb. Gesetz).

---

[1]) Für Genehmigung: Mangoldt, Kommentar zum GG. Art. 7, Ziff. 5; Stein, in NJW. 1950, 658; Art. 134 bayer. Verf., Art. 61, hess. Verf., nach preußischem Recht (§§ 3, 8 II 12 ALR., KabOrd. vom 10. 6. 1834, Instruktion des Staatsministeriums vom 31. 12. 1839): OVG. Mstr. 4, 63. Für bloße Anzeige: Grewe, in ÖV. 1950, 33; Heckel, in: ÖV. 1950, 1; § 9 bad. Ges., § 9 hamb. Ges.

[2]) Für Rechtsanspruch: Heckel in DVBl. 1951, 494; dagegen: Stein aaO.

[3]) OVG. Lbg. in: DVBl. 1954, 255.

Nicht einheitlich geregelt ist die Frage der Staatsbeihilfen. Aus der Tatsache der Genehmigung kann die Schule keinen Anspruch auf Zuschuß herleiten (§ 13 Ländervereinbarung). Die meisten Landesregelungen sehen aber eine gewisse Unterstützung vor (z. B. hess. Gesetz vom 12. 7. 1949 — GVBl. 97 — und vom 21. 7. 1950 — GVBl. 59 —)[1]).

8. Hochschulen

Universitäten, techn. Hochschulen, Wirtschafts- und Handelshochschulen, Forstakademie, Bergakademie, tierärztliche Hochschulen, Brauerei-Hochschule — nur in Bayern — sind Lehr- und Forschungsstätten für einzelne Wissenszweige. Träger ist der Staat oder für Spezialschulen eine öffentlich-rechtliche Körperschaft, wie z. B. die katholische Kirche für theologisch-philosophische Hochschulen.

Hochschulen sind öffentlich-rechtliche Anstalten, die der Aufsicht der Länder sowohl im Lehrbetrieb als auch weitgehend in den Lehrergebnissen unterstehen [2]). Nur in gewissem Umfange besteht für sie Verwaltungsautonomie, die heute als von dem einheitlichen staatlichen Imperium delegiert anzusehen ist. Sie tritt in Erscheinung insbesondere bei der Festlegung der Vorlesungen, dem Prüfungsrecht und dem Recht zum Setzen einer Anstaltsordnung. Organe der Hochschule und gleichzeitig Anstaltsbehörden sind Rektor, Senat und Fakultäten. Für ihre Rechtsstellung sind im einzelnen die verschiedenen Anstaltsordnungen maßgeblich. Der Rektor als der oberste Universitätsbeamte wird vom Senat meist für die Dauer eines Jahres gewählt und von der Landesregierung bestätigt. Sein Vertreter ist der in der gleichen Weise eingesetzte Prorektor, meist sein zeitlicher Vorgänger als Rektor. Der Senat besteht aus diesen beiden Personen und der satzungsmäßigen Anzahl von Mitgliedern des Lehrkörpers und der Studentenschaft. Die Fakultät ist der Zusammenschluß der Universitätslehrer eines bestimmten Fachs, die sich einen Dekan wählen. Zur engeren Fakultät gehören die ordentlichen und planmäßigen außerordentlichen Professoren sowie eine Anzahl der Mitglieder des übrigen Lehrkörpers. Zur weiteren Fakultät gehört der gesamte Lehrkörper. Die Universitätslehrer sind so die planmäßige Tätigkeit der Anstalt[3])

---

[1]) Zu unterscheiden von der Genehmigung zum Schulbetrieb ist die Genehmigung zur Erteilung von Privatunterricht. § 6 Gew.O. schließt das private Unterrichtswesen grundsätzlich von der gewerberechtlichen Regelung aus. Maßgeblich sind für die Genehmigung landesrechtliche Bestimmungen — für Privatmusikunterricht in Preußen z. B. vgl. oben S. 412 —, die jedenfalls, soweit sie den Unterricht an Jugendliche erfassen, mit dem GG., insb. Art. 2, 12 vereinbar sein dürften; so auch OVG. Mstr. 5, 152.

[2]) Ebenso: Jellinek, Verwaltungsrecht, 514, Peters, Verwaltung, 115, Forsthoff, Verwaltungsrecht, 394; im Ergebnis auch BVerfG. 3, 141.

[3]) Vgl. oben S. 81.

verrichtende Personen. Sie werden hierbei unterstützt von mit technischen Aufgaben betrauten Universitätsbeamten oder -angestellten. Der Lehrkörper insgesamt stellt keine eigene Personenkörperschaft innerhalb der Anstalt dar[1]).

Er zerfällt in planmäßig ordentliche und außerordentliche Professoren, welche volle Beamteneigenschaften haben, Privatdozenten und außerplanmäßige Professoren, welche nach der gegenwärtigen Regelung keine Beamte sind[2]), jedoch die gleichen wissenschaftlichen und praktischen Vorbildungsvoraussetzungen erfüllen. Für sie alle besteht die Pflicht, sich auf ihrem Lehrgebiet durch Vorlesungen und wissenschaftliche Forschung zu betätigen. Außerdem gibt es Honorarprofessoren, Lehrbeauftragte und Lektoren, die von Fall zu Fall für Lehraufgaben herangezogen werden. Prüfungsbefugnis haben im allgemeinen nur die ersten Gruppen. Die Rechtsstellung der beamteten Hochschullehrer weicht von derjenigen sonstiger Beamter insofern ab, als sie freier gestellt sind, z. B. in der Ausübung politischer oder Nebentätigkeiten. Ordentliche Professoren werden nicht pensioniert, sondern emeritiert, d. h. nach Erreichung der Altersgrenze von ihren Lehrpflichten entbunden bei Beibehaltung aller Rechte[3]).

Die Anstalt wird benutzt durch Studenten und sonstige Hörer. Die Studenten, welche über eine gesetzlich vorgeschriebene Vorbildung verfügen müssen — Reifeprüfung oder ihr Ersatz —, werden durch Immatrikulation aufgenommen. Die übrigen Hörer erlangen das Benutzungsrecht der Anstalt durch kleine Matrikel, Gasthörererlaubnis oder in sonstiger in den einzelnen Anstaltssatzungen vorgesehener Weise. Die gesetzlich festgelegten Prüfungsbedingungen sagen im allgemeinen, welche Stellung der zur Prüfung Berechtigte in der Anstalt eingenommen haben und welchen Studien er sich unterzogen haben muß. Die Anstaltsbenutzungen unterliegen der Anstaltsordnung. Auf sie zur Aufrechterhaltung der Ordnung gegründete Maßnahmen sind Verwaltungsakte („Disziplinarstrafen" in einem „Ehrengerichtsverfahren").

Es ist streitig, ob die Anstaltsordnung nur die Sicherstellung der Ausbildung und der Aufrechterhaltung des schulischen Betriebes oder darüber hinaus in Erfüllung eines staatlichen Auftrages die Ausrichtung der Studierenden auf Persönlichkeitswerte oder die Ausrichtung auf sonstige Ziele in ähnlicher Weise wie z. B. Lehrerseminare oder konfessionelle Bildungsanstalten zum Gegenstand haben darf[4]). Wenn sie ihre Ver-

---

[1]) Wie VGH. Freiburg, in: JZ. 1956, 20 anzunehmen scheint. Die früher landesrechtlich verschieden ausgebauten sog. korporativen Rechte der Hochschullehrer sind heute Rechte aus dem Beamtenverhältnis — BVerwG. in: DVBl. 1954, 679.

[2]) Anders vorübergehend zwischen 1933 und 1945 nach der Reichshabilitationsordnung vom 13. 12. 1934 — RWissMBl. 1935, 12 —.

[3]) Thieme, in; DVBl. 1953, 299. — Diese Regelung hat ihre historische Begründung in dem ehemaligen Körperschaftscharakter der Universitäten. Sie besteht nun aber kraft positiven Rechts unabhängig hiervon.

[4]) Für den weiteren Aufgabenbereich z. B. Jaspers, Die Idee der Universität, 1947; Thielecke, Die erzieherische Verantwortung der Universität, 1952; dagegen wohl vorwiegend unter dem Eindruck der Verhältnisse der dreißiger Jahre die deutsche Verwaltungsrechtswissenschaft; so z. B. Jellinek, Verwaltungsrecht S. 516.

pflichtung, für den akademischen Nachwuchs zu sorgen, erfüllen soll, wird man die Anstaltsordnung nicht auf den rein schulischen Betrieb beschränken dürfen.

Beispiel:

> Das Couleurtragen und Mensurenschlagen innerhalb und in der näheren Umgebung, insbesondere dem Gemeindegebiet, in dem sich die Universität befindet, kann durch Anstaltsordnung geregelt werden. Hierin liegt insbesondere kein Verstoß gegen die Grundrechte nach Art. 2, 5, 12 GG. — So im Ergebnis VGH. Freiburg, in: JZ. 1956, 18[1]).

Seit dem Mittelalter bis zum 19. Jahrhundert waren die Universitäten Personenkörperschaften entsprechend der allgemeinen Auffassung der Zeit. Unter staatlichem Einfluß wurden sie im Laufe des sich endgültig durchsetzenden Absolutismus und des 19. Jahrhunderts zu selbständigen Anstalten umgebildet[2]). Im nationalsozialistischen Staat blieb diese Form erhalten; aber tatsächlich verschwand jede Selbstverwaltung und die Amtsträger waren Befehlsempfänger der staatlichen Zentrale[3]). Neuerdings wird — ausgesprochener- oder unausgesprochenermaßen unter Rückblick auf die mittelalterliche Tradition — versucht, die Universitäten wieder als Körperschaften aufzufassen[4]). Falls sich hiermit die Vorstellung verbindet, daß derartige restaurierte Körperschaften etwa ein eigenes, selbständig neben dem staatlichen stehendes Imperium haben sollen, scheitert sie an der Einheit des Imperiums. Insbesondere das Grundgesetz ist an keiner Stelle so auszulegen, daß der Staat sich die seine Zukunft tragende Erziehung der akademischen Jugend aus der Hand nehmen lassen und auf von ihm unabhängige Stellen übertragen haben will. Körperschaften, die wie andere sonstige Körperschaften delegierte Hoheitsbefugnisse ausüben sollen, könnten systematisch im Staatsaufbau verwendet werden. Doch scheint der Nachweis, daß nach 1945 eine solche Umwandlung der Universitäten von Anstalten zu Personenkörperschaften stattgefunden haben soll, bisher trotz zahlreicher Versuche nicht geführt. Insbesondere für die Studentenschaft und die einzelnen Studenten bedeutet das, daß sie nicht Bestandteil der Universität sind, was sie bei einem Körperschaftscharakter wären, sondern nur Benutzer. Wie sich bei der Behandlung des Couleurtragens usw. zeigt, wären die Eingriffsmöglichkeiten einer Körperschaft gegenüber ihren einzelnen Mitgliedern größer als diejenigen einer Anstalt[5]).

Schrifttum

Becherer, Schulverwaltungsrecht. (2. Aufl.). (Leitfaden der Verwaltungskunde. 7.) 1950.

Buchheim-Gläss, Schulrecht in Niedersachsen (2. Aufl.) 1955.

Garpengeter-v. Zerssen, Kulturrechtliche Sammlung von Gesetzen usw. des Bundes und der Hansestadt Hamburg auf dem Gebiet der Erziehung, Wissenschaft und Kultur. 1953.

---

1) Ebenso Zweigert, in: JZ. 1955, 533; Maack, in: DVBl. 1955, 140; a. A. OVG. Mstr., in: NJW. 1954, 1711; OVG. Bln., DVBl. 1954, 680. Doch überzeugen die Darlegungen, die in einem Verbot eine Beschränkung von Grundrechten sehen wollen, nicht.

2) Vgl. oben S. 81ff.

3) Vgl. Jaspers aaO. S. 25ff.

4) Vgl. Weber, Rechtsstellung des deutschen Hochschullehrers 52; Köttgen, DVBl. 1955, 445; Gerber, DVBl. in; 1954, 314, 657; ÖV. 1954, 673; Schneider, in; NJW. 1954, 751.

5) Doch läßt sich m. E. ein Couleurtrageverbot auch rechtfertigen, wenn die Universitäten ausschließlich als Anstalten angesehen werden.

Giese, Deutsche Schulgesetzgebung. 1951.
Heckel, Übersicht über das Schulwesen im Bundesgebiet (Weidemannsche Taschenausgaben) 1952.
— Deutsches Privatschulrecht. 1955.
— Schule und Reichssparkommissar. 1955.
— Hochschulrecht, hsg. v. Grapengeter u. a. 1955ff.
Höltkemeier, Die berufsbildenden Schulen 1955ff.
Kloss, Lehrer, Eltern, Schulgemeinde. 1949.
Koettgen, Deutsches Universitätsrecht. 1933.
Meyerhoff, Leitfaden zum Schulrecht, zur Kultur-, Heimat- und Jugendpflege. 2. Aufl. (Der Verwaltungsdienst. Heft 13.) 1951.
Schrettenseger, Schulwesen und Erwachsenenbildung, in: Verwaltungsrecht in Bayern, hsg. von Mang. 1952.
Seipp u. a., Schulrecht (Länderausgaben) 1955f.
Thieme, Deutsches Hochschulrecht. 1956.
Tremel, Bayr. Volksschulgesetz. Erläuter. 1952.
Thoma, Die Lehrfreiheit der Hochschullehrer (Recht und Staat in Geschichte und Gegenwart. 166). 1952.
Weber, Die Rechtsstellung des deutschen Hochschullehrers. (Schriften des Hochschulverbandes. Heft 1.) 1952.
Weissenrieder, Die Schulhoheit. 1953.
Wende, Grundlagen des Preuß. Hochschulrechts. 1930.
Wenzel, Das Gesetz zu Art. 131 GG. und die Hochschullehrer. 1953.
Werner, Das Schulgesetz für Berlin. Komm. 1955.

SACHVERZEICHNIS

(Die Zahlen bedeuten die Seiten)

A

B

H

I

FSC
www.fsc.org
MIX
Papier | Fördert
gute Waldnutzung
FSC® C083411

Kolibri 360 GmbH
Ferdinand-Jühlke-Straße 7
99095 Erfurt, Deutschland
produktsicherheit@kolibri360.de